UG NX 10.0 工程应用精解丛书

UG NX 10.0 模具设计教程

北京兆迪科技有限公司　编著

机 械 工 业 出 版 社

本书介绍使用UG NX 10.0进行模具设计的过程、方法和技巧，内容包括UG模具设计概述，UG NX 10.0模具设计入门，工件和型腔布局，注塑模工具，分型工具，模具分析，模具设计应用举例，模架和标准件，浇注系统和冷却系统的设计，镶件、滑块和斜销机构设计，UG NX 10.0模具设计的其他功能，在建模环境下进行模具设计和模具设计综合范例等。

在内容安排上，本书主要通过大量的实例对UG模具设计的核心技术、方法与技巧进行讲解和说明，这些实例都是实际模具设计生产一线中具有代表性的例子，这样的安排可增加本书的实用性和可操作性，能使读者较快地进入模具设计实战状态；在写作方式上，本书紧贴UG NX 10.0软件的实际操作界面，使初学者能够直观、准确地操作软件进行学习，从而尽快地上手，提高学习效率。本书讲解中所选用的范例、实例或应用案例覆盖了不同行业，具有很强的实用性和广泛的适用性。本书附带1张全程多媒体DVD学习光盘，制作了158个UG模具设计技巧和具有针对性的实例教学视频并进行了详细的语音讲解，时间长达11h（660min），光盘中还包含本书所有的素材源文件。另外，为方便UG低版本用户和读者的学习，光盘中特提供了UG NX 8.0版本的素材源文件。

本书可作为广大工程技术人员学习UG模具设计的自学教程和参考书，也可作为大中专院校学生和各类培训学校学员的CAD/CAM课程上课及上机练习的教材。

图书在版编目（CIP）数据

UG NX 10.0模具设计教程 / 北京兆迪科技有限公司编著.
—6版. —北京：机械工业出版社，2015.11（2021.7重印）
(UG NX 10.0工程应用精解丛书)
ISBN 978-7-111-51678-1

Ⅰ. ①U… Ⅱ. ①北… Ⅲ. ①模具—计算机辅助设计—应用软件—教材 Ⅳ. ①TG76-39

中国版本图书馆CIP数据核字（2015）第231766号

机械工业出版社（北京市百万庄大街22号 邮政编码：100037）
策划编辑：丁 锋 责任编辑：丁 锋
责任校对：纪 敬 封面设计：张 静
责任印制：张 博
涿州市般润文化传播有限公司印刷
2021年7月第6版第8次印刷
184mm×260 mm · 21.25印张 · 527千字
12301—13300册
标准书号：ISBN 978-7-111-51678-1
ISBN 978-7-89405-868-3（光盘）
定价：69.80元 （含多媒体DVD光盘1张）

电话服务 网络服务
客服电话：010-88361066 机工官网：www.cmpbook.com
010-88379833 机工官博：weibo.com/cmp1952
010-68326294 金书网：www.golden-book.com
封底无防伪标均为盗版 机工教育服务网：www.cmpedu.com

丛书介绍与选读

“UG NX 工程应用精解丛书”自出版以来，已经拥有众多读者并赢得了他们的认可和信赖，很多读者每年在软件升级后仍继续选购。UG 是一款功能十分强大的 CAD/CAM/CAE 高端软件，目前在我国工程机械、汽车零配件等行业占有很高的市场份额。近年来，随着 UG 软件功能进一步完善，其市场占有率越来越高。本套 UG 丛书质量在不断完善，丛书涵盖的模块也不断增加。为了方便广大读者选购这套丛书，下面特对其进行介绍。首先介绍这套 UG 丛书的主要特点。

- ☑ 本 UG 丛书是目前市场涵盖 UG 模块功能较多、体系完整、丛书数量（共 20 本）最多的一套丛书。
- ☑ 本 UG 丛书在编写时充分考虑了读者的阅读习惯，语言简洁，讲解详细，条理清晰，图文并茂。
- ☑ 本 UG 丛书的每一本书都附带 1 张多媒体 DVD 学习光盘，对书中内容进行全程讲解，并且制作了大量 UG 应用技巧和具有针对性的范例教学视频，进行详细的语音讲解，读者可将光盘中语音讲解视频文件复制到个人手机、iPad 等电子工具中随时观看、学习。另外，光盘内还包含了书中所有的素材模型、练习模型、范例模型的原始文件以及配置文件，方便读者学习。
- ☑ 本 UG 丛书的每一本书在写作方式上，紧贴 UG 软件的实际操作界面，采用软件中真实的对话框、操控板和按钮等进行讲解，使初学者能够直观、准确地操作软件进行学习，从而尽快上手，提高学习效率。

本套 UG 丛书的所有 20 本图书全部是由北京兆迪科技有限公司统一组织策划、研发和编写的。当然，在策划和编写这套丛书的过程中，兆迪公司也吸纳了来自其他行业著名公司的顶尖工程师共同参与，将不同行业独特的工程案例及设计技巧、经验融入本套丛书；同时，本套丛书也获得了 UG 厂商的支持，丛书的质量得到了他们的认可。

本套 UG 丛书的优点是，丛书中的每一本书在内容上都是相互独立的，但是在工程案例的应用上又是相互关联、互为一体的；在编写风格上完全一致，因此读者可根据自己目前的需要单独购买丛书中的一本或多本。不过读者如果以后为了进一步提高 UG 技能还需要购书学习时，建议仍购买本丛书中的其他相关书籍，这样可以保证学习的连续性和良好的学习效果。

《UG NX 10.0 快速入门教程》是学习 UG NX 10.0 中文版的快速入门与提高教程，也是学习 UG 高级或专业模块的基础教程，这些高级或专业模块包括曲面、钣金、工程图、注塑（注射）模具、冲压模具、数控加工、运动仿真与分析、管道、电气布线、结构分析和热分析等。如果读者以后根据自己工作和专业的需要，或者是为了增加职场竞争力，需要学习这些专业模块，建议先熟练掌握本套丛书《UG NX 10.0 快速入门教程》中的基础内容，然后再学习高级或专业模块，以提高这些模块的学习效率。

《UG NX 10.0 快速入门教程》内容丰富、讲解详细、价格实惠，相比其他同类型、总页数相近的书籍，价格要便宜 20%~30%，因此《UG NX 4.0 快速入门教程》《UG NX 5.0 快速入门教程》《UG NX 6.0 快速入门教程》《UG NX 6.0 快速入门教程（修订版）》《UG NX 7.0 快速入门教程》《UG NX 8.0 快速入门教程》《UG NX 8.0 快速入门教程（修订版）》《UG NX 8.5 快速入门教程》和《UG NX 9.0 快速入门教程》已经累计被我国 100 多所大学本科院校和高等职业院校选为在校学生 CAD/CAM/CAE 等课程的授课教材。《UG NX 10.0 快速入门教程》与以前的版本相比，图书的质量和性价比有了大幅的提高，我们相信会有更多的院校选择此书作为教材。下面对本套 UG 丛书中每一本图书进行简要介绍。

（1）《UG NX 10.0 快速入门教程》

- 内容概要：本书是学习 UG 的快速入门教程，内容包括 UG 功能概述、UG 软件安装方法和过程、软件的环境设置与工作界面的用户定制和各常用模块应用基础。
- 适用读者：零基础读者，或者作为中高级读者查阅 UG NX 10.0 新功能、新操作之用，抑或作为工具书放在手边以备个别功能不熟或遗忘而查询之用。

（2）《UG NX 10.0 产品设计实例精解》

- 内容概要：本书是学习 UG 产品设计实例类的中高级图书。
- 适用读者：适合中高级读者提高产品设计能力、掌握更多产品设计技巧。UG 基础不扎实的读者在阅读本书前，建议先选购和阅读本丛书中的《UG NX 10.0 快速入门教程》。

（3）《UG NX 10.0 工程图教程》

- 内容概要：本书是全面、系统学习 UG 工程图设计的中高级图书。
- 适用读者：适合中高级读者全面精通 UG 工程图设计方法和技巧之用。

（4）《UG NX 10.0 曲面设计教程》

- 内容概要：本书是学习 UG 曲面设计的中高级图书。
- 适用读者：适合中高级读者全面精通 UG 曲面设计之用。UG 基础不扎实的读者在阅读本书前，建议先选购和阅读本丛书中的《UG NX 10.0 快速入门教程》。

（5）《UG NX 10.0 曲面设计实例精解》

- 内容概要：本书是学习 UG 曲面造型设计实例类的中高级图书。
- 适用读者：适合中高级读者提高曲面设计能力、掌握更多曲面设计技巧之用。UG 基础不扎实的读者在阅读本书前，建议先选购和阅读本丛书中的《UG NX 10.0 快速入门教程》《UG NX 10.0 曲面设计教程》。

（6）《UG NX 10.0 高级应用教程》

- 内容概要：本书是进一步学习 UG 高级功能的图书。
- 适用读者：适合读者进一步提高 UG 应用技能之用。UG 基础不扎实的读者在阅读本书前，建议先选购和阅读本丛书中的《UG NX 10.0 快速入门教程》。

（7）《UG NX 10.0 钣金设计教程》

- 内容概要：本书是学习 UG 钣金设计的中高级图书。
- 适用读者：适合读者全面精通 UG 钣金设计之用。UG 基础不扎实的读者在阅读本书前，建议先选购和阅读本丛书中的《UG NX 10.0 快速入门教程》。

（8）《UG NX 10.0 钣金设计实例精解》

- 内容概要：本书是学习 UG 钣金设计实例类的中高级图书。
- 适用读者：适合读者提高钣金设计能力、掌握更多钣金设计技巧之用。UG 基础不扎实的读者在阅读本书前，建议先选购和阅读本丛书中的《UG NX 10.0 快速入门教程》和《UG NX 10.0 钣金设计教程》。

（9）《钣金展开实用技术手册（UG NX 10.0 版）》

- 内容概要：本书是学习 UG 钣金展开的中高级图书。
- 适用读者：适合读者全面精通 UG 钣金展开技术之用。UG 基础不扎实的读者在阅读本书前，建议先选购和阅读本丛书中的《UG NX 10.0 快速入门教程》和《UG NX 10.0 钣金设计教程》。

（10）《UG NX 10.0 模具设计教程》

- 内容概要：本书是学习 UG 模具设计的中高级书籍。
- 适用读者：适合读者全面精通 UG 模具设计。UG 基础不扎实的读者在阅读本书前，建议选购和阅读本丛书中的《UG NX 10.0 快速入门教程》。

（11）《UG NX 10.0 模具设计实例精解》

- 内容概要：本书是学习 UG 模具设计实例类的中高级图书。
- 适用读者：适合读者提高模具设计能力、掌握更多模具设计技巧之用。UG 基础不扎实的读者在阅读本书前，建议先选购和阅读本丛书中的《UG NX 10.0 快速入门教程》和《UG NX 10.0 模具设计教程》。

（12）《UG NX 10.0 冲压模具设计教程》

- 内容概要：本书是学习 UG 冲压模具设计的中高级图书。
- 适用读者：适合读者全面精通 UG 冲压模具设计之用。UG 基础不扎实的读者在阅读本书前，建议先选购和阅读本丛书中的《UG NX 10.0 快速入门教程》。

（13）《UG NX 10.0 冲压模具设计实例精解》

- 内容概要：本书是学习 UG 冲压模具设计实例类的中高级图书。
- 适用读者：适合读者提高冲压模具设计能力、掌握更多冲压模具设计技巧之用。UG 基础不扎实的读者在阅读本书前，建议先选购和阅读本丛书中的《UG NX

10.0 快速入门教程》和《UG NX 10.0 冲压模具设计教程》。

（14）《UG NX 10.0 数控加工教程》

- 内容概要：本书是学习 UG 数控加工与编程的中高级图书。
- 适用读者：适合读者全面精通 UG 数控加工与编程之用。UG 基础不扎实的读者在阅读本书前，建议先选购和阅读本丛书中的《UG NX 10.0 快速入门教程》。

（15）《UG NX 10.0 数控加工实例精解》

- 内容概要：本书是学习 UG 数控加工与编程实例类的中高级图书。
- 适用读者：适合读者提高数控加工与编程能力、掌握更多数控加工与编程技巧之用。UG 基础不扎实的读者在阅读本书前，建议先选购和阅读本丛书中的《UG NX 10.0 快速入门教程》和《UG NX 10.0 数控加工教程》。

（16）《UG NX 10.0 运动仿真与分析教程》

- 内容概要：本书是学习 UG 运动仿真与分析的中高级图书。
- 适用读者：适合中高级读者全面精通 UG 运动仿真与分析之用。UG 基础不扎实的读者在阅读本书前，建议先选购和阅读本丛书中的《UG NX 10.0 快速入门教程》。

（17）《UG NX 10.0 管道设计教程》

- 内容概要：本书是学习 UG 管道设计的中高级图书。
- 适用读者：适合高级产品设计师阅读。UG 基础不扎实的读者在阅读本书前，建议先选购和阅读本丛书中的《UG NX 10.0 快速入门教程》。

（18）《UG NX 10.0 电气布线设计教程》

- 内容概要：本书是学习 UG 电气布线设计的中高级图书。
- 适用读者：适合高级产品设计师阅读。UG 基础不扎实的读者在阅读本书前，建议先选购和阅读本丛书中的《UG NX 10.0 快速入门教程》。

（19）《UG NX 10.0 结构分析教程》

- 内容概要：本书是学习 UG 结构分析的中高级图书。
- 适用读者：适合高级产品设计师和分析工程师阅读。UG 基础不扎实的读者在阅读本书前，建议先选购和阅读本丛书中的《UG NX 10.0 快速入门教程》。

（20）《UG NX 10.0 热分析教程》

- 内容概要：本书是学习 UG 热分析的中高级书籍。
- 适用读者：适合高级产品设计师和分析工程师阅读。UG 基础不扎实的读者在阅读本书前，建议先选购和阅读本丛书中的《UG NX 10.0 快速入门教程》。

前　言

UG是由美国UGS公司推出的功能强大的三维CAD/CAM/CAE软件系统，其内容涵盖了产品从概念设计、工业造型设计、三维模型设计、分析计算、动态模拟与仿真、工程图输出到生产加工的全过程，应用范围涉及航空航天、汽车、机械、造船、通用机械、数控（NC）加工、医疗器械和电子等诸多领域。

本书对UG NX 10.0模具设计的核心技术、方法与技巧进行了介绍，特色如下：

- 内容全面：介绍了UG模具设计的各方面知识，与市场上同类书籍相比，本书包含更多的内容。
- 讲解详细：由浅入深，条理清晰，图文并茂，对于想进入模具设计行业的读者，本书是一本不可多得的快速入门、快速见效的指南。
- 范例丰富：覆盖分型面的创建、模具的设计、模座设计等各个环节，对于迅速提高读者的模具设计水平很有帮助。
- 写法独特：采用UG NX 10.0中文版软件中真实的对话框、按钮和图标等进行讲解，使初学者能够直观、准确地操作软件，从而大大提高学习效率。
- 附加值高：本书附带1张多媒体DVD学习光盘，制作了大量UG模具设计技巧和具有针对性的实例教学视频并进行了详细的语音讲解，可以帮助读者轻松、高效地学习。

本书由北京兆迪科技有限公司编著，参加编写的人员有展迪优、王焕田、刘静、雷保珍、刘海起、魏俊岭、任慧华、詹路、冯元超、刘江波、周涛、段进敏、赵枫、邵为龙、侯俊飞、龙宇、施志杰、詹棋、高政、孙润、李倩倩、黄红霞、尹泉、李行、詹超、尹佩文、赵磊、王晓萍、陈淑童、周攀、吴伟、王海波、高策、冯华超、周思思、黄光辉、党辉、冯峰、詹聪、平迪、管璇、王平、李友荣。本书已经过多次审核，如有疏漏之处，恳请广大读者予以指正。

电子邮箱：zhanygjames@163.com　咨询电话：010-82176248，010-82176249。

编　者

读者购书回馈活动：

活动一：本书“随书光盘”中含有该“读者意见反馈卡”的电子文档，请认真填写本反馈卡，并E-mail给我们。E-mail: 兆迪科技 zhanygjames@163.com，丁锋 fengfener@qq.com。

活动二：扫一扫右侧二维码，关注兆迪科技官方公众微信（或搜索公众号zhaodikeji），参与互动，也可进行答疑。

凡参加以上活动，即可获得兆迪科技免费奉送的价值48元的在线课程一门，同时有机会获得价值780元的精品在线课程。

本 书 导 读

为了能更高效地学习本书，务必请您仔细阅读下面的内容。

写作环境

本书使用的操作系统为 64 位的 Windows 7，系统主题采用 Windows 经典主题。本书采用的写作蓝本是 UG NX 10.0 中文版。

光盘使用

为方便读者练习，特将本书所有素材文件、已完成的范例文件、配置文件和视频语音讲解文件等放入随书附带的光盘中，读者在学习过程中可以打开相应素材文件进行操作和练习。

本书附带 1 张多媒体 DVD 光盘，建议读者在学习本书前，先将 1 张 DVD 光盘中的所有文件复制到计算机硬盘的 D 盘中。D 盘上 ugnx10.3 目录下共有 4 个子目录：

（1）ugnx10_system_file：包含一些系统文件。

（2）work：包含本书全部已完成的实例文件。

（3）video：包含本书讲解中的视频录像文件，读者学习时可在该子目录中按顺序查找所需的视频文件。

（4）before：为方便 UG 低版本用户和读者的学习，光盘中特提供了 UG NX 8.0 版本主要章节的素材源文件。

光盘中带有 ok 扩展名的文件或文件夹表示已完成的范例。

本书约定

- 本书中有关鼠标操作的说明如下：
  - ☑ 单击：将鼠标指针移至某位置处，然后按一下鼠标的左键。
  - ☑ 双击：将鼠标指针移至某位置处，然后连续快速地按两次鼠标的左键。
  - ☑ 右击：将鼠标指针移至某位置处，然后按一下鼠标的右键。
  - ☑ 单击中键：将鼠标指针移至某位置处，然后按一下鼠标的中键。
  - ☑ 滚动中键：只是滚动鼠标的中键，而不能按中键。
  - ☑ 选择（选取）某对象：将鼠标指针移至某对象上，单击以选取该对象。
  - ☑ 拖移某对象：将鼠标指针移至某对象上，然后按下鼠标的左键不放，同时移动鼠标，将该对象移动到指定的位置后再松开鼠标的左键。

- 本书中的操作步骤分为 Task、Stage 和 Step 三个级别，说明如下：
  - ☑ 对于一般的软件操作，每个操作步骤以 Step 字符开始。
  - ☑ 每个 Step 操作视其复杂程度，其下面可含有多级子操作，例如 Step1 下可能包含（1）、（2）、（3）等子操作，（1）子操作下可能包含①、②、③等子操作，①子操作下可能包含 a）、b）、c）等子操作。
  - ☑ 如果操作较复杂，需要几个大的操作步骤才能完成，则每个大的操作冠以 Stage1、Stage2、Stage3 等，Stage 级别的操作下再分 Step1、Step2、Step3 等操作。
  - ☑ 对于多个任务的操作，则每个任务冠以 Task1、Task2、Task3 等，每个 Task 操作下可包含 Stage 和 Step 级别的操作。
- 由于已建议读者将随书光盘中的所有文件复制到计算机硬盘的 D 盘中，所以书中在要求设置工作目录或打开光盘文件时所述的路径均以“D:”开始。

技术支持

本书主编和参编人员来自北京兆迪科技有限公司，该公司专门从事 CAD/CAM/CAE 技术的研究、开发、咨询及产品设计与制造服务，并提供 UG、ANSYS、ADAMS 等软件的专业培训及技术咨询。读者在学习本书的过程中如果遇到问题，可通过访问该公司的网站 http://www.zalldy.com 来获得技术支持。

咨询电话：010-82176248，010-82176249。

目　　录

第 1 章　UG NX 10.0 模具设计概述

本章提要　本章主要介绍注塑模具和 UG NX 模具设计的基础知识，内容包括注塑模具的基本结构（塑件成型元件、浇注系统和模架）、UG NX 10.0/Mold Wizard 简介、UG NX 10.0/Mold Wizard 模具设计工作界面等。

1.1　注塑模具的结构组成

"注塑"一词，标准术语已改为"注射"，而软件中仍用"注塑"。为与软件一致，本书仍沿用"注塑"。

"塑料"（Plastic）即"可塑性材料"的简称，它是以高分子合成树脂为主要成分，在一定条件下可塑制成一定形状，且在常温下保持不变的材料。工程塑料（Engineering Plastic）是 20 世纪 50 年代在通用塑料基础上崛起的一类新型材料，工程塑料通常具有较好的耐腐蚀性、耐热性、耐寒性、绝缘性，以及诸多良好的力学性能，例如较高的拉伸强度、压缩强度、弯曲强度、疲劳强度和较好的耐磨性等。

目前，塑料的应用领域日益广阔，如用于制造冰箱、洗衣机、饮水机、洗碗机、卫生洁具、塑料水管、玩具、计算机键盘、鼠标、食品器皿和医用器具等。

塑料成型的方法（即塑件的生产方法）非常多，常见的有注塑成型、挤压成型、真空成型和发泡成型等，其中注塑成型是最主要的塑料成型方法。注塑模具是注塑成型的工具，其结构一般包括塑件成型元件、浇注系统和模架三大部分。

1. 塑件成型元件

塑件成型元件（即模仁）是注塑模具的关键部分，作用是构建塑件的结构和形状，塑件成型的主要元件包括型腔和型芯，如图 1.1.1 所示；如果塑件较复杂，则模具中还需要滑块、销等成型元件，如图 1.1.2~图 1.1.4 所示。这些模型位于 D:\ug10.3\work 目录下，读者可打开每个目录下的*_top_*.prt 文件进行查看。

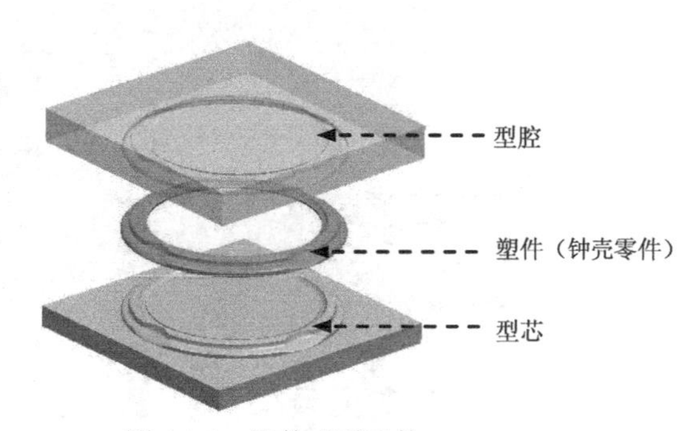

图 1.1.1　塑件成型元件

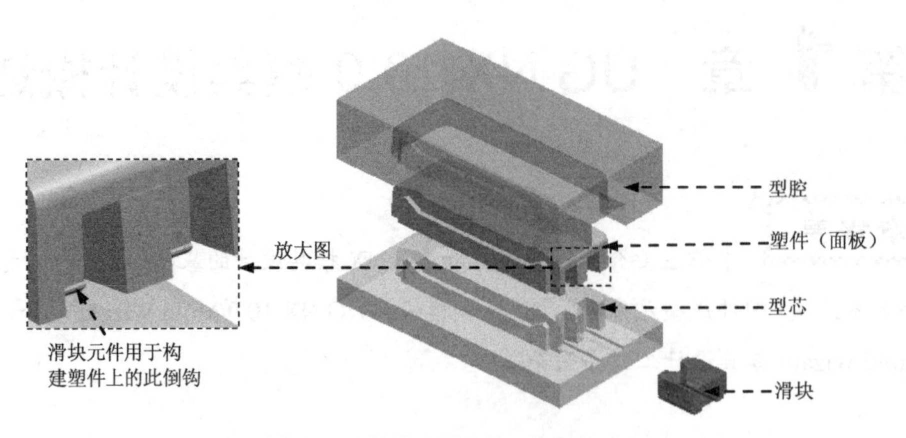

图 1.1.2 塑件成型元件（带滑块）1

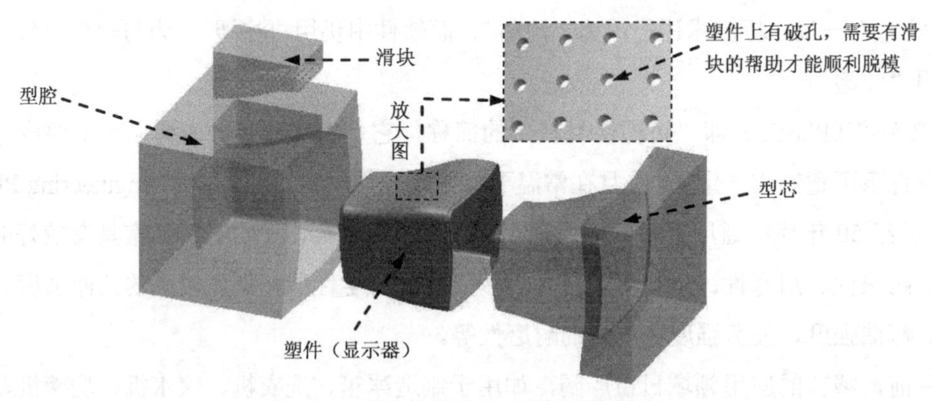

图 1.1.3 塑件成型元件（带滑块）2

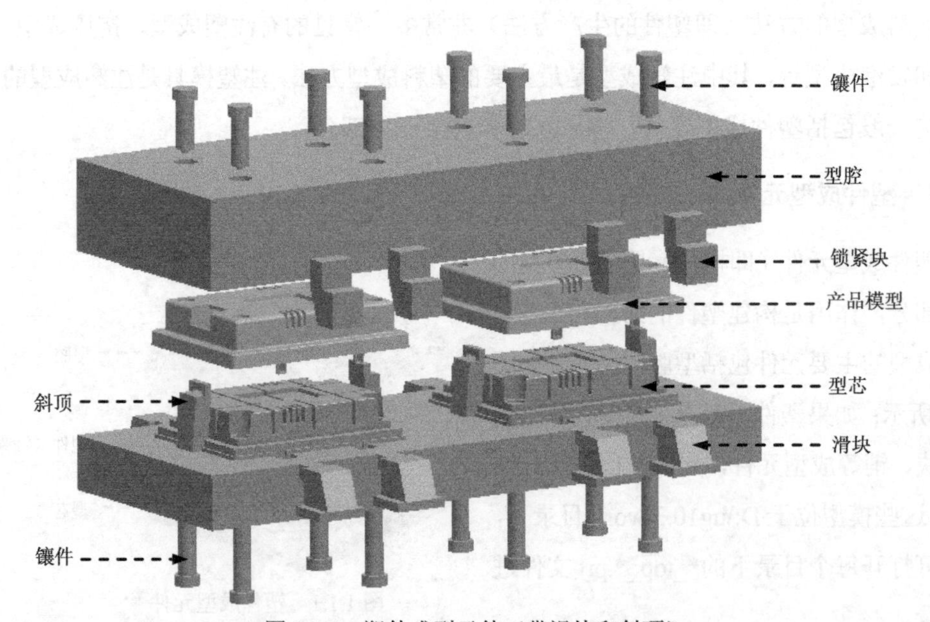

图 1.1.4 塑件成型元件（带滑块和斜顶）

2. 浇注系统

浇注系统是塑料熔融物从注塑机喷嘴流入模具型腔的通道。普通浇注系统一般由主流道、分流道、浇口和冷料穴四部分组成。主流道是熔融物从注塑机进入模具的入口，浇口是熔融物进入模具型腔的入口，分流道则是主流道和浇口之间的通道。

如果模具较大或者是一模多穴，可以安排多个浇口。当在模具中设置多个浇口时，其流道结构较复杂，主流道中会分出许多分流道（图 1.1.5），这样熔融物先流过主流道，然后通过分流道再由各个浇口进入型腔。读者可打开 D:\ug10.3\work\ch01.01.02\fork.prt 文件查看此模型。

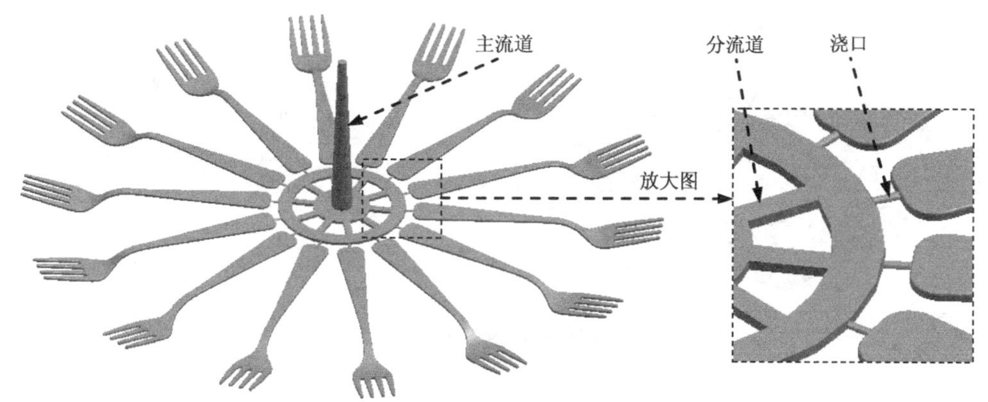

图 1.1.5 浇注系统

3. Mold Wizard 模架设计

图 1.1.6 所示的模架是通过 Mold Wizard 模块来创建的，其模架中的所有标准零部件全都是由 Mold Wizard 模块提供的，只需要确定装配位置。读者可打开 D:\ug10.3\work\ch01.01.03*_top_*.prt 文件查看此模型。

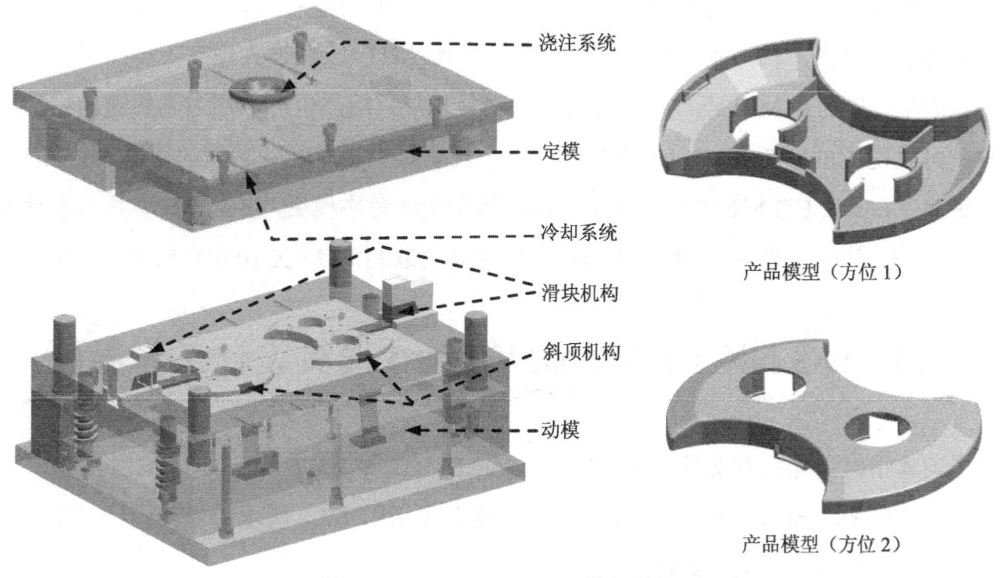

图 1.1.6 Mold Wizard 9.0 模架设计

4．在建模环境下进行模具设计

图 1.1.7 所示的模具是在建模环境下完成设计的，其技巧性和灵活性很强。读者可打开 D:\ug10.3\work\ch01.01.04\fork.prt 文件查看此模型。

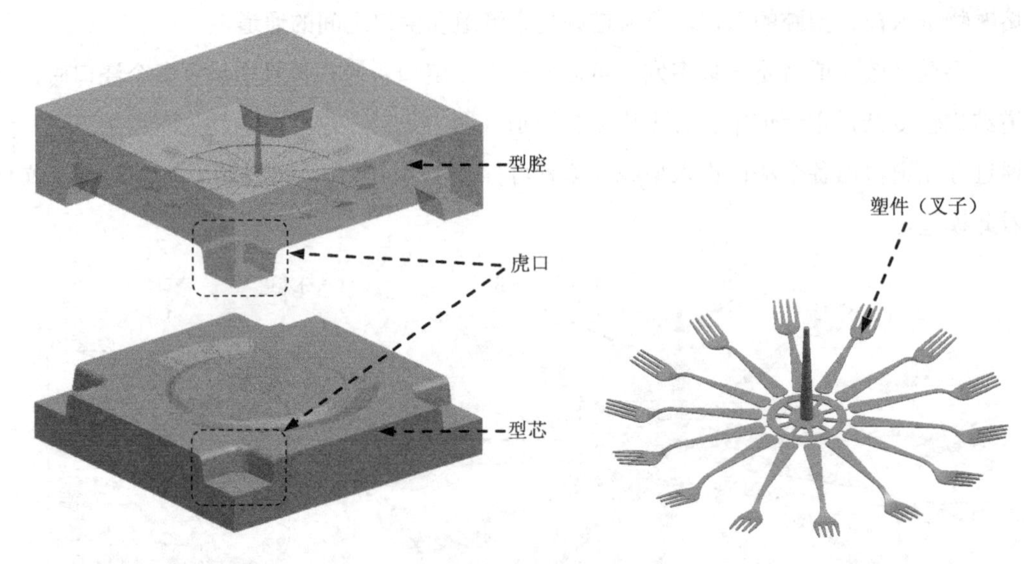

图 1.1.7　在建模环境下进行模具设计

1.2　UG NX 10.0/Mold Wizard 简介

Mold Wizard（注塑模向导，以下简称 MW）作为一个模块被集成在 UG NX 软件中。MW 模块是针对模具设计的专业模块，并且此模块中配有常用的模架库和标准件库，用户可以方便地在模具设计过程中调用。标准件的调用非常简单，只要用户设置好相关标准件的参数和定位点，软件就会自动将标准件加载到模具中，在很大程度上提高了模具设计效率。值得一提的是 MW 还具有强大的电极设计功能，用户也可以通过它快速地进行电极设计。可以说 Mold Wizard 在 UG NX 中是一个具有强大模具设计功能的模块。

说明：虽然在 UG NX 10.0 中集成了注塑模具设计向导模块，但是不能直接用来设计模架和标准件。读者需要安装 Mold Wizard，并且要安装到 UG NX 10.0 目录下才能使用。

1.3　UG NX 10.0/Mold Wizard 模具设计工作界面

学习本节时请先打开文件 D:\ug10.3\work\ch01.03\cap_mold_top_010.prt。

打开文件 cap_mold_top_010.prt 后，系统就会显示图 1.3.1 所示的模具设计工作界面。下面对该工作界面进行简要说明。

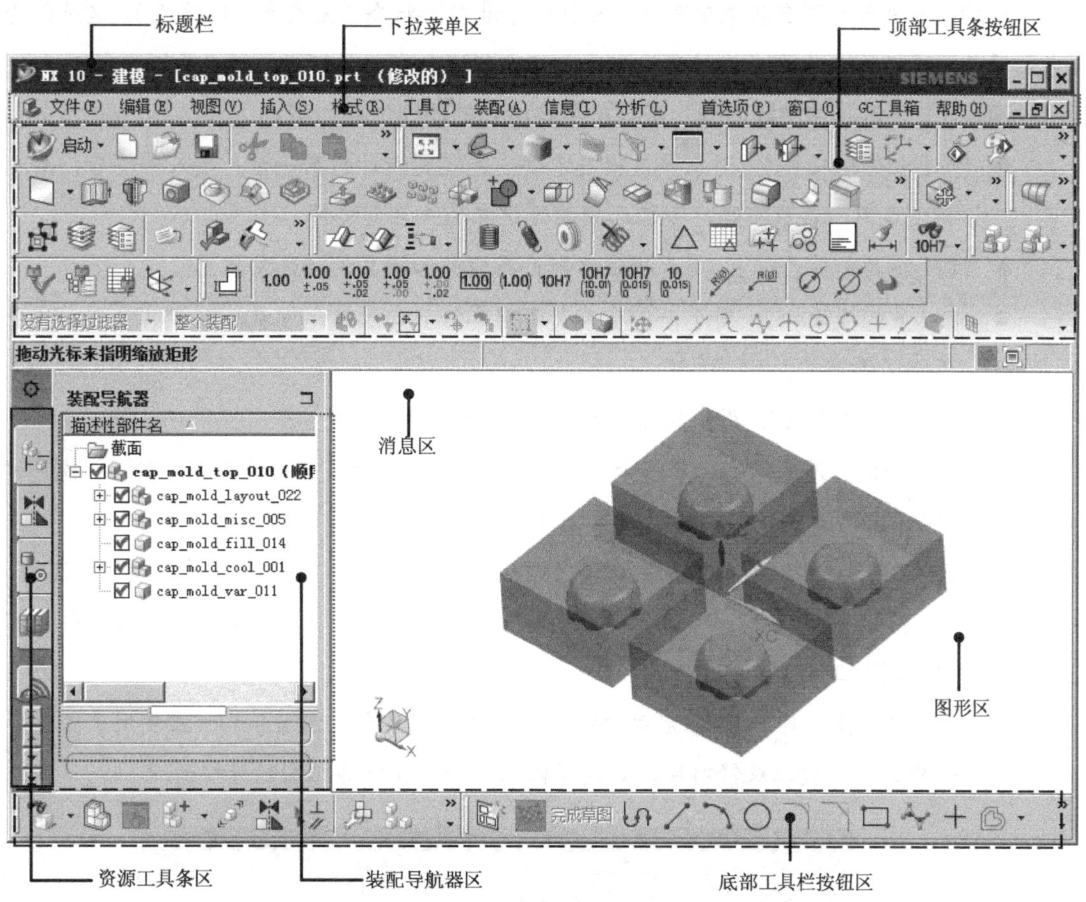

图 1.3.1 UG NX 10.0/Mold Wizard 模具设计工作界面

说明： 若打开模型后，发现顶部工具条按钮区没有“注塑模向导”工具条，则用户需要选择下拉菜单 启动 → 所有应用模块 → 注塑模向导(Z) 命令。

模具设计工作界面包括标题栏、下拉菜单区、顶部工具条按钮区、消息区、图形区、装配导航器区、资源工具条区及底部工具栏区。

1. 工具条按钮区

工具条中的命令按钮为快速选择命令及设置工作环境提供了极大的方便，用户可以根据具体情况定制工具条，图 1.3.2 所示是“注塑模向导”工具条。

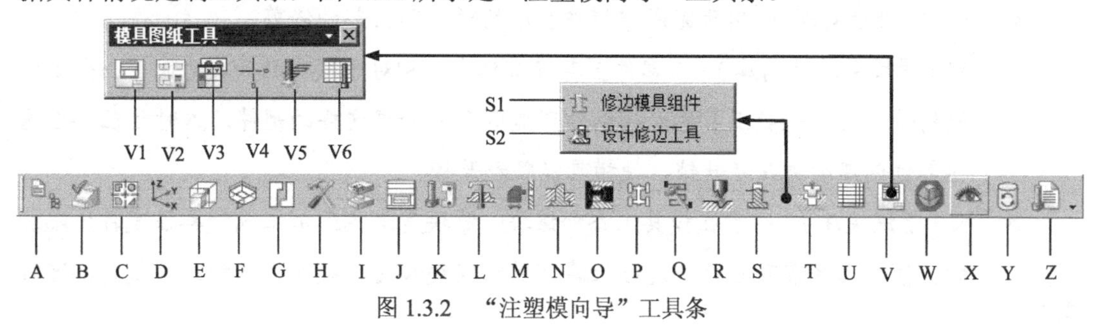

图 1.3.2 “注塑模向导”工具条

注意：用户会看到有些菜单命令和按钮处于非激活状态（呈灰色，即暗色），这是因为它们目前还没有处在发挥功能的环境中，一旦它们进入有关的环境，便会自动激活。

图 1.3.2 所示“注塑模向导”工具条中各按钮的功能说明如下：

- A（初始化项目）：用来导入模具零件，是模具设计的第一步，导入零件后，系统将生成用于存放布局、型芯和型腔等信息的一系列文件。
- B（模具部件验证）：用于验证喷射产品模型和模具设计详细信息。
- C（多腔模设计）：用于一模多腔（不同零件）的设计。可在一副模具中生成多个不相同的塑件。
- D（模具 CSYS）：用来指定（锁定）模具的开模方向。
- E（收缩）：用来设定一个因冷却产生收缩的比例因子。一般情况下，在设计模具时要把制品的收缩补偿到模具中，模具的尺寸为实际尺寸加上收缩尺寸。
- F（工件）：可以定义用来生成模具型腔和型芯的工件（毛坯），并与模架相连接。
- G（型腔布局）：用于完成产品模型在型腔中的布局。当产品需要多腔设计时，可以利用此工具。
- H（注塑模工具）：可以启动“注塑模工具”工具条（图 1.3.3），主要用来修补零件中的孔、槽以及修补块，目的是做出一个 UG 能够识别的分型面。

图 1.3.3　“注塑模工具”工具条

- I（模具分型工具）：用于模具的分型。分型的过程包括创建分型线、分型面以及生成型芯和型腔等。
- J（模架库）：用于加载模架。在 MW 中，模架都是标准的，标准模架是由结构、尺寸和形式都标准化及系统化，并有一定互换性的零件成套组合而成的模架。
- K（标准件库）：用于调用 MW 中的标准件，包括螺钉、定位圈、浇口套、推杆、推管、回程杆导向机构等。
- L（顶杆后处理）：用于完成推杆件长度的延伸和头部的修剪。
- M（滑块和浮升销库）：当零件上存在有侧向（相对于模具的开模方向）凸出或凹进的特征时，一般正常的开模动作不能顺利地分离这样的塑件。这时往往要在这些部位创建滑块或浮升销，使模具能顺利开模。
- N（子镶块库）：用于在模具上添加镶块。镶块是考虑到加工或模具强度时才添加的。模具上经常有些特征是形状简单但比较细长的，或处于难加工的位置，这时

就需要添加镶块。

- O（浇口库）：用于创建模具浇口。浇口是液态塑料从流道进入模腔的入口，浇口的选择和设计直接影响塑件的成型，同时浇口的数量和位置也对塑件的质量和后续加工有直接影响。
- P（流道）：用于创建模具流道。流道是浇道末端到浇口的流动通道。用户可以综合考虑塑料成型特性、塑件大小和形状等因素，最后确定流道形状及尺寸。
- Q（模具冷却工具）：用于创建模具中的冷却系统。模具温度的控制是靠冷却系统实现的，模具温度直接影响制品的收缩、表面光泽、内应力以及注塑周期等，模具温度是提高产品质量及提高生产效率的一个有效途径。
- R（电极）：用于创建电极。电极加工是模具制造中的一种特殊加工方法。
- S1（修边模具组件）：用于修剪模具型芯或型腔上多余的部分，以获得所需的轮廓外形（包括对浮升销、标准件及电极的修剪）。
- S2（设计修边工具）：用于创建或编辑修边部件和修边曲面。
- T（腔体）：用于在模具中创建空腔。使用此工具按钮时，选定零件会自动切除标准件部分，并保持尺寸及形状与标准件的相关性。
- U（物料清单）：利用此工具按钮可以创建模具项目的物料清单（明细表）。此物料清单是基于模具装配状态产生的与装配信息相关的模具部件列表，并且此清单上显示的项目可以由用户选择定制。
- V1（装配图样）：用此工具按钮可以创建模具工程图（与一般的零件或装配体的工程图类似）。
- V2（组件图样）：用于创建或管理模具装配的组件图纸。
- V3（孔表）：此命令可以将组件中的所有孔创建或编辑表。
- V4（自动标注尺寸）：用于自动创建孔（包括线切割起始孔）的坐标尺寸。
- V5（孔加工注释）：用于为选定的孔添加加工注释。
- V6（顶杆表）：用于自动创建顶杆表图纸。
- W（铸造工艺助理）：用来激活“铸造工艺助理”工具条（图 1.3.4），主要在设计浇铸件时使用。

图 1.3.4 “铸造工艺助理”工具条

- X（视图管理器）：利用此工具按钮可以控制模具装配组件的显示（可见性和颜色等）。

- Y（未用部件管理）：用于对组件项目目录的管理（包括删除及恢复）。
- Z（概念设计）：可按照已定义的信息配置并安装模架和标准件。

2. 下拉菜单区

下拉菜单中包含创建、保存、修改模型和设置 UG NX 10.0 环境的一些命令。

3. 资源工具条区

资源工具条区包括“装配导航器”“约束导航器”“部件导航器”“重用库”“HD3D 工具”“Web 浏览器”“历史记录”和“系统材料”等导航工具。用户通过该工具条可以方便地进行一些操作。对于每一种导航器，都可以直接在其相应的项目上右击，快速地进行各种操作。

资源工具条区主要选项的功能说明如下：

- “装配导航器”显示装配的层次关系。
- “部件导航器”显示建模的先后顺序和父子关系。父对象（活动零件或组件）显示在模型树的顶部，其子对象（零件或特征）位于父对象之下。在“部件导航器”中右击，从弹出的快捷菜单中选择时间戳记顺序命令，则按“模型历史”显示。“模型历史树”中列出了活动文件中的所有零件及特征，并按建模的先后顺序显示模型结构。若打开多个 UG NX 10.0 模型，则“部件导航器”只反映活动模型的内容。
- “重用库”中可以显示标准件。
- “Web 浏览器”可以直接浏览 UGS 官方网站。
- “历史记录”中可以显示曾经打开过的部件。
- “系统材料”中可以设定模型的材料。

4. 消息区

执行有关操作时，与该操作有关的系统提示信息会显示在消息区。消息区中间有一个可见的边线，左侧是提示栏，用来提示用户如何操作；右侧是状态栏，用来显示系统或图形当前的状态，例如显示选取结果信息等。执行每个操作时，系统都会在提示栏中显示用户必须执行的操作，或者提示下一步操作。对于大多数的命令，用户都可以利用提示栏的提示来完成操作。

5. 图形区

图形区是 UG NX 10.0 用户的主要工作区域，建模的主要过程及绘制前后的零件图形、分析结果和模拟仿真过程等都在这个区域内显示。用户在进行操作时，可以直接在图形区中选取相关对象进行操作。

同时还可以选择多种视图操作方式：

方法一：右击图形区，系统弹出快捷菜单，如图 1.3.5 所示。

方法二：按住右键，系统弹出挤出式菜单，如图 1.3.6 所示。

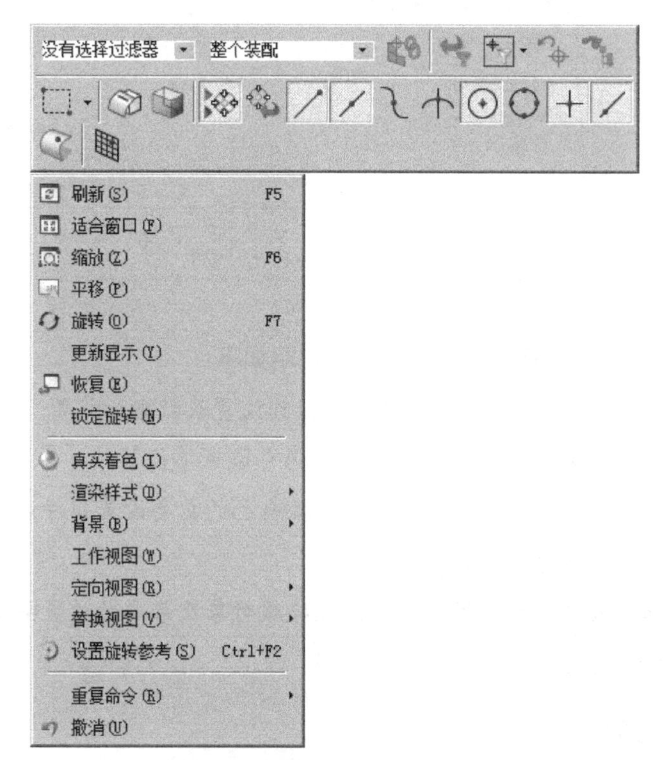

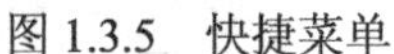

图 1.3.5 快捷菜单

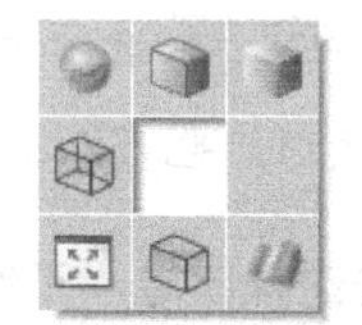

图 1.3.6 挤出式菜单

1.4 UG NX 10.0/Mold Wizard 参数设置

UG NX 10.0/Mold Wizard 作为 UG NX 的一个模块，其参数设置也同样被集中到 UG NX 软件的“用户默认设置”对话框中。

选择下拉菜单 文件(F) → 实用工具(U) → 用户默认设置(D)... 命令，系统弹出“用户默认设置”对话框，在其中用户可以根据自己的意愿或公司规定设置工作环境。本节将对注塑模向导中“常规”“工件”及“分型”的设置做一下简单介绍。

1. 注塑模向导“常规”设置

在“用户默认设置”对话框中选择 常规 选项，系统弹出如图 1.4.1 所示的“用户默认设置”对话框（一）。

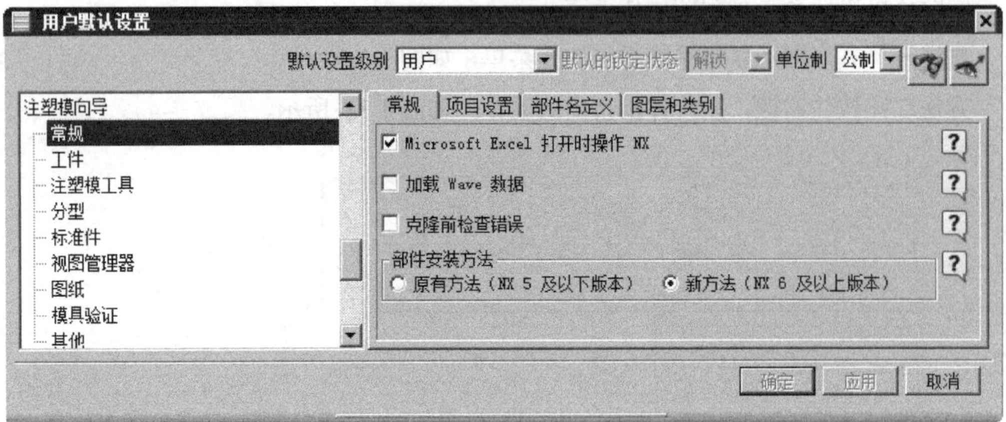

图 1.4.1 “用户默认设置”对话框（一）

图 1.4.1 所示“用户默认设置”对话框中部分选项的说明如下：

- 常规选项卡：用于设置在操作 UG 时系统的其他操作设置及数据加载等。
- 项目设置选项卡：用于设置在项目初始化阶段相关的参数及路径等。
- 部件名定义选项卡：用于定义部件名称，用户可以根据自己的需要设置零件名称的定义方式，也可以使用 UG 中的默认值。
- 图层和类别选项卡：通过此选项卡，用户可以设置隐藏对象及基准的放置图层，当然用户也可以接受默认设置。

2. 注塑模向导“工件”设置

在“用户默认设置”对话框中选择工件选项，系统弹出如图 1.4.2 所示的“用户默认设置”对话框（二）。

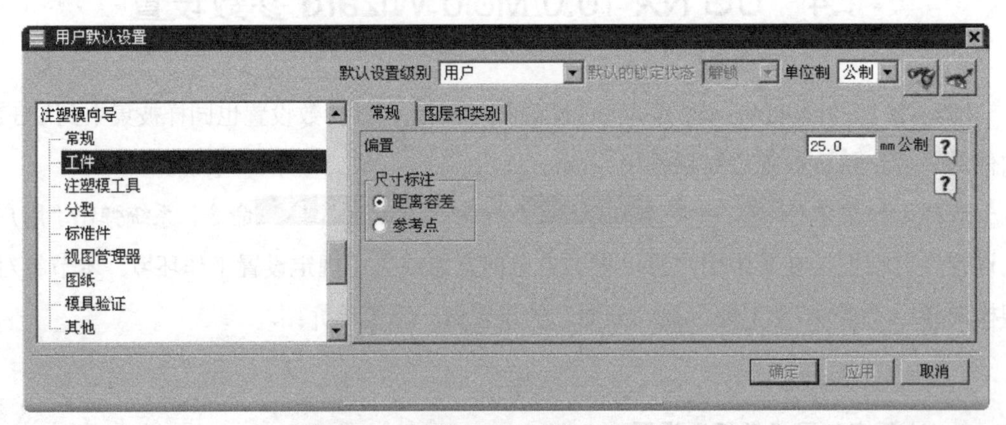

图 1.4.2 “用户默认设置”对话框（二）

图 1.4.2 所示“用户默认设置”对话框中部分选项的说明如下：

- 常规选项卡：用于设置初始工件的偏置值和工件的尺寸度量方法。
- 图层和类别选项卡：通过此选项卡，用户可以设置工件放置的图层及工件默认名称。

3．注塑模向导“分型”设置

在“用户默认设置”对话框中选择分型选项，系统弹出如图 1.4.3 所示的“用户默认设置”对话框（三）。

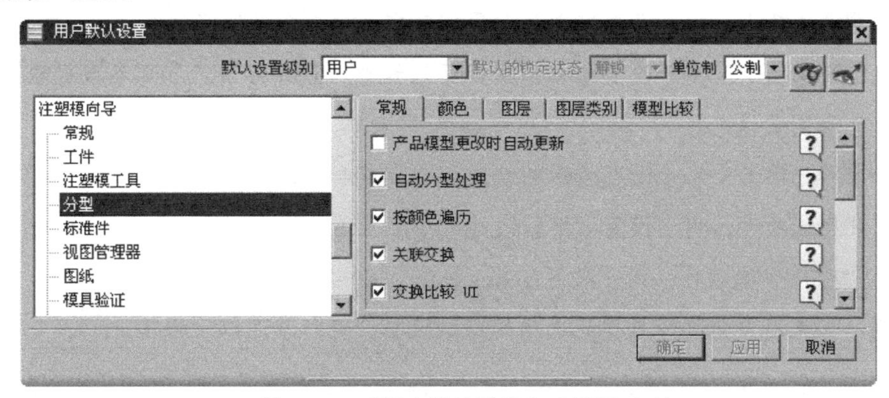

图 1.4.3 “用户默认设置”对话框（三）

图 1.4.3 所示“用户默认设置”对话框中部分选项的说明如下：

- 常规选项卡：用于设置产品的更新与分型；分型线、曲面和型芯/型腔的公差；小拔模角和跨越角的默认值等。
- 颜色选项卡：用于指定产品、线条、曲面、补片体及型芯/型腔区域等的颜色。
- 图层选项卡：与颜色选项卡不同的是此选项卡控制的是图层。
- 图层类别选项卡：通过此选项卡可以设置产品、线条、型芯面、型腔表面、补片体、型芯/型腔等的图层类别名称，以方便区分和管理。
- 模型比较选项卡：主要是在模型发生更改时使用，用来识别新旧面。

4．注塑模向导的“其他”设置

在“用户默认设置”对话框中选择其他选项，系统弹出如图 1.4.4 所示的“用户默认设置”对话框（四）。

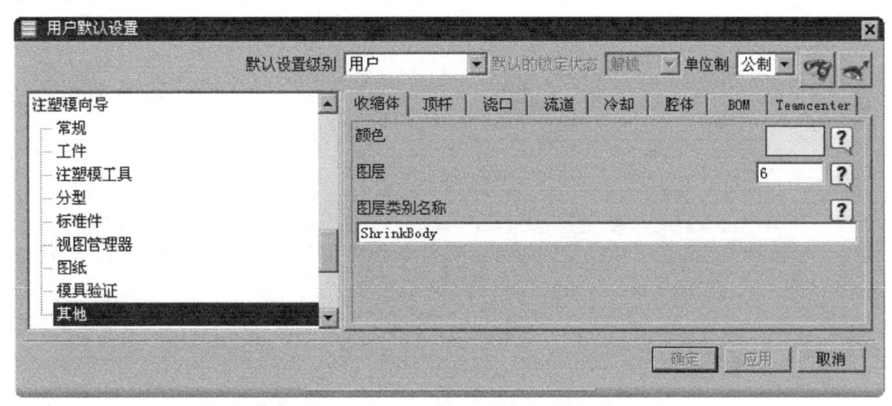

图 1.4.4 “用户默认设置”对话框（四）

图 1.4.4 所示“用户默认设置”对话框中部分选项的说明如下：

- 收缩体选项卡：用于设置收缩体（制品）的颜色、图层及图层名称等信息。
- 顶杆选项卡：用于设置顶杆的配合长度、修剪信息属性名等。
- 浇口选项卡：用来控制浇口组件的颜色和图层等信息。
- 流道选项卡：用于设置流道的引导线和实线的颜色及图层信息。
- 冷却选项卡：用于设置冷却系统的干涉检查、创建方法、基本参数的默认值及颜色和图层信息。
- 腔体选项卡：用于设置腔体的默认值、颜色和图层等信息。
- BOM选项卡：用于设置“坯料尺寸的小数位数”。
- Teamcenter选项卡：用于设置 Teamcenter 文件夹搜索。

说明：如果用户需要修改其他选项的默认设置，可以参照以上操作。

第 2 章 UG NX 10.0 模具设计入门

本章提要 UG NX 10.0 的注塑模具设计向导为我们提供了非常方便、实用的模具设计功能。本章将通过一个简单的零件来说明 UG NX 10.0 模具设计的一般过程。通过本章的学习，读者能够清楚地了解模具设计的一般流程及操作方法，并理解其中的原理。

2.1 UG NX 10.0 模具设计流程

使用 UG NX 10.0 中的注塑模向导进行模具设计的一般流程如图 2.1.1 所示。

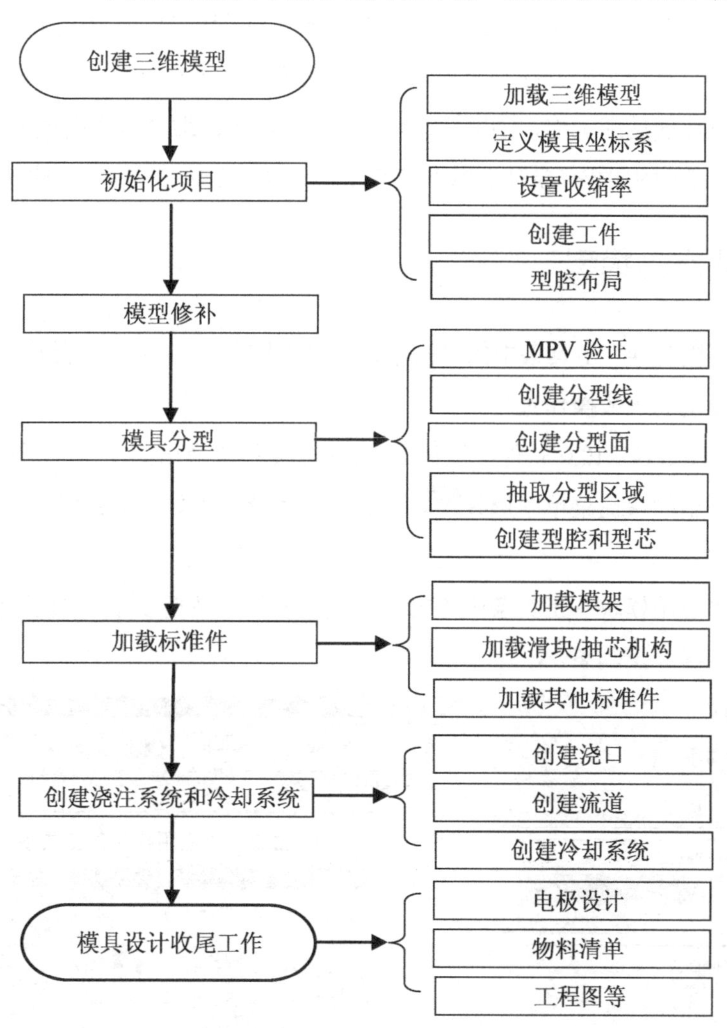

图 2.1.1 模具设计的一般流程

后面几节将以图 2.1.2 所示的钟壳零件（clock_surface）为例来说明使用 UG NX 10.0 软件设计模具的一般过程和操作方法。

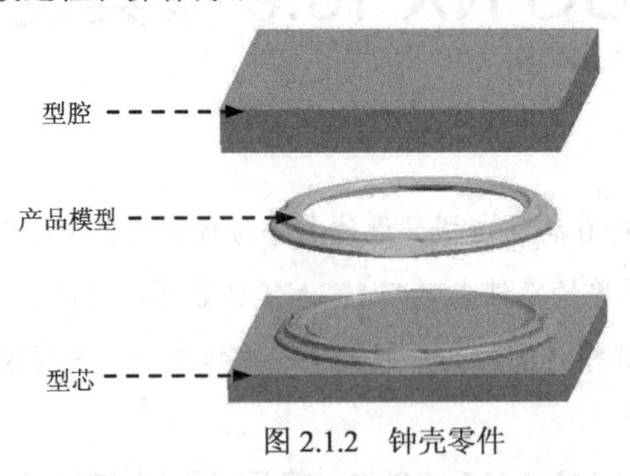

图 2.1.2 钟壳零件

2.2 初始化项目

初始化项目是 UG NX 10.0 中使用 Mold Wizard（注塑模向导）设计模具的源头，是把产品模型装配到模具模块中并在整个模具设计中起着关键性的作用。初始化项目的操作将会影响到模具设计的后续工作，所以在初始化项目之前应仔细分析产品模型的结构及材料，主要包括：产品模型的加载、模具坐标系的定义、收缩率的设置和模具工件（毛坯）的创建。

2.2.1 加载产品模型

通过“注塑模向导”工具条中的“初始化项目”按钮来完成产品模型的加载。下面介绍加载产品模型的一般操作过程。

Step1. 打开 UG NX 10.0 软件，在工具栏中右击，系统弹出如图 2.2.1 所示的快捷菜单。

Step2. 在弹出的快捷菜单中选择应用模块命令，系统弹出如图 2.2.2 所示的“应用模块”工具条。

Step3. 在“应用模块”工具条中单击“注塑模向导”按钮，系统弹出如图 2.2.3 所示的“注塑模向导”工具条。

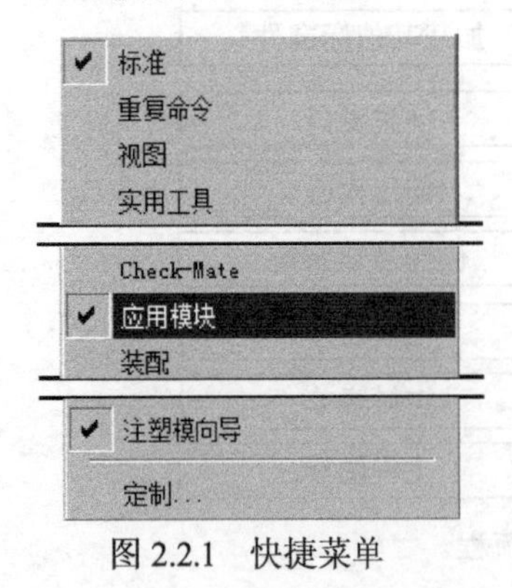

图 2.2.1 快捷菜单

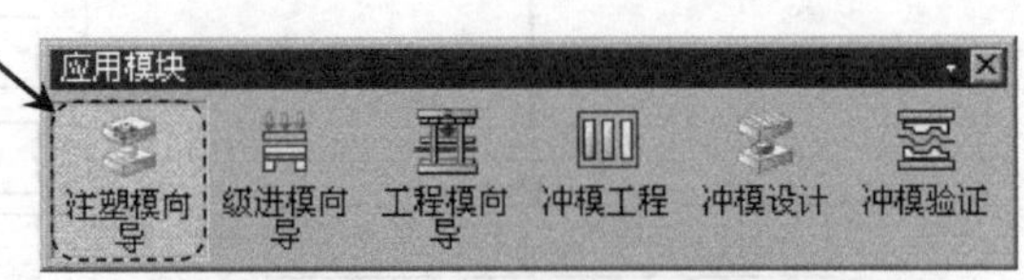

图 2.2.2 “应用模块”工具条

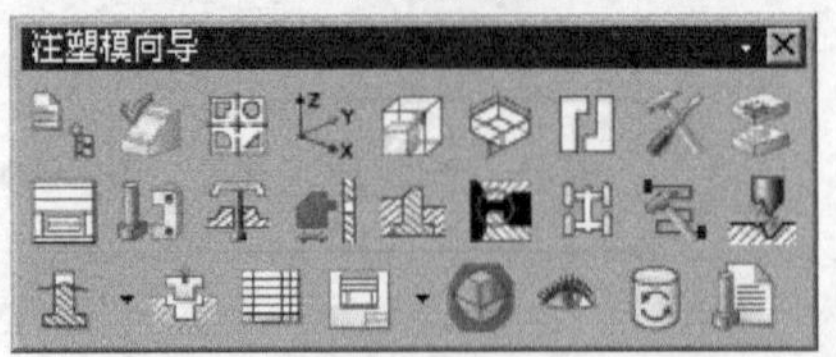

图 2.2.3 “注塑模向导”工具条

Step4. 在“注塑模向导”工具条中单击“初始化项目”按钮，系统弹出“打开”对话框，选择 D:\ug10.3\work\ch02\clock_surface.prt 文件，单击 OK 按钮，载入模型后系统弹出如图 2.2.4 所示的“初始化项目”对话框。

Step5. 定义项目单位。在“初始化项目”对话框 设置 区域的 项目单位 下拉列表中选择 毫米 选项。

Step6. 设置项目路径和名称。

（1）设置项目路径。接受系统默认的项目路径。

（2）设置项目名称。在“初始化项目”对话框 项目设置 区域的 Name 文本框中输入 clock_surface_mold。

Step7. 单击 确定 按钮，完成加载后的产品模型如图 2.2.5 所示。

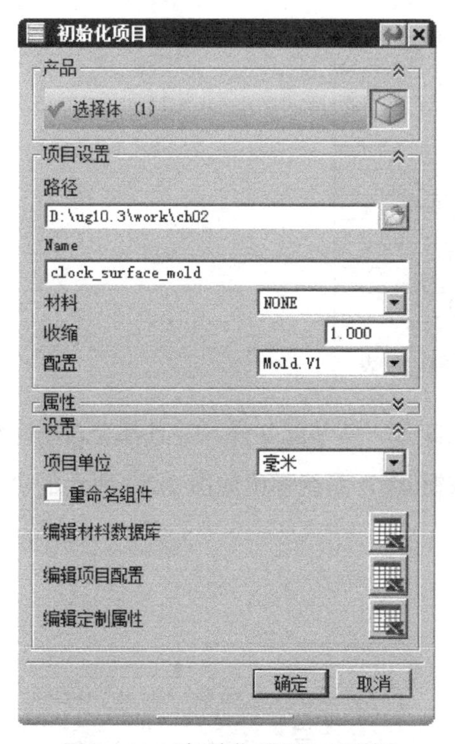

图 2.2.4 “初始化项目”对话框

图 2.2.5 加载后的产品模型

图 2.2.4 所示“初始化项目”对话框中各选项的说明如下：

- 项目单位 下拉列表：用于设定模具尺寸单位制，此处“项目单位”的翻译有误，应翻译为“模具单位”。系统默认的模具尺寸单位为毫米，用户可以根据需要选择不同的尺寸单位制。
- 路径 文本框：用于设定模具项目中零部件的存储位置。用户可以通过单击按钮来更改零部件的存储位置，系统默认将项目路径设置在产品模型存放的文件中。
- Name 文本框：用于定义当前创建的模型项目名称，系统默认的项目名称与产品模型名称是一样的。

- ☑ 重命名组件复选框：选中该复选框后，在加载模具文件时系统将会弹出“部件名管理”对话框，编辑该对话框可以对模具装配体中的各部件名称进行灵活更改。该复选框用于控制在载入模具文件时是否显示“部件名称管理”对话框。
- 材料下拉列表：用于定义产品模型的材料。通过该下拉列表可以选择不同的材料。
- 收缩文本框：用于指定产品模型的收缩率。若在部件材料下拉列表中定义了材料，则系统自动设置产品模型的收缩率。用户也可以直接在该文本框中输入相应的数值来定义产品模型的收缩率。
- 编辑材料数据库按钮：单击按钮，系统将弹出如图 2.2.6 所示的材料明细表。用户可以通过编辑该材料明细表来定义材料的收缩率，也可以添加材料及其收缩率。

MATERIAL	SHRINKAGE
NONE	1.000
NYLON	1.016
ABS	1.006
PPO	1.010
PS	1.006
PC+ABS	1.0045
ABS+PC	1.0055
PC	1.0045
PC	1.006
PMMA	1.002
PA+60%GF	1.001
PC+10%GF	1.0035

图 2.2.6　材料明细表

Step8. 完成产品模型加载后，系统会自动载入一些装配文件，并且都会自动保存在项目路径下。单击屏幕左侧的“装配导航器”按钮，系统弹出如图 2.2.7 所示的“装配导航器”面板。

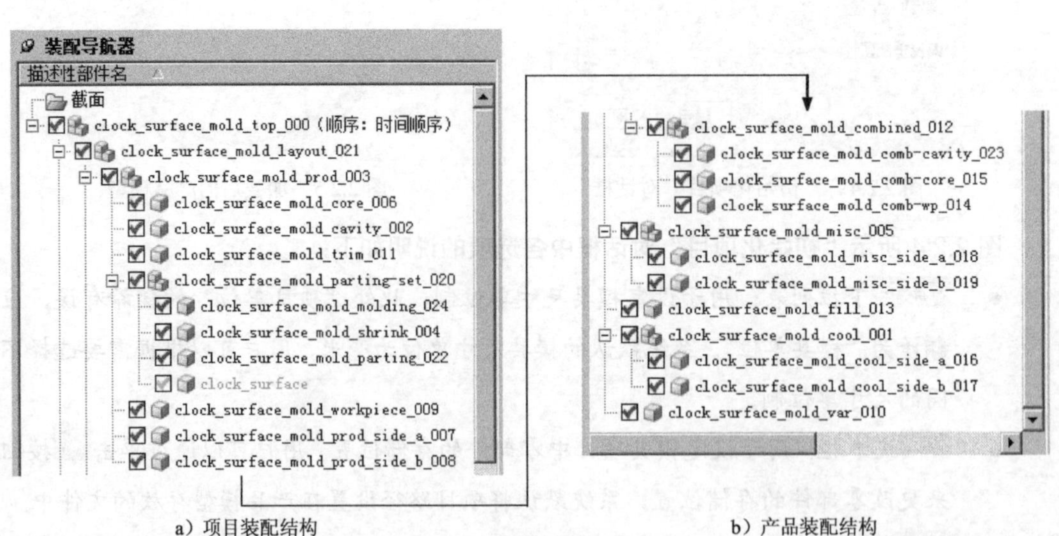

a）项目装配结构　　　　b）产品装配结构

图 2.2.7　装配导航器

说明：该模具的项目装配名称为 clock_surface_mold_top_000，其中 clock_surface_mold 为该模具名称，top 为项目总文件，000 为系统自动生成的模具编号。

对装配导航器面板中系统生成的文件说明如下：

加载模具文件的过程实际上是复制两个子装配：项目装配结构和产品装配结构，如图 2.2.7 所示。

- 项目装配结构：项目装配名称为 clock_surface_mold_top，是模具装配结构的总文件，主要由 top、var、cool、fill、misc、layout 等部件组成。
  - ☑ top：项目的总文件，包含所有的模具零部件和定义模具设计所必需的相关数据。
  - ☑ var：包含模架和标准件所用的参考值。
  - ☑ cool：用于存储在模具中创建的冷却管道实体，并且冷却管道的标准件也默认存储在该节点下。
  - ☑ fill：用于存储浇注系统的组件，包含流道和浇口的实体。
  - ☑ misc：该节点分为两部分：side_a 对应的是模具定模的组件，side_b 对应的是动模的组件，用于存储没有定义或单独部件的标准件，包括定位圈、锁紧块和支撑柱等。
  - ☑ layout：包含一个或多个 prod 节点，一个项目的多个产品装配结构位于同一个 layout 节点下。
- 产品装配结构：产品装配名称为 clock_surface_mold_prod，主要由 prod、shrink、parting、core、catvity、trim、molding 等部件组成。
  - ☑ prod：用于将单独的特定部件文件集合成一个装配的子组件。
  - ☑ shrink：包含产品模型的几何连接体。
  - ☑ parting：用于存储修补片体、分型面和提取的型芯/型腔的面。
  - ☑ core：用于存储模具中的型芯。
  - ☑ cavity：用于存储模具中的型腔。
  - ☑ trim：用于存储模具修剪的几何体。
  - ☑ molding：用于保存源产品模型的链接体，使源产品模型不受收缩率的影响。

2.2.2 模具坐标系

模具坐标系在整个模具设计中的地位非常重要，它不仅是所有模具装配部件的参考基准，而且还直接影响到模具的结构设计，所以在定义模具坐标系前，首先要分析产品的结构，弄清产品的开模方向（规定坐标系的+Z 轴方向为开模方向）和分型面（规定 XC-YC

平面设在分型面上，原点设定在分型面的中心）；其次，通过移动及旋转将产品坐标系调整到与模具坐标系相同的位置；最后，通过“注塑模向导”工具条中的“模具坐标系”按钮来锁定坐标系。继续以前面的模型为例，设置模具坐标系的一般操作过程如下：

Step1. 在“注塑模向导”工具条中单击“模具 CSYS”按钮，系统弹出如图 2.2.8 所示的“模具 CSYS”对话框。

Step2. 在“模具 CSYS”对话框中选择 当前 WCS 单选项，单击 确定 按钮，完成模具坐标系的定义，结果如图 2.2.9 所示。

图 2.2.8 “模具 CSYS”对话框

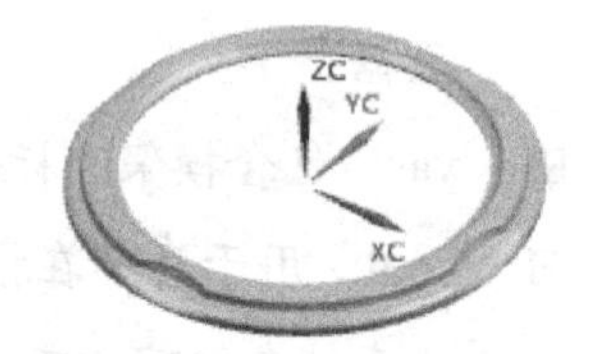

图 2.2.9 定义后的模具坐标系

图 2.2.8 所示“模具 CSYS”对话框中部分选项的说明如下：

- 当前 WCS：选择该单选项后，模具坐标系即为产品坐标系，与当前的产品坐标系相匹配。
- 产品实体中心：选择该单选项后，模具坐标系定义在产品体的中心位置。
- 选定面的中心：选择该单选项后，模具坐标系定义在指定的边界面的中心。

说明：本例中，产品坐标系不需要调整即符合模具坐标系的要求。当产品坐标系不符合模具坐标系的要求时，就需要进行调整。通过 格式(R) 下拉菜单中 WCS 下拉菜单中的 原点(O)...、动态(D)... 和 旋转(R)... 命令即可完成坐标系的调整。也可以通过双击坐标系来调整，调整坐标系的方法与建模环境下的调整方法一致，在此不再赘述。

2.2.3 设置收缩率

从模具中取出注塑件后，由于温度及压力的变化塑件会产生收缩，为此 UG 软件提供了收缩率（Shrinkage）功能来纠正注塑成品零件体积收缩所造成的尺寸偏差。用户通过设置适当的收缩率来放大参照模型，便可以获得正确尺寸的注塑零件。一般它受塑料品种、产品结构、模具结构和成型工艺等多种因素的影响。继续以前面的模型为例，设置收缩率的一般操作过程如下：

Step1. 定义收缩率类型。

（1）在“注塑模向导”工具条中单击“收缩”按钮，产品模型会高亮显示，同时系统弹出如图 2.2.10 所示的“缩放体”对话框。

（2）定义类型。在“缩放体”对话框的 类型 下拉列表中选择 均匀 选项。

Step2. 定义缩放体和缩放点。接受系统默认的设置。

说明：因为前面只加载了一个产品模型，所以此处系统会自动将该产品模型定义为缩放体，并默认缩放点位于坐标原点。

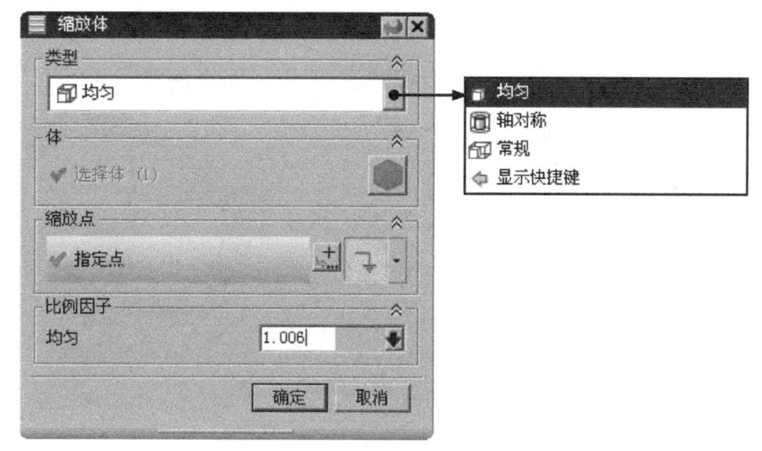

图 2.2.10 “缩放体”对话框

图 2.2.10 所示“缩放体”对话框类型区域下拉列表的说明如下：

- 均匀：产品模型在各方向的轴向收缩均匀一致。
- 轴对称：产品模型的收缩呈轴对称分布，一般应用在柱形产品模型中。
- 常规：材料在各方向的收缩率分布呈一般性，收缩时可沿 X、Y、Z 方向计算不同的收缩比例。
- 显示快捷键：选中此选项，系统会将“类型”的快捷图标显示出来。

Step3. 定义比例因子。在“缩放体”对话框比例因子区域的均匀文本框中输入收缩率值 1.006。

Step4. 单击确定按钮，完成收缩率的设置。

Step5. 在设置完收缩率后，还可以对产品模型的尺寸进行检查。

（1）选择命令。选择下拉菜单分析(L) → 测量距离(D)...命令，系统弹出如图 2.2.11 所示的“测量距离”对话框。

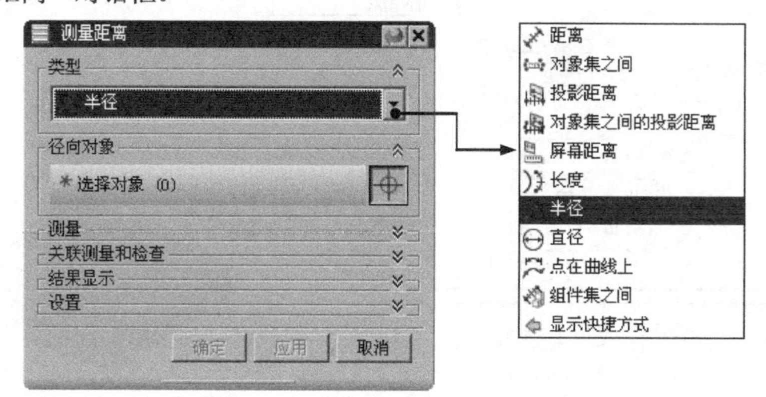

图 2.2.11 “测量距离”对话框

（2）定义测量类型及对象。在类型下拉列表中选择半径选项，选取如图 2.2.12b 所示的边线，显示零件的半径值为 100.6000。

（3）检测收缩率。由图 2.2.12a 可知，产品模型在设置收缩率前的尺寸值为 100，设置后的产品模型尺寸为 100×1.006=100.6000，说明设置收缩没有失误。

（4）单击“测量距离”对话框中的< 确定 >按钮，退出测量。

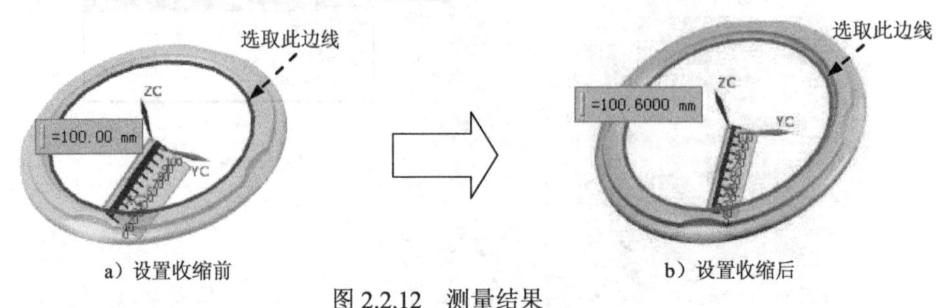

图 2.2.12　测量结果

2.2.4　创建模具工件

继续以前面的模型为例来介绍创建模具工件的一般操作过程。

Step1.在“注塑模向导”工具条中单击“工件”按钮，系统弹出如图 2.2.13 所示的“工件”对话框。

Step2. 在“工件”对话框的类型下拉列表中选择产品工件选项，在工件方法下拉列表中选择用户定义的块选项，然后在限制区域中进行如图 2.2.13 所示的设置，单击< 确定 >按钮，完成工件的定义，结果如图 2.2.14 所示。

图 2.2.13　“工件”对话框

图 2.2.14　创建后的工件

图 2.2.13 所示“工件”对话框中各选项的说明如下：

- 类型区域：用于定义创建工件的类型。
  - ☑ 产品工件：选择该选项，则在产品模型最大外形尺寸的基础上沿 X、Y 和 Z 轴的 6 个方向分别加上相应的尺寸作为成型工件的尺寸，并且系统提供 4 种定义工件的方法。
  - ☑ 组合工件：通过该类型来定义工件，和“产品工件”类型中“用户定义的块”方法类似，不同的是在工件草图截面定义方法。
- 工件方法区域：用于定义创建工件的方法。
  - ☑ 用户定义的块：选择该选项，则系统以提供草图的方式来定义截面。
  - ☑ 型腔-型芯：选择该选项，则将自定义的创建实体作为成型工件。有时系统提供的标准长方体不能满足实际需要，这时可以将自定义的实体作为工件的实体。自定义的成型工件必须保存在 parting 部件中。
  - ☑ 仅型腔和仅型芯：“仅型腔”和“仅型芯”配合使用，可以分别创建型腔和型芯。

2.3 模型修补

在进行模具分型前，有些产品体上有开放的凹槽或孔，此时就要对产品模型进行修补，否则无法进行模具的分型。继续以前面的模型为例来介绍模型修补的一般操作过程。

Step1. 在“注塑模向导”工具条中单击“注塑模工具”按钮，系统弹出“注塑模工具”工具条，如图 2.3.1 所示。

图 2.3.1 “注塑模工具”工具条

Step2. 选择命令。在“注塑模工具”工具条中单击“曲面补片”按钮，系统弹出如图 2.3.2 所示的“边修补”对话框。

Step3. 定义修补边界。在对话框的类型下拉列表中选择体选项，然后在图形区选取产品实体，系统将自动识别出破孔的边界线并以加亮形式显示出来，如图 2.3.3 所示。

Step4. 单击确定按钮，隐藏工件和工件线框后修补结果如图 2.3.4 所示。

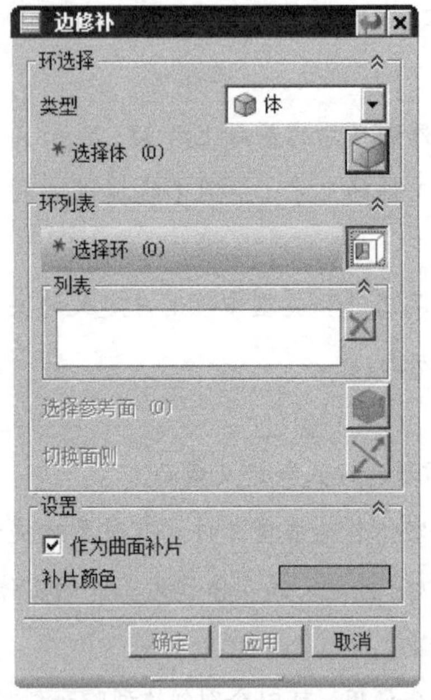

图 2.3.2 “边修补”对话框

图 2.3.3 高亮显示孔边界

图 2.3.4 修补结果

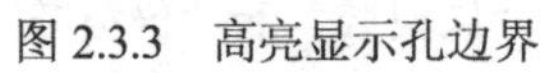

2.4 模具分型

通过分型工具可以完成模具设计中很多重要的工作，包括对产品模型的分析，分型线、分型面、型芯、型腔的创建、编辑，以及设计变更等。

2.4.1 设计区域

设计区域的主要功能是对产品模型进行区域分析。继续以前面的模型为例来介绍设计区域的一般操作过程。

Step1. 在“注塑模向导”工具条中单击“模具分型工具”按钮，系统弹出如图 2.4.1 所示的“模具分型工具”工具条和图 2.4.2 所示的“分型导航器”窗口。

图 2.4.1 “模具分型工具”工具条

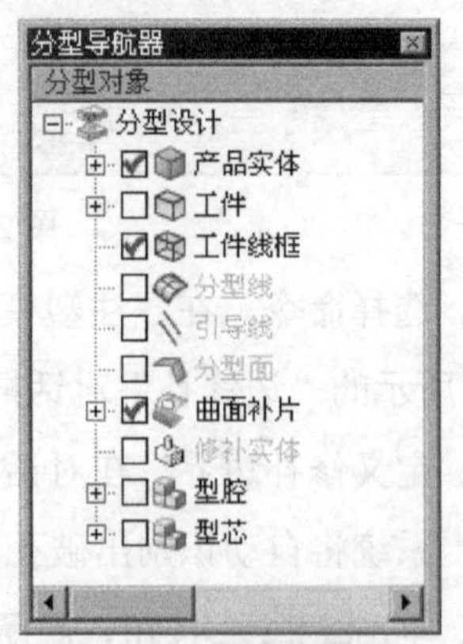

图 2.4.2 “分型导航器”窗口

说明： 图 2.4.1 中的按钮用于控制“分型导航器”窗口的打开或关闭，通过单击即可进行切换状态。

Step2. 在“模具分型工具”工具条中单击“检查区域”按钮，系统弹出如图 2.4.3 所示的“检查区域”对话框（一），同时模型被加亮并显示开模方向，如图 2.4.4 所示，在对话框中选中 保持现有的 单选项。

说明： 图 2.4.4 所示的开模方向可以通过“检查区域”对话框中的“矢量对话框”按钮来更改，由于在前面定义模具坐标系时已经将开模方向设置好了，因此系统将自动识别出产品模型的开模方向。

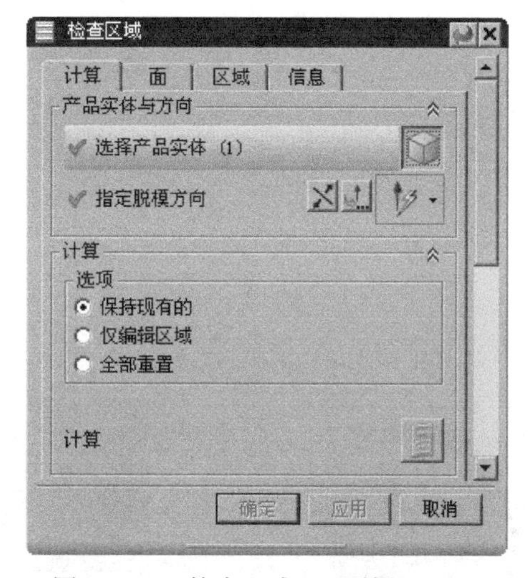

图 2.4.3 “检查区域”对话框（一）

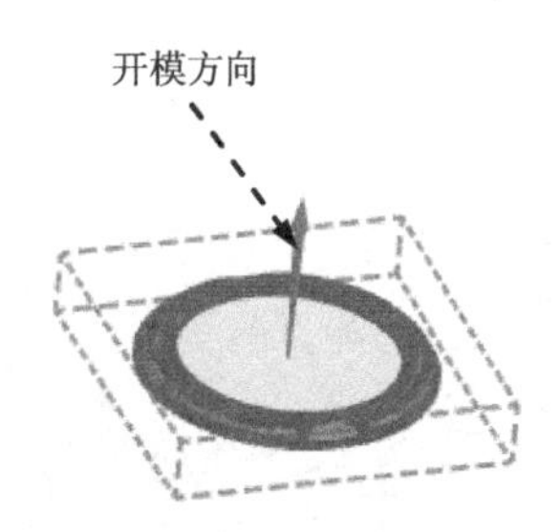

图 2.4.4 开模方向

Step3. 在“检查区域”对话框（一）中单击“计算”按钮，系统开始对产品模型进行分析计算。在“检查区域”对话框（一）中单击 面 选项卡，系统弹出如图 2.4.5 所示的“检查区域”对话框（二），在该对话框中可以查看分析结果。

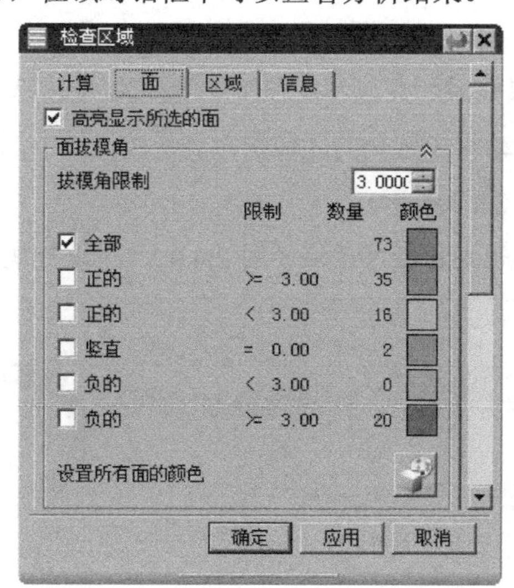

图 2.4.5 “检查区域”对话框（二）

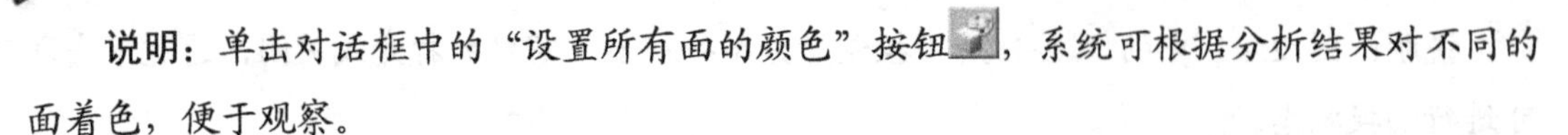

说明：单击对话框中的“设置所有面的颜色”按钮，系统可根据分析结果对不同的面着色，便于观察。

Step4. 设置区域颜色。在“检查区域”对话框（二）中单击区域选项卡，系统弹出如图 2.4.6 所示的“检查区域”对话框（三），在其中单击“设置区域颜色”按钮，然后取消选中☐ 内环、☐ 分型边和☐ 不完整的环三个复选框，结果如图 2.4.7 所示。

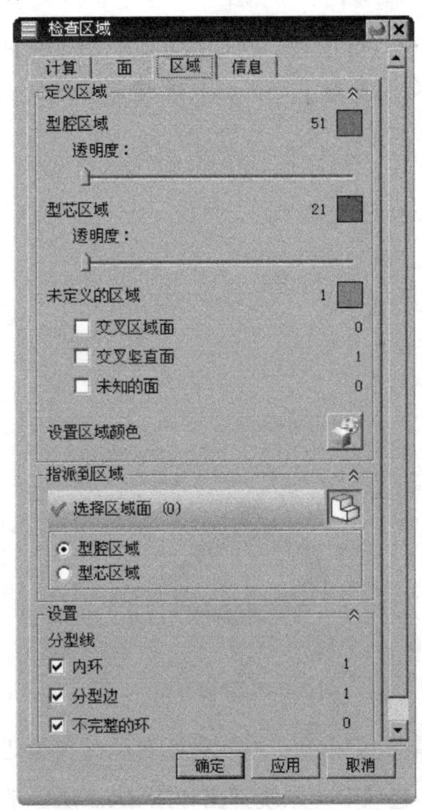

图 2.4.6 “检查区域”对话框（三）

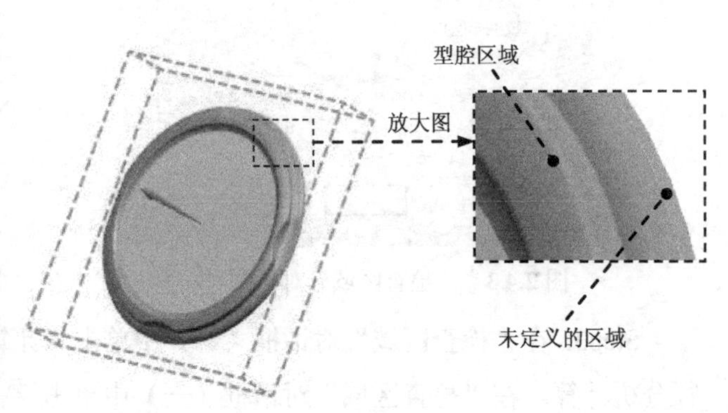

图 2.4.7 设置区域颜色

Step5. 定义型腔区域。在“检查区域”对话框（三）的未定义的区域区域中选中☑ 交叉竖直面复选框，此时未定义区域曲面加亮显示，在指派到区域区域中选中⊙ 型腔区域单选项，单击应用按钮，此时系统自动将未定义的区域指派到型腔区域中，同时对话框中的未定义的区域显示为 0，创建结果如图 2.4.8 所示。

说明：此处系统自动识别出型芯区域（图 2.4.9），即接受默认设置。

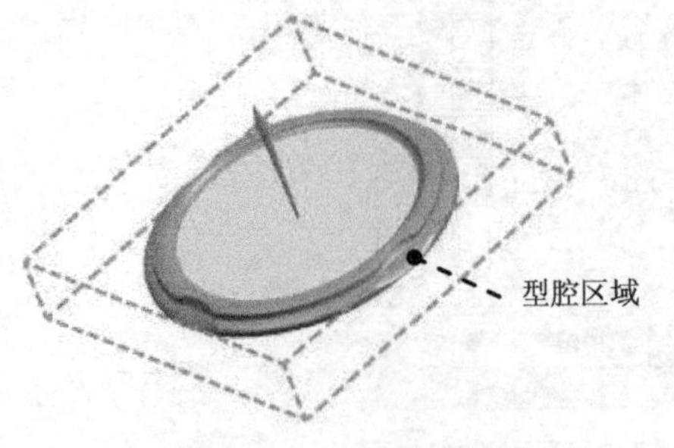

图 2.4.8 定义型腔区域

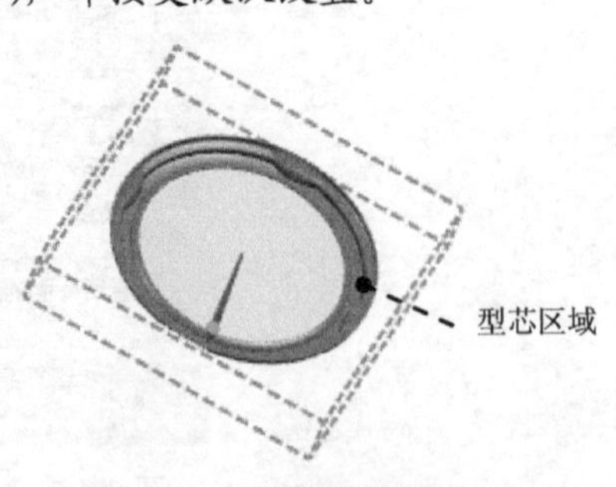

图 2.4.9 定义型芯区域

Step6. 单击 确定 按钮，完成区域设置。

2.4.2 创建区域和分型线

完成产品模型的型芯面和型腔面定义后，接下来要进行型芯区域、型腔区域和分型线的创建工作。继续以前面的模型为例来介绍创建区域和分型线的一般操作过程。

Step1. 在“模具分型工具”工具条中单击“定义区域”按钮，系统弹出如图 2.4.10 所示的“定义区域”对话框。

Step2. 在“定义区域”对话框的 设置 区域中选中 ☑ 创建区域 和 ☑ 创建分型线 复选框，单击 确定 按钮，完成分型线的创建，结果如图 2.4.11 所示。

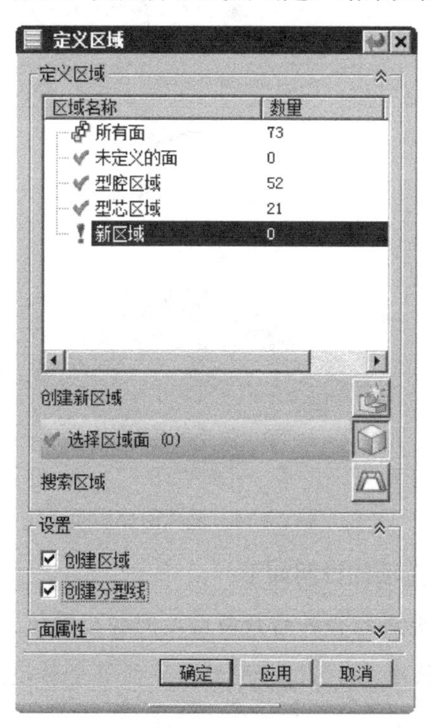

图 2.4.10 “定义区域”对话框

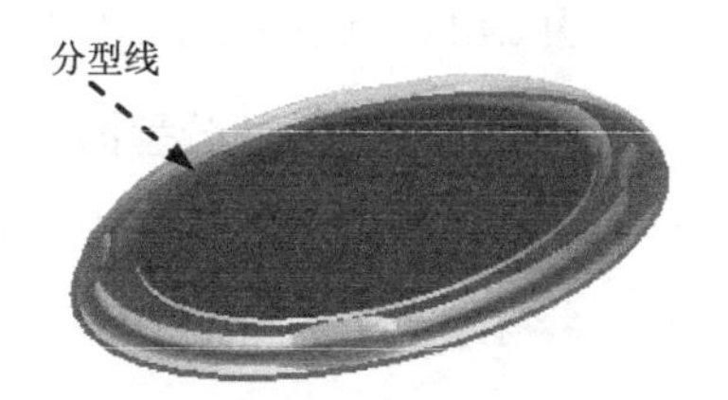

图 2.4.11 创建的分型线

2.4.3 创建分型面

分型面的创建是在分型线的基础上完成的。继续以前面的模型为例来介绍创建分型面的一般操作过程。

Step1. 在“模具分型工具”工具条中单击“设计分型面”按钮，系统弹出如图 2.4.12 所示的“设计分型面”对话框。

Step2. 定义分型面创建方法。在“设计分型面”对话框的 创建分型面 区域中单击“有界平面”按钮。

Step3. 定义分型面大小。确认工件线框处于显示状态，在“设计分型面”对话框中接受系统默认的公差值；拖动图 2.4.13 所示分型面的宽度方向控制按钮使分型面大小超过工件大小，单击 确定 按钮，结果如图 2.4.14 所示。

图 2.4.12 “设计分型面”对话框

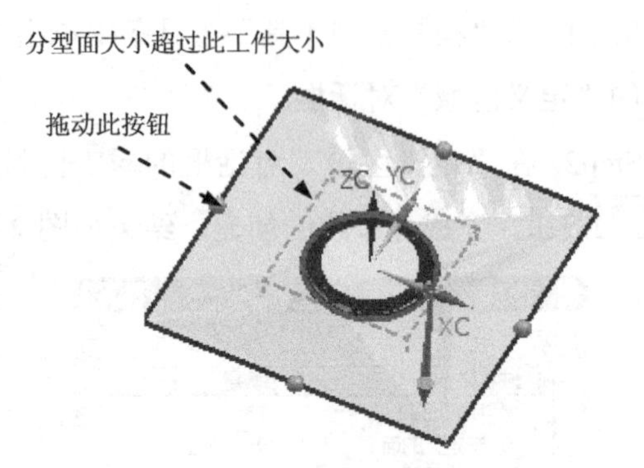

图 2.4.13 定义分型面大小

图 2.4.14 创建的分型面

图 2.4.12 所示“设计分型面”对话框中各选项的说明如下：

- 公差 文本框：用于定义两个或多个需要进行合并的分型面之间的公差值。
- 分型面长度 文本框：用于定义分型面的长度，以保证分型面区域能够全部超出工件。

2.4.4 创建型腔和型芯

型腔是成型塑件外表面的主要零件，型芯是成型塑件内表面的主要零件。继续以前面的模型为例来介绍创建型腔和型芯的一般操作过程。

Step1. 在“模具分型工具”工具条中单击“定义型腔和型芯”按钮，系统弹出如图 2.4.15 所示的“定义型腔和型芯”对话框。

Step2. 创建型腔零件。

(1) 在“定义型腔和型芯”对话框中选择 选择片体 区域中的 型腔区域 选项，单击 应用 按钮（此时系统自动将型腔片体选中）。

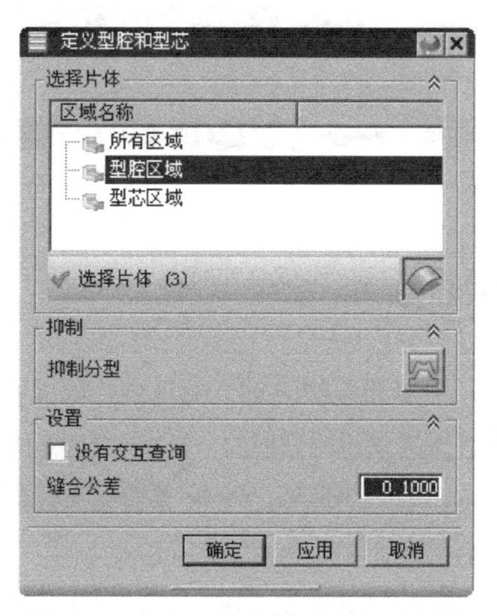

图 2.4.15　“定义型腔和型芯”对话框

（2）系统弹出如图 2.4.16 所示的“查看分型结果”对话框，接受系统默认的方向。

（3）创建的型腔零件如图 2.4.17 所示，单击 确定 按钮，完成型腔零件的创建。

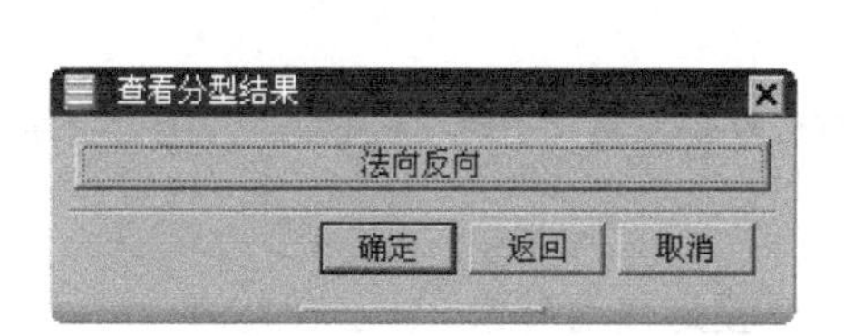

图 2.4.16　“查看分型结果”对话框

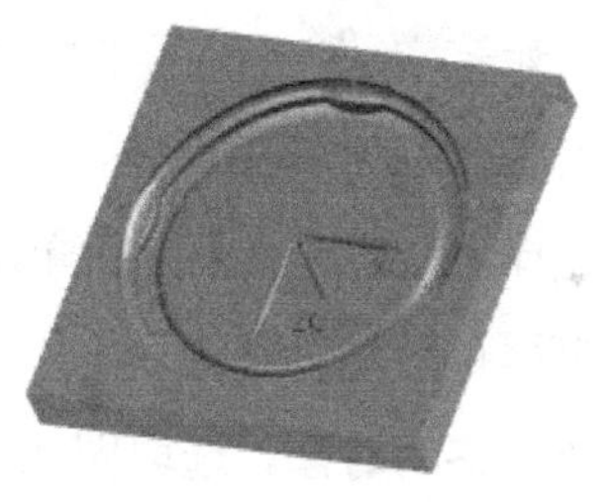

图 2.4.17　创建的型腔零件

Step3. 创建型芯零件。

（1）在“定义型腔和型芯”对话框选择 选择片体 区域中的 型芯区域 选项，单击 确定 按钮（此时系统自动将型芯片体选中）。

（2）系统弹出“查看分型结果”对话框，接受系统默认的方向。

（3）创建的型芯零件如图 2.4.18 所示，单击 确定 按钮，完成型芯零件的创建。

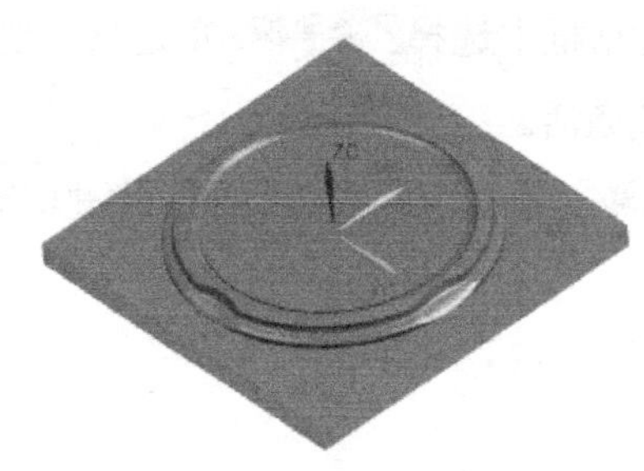

图 2.4.18　创建的型芯零件

说明：查看型腔和型芯零件可以通过以下两种方式：

☑ 选择下拉菜单 窗口(O) → 1. clock_surface_mold_core_006.prt 命令，系统切换到型芯窗口。

☑ 选择下拉菜单 窗口(O) → 2. clock_surface_mold_cavity_002.prt 命令，系统切换到型腔窗口。

2.4.5 创建模具分解视图

通过创建模具分解视图，可以模拟模具的开启过程，还可以进一步观察模具结构设计是否合理。继续以前面的模型为例来说明开模的一般操作方法和步骤。

Step1. 切换窗口。选择下拉菜单 窗口(O) → 6. clock_ surface_mold_top_000.prt 命令，切换到总装配文件窗口并将其设为工作部件。

说明：如果当前工作环境处于总装配窗口中，则此步操作可以省略。

Step2. 移动型腔。

（1）选择下拉菜单 装配(A) → 爆炸图(X) → 新建爆炸图(N)... 命令，系统弹出如图 2.4.19 所示的“新建爆炸图”对话框，接受默认的名字，单击 确定 按钮。

说明：如果 装配(A) 下拉菜单中没有 爆炸图(X) 命令，则需要选择 启动 → 装配(L) 命令，切换到装配工作环境。

（2）选择命令。选择下拉菜单 装配(A) → 爆炸图(X) → 编辑爆炸图(E)... 命令，系统弹出“编辑爆炸图”对话框。

（3）选取移动对象。选取图 2.4.20 所示的型腔为移动对象。

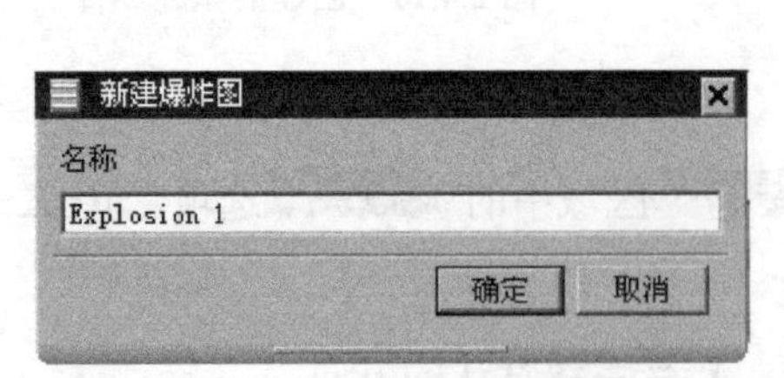

图 2.4.19 “新建爆炸图”对话框

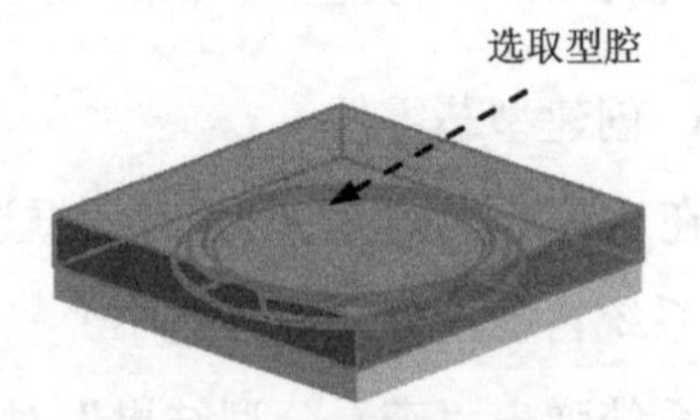

图 2.4.20 定义移动对象

（4）定义移动方向。在对话框中选择 ⊙ 移动对象 单选项，选择图 2.4.21 所示的轴为移动方向，此时对话框下部区域被激活。

（5）定义移动距离。在 距离 文本框中输入值 100，单击 确定 按钮，完成型腔的移动（图 2.4.22）。

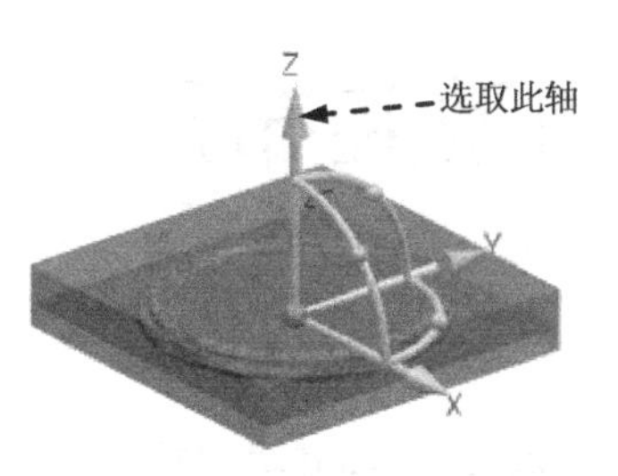

图 2.4.21　定义移动方向

图 2.4.22　型腔移动后

Step3. 移动型芯。

（1）选择命令。选择下拉菜单 装配(A) ➡ 爆炸图(X) ➡ 编辑爆炸图(E)... 命令，系统弹出“编辑爆炸图”对话框。

（2）定义移动对象。选取图 2.4.23 所示的型芯为移动对象。

（3）定义移动方向和距离。在对话框中选择 ⊙ 移动对象 单选项，在模型中选中 Z 轴，在 距离 文本框中输入值-100，单击 确定 按钮，完成型芯的移动（如图 2.4.24 所示）。

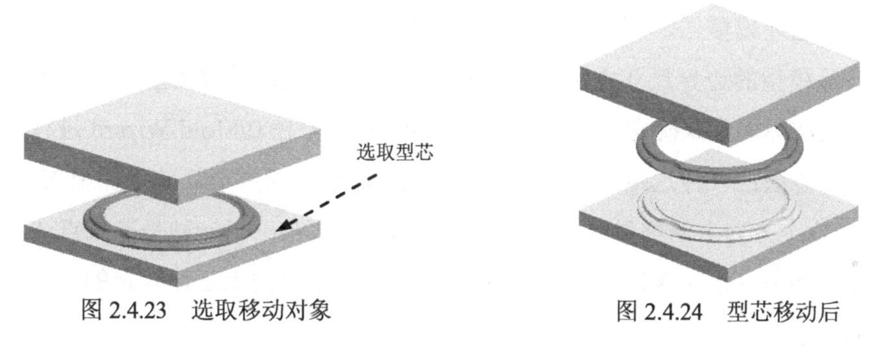

图 2.4.23　选取移动对象

图 2.4.24　型芯移动后

Step4. 保存文件。选择下拉菜单 文件(F) ➡ 全部保存(V) 命令，保存所有文件。

第3章 工件和型腔布局

本章提要 本章主要介绍使用 UG NX 10.0/Mold Wizard 进行模具工件的设计和模具型腔的布局。工件是直接参与浇注成型的零件，是模具中的核心零件。设计工件的方法有距离容差法和参考点法。型腔布局主要用于定义一模多腔的模具设计，一般成型的产品数量较多。通过本章的学习，读者能够熟练掌握模具工件和型腔布局的设计方法，并能根据实际情况的不同灵活地运用各种方法进行工件和型腔布局的设计。

3.1 工　　件

工件也叫毛坯或模仁，用于生成模具的型腔零件和型芯零件。在实际模具设计中应综合参照产品模型的边界尺寸大小、结构特征、外形形状、模穴数量、经验数据和有关手册等方面的实际因素来确定工件的大小。使用 UG NX 10.0/Mold Wizard 进行工件的设计一般有两种方法：一种是距离容差法，是指在产品模型的外形尺寸上加上 X、-X、Y、-Y、Z 和-Z 六个方向上的增量尺寸来定义工件尺寸的大小；另一种是参考点法，是指以模具坐标系为参考点，向 X、-X、Y、-Y、Z 和-Z 六个方向上延伸一定的尺寸值来定义工件尺寸的大小。

打开 D:\ug10.3\work\ch03.01\face_cover_mold_top_010.prt 文件，在“注塑模向导”工具条中单击“工件”按钮，系统弹出如图 3.1.1 所示的“工件”对话框，其中包括类型、工件的定义方法和尺寸属性等。

说明：用户在第一次使用工件按钮时，系统会弹出“工件”对话框，在其中单击 确定(O) 按钮即可。

3.1.1 工件类型

工件包括产品工件和组合工件两种类型。

1. 产品工件

产品工件类型有四种工件定义方法，后面会作详细介绍，其中在定义工件截面尺寸的时候是以产品包容方块为尺寸参照。

2. 组合工件

组合工件类型只能通过进入草图环境去定义工件的截面尺寸，在定义工件截面尺寸的时候是以系统默认的工件尺寸为参照。

3.1.2 工件方法

工件方法包括用户定义的块、型腔-型芯、仅型腔和仅型芯四种，且只有选用“产品工件”类型的时候才可用。

1. 用户定义的块

用户定义的块方法是用户可以进入草图环境定义工件的截面形状。如图 3.1.1 所示，单击定义工件区域中的“绘制截面”按钮，系统进入草图环境，用户可以绘制工件的截面，截面草图如图 3.1.2 所示。

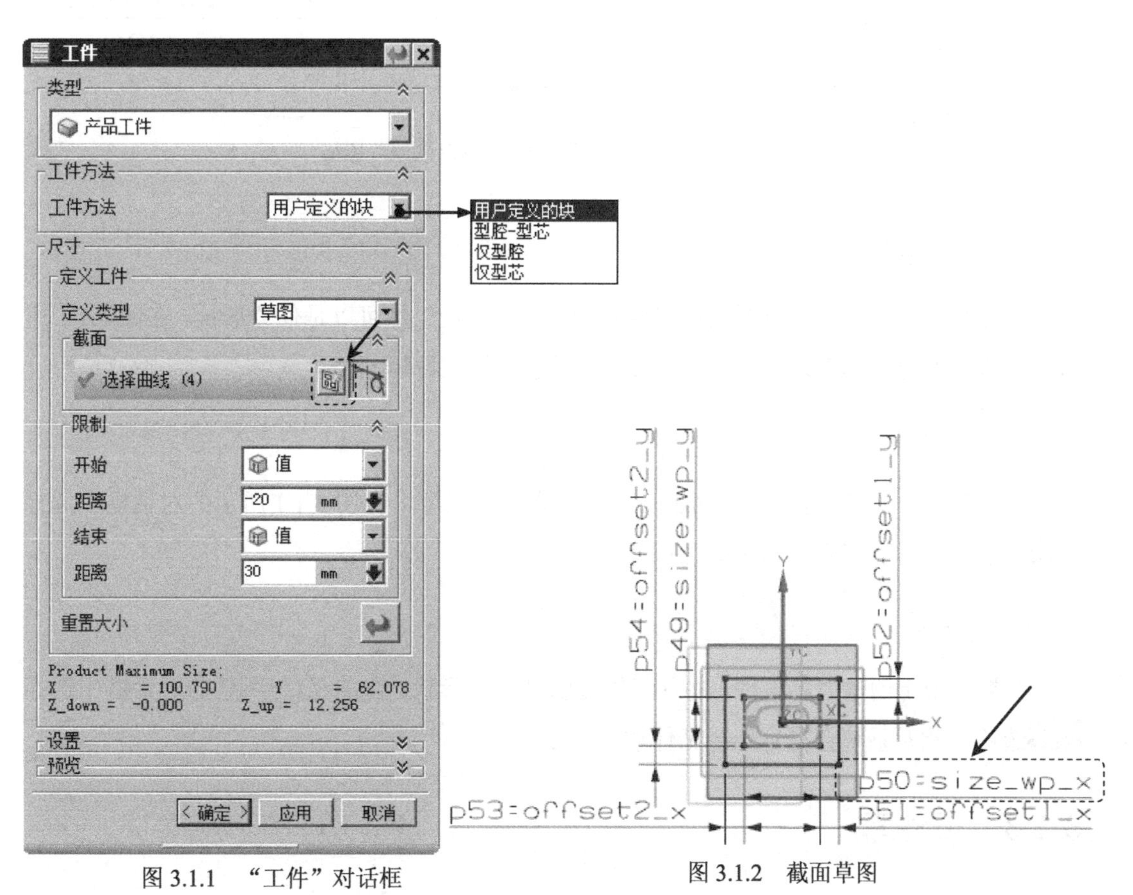

图 3.1.1 “工件”对话框　　图 3.1.2 截面草图

说明：

- 在系统刚进入草图环境的时候，系统默认的截面草图如图 3.1.2 所示，用户可以通过双击图 3.1.2 中的尺寸表达式，在弹出的尺寸文本框中单击按钮，系统会弹出

如图 3.1.3 所示的快捷菜单，在其中选择设为常量(C)选项，此时就可以在尺寸文本框中输入数值，结果如图 3.1.4 所示。

- 用户也可以按照自己的需求任意地去定义截面草图。

测量(M)...
公式(F)...
函数(U)...
参考(R)...
设为常量(C)

图 3.1.3 快捷菜单

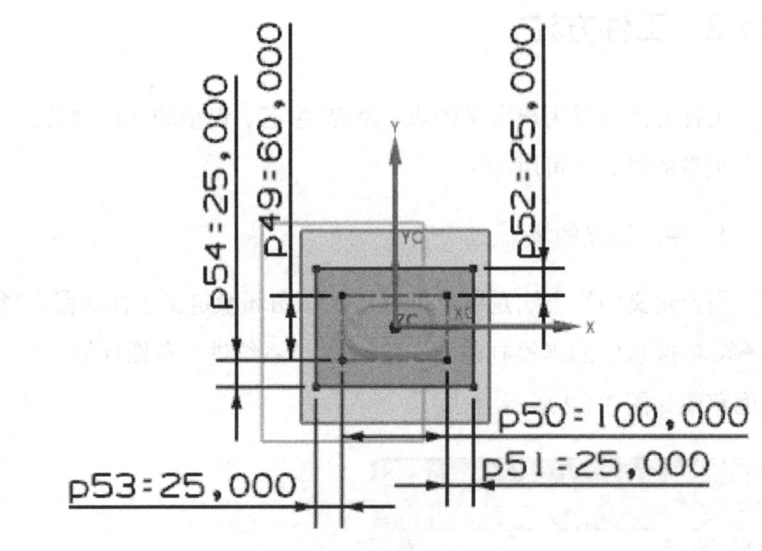

图 3.1.4 修改截面草图后

2．型腔-型芯

此类型用于创建型芯与型腔形状相同的工件，并且工件可以是任意形状。在图 3.1.1 所示的对话框中选择型腔-型芯选项，此时系统会提示选择工件体。

3．仅型腔

此类型用于创建型腔工件，并且工件可以是任意形状。在图 3.1.1 所示的对话框中选择仅型腔选项，此时系统会提示选择工件体。

4．仅型芯

此类型用于创建型芯工件，并且工件可以是任意形状。在图 3.1.1 所示的对话框中选择仅型芯选项，此时系统会提示选择工件体。

3.1.3 工件库

工件库中存在有系统预先设置的工件配置的标准文件，用户可以进行选择。在图 3.1.5 所示的“工件”对话框中单击按钮，系统弹出如图 3.1.6 所示的“工件镶块设计”对话框，其中包括“文件夹视图”“成员视图”“部件”和“详细信息”等区域。

图 3.1.5 “工件”对话框

图 3.1.6 “工件镶块设计”对话框

1. 文件夹视图区域

该区域中显示工具库中的文件，选中该库中的文件后，在其他区域中才可以进行设置。

2. 成员视图区域

该区域中包括三种类型的工件：SINGLE WORKPIECE（单个毛坯）、CAVITY WORKPIECE（型腔毛坯）和 CORE WORKPIECE（型芯毛坯）。依次单击各个选项，则在“信息” 对话框中显示不同的视图，如图 3.1.7 所示。

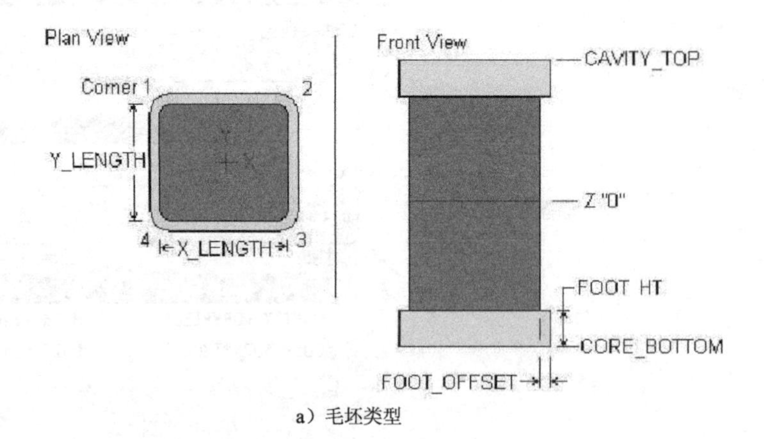

a）毛坯类型

b）型腔类型

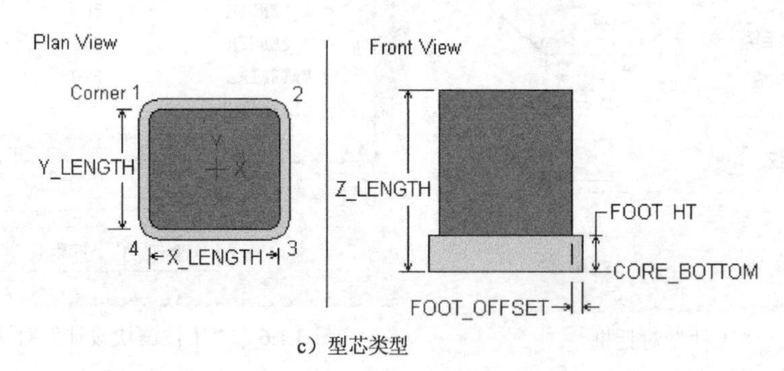

c）型芯类型

图 3.1.7　平面视图和前视面表示的工件形状尺寸

3. 部件区域

该区域用于设置添加标准件。

4. 详细信息区域

该区域中显示标准毛坯的参数尺寸，如图 3.1.8 所示，当系统设定的标准毛坯的某些尺寸不符合要求时，用户可以通过此区域进行自定义设置。

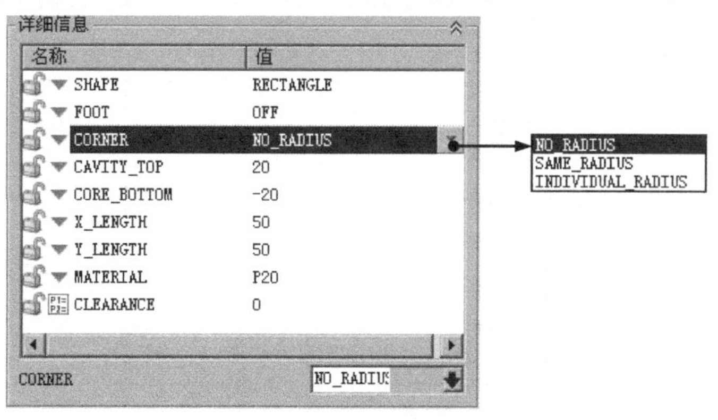

图 3.1.8　“详细信息”区域

图 3.1.8 所示“详细信息”区域中各参数的说明如下：

- SHAPE：表示毛坯形状，有矩形和圆形两种类型，用户可以根据需要选用。
- FOOT：表示毛坯脚，通常情况下选用 OFF 设置，若选用“ON”，还需要定义毛坯脚的有关尺寸。
- CORNER：表示倒圆角，在下拉列表中包括 3 种类型。
  - ☑ NO_RADIUS：表示没有圆角。
  - ☑ SAME_RADIUS：表示所有圆角半径都相等。
  - ☑ INDIVIDUAL_RADIUS：表示各个圆角不相等。
- CAVITY_TOP：表示型腔板的厚度。
- CORE_BOTTOM：表示型芯板的厚度。
- X_LENGTH：表示在 X 方向的尺寸。
- Y_LENGTH：表示在 Y 方向的尺寸。
- MATERIAL：表示毛坯材料，用户可以在毛坯库中选用毛坯材料。

3.1.4　工件尺寸的定义方式

关于工件尺寸的定义方式主要是在系统提供的两种工件类型的窗口中通过草图环境定义的。

1. 产品工件类型的草图环境

此方式是在产品模型的外形尺寸上加上 X、-X、Y、- Y 四个方向上的增量尺寸来定义工件尺寸的大小，如图 3.1.9 所示。

2. 组合工件类型的草图环境

此方式是以模具坐标系为参考点，用 X、-X、Y、-Y 四个方向上的增量尺寸来定义工件尺寸的大小，如图 3.1.10 所示。

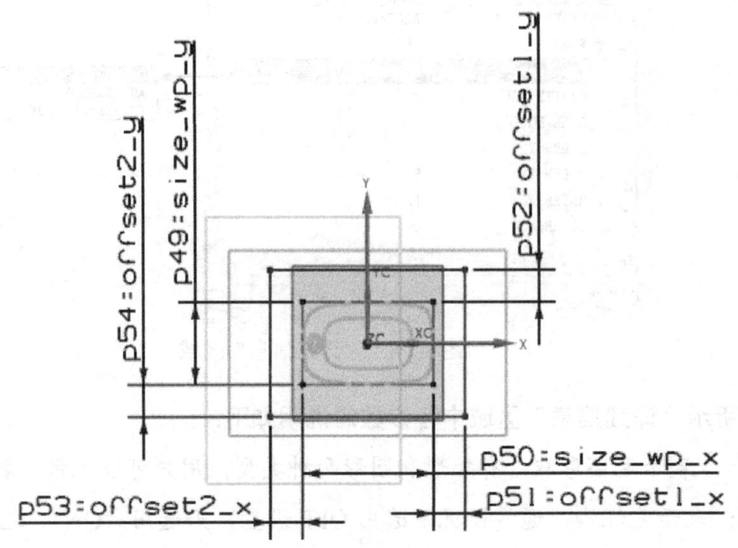

图 3.1.9　产品工件类型的草图环境

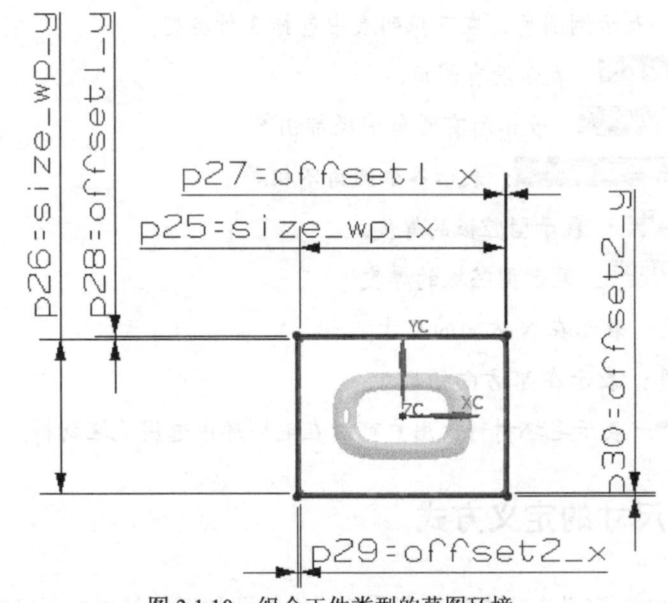

图 3.1.10　组合工件类型的草图环境

3.2　型 腔 布 局

通过“注塑模向导”工具条中的“型腔布局”按钮可以进行一模多腔的模具设计，一般成型的产品数量多。在定义模具型腔布局时，用户可以根据产品模型的结构特点、客户需求的产品数量、经济的可行性和加工的难易程度等因素来确定型腔的布局和数目。模具型腔的布局方法一般有矩形布局和圆形布局两种。

3.2.1 矩形布局

矩形布局是指用户在进行型腔布局时给出相应的型腔数目和在 X、Y 方向上相应的增量值来完成型腔的矩形布局。矩形布局可以分为平衡布局和线性布局两种方法。

1. 平衡布局

平衡布局方法是指用户给定相应的型腔数目、工件在 X 和 Y 方向上的距离并选定某个布局方向（X、-X、Y 和- Y）来完成的。

Step1. 打开 D:\ug10.3\work\ch03.02.01.01\face_cover_mold_top_010.prt 文件。

Step2. 在“注塑模向导”工具条中单击“型腔布局”按钮，在弹出对话框的布局类型下拉列表中选择矩形选项，选中平衡单选项。

Step3. 定义型腔数和间距。在平衡布局设置区域的型腔数下拉列表中选择4，然后分别在第一距离和第二距离文本框中输入值 20.0 和 10.0，如图 3.2.1 所示。

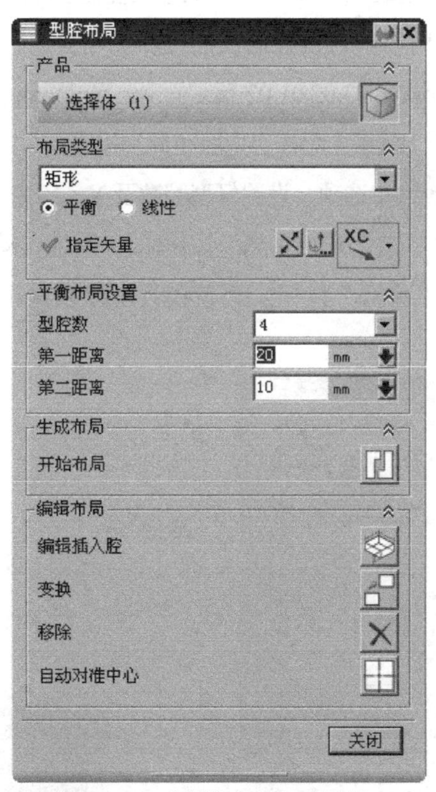

图 3.2.1 “型腔布局”对话框

Step4. 在对话框中激活* 指定矢量 (0)，然后选取图 3.2.2 所示的 X 轴方向，在生成布局区域中单击“开始布局”按钮，系统自动进行布局，布局完成后在编辑布局区域中单击“自动对准中心”按钮，使模具坐标系自动对中，结果如图 3.2.3 所示，单击关闭按钮。

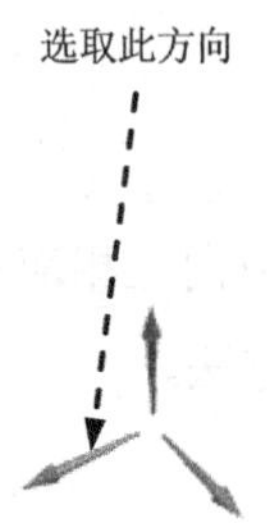

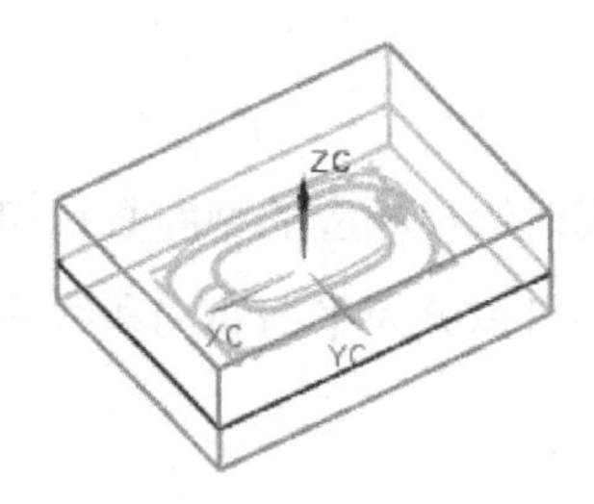

图 3.2.2 定义矢量方向

图 3.2.3 布局后

Step5. 保存文件。选择下拉菜单 文件(F) → 全部保存(V) 命令，保存所有文件。

图 3.2.1 所示“型腔布局”对话框中 平衡布局设置 区域的说明如下：

- 第一距离：表示两工件间在 X 方向的间距。
- 第二距离：表示两工件间在 Y 方向的间距。

2. 线性布局

通过“线性布局”可以完成在 X 和 Y 方向上不同型腔数目和型腔距离的布局，并且此方法不需要给定布局方向，所以具有很强的灵活性和实用性。

Step1. 打开 D:\ug10.3\work\ch03.02.01.02\face_cover_mold_top_010.prt 文件。

Step2. 在“注塑模向导”工具条中单击“型腔布局”按钮，在弹出对话框的 布局类型 下拉列表中选择 矩形 选项，选中 ⊙ 线性 单选项，设置好型腔数及 X、Y 向的间距，如图 3.2.4 所示。

Step3. 在 生成布局 区域中单击“开始布局”按钮，系统自动进行布局，布局完成后在 编辑布局 区域中单击“自动对准中心”按钮，使模具坐标系重新自动对中，结果如图 3.2.5 所示，单击 关闭 按钮。

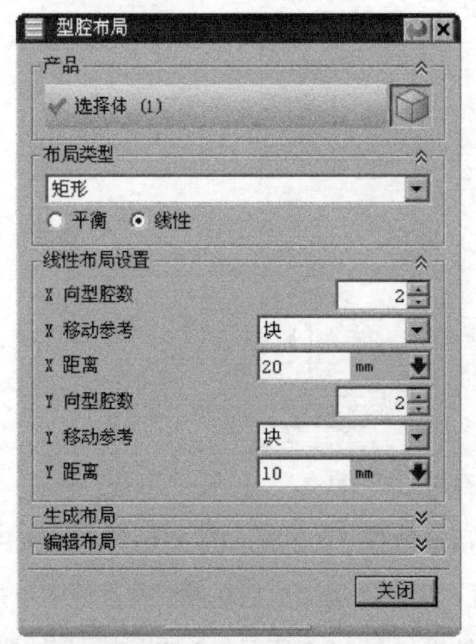

图 3.2.4 “型腔布局”对话框

图 3.2.5 布局后

Step4. 保存文件。选择下拉菜单文件(F) ➡ 全部保存(V)命令，保存所有文件。

3.2.2 圆形布局

圆形布局是指用户在进行型腔布局时给出相应的型腔数目、起始角度、旋转角度、布局半径和参考点来完成型腔的圆形布局。圆形布局可以分为径向布局和恒定布局两种方法。

1. 径向布局

径向布局是指产品模型和工件绕着某一点进行旋转，并且产品模型和工件始终垂直于圆的切线方向。下面介绍径向布局的一般创建过程。

Step1. 打开 D:\ug10.3\work\ch03.02.02.01\face_cover_mold_top_010.prt 文件。

Step2. 在“注塑模向导”工具条中单击“型腔布局”按钮，在弹出对话框的布局类型下拉列表中选择圆形选项，选中径向单选项。

Step3. 定义型腔数、旋转角度和半径。默认系统设置的旋转角度，分别在圆形布局设置区域的型腔数和半径文本框中输入值 6.0 和 200.0。

Step4. 在布局类型区域中单击“点对话框”按钮，系统弹出如图 3.2.6 所示的“点”对话框，在输出坐标区域的 X、Y 和 Z 文本框中输入值 0、0 和 0，单击确定按钮，再单击生成布局区域中的“开始布局”按钮，单击关闭按钮，结果如图 3.2.7 所示。

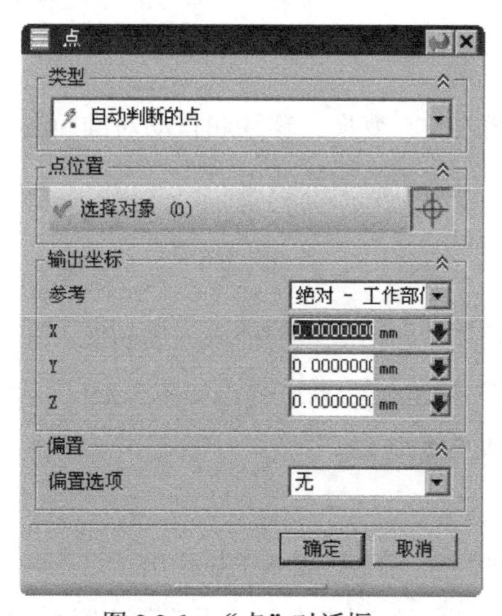

图 3.2.6 “点”对话框

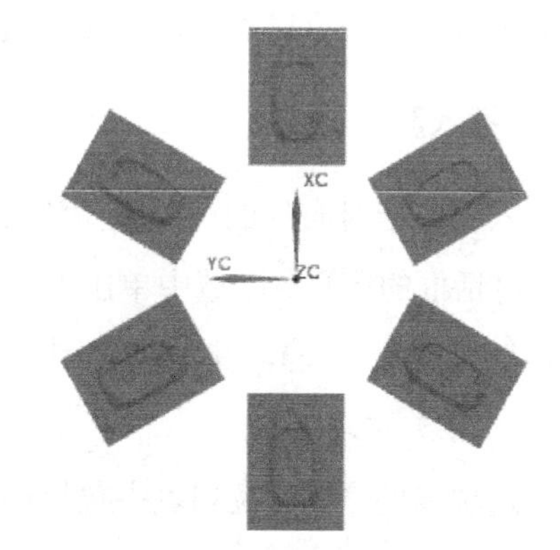

图 3.2.7 径向布局

Step5. 保存文件。选择下拉菜单文件(F) ➡ 全部保存(V)命令，保存所有文件。

2. 恒定布局

恒定布局类似于径向布局，不同的是在创建恒定布局时产品模型和工件的方位不会发生变化。下面介绍图 3.2.8 所示的恒定布局的一般创建过程。

Step1. 打开 D:\ug10.3\work\ch03.02.02.02\face_cover_mold_top_010.prt 文件。

Step2. 在“注塑模向导”工具条中单击“型腔布局”按钮，在弹出对话框的布局类型下拉列表中选择圆形选项，选中恒定单选项。

Step3. 定义型腔数、旋转角度和半径。默认系统设置的旋转角度，分别在圆形布局设置区域的型腔数和半径文本框中输入值 6.0 和 200.0。

Step4. 在布局类型区域中单击“点对话框”按钮，系统弹出“点”对话框，在输出坐标区域中的 X、Y 和 Z 文本框中输入值 0、0 和 0，单击确定按钮，再单击生成布局区域中的“开始布局”按钮，单击关闭按钮，结果如图 3.2.8 所示。

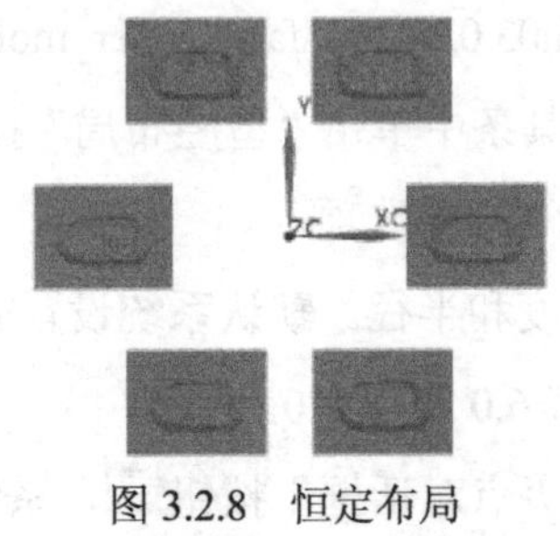

图 3.2.8 恒定布局

Step5. 保存文件。选择下拉菜单文件(F) ➡ 全部保存(V)命令，保存所有文件。

3.2.3 编辑布局

在模具布局对话框的编辑布局区域中有编辑插入腔、变换、移除和自动对准中心四个命令，通过这些命令可以对模腔的布局进行编辑，得到所需要的结果。

1. 插入腔

插入腔是指对布局的产品模型添加统一的腔体，即旧版本的插入刀槽功能。在“型腔布局”对话框的编辑布局区域中单击“编辑插入腔”按钮，系统弹出如图 3.2.9 所示的“插入腔体”对话框（一），其中包括目录和尺寸两个选项卡。

（1）目录选项卡。

该选项卡的type下拉列表中包括腔体的三种类型，在图 3.2.9 中显示出了这三种腔体的形状，分别是 TYPE=0、TYPE=1 和 TYPE=2；在R下拉列表中显示了四种倒圆角半径值，用户可以根据具体的需要进行选择使用。

（2）尺寸选项卡。

单击尺寸选项卡，系统弹出如图 3.2.10 所示的“插入腔体”对话框（二），当系统设定的标准毛坯的某些尺寸不符合要求时，用户可以通过此对话框进行自定义设置。

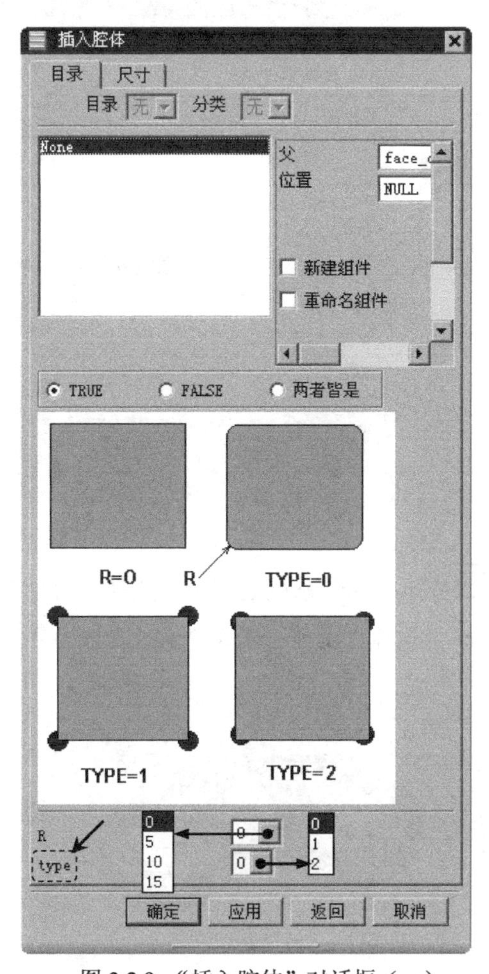

图 3.2.9 “插入腔体”对话框（一）

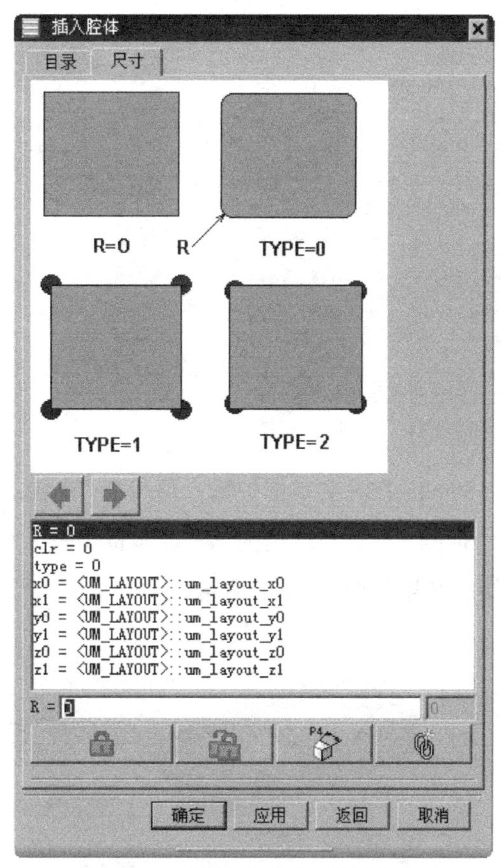

图 3.2.10 “插入腔体”对话框（二）

2. 变换

变换是指对布局的产品模型进行旋转或者平移。在“型腔布局”对话框的编辑布局区域中单击“变换”按钮，系统弹出如图 3.2.11 所示的“变换”对话框，变换类型包括旋转、平移和点到点三个选项。

（1）旋转。

此种类型是按照用户指定的旋转中心和角度来进行排列的，用户可以通过此方式对型腔布局进行编辑。下面介绍旋转变换的一般操作过程。

Step1. 打开 D:\ug10.3\work\ch03.02.03.01\face_cover_mold_top_010.prt 文件。

Step2. 在“注塑模向导”工具条中单击“型腔布局”按钮，在弹出对话框的编辑布局区域中单击“变换”按钮，再单击旋转区域中的“点对话框”按钮，系统弹出如图 3.2.12 所示的“点”对话框。

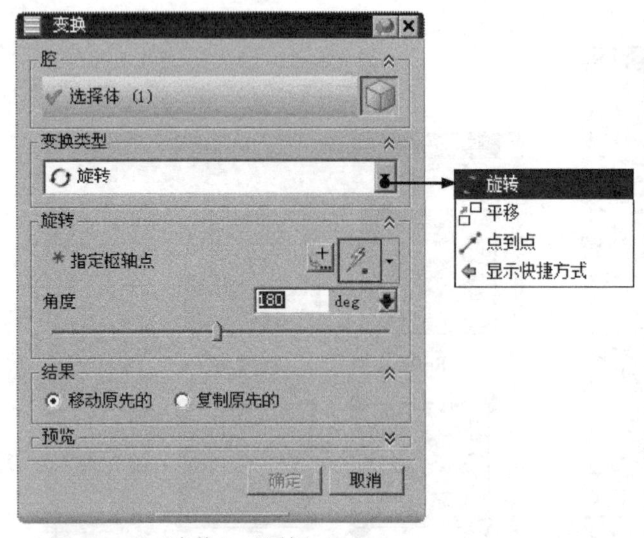

图 3.2.11 “变换”对话框（一）

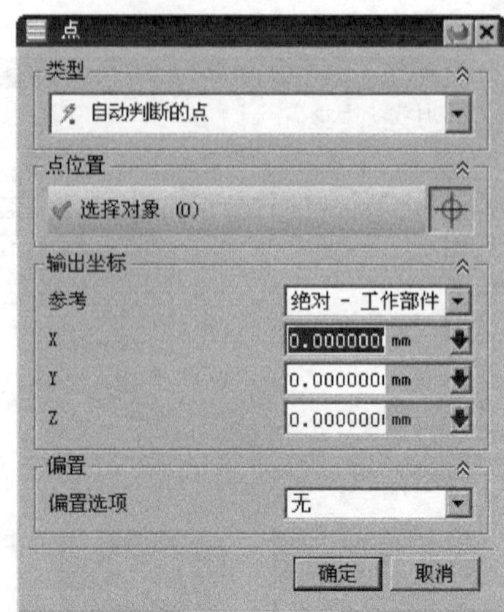

图 3.2.12 “点”对话框

Step3. 在 Y 文本框中输入值-45，单击 确定 按钮，此时系统返回至“变换”对话框。

Step4. 在该对话框的 角度 文本框中输入值 60，并选中 复制原先的 单选项，单击 确定 按钮，结果如图 3.2.13b 所示。

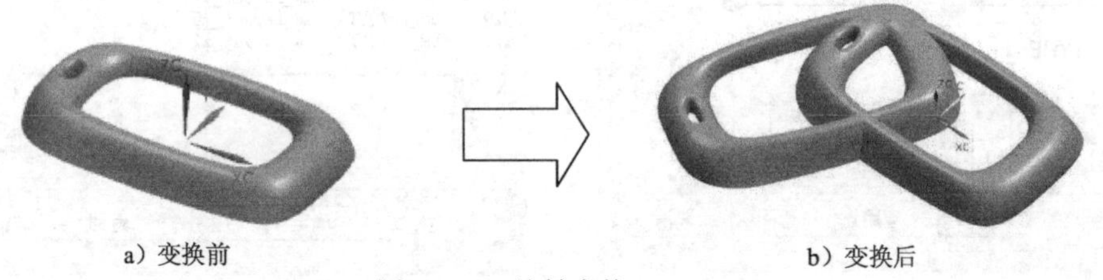

a）变换前　　b）变换后

图 3.2.13　旋转变换

Step5. 保存文件。选择下拉菜单 文件(F) → 全部保存(V) 命令，保存所有文件。

图 3.2.11 所示“变换”对话框中各选项的说明如下：

- 移动原先的：选择该单选项后，系统将按照输入的角度旋转到指定的位置，原模型将不存在。
- 复制原先的：选择该单选项后，系统将按照输入的角度旋转到指定的位置，原模型仍被保留。
- 按钮：单击该按钮后，用户可以设置旋转中心。

（2）平移。

此种类型是按照用户指定的两个点进行变换的，用户可以通过此方式对模腔布局进行编辑。下面介绍平移变换的一般操作过程。

Step1. 打开 D:\ug10.3\work\ch03.02.03.02\face_cover_mold_top_010.prt 文件。

Step2. 在“注塑模向导”工具条中单击“型腔布局”按钮，在弹出对话框的 编辑布局区域中单击“变换”按钮，系统弹出“变换”对话框，在变换类型区域的下拉列表中选择平移选项，此时“变换”对话框如图 3.2.14 所示。

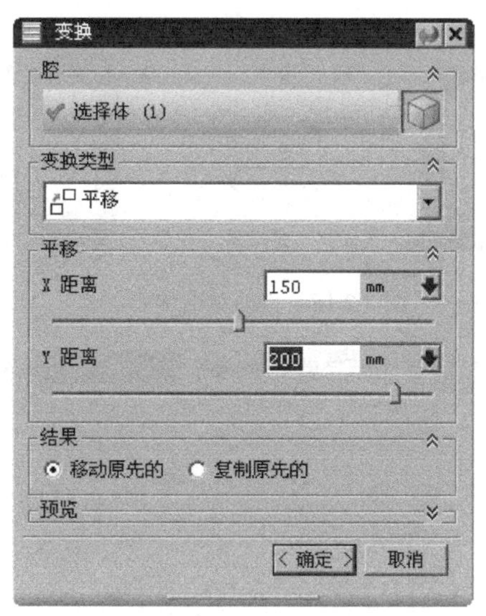

图 3.2.14 “变换”对话框（二）

Step3. 定义平移距离。在“变换”对话框的X 距离和Y 距离文本框中分别输入值 0 和 100，并选中复制原先的单选项，然后单击< 确定 >按钮，系统返回至“型腔布局”对话框。

Step4. 在“型腔布局”对话框中单击关闭按钮，结果如图 3.2.15b 所示。

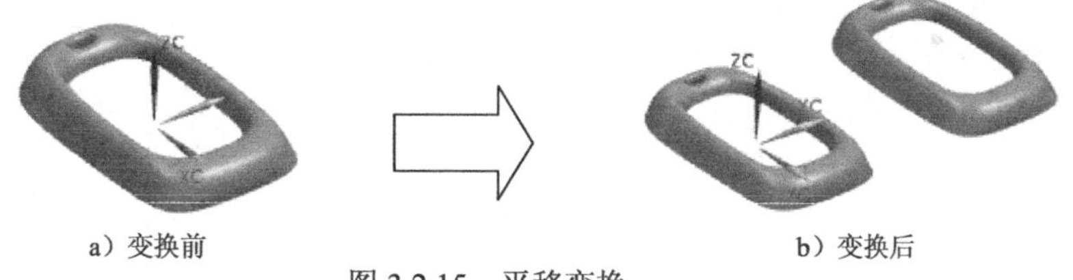

a）变换前　　b）变换后

图 3.2.15 平移变换

（3）点到点。

此种类型的操作起来比较简单，这里不做介绍。

3. 移除

此种方式用于删除不需要的模腔布局，操作起来比较简单，这里也不做介绍。

4. 自动对准中心

自动对准中心的作用是将模具坐标系自动移动到模具布局中心位置。继续以前面的模型为例来介绍自动对准中心的一般操作过程。

Step1. 打开 D:\ug10.3\work\ch03.02.03.03\face_cover_mold_top_010.prt 文件。

Step2. 在“注塑模向导”工具条中单击“型腔布局”按钮，在弹出对话框的编辑布局区域中单击“自动对准中心”按钮⊞。

Step3. 在“型腔布局”对话框中单击 关闭 按钮，结果如图 3.2.16b 所示。

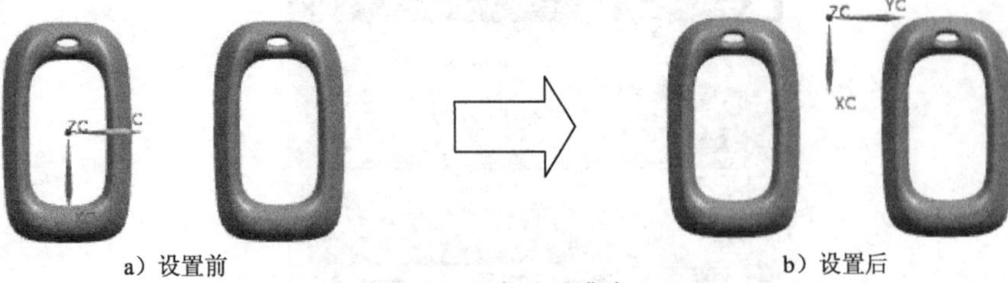

a）设置前　　b）设置后

图 3.2.16　自动对准中心

Step4. 保存文件。选择下拉菜单 文件(F) → 全部保存(V) 命令，保存所有文件。

第 4 章　注塑模工具

本章提要　本章主要介绍 UG NX 10.0/Mold Wizard 的“注塑模工具”工具条中各个命令的功能及使用方法，并结合典型的实例来介绍这些注塑模工具的使用，概括起来分为实体修补工具、片体修补工具、编辑片体工具、替换实体工具和延伸实体工具五种。通过对本章的学习，读者能够熟练地使用这些命令来完成产品模型上一些形状不规则的破孔修补。

4.1　概　　述

在进行模具分型前，必须要对产品模型上存在的破孔或凹槽等进行修补，否则后续模具分型将无法创建。在对破孔或凹槽等进行修补时，需要通过 MW 提供的“注塑模工具”工具条来完成，其中包括创建方块、分割实体、实体补片和曲面补片等按钮，如图 4.1.1 所示。

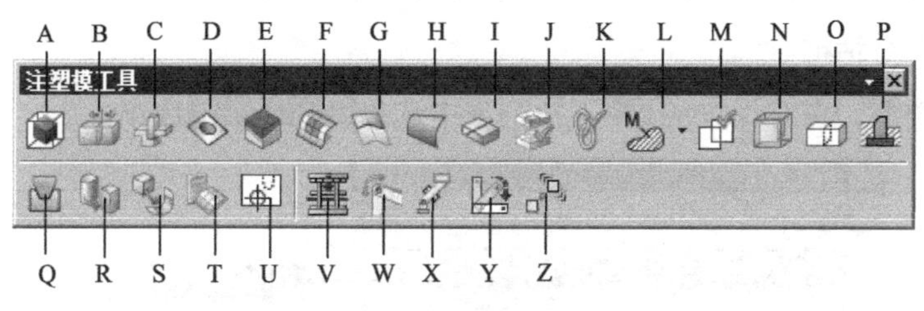

图 4.1.1　“注塑模工具”工具条

图 4.1.1 所示的“注塑模工具”工具条各按钮功能的说明如下：

A：创建方块　　B：分割实体　　C：实体补片
D：曲面补片　　E：修剪区域补片　　F：扩大曲面补片
G：引导式延伸　　H：编辑分型面和曲面补片　　I：拆分面
J：分型检查　　K：WAVE 控制　　L：加工几何体
M：静态干涉检查　　N：型材尺寸　　O：合并腔
P：设计镶块　　Q：修剪实体　　R：替换实体
S：参考圆角　　T：计算面积　　U：线切割起始孔仿真
V：加工刀具运动　　W：定义顶杆　　X：定义斜顶杆
Y：用户定义运动　　Z：运动仿真

由图 4.1.1 可知 MW 的“注塑模工具”工具条中包含很多功能，在进行模具设计的过程中要能够灵活运用和掌握这些功能，以提高模具设计效率。

4.2 实体修补工具

实体修补工具包括创建方块、分割实体、实体补片和参考圆角命令。

4.2.1 创建方块

创建方块是指创建一个长方体或正方体，将某些局部开放的区域进行填充，一般用于不适合使用曲面修补法和边线修补法的区域，创建方块也是创建滑块的一种方法。MW 10.0 提供了两种创建方块的方法。

打开 D:\ug10.3\work\ch04.02.01\cover_ parting_023.prt 文件。

方法 1. 中心和长度法

中心和长度法是指选择一个基准点，然后以此基准点来定义方块的各个方向的边长。下面介绍使用中心和长度法创建方块的一般操作过程。

Step1. 在“注塑模工具”工具条中单击“创建方块”按钮，系统弹出如图 4.2.1 所示的“创建方块”对话框。

Step2. 选择类型。在对话框的类型下拉列表中选择中心和长度选项。

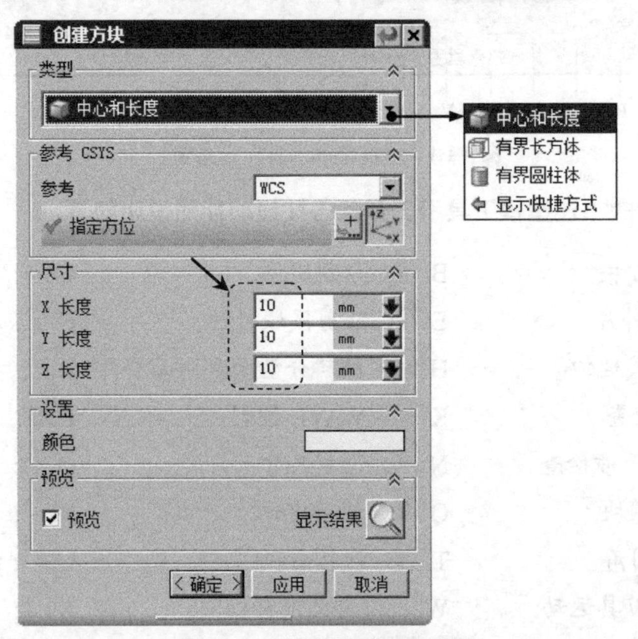

图 4.2.1 “创建方块”对话框

Step3. 选取参考点。在模型中选取图 4.2.2 所示边线的中点。

Step4. 设置方块的尺寸。在“创建方块”对话框中输入图 4.2.1 所示的尺寸。

Step5. 单击 应用 按钮，创建结果如图 4.2.3 所示。

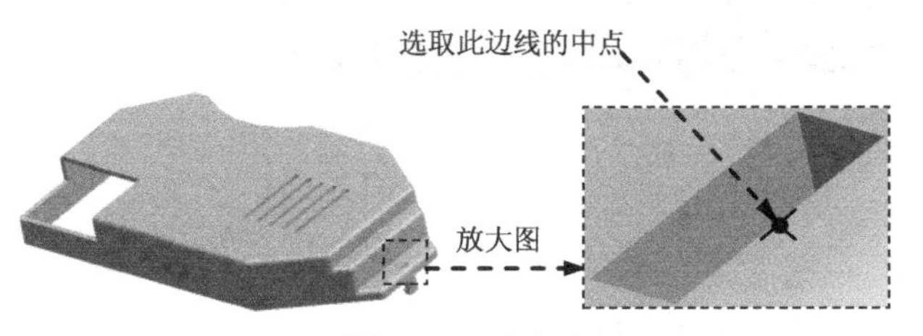

图 4.2.2 选取点

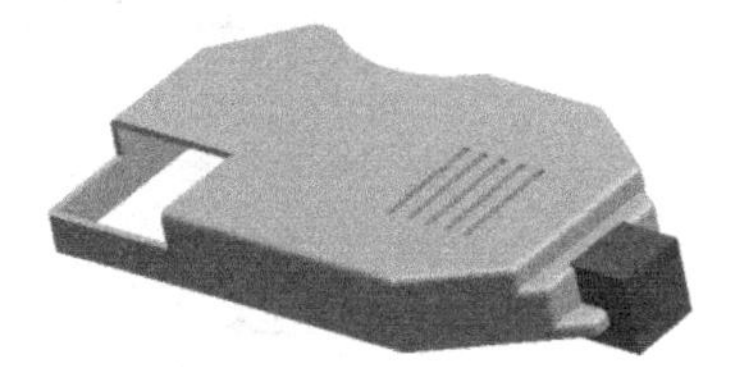

图 4.2.3 创建的方块

方法 2. 有界长方体法

有界长方体法是指以需要修补的孔或槽的边界面来定义方块的大小，此方法是创建方块的常用方法。继续以前面的模型为例来介绍使用有界长方体法创建方块的一般操作过程。

Step1. 选择类型。在对话框的 类型 下拉列表中选择 有界长方体 选项。

Step2. 选取边界面。选取图 4.2.4 所示的三个平面，接受系统默认的间隙值 1。

Step3. 单击 < 确定 > 按钮，创建结果如图 4.2.5 所示。

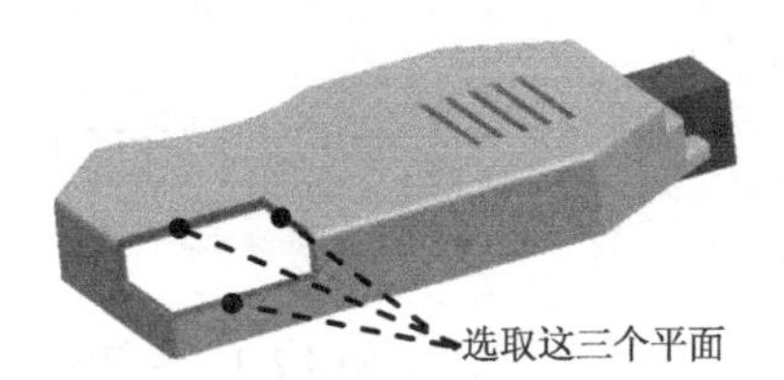

图 4.2.4 选取边界面

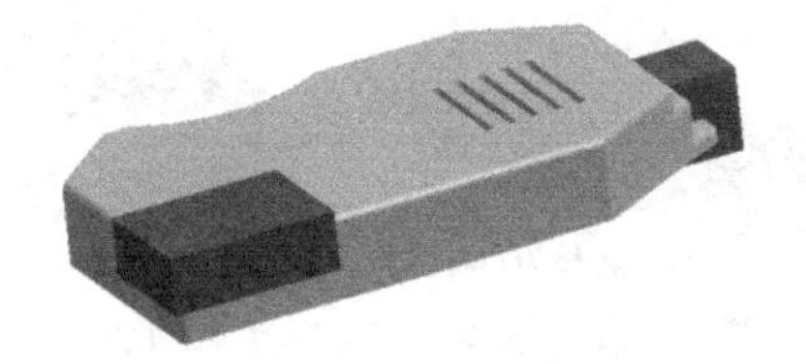

图 4.2.5 创建的方块

Step4. 保存文件。选择下拉菜单 文件(F) → 全部保存(V) 命令，保存所有文件。

4.2.2 分割实体

使用“分割实体”按钮可以完成对实体（包括方块）的修剪工作。下面介绍分割实体的一般操作过程。

Step1. 打开 D:\ug10.3\work\ch04.02.02\cover_parting_023.prt 文件。

Step2. 在“注塑模工具”工具条中单击“分割实体”按钮，系统弹出如图 4.2.6 所示的“分割实体”对话框。

Step3. 修剪方块。

（1）定义分割类型。在对话框的 类型 下拉列表中选择 修剪 选项。

（2）选取目标体。选取图 4.2.7 所示的方块为目标体。

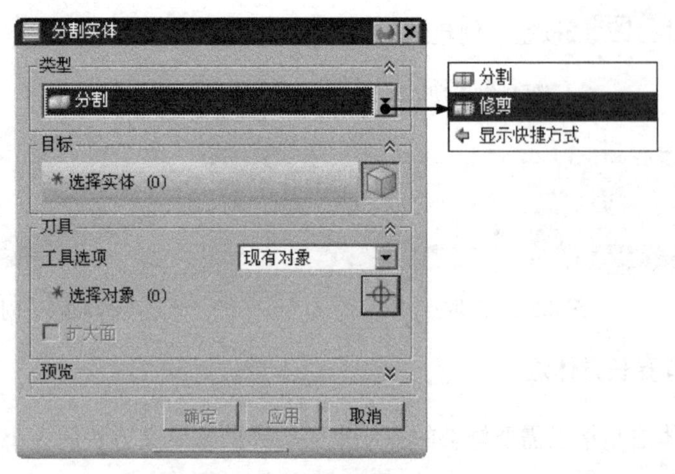

图 4.2.6 “分割实体”对话框

(3)选取工具体。选取图 4.2.8 所示的曲面 1 为工具体，单击“反向”按钮，再单击 应用 按钮，修剪结果如图 4.2.9 所示。

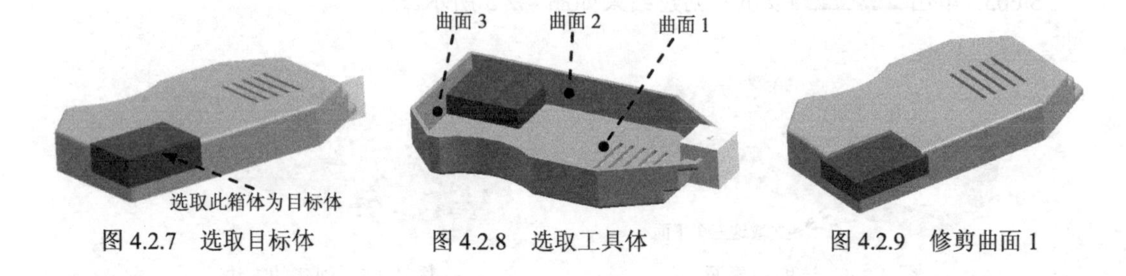

图 4.2.7 选取目标体　　图 4.2.8 选取工具体　　图 4.2.9 修剪曲面 1

(4) 参照以上步骤，分别选取曲面 2、曲面 3、曲面 4、曲面 5 和曲面 6 为工具体，如图 4.2.8 和图 4.2.10 所示，修剪结果如图 4.2.11 所示。

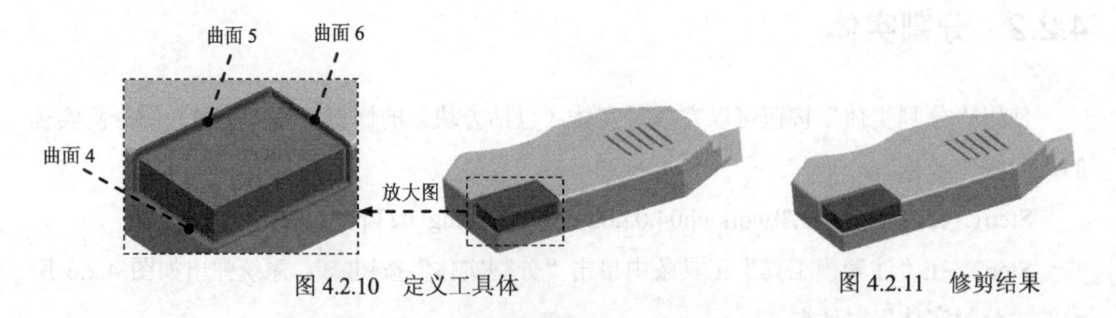

图 4.2.10 定义工具体　　图 4.2.11 修剪结果

Step4. 单击“分割实体”对话框中的 确定 按钮，完成分割实体的创建。

Step5. 保存文件。选择下拉菜单 文件(F) → 全部保存(V) 命令，保存所有文件。

4.2.3 实体补片

通过“实体补片”命令可以完成一些形状不规则的孔或槽的修补工作。下面介绍创建“实体补片”的一般操作过程。

Step1. 打开 D:\ug10.3\work\ch04.02.03\housing_parting_055.prt 文件。

Step2. 在“注塑模工具”工具条中单击“实体补片”按钮，系统弹出如图 4.2.12 所示的“实体补片”对话框。

Step3. 选取目标体。选择图 4.2.13 所示的模型为目标体，系统默认选中。

Step4. 选取补片体。选取图 4.2.13 所示的方块为补片体。

Step5. 单击 应用 按钮，实体补片的结果如图 4.2.14 所示，然后单击 取消 按钮。

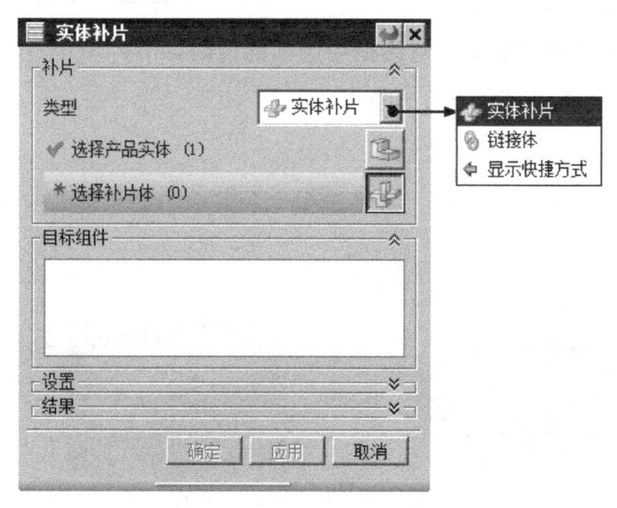

图 4.2.12 “实体补片“对话框

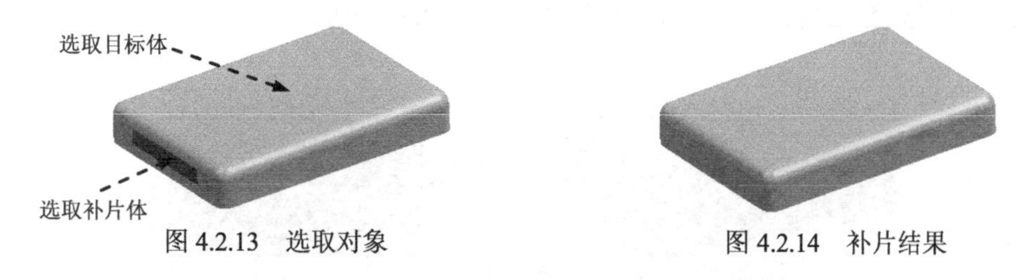

图 4.2.13 选取对象　　图 4.2.14 补片结果

Step6. 保存文件。选择下拉菜单 文件(F) → 全部保存(V) 命令，保存所有文件。

4.2.4 参考圆角

通过“参考圆角”按钮可以对创建方块的特征进行局部的圆角处理。下面介绍创建“参考圆角”的一般操作过程。

Step1. 打开 D:\ug10.3\work\ch04.02.04\up_cover_mold_parting_017.prt 文件。

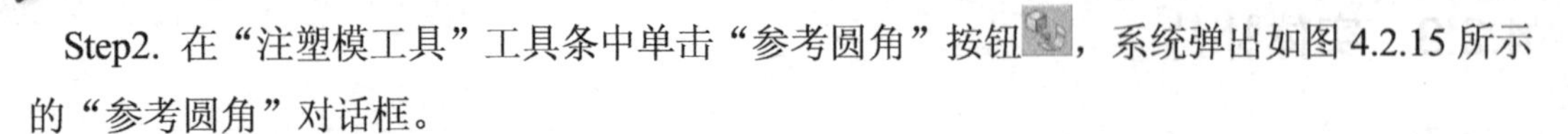

Step2. 在“注塑模工具”工具条中单击“参考圆角”按钮，系统弹出如图 4.2.15 所示的“参考圆角”对话框。

Step3. 选择参考圆角。选择图 4.2.16 所示的圆角为参考对象。

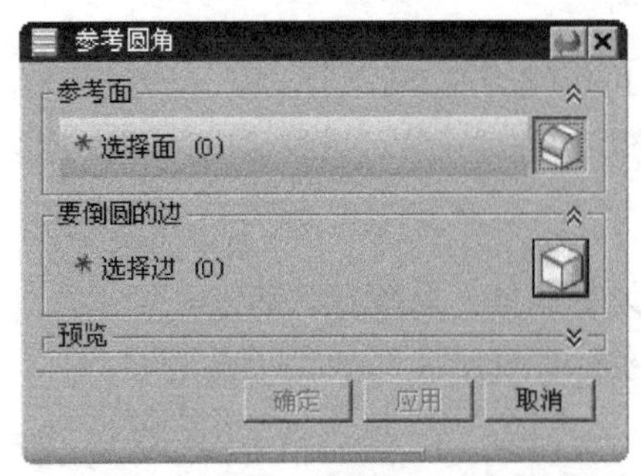

图 4.2.15 “参考圆角”对话框

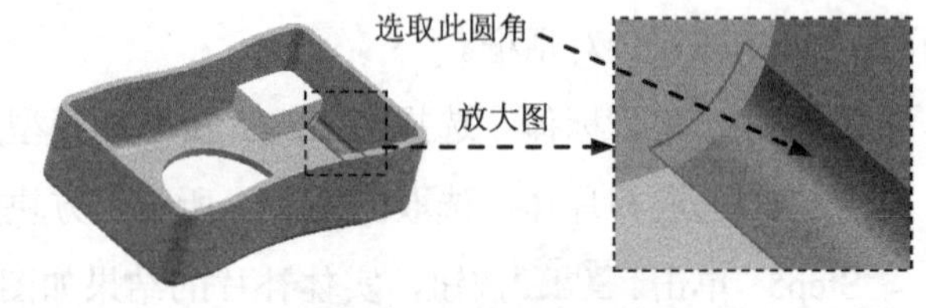

图 4.2.16 选择参考圆角

图 4.2.15 所示“参考圆角”对话框中选项的说明如下：

- ：表示选择现有的圆角为参考。
- ：表示选择要倒圆的边线。

Step4. 选取要倒圆的边。单击“参考圆角”对话框中的“边”按钮，选取图 4.2.17 所示的三条边线。

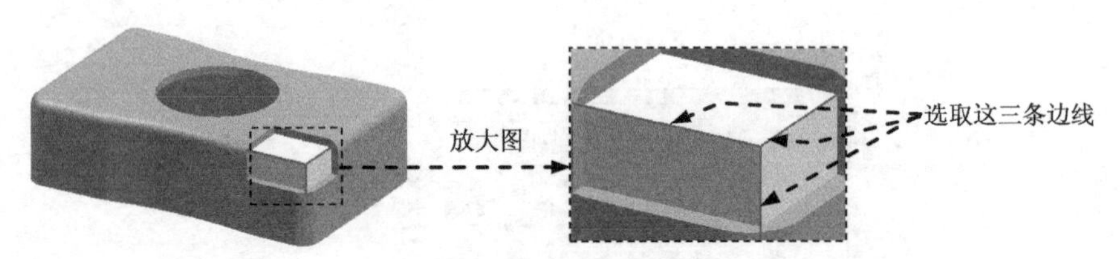

图 4.2.17 选取要倒圆的边

Step5. 单击 确定 按钮，参考圆角的结果如图 4.2.18 所示。

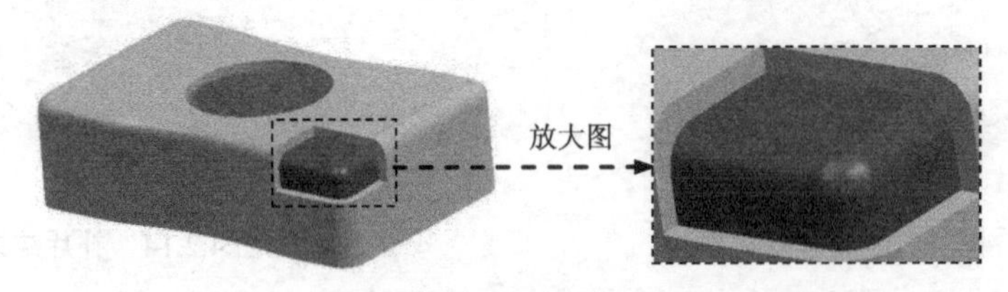

图 4.2.18 参考圆角

Step6. 保存文件。选择下拉菜单 文件(F) → 全部保存(V) 命令，保存所有文件。

4.3 片体修补工具

片体修补工具用于完成模型中破孔的修补，包括“边修补”“修剪区域补片”和“编辑

分型面和曲面补片”等。

4.3.1 边修补

用“边修补”可以通过面、体和移刀（边线）三种类型完成孔的修补工作。

1. 通过面进行修补

通过面进行修补可完成曲面或平面上孔的修补工作，应用非常广泛。下面介绍图 4.3.1 所示面修补的一般创建过程。

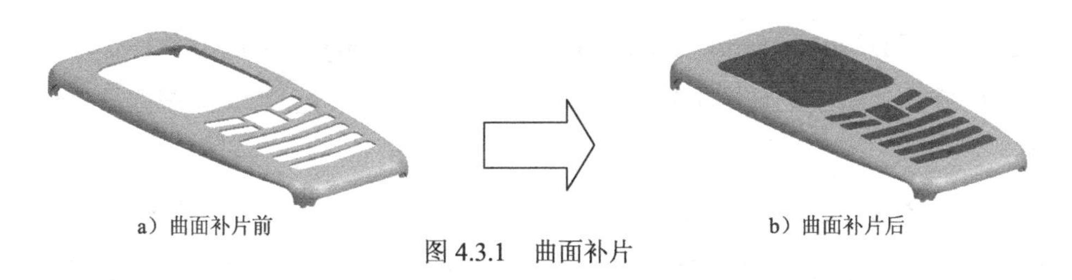

a）曲面补片前　　b）曲面补片后

图 4.3.1　曲面补片

Step1. 打开 D:\ug10.3\work\ch04.03.01.01\top_cover_parting_098.prt 文件。

Step2. 在“注塑模工具”工具条中单击“曲面补片”按钮，系统弹出如图 4.3.2 所示的“边修补”对话框（一）。

Step3. 选择要补孔的面。在“边修补”对话框（一）的类型下拉列表中选择面选项，然后选择图 4.3.3 所示的面。

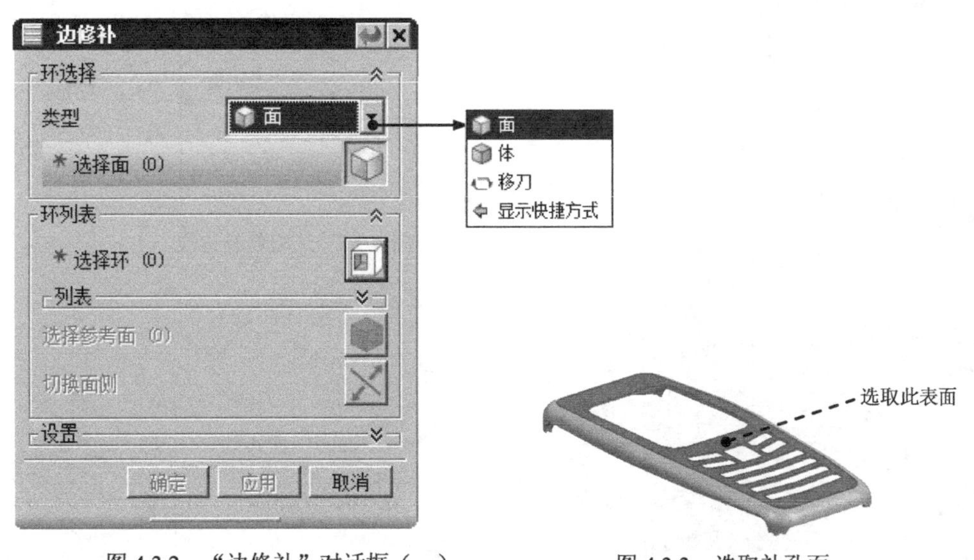

图 4.3.2　“边修补”对话框（一）　　图 4.3.3　选取补孔面

Step4. 在“边修补”对话框（一）中单击确定按钮，修补结果如图 4.3.1b 所示。

Step5. 保存文件。选择下拉菜单 文件(F) → 全部保存(V) 命令，保存所有文件。

2. 通过移刀进行修补

通过移刀进行修补可完成产品模型上缺口位置的修补，在修补过程中主要通过选取缺口位置的一周边界线来完成。下面介绍图 4.3.4 所示移刀的一般创建过程。

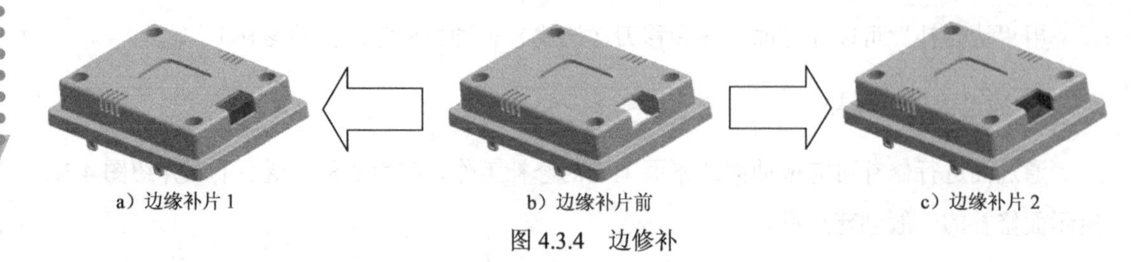

图 4.3.4　边修补

Step1. 打开 D:\ug10.3\work\ch04.03.01.02\housing_parting_018.prt 文件。

Step2. 在“注塑模工具”工具条中单击“曲面补片”按钮，系统弹出“边修补”对话框。

Step3. 选择修补边线。在“边修补”对话框的类型下拉列表中选择移刀选项，然后在设置区域中取消选中□ 按面的颜色遍历复选框，选择图 4.3.5 所示的边线，此时的“边修补”对话框如图 4.3.6 所示。

Step4. 单击对话框中的“接受”按钮和“循环候选项”按钮，完成图 4.3.7 所示的边界环的选取。

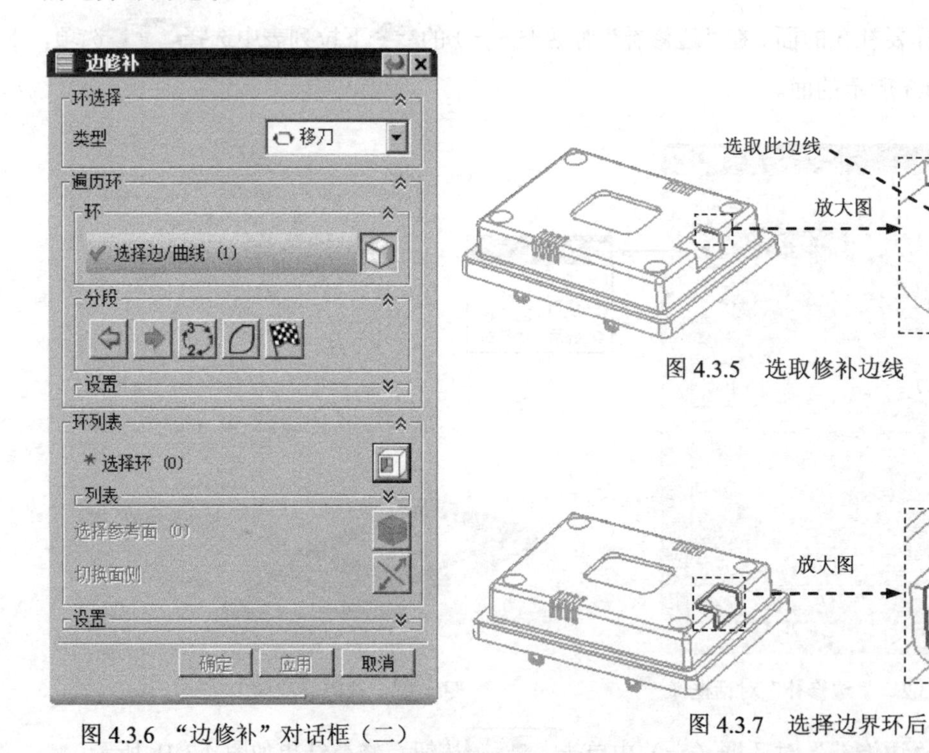

图 4.3.5　选取修补边线

图 4.3.6　“边修补”对话框（二）

图 4.3.7　选择边界环后

图 4.3.6 所示“边修补”对话框（二）中☑ 按面的颜色遍历复选框的说明：

选中该复选框进行修补破孔时，必须先进行区域分析，完成型腔面和型芯面的定义，并在产品模型上以不同的颜色标识出来，该修补方式才可使用。

Step5. 确定面的补片方式。接受系统默认的设置，单击 确定 按钮，完成补片后的结果如图 4.3.4a 所示。

说明：若在如图 4.3.8 所示的“边修补”对话框（三）中单击“切换面侧”按钮，再单击 确定 按钮，完成补片后的结果如图 4.3.4c 所示。

Step6. 保存文件。选择下拉菜单 文件(F) → 全部保存(V) 命令，保存所有文件。

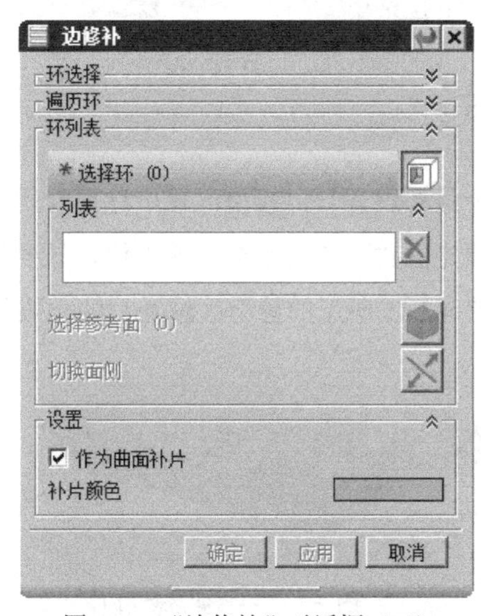

图 4.3.8 “边修补”对话框（三）

3. 通过体进行修补

通过体进行修补可以完成型腔侧面、型芯侧面或自行定义某个面上孔的填补。下面介绍通过体修补的一般创建过程。

Step1. 打开 D:\ug10.3\work\ch04.03.01.03\base_down_cover_parting_023.prt 文件。

Step2. 在“注塑模工具”工具条中单击“曲面补片”按钮，系统弹出“边修补”对话框。

Step3. 选择修补对象。在“边修补”对话框的 类型 下拉列表中选择 体 选项，选择图 4.3.9 所示的实体模型。

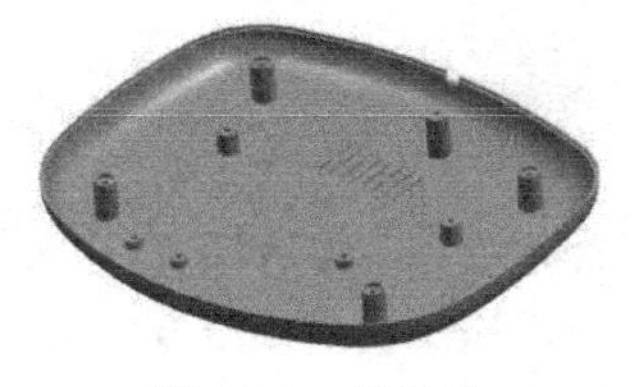

图 4.3.9 选取体

Step4. 在“边修补”对话框中单击 确定 按钮，完成补片后的结果如图 4.3.10 所示。

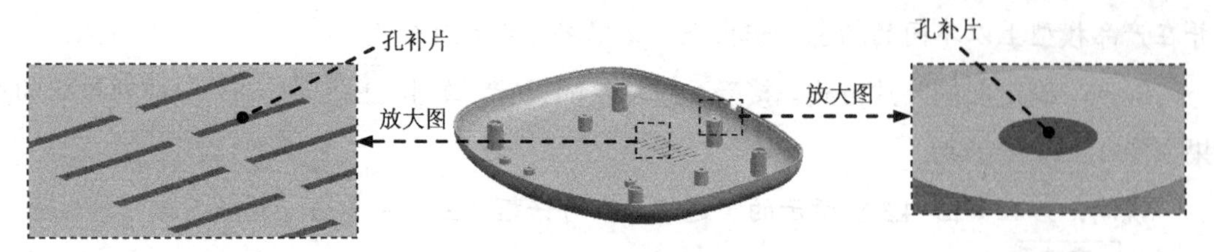

图 4.3.10 通过体修补

Step5. 保存文件。选择下拉菜单 文件(F) → 全部保存(V) 命令，保存所有文件。

4.3.2 修剪区域补片

“修剪区域补片”命令是通过在开口模型区域中选取封闭曲线来完成修补片体的创建的。在使用此命令前，必须先创建一个大小合适的方块，只要保证此方块能够完全覆盖住开口边界即可。下面介绍图 4.3.11 所示的修剪区域补片的一般创建过程。

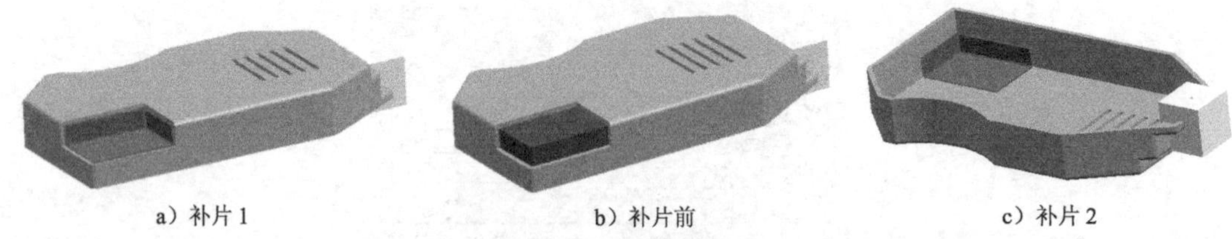

图 4.3.11 修剪区域补片

Step1. 打开 D:\ug10.3\work\ch04.03.02\cover_ parting_023.prt 文件。

Step2. 在“注塑模工具”工具条中单击“修剪区域补片”按钮，系统弹出如图 4.3.12 所示的“修剪区域补片”对话框。

Step3. 选择目标体。选取图 4.3.13 所示的方块为目标体。

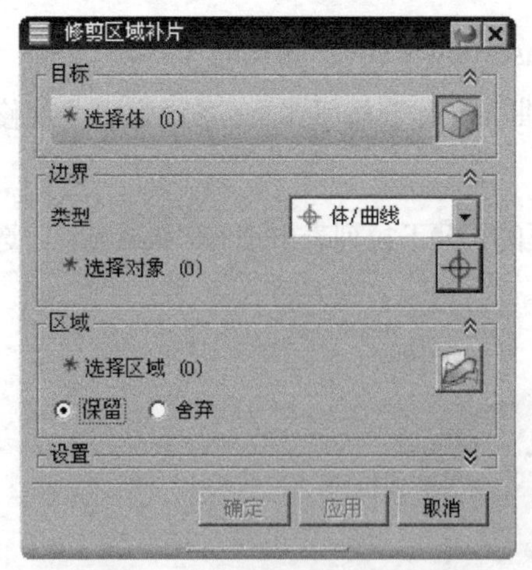

图 4.3.12 “修剪区域补片”对话框

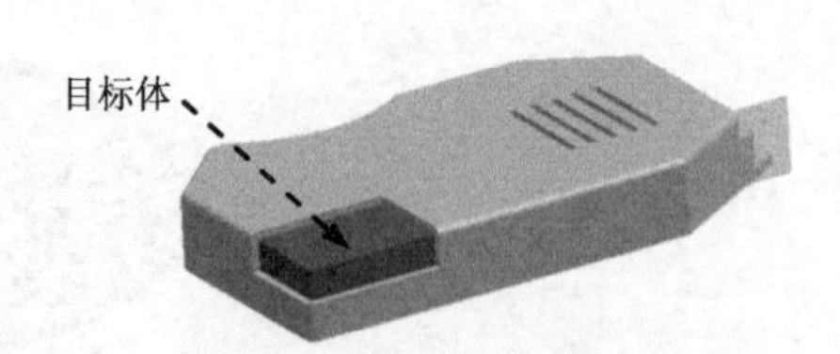

图 4.3.13 选择目标体

Step4. 选取边界。在对话框边界区域的类型下拉列表中选择体/曲线选项，然后在图形区选取图 4.3.14 所示的边线作为边界。

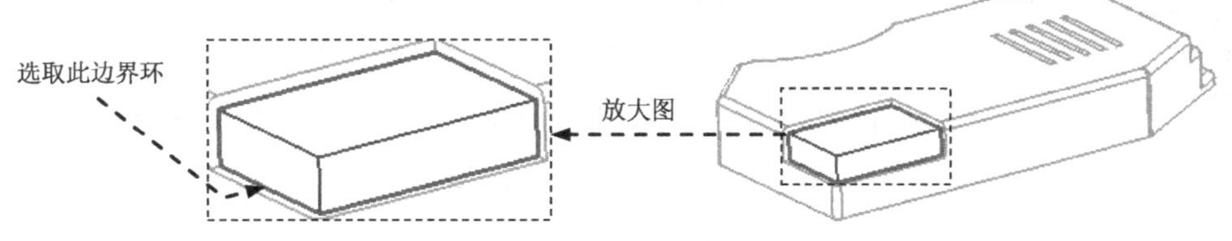

图 4.3.14 选择边界环

Step5. 定义区域。在对话框中激活*选择区域 (0)区域，然后在图 4.3.15 所示的位置单击片体，选中⊙舍弃单选项，单击确定按钮，补片后的结果如图 4.3.11a 所示。

说明：此处在图 4.3.15 所示的位置单击片体后再选中⊙保留单选项，则最终的结果如图 4.3.11c 所示。

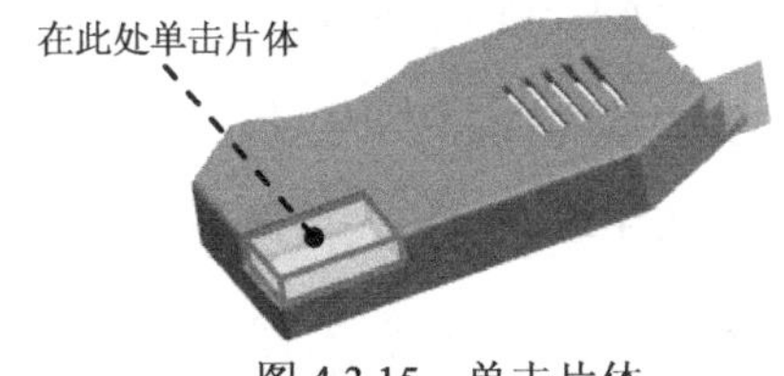

图 4.3.15 单击片体

Step6. 保存文件。选择下拉菜单文件(F) ➡ 全部保存(V)命令，保存所有文件。

4.3.3 编辑分型面和曲面补片

由于很多时候一种产品的设计开发不是由同一个公司完成的，所以模型数据的传送或转换就不可避免。当不同公司使用不同的软件时，创建或接收的模型数据文件格式就会有所不同（如 IGES、STL、PARASLID 等），而数据的不同保存格式在不同软件输入工程中极有可能造成部分数据的丢失，在模具设计前就要先对模型进行必要的修补，此时可以先利用 UG 强大的曲面建模功能把不方便使用注塑模工具修补的孔修补好，然后再通过模具工具中的现有曲面功能将修补好的面转换为模具设计中的修补面。这样，在进行创建型芯、型腔等后续工作时，系统会自动识别出这些面。具体创建过程：在“注塑模工具”工具条中单击“编辑分型面和曲面补片”按钮，系统弹出“编辑分型面和曲面补片”对话框，单击确定按钮，系统将自动完成转换，将这些曲面转换为 MW 能识别的修补片体，供后续的分模使用。

4.4 编辑片体工具

编辑片体工具包括“扩大曲面补片”和“拆分面”两种。

4.4.1 扩大曲面补片

通过“扩大曲面补片”按钮可以完成图 4.4.1 所示的创建扩大曲面。扩大曲面是获取产品模型上的已有面，通过控制所选的面在 U 和 V 两个方向的扩充百分比来实现曲面的扩大。在某些情况下，扩大曲面可以作为工具体来修剪实体，还可以作为分型面来使用。继续以前面的模型为例来介绍扩大曲面补片的一般创建过程。

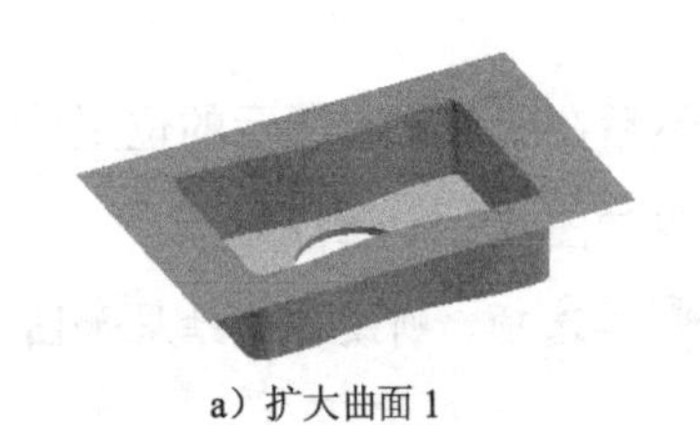

a）扩大曲面 1

b）扩大曲面前

c）扩大曲面 2

图 4.4.1 创建扩大曲面补片

Step1. 打开 D:\ug10.3\work\ch04.04.01\up_cover_parting_098.prt 文件。

Step2. 在“注塑模工具”工具条中单击“扩大曲面补片”按钮，系统弹出如图 4.4.2 所示的“扩大曲面补片”对话框。

Step3. 选取目标面。选取图 4.4.3 所示模型的底面为目标面，在模型中显示出扩大曲面的预览效果，如图 4.4.4 所示。

Step4. 指定区域。在对话框中激活 * 选择区域 (0) 区域，然后在图 4.4.4 所示的位置单击生成的片体，在对话框中选中 ⊙ 保留 单选项，单击 确定 按钮，结果如图 4.4.1a 所示。

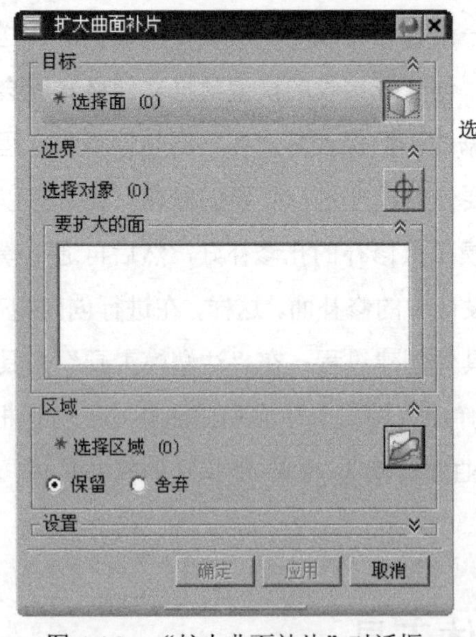

图 4.4.2 “扩大曲面补片”对话框

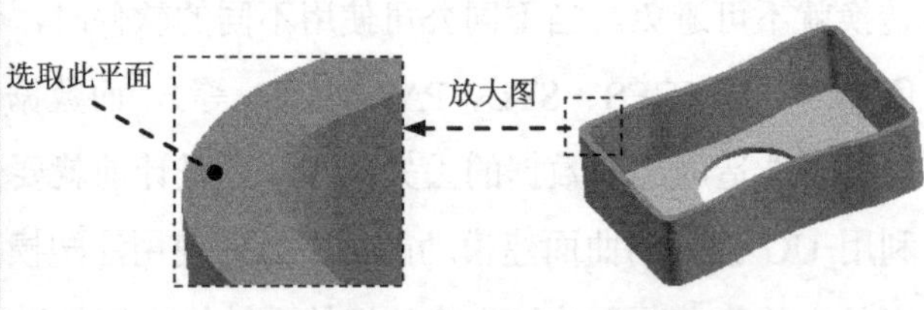

图 4.4.3 选取扩大曲面

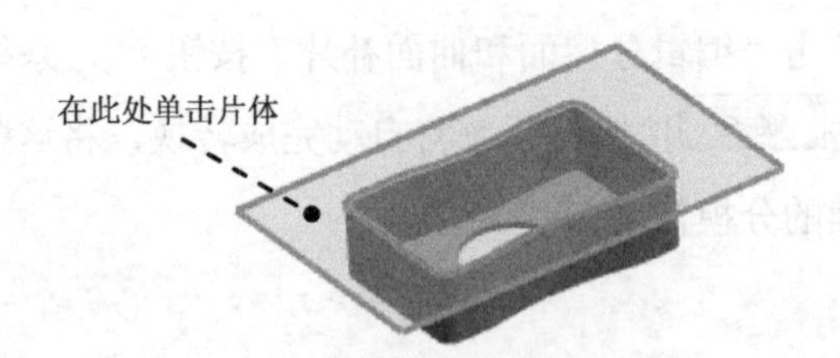

图 4.4.4 指定区域

说明：此处在图 4.4.4 所示的位置单击片体后再选中 ⊙ 舍弃 单选项，则最终的结果如图 4.4.1c 所示。

Step5. 保存文件。选择下拉菜单 文件(F) → 全部保存(V) 命令，保存所有文件。

4.4.2 拆分面

使用“拆分面”按钮可以完成曲面分割的创建。一般主要用于分割跨越区域面（跨越区域面是指一部分在型芯区域而另一部分在型腔区域，如图 4.4.5 所示），对于产品模型上存在这样的跨越区域面，首先，对跨越区域面进行分割；其次，将完成分割的跨越区域面分别定义在型腔区域上和型芯区域上；最后，完成模具的分型。创建“拆分面”有通过被等斜度线拆分、通过基准面来拆分和通过现有的曲线来拆分三种方式，下面分别介绍这三种拆分面方式的一般创建过程。

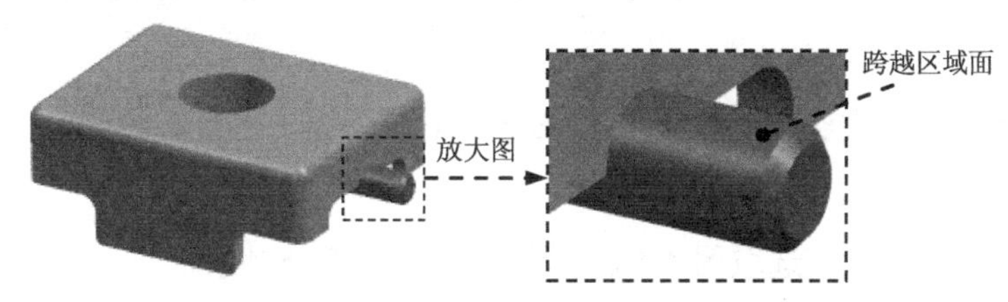

图 4.4.5 跨越区域面

方式 1：通过被等斜度线拆分

Step1. 打开 D:\ug10.3\work\ch04.04.02\shell_parting_123.prt 文件。

Step2. 在“注塑模工具”工具条中单击“拆分面”按钮，系统弹出如图 4.4.6 所示的“拆分面”对话框。

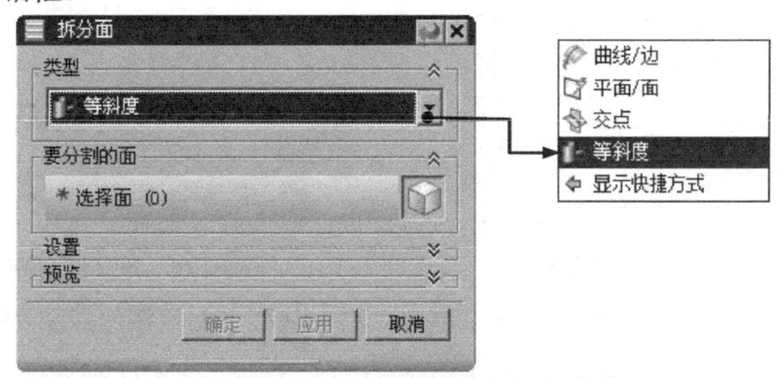

图 4.4.6 “拆分面”对话框

Step3. 定义拆分面。在对话框的 类型 下拉列表中选择 等斜度 选项，选取图 4.4.7 所示的曲面 1 和曲面 2 为拆分对象。

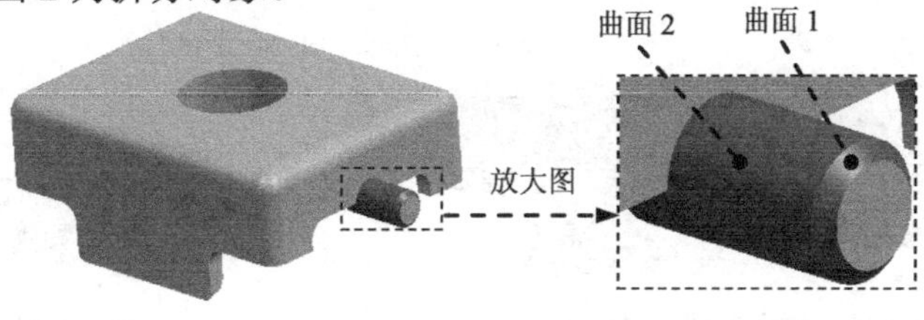

图 4.4.7 定义拆分曲面

Step4. 单击对话框中的 确定 按钮，完成拆分面的创建，如图 4.4.8 所示。

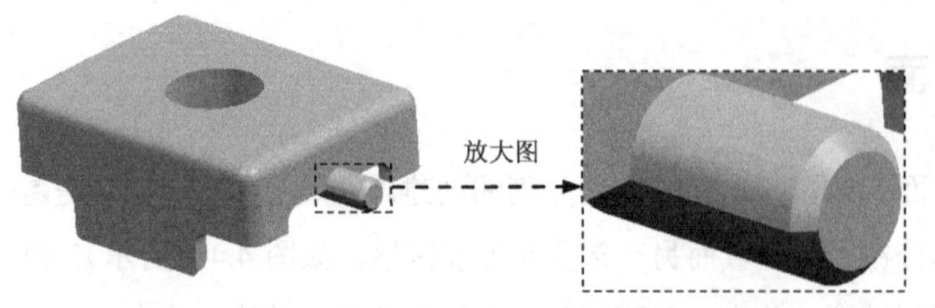

图 4.4.8 拆分面结果

方式 2：通过基准面来拆分

继续以前面的模型为例来介绍通过基准面创建拆分面的一般操作过程。

Step1. 在“注塑模工具”工具条中单击“拆分面”按钮，系统弹出“拆分面”对话框。

Step2. 定义拆分面类型。在对话框的 类型 下拉列表中选择 平面/面 选项，如图 4.4.9 所示。

Step3. 定义拆分面。选取图 4.4.10 所示的曲面为拆分对象。

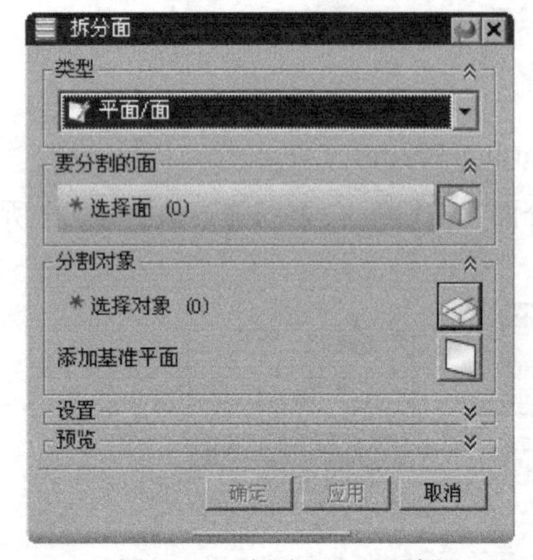

图 4.4.9 “拆分面”对话框

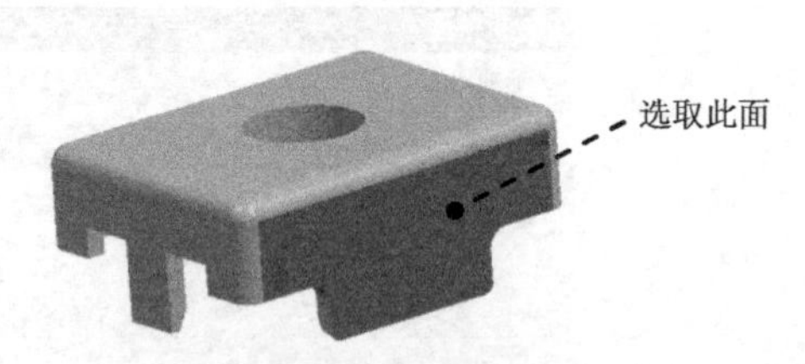

图 4.4.10 定义拆分面

Step4. 添加基准平面。在对话框中单击“添加基准平面”按钮，系统弹出“基准平面”对话框，在 类型 下拉列表中选择 点和方向 选项，选取图 4.4.11 所示的点，然后设置-ZC 方向为矢量方向，单击 确定 按钮，创建的基准面如图 4.4.11 所示。

Step5. 单击对话框中的 确定 按钮，完成拆分面的创建，结果如图 4.4.12 所示。

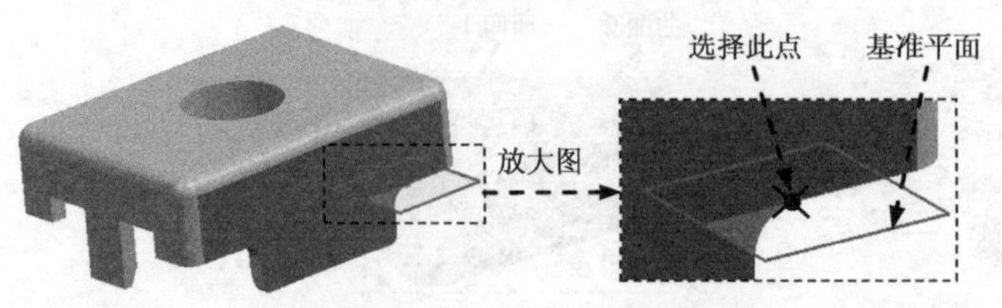

图 4.4.11 定义基准平面

图 4.4.12 拆分面结果

方式 3：通过现有的曲线来拆分

继续以前面的模型为例来介绍通过现有的曲线创建拆分面的一般操作过程。

Step1. 在“注塑模工具”工具条中单击“拆分面”按钮，系统弹出“拆分面”对话框。

Step2. 定义拆分面类型。在对话框的类型下拉列表中选择曲线/边选项，如图 4.4.13 所示。

Step3. 定义拆分面。选取图 4.4.14 所示的曲面为拆分对象。

Step4. 定义拆分直线。单击对话框中的“添加直线”按钮，系统弹出“直线”对话框，选取图 4.4.15 所示的点 1 和点 2，单击确定按钮，创建的直线如图 4.4.16 所示。

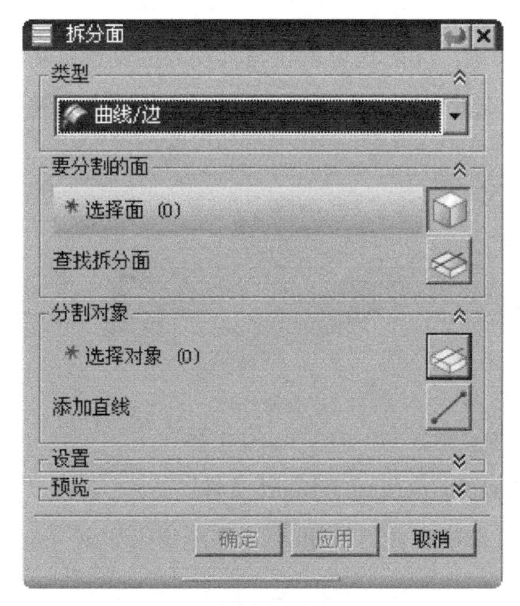

图 4.4.13 “拆分面”对话框

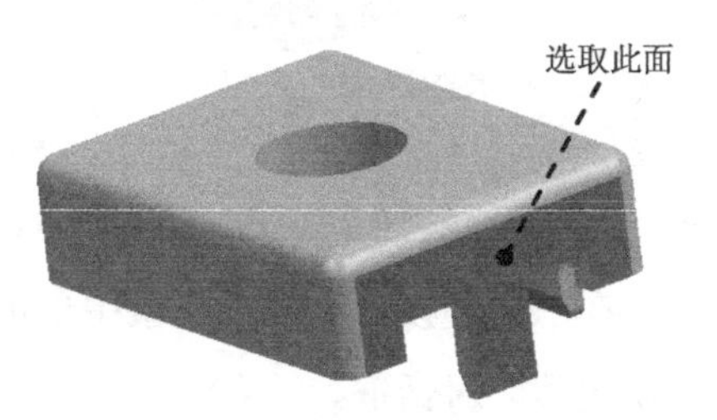

图 4.4.14 定义拆分面

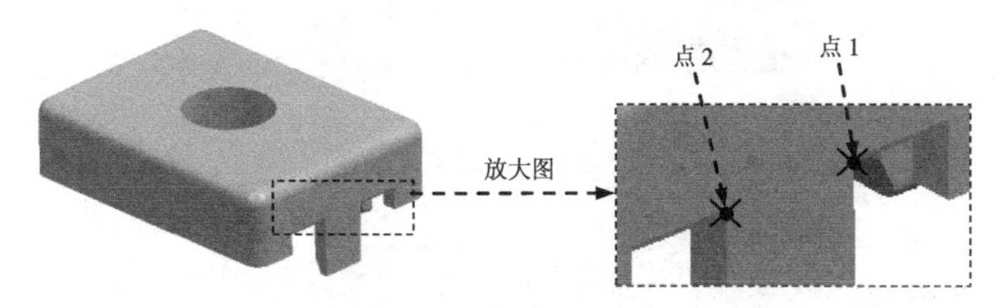

图 4.4.15 定义点

Step5. 在“拆分面”对话框中激活* 选择对象 (0)区域，选取创建的直线，单击确定按钮，完成拆分面的创建，如图 4.4.16 所示。

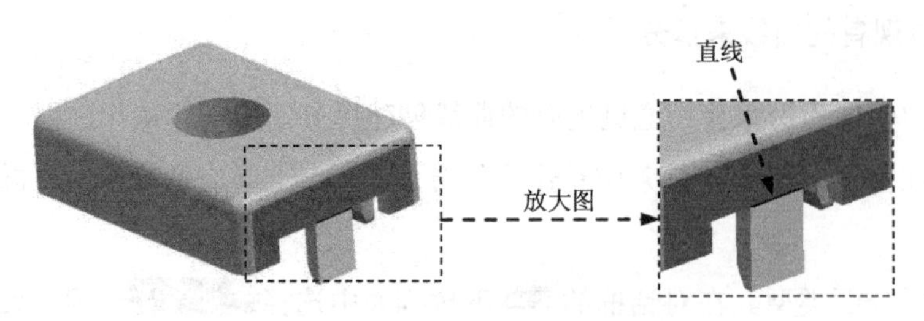

图 4.4.16　拆分面结果

Step6. 保存文件。选择下拉菜单 文件(F) → 全部保存(V) 命令，保存所有文件。

4.5　替换实体

替换实体可以用一个面替换现有的面或面组，同时还可以将与其相邻的倒角更新，另外替换实体还可以对非参数化模型进行操作。下面以图 4.5.1 所示的模型为例来介绍替换实体的一般创建过程。

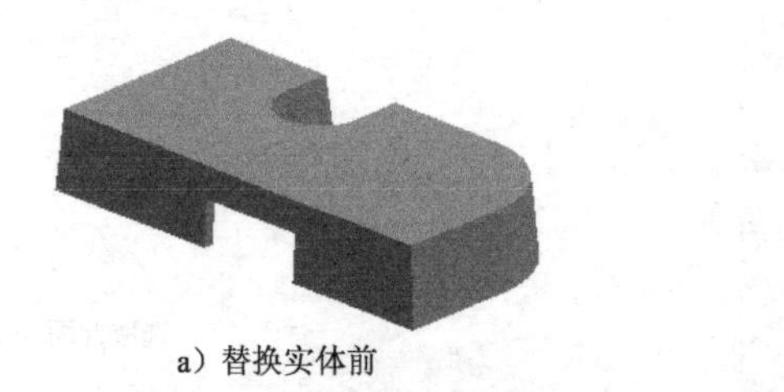

a）替换实体前

b）替换实体后

图 4.5.1　替换实体

Step1. 打开 D:\ug10.3\work\ch04.05\shell_mold_parting_048.prt 文件。

Step2. 在“注塑模工具”工具条中单击“替换实体”按钮，系统弹出如图 4.5.2 所示的“替换实体”对话框。

图 4.5.2 “替换实体”对话框

Step3. 选择替换面。选取图 4.5.3 所示模型的表面为替换面，此时模型变化如图 4.5.4 所示。

图 4.5.3　选取替换面

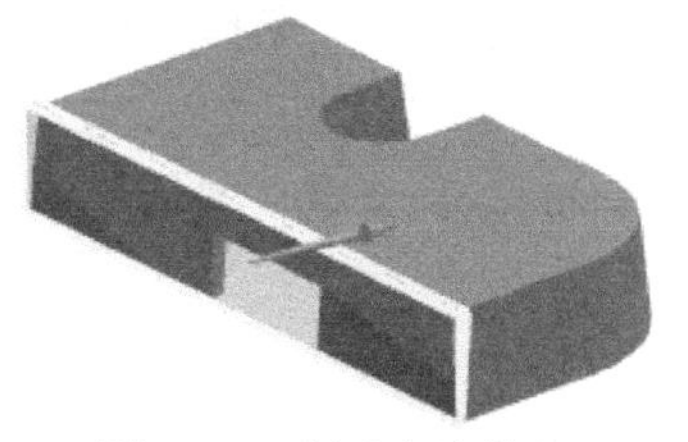

图 4.5.4　创建包容块

Step4. 编辑包容块。

（1）定义包块的尺寸。在“替换实体”对话框的边界区域中单击“编辑包容块”按钮，系统弹出如图 4.5.5 所示的“创建方块”对话框，同时在模型上会显示六个方位的箭头和一个矢量坐标系，如图 4.5.6 所示；然后拖动图 4.5.6 所示的箭头，拖动到图 4.5.7 显示的面间隙尺寸值为 12 为止。

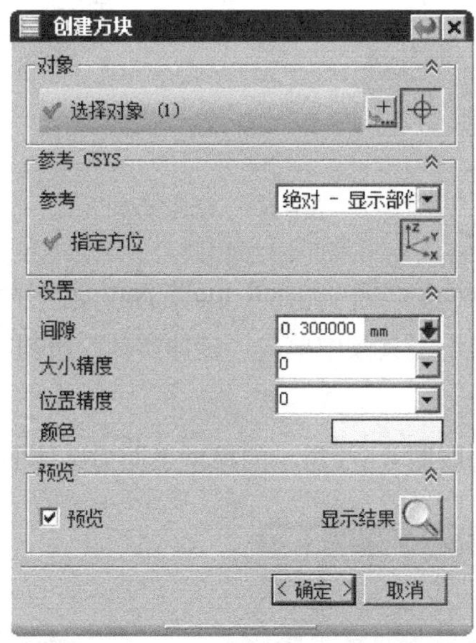

图 4.5.5　“创建方块”对话框

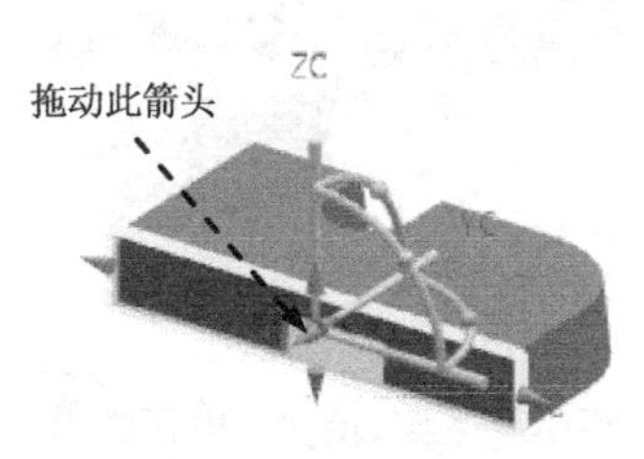

图 4.5.6　拖动箭头

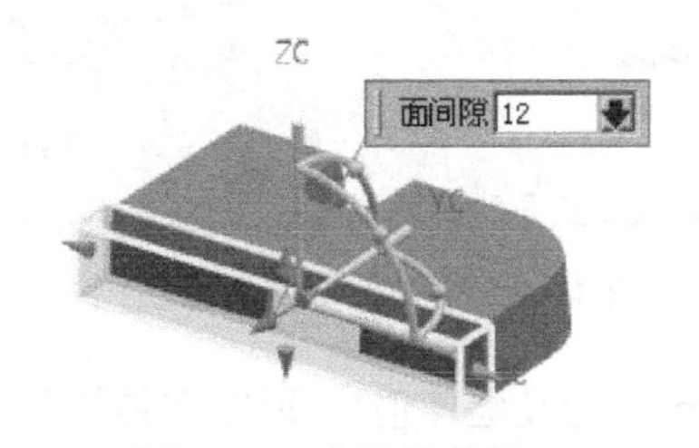

图 4.5.7　方块结果图

（2）设置间隙。默认系统设置的间隙，在“创建方块”对话框中单击< 确定 >按钮，此时系统返回至“替换实体”对话框。

Step5. 在“替换实体”对话框中单击 < 确定 > 按钮，完成替换实体的创建，结果如图 4.5.1b 所示。

Step6. 保存文件。选择下拉菜单 文件(F) → 全部保存(V) 命令，保存所有文件。

4.6 延伸实体

延伸实体可以延伸一组或整个实体面，在模型延伸时，若有与之相关的倒圆角，那么系统会将这些倒圆角进行重建；另外，延伸实体不用考虑模型的特征历史，可以快速、方便地修改模型，对于一些注塑模具和铸件（特别是一些非参数化的铸件）都可以使用此工具。下面以图 4.6.1 所示的模型为例来介绍延伸实体的一般创建过程。

a）延伸实体前

b）延伸实体后

图 4.6.1 延伸实体

Step1. 打开 D:\ug10.3\work\ch04.06\shell_mold_parting_048.prt 文件。

Step2. 在“注塑模工具”工具条中单击“延伸实体”按钮，系统弹出如图 4.6.2 所示的“延伸实体”对话框。

Step3. 选择延伸面。选取图 4.6.3 所示的模型表面为延伸面。

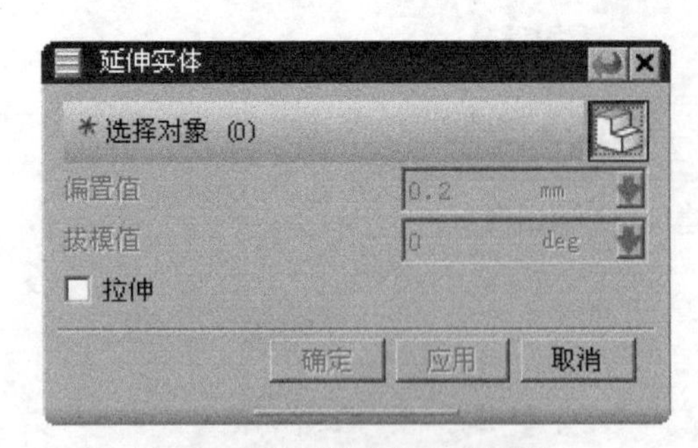

图 4.6.2 “延伸实体”对话框

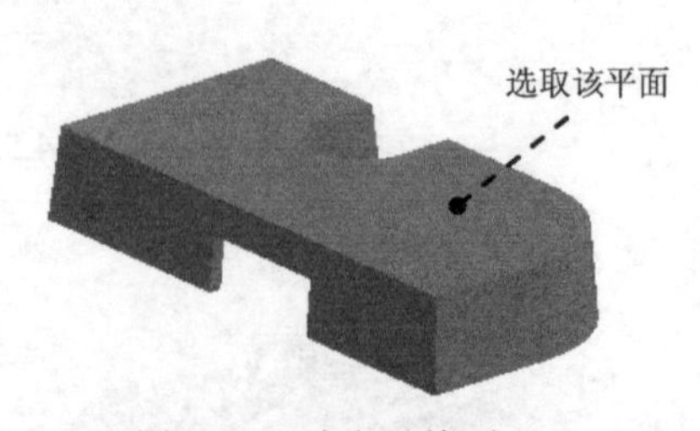

图 4.6.3 选取延伸面

Step4. 定义延伸值。“延伸实体”对话框的 偏置值 文本框中输入值 8，单击 确定 按钮，完成延伸实体的创建，结果如图 4.6.1b 所示。

说明： 在定义延伸值时，若在“延伸实体”对话框中选中 ☑ 拉伸 复选框，则拉伸将沿着面的法线方向进行延伸，结果如图 4.6.4 所示。

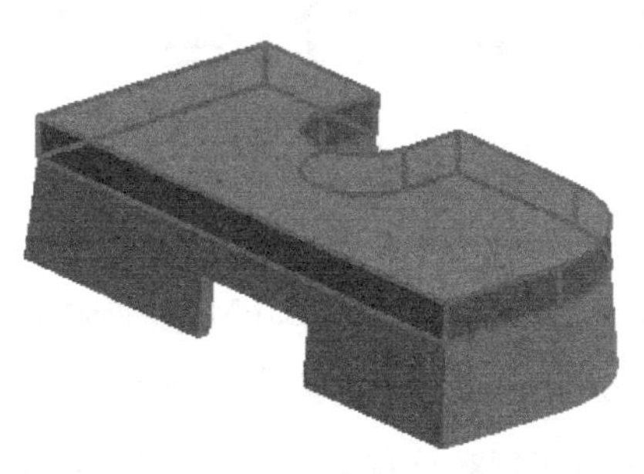

图 4.6.4　延伸实体

Step5. 保存文件。选择下拉菜单 文件(F) → 全部保存(V) 命令，保存所有文件。

第5章 分型工具

本章提要 本章将重点介绍 UG NX 10.0/MW 的分型工具条中经常用到的一些分型工具的使用方法，主要包括设计区域、创建区域和分型线、创建曲面补片、设计分型面、等分型工具。本章将通过相应的范例对这些分型工具进行详细讲解。通过对本章的学习，读者能够熟练掌握分型工具的使用方法，并能根据实际情况的不同灵活地运用。

5.1 分型面介绍

在塑件成型以后，接下来就要把成型的塑件取出，那么要完成这一动作就必须将模具型腔打开，也就是把定模与动模分开，我们把定模与动模的接触面称为分型面。

用户在进行分型面设计时，要考虑分型面的位置及形状是否合理，一般都要求在产品外形轮廓的最大断面处，其模具分型设计越简单，模具设计成本和加工成本就越低。当然，在设计过程中还应考虑到产品模型的布局、浇注系统位置布置、冷却系统位置布置和注射过程中排气等方面。

5.2 分型工具概述

在利用 MW 进行模具分模时，主要是通过图 5.2.1 所示的“模具分型工具”工具条和图 5.2.2 所示的“分型导航器”中的命令来完成。“模具分型工具”工具条包括区域分析、曲面补片、定义区域、设计分型面、编辑分型面和曲面、定义型腔和型芯、交换模型、备份分型/补片片、分型导航器工具按钮；分型导航器主要是对分型对象进行管理。若当前已完成某些特征的定义或创建（如工件和分型线），则在分型导航器中加亮显示；若当前某些特征还未被定义或创建（如分型面和曲面补片），则在分型导航器中以灰暗色显示。

图 5.2.1 “模具分型工具”工具条

说明：“分型导航器”中的某些特征未加亮显示，是因为当前还未对其进行定义，或是此特征在该模具分型过程中是不需要进行定义或创建的，如产品模型上没有破孔，则“分型导航器”中的“曲面补片”就一直以灰暗色显示。

图 5.2.2 “分型导航器”窗口

5.3 设 计 区 域

设计区域的主要功能是完成产品模型上的型腔区域面/型芯区域面的定义和对产品模型进行区域检查分析，包括对产品模型的脱模角度进行分析和内部孔是否修补等。下面将通过一个范例详细介绍设计区域功能的操作过程。

Step1. 打开 D:\ug10.3\work\ch05.03\button_cover_parting_023.prt 文件。

Step2. 在“注塑模向导”工具条中单击“模具分型工具”按钮，系统弹出如图 5.3.1 所示的“模具分型工具”工具条和图 5.2.2 所示的“分型导航器”窗口。

图 5.3.1 “模具分型工具”工具条

Step3. 在“模具分型工具”工具条中单击“检查区域”按钮，系统弹出“检查区域”对话框（一），如图 5.3.2 所示，同时模型被加亮并显示开模方向，如图 5.3.3 所示。

图 5.3.2 所示“检查区域”对话框（一）中各选项的说明如下：

- 保持现有的：选择该单选项后，可以计算面的属性。
- 仅编辑区域：选择该单选项后，将不会计算面的属性。
- 全部重置：选择该单选项后，表示要将所有的面重设为默认值。
- 按钮：单击该按钮后，系统会弹出如图 5.3.4 所示的“矢量”对话框，利用此对话框可以对开模方向进行更改。
- 按钮：单击该按钮后，开始对产品模型进行分析计算。

图 5.3.2 “检查区域”对话框（一）

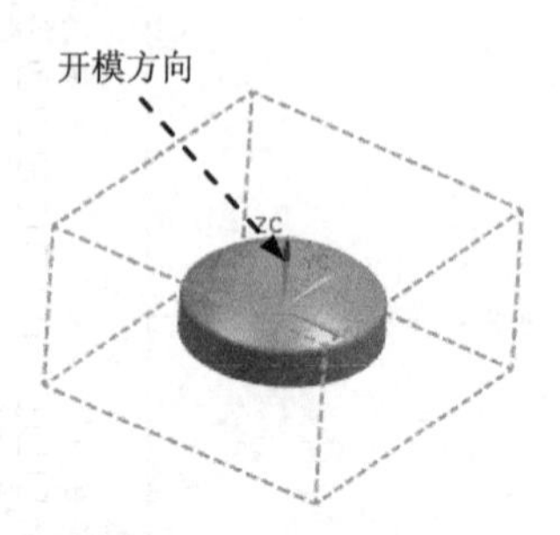

图 5.3.3 开模方向

Step4. 在“检查区域”对话框中选择 保持现有的 单选项，单击“计算”按钮，系统开始对产品模型进行分析计算。

Step5. 设置区域颜色。在“检查区域”对话框中单击 区域 选项卡，系统弹出图 5.3.5 所示的“检查区域”对话框（二），在 设置 区域中取消选中 内环、 分型边 和 不完整的环 三个复选框，然后单击“设置区域颜色”按钮，结果如图 5.3.6 所示。

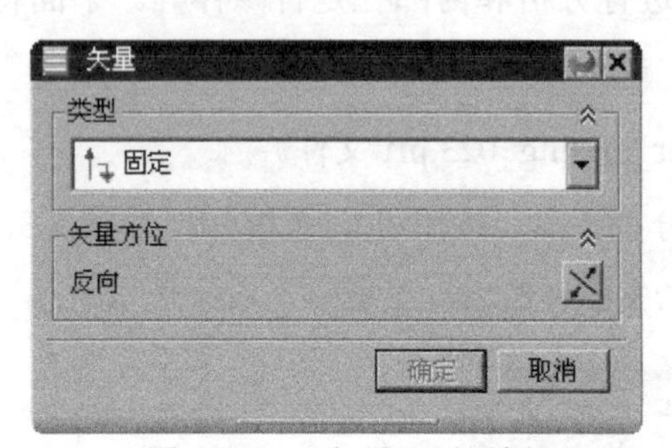

图 5.3.4 “矢量”对话框

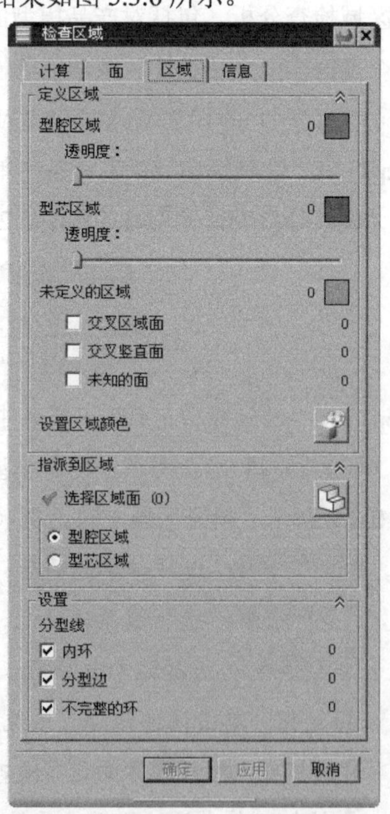

图 5.3.5 “检查区域”对话框（二）

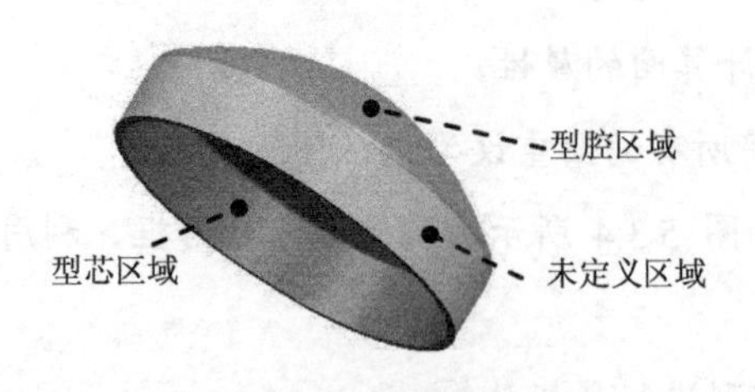

图 5.3.6 设置区域颜色

Step6. 定义型腔区域。在“检查区域”对话框（二）的 指派到区域 区域中激活 选择区域面 (0)，然后选取图 5.3.6 所示的未定义区域曲面，在 指派到区域 区域中选中 ⊙ 型腔区域 单选项，单击 应用 按钮，系统自动将未定义的区域指派到型腔区域，同时对话框中的 未定义的区域 显示值为 0，创建结果如图 5.3.7 所示。

说明：在选取未定义曲面时，也可以在 未定义的区域 区域中选中 ☑ 交叉竖直面 复选框，即指的是同一个曲面。

Step7. 在“检查区域”对话框（二）中单击 取消 按钮，完成设计区域的定义。

图 5.3.5 所示“检查区域”对话框还包括 面 、 区域 、 信息 三个选项卡。

- 面 选项卡的说明。单击该选项卡后，系统弹出如图 5.3.8 所示的“检查区域”对话框（三），各选项的说明如下：

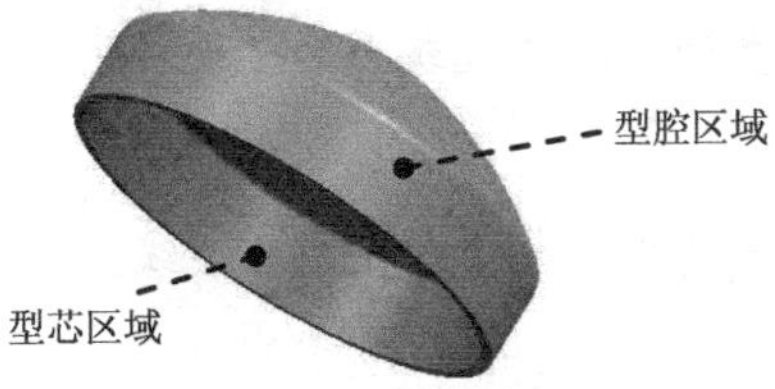

型腔区域

型芯区域

图 5.3.7 定义型腔区域

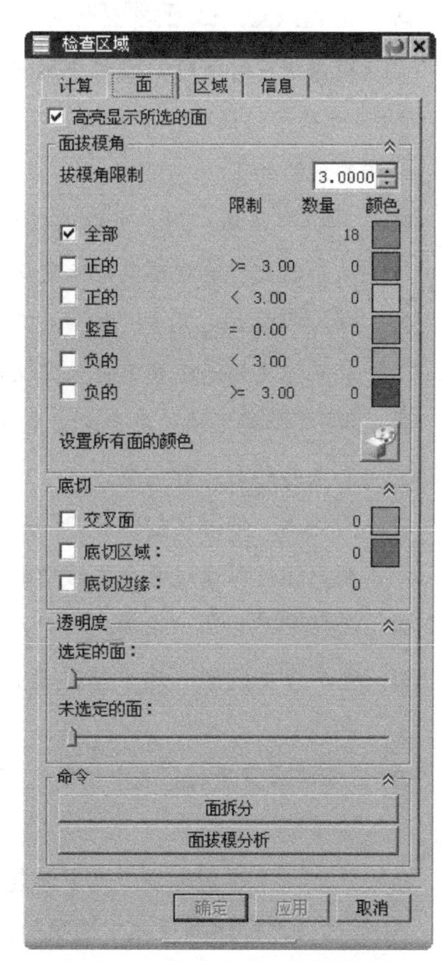

图 5.3.8 “检查区域”对话框（三）

☑ ☑ 高亮显示所选的面：选中该复选框后，系统会高亮显示设定的拔模角的面。

☑ 拔模角限制 文本框：用户可以在该文本框中输入拔模角度值（必须是正值）。

☑ 面拔模角区域：在该区域中显示全部、大于等于、大于、等于、小于和小于等于这六种面拔模角。

☑ 按钮：单击该按钮后，产品体所有面的颜色设定为面拔模角中的颜色，用户也可以通过调色板来改变这些面的颜色。

☑ 选定的面：区域：用户可以通过移动该区域中的滑块来更改产品体中选定面的透明度。

☑ 未选定的面：区域：用户可以通过移动该区域中的滑块来更改产品体中未选定面的透明度。

☑ 面拆分按钮：单击该按钮后，系统弹出"面拆分"对话框，与第4章中的拆分面工具一样，这里不再介绍。

☑ 面拔模分析按钮：单击该按钮后，系统弹出"拔模分析"对话框，在其中用户可以很清楚地观察到分析结果。

● 区域选项卡的说明。单击该选项卡后，系统弹出"检查区域"对话框（二），各选项的说明如下：

☑ 型腔区域区域：用户可以通过移动该区域中的滑块来观察型腔区域的透明度，从而能更好地观察其他未定义面的颜色。

☑ 型芯区域区域：用户可以通过移动该区域中的滑块来观察型芯区域的透明度，从而能更好地观察其他未定义面的颜色。

☑ 未定义的区域区域：用于定义系统无法识别的面，分为交叉区域面、交叉竖直面和未知的面三种类型。

☑ 按钮：单击该按钮后，系统自动判断将不同区域的颜色显示在产品模型上，用户还可以通过每个区域中的调色板来更改这些颜色。

☑ 指派到区域区域：主要是将产品模型上的面指派到型腔区域或型芯区域中。

☑ ☑ 内环复选框：选中该复选框，则生成的分型线不与模型外围的开口区域相连。

☑ ☑ 分型边复选框：选中该复选框，表示模型外围的边线或一部分边线用于定义分型线。

☑ ☑ 不完整的环复选框：选中该复选框，表示没有形成闭合环的分型线。

● 信息选项卡检查范围区域中选项的说明如下：

☑ ⊙ 面属性：选择该单选项，然后激活✔ 选择面 (0)区域，再选取图 5.3.9 所示的面，系统会将面的属性显示到图 5.3.10 所示的"检查区域"对话框（四）中，包括 Face Type、拔模角、最小半径和 Area。

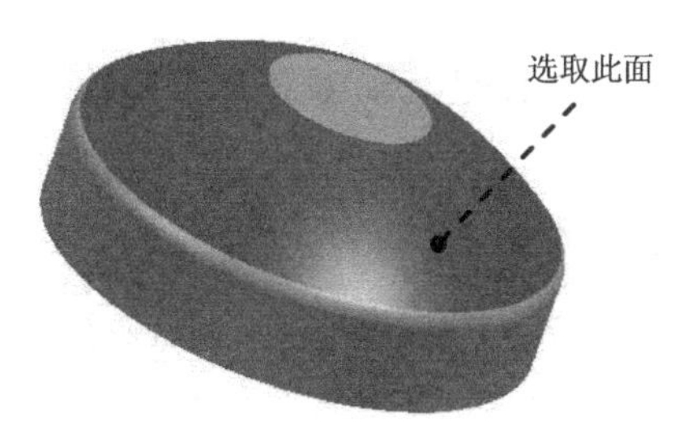

图 5.3.9 选取面

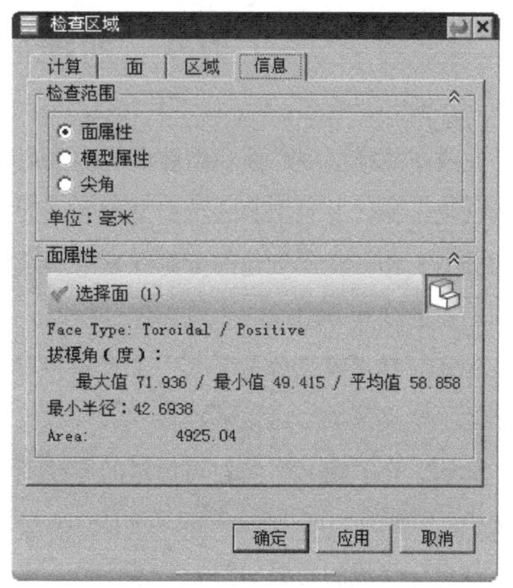

图 5.3.10 “检查区域”对话框（四）

☑ ⊙模型属性：选择该单选项后，系统自动将模型的属性显示到图 5.3.11 所示的“检查区域”对话框（五）中，包括模型类型、边界、尺寸、体积/面积、面数和边数。

☑ ⊙尖角：选择该单选项后，系统弹出如图 5.3.12 所示的“检查区域”对话框（六），在该对话框中用户可以设定一个角度值和半径值，观察模型可能存在的问题。

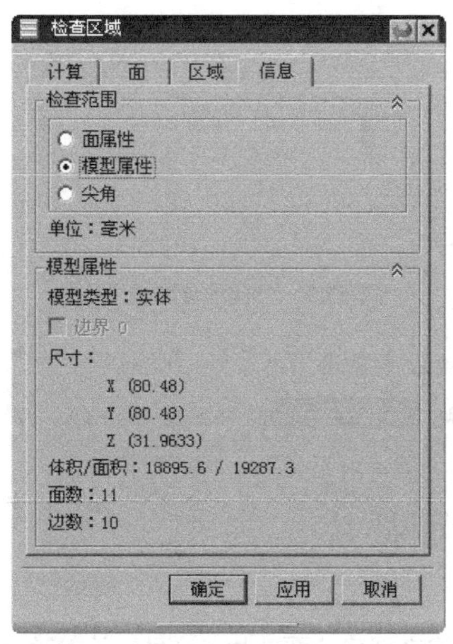

图 5.3.11 “检查区域”对话框（五）

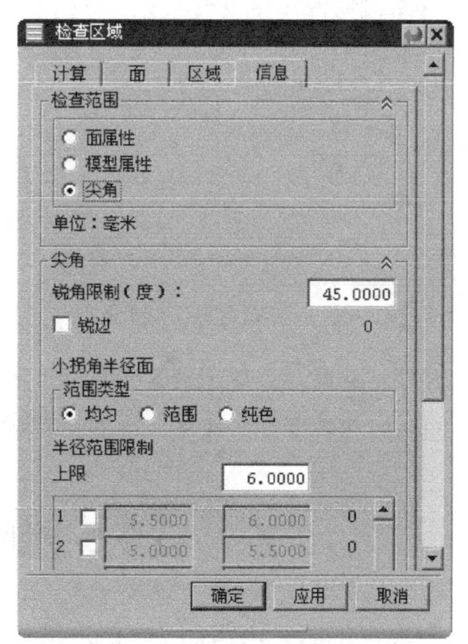

图 5.3.12 “检查区域”对话框（六）

5.4 创建区域和分型线

完成产品模型型芯面和型腔面的定义后，接下来就是进行型芯区域、型腔区域和分型线的创建工作，并且型芯区域和型腔区域的定义必须是在分型前进行，否则将无法进行后续的分型工作。在此创建的分型线是给后续创建分型面做准备。继续以前面的模型为例来介绍创建区域和分型线的一般操作过程。

Step1. 在“模具分型工具”工具条中单击“定义区域”按钮，系统弹出如图 5.4.1 所示的“定义区域”对话框。

Step2. 在“定义区域”对话框的定义区域区域中选择所有面选项，然后在设置区域中选中☑ 创建区域和☑ 创建分型线复选框，单击确定按钮，完成型腔和型芯区域分型线的创建，创建分型线的结果如图 5.4.2 所示。

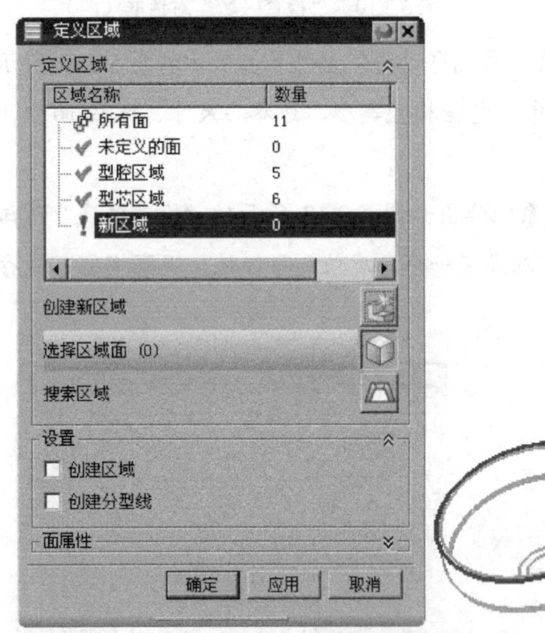

图 5.4.1 “定义区域”对话框

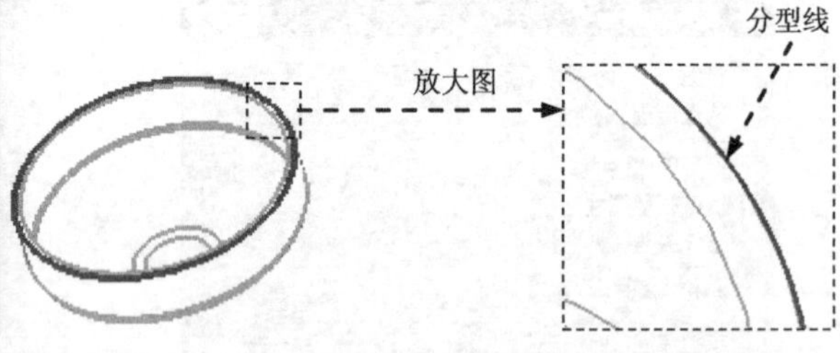

图 5.4.2 创建的分型线

说明：此时“分型导航器”中的“分型线”被加亮显示。

Step3. 保存文件。选择下拉菜单文件(F) → 全部保存(V)命令，保存所有文件。

5.5 创建曲面补片

用户可以通过“面”“体”和“移刀”三种方式来创建曲面补片，这里修补的功能比较简单，主要是针对数目比较多、比较规则并且容易修补的孔，对于比较复杂而且不具有规则性的孔，一般都在模具工具中进行修补。下面将通过一个范例来详细介绍创建补片面的操作过程。

Step1. 打开 D:\ug10.3\work\ch05.05\top_cover_top_035.prt 文件。

Step2. 转换显示部件。单击“装配导航器”按钮，在弹出的对话框中依次单击 top_cover_layout_047 → top_cover_prod_028 → top_cover_parting-set_046 节点，然后右击 top_cover_parting_048，在弹出的快捷菜单中选择 设为显示部件 选项。

Step3. 在“注塑模向导”工具条中单击“分型”按钮，系统弹出“模具分型工具”工具条和“分型导航器”窗口。

Step4. 在“模具分型工具”工具条中单击“曲面补片”按钮，系统弹出如图 5.5.1 所示的“边修补”对话框。

Step5. 选择修补对象。在“边修补”对话框的 类型 下拉列表中选择 体 选项，选择图 5.5.2 所示的实体模型。

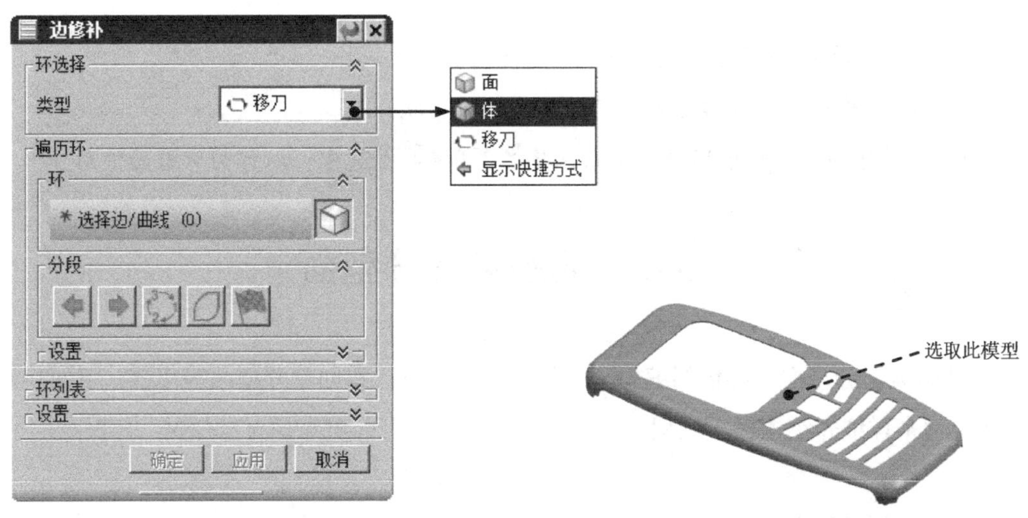

图 5.5.1 “边修补”对话框　　　图 5.5.2 选取模型

Step6. 在“边修补”对话框中单击 确定 按钮，完成补片后的结果如图 5.5.3 所示。

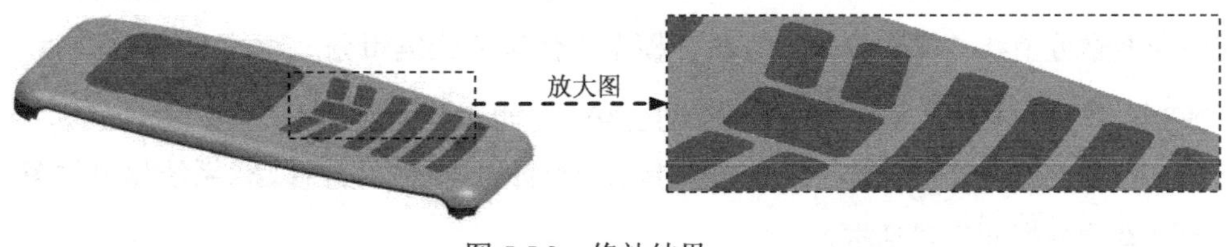

图 5.5.3 修补结果

Step7. 保存文件。选择下拉菜单 文件(F) → 全部保存(V) 命令，保存所有文件。

图 5.5.1 所示“边修补”对话框中各选项的说明如下：

- 环选择区域：包括面、体和移刀三种环搜索方法。
  - ☑ 面：选择该选项，表示选择方式为面修补。
  - ☑ 体：选择该选项，表示选择方式为体修补。
  - ☑ 移刀：选择该选项，表示选择方式为移刀修补。
- 遍历环区域：该区域是定义边修补类型的环搜索方法及设置，分为环、分段和设置三部分。
  - ☑ 环：激活该区域可选取模型上的边线。
  - ☑ 分段：在该区域中显示选取的边线方法，包括上一个分段按钮、接受按钮、循环候选项按钮、关闭环按钮和退出环按钮。
  - ☑ 设置：用于设置选取边线的属性，包括□ 按面的颜色遍历、□ 终止边和公差三个复选框。
- 环列表区域：在该区域中可显示选取的对象及修改操作，包括列表和“切换面侧”按钮。
  - ☑ 列表：该区域中显示选取的边界对象。
  - ☑ ：单击该按钮可改变曲面的修补形状。
- 设置区域：在该区域中系统默认将☑ 作为曲面补片选中，以作为分型面使用。

5.6 创建/编辑分型面

创建/编辑分型面主要包括编辑分型线、引导线设计和创建分型面等步骤，下面将通过一个范例来详细介绍该操作过程。

5.6.1 编辑分型线

编辑分型线具有强大的编辑功能，它不但可以自动创建分型线，还可以根据用户设定的线路来搜索分型线并操作。下面以具体模型为例来介绍编辑分型线的一般操作过程。

Step1. 打开 D:\ug10.3\work\ch05.06\top_cover_top_035.prt 文件。

Step2. 在“模具分型工具”工具条中单击“设计分型面”按钮，系统弹出如图 5.6.1 所示的“设计分型面”对话框。

Step3. 在“设计分型面”对话框的编辑分型线区域中单击“遍历分型线”按钮，系统弹出如图 5.6.2 所示的“遍历分型线”对话框。

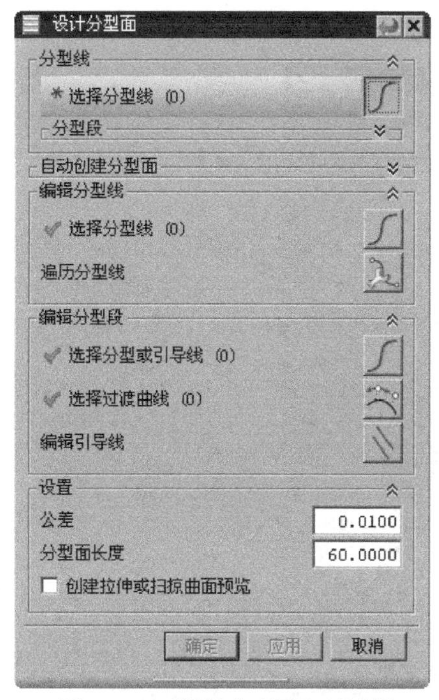

图 5.6.1 “设计分型面”对话框

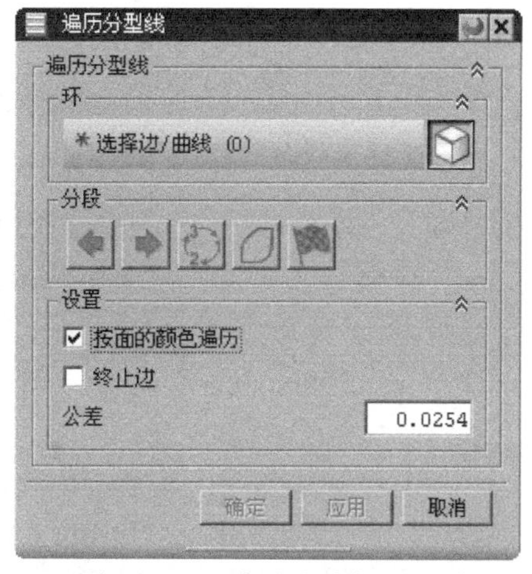

图 5.6.2 “遍历分型线”对话框

Step4. 选择分型线。选择图 5.6.3 所示的轮廓边线，完整的分型线如图 5.6.4 所示，单击 确定 按钮，系统返回至“设计分型面”对话框。

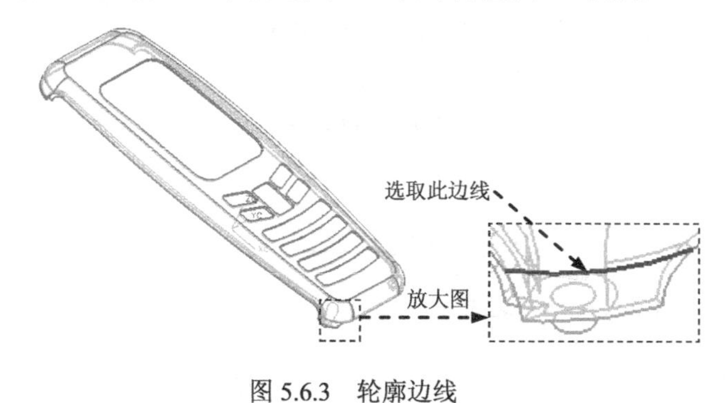

图 5.6.3 轮廓边线

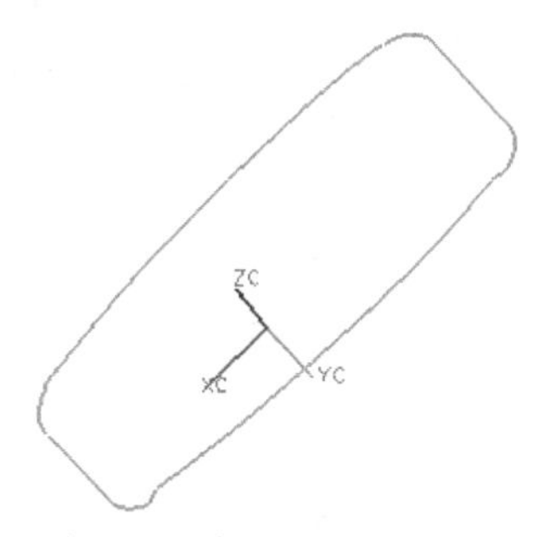

图 5.6.4 完整的分型线

说明：此时选取的分型线是型腔和型芯之间的轮廓线。

5.6.2 引导线设计

在完成分型线的创建后，当分型线不在同一个平面或拉伸方向不在同一方向时，系统就不能自动识别出拉伸方向，这时就需要对分型线进行分段来逐步创建分型面。继续以前面的模型为例来介绍引导线设计的一般操作过程。

Step1. 在“设计分型面”对话框的编辑分型段区域中单击“编辑引导线”按钮，系统弹出如图 5.6.5 所示的“引导线”对话框。

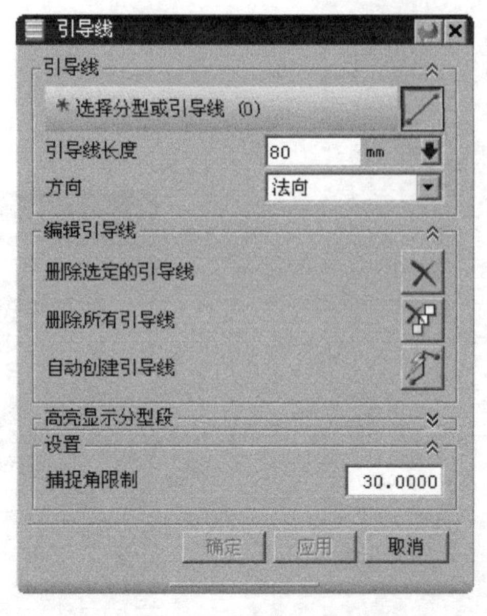

图 5.6.5 “引导线”对话框

Step2. 定义引导线的长度。在“引导线”对话框的引导线长度文本框中输入值 80，然后按 Enter 键确认。

Step3. 创建引导线。选取图 5.6.6 所示的 4 条边线，然后单击确定按钮，完成引导线的创建，结果如图 5.6.7 所示，系统返回至“设计分型面”对话框。

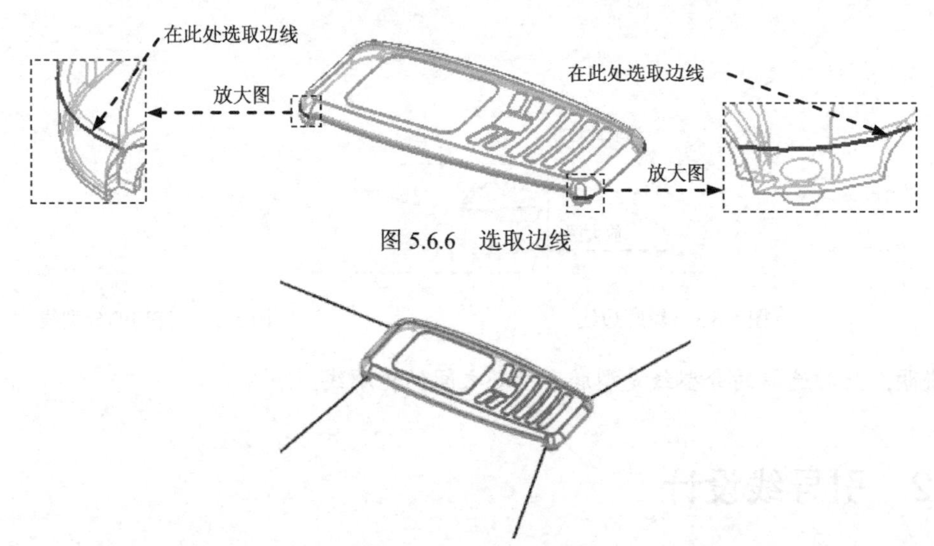

图 5.6.6 选取边线

图 5.6.7 引导线创建结果

说明：在选取边线时，单击的位置若靠近边线的某一端，则引导线就是以边线那一端的法向进行延伸。

图 5.6.5 所示“引导线”对话框中部分选项的说明如下：

- 引导线长度文本框：用户可以在此文本框中定义引导线的长度。
- 方向下拉列表：用于定义引导线的生成方向。
- 删除选定的引导线按钮：用户在此区域中通过单击按钮可以对已创建的引导线选择性地进行删除。
- 删除所有引导线按钮：用户在此区域中通过单击按钮可以对已创建的引导线全部进行删除。
- 自动创建引导线按钮：用户在此区域中通过单击按钮可自动创建一些引导线。
- 高亮显示分型段按钮：在此区域的列表中可显示已创建的引导线。

5.6.3 创建分型面

在 MW 中创建模具分型面一般可以使用拉伸、有界平面、扫掠、扩大曲面和条带曲面等方法来完成。分型面的创建是在分型线的基础上完成的，并且分型线的形状直接决定分型面创建的难易程度。通过创建出的分型面可以将工件分割成上模（型腔）和下模（型芯）零件。完成分型线的创建和过渡对象的设置后，就要进行分型面的创建，它是模具设计中的一个重要过程，直接影响到型腔与型芯的形状。继续以前面的模型为例来介绍创建和编辑分型面的一般操作过程。

Step1. 在“设计分型面”对话框的设置区域中接受系统默认的公差值；在图 5.6.8a 中单击“延伸距离”文本框，然后在活动的文本框中输入值 85 并按 Enter 键确认，结果如图 5.6.8b 所示。

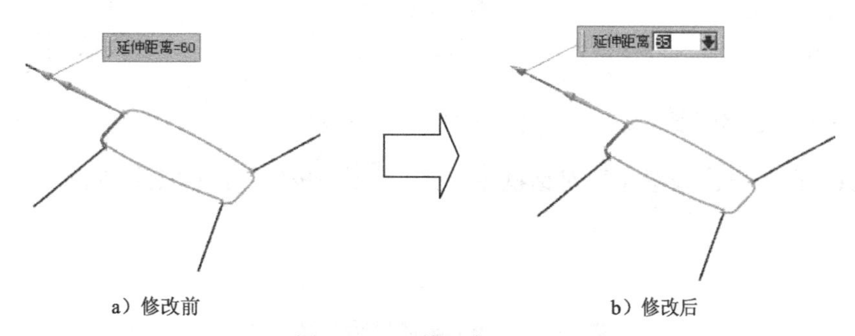

a）修改前　　b）修改后

图 5.6.8 延伸距离

Step2. 拉伸分型面 1。在“设计分型面”对话框创建分型面区域的方法中选择选项，在拉伸方向区域的下拉列表中选择选项，在“设计分型面”对话框中单击应用按钮，系统返回至“设计分型面”对话框，结果如图 5.6.9b 所示。

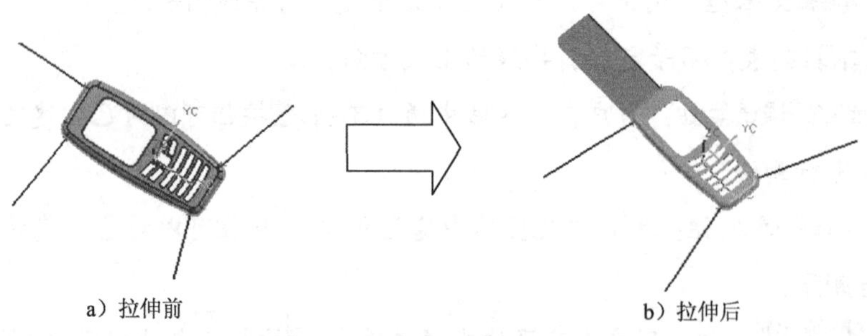

a）拉伸前　　b）拉伸后

图 5.6.9　拉伸分型面 1

Step3. 拉伸分型面 2。在“设计分型面”对话框创建分型面区域的方法中选择选项，在拉伸方向区域的下拉列表中选择-YC选项，在“设计分型面”对话框中单击应用按钮，系统返回至“设计分型面”对话框，完成图 5.6.10 所示拉伸分型面 2 的创建。

Step4. 拉伸分型面 3。在“设计分型面”对话框创建分型面区域的方法中选择选项，在拉伸方向区域的下拉列表中选择XC选项，在“设计分型面”对话框中单击应用按钮，系统返回至“设计分型面”对话框，完成图 5.6.11 所示拉伸分型面 3 的创建。

Step5. 拉伸分型面 4。在“设计分型面”对话框创建分型面区域的方法中选择选项，在拉伸方向区域的下拉列表中选择YC选项，在“设计分型面”对话框中单击应用按钮，系统返回至“设计分型面”对话框，完成图 5.6.12 所示拉伸分型面 4 的创建。

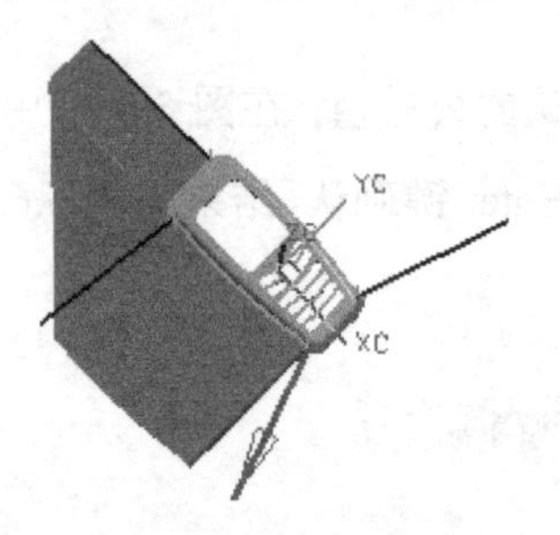

图 5.6.10　拉伸分型面 2

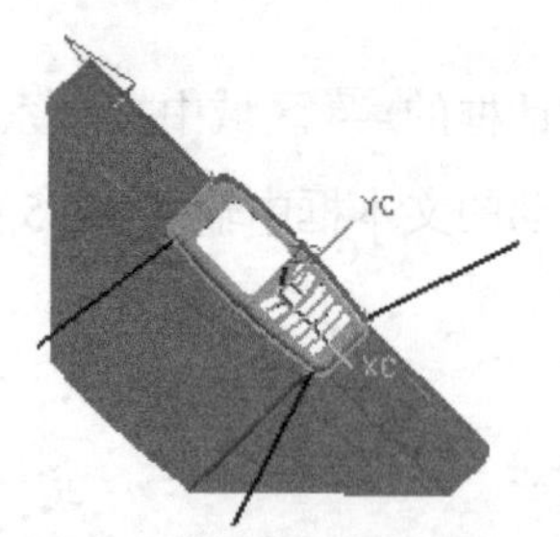

图 5.6.11　拉伸分型面 3

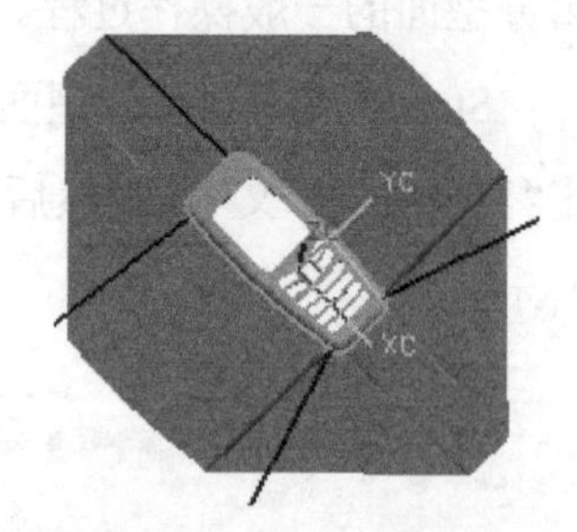

图 5.6.12　拉伸分型面 4

Step6. 在“设计分型面”对话框中单击取消按钮，此时系统返回“分型导航器”窗口。

5.7　创建型腔和型芯

MW 提供了“自动创建型腔型芯”和“循序渐进创建型腔型芯”两种方法。在创建型腔和型芯前必须确保产品模型中的开放凹槽或孔等处已经修补完好、保证创建的分型面能够将工件完全分割（即分型面必须大于或等于工件的最大尺寸）、确定已经完成型腔区域与型芯区域的抽取工作。继续以前面的模型为例来介绍创建型腔和型芯的一般操作过程。

Step1. 在“模具分型工具”工具条中单击“定义区域”按钮，系统弹出“定义区域”对话框。

Step2. 创建型腔。

（1）在“定义区域”对话框的定义区域区域中选择所有面选项，然后在设置区域中选中☑创建区域复选框，单击确定按钮，完成区域的创建。

（2）在“模具分型工具”工具条中单击“定义型腔和型芯”按钮，系统弹出“定义型腔和型芯”对话框。

（3）在选择片体区域中选择型腔区域选项，系统自动加亮选中的型腔片体，如图 5.7.1 所示，其他参数接受系统默认设置，单击应用按钮。

（4）系统弹出“查看分型结果”对话框，接受系统默认的方向。

（5）单击确定按钮，系统返回至“定义型腔和型芯”对话框，完成型腔零件的创建，如图 5.7.2 所示。

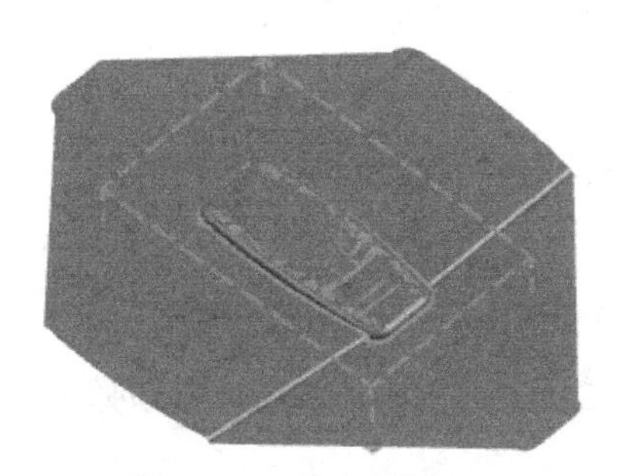

图 5.7.1 型腔片体

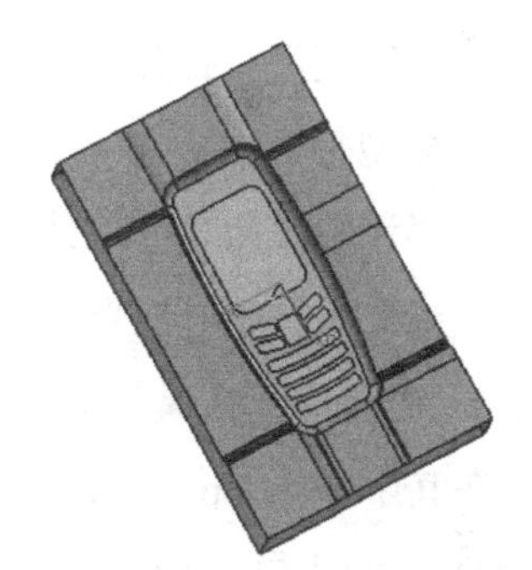

图 5.7.2 型腔零件

Step3. 创建型芯。

（1）在“定义型腔和型芯”对话框的选择片体区域中选择型芯区域选项，系统自动加亮被选中的型芯片体，如图 5.7.3 所示，其他参数接受系统默认设置，单击确定按钮。

（2）系统弹出“查看分型结果”对话框，接受系统默认的方向。

（3）单击确定按钮，系统返回至“分型导航器”对话框，完成型芯零件的创建，如图 5.7.4 所示。

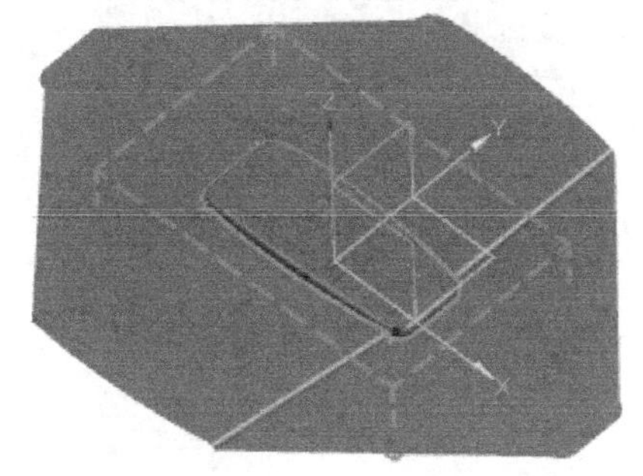

图 5.7.3 型芯片体

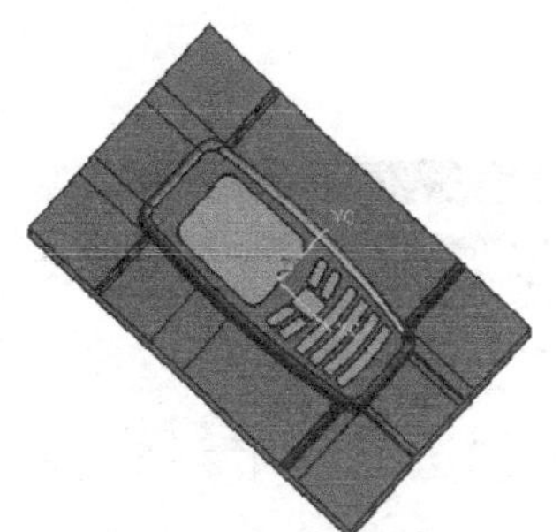

图 5.7.4 型芯零件

Step4. 在“模具分型工具”工具条中单击右上角的 按钮，关闭工具条。

Step5. 保存文件。选择下拉菜单 文件(F) → 全部保存(V) 命令，保存所有文件。

5.8 交换模型

在模具设计过程中，如果产品模型发生了一些变化需要重新设计时，就会浪费大量的前期工作，这时可以使用MW提供的交换模型功能来变更模具设计，这样可以节约大量的时间。

交换模型是用一个新版本产品模型来代替模具设计中的原版本产品模型，并不去掉原有适合的模具设计特征。交换模型概括来说分为三个步骤：装配新产品模型、编辑分型线/分型面、更新分型。

1. 装配新产品模型

Step1. 加载模型。打开 D:\ug10.3\work\ch05.08\top_cover_top_035.prt.文件。

Step2. 模型替换更新。

（1）在“注塑模向导”工具条中单击“模具分型工具”按钮 ，系统弹出“模具分型工具”工具条和“分型导航器”窗口。

（2）在“模具分型工具”工具条中单击“交换模型”按钮 ，系统弹出“打开”对话框。

（3）在其中选择 top_cover_01.prt 文件，单击 OK 按钮，系统会自动弹出“替换设置”对话框，如图 5.8.1 所示，单击 确定 按钮。

（4）系统弹出如图 5.8.2 所示的“模型比较”对话框并在绘图区中显示三个窗口，单击 应用 按钮，再单击 返回 按钮。

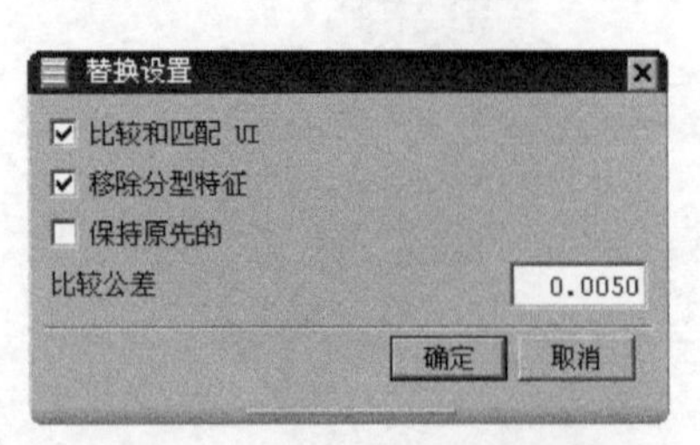

图 5.8.1 “替换设置”对话框

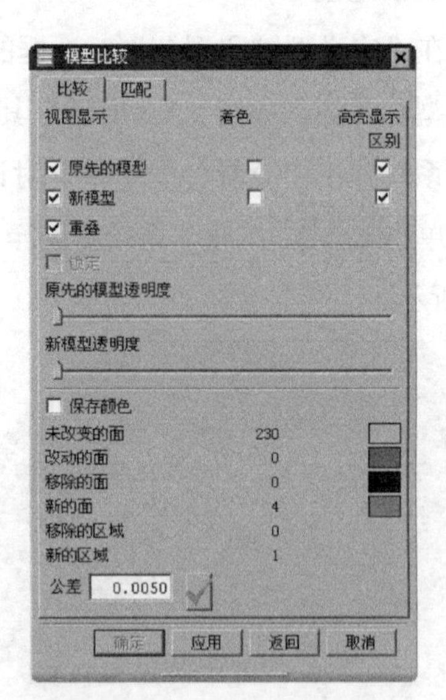

图 5.8.2 “模型比较”对话框

（5）模型替换更新成功后，系统会弹出如图 5.8.3 所示的“交换产品模型”对话框和图 5.8.4 所示的“信息”对话框。

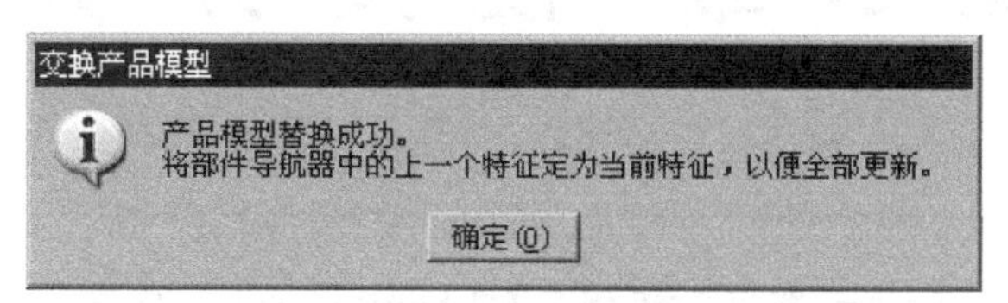

图 5.8.3 “交换产品模型”对话框

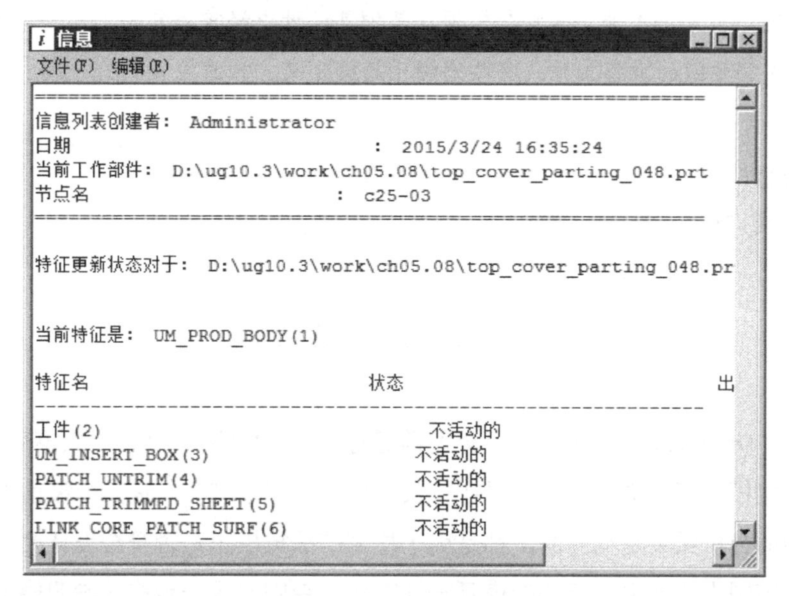

图 5.8.4 “信息”对话框

2. 编辑分型线/分型面

在“模具分型工具”工具条中单击“设计分型面”按钮，重新编辑分型线或分型面。

3. 更新分型

用户可以手动也可以自动更新分型。

第6章 模具分析

本章提要 模具分析一般包括拔模分析(Draft Check)、厚度分析(Thickness Check)和计算面积(Project Area)等，这些分析项目是模具设计中经常用到的工具，其中有些分析项目是拆模前必须要做的准备工作，有些则用于后续定义。本章主要内容包括：

- 拔模分析
- 厚度分析
- 计算投影面积

6.1 拔模分析

拔模检测（Draft Check）要在模具分型前进行，否则将会给后续的工作带来不便。拔模分析可以在建模环境中进行，也可以在模具分型的过程中进行。模具分型前的分析结果与模具分型中的分析结果是相同的，都是用于检测产品拔模角是否符合设计要求，只有拔模角在要求的范围内才能进行后续的模具设计工作，否则要进一步修改参照模型。下面以图6.1.1所示的模型为例来说明在模具分型的过程中进行拔模分析的一般操作过程。

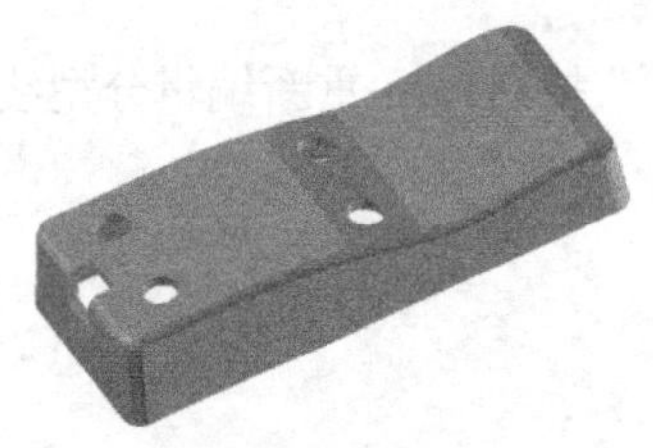

a）模型外表面

b）模型内表面

图6.1.1　拔模检测模型

Step1. 打开D:\ug10.3\work\ch06.01\block_top_010.prt文件。

Step2. 在“注塑模向导”工具条中单击“模具分型工具”按钮，系统弹出“模具分型工具”工具条和“分型导航器”窗口。

Step3. 设置开模方向。在“模具分型工具”工具条中单击“检查区域”按钮，系统弹出“检查区域”对话框，接受模型当前方向为开模方向。

Step4. 设置模型表面颜色。在“检查区域”对话框中单击“计算”按钮，选择面选项卡，此时“检查区域”对话框如图6.1.2所示。对话框中的设置保持系统默认设置，单

击“设置所有面的颜色”按钮，模型表面颜色发生变化，如图 6.1.3 所示。

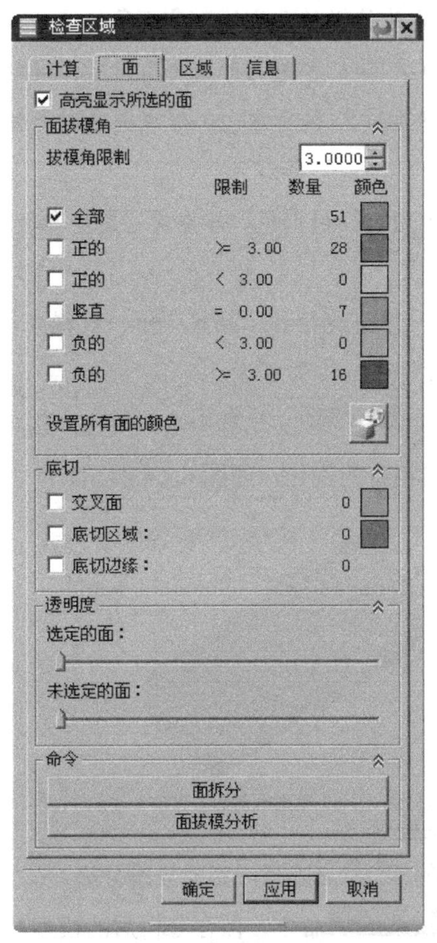

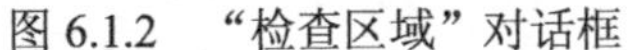
图 6.1.2 “检查区域”对话框

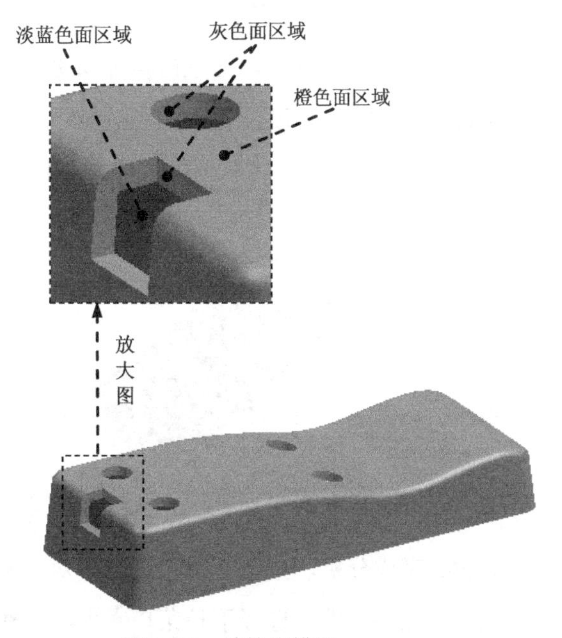

图 6.1.3 被检测模型

图 6.1.2 所示“检查区域”对话框部分选项的说明如下：

- 面拔模角 区域：用于显示产品模型上的面数。在其下方列出了大于拔模角度的面数、等于拔模角度的面数和小于拔模角度的面数。
  - ☑ 拔模角限制 文本框：在其中输入需要验证的拔模角度值。
  - ☑ □ 全部 复选框：此选项表示系统检测到的模型的所有面。
  - ☑ □ 正的 复选框：此选项可以查看拔模角度为正值的所有面，如果分析得到的角度大于等于给定的拔模角，系统默认用橙色表示；若分析得到的角度小于给定的拔模角，则此部分面的颜色系统默认用黄色表示。
  - ☑ □ 竖直 复选框：此选项可以查看拔模角度为零度的所有面，系统默认用灰色表示。
  - ☑ □ 负的 复选框：此选项可以查看拔模角度为负值的所有面，如果分析得到的角度大于等于给定的拔模角，系统默认用蓝色表示；若分析得到的角度小于给定的拔模角，则此部分面的颜色系统默认用绿色表示。

说明：在面拔模角区域中面的划分是以角度的正负为依据的。此处角度正负的区分方法是：当模型中某部分面的法向与拔模方向的正方向（Z 轴正方向）形成夹角时所体现的角度为正；当模型中某部分面的法向与拔模方向的负方向（Z 轴负方向）形成夹角时所体现的角度为负。

- 按钮：单击该按钮，可以设置产品模型上所有面的颜色，若更改过某些参数后，单击该按钮也可以更新产品模型上的颜色。
- 面拔模分析按钮：单击此按钮，系统弹出“拔模分析”对话框，利用此对话框同样可以进行拔模分析。

Step5. 改变拔模角度。在“检查区域”对话框的拔模角限制文本框中输入值 6，然后按 Enter 键，单击按钮，此时模型表面的颜色会发生相应的变化，如图 6.1.4 所示。

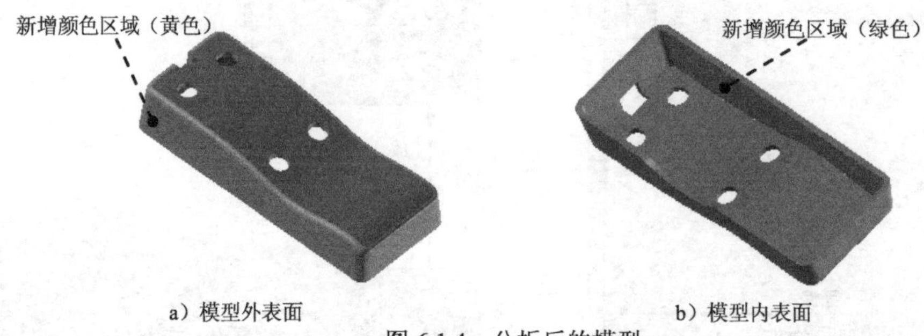

图 6.1.4　分析后的模型

Step6. 完成分析。单击“检查区域”对话框中的取消按钮，完成拔模分析。

Step7. 保存文件。选择下拉菜单文件(F) ➡ 全部保存(V)命令，保存分析后的模型。

说明：拔模角度分析也可以在建模环境下进行，选择下拉菜单分析(L) ➡ 模具部件验证(P) ▸ ➡ 检查区域(R)...命令即可。

6.2 厚度分析

厚度检测（Thickness Check）用于检测模型的厚度是否有过大或过小的现象。厚度检测也是拆模前必须做的准备工作之一。下面以图 6.2.1 所示的模型为例来说明 UG NX 10.0 中厚度分析的一般操作过程。

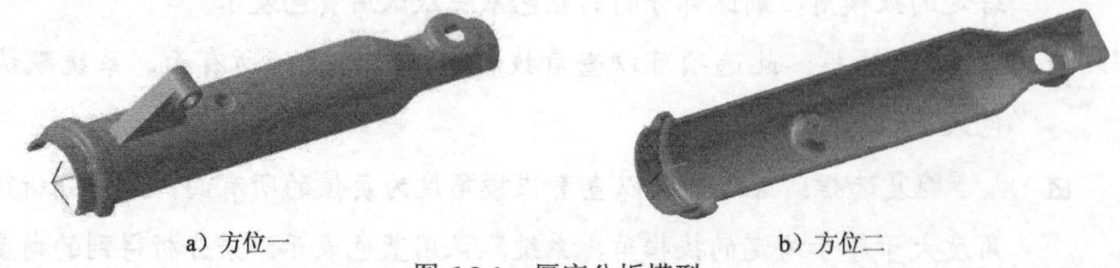

图 6.2.1　厚度分析模型

Step1. 打开 D:\ug10.3\work\ch06.02\cover_parting_023.prt 文件。

Step2. 选择命令。选择下拉菜单 分析(L) → 模具部件验证(F) → 检查壁厚(K)... 命令，系统弹出如图 6.2.2 所示的“检查壁厚”对话框。

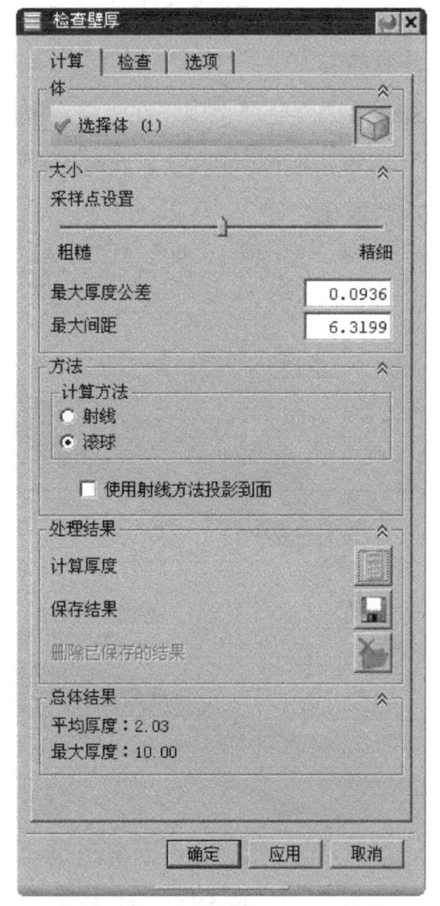

图 6.2.2 “检查壁厚”对话框

图 6.2.2 所示“检查壁厚”对话框中部分选项的说明如下：

- 计算选项卡：在其中用户可以设置厚度公差、最大间距和计算方法等，并且此选项卡中可以反映检查结果(平均厚度和最大厚度)。
- 检查选项卡：可以帮助用户设置检查结果的显示方法，选择要检查的面和更改选定面的颜色等。
- 选项选项卡：在其中用户可以设置范围类型、检查的壁厚范围、不同壁厚的代表颜色等信息。在分析过程中如果系统默认设置不能满足用户要求，或者是用户只需分析部分区域的厚度等，用户可以在此选项卡中自行设置。

Step3. 检查塑件厚度。“检查壁厚”对话框中的设置保持系统默认设置，单击按钮，此时在“检查壁厚”对话框中会出现被检查塑件的平均厚度和最大厚度等信息；模型会在不同的厚度区域显示不同颜色（图 6.2.3），并且在图形区中出现厚度对比条（图 6.2.4）。

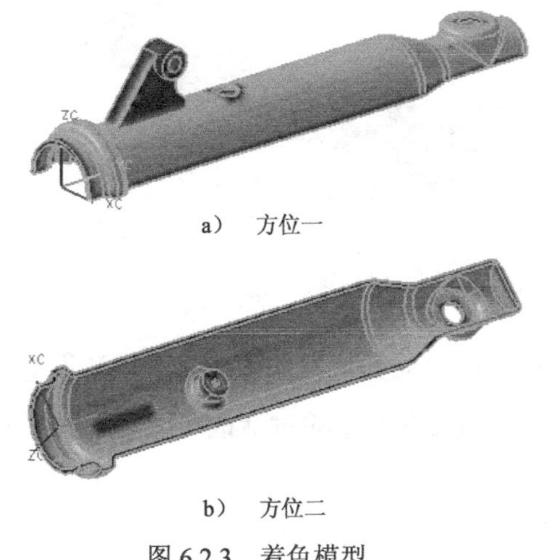

a) 方位一

b) 方位二

图 6.2.3 着色模型

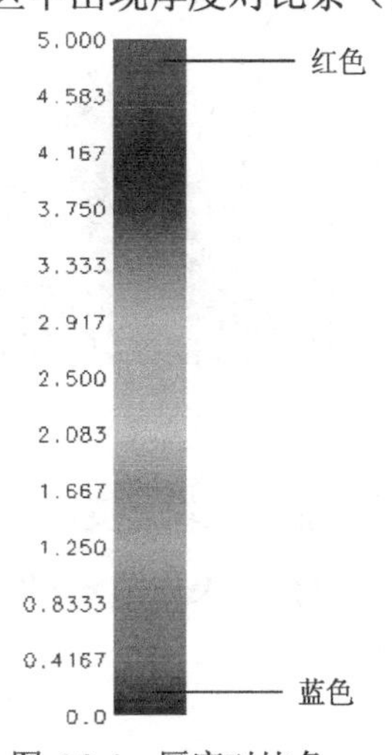

图 6.2.4 厚度对比条

说明：在厚度对比条中的不同颜色代表不同的厚度区域，用户需要结合“检查壁厚”对话框中反映的平均壁厚和最大壁厚来观察（系统默认时的设置是越接近红色表示此区域的壁厚越厚）。

Step4. 改变壁厚范围。在“检查壁厚”对话框中选择选项选项卡，在颜色：文本框中输入值 15，单击应用按钮，此时的模型颜色（图 6.2.5）及厚度对比条（图 6.2.6）都会发生相应的变化。

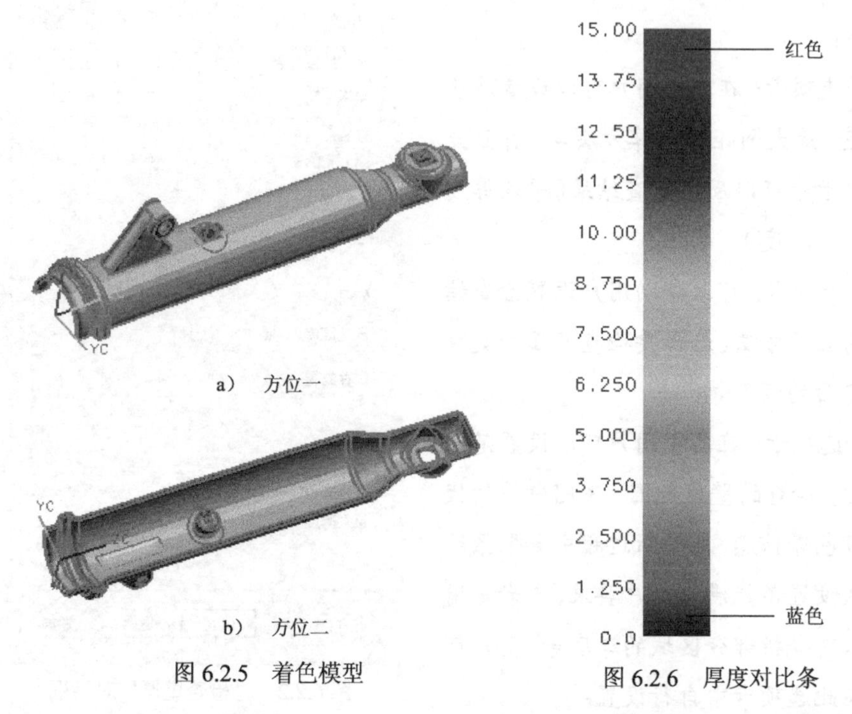

a) 方位一

b) 方位二

图 6.2.5 着色模型

图 6.2.6 厚度对比条

Step5. 指定被检查区域。在“检查壁厚”对话框中选择检查选项卡，取消选中□ 所有面复选框，在图形区选择图 6.2.7 所示的两个面。

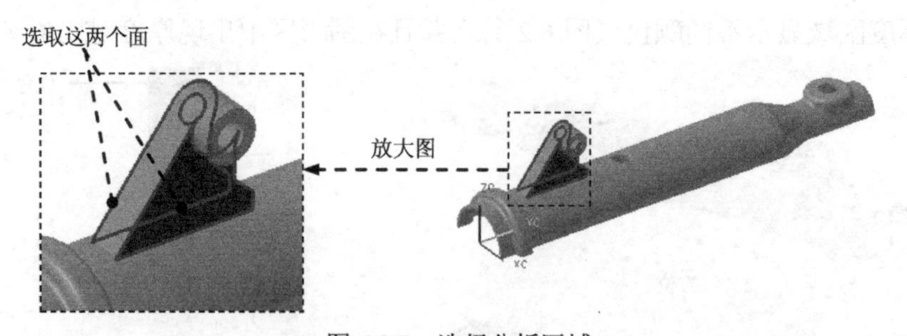

图 6.2.7 选择分析区域

Step6. 检查指定区域厚度。“检查壁厚”对话框中的其他设置保持系统默认设置，单击应用按钮，检查结果如图 6.2.8 所示，同时在图 6.2.9 所示的对话框中能看到面厚度的相关信息。

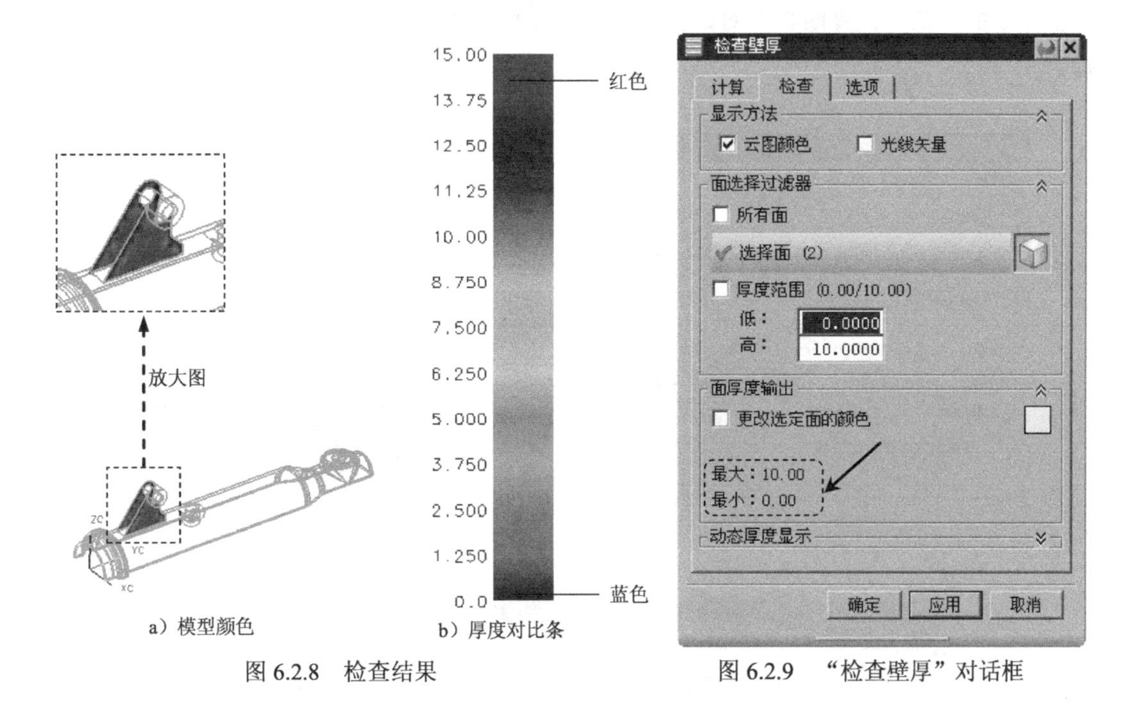

a）模型颜色　b）厚度对比条

图 6.2.8　检查结果

图 6.2.9　“检查壁厚”对话框

Step7. 完成模型检查。在“检查壁厚”对话框中单击 取消 按钮，完成塑件的壁厚检查。

6.3　计算投影面积

投影面积（Project Area）项目用于检测参照模型在指定方向的投影面积（一般在模具设计过程中主要计算模型在开模方向的投影面积），作为模具设计和分析的参考数据。下面以图 6.3.1 所示的模型为例来说明 UG NX 10.0 中面积计算的一般操作过程。

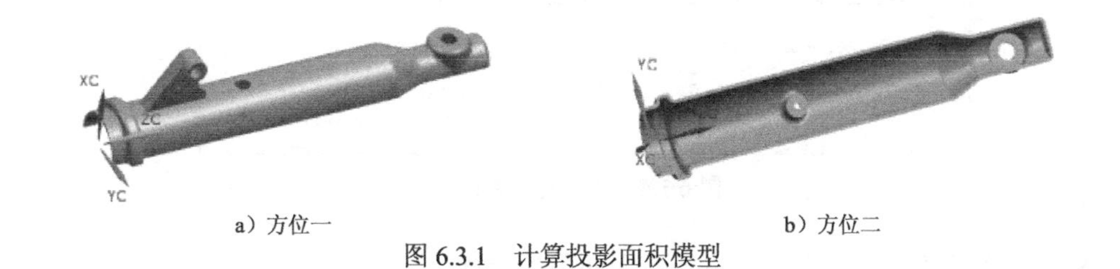

a）方位一　b）方位二

图 6.3.1　计算投影面积模型

Step1. 打开 D:\ug10.3\work\ch06.03\cover_parting_023.prt 文件。

Step2. 在“注塑模向导”工具条中单击“注塑模工具”按钮，系统弹出“注塑模工具”工具栏，在其中单击“计算面积”按钮，系统弹出“计算面积”对话框，如图 6.3.2 所示。

Step3. 在图形区中选择图 6.3.3 所示的实体，单击按钮，在弹出的选择条中选取为参考平面，在“计算面积”对话框中单击 应用 按钮，系统弹出如图 6.3.4 所示的信息窗口。

图 6.3.2 “计算面积”对话框

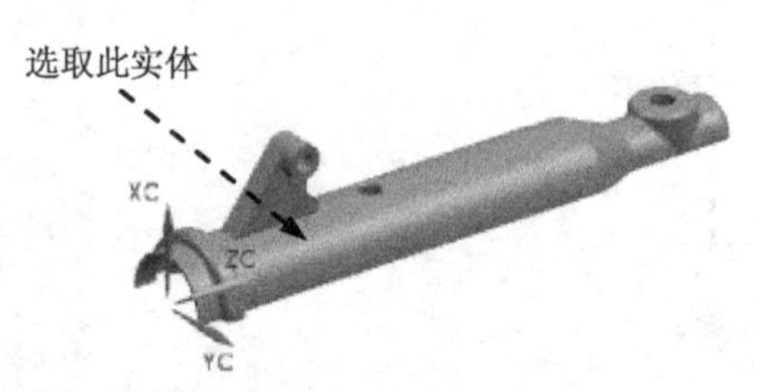

图 6.3.3 选取分析模型

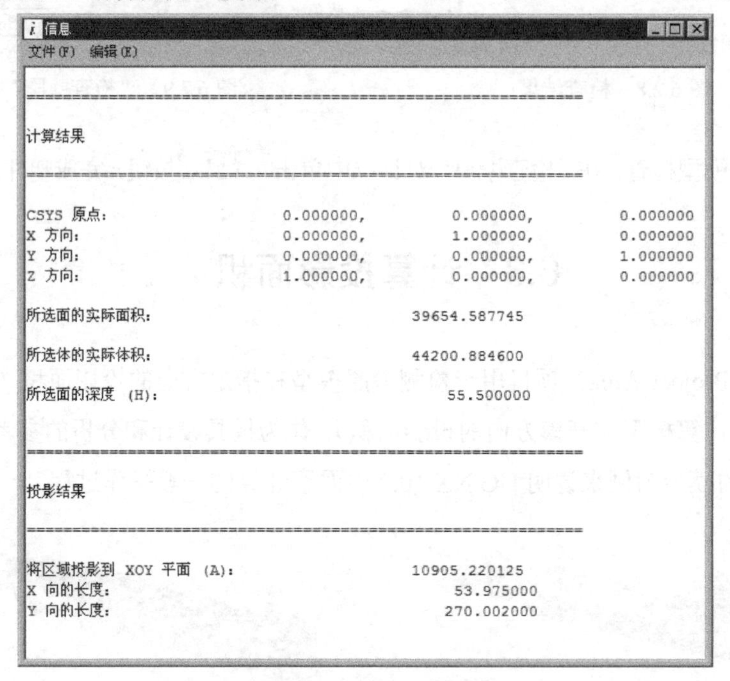

图 6.3.4 “信息”窗口

Step4. 关闭“信息”窗口，完成投影面积的计算。

图 6.3.2 所示“计算面积”对话框中各选项的说明如下：

- 公差 文本框：在其中输入数值控制计算面积时的公差。
- 角度精度 文本框：可以通过再其中输入数值来对投影角度进行控制。
- ☑ 查找最大和最小侧区域 复选框：若选中此复选框，则在计算投影面积的同时反映最

大和最小侧的区域及信息，如图 6.3.5 所示。

信息

文件(F) 编辑(E)

```
==================================================================
计算结果
==================================================================
CSYS 原点:             0.000000,       0.000000,       0.000000
X 方向:                0.000000,       1.000000,       0.000000
Y 方向:                0.000000,       0.000000,       1.000000
Z 方向:                1.000000,       0.000000,       0.000000

所选面的实际面积:                39654.587745

所选体的实际体积:                44200.884600

所选面的深度 (H):                   55.500000

==================================================================
投影结果
==================================================================
将区域投影到 XOY 平面 (A):       10905.220125
X 向的长度:                         53.975000
Y 向的长度:                        270.002000

最大区域位置的角度(到 CSYS 的 X 轴):              80.000000
最大侧投影区域:                                  6442.348406
实际投影深度(最大侧区域):                          55.524400
实际投影宽度(最大侧区域):                         271.526000

最小区域位置的角度(到 CSYS 的 X 轴):              -1.000000
最小侧投影区域:                                  1519.085994
实际投影深度(最小侧区域):                          55.524400
实际投影宽度(最小侧区域):                          54.051200
```

图 6.3.5 “信息”窗口

第 7 章　模具设计应用举例

本章提要　为了巩固前面章节所介绍的内容，本章将通过几个范例来介绍模具设计的一般过程，其中包括带滑块的模具、带破孔塑件的模具、一模多穴模具内外侧同时抽芯的模具设计。在学过本章之后，读者能够熟练掌握模具设计的一般方法和技巧。

7.1　带滑块的模具设计（一）

本范例将介绍图 7.1.1 所示的三通管模具的设计过程。该模具的设计重点和难点在于分型面和滑块的设计，分型面设计是否合理直接影响到模具能否顺利地开模，而滑块的结构设计也直接影响注塑件的精度和模具成本。通过对本范例的学习，读者会对分型面的设计和滑块结构的设计有进一步的认识。

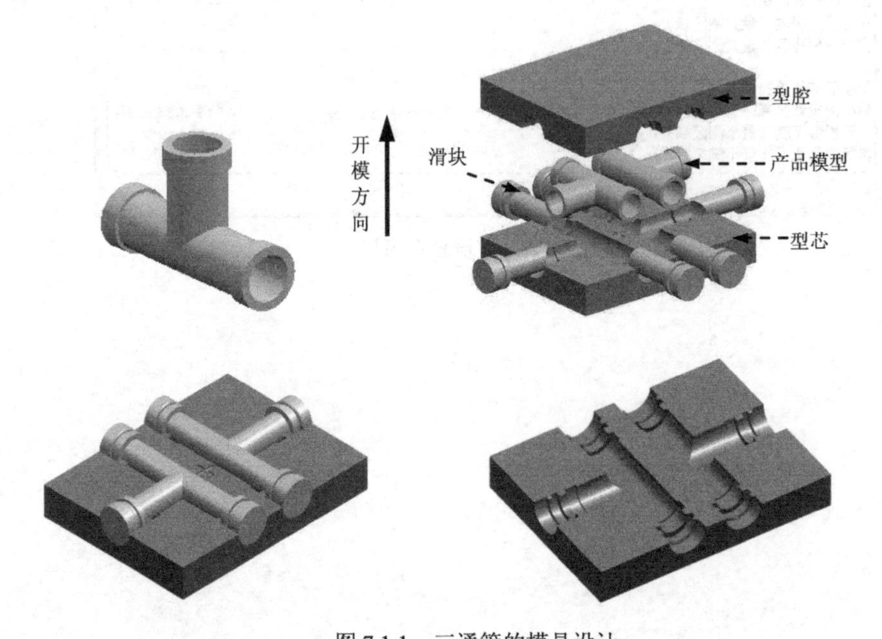

图 7.1.1　三通管的模具设计

Task1. 初始化项目

Step1. 加载模型。在“注塑模向导”工具条中单击“初始化项目”按钮，系统弹出“打开”对话框，选择 D:\ug10.3\work\ch07.01\pipeline.prt 文件，单击 OK 按钮，调入

模型，系统弹出“初始化项目”对话框。

Step2. 定义项目单位。在“初始化项目”对话框的项目单位下拉列表中选择毫米选项。

Step3. 设置项目路径和名称。接受系统默认的项目路径，在“初始化项目”对话框的Name文本框中输入 pipeline_mold。

Step4. 单击确定按钮，完成项目初始化设置。

Task2. 模具坐标系

Step1. 旋转模具坐标系。选择下拉菜单格式(R) → WCS → 旋转(R)...命令，系统弹出“旋转 WCS 绕…”对话框；在其中选中 +XC 轴单选项，在角度文本框中输入数值90；单击确定按钮，定义后的坐标系如图 7.1.2 所示。

Step2. 锁定模具坐标系。在“注塑模向导”工具条中单击“模具 CSYS”按钮，系统弹出“模具 CSYS”对话框；在其中选中 当前 WCS 单选项，单击确定按钮，完成坐标系的定义，如图 7.1.3 所示。

图 7.1.2 定义后的模具坐标系

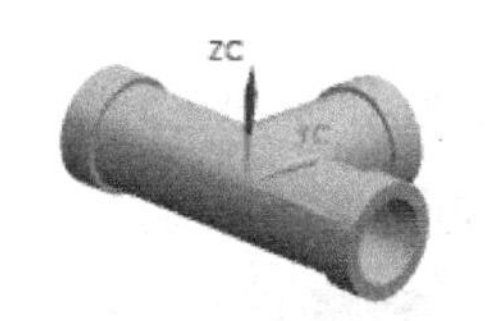

图 7.1.3 锁定后的模具坐标系

Task3. 设置收缩率

Step1. 定义收缩率类型。在“注塑模向导”工具条中单击“收缩”按钮，产品模型会高亮显示，同时系统弹出“缩放体”对话框，在类型下拉列表中选择均匀选项。

Step2. 定义缩放体和缩放点。接受系统默认的参数设置值。

Step3. 定义比例因子。在“缩放体”对话框比例因子区域的均匀文本框中输入数值 1.015。

Step4. 单击确定按钮，完成收缩率的设置。

Task4. 创建模具工件

Step1. 在“注塑模向导”工具条中单击“工件”按钮，系统弹出“工件”对话框。

Step2. 在“工件”对话框的类型下拉列表中选择产品工件选项，在工件方法下拉列表中选择用户定义的块选项，其他参数采用系统默认设置。

Step3. 修改尺寸。单击定义工件区域中的“绘制截面”按钮，系统进入草图环境，然后修改截面草图的尺寸，如图 7.1.4 所示（注：具体参数和操作参见随书光盘）。

Step4. 单击< 确定 >按钮，完成创建后的模具工件如图 7.1.5 所示。

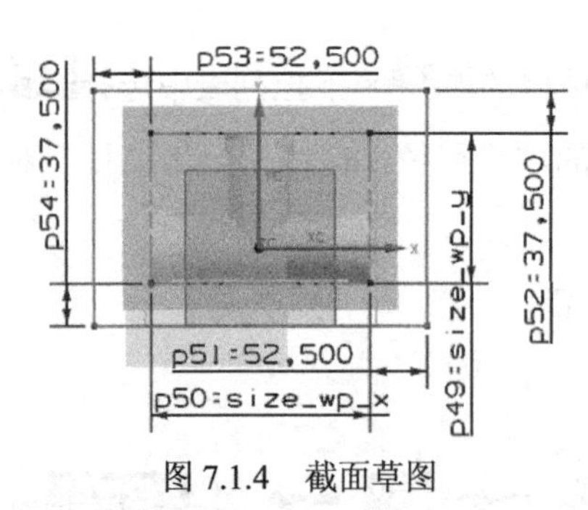

图 7.1.4 截面草图

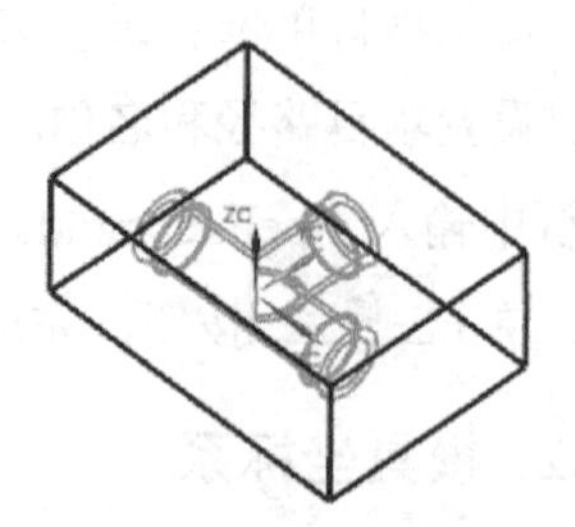
图 7.1.5 创建后的模具工件

Task5. 创建型腔布局

Step1. 在“注塑模向导”工具条中单击“型腔布局”按钮，系统弹出“型腔布局”对话框。

Step2. 定义型腔数和间距。在“型腔布局”对话框的布局类型区域中选择矩形选项和⊙平衡单选项在型腔数下拉列表中选择2，并在缝隙距离文本框中输入数值 0。

Step3. 在布局类型区域中单击*指定矢量使其激活，然后在后面的下拉列表中选择-YC选项，此时在模型中显示图 7.1.6 所示的布局方向箭头，在生成布局区域中单击“开始布局”按钮，系统自动进行布局。

Step4. 在编辑布局区域中单击“自动对准中心”按钮，使模具坐标系自动对准中心，布局结果如图 7.1.7 所示，单击关闭按钮。

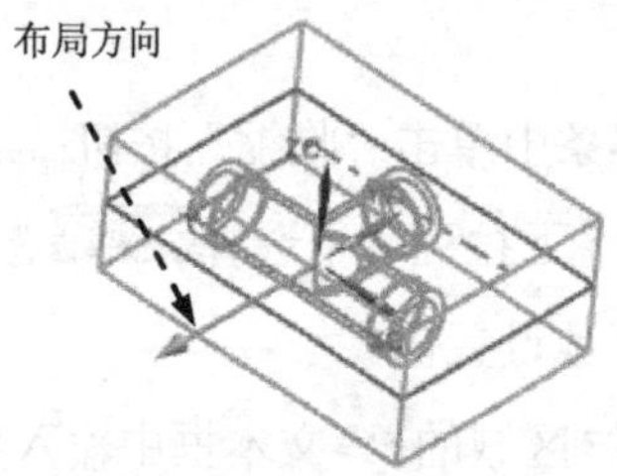

图 7.1.6 定义型腔布局方向

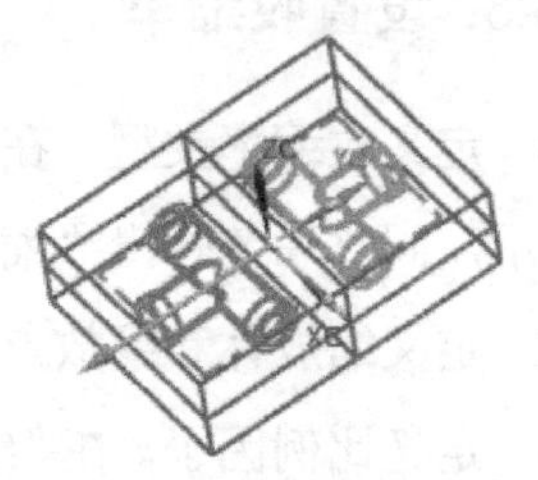
图 7.1.7 型腔布局

Task6. 模具分型

Stage1. 设计区域

Step1. 切换窗口。选择下拉菜单窗口(O) → 3. pipeline_mold_parting_022.prt命令。

Step2. 选择命令。选择下拉菜单启动 → 所有应用模块 → 建模(D)...命令，进入到建模环境中。

说明：如果此时系统已经处在建模环境下，则用户不需要进行此步操作。

Step3. 创建基准平面。选择下拉菜单插入(S) → 基准/点(D) → 基准平面(D)...命令，系统弹出“基准平面”对话框，在类型下拉列表中选择XC-ZC 平面选项，在偏置和参考区域的距离文本框中输入数值 0，单击< 确定 >按钮，创建结果如图 7.1.8 所示。

Step4. 在“注塑模向导”工具条中单击“模具分型工具”按钮，系统弹出“模具分型工具”工具条和“分型导航器”窗口。

Step5. 在“模具分型工具”工具条中单击“检查区域”按钮，系统弹出“检查区域”对话框，同时模型被加亮并显示开模方向，如图 7.1.9 所示。在“检查区域”对话框中选中 保持现有的 单选项。

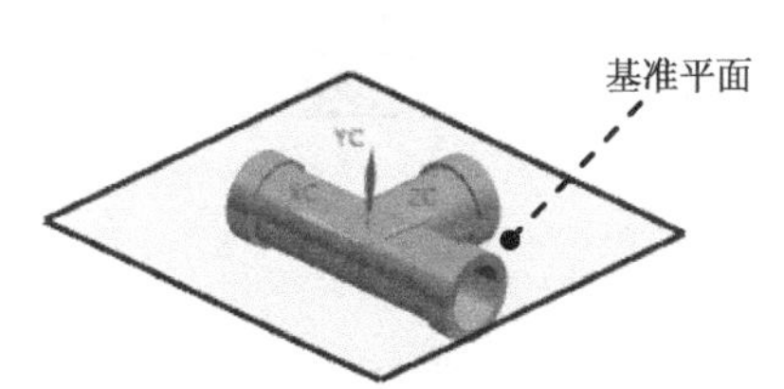

图 7.1.8　基准平面

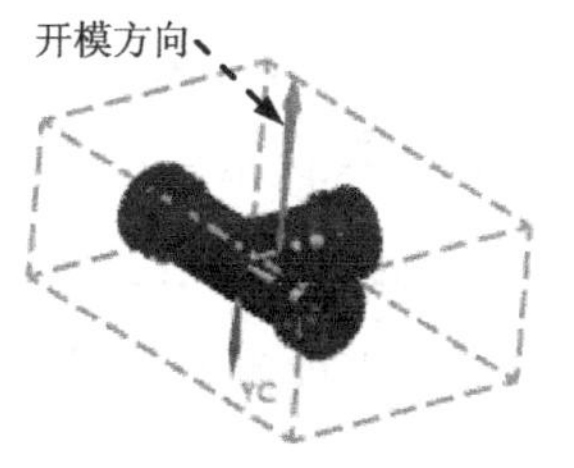

图 7.1.9　开模方向

说明：图 7.1.9 所示的开模方向可以通过“检查区域”对话框中的 指定脱模方向 按钮和“矢量对话框”按钮来更改，本范例在前面定义模具坐标系时已经将开模方向设置好，所以系统会自动识别出产品模型的开模方向。

Step6. 面拆分。

（1）在“检查区域”对话框中单击“计算”按钮，系统开始对产品模型进行分析计算。单击“检查区域”对话框中的面选项卡，可以查看分析结果。

（2）在“检查区域”对话框中单击区域选项卡，取消选中□ 内环、□ 分型边和□ 不完整的环三个复选框，然后单击“设置区域颜色”按钮，设置各区域颜色；单击面选项卡，在其中单击面拆分按钮，系统弹出“拆分面”对话框，在类型下拉列表中选择平面/面选项；选取图 7.1.10 所示的模型外表面为拆分面，单击鼠标中键确认；选取前面创建的基准平面；在“拆分面”对话框中单击< 确定 >按钮，

（3）在“检查区域”对话框中单击区域选项卡，在指派到区域区域中选中 型腔区域单选项，选取图 7.1.11 所示的模型表面为型腔区域，单击应用按钮；在未定义的区域区域中选中☑ 未知的面复选框，此时系统自动将未知的面加亮显示；在指派到区域区域中选中 型芯区域单选项，单击应用按钮，结果如图 7.1.11 所示；单击取消按钮，关闭“检查区域”对话框。

说明：为了清楚地查看零件模型，可将基准平面隐藏起来。

Stage2. 创建区域及分型线

Step1. 在“模具分型工具”工具条中单击“定义区域”按钮，系统弹出“定义区域”对话框。

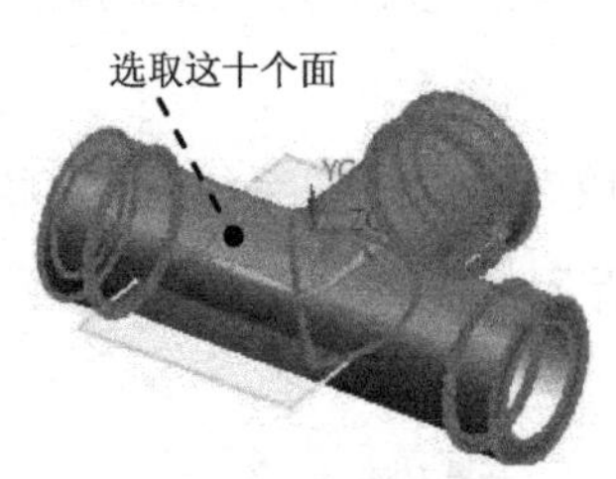

图 7.1.10　定义拆分面

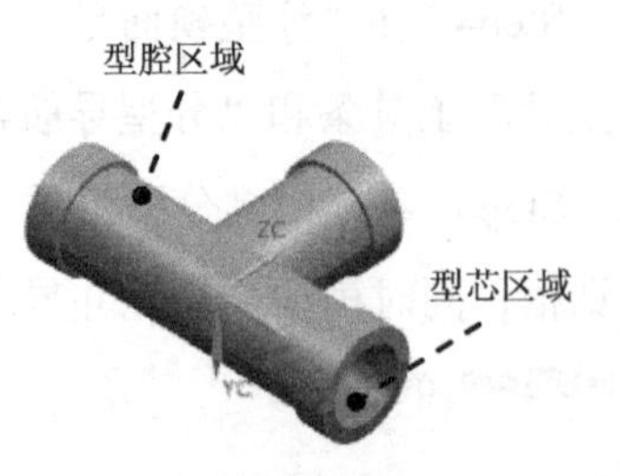

图 7.1.11　定义区域

Step2. 在设置区域中选中☑创建区域和☑创建分型线复选框，单击确定按钮，完成分型线的创建，结果如图 7.1.12 所示。

说明：图 7.1.12 隐藏了产品体。

Stage3. 编辑分型段

Step1. 在"模具分型工具"工具条中单击"设计分型面"按钮，系统弹出"设计分型面"对话框。

Step2. 在编辑分型段区域中单击选择过渡曲线 (0)按钮。

Step3. 编辑过渡对象。选取图 7.1.13 所示的四段曲线作为过渡对象，然后单击确定按钮。

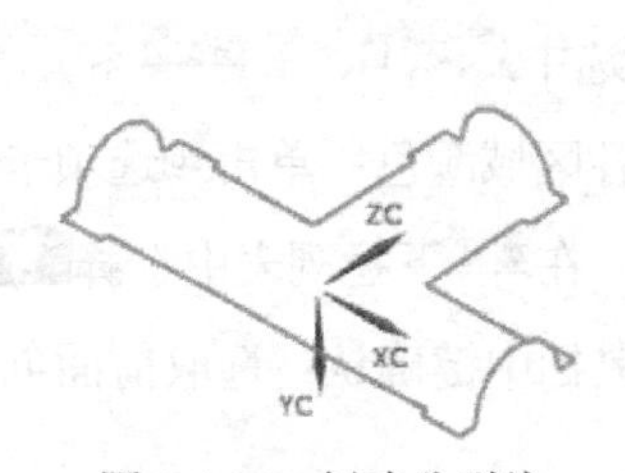

图 7.1.12　创建分型线

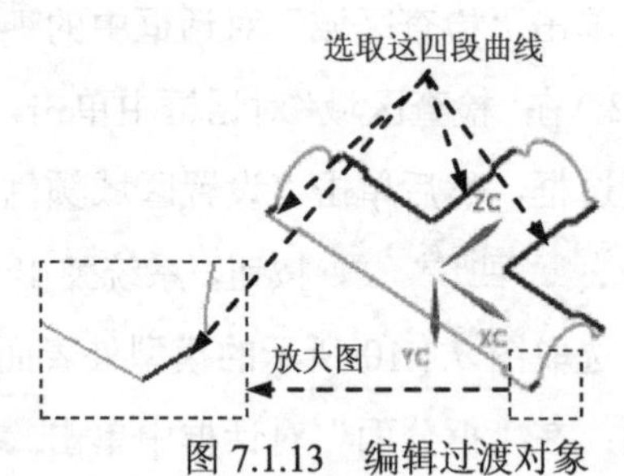

图 7.1.13　编辑过渡对象

Stage4. 创建分型面

Step1. 在"模具分型工具"工具条中单击"设计分型面"按钮，系统弹出"设计分型面"对话框。

Step2. 在创建分型面区域中单击按钮，在设置区域接受系统默认的公差值，在图形区拉伸箭头自带的延伸距离文本框中输入数值 260，并按 Enter 键确认。

Step3. 创建拉伸 1。在拉伸方向下拉列表中选择-XC选项，单击应用按钮，完成图 7.1.14 所示的拉伸 1 的创建。

Step4. 创建拉伸 2。在拉伸方向下拉列表中选择ZC选项，单击应用按钮，完成图 7.1.15 所示的拉伸 2 的创建。

Step5. 创建拉伸 3。在拉伸方向下拉列表中选择XC选项，单击应用按钮，完成图 7.1.16 所示的拉伸 3 的创建。

Step6. 创建拉伸 4。在拉伸方向下拉列表中选择-ZC选项，单击应用按钮，完成图 7.1.17 所示的拉伸 4 的创建。单击取消按钮，关闭对话框。

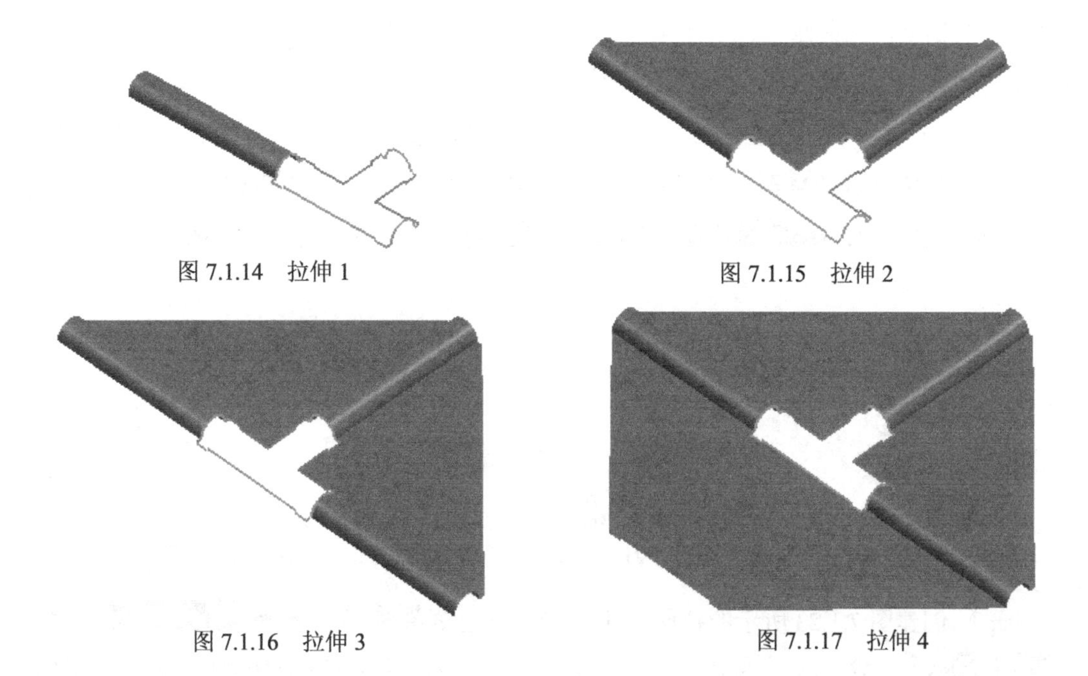

图 7.1.14 拉伸 1

图 7.1.15 拉伸 2

图 7.1.16 拉伸 3

图 7.1.17 拉伸 4

Stage5. 创建型腔和型芯

Step1. 在“模具分型工具”工具条中单击“定义型腔和型芯”按钮，系统弹出“定义型腔和型芯”对话框。

Step2. 自动创建型腔和型芯。在“定义型腔和型芯”对话框中选择选择片体区域中的所有区域选项，单击确定按钮，系统弹出“查看分型结果”对话框，并在图形区显示出创建的型腔，单击“查看分型结果”对话框中的确定按钮，系统再一次弹出“查看分型结果”对话框，在其中单击确定按钮，关闭对话框。

Step3. 选择下拉菜单窗口(O) → pipeline_mold_core_006.prt命令，显示型芯零件如图 7.1.18 所示；选择下拉菜单窗口(O) → pipeline_mold_cavity_002.prt命令，显示型腔零件如图 7.1.19 所示。

图 7.1.18 型芯零件

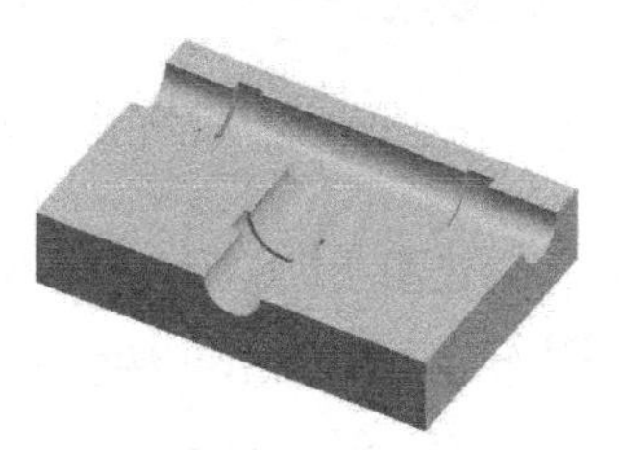

图 7.1.19 型腔零件

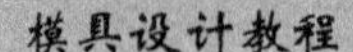

Task7. 创建滑块

Step1. 选择窗口。选择下拉菜单 窗口(O) → pipeline_mold_core_006.prt 命令，显示型芯零件。

Step2. 创建图 7.1.20 所示的拉伸特征 1。选择下拉菜单 插入(S) → 设计特征(E) → 拉伸(E)... 命令（或单击按钮），系统弹出“拉伸”对话框；单击按钮，系统弹出“创建草图”对话框；选取图 7.1.21 所示的模型表面为草图平面；绘制图 7.1.22 所示的截面草图（采用投影的方法绘制）；单击 完成草图 按钮，退出草图环境；在 指定矢量(1) 下拉列表中选择 XC 选项；在 限制 区域的 开始 下拉列表中选择 值 选项，并在其下的 距离 文本框中输入数值 0；在 限制 区域的 结束 下拉列表中选择 值 选项，并在其下的 距离 文本框中输入数值 154；在 布尔 区域中选择 无 选项；单击 < 确定 > 按钮，完成拉伸特征 1 的创建。

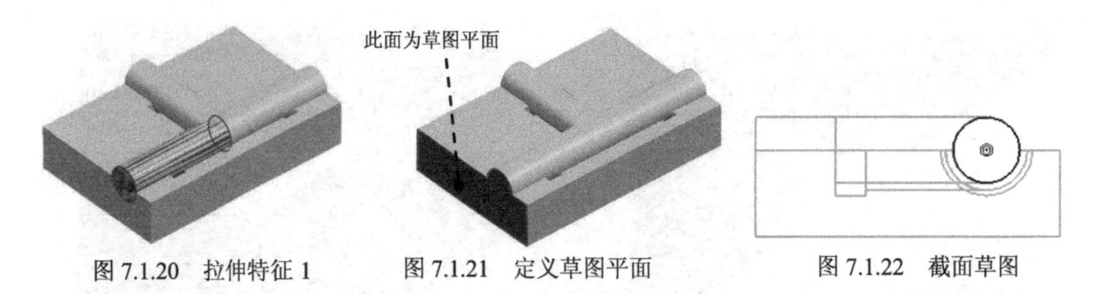

图 7.1.20　拉伸特征 1　　图 7.1.21　定义草图平面　　图 7.1.22　截面草图

Step3. 创建图 7.1.23 所示的拉伸特征 2。选择下拉菜单 插入(S) → 设计特征(E) → 拉伸(E)... 命令（或单击按钮），系统弹出“拉伸”对话框；单击按钮，系统弹出“创建草图”对话框；选取图 7.1.24 所示的模型表面为草图平面；绘制图 7.1.25 所示的截面草图；单击 完成草图 按钮，退出草图环境；在 指定矢量(1) 下拉列表中选择 -XC 选项；在 限制 区域的 开始 下拉列表中选择 值 选项，并在其下的 距离 文本框中输入数值 0；在 限制 区域的 结束 下拉列表中选择 值 选项，并在其下的 距离 文本框中输入数值 154；在 布尔 区域中选择 无 选项；单击 < 确定 > 按钮，完成拉伸特征 2 的创建。

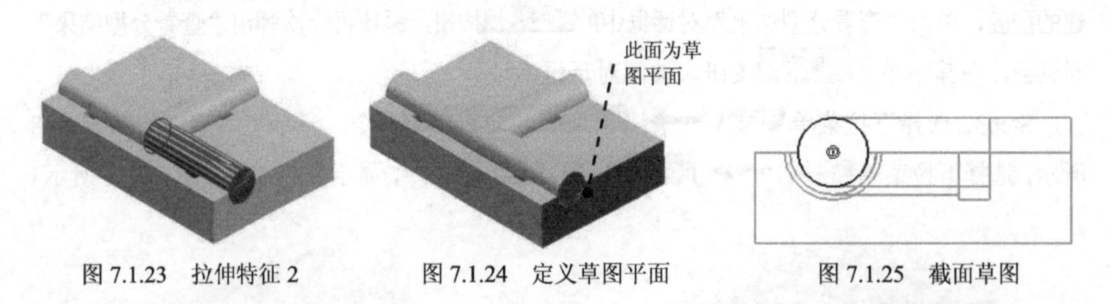

图 7.1.23　拉伸特征 2　　图 7.1.24　定义草图平面　　图 7.1.25　截面草图

Step4. 创建图 7.1.26 所示的拉伸特征 3。选择下拉菜单 插入(S) → 设计特征(E) → 拉伸(E)... 命令（或单击按钮），系统弹出“拉伸”对话框；单击按钮，系统弹出“创建草图”对话框；选取图 7.1.27 所示的模型表面为草图平面；绘制图 7.1.28 所示的截面草图（采用投影的方法绘制）；单击完成草图按钮，退出草图环境；在指定矢量(1)下拉列表中选择-YC选项；在限制区域的开始下拉列表中选择值选项，并在其下的距离文本框中输入数值 0；在限制区域的结束下拉列表中选择直至延伸部分选项；选取图 7.1.26 所示的面为延伸面，在布尔区域中选择无选项；单击< 确定 >按钮，完成拉伸特征 3 的创建。

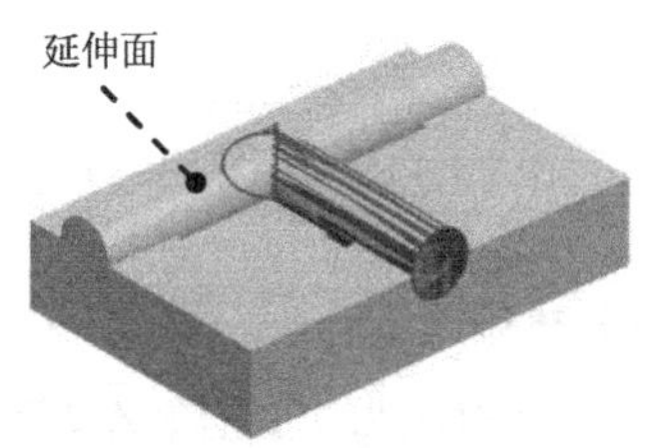

图 7.1.26　拉伸特征 3

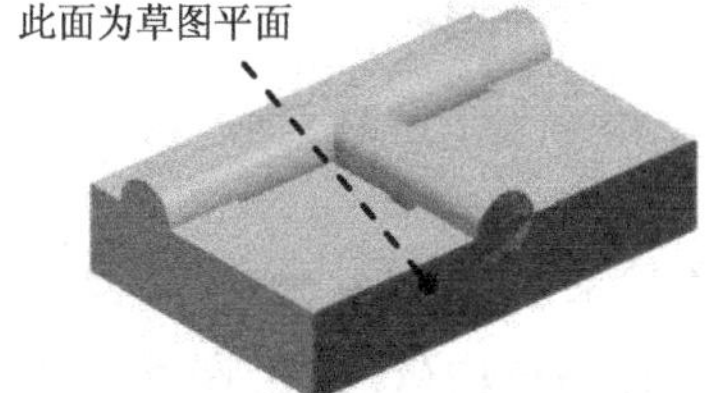

图 7.1.27　定义草图平面

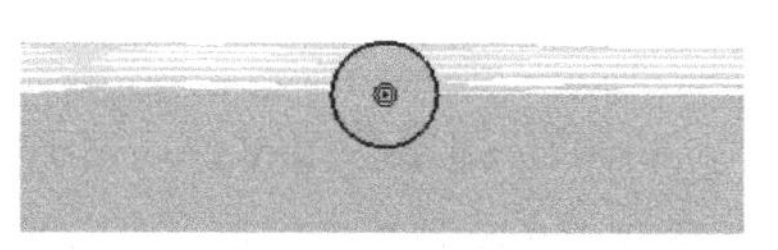
图 7.1.28　截面草图

Step5. 创建图 7.1.29 所示的拉伸特征 4。选择下拉菜单插入(S) → 设计特征(E) → 拉伸(E)...命令（或单击按钮），系统弹出“拉伸”对话框；单击按钮，选取图 7.1.30 所示的模型表面为草图平面；绘制图 7.1.31 所示的截面草图；单击完成草图按钮，退出草图环境；在指定矢量(1)下拉列表中选择XC选项；在限制区域的开始下拉列表中选择值选项，并在其下的距离文本框中输入数值 0；在限制区域的结束下拉列表中选择值选项，并在其下的距离文本框中输入数值 40；在布尔区域的布尔下拉列表中选择求和选项，选取拉伸特征 1 为求和对象；单击< 确定 >按钮，完成拉伸特征 4 的创建。

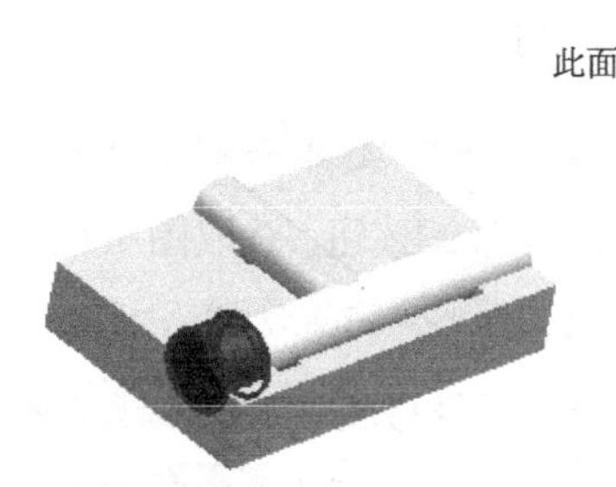
图 7.1.29　拉伸特征 4

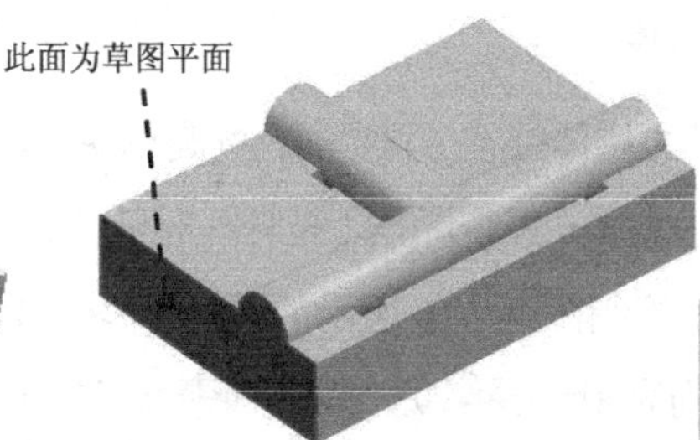

图 7.1.30　定义草图平面

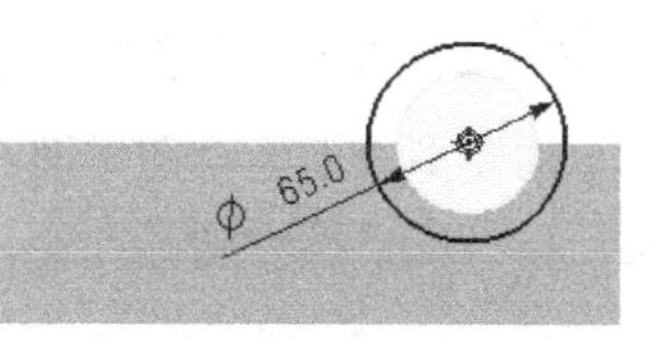

图 7.1.31　截面草图

Step6. 创建图 7.1.32 所示的拉伸特征 5。选择下拉菜单插入(S) → 设计特征(E) → 拉伸(E)...命令（或单击按钮），系统弹出“拉伸”对话框；单击按钮，选取图 7.1.33 所示的模型表面为草图平面；绘制图 7.1.34 所示的截面草图；单击完成草图按钮，退出草图环境；在指定矢量(1)下拉列表中选择-XC选项；在限制区域的开始下拉列表中选择值选项，并在其下的距离文本框中输入数值 0；在限制区域的结束下拉列表中选择值选项，并在其下的距离文本框中输入数值 40；在布尔区域的布尔下拉列表中选择求和选项，选取拉伸特征 2 为求和对象；单击< 确定 >按钮，完成拉伸特征 5 的创建。

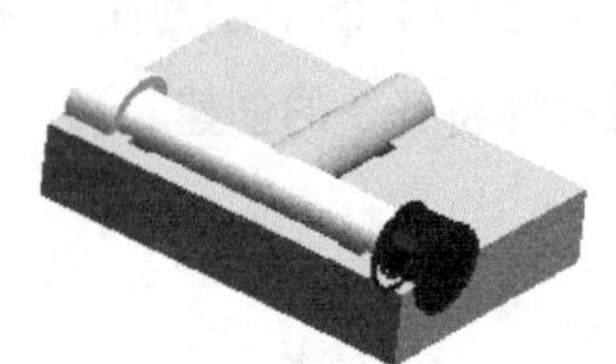

图 7.1.32 拉伸特征 5

此面为草图平面

图 7.1.33 定义草图平面

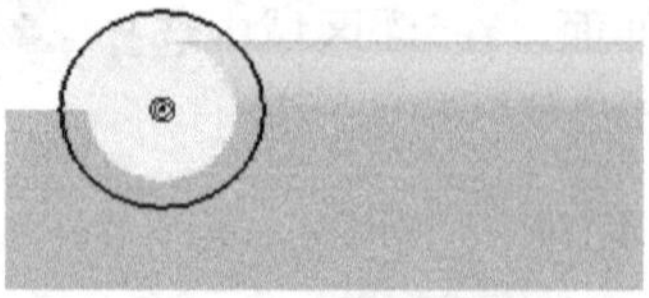

图 7.1.34 截面草图

Step7. 创建求差特征。选择下拉菜单 插入(S) ➡ 组合(B) ▸ ➡ 求差(S)... 命令，系统弹出“求差”对话框；选取型芯件为目标体，选取图 7.1.35 所示的实体为工具体；在设置区域中选中 ☑ 保存工具 复选框；单击 < 确定 > 按钮，完成求差特征的创建。

Step8. 参照 Step7，创建型芯与图 7.1.36 所示的实体的求差特征。

Step9. 创建求交特征。选择下拉菜单 插入(S) ➡ 组合(B) ▸ ➡ 求交(I)... 命令，单击 < 确定 > 按钮，完成求交特征的创建（注：具体参数和操作参见随书光盘）。

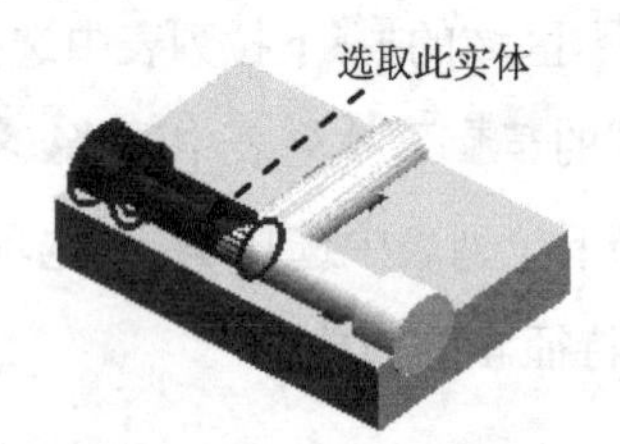

图 7.1.35 定义工具体

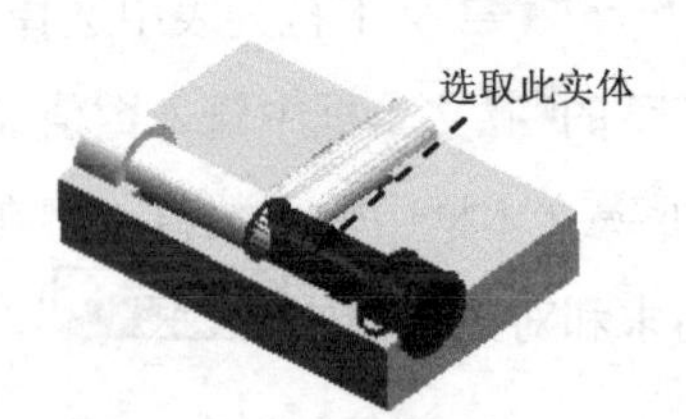

图 7.1.36 创建求差特征

Step10. 创建图 7.37 所示的拉伸特征 6。选择下拉菜单 插入(S) ➡ 设计特征(E) ➡ 拉伸(E)... 命令（或单击 按钮），系统弹出“拉伸”对话框；单击 按钮，选取图 7.1.38 所示的模型表面为草图平面；绘制图 7.1.39 所示的截面草图；单击 完成草图 按钮，退出草图环境；在 指定矢量(1) 下拉列表中选择 -YC 选项；在限制区域的开始下拉列表中选择 值 选项，并在其下的距离文本框中输入数值 0；在限制区域的结束下拉列表中选择 值 选项，并在其下的距离文本框中输入数值 30，其他参数采用系统默认设置；在布尔区域的布尔下拉列表中选择 求和 选项，选取 Step9 中创建的求交特征为求和对象；单击 < 确定 > 按钮，完成拉伸特征 6 的创建。

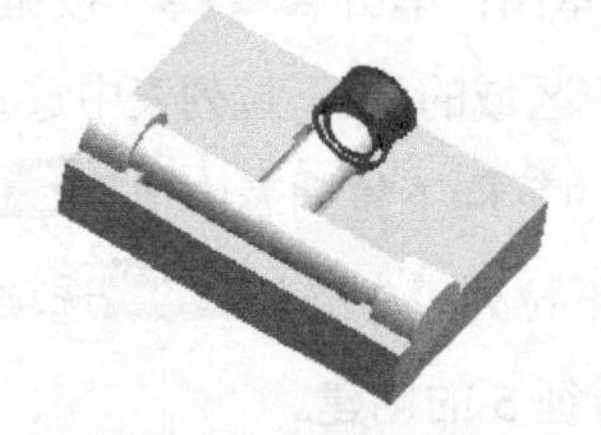

图 7.1.37 拉伸特征 6

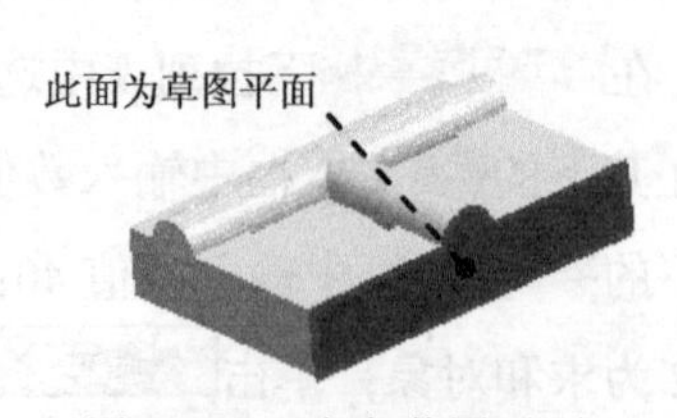

图 7.1.38 定义草图平面

Step11. 参照 Step7，创建型芯与图 7.1.40 所示实体的求差特征。

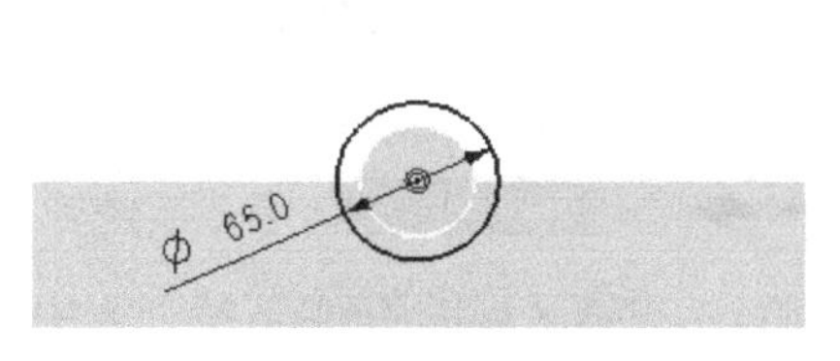

图 7.1.39 截面草图

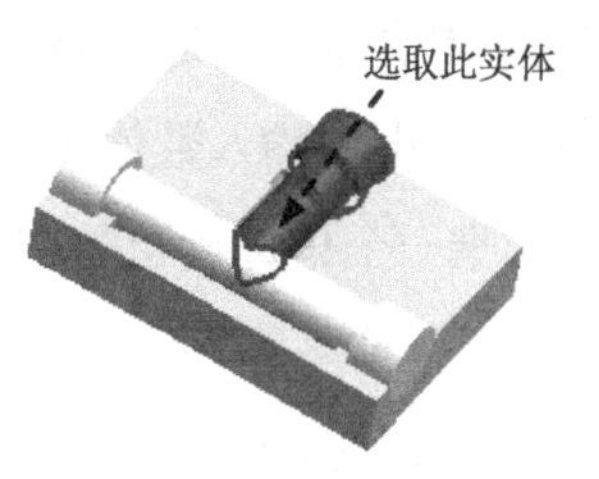

图 7.1.40 创建求差特征

Step12. 将 Step11 中创建的求差特征转化为型芯子零件。

（1）单击“装配导航器”中的选项卡，系统弹出“装配导航器”窗口，在其中右击空白处，然后在弹出的快捷菜单中选择WAVE 模式选项。

（2）在“装配导航器”中右击☑ pipeline_mold_core_006，在弹出的快捷菜单中选择WAVE ▸ ➞ 新建级别命令，系统弹出“新建级别”对话框。

（3）单击 指定部件名 按钮，系统弹出“选择部件名”对话框文件名(N):文本框中输入 pipeline_mold_slide01.prt，单击 OK 按钮，系统返回至“新建级别”对话框；在“新建级别”对话框中单击 类选择 按钮，系统弹出“WAVE 组件间的复制”对话框，选取图 7.1.40 所示的实体，单击对话框中的 确定 按钮，系统返回至“新建级别”对话框，单击 确定 按钮。

Step13. 移动至图层。单击“装配导航器”中的选项卡，在其中取消选中☑ pipeline_mold_slide01部件；选取图 7.1.41 所示的滑块；选择下拉菜单格式(R) ➞ 移动至图层(M)...命令，系统弹出“图层移动”对话框；在目标图层或类别文本框中输入数值 10，单击 确定 按钮，退出“图层设置”对话框；单击“装配导航器”中的选项卡，在其中选中☑ pipeline_mold_slide01部件。

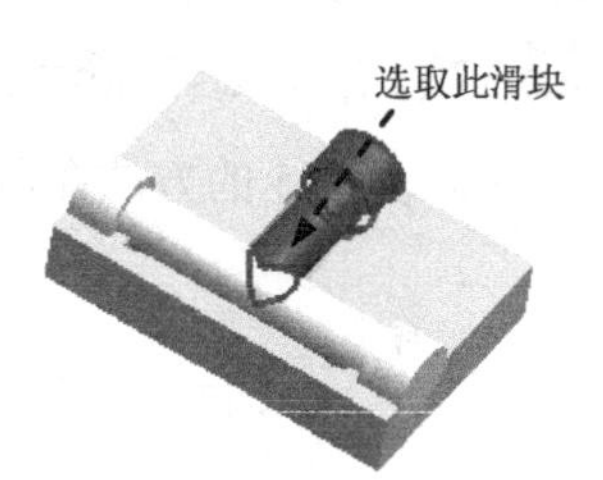

图 7.1.41 定义移动对象

Step14. 参照 Step12 和 Step13，将其他两个滑块转化为型芯子零件，文件名分别为 pipeline_mold_slide02 和 pipeline_mold_slide03。

Step15. 创建锁紧槽。

（1）将 Step14 中命名的 pipeline_mold_slide03 滑块转为显示部件。单击“装配导航器”中的选项卡，系统弹出“装配导航器”窗口。在☑ pipeline_mold_slide03选项上右击，在弹出的快捷菜单中选择 设为显示部件 命令。

（2）选择下拉菜单插入(S) ➞ 设计特征(E) ➞ 拉伸(E)...命令（或单击按钮），系统弹出“拉伸”对话框，单击按钮，系统弹出“创建草图”对话框；选取图 7.1.42 所示的模型表面为草图平面，绘制图 7.1.43 所示的截面草图，单击 完成草图 按钮，退出草图环境；在指定矢量(1)下拉列表中选择-XC选项，在限制区域的开始下拉列表中选择值选项，并在其下的距离文本框中输入数值22；在限制区域的结束下拉列表中选择值选项，并在其下的距离文本框中输入数值30，在布尔区域的布尔下拉列表中选择求差选项，系统将自动与模型中的唯一一个体进行布尔求差运算；单击<确定>按钮，完成拉伸特征7的创建。

（3）选择下拉菜单插入(S) → 细节特征(L) → 倒斜角(C)...命令，系统弹出“倒斜角”对话框，选取图7.1.44所示的边为倒斜角参照，在偏置区域的横截面下拉列表中选择对称选项，并在距离文本框中输入数值2；单击<确定>按钮，完成斜角特征的创建。

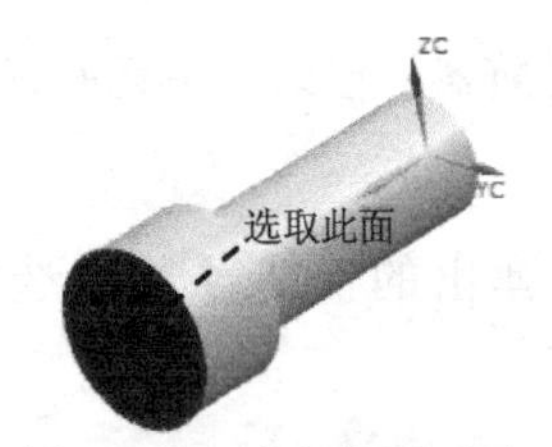

图7.1.42　定义草图平面

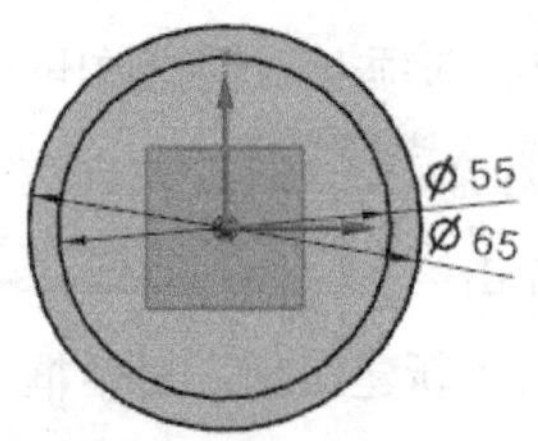

图7.1.43　截面草图

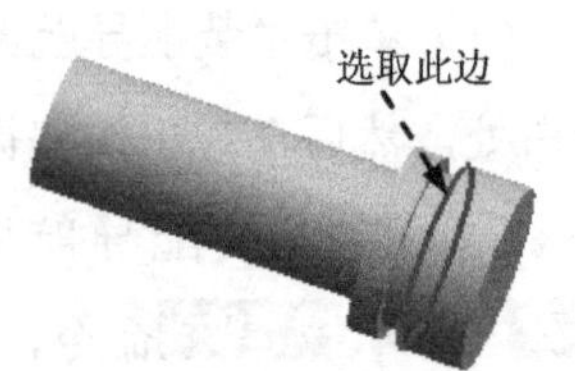

图7.1.44　定义倒斜角

Step16. 参照Step15，创建滑块2的锁紧槽。

Step17. 创建滑块1的锁紧槽。将滑块1转为显示部件，然后以图7.1.45所示的平面作为草绘平面，绘制图7.1.46所示的截面草图，选择-YC选项，在限制区域的开始下拉列表中选择值选项，并在其下的距离文本框中输入数值12；在限制区域的结束下拉列表中选择值选项，并在其下的距离文本框中输入数值20；在布尔区域的布尔下拉列表中选择求差选项，参照Step15的方法在滑块的锁紧槽创建倒斜角特征。

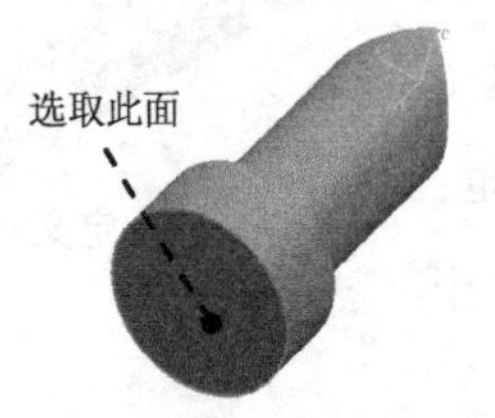

图7.1.45　定义草图平面

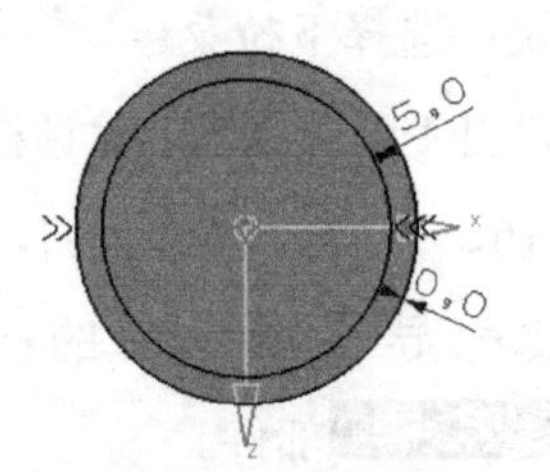

图7.1.46　截面草图

Step18. 创建型腔的滑块避开槽。

（1）选择窗口。选择下拉菜单窗口(O) → pipeline_mold_cavity_002.prt命令，显示型腔零件。

（2）创建拉伸特征9。选择下拉菜单插入(S) → 设计特征(E) → 拉伸(E)...命令（或单击按钮），系统弹出“拉伸”对话框，单击按钮，选取图7.1.47所示的模型表面为草图平面，绘制图7.1.48所示的截面草图，单击完成草图按钮，退出草图环境；在指定矢量(1)下拉列表中选择XC选项，在限制区域的开始下拉列表中选择值选项，并在其下的距离文本框中输入数值0；在限制区域的结束下拉列表中选择值选项，并在其下的距离文本框中输入数值40，其他参数采用系统默认设置，在布尔区域的布尔下拉列表中选择求差

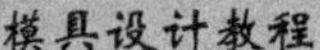

选项，型腔为求差对象；单击 < 确定 > 按钮，完成拉伸特征 9 的创建。

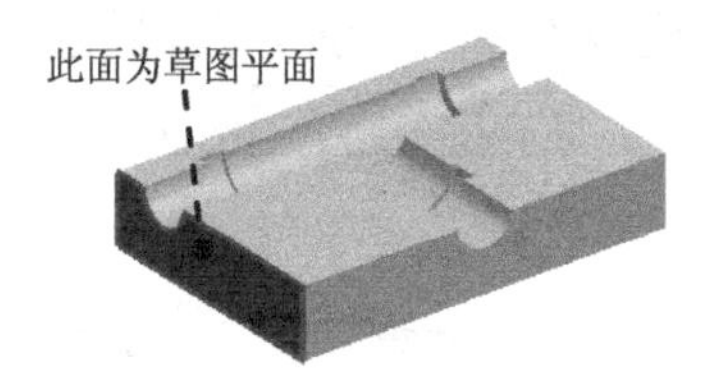

图 7.1.47 定义草图平面

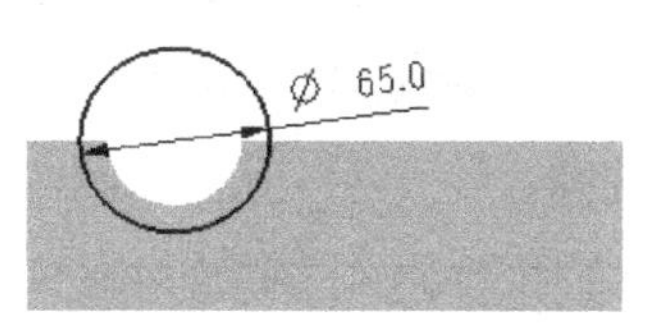

图 7.1.48 截面草图

（3）创建拉伸特征 10。选择下拉菜单 插入(S) → 设计特征(E) → 拉伸(E)... 命令（或单击按钮），系统弹出“拉伸”对话框，单击按钮，选取图 7.1.49 所示的模型表面为草图平面，绘制图 7.1.50 所示的截面草图，单击 完成草图 按钮，退出草图环境，在 指定矢量(1) 下拉列表中选择 XC 选项，在 限制 区域的 开始 下拉列表中选择 值 选项，并在其下的 距离 文本框中输入数值 22；在 限制 区域的 结束 下拉列表中选择 值 选项，并在其下的 距离 文本框中输入数值 30，在 布尔 区域的 布尔 下拉列表中选择 求和 选项，系统将自动与模型中的唯一个体进行布尔求和运算；单击 < 确定 > 按钮，完成拉伸特征 10 的创建。

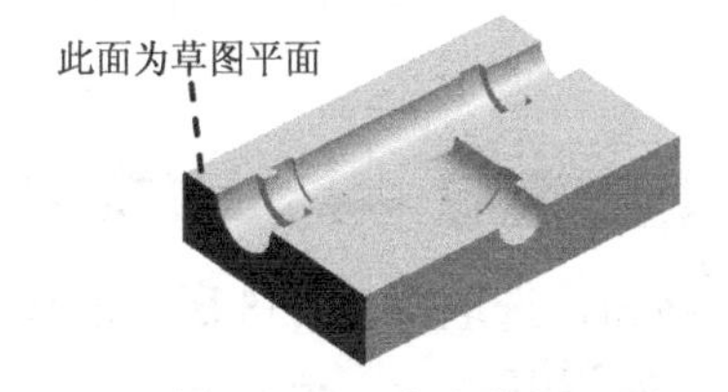

图 7.1.49 定义草图平面

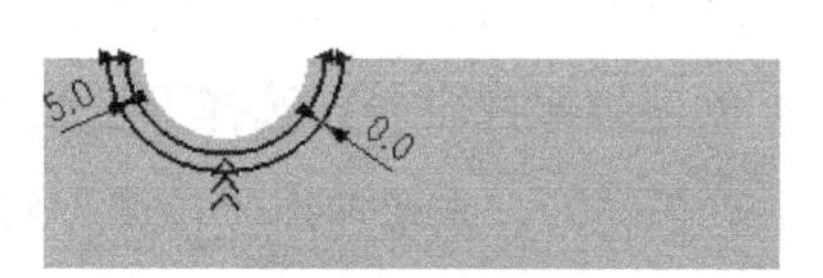

图 7.1.50 截面草图

（4）创建倒斜角特征 1。选择下拉菜单 插入(S) → 细节特征(L) → 倒斜角(C)... 命令，系统弹出“倒斜角”对话框，选取图 7.1.51 所示的边为倒斜角参照，在 偏置 区域的 横截面 下拉列表中选择 非对称 选项，在 距离 1 文本框中输入数值 1.5，在 距离 2 文本框中输入数值 3，单击 < 确定 > 按钮，完成倒斜角特征 1 的创建。

（5）创建倒斜角特征 2。选择下拉菜单 插入(S) → 细节特征(L) → 倒斜角(C)... 命令，系统弹出“倒斜角”对话框，选取图 7.1.52 所示的边为倒斜角参照，在 偏置 区域的 横截面 下拉列表中选择 非对称 选项，在 距离 1 文本框中输入数值 3，在 距离 2 文本框中输入数值 1.5，单击 < 确定 > 按钮，完成倒斜角特征 2 的创建。

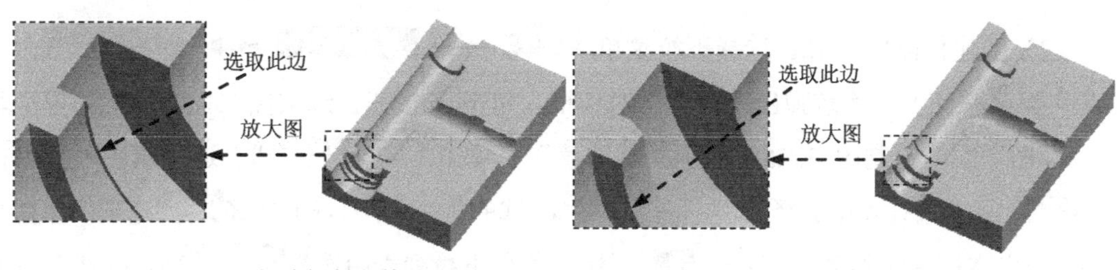

图 7.1.51 创建倒斜角特征 1　　图 7.1.52 创建倒斜角特征 2

（6）创建倒斜角特征 3。选择下拉菜单插入(S) → 细节特征(L) → 倒斜角(C)...命令，系统弹出“倒斜角”对话框，选取图 7.1.53 所示的边为倒斜角参照，在偏置区域的横截面下拉列表中选择对称选项，并在距离文本框中输入数值 2，单击< 确定 >按钮，完成倒斜角特征 3 的创建。

Step19. 创建图 7.1.54 所示的镜像特征。选择下拉菜单插入(S) → 关联复制(A) → 镜像特征(M)...命令，系统弹出“镜像特征”对话框；选取 Step18 创建的所有特征为镜像特征对象；在镜像平面区域的平面下拉列表中选择新平面选项，在指定平面下拉列表中选择XC选项；单击确定按钮，完成镜像特征的创建（隐藏坐标系）。

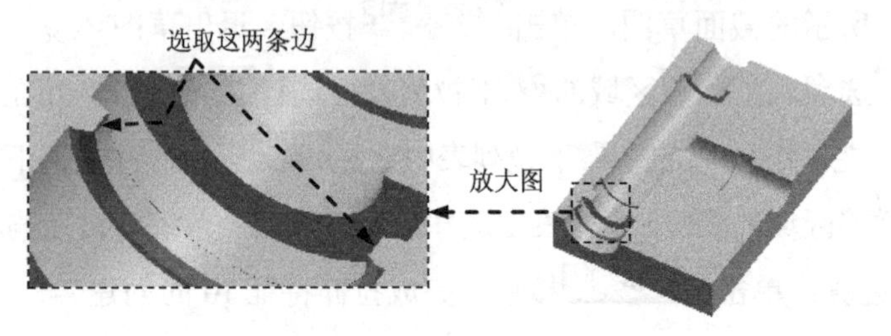

图 7.1.53 创建倒斜角特征 3

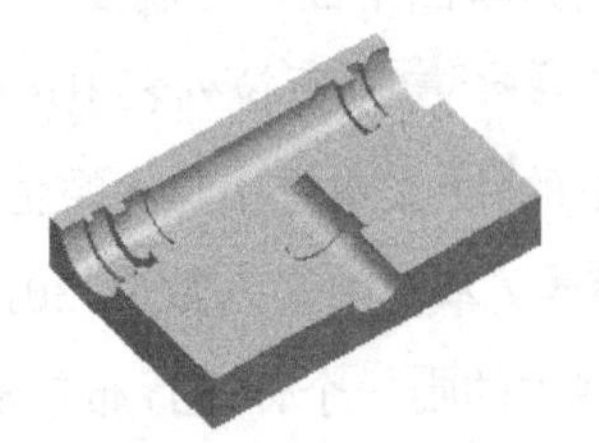

图 7.1.54 镜像特征

Step20. 创建型腔中心部位的滑块避开槽。

（1）创建拉伸特征 11。选择下拉菜单插入(S) → 设计特征(E) → 拉伸(E)...命令（或单击按钮），系统弹出“拉伸”对话框，单击按钮，选取图 7.1.55 所示的模型表面为草图平面，绘制图 7.1.56 所示的截面草图，单击完成草图按钮，退出草图环境；在指定矢量(1)下拉列表中选择-YC选项，在限制区域的开始下拉列表中选择值选项，并在其下的距离文本框中输入数值 0；在限制区域的结束下拉列表中选择值选项，并在其下的距离文本框中输入数值 30，其他参数采用系统默认设置，在布尔区域的布尔下拉列表中选择求差选项，型腔为求差对象；单击< 确定 >按钮，完成拉伸特征 11 的创建。

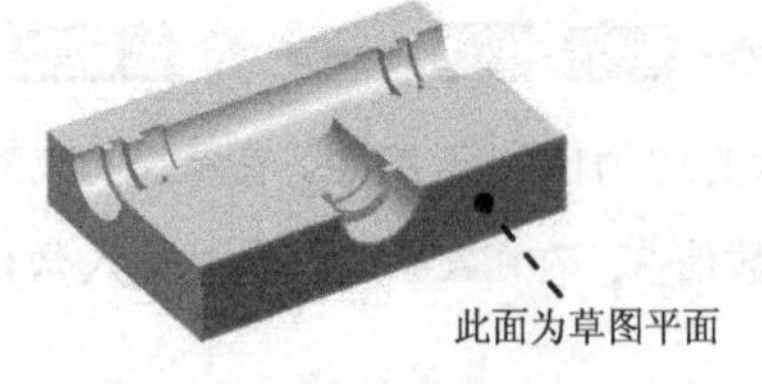

图 7.1.55 定义草图平面

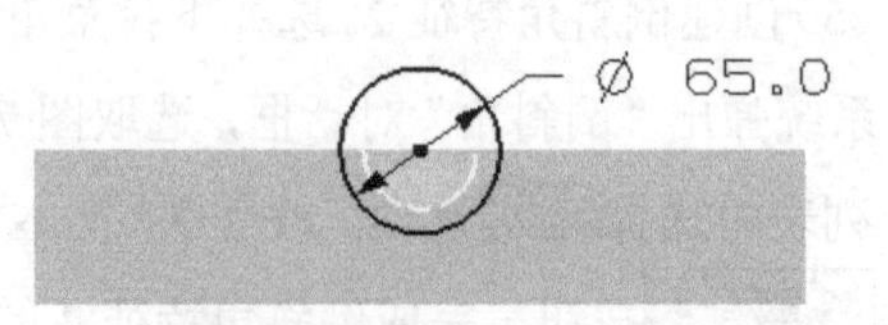

图 7.1.56 截面草图

（2）创建拉伸特征 12。选择下拉菜单插入(S) → 设计特征(E) → 拉伸(E)...命令（或单击按钮），系统弹出“拉伸”对话框，单击按钮，选取图 7.1.57 所示的模型表面为草图平面，绘制图 7.1.58 所示的截面草图，单击完成草图按钮，退出草图环境；在指定矢量(1)下拉列表中选择-YC选项，在限制区域的开始下拉列表中选择值选项，并在其下的距离文本框中输入数值 12；在限制区域的结束下拉列表中选择值选项，并在其下的距离文本框中输入数值 20；在布尔区域的布尔下拉列表中选择求和选项，系统将自动与模型中的唯一个体进行布尔求和运算；单击〈确定〉按钮，完成拉伸特征 12 的创建。

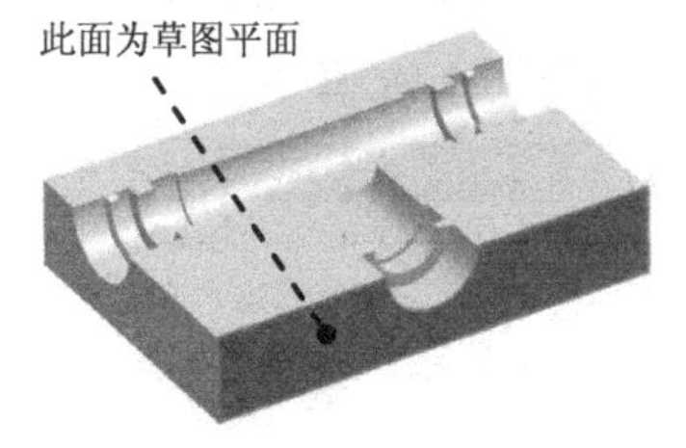

图 7.1.57　定义草图平面

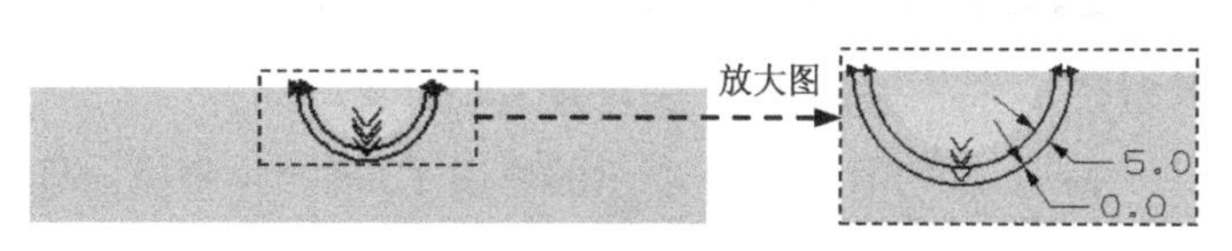

图 7.1.58　截面草图

（3）创建倒斜角特征 1。选择下拉菜单插入(S) → 细节特征(L) → 倒斜角(C)...命令，系统弹出“倒斜角”对话框，选取图 7.1.59 所示的边为倒斜角参照，在偏置区域的横截面下拉列表中选择非对称选项，在距离 1文本框中输入数值 3，在距离 2文本框中输入数值 1.5，单击〈确定〉按钮，完成倒斜角特征 1 的创建。

（4）创建倒斜角特征 2。选择下拉菜单插入(S) → 细节特征(L) → 倒斜角(C)...命令，系统弹出“倒斜角”对话框，选取图 7.1.60 所示的边为倒斜角参照，在偏置区域的横截面下拉列表中选择非对称选项，在距离 1文本框中输入数值 1.5，在距离 2文本框中输入数值 3，单击〈确定〉按钮，完成倒斜角特征 2 的创建。

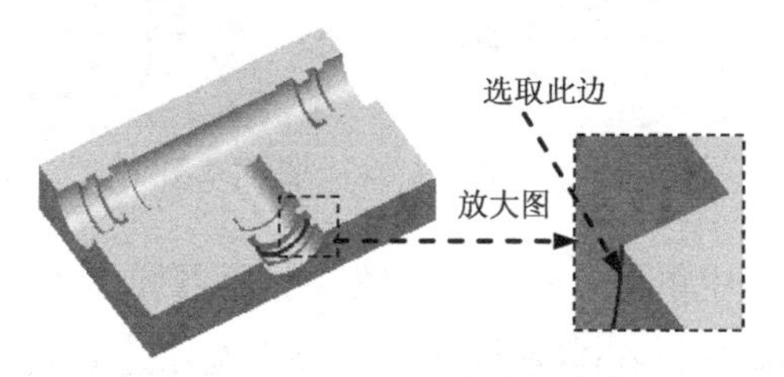

图 7.1.59　创建倒斜角特征 1

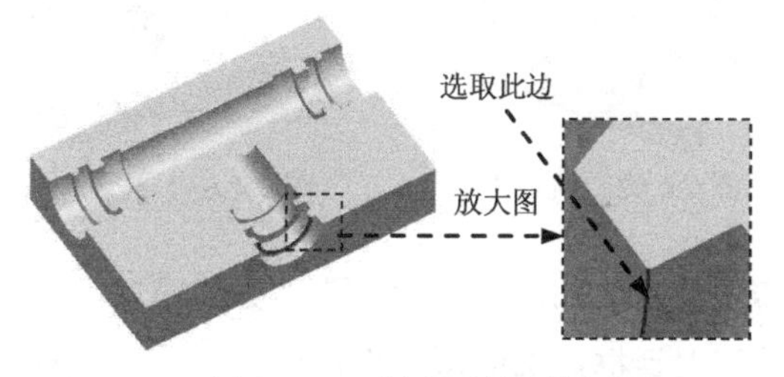

图 7.1.60　创建倒斜角特征 2

（5）创建倒斜角特征 3。选择下拉菜单插入(S) → 细节特征(L) → 倒斜角(C)...命令，系统弹出“倒斜角”对话框，选取图 7.1.61 所示的边为倒斜角参照，在偏置区域的横截面下拉列表中选择对称选项，在距离文本框中输入数值 2，单击〈确定〉按钮，完成倒斜角特征 3 的创建。

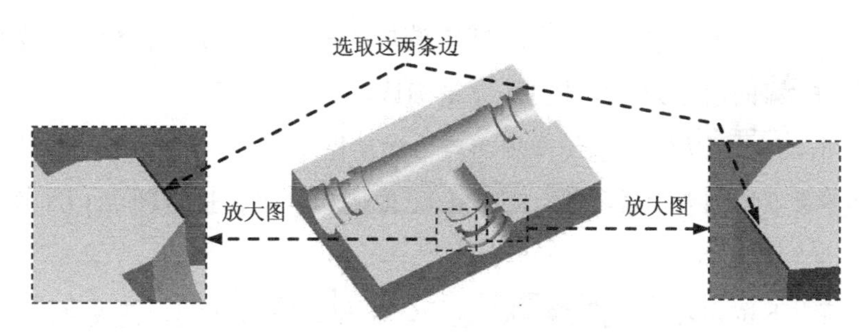

图 7.1.61　创建倒斜角特征 3

Task8. 创建流道

Step1. 选择窗口。选择下拉菜单窗口(O) → pipeline_mold_top_000.prt命令，显示总模型。

Step2. 单击“装配导航器”选项卡，系统弹出“装配导航器”窗口。在☑ pipeline_mold_top_000选项上右击，在弹出的快捷菜单中选择 设为工作部件(W)命令（隐藏型腔）。将图层的第 10 层设置为不可见。

Step3. 创建图 7.1.62 所示的流道 1。在“注塑模向导”工具条中单击“流道”按钮，系统弹出“流道”对话框。

Step4. 定义引导线串。单击“流道”对话框中的“绘制截面”按钮，系统弹出“创建草图”对话框，选中☑ 创建中间基准 CSYS复选框，选取图 7.1.63 所示的面为草图平面，绘制图 7.1.64 所示的截面草图，单击完成草图按钮，退出草图环境。

Step5. 定义流道通道类型。在截面类型下拉列表中选择Circular选项，在详细信息区域中双击D文本框，在其中输入数值 10，并按 Enter 键确认，单击< 确定 >按钮，完成分流道的创建。

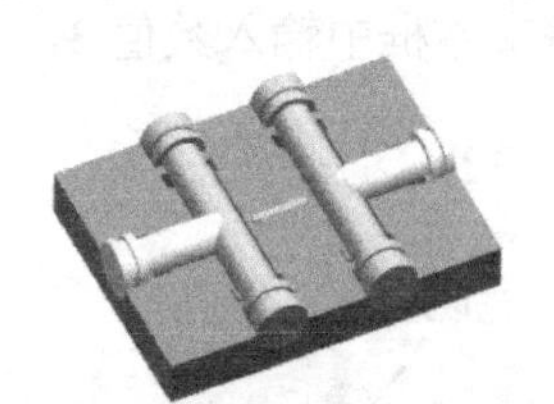

图 7.1.62　流道 1

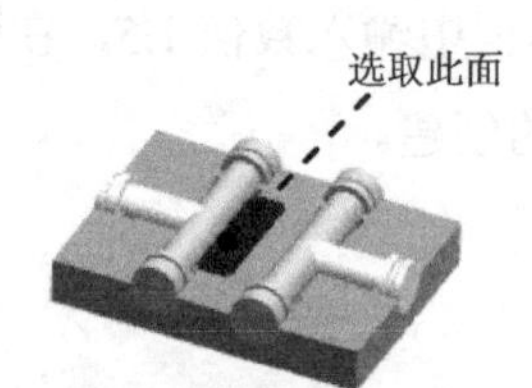

图 7.1.63　放置平面

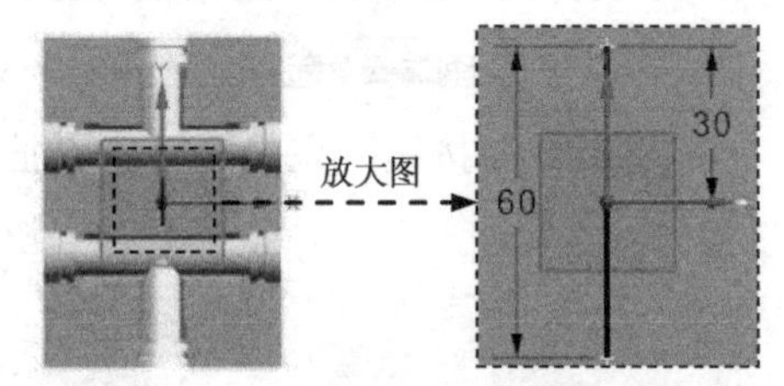

图 7.1.64　截面草图

Step6. 创建流道槽。在“注塑模向导”工具条中单击“腔体”按钮，系统弹出“腔体”对话框；选取型芯为目标体，单击鼠标中键确认，在工具类型下拉列表中选择实体选项，选取流道为工具体；单击确定按钮，完成流道槽的创建。

Task9. 创建浇口

Step1. 在“注塑模向导”工具条中单击“浇口库”按钮，系统弹出“浇口设计”对话框。

Step2. 设置对话框参数。在位置区域中选中⊙ 型芯单选项，在类型下拉列表中选择rectangle选项，把L=5的值改为 12，按 Enter 键确认。

Step3. 单击应用按钮，系统弹出“点”对话框。

Step4. 在类型下拉列表中选择圆弧中心/椭圆中心/球心选项，选取图 7.1.65 所示的边线，系统弹出“矢量”对话框。

Step5. 在类型下拉列表中选择-YC 轴选项，单击确定按钮，完成浇口的创建，关闭“浇口设计”对话框。

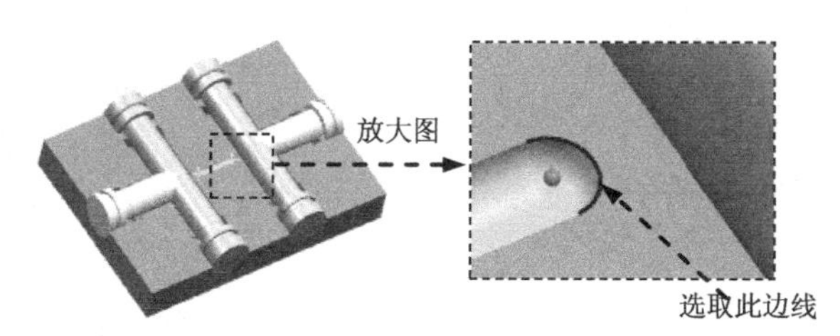

图 7.1.65　定义浇口位置

Step6. 创建浇口槽。在“注塑模向导”工具条中单击“腔体”按钮，系统弹出“腔体”对话框；选取型芯为目标体，单击鼠标中键确认；选取浇口为工具体；单击 确定 按钮，完成浇口槽的创建。

Task10. 创建模具爆炸视图

Step1. 创建爆炸图。选择下拉菜单 窗口(O) → handle_fork_mold_top_000.prt 命令，在“装配导航器”中将部件转换成工作部件；双击 handle_fork_mold_top_000 选项，激活总装配；选择下拉菜单 装配(A) → 爆炸图(X) → 新建爆炸图(N)... 命令，系统弹出“新建爆炸图”对话框，接受默认的名字，单击 确定 按钮。

Step2. 移动型腔。

（1）编辑爆炸图。选择下拉菜单 装配(A) → 爆炸图(X) → 编辑爆炸图(E)... 命令，系统弹出“编辑爆炸图”对话框。

（2）选取图 7.1.66 所示的型腔，在对话框中选中 移动对象 单选项，单击图 7.1.66 所示的箭头，对话框的下部区域被激活；在 距离 文本框中输入数值 200，按 Enter 键确认，完成型腔的移动，结果如图 7.1.67 所示。

Step3. 移动滑块。参照 Step2 中的步骤（2）将六个滑块零件向相应的方向移动 120mm，结果如图 7.1.68 所示。

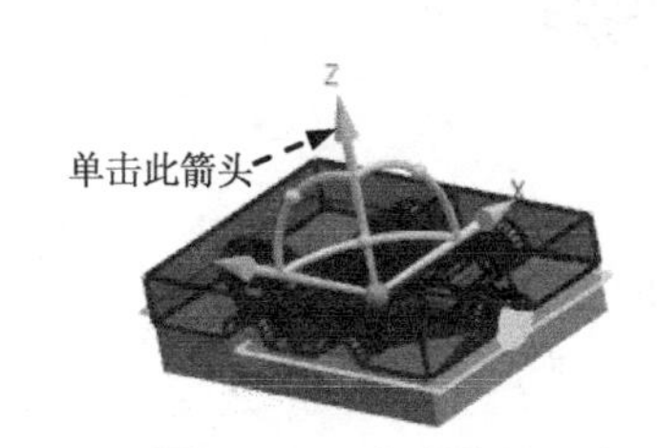

图 7.1.66　定义移动方向

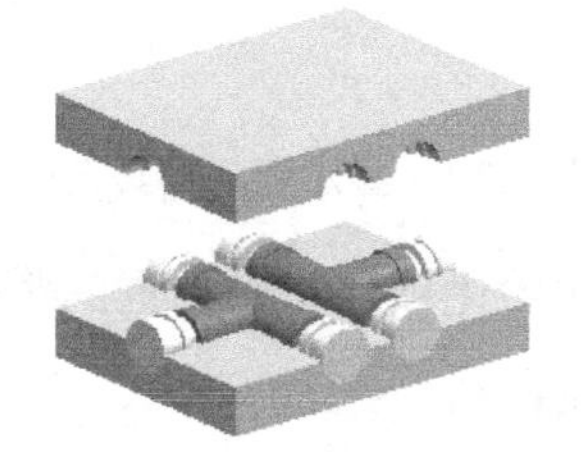

图 7.1.67　型腔移动后的结

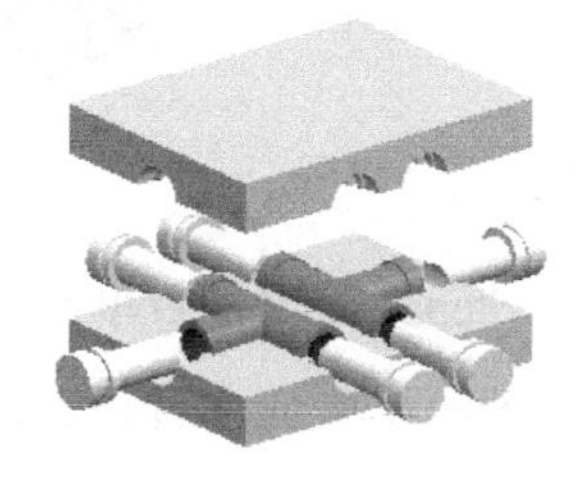

图 7.1.68　滑块移动后的结

Step4. 移动产品模型。参照 Step2 中的步骤（2）将图 7.1.69 所示的两个产品模型沿 Z 轴正向移动 100mm，结果如图 7.1.70 所示。

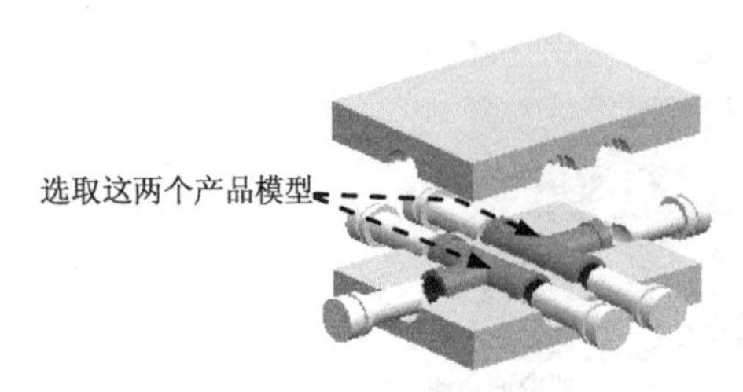

图 7.1.69 选取移动对象

图 7.1.70 产品模型移动后

Step5. 保存文件。选择下拉菜单文件(F) ➡ 全部保存(V)命令，保存所有文件。

7.2 带滑块的模具设计（二）

在图 7.2.1 所示的模具中显示器的表面有许多破孔，这样模具中必须设计滑块，开模时，先将滑块移出，上、下模具才能顺利脱模。下面介绍该模具的主要设计过程。

Task1. 初始化项目

Step1. 加载模型。在“注塑模向导”工具条中单击“初始化项目”按钮，系统弹出“打开”对话框，选择 D:\ug10.3\work\ch07.02 文件，单击 OK 按钮，调入模型，系统弹出“初始化项目”对话框。

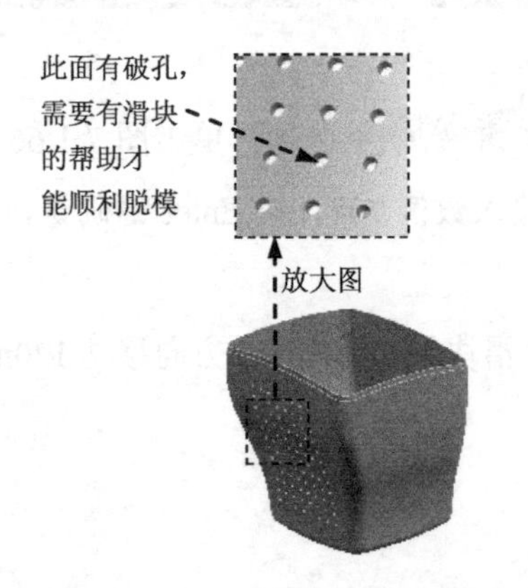

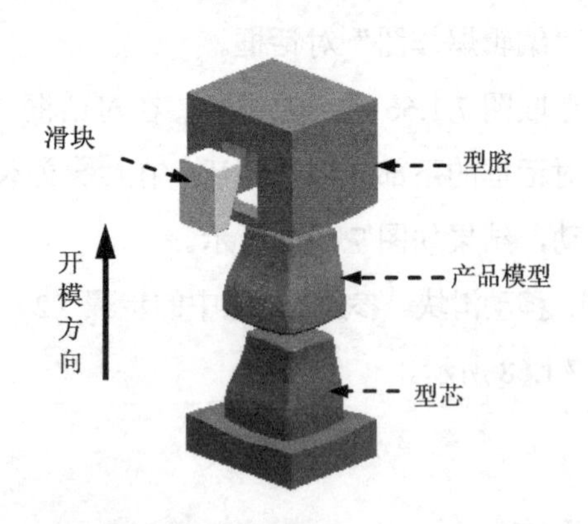

图 7.2.1 显示器的模具设计

Step2. 定义项目单位。在“初始化项目”对话框的项目单位区域中选择◉ 毫米单选项。

Step3. 设置项目路径、名称及材料。

（1）设置项目路径。接受系统默认的项目路径。

（2）设置项目名称。在“初始化项目”对话框的Name文本框中输入 display_mold。

（3）设置材料。采用系统默认设置（默认收缩率为 1.006）。

Step4. 单击 确定 按钮，完成项目初始化设置。

Task2. 检测收缩率

Step1. 测量设置收缩率前模型的尺寸。

（1）选择窗口。选择下拉菜单 窗口(O) ➡ display.prt，显示显示器后盖模型。

（2）选择命令。选择下拉菜单 分析(L) ➡ 测量距离(D)... 命令，系统弹出“测量距离”对话框。

（3）测量距离。测量图 7.2.2 所示的两个面（外表面）的距离值为 320。

（4）单击 取消 按钮，关闭“测量距离”对话框。

Step2. 测量设置收缩率后模型的尺寸。

（1）选择窗口。选择下拉菜单 窗口(O) ➡ 3. display_mold_top_000.prt 命令，显示显示器后盖模型。

（2）选择命令。选择下拉菜单 分析(L) ➡ 测量距离(D)... 命令，系统弹出“测量距离”对话框。

（3）测量距离。测量图 7.2.3 所示的两个面的距离值为 321.9200。

说明：与前面选择测量的面相同。

（4）单击 取消 按钮，关闭“测量距离”对话框。

Step3. 检测收缩率。由测量结果可知，设置收缩率前的尺寸值为 320，收缩率为 1.006，所以设置收缩率后的尺寸值为 320×1.006=321.9200，说明设置收缩率没有错误。

图 7.2.2 测量设置收缩率前的模型尺寸

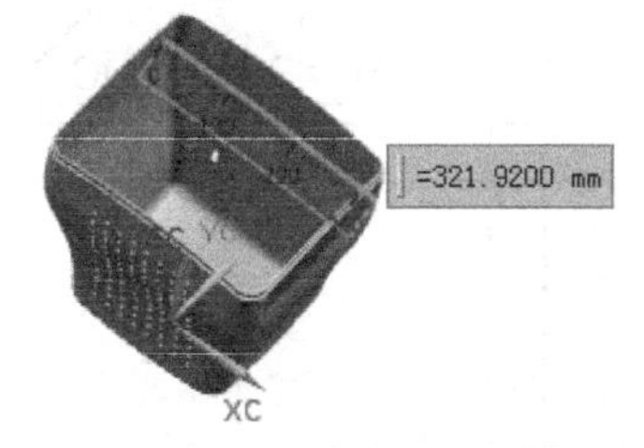

图 7.2.3 测量设置收缩率后的模型尺寸

Task3. 模具坐标系

Step1. 旋转模具坐标系。

（1）选择命令。选择下拉菜单 格式(R) ➡ WCS ➡ 旋转(R)... 命令，系统弹出“旋转 WCS 绕…”对话框。

（2）定义旋转方式。在“旋转 WCS 绕…”对话框中选择 ⊙ - XC 轴 单选项，在 角度 文本框中输入值 180。

（3）单击 确定 按钮，定义后的模具坐标系如图 7.2.4 所示。

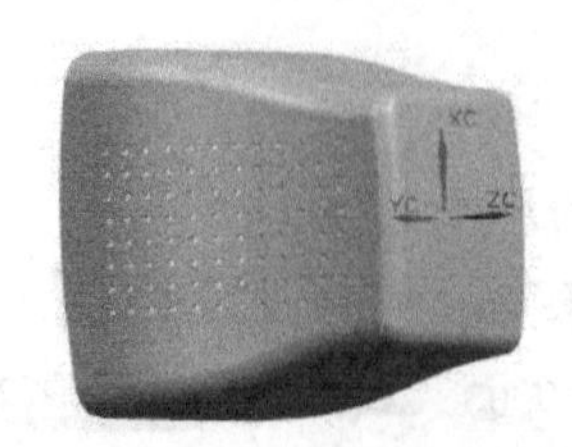

图 7.2.4　旋转后的模具坐标系

Step2. 锁定模具坐标系。

（1）在“注塑模向导”工具条中单击按钮，系统弹出“模具 CSYS”对话框。

（2）在其对话框中选择 ⊙ 当前 WCS 单选项，单击 确定 按钮，完成坐标系的锁定。

Task4. 创建模具工件

Step1. 在“注塑模向导”工具条中单击“工件”按钮，系统弹出“工件”对话框。

Step2. 在 类型 下拉列表中选择 产品工件 选项，在 工件方法 下拉列表中选择 用户定义的块 选项，其他参数采用系统默认设置。

Step3. 修改尺寸。

（1）在“工件”对话框 限制 区域 开始 和 结束 下的 距离 文本框中分别输入值-380 和 40。

（2）单击 定义工件 区域中的“绘制截面”按钮，系统进入草图环境，然后修改截面草图的尺寸，如图 7.2.5 所示。

Step4. 单击 〈 确定 〉 按钮，完成创建后的模具工件如图 7.2.6 所示。

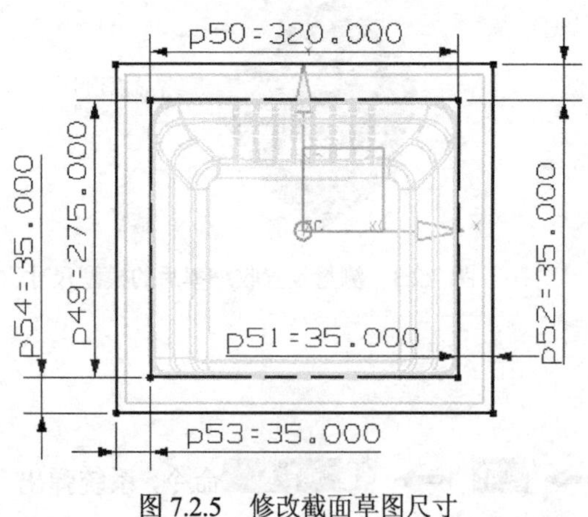

图 7.2.5　修改截面草图尺寸

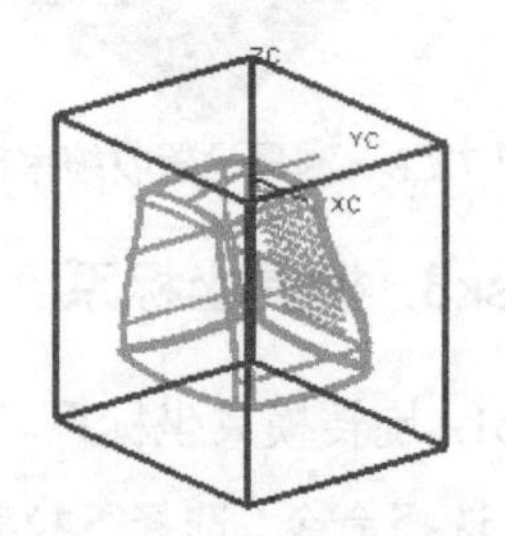

图 7.2.6　创建后的模具工件

Task5. 模具分型

Stage1. 设计区域

Step1. 在“注塑模向导”工具条中单击“模具分型工具”按钮，系统弹出“模具分

型工具”工具条和“分型导航器”窗口。

Step2. 在“模具分型工具”工具条中单击“检查区域”按钮，系统弹出“检查区域”对话框，同时模型被加亮并显示开模方向，如图 7.2.7 所示。单击“计算”按钮，系统开始对产品模型进行分析计算。

说明：图 7.2.7 所示的开模方向可以通过“检查区域”对话框中的“指定脱模方向”按钮来更改，由于在前面锁定模具坐标系时已经将开模方向设置好了，因此系统将自动识别出产品模型的开模方向。

Step3. 定义区域。

（1）在“检查区域”对话框中单击 区域 选项卡，在 设置 区域中取消选中 □ 内环、□ 分型边 和 □ 不完整的环 三个复选框。

（2）设置区域颜色。在“检查区域”对话框中单击“设置区域颜色”按钮，设置区域颜色。

（3）定义型腔区域。在 未定义的区域 区域中选中 ☑ 交叉区域面 和 ☑ 交叉竖直面 复选框，此时系统将所有的未定义区域面加亮显示；在 指派到区域 区域中选择 ⊙ 型腔区域 单选项，单击 应用 按钮，此时系统将前面加亮显示的未定义区域面指派到型腔区域，如图 7.2.8 所示。

（4）其他参数接受系统默认设置，单击 取消 按钮，关闭“检查区域”对话框，系统返回至“模具分型工具”工具条。

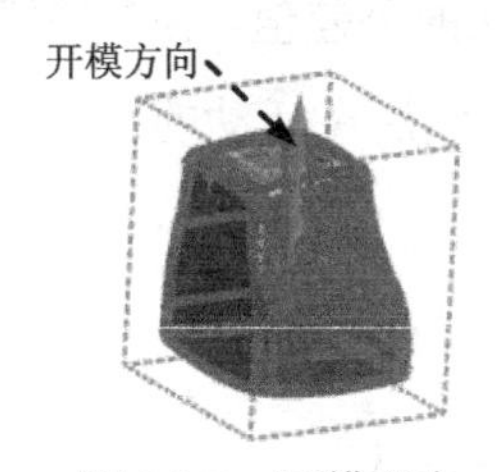

图 7.2.7　开模方向

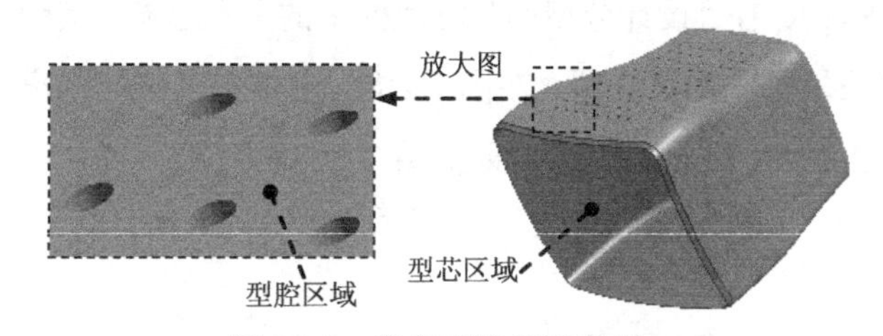

图 7.2.8　定义型腔/型芯结果

Step4. 创建曲面补片。

（1）在“模具分型工具”工具条单击“曲面补片”按钮，系统弹出“边修补”对话框。

（2）选择修补对象。在“边修补”对话框的 类型 下拉列表中选择 体 选项，选择图形区中的实体模型，然后单击 确定 按钮，系统返回至“模具分型工具”工具条。

Stage2. 创建型腔/型芯区域和分型线

Step1. 在“模具分型工具”工具条中单击“定义区域”按钮，系统弹出“定义区域”对话框。

Step2. 在其中选中 设置 区域中的 ☑ 创建区域 和 ☑ 创建分型线 复选框，单击 确定 按钮，完成型腔/型芯区域分型线的创建，系统返回至“模具分型工具”工具条，创建的分型线如图7.2.9所示。

Stage3. 定义分型段

Step1. 在“模具分型工具”工具条中单击“设计分型面”按钮，系统弹出“设计分型面”对话框。

Step2. 选取过渡对象。在“设计分型面”对话框的编辑分型段区域中单击“选择过渡曲线”按钮，选取图7.2.10所示的圆弧作为过渡对象。

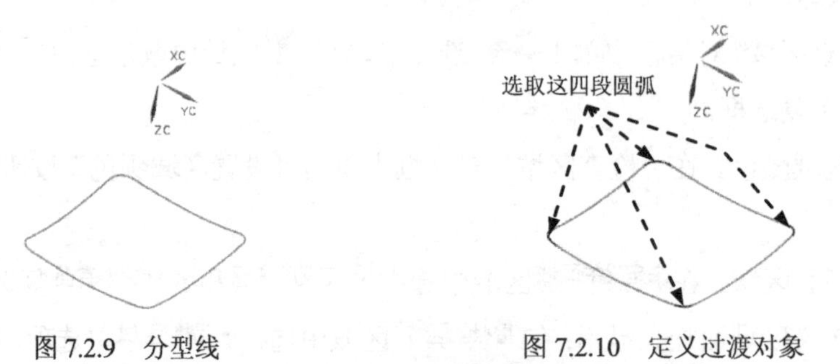

图7.2.9　分型线　　图7.2.10　定义过渡对象

Step3. 在“设计分型面”对话框中单击 应用 按钮，完成分型段的定义。

Stage4. 创建分型面

Step1. 在“设计分型面”对话框中的设置区域中接受系统默认的公差值，在创建分型面区域的方法中选择选项，在图7.2.11a中单击“延伸距离”文本，然后在活动的文本框中输入值200并按Enter键，结果如图7.2.11b所示。

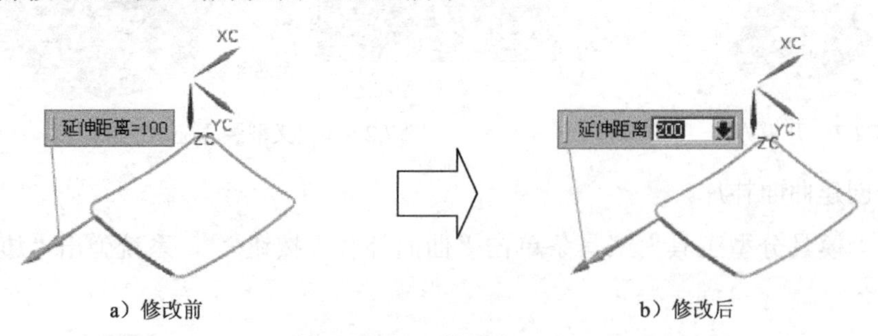

a）修改前　　b）修改后

图7.2.11　延伸距离

Step2. 拉伸分型面1。在“设计分型面”对话框创建分型面区域的方法中选择选项，在拉伸方向区域的下拉列表中选择-XC选项，在“设计分型面”对话框单击 应用 按钮，系统返回至“设计分型面”对话框，结果如图7.2.12所示。

Step3. 拉伸分型面2。在“设计分型面”对话框创建分型面区域的方法中选择选项，在拉伸方向区域的下拉列表中选择YC选项，在“设计分型面”对话框中单击 应用 按钮，系统返回至“设计分型面”对话框，完成图7.2.13所示的拉伸分型面2的创建。

图 7.2.12 拉伸分型面 1

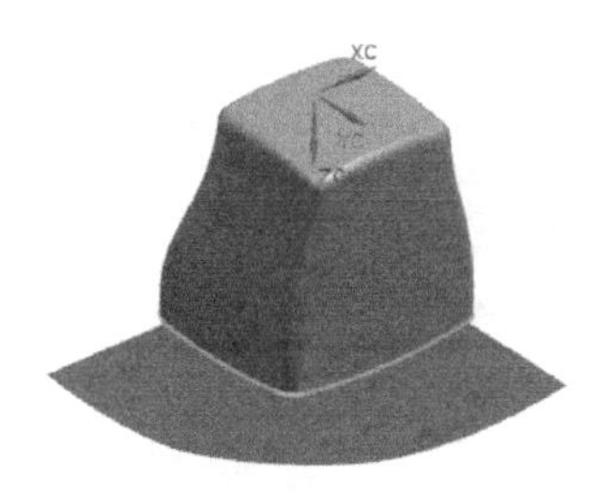

图 7.2.13 拉伸分型面 2

Step4. 拉伸分型面 3。在“设计分型面”对话框创建分型面区域的方法中选择选项，在拉伸方向区域的下拉列表中选择XC选项，在“设计分型面”对话框中单击应用按钮，系统返回至“设计分型面”对话框，完成图 7.2.14 所示的拉伸分型面 3 的创建。

Step5. 拉伸分型面 4。在“设计分型面”对话框创建分型面区域的方法中选择选项，在拉伸方向区域的下拉列表中选择-YC选项，在“设计分型面”对话框中单击应用按钮，系统返回至“设计分型面”对话框，完成图 7.2.15 所示的拉伸分型面 4 的创建。

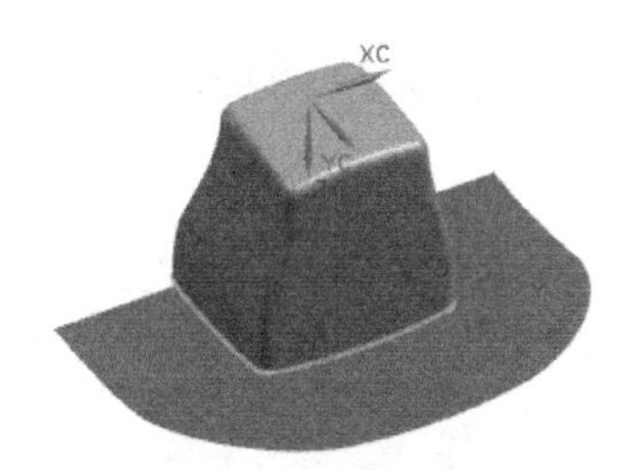

图 7.2.14 拉伸分型面 3

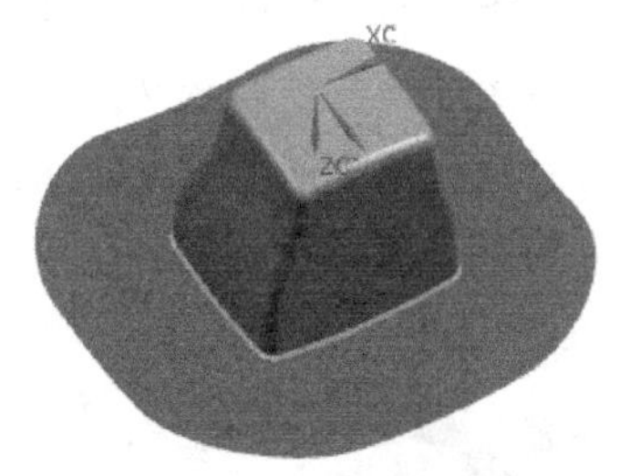

图 7.2.15 拉伸分型面 4

Step6. 在“设计分型面”对话框中单击取消按钮，此时系统返回“模具分型工具”工具条。

Stage5. 创建型腔和型芯

Step1. 在“模具分型工具”工具条中单击“定义型腔和型芯”按钮，系统弹出“定义型腔和型芯”对话框。

Step2. 在其中选取选择片体区域中的所有区域选项，单击确定按钮，系统弹出“查看分型结果”对话框并在图形区显示出创建的型腔，单击“查看分型结果”对话框中的确定按钮，系统再一次弹出“查看分型结果”对话框。

Step3. 在“查看分型结果”对话框中单击确定按钮，系统返回至“模具分型工具”工具条。

Step4. 选择下拉菜单窗口(O) → display_mold_core_006.prt命令，显示型芯零件，如图 7.2.16 所示；选择下拉菜单窗口(O) → display_mold_cavity_002.prt命令，显示型腔零件，如图 7.2.17 所示。

图 7.2.16　型芯零件

图 7.2.17　型腔零件

Task6. 创建滑块

Step1. 选择命令。选择下拉菜单 启动 → 建模(D)... 命令，进入到建模环境中。

说明：如果此时系统自动进入了建模环境，则用户不需要进行此步的操作。

Step2. 创建拉伸特征。

（1）选择命令。选择下拉菜单 插入(S) → 设计特征(E) → 拉伸(E)... 命令，系统弹出“拉伸”对话框。

（2）选取草图平面。选取图 7.2.18 所示的平面为草图平面。

（3）进入草图环境，绘制图 7.2.19 所示的截面草图，单击 完成草图 按钮。

说明：截面草图矩形的四个角均为圆角。

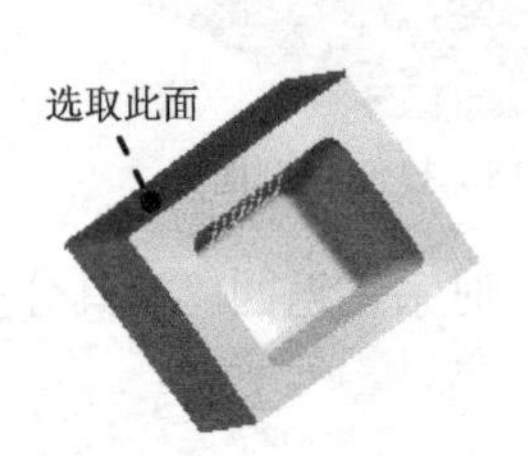

图 7.2.18　定义草图平面

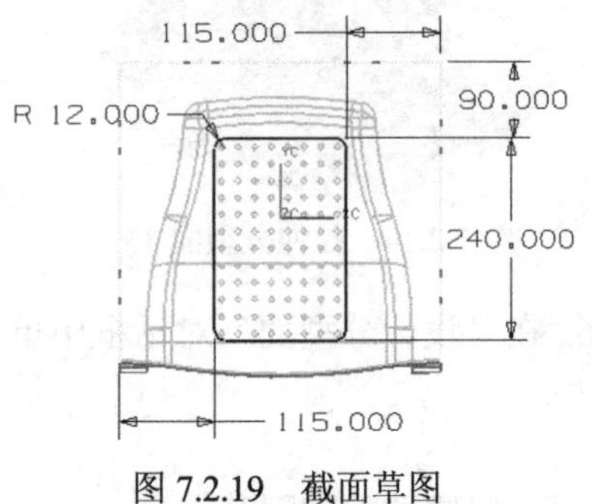

图 7.2.19　截面草图

Step3. 定义拉伸属性。

（1）定义拉伸方向。在“拉伸”对话框的 下拉列表中选择 -YC 选项。

（2）定义拉伸属性。在 限制 区域的 开始 下拉列表中选择 值 选项，在 距离 文本框里输入值 0; 在 限制 区域的 结束 下拉列表中选择 值 选项，在 距离 文本框里输入值 110，在 布尔 区域的 布尔 下拉列表中选择 无 选项。

（3）单击 < 确定 > 按钮，完成图 7.2.20 所示拉伸特征的创建。

说明：只要拉伸距离超过需要进行分割的实体边界即可。

图 7.2.20　拉伸特征

Step4. 求交特征。

（1）选择命令。选择下拉菜单 插入(S) → 组合(B) ▸ → 求交(I)... 命令，此时系统弹出“求交”对话框。

（2）选取目标体。选取图 7.2.21 所示的特征为目标体。

（3）选取工具体。选取图 7.2.21 所示的特征为工具体。

（4）在 设置 区域中选中☑ 保存目标 复选框，单击 < 确定 > 按钮，完成求交特征的创建。

Step5. 求差特征。

（1）选择命令。选择下拉菜单 插入(S) → 组合(B) ▸ → 求差(S)... 命令，此时系统弹出“求差”对话框。

（2）选取目标体。选取图 7.2.22 所示的特征为目标体。

（3）选取工具体。选取图 7.2.22 所示的特征为工具体。

（4）在 设置 区域中选中☑ 保存工具 复选框，单击 < 确定 > 按钮，完成求差特征的创建。

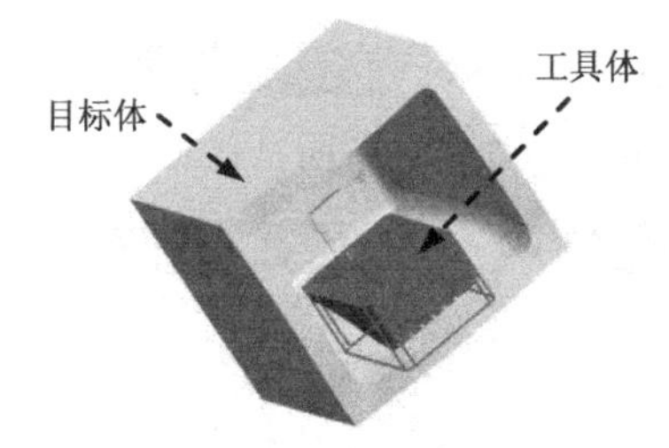

图 7.2.21 创建求交特征

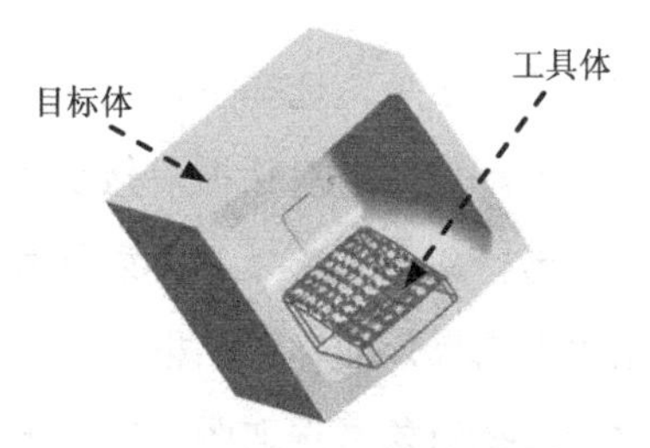

图 7.2.22 创建求差特征

Step6. 将滑块转化为型腔子零件。

（1）单击“装配导航器”中的选项卡，系统弹出“装配导航器”窗口，在该窗口的空白处右击，然后在弹出的快捷菜单中选择 WAVE 模式 选项。

（2）在“装配导航器”中右击☑ display_mold_cavity_002，在弹出的快捷菜单中选择 WAVE ▸ → 新建级别 命令，系统弹出“新建级别”对话框。

（3）单击 指定部件名 按钮，在弹出的“选择部件名”对话框的 文件名(N): 文本框中输入 display_mold_slide.prt，单击 OK 按钮，系统返回至“新建级别”对话框。

（4）在“新建级别”对话框中单击 类选择 按钮，选择图 7.2.23 所示的特征，单击 确定 按钮。

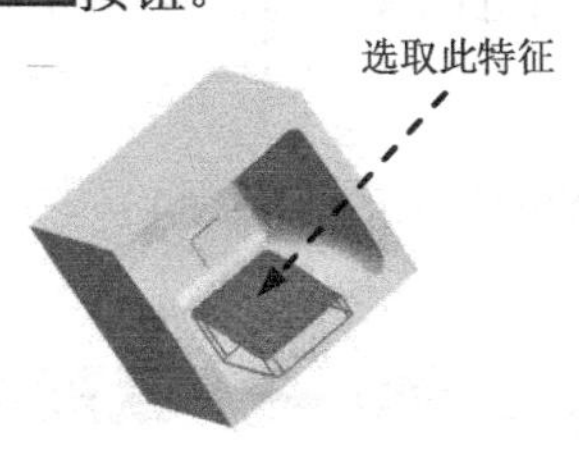

图 7.2.23 选取特征

（5）单击“新建级别”对话框中的确定按钮，此时在“装配导航器”中显示出刚创建的滑块特征。

Step7. 移动至图层。

（1）单击“装配导航器”中的选项卡，在其中取消选中 display_mold_slide 部件。

（2）移动至图层。选取图 7.2.23 所示的滑块特征，选择下拉菜单 格式(R) ➡ 移动至图层(M)... 命令，系统弹出“图层移动”对话框。

（3）在目标图层或类别文本框中输入值 10，单击确定按钮，退出“图层设置”对话框。

（4）单击“装配导航器”中的选项卡，在其中选择 display_mold_slide 部件。

Task7. 创建模具爆炸视图

Step1. 移动滑块。

（1）选择下拉菜单 窗口(O) ➡ display_mold_top_000.prt 命令，在“装配导航器”中将部件转换成工作部件。

（2）选择命令。选择下拉菜单 装配(A) ➡ 爆炸图(X) ➡ 新建爆炸图(N)... 命令，系统弹出“新建爆炸图”对话框，接受系统默认的名字，单击确定按钮。

（3）选择命令。选择下拉菜单 装配(A) ➡ 爆炸图(X) ➡ 编辑爆炸图(E)... 命令，系统弹出“编辑爆炸图”对话框。

（4）选择对象。选取图 7.2.24 所示的滑块零件。

（5）在对话框中选择 ⊙ 移动对象 单选项，单击图 7.2.25 所示的箭头，对话框下部区域被激活。

（6）在距离文本框中输入值 200，按 Enter 键确认，完成滑块的移动，如图 7.2.26 所示。

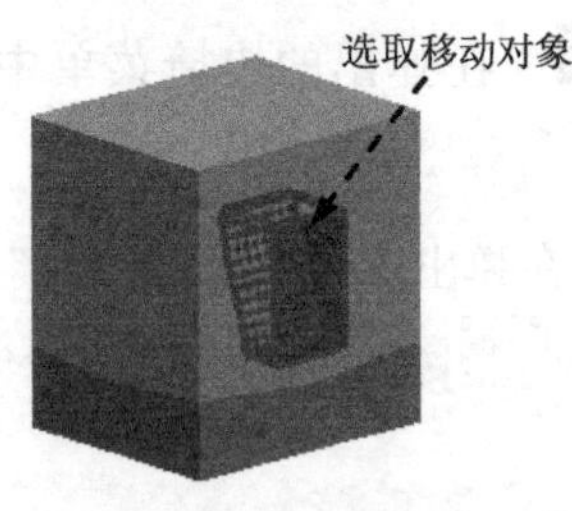

图 7.2.24　选择对象

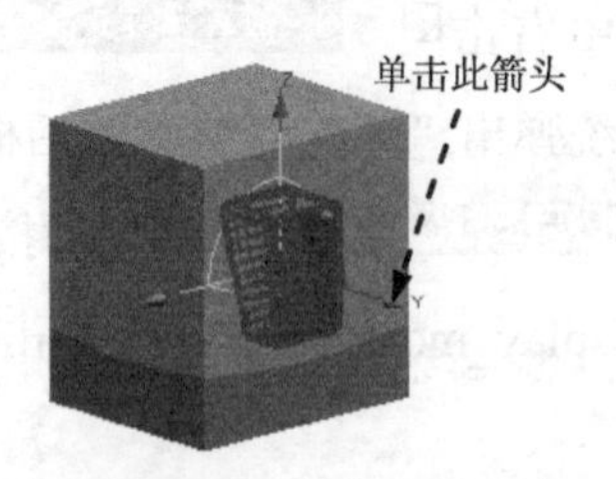

图 7.2.25　定义移动方向

图 7.2.26　编辑移动后

Step2. 移动型芯。参照 Step1 中的步骤（4）～（6）将型芯零件沿 Z 轴负向移动 800，结果如图 7.2.27 所示。

Step3. 移动产品模型。参照 Step1 中的步骤（4）～（6）将产品零件沿 Z 轴负向移动 400，结果如图 7.2.28 所示。

Step4. 保存文件。选择下拉菜单 文件(F) ➡ 全部保存(V) 命令，保存所有文件。

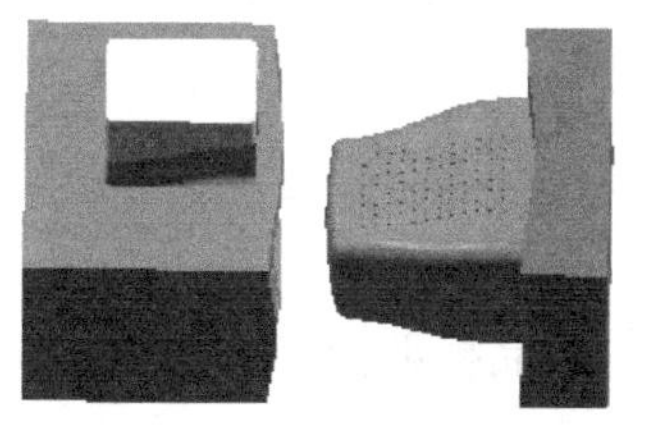

图 7.2.27 编辑移动后

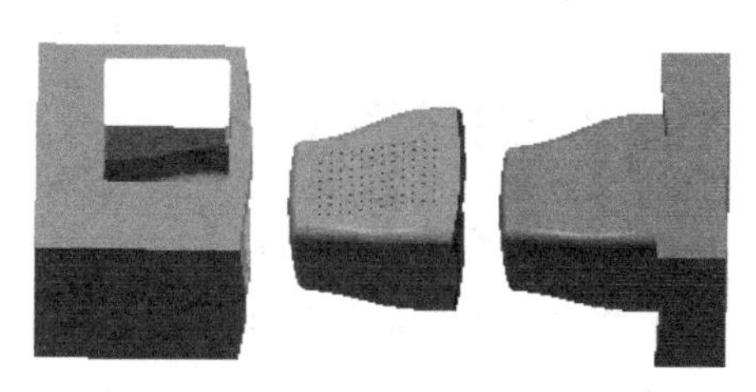

图 7.2.28 编辑移动后

7.3 含有复杂破孔的模具设计

在图 7.3.1 所示的模具中设计模型有四个相同特征的破孔，这样在设计模具时就必须将这四个破孔填补，模具才能顺利脱模。本范例将向读者介绍一种非常有技巧性的开模方法。下面介绍该模具的主要设计过程。

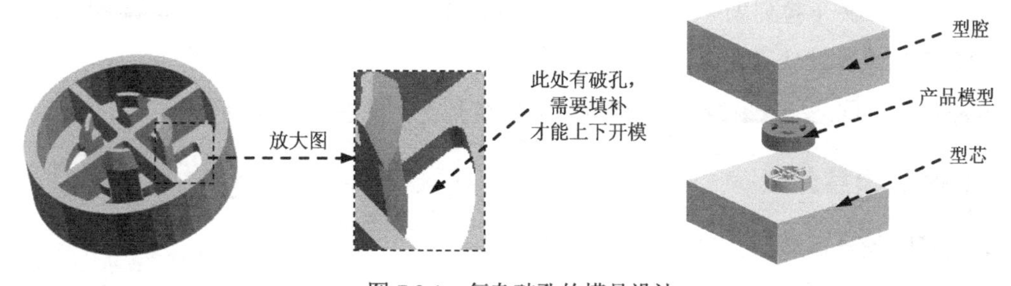

图 7.3.1 复杂破孔的模具设计

Task1. 初始化项目

Step1. 加载模型。在“注塑模向导”工具条中单击“初始化项目”按钮，系统弹出“打开”对话框，选择 D:\ug10.3\work\ch07.03\foot_pad.prt 文件，单击 OK 按钮，加载模型，系统弹出“初始化项目”对话框。

Step2. 定义项目单位。在“初始化项目”对话框 设置 区域的 项目单位 下拉列表中选择 毫米 选项。

Step3. 设置项目路径和名称。

（1）设置项目路径。接受系统默认的项目路径。

（2）设置项目名称。在“初始化项目”对话框的 项目名 文本框中输入 foot_pad_mold。

Step4. 单击 确定 按钮，完成项目路径和名称的设置。

Task2. 模具坐标系

Step1. 在“注塑模向导”工具条中单击按钮，系统弹出“模具 CSYS”对话框。

Step2. 在其中选择 当前 WCS 单选项，单击确定按钮，完成坐标系的锁定。

Task3. 设置收缩率

Step1. 定义收缩率类型。

（1）在“注塑模向导”工具条中单击“收缩”按钮，产品模型会高亮显示，同时系统弹出“缩放体”对话框。

（2）在类型下拉列表中选择均匀选项。

Step2. 定义缩放体和缩放点。接受系统默认的参数设置。

Step3. 在“缩放体”对话框比例因子区域的均匀文本框中输入值 1.006。

Step4. 单击确定按钮，完成收缩率的设置。

Task4. 创建模具工件

Step1. 在“注塑模向导”工具条中单击“工件”按钮，系统弹出“工件”对话框。

Step2. 在类型下拉列表中选择产品工件选项，在工件方法下拉列表中选择用户定义的块选项，其他参数采用系统默认设置。

Step3. 单击< 确定 >按钮，完成创建后的模具工件如图 7.3.2 所示。

Task5. 模具分型

Stage1. 设计区域

Step1. 在“注塑模向导”工具条中单击“模具分型工具”按钮，系统弹出“模具分型工具”工具条和“分型导航器”窗口。

Step2. 在“模具分型工具”工具条中单击“检查区域”按钮，系统弹出“检查区域”对话框，同时模型被加亮并显示开模方向，如图 7.3.3 所示。单击“计算”按钮，系统开始对产品模型进行分析计算。

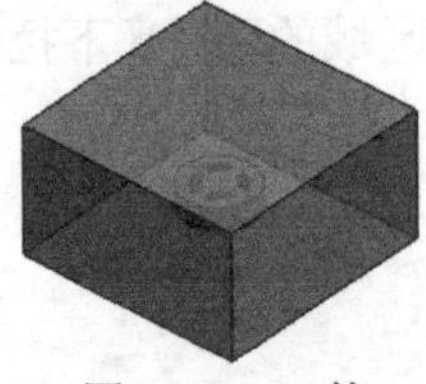
图 7.3.2　工件

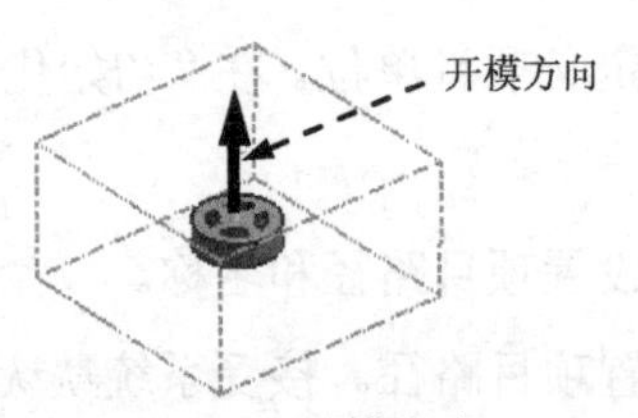

图 7.3.3　开模方向

Step3. 在“检查区域”对话框中单击区域选项卡，在设置区域中取消选中□ 内环、□ 分型边和□ 不完整的环三个复选框。

Step4. 在“检查区域”对话框中单击面选项卡，然后在弹出对话框的命令区域中单

击 面拆分 按钮，系统弹出“拆分面”对话框。

Step5. 创建拆分面 1。

（1）选取拆分对象。选取图 7.3.4 所示的面为拆分对象。

（2）定义创建曲线方法。在“拆分面”对话框的 类型 下拉列表中选择 曲线/边 选项，在 分割对象 区域中单击“添加直线”按钮，系统弹出“直线”对话框。

（3）定义点。选取图 7.3.5 所示的点 1 和点 2，在“直线”对话框中单击 < 确定 > 按钮，系统返回至“拆分面”对话框。

（4）选取分割对象。在“拆分面”对话框的 分割对象 区域中单击 * 选择对象 (0) 使其激活，然后选取经过点 1 与点 2 形成的一条直线。

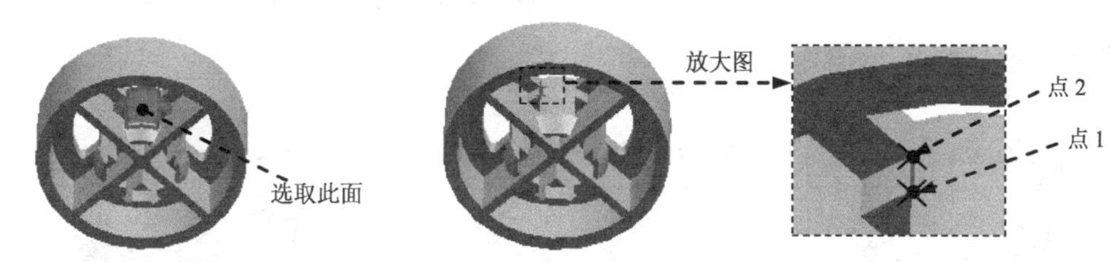

图 7.3.4 定义拆分面　　图 7.3.5 定义点

（5）在“拆分面”对话框中单击 应用 按钮，完成面拆分 1 的创建，结果如图 7.3.6 所示。

Step6. 参照 Step5 选取面的另一部分拆分，创建图 7.3.7 所示的面拆分 2。

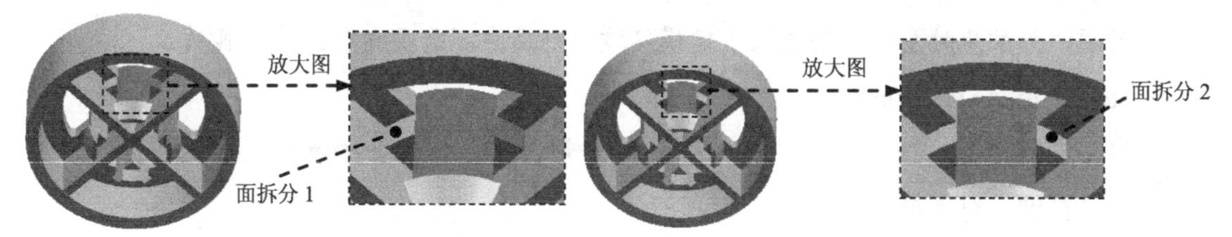

图 7.3.6 创建面拆分 1　　图 7.3.7 创建面拆分 2

说明：此模型中有四个相同特征的结构，所以要进行八次拆分。

Step7. 参照 Step5 和 Step6 对另外三个相同特征的面进行面拆分，完成拆分后单击 取消 按钮，返回至“检查区域”对话框。

Step8. 在“检查区域”对话框中单击 区域 选项卡，然后单击“设置区域颜色”按钮，结果如图 7.3.8 所示。

Step9. 定义型腔区域和型芯区域。

（1）在“检查区域”对话框的 未定义的区域 区域中选中 ☑ 交叉竖直面 和 ☑ 未知的面 复选框，同时未定义的面被加亮；在 指派到区域 区域中选择 ⊙ 型腔区域 单选项，单击 应用 按钮，系统自动将未定义的区域指派到型腔区域，同时对话框中的 未定义的区域 显示值为 0，创建结果如图 7.3.9 所示。

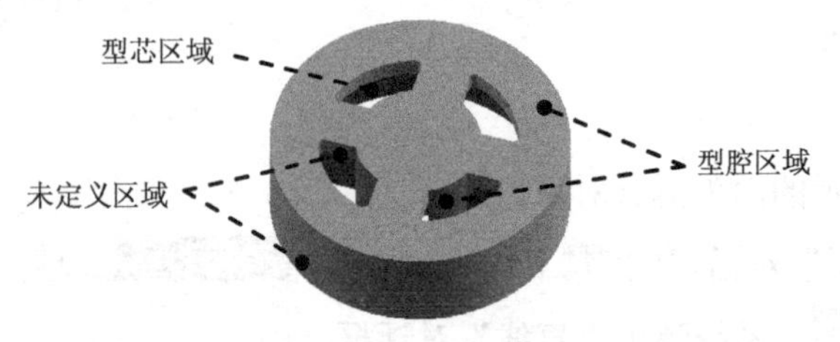

图 7.3.8 设置区域颜色

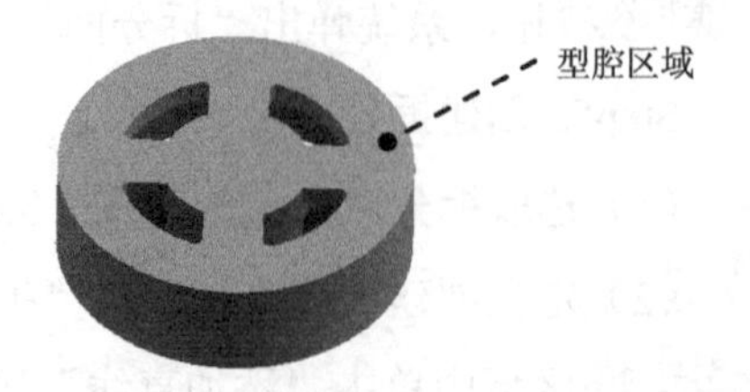

图 7.3.9 定义区域

（2）在 指派到区域 区域中选择 型芯区域 单选项，然后选取图 7.3.10 所示的两个面，单击 应用 按钮，将其定义为型芯区域面；同理，选择其他对应位置的面，将其定义为型芯区域面，结果如图 7.3.11 所示。

Step10. 在“检查区域”对话框中单击 取消 按钮，系统返回至“模具分型工具”工具条和“分型导航器”窗口。

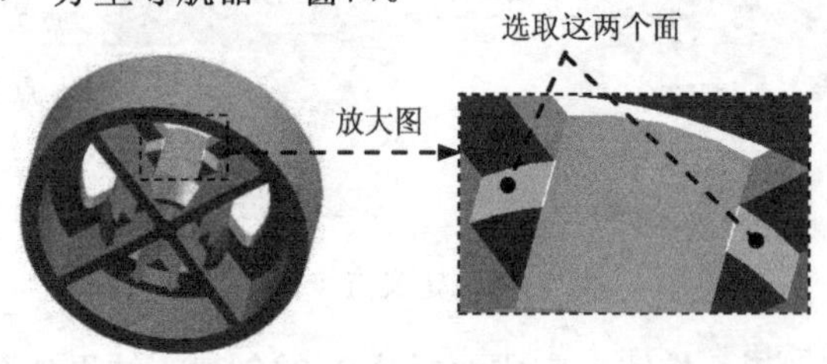

图 7.3.10 选取面

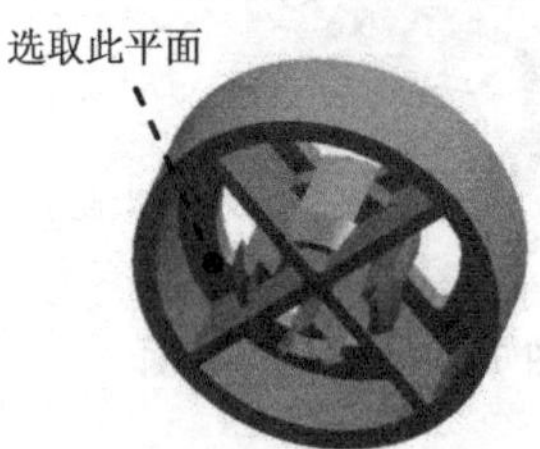

图 7.3.11 定义区域

Stage2. 创建拉伸曲面

Step1. 选择下拉菜单 启动 → 建模(D)... 命令，进入到建模环境。

说明：如果此时系统自动进入了建模环境，则用户不需要进行此步的操作。

Step2. 定义拉伸特征。

（1）选择命令。选择下拉菜单 插入(S) → 设计特征(E) → 拉伸(E)... 命令，系统弹出“拉伸”对话框。

（2）选取草图平面。选取图 7.3.11 所示的平面为草图平面。

（3）创建截面草图。绘制图 7.3.12 所示的截面草图，完成草图后单击 完成草图 按钮。

Step3. 定义拉伸属性。

（1）定义拉伸方向。在“拉伸”对话框中，在 方向 区域的 下拉列表中选中 -ZC 选项。

（2）定义拉伸属性（注：具体参数和操作参见随书光盘）。

（3）单击 < 确定 > 按钮，完成图 7.3.13 所示拉伸特征的创建。

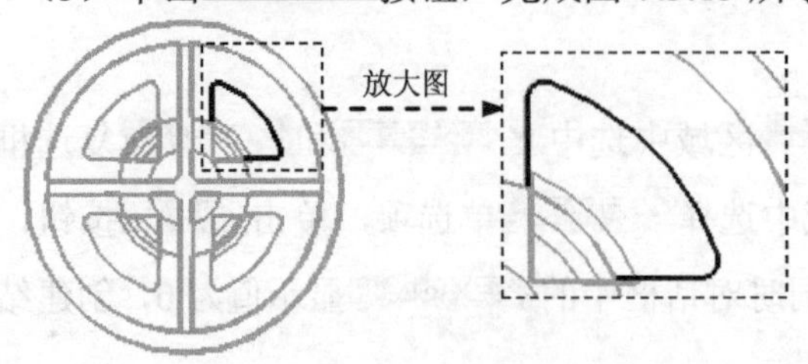

图 7.3.12 截面草图

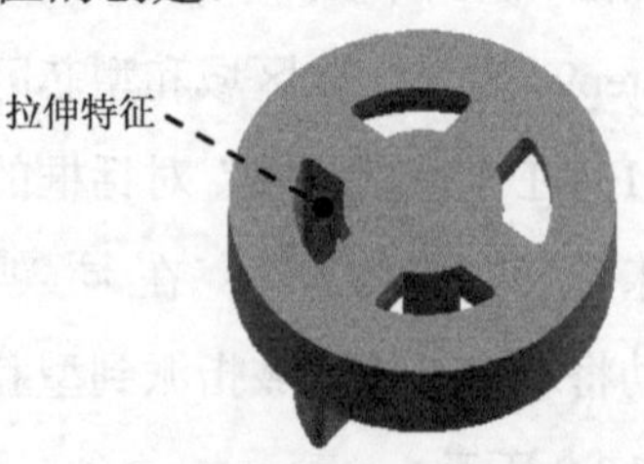

图 7.3.13 创建拉伸特征

Step4. 修剪拉伸曲面。

（1）选择下拉菜单 插入(S) → 修剪(T) → 修剪体(T)... 命令，系统弹出“修剪体”对话框。

（2）在 目标 区域中单击 * 选择体 (0) 命令，选取图 7.3.13 所示的拉伸特征。

（3）在 工具 区域的 工具选项 下拉列表中选择 新建平面 选项。

（4）定义修剪平面。在“修剪体”对话框中单击“平面对话框”按钮，系统弹出“平面”对话框，然后选择图 7.3.14 所示的面。

（5）定义修剪方向。在“修剪体”对话框中单击“反向”按钮。

（6）在单击 < 确定 > 按钮，结果如图 7.3.15 所示。

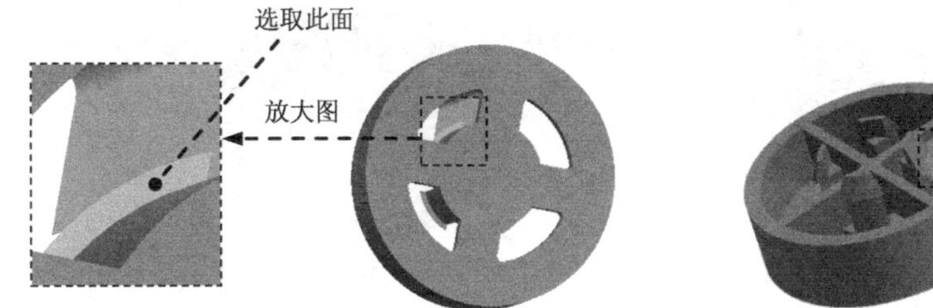

图 7.3.14 选取面　　图 7.3.15 创建修剪体

Stage3. 创建有界平面

Step1. 创建片体。

（1）选择下拉菜单 插入(S) → 曲面(R) → 有界平面 命令，系统弹出“有界平面”对话框。

（2）在“有界平面”对话框中采用系统默认的参数设置，选取图 7.3.16 所示的边界。

（3）在单击 < 确定 > 按钮，完成片体的创建，结果如图 7.3.17 所示。

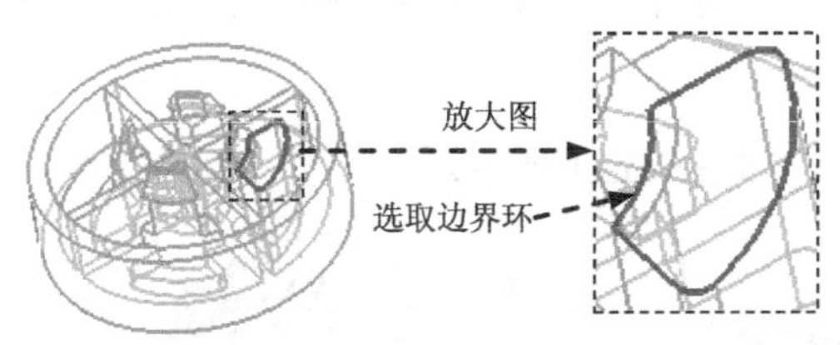

图 7.3.16 定义边界线

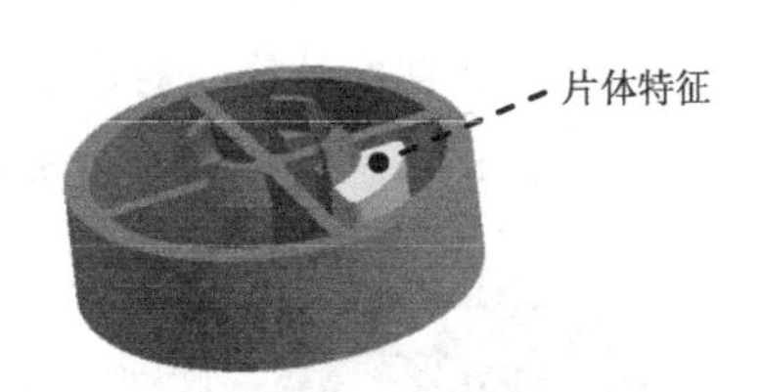

图 7.3.17 创建片体

说明：在选取边界曲线时，需要将模型调整到带有虚线暗边的状态。

Step2. 创建修剪片体。

（1）选取命令。选择下拉菜单 插入(S) → 修剪(T) → 修剪片体(R)... 命令，系统弹出“修剪片体”对话框。

（2）定义修剪目标体。选取图 7.3.17 所示的片体特征。

（3）定义边界对象。在“修剪的片体”对话框的 边界对象 区域中单击 * 选择对象 (0) 选项，选取图 7.3.18 所示的边界。

（4）定义片体的保留特征。在区域中选择⊙保留单选项，然后单击确定按钮，完成片体的修剪。

Stage4. 创建实例几何体特征

Step1. 选择命令。选择下拉菜单插入(S) → 关联复制(A) ▸ → 阵列几何特征(T)... 命令，系统弹出“阵列几何特征”对话框。

Step2. 定义类型。在“阵列几何特征”对话框的布局下拉列表中选择圆形选项。

Step3. 选取实例几何体。选取图 7.3.19 所示的片体。

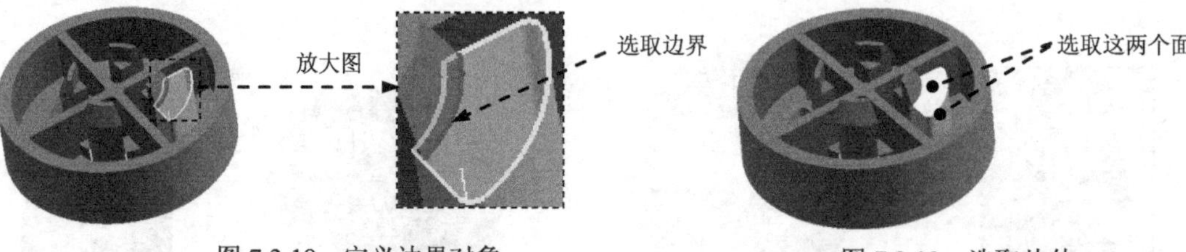

图 7.3.18　定义边界对象　　　　图 7.3.19　选取片体

Step4. 定义旋转轴。在指定矢量区域的下拉列表中选择ZC↑选项，激活* 指定点 (0)区域，然后选取图 7.3.20 所示的点。

说明：图 7.2.20 中选取的点为圆心点。

Step5. 定义角度、距离和副本数。分别在“阵列几何特征”对话框角度方向区域的数量、和节距角文本框中输入值 4 和 90，单击< 确定 >按钮，结果如图 7.3.20 所示。

Stage5. 添加现有曲面

Step1. 在“模具分型工具”工具条中单击“编辑分型面和曲面补片”按钮，系统弹出“编辑分型面和曲面补片”对话框。

Step2. 选取片体。选取创建的所有曲面，如图 7.3.21 所示。

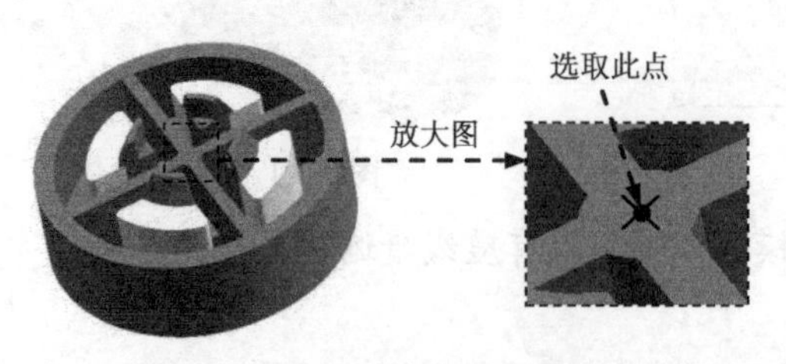

图 7.3.20　创建实例几何体特征

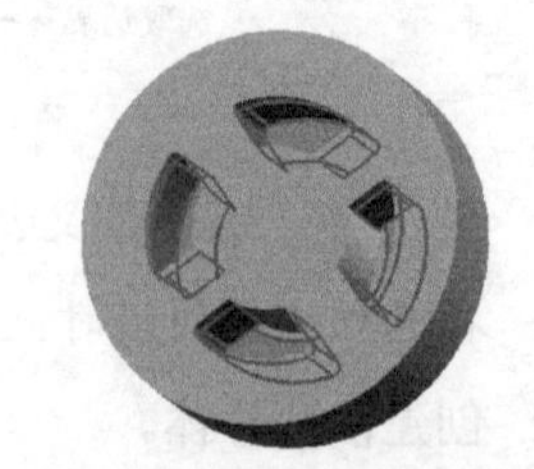

图 7.3.21　添加现有曲面

Step3. 单击确定按钮，完成现有曲面的添加。

Stage6. 创建区域和分型线

Step1. 在“模具分型工具”工具条中单击“定义区域”按钮，系统弹出“定义区域”对话框。

Step2. 在“定义区域”对话框中选中 设置 区域的 ☑ 创建区域 和 ☑ 创建分型线 复选框，单击 确定 按钮，完成分型线的创建，系统返回到“模具分型工具”工具条，创建分型线结果如图 7.3.22 所示。

Stage7. 创建分型面

Step1. 在“模具分型工具”工具条中单击“设计分型面”按钮，系统弹出“设计分型面”对话框。

Step2. 定义分型面创建方法。在“设计分型面”对话框的 创建分型面 区域中单击“有界平面”按钮。

Step3. 定义分型面大小。拖动分型面的宽度方向控制按钮使分型面大小超过工件大小，单击 确定 按钮，结果如图 7.3.23 所示。

图 7.3.22 分型线

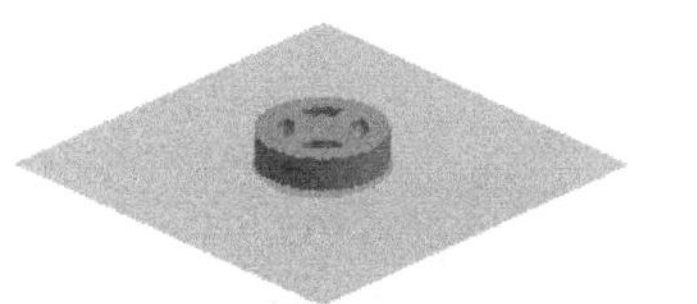

图 7.3.23 创建分型面

Stage8. 创建型腔和型芯

Step1. 在“模具分型工具”工具条中单击“定义型腔和型芯”按钮，系统弹出“定义型腔和型芯”对话框。

Step2. 在“定义型腔和型芯”对话框选取 选择片体 区域中的 所有区域 选项，单击 确定 按钮，系统弹出“查看分型结果”对话框并在图形区显示出创建的型腔，单击“查看分型结果”对话框中的 确定 按钮，系统再一次弹出“查看分型结果”对话框并在图形区显示出创建的型芯。

Step3. 在“查看分型结果”对话框中单击 确定 按钮，完成型腔和型芯的创建。

Step4. 选择下拉菜单 窗口(O) → foot_pad_mold_cavity_002.prt 命令，显示型腔零件，结果如图 7.3.24 所示；选择下拉菜单 窗口(O) → foot_pad_mold_core_006.prt 命令，显示型芯零件，结果如图 7.3.25 所示。

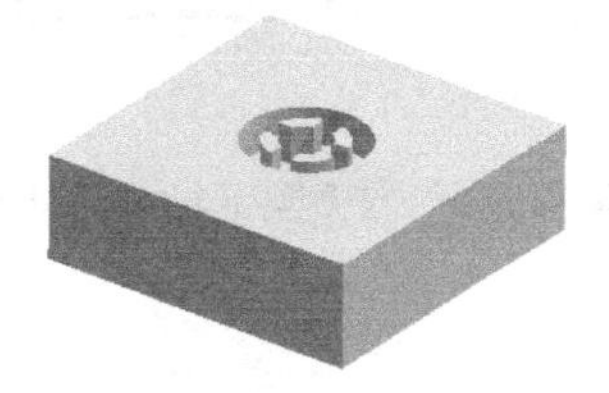

图 7.3.24 型腔零件

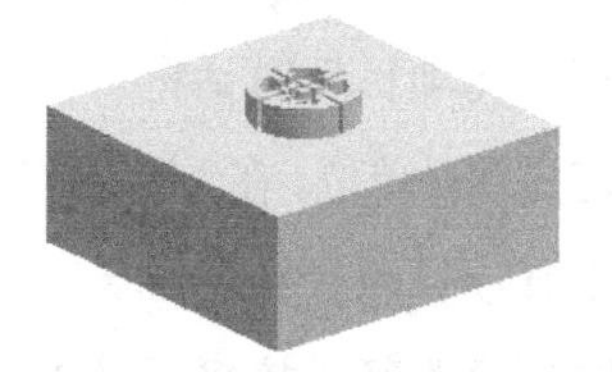

图 7.3.25 型芯零件

Task6. 创建模具爆炸视图

Step1. 移动型腔。

（1）选择下拉菜单窗口(O) → foot_pad_mold_top_000.prt命令，在“装配导航器”中将部件转换成工作部件。

（2）选择下拉菜单装配(A) → 爆炸图(X) → 新建爆炸图(N)...命令，系统弹出“新建爆炸图”对话框，接受系统默认的名字，单击确定按钮。

（3）选择下拉菜单装配(A) → 爆炸图(X) → 编辑爆炸图(E)...命令，系统弹出“编辑爆炸图”对话框。

（4）选择对象。选取型腔为移动对象。

（5） 在对话框中选择⊙移动对象单选项，将型腔零件沿 Z 轴正向移动 40，按 Enter 键确认，结果如图 7.3.26 所示。

Step2. 参照 Step1 中的步骤（4）和（5）将型芯零件沿 Z 轴负向移动 20，单击确定按钮，结果如图 7.3.27 所示。

图 7.3.26　移动型腔后

图 7.3.27　移动型芯后

Step3. 保存文件。选择下拉菜单文件(F) → 全部保存(V)命令，保存所有文件。

7.4　一模多穴的模具设计

本节将以图 7.4.1 所示的一个瓶盖为例来说明在 UG NX 10.0 中设计一模多穴模具的一般过程。通过对本例的学习，读者能清楚地掌握一模多穴模具的设计原理。

Task1. 初始化项目

Step1. 加载模型。在“注塑模向导”工具条中单击“初始化项目”按钮，系统弹出“打开”对话框，选择 D:\ug10.3\work\ch07.04\cap.prt 文件，单击OK按钮，加载模型，系统弹出“初始化项目”对话框。

Step2. 定义项目单位。在“初始化项目”对话框设置区域的项目单位下拉列表中选择毫米选项。

Step3. 设置项目路径和名称。

（1）设置项目路径。接受系统默认的项目路径。

（2）设置项目名称。在“初始化项目”对话框的Name文本框中输入 cap_mold。

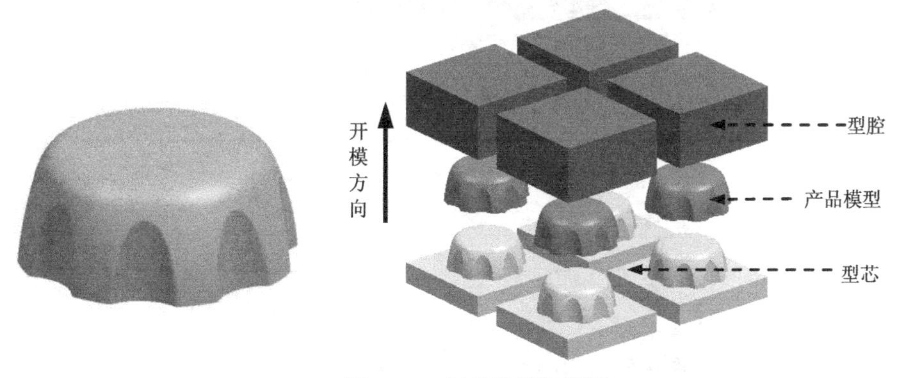

图 7.4.1　瓶盖的模具设计

Step4. 设置材料和收缩。在“初始化项目”对话框的材料下拉列表中选择ABS，同时系统会自动在收缩文本框中写入 1.006，单击确定按钮。

Task2. 模具坐标系

Step1. 在“注塑模向导”工具条中单击按钮，系统弹出“模具 CSYS”对话框。

Step2. 在“模具 CSYS”对话框中选择 当前 WCS 单选项，单击确定按钮，完成坐标系的锁定，如图 7.4.2 所示。

Task3. 创建模具工件

Step1. 在“注塑模向导”工具条中单击“工件”按钮，系统弹出“工件”对话框。

Step2. 在“工件”对话框的类型下拉列表中选择产品工件选项，在工件方法下拉列表中选择用户定义的块选项。

Step3. 修改尺寸。在“工件”对话框限制区域的开始和结束下的距离文本框中分别输入值-15 和 40，单击< 确定 >按钮，完成创建后模具工件，如图 7.4.3 所示。

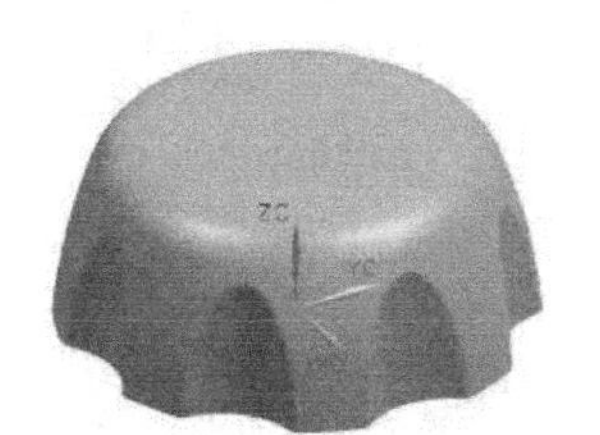

图 7.4.2　锁定模具坐标系

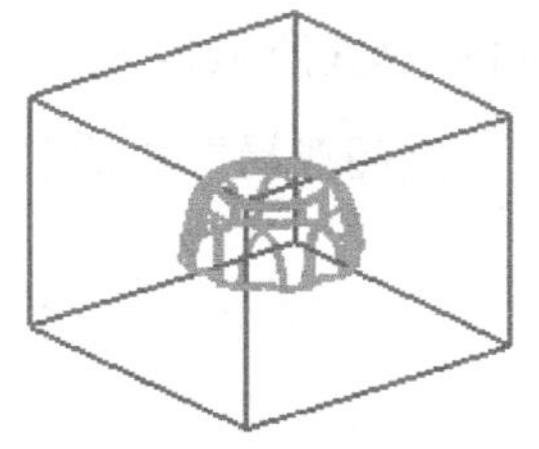

图 7.4.3　模具工件

Task4. 型腔布局

Step1. 在“注塑模向导”工具条中单击“型腔布局”按钮，系统弹出如图 7.4.4 所示的“型腔布局”对话框。

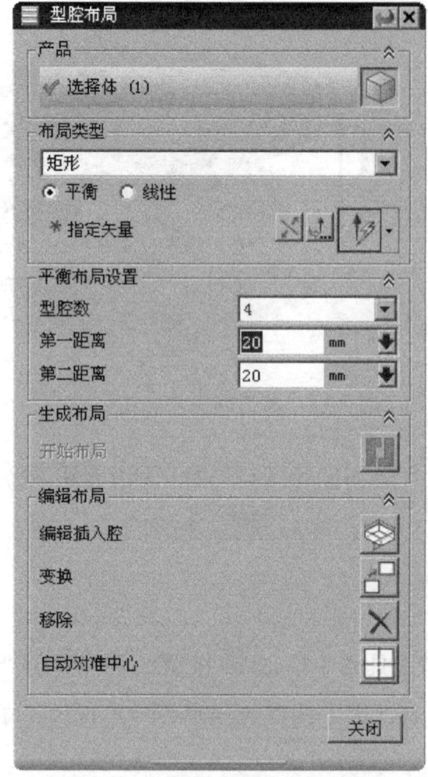

图 7.4.4 “型腔布局”对话框

Step2. 定义布局。

（1）在“型腔布局”对话框的布局类型区域中选择矩形选项和平衡单选项。

（2）定义型腔数和间距。在平衡布局设置区域的型腔数下拉列表中选择4，然后分别在第一距离和第二距离文本框中输入值 20 和 20。

（3）选取 XC 方向作为布局方向，在生成布局区域中单击“开始布局”按钮，系统自动进行布局。

（4）布局完成后，在编辑布局区域中单击“自动对准中心”按钮，使模具坐标系自动对准，结果如图 7.4.5 所示。

Step3. 在“型腔布局”对话框中单击关闭按钮，完成型腔布局。

图 7.4.5 定义型腔布局

Task5. 模具分型

Stage1. 设计区域

Step1. 在“注塑模向导”工具条中单击“模具分型工具”按钮，系统弹出“模具分型工具”工具条和“分型导航器”窗口。

Step2. 在“模具分型工具”工具条中单击“检查区域”按钮，系统弹出如图 7.4.6 所示的“检查区域”对话框，同时模型被加亮并显示开模方向，如图 7.4.7 所示。单击“计算”按钮，系统开始对产品模型进行分析计算。

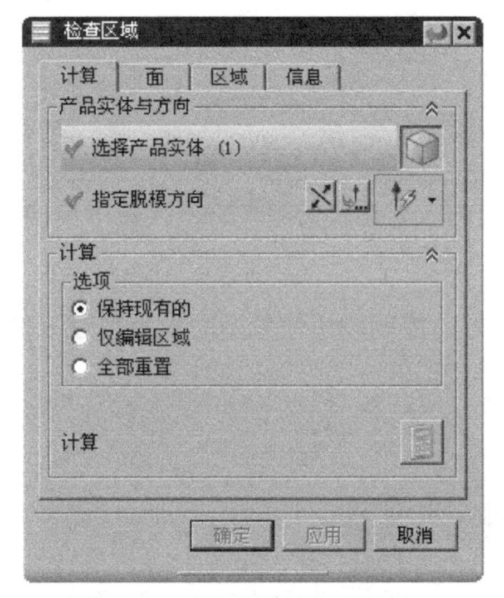

图 7.4.6　“检查区域”对话框

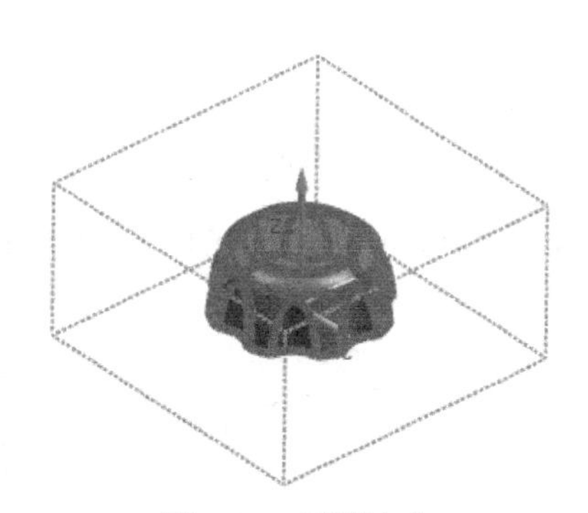

图 7.4.7　开模方向

Step3. 在“检查区域”对话框中单击 区域 选项卡，在 设置 区域中取消选中 □ 内环、□ 分型边 和 □ 不完整的环 三个复选框。然后单击“设置区域颜色”按钮，设置区域颜色。结果如图 7.4.8 所示。

说明： 因为此模型比较简单，没有破孔、侧面孔等特征，系统会正确地划分好型腔和型芯区域，不需要人为进行区域划分。

Step4. 在“检查区域”对话框中单击 确定 按钮，系统返回至“模具分型工具”工具条和“分型导航器”窗口。

Stage2. 创建型腔/型芯区域和分型线

Step1. 在“模具分型工具”工具条中单击“定义区域”按钮，系统弹出“定义区域”对话框。

Step2. 在“定义区域”对话框的 设置 区域中选中 ☑ 创建区域 和 ☑ 创建分型线 复选框，单击 确定 按钮，完成分型线的创建，系统返回到“模具分型工具”工具条，创建分型线结果

如图 7.4.9 所示。

Stage3. 创建分型面

Step1. 在“模具分型工具”工具条中单击“设计分型面”按钮，系统弹出“设计分型面”对话框。

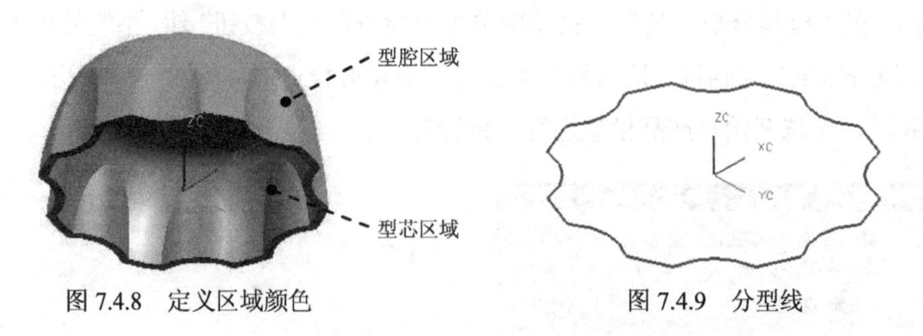

图 7.4.8 定义区域颜色　　图 7.4.9 分型线

Step2. 定义分型面创建方法。在“设计分型面”对话框的创建分型面区域中单击“有界平面”按钮。

Step3. 定义分型面大小。拖动分型面的宽度方向控制按钮使分型面大小超过工件大小，单击确定按钮，结果如图 7.4.10 所示。

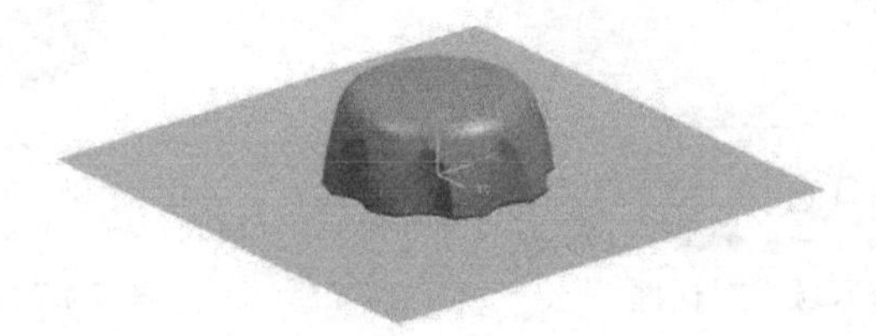

图 7.4.10 分型面

Stage4. 创建型腔和型芯

Step1. 在“模具分型工具”工具条中单击“定义型腔和型芯”按钮，系统弹出“定义型腔和型芯”对话框。

Step2. 自动创建型腔和型芯。

（1）在“定义型腔和型芯”对话框中选取选择片体区域中的所有区域选项，单击确定按钮，系统弹出“查看分型结果”对话框并在图形区显示出创建的型腔，单击“查看分型结果”对话框中的确定按钮，系统再一次弹出“查看分型结果”对话框。

（2）在“查看分型结果”对话框中单击确定按钮，完成型腔和型芯的创建。

（3）选择下拉菜单窗口(O) → cap_mold_cavity_002.prt命令，系统显示型腔工作零件，如图 7.4.11 所示。

（4）选择下拉菜单窗口(O) → cap_mold_core_006.prt命令，系统显示型芯工作零件，如图 7.4.12 所示。

（5） 选择下拉菜单 窗口(O) → cap_mold_top_000.prt 命令，系统显示型腔和型芯的装配工作零件，如图 7.4.13 所示，在“装配导航器”中将部件转换成工作部件。

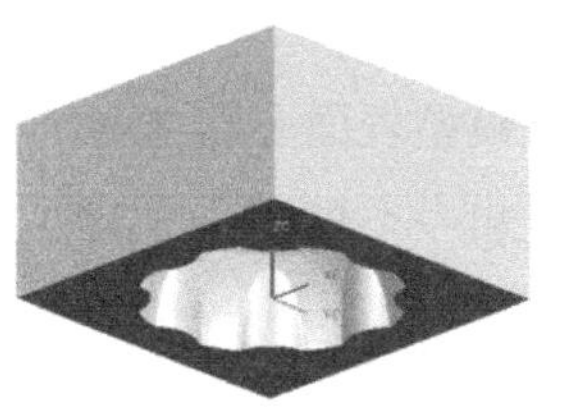

图 7.4.11 型腔零件

图 7.4.12 型芯零件

图 7.4.13 装配工作零件

Task6. 创建模具爆炸视图

Step1. 移动型腔。

（1）选择下拉菜单 装配(A) → 爆炸图(X) → 新建爆炸图(N)... 命令，系统弹出“新建爆炸图”对话框，接受默认的名字，单击 确定 按钮。

（2）选择下拉菜单 装配(A) → 爆炸图(X) → 编辑爆炸图(E)... 命令，系统弹出“编辑爆炸图”对话框。

（3）选择对象。选取图 7.4.14a 所示的型腔元件。

（4）在对话框中选择 ⊙ 移动对象 单选项，沿 Z 轴正向移动 100，按 Enter 键确认，结果如图 7.4.14b 所示。

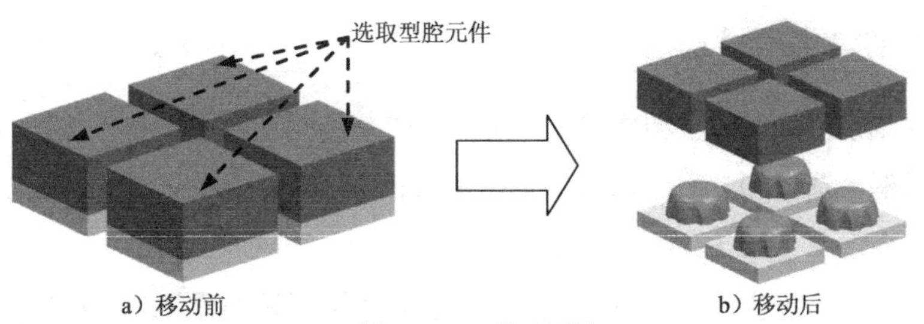

图 7.4.14 移动型腔

Step2. 移动产品模型。参照 Step1 中的步骤（3）和（4）将型芯零件沿 Z 正方向移动 50，单击 确定 按钮，结果如图 7.4.15 所示。

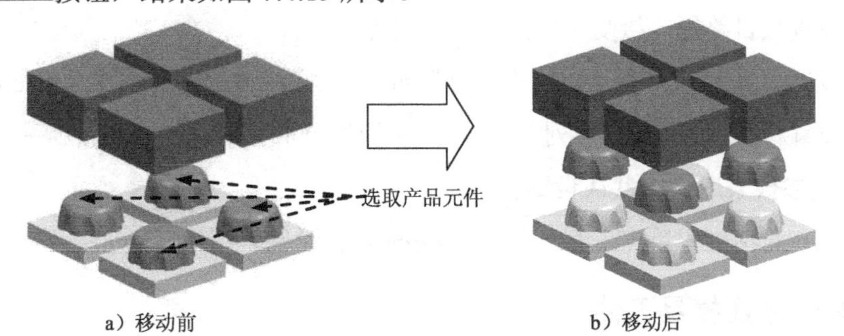

图 7.4.15 移动产品模型

Step3. 保存文件。选择下拉菜单 文件(F) → 全部保存(V) 命令，保存所有文件。

7.5 内外侧同时抽芯的模具设计

本范例将介绍图 7.5.1 所示的内外侧同时抽芯的模具设计，该模型表面上存在两个盲孔和一处倒扣结构，这样在进行模具设计时就必须设计出两个滑块和一个斜销。下面介绍该模具的主要设计过程。

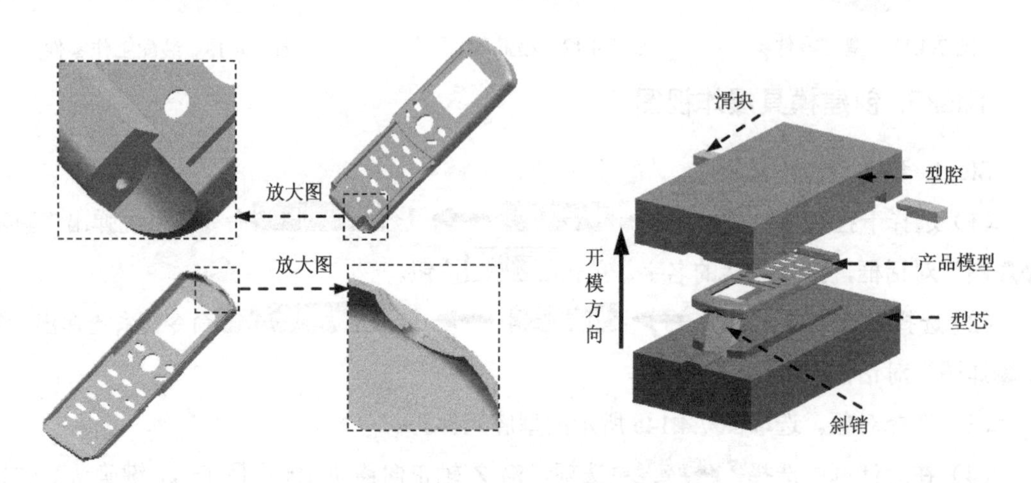

图 7.5.1 手机壳的模具设计

Task1. 初始化项目

Step1. 加载模型。在“注塑模向导”工具条中单击“初始化项目”按钮，系统弹出“打开”对话框，选择 D:\ug10.3\work\ch07.05\top_cover.prt 文件，单击 OK 按钮，调入模型，系统弹出“初始化项目”对话框。

Step2. 定义项目单位。在“初始化项目”对话框 设置 区域的 项目单位 下拉列表中选择 毫米 选项。

Step3. 设置项目路径、名称及材料。

（1）设置项目路径。接受系统默认的项目路径。

（2）设置项目名称。在“初始化项目”对话框的 Name 文本框中输入 top_cover_mold。

（3）设置材料。在 材料 下拉列表中选择 ABS 选项，同时系统会自动在 收缩率 文本框中写入 1.006，其他参数采用系统默认设置。

Step4. 在对话框中单击 确定 按钮，完成项目设置。

Task2. 创建模具工件

Step1. 在“注塑模向导”工具条中单击“工件”按钮，系统弹出“工件”对话框。

Step2. 在“工件”对话框的 类型 下拉列表中选择 产品工件 选项，在 工件方法 下拉列表中选

择用户定义的块选项，其他参数采用系统默认设置。

Step3. 修改尺寸。在“工件”对话框限制区域的开始和结束下的距离文本框中分别输入值-20 和 40，单击< 确定 >按钮，完成创建的模具工件如图 7.5.2 所示。

Task3. 模具分型

Stage1. 设计区域

Step1. 在“注塑模向导”工具条中单击“模具分型工具”按钮，系统弹出“模具分型工具”工具条和“分型导航器”窗口。

Step2. 在“模具分型工具”工具条中单击“检查区域”按钮，系统弹出“检查区域”对话框，同时模型被加亮并显示开模方向，如图 7.5.3 所示。单击“计算”按钮，系统开始对产品模型进行分析计算。

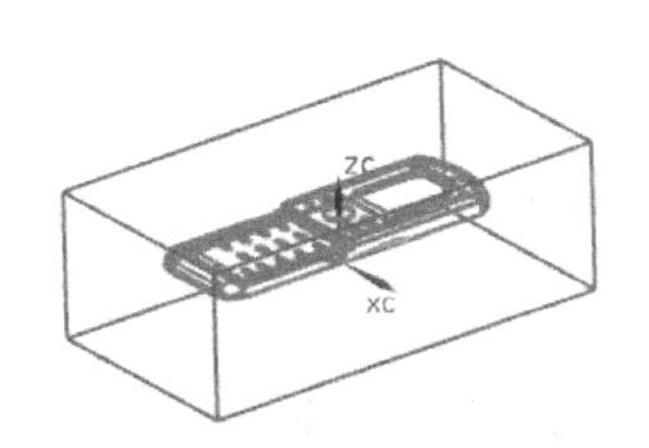

图 7.5.2 创建后的工件

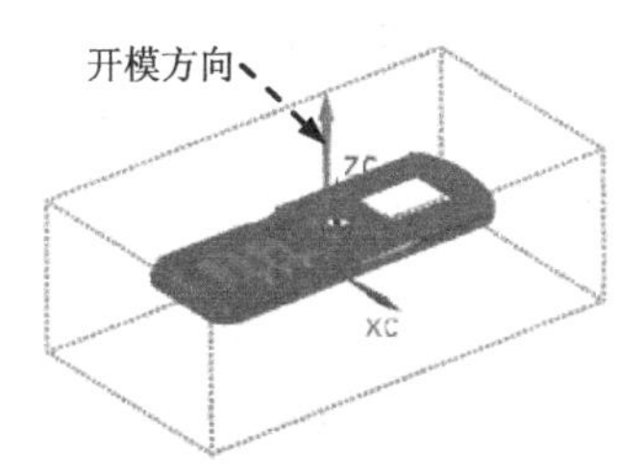

图 7.5.3 开模方向

Step3. 定义区域。

（1）设置分型线显示。在“检查区域”对话框中单击区域选项卡，在设置区域中取消选中☐ 内环、☐ 分型边和☐ 不完整的环三个复选框。

（2）设置区域颜色。在“检查区域”对话框中单击“设置区域颜色”按钮，设置区域颜色。

（3）定义型腔区域。在未定义的区域区域中选中☑ 交叉竖直面复选框，此时系统将所有的未定义区域面加亮显示；在指派到区域区域中选择⊙ 型腔区域单选项，单击应用按钮，此时系统将前面加亮显示的未定义区域面指派到型腔区域。

（4）其他参数接受系统默认设置，单击取消按钮，关闭“检查区域”对话框，系统返回至“模具分型工具”工具条。

Step4. 创建曲面补片。

（1）在“模具分型工具”工具条中单击“曲面补片”按钮，系统弹出“边修补”对话框。

（2）选择修补对象。在“边修补”对话框的类型下拉列表中选择体选项，选择图形区中的实体模型，然后单击确定按钮，系统返回至“模具分型工具”工具条。

Stage2. 抽取型腔/型芯区域分型线

Step1. 在“模具分型工具”工具条单击“定义区域”按钮，系统弹出“定义区域”对话框。

Step2. 在“定义区域”对话框选中设置区域中的☑创建区域和☑创建分型线复选框，单击确定按钮，完成型腔/型芯区域分型线的创建，系统返回至“模具分型工具”工具条，创建的分型线如图 7.5.4 所示。

Stage3. 定义分型段

Step1. 在“模具分型工具”工具条中单击“设计分型面”按钮，系统弹出“设计分型面”对话框。

Step2. 选取过渡对象。在“设计分型面”对话框的编辑分型段区域中单击“选择过渡曲线”按钮，选取图 7.5.5 所示的圆弧作为过渡对象。

Step3. 在“设计分型面”对话框中单击应用按钮，完成分型段的定义。

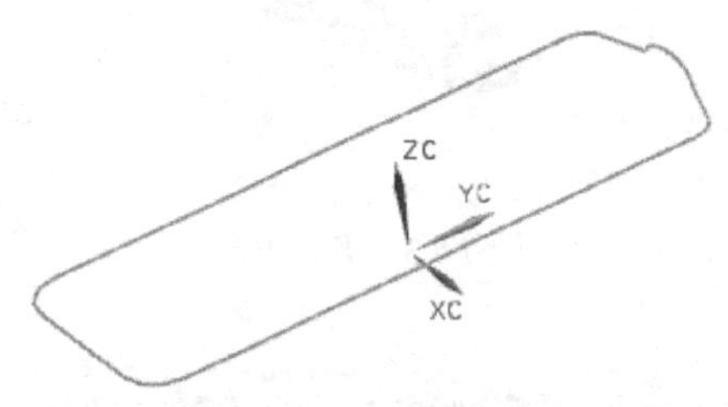

图 7.5.4 创建分型线

选取这四段圆弧

ZC
YC
XC

图 7.5.5 定义过渡对象

Stage4. 创建分型面

Step1. 在“设计分型面”对话框的设置区域中接受系统默认的公差值，并确认图形区显示的延伸距离值为 60。

Step2. 拉伸分型面 1。在“设计分型面”对话框创建分型面区域的方法中选择选项，在✔拉伸方向区域的下拉列表中选择-XC选项，在“设计分型面”对话框中单击应用按钮，系统返回至“设计分型面”对话框，结果如图 7.5.6 所示。

Step3. 拉伸分型面 2。在“设计分型面”对话框创建分型面区域的方法中选择选项，在✔拉伸方向区域的下拉列表中选择-YC选项，在“设计分型面”对话框中单击应用按钮，系统返回至“设计分型面”对话框，完成图 7.5.7 所示拉伸分型面 2 的创建。

图 7.5.6 拉伸分型面 1

图 7.5.7 拉伸分型面 2

Step4. 拉伸分型面 3。在“设计分型面”对话框创建分型面区域的方法中选择选项，在拉伸方向区域的下拉列表中选择XC选项，在“设计分型面”对话框中单击应用按钮，系统返回至“设计分型面”对话框，完成图 7.5.8 所示拉伸分型面 3 的创建。

Step5. 拉伸分型面 4。在“设计分型面”对话框创建分型面区域的方法中选择选项，在拉伸方向区域的下拉列表中选择YC选项，在“设计分型面”对话框中单击应用按钮，系统返回至“设计分型面”对话框，完成图 7.5.9 所示拉伸分型面 4 的创建。

图 7.5.8 拉伸分型面 3

图 7.5.9 拉伸分型面 4

说明：在创建分型面时，创建的先后顺序可能随着边线的选取顺序而不同，以实际情况为准。

Step6. 在“设计分型面”对话框中单击取消按钮，此时系统返回“模具分型工具”工具条。

Stage5. 创建型腔和型芯

Step1. 在“模具分型工具”工具条中单击“定义型腔和型芯”按钮，系统弹出“定义型腔和型芯”对话框。

Step2. 在“定义型腔和型芯”对话框中选取选择片体区域中的所有区域选项，单击确定按钮，系统弹出“查看分型结果”对话框并在图形区显示出创建的型腔，单击“查看分型结果”对话框中的确定按钮，系统再一次弹出“查看分型结果”对话框。

Step3. 在“查看分型结果”对话框中单击确定按钮，完成型腔和型芯的创建，系统返回至“模具分型工具”工具条。

Step4. 选择下拉菜单窗口(O) → top_cover_mold_core_006.prt命令，显示型芯零件，如图 7.5.10 所示；选择下拉菜单窗口(O) → top_cover_mold_cavity_002.prt命令，显示型腔零件，如图 7.5.11 所示。

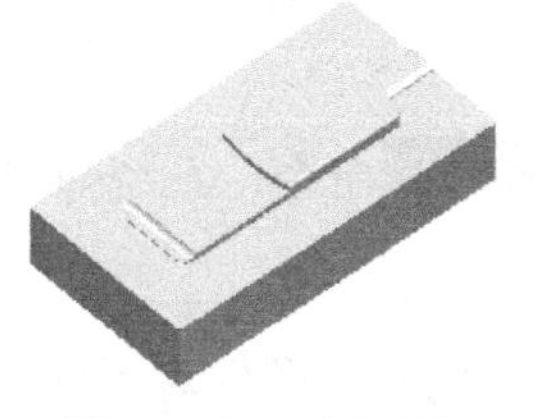
图 7.5.10 型芯零件

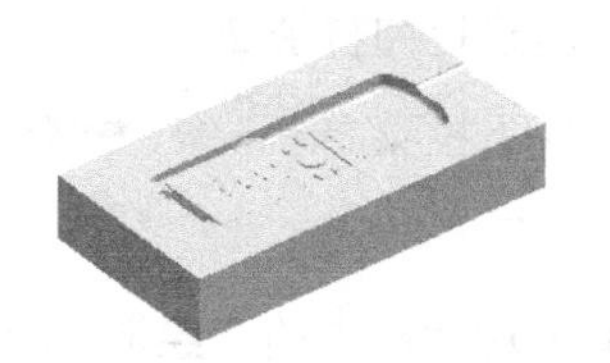
图 7.5.11 型腔零件

Task4. 创建滑块

Step1. 选择下拉菜单 启动 → 建模(M)... 命令，进入到建模环境中。

说明：如果此时系统自动进入了建模环境，则用户不需要进行此步的操作。

Step2. 创建拉伸特征 1。

（1）选择下拉菜单 插入(S) → 设计特征(E) → 拉伸(E)... 命令，系统弹出“拉伸”对话框。

（2）单击对话框中的“绘制截面”按钮，系统弹出“创建草图”对话框。

① 定义草图平面。选取图 7.5.12 所示的模型表面为草图平面，单击 确定 按钮。

② 进入草图环境，选择下拉菜单 插入(S) → 处方曲线(U) → 投影曲线(J)... 命令，系统弹出“投影曲线”对话框；选取图 7.5.13 所示的圆弧为投影对象，单击 确定 按钮完成投影曲线。

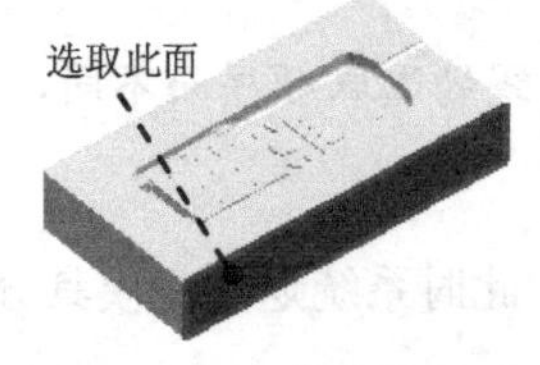

图 7.5.12 定义草图平面

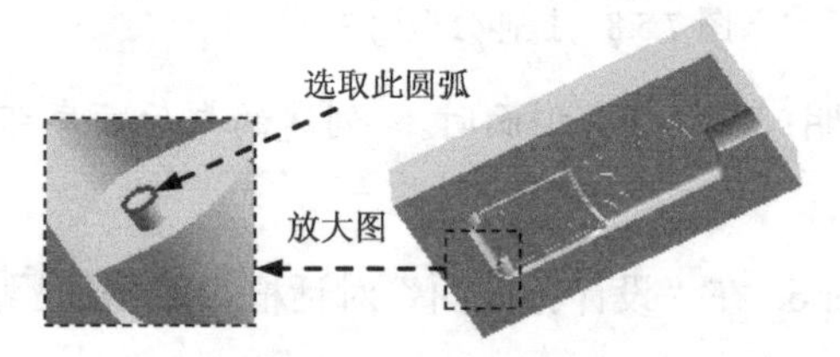

图 7.5.13 定义投影对象

③ 单击 完成草图 按钮，退出草图环境。

（3）确定拉伸开始值和终点值。在的下拉列表中选择 XC 选项，在“拉伸”对话框 限制 区域的 开始 下拉列表中选择 值 选项，并在其下的 距离 文本框中输入值 0；在 限制 区域的 结束 下拉列表中选择 直至延伸部分 选项，选取图 7.5.14 所示的面为延伸对象；在 布尔 区域的 布尔 下拉列表中选择 无，其他参数采用系统默认设置。

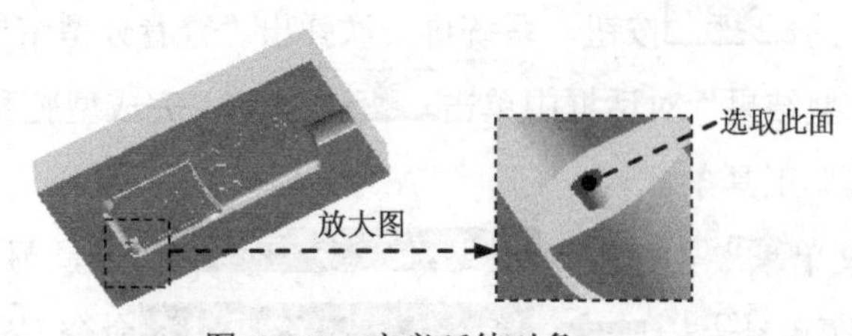

图 7.5.14 定义延伸对象

（4）在“拉伸”对话框中单击 <确定> 按钮，完成拉伸特征 1 的创建。

Step3. 创建拉伸特征 2。

（1）选择下拉菜单 插入(S) → 设计特征(E) → 拉伸(E)... 命令，系统弹出“拉伸”对话框。

（2）单击对话框中的“绘制截面”按钮，系统弹出“创建草图”对话框。

① 定义草图平面。选取图 7.5.12 所示的模型表面为草图平面，单击确定按钮。

② 进入草图环境，绘制图 7.5.15 所示的截面草图。

③ 单击完成草图按钮，退出草图环境。

（3）确定拉伸开始值和终点值。在“拉伸”对话框限制区域的开始下拉列表中选择值选项，并在其下的距离文本框中输入值 0；在限制区域的结束下拉列表中选择直至延伸部分选项，选取图 7.5.16 所示的面为延伸对象，其他参数采用系统默认设置。

（4）在“拉伸”对话框中单击< 确定 >按钮，完成拉伸特征 2 的创建。

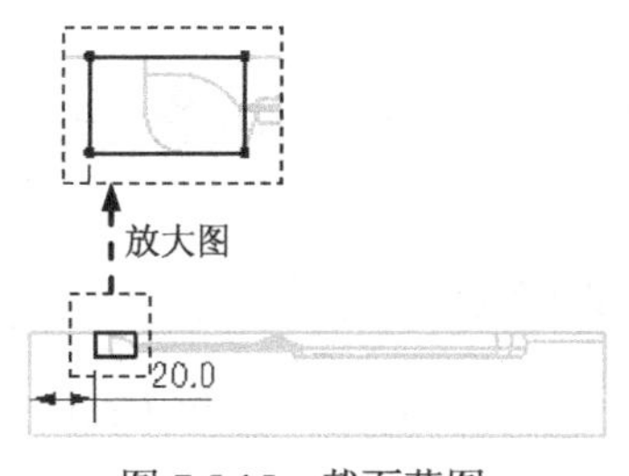

图 7.5.15　截面草图

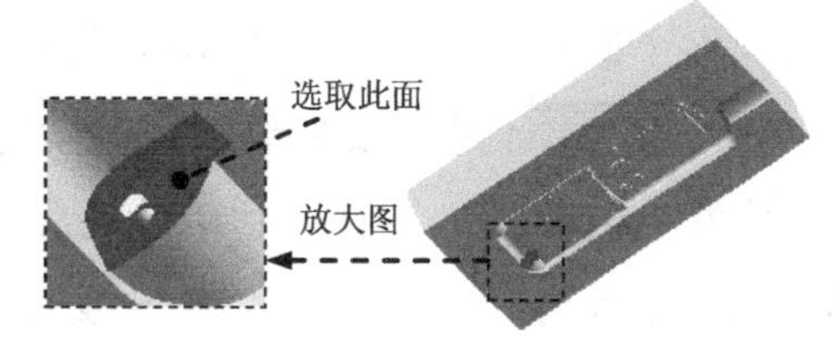

图 7.5.16　定义延伸对象

Step4. 轮廓拆分。

（1）创建求和特征。选择下拉菜单插入(S) → 组合(B) → 求和(U)...命令，系统弹出“求和”对话框；选取拉伸特征 1 为目标体，选取拉伸特征 2 为工具体；单击< 确定 >按钮，完成求和特征的创建。

（2）创建求交特征（注：具体参数和操作参见随书光盘）。

（3）创建求差特征。选择下拉菜单插入(S) → 组合(B) → 求差(S)...命令，系统弹出“求差”对话框；选取型腔为目标体，选取求和特征为工具体；在设置区域中选中☑ 保存工具复选框；单击< 确定 >按钮，完成求差特征的创建。

Step5. 将滑块转化为型腔子零件。

（1）单击“装配导航器”中的选项卡，系统弹出“装配导航器”窗口，在该窗口中右击空白处，在弹出的快捷菜单中选择WAVE 模式选项。

（2）在“装配导航器”中右击☑ top_cover_mold_cavity_002，在弹出的快捷菜单中选择WAVE → 新建级别命令，系统弹出“新建级别”对话框。

（3）在“新建级别”对话框中单击指定部件名按钮，在弹出的“选择部件名”对话框的文件名(N):文本框中输入 top_cover_mold_slide.prt，单击OK按钮，系统返回至“新建级别”对话框。

（4）在“新建级别”对话框中单击类选择按钮，选择图 7.5.17 所示的滑块，单击确定按钮。

（5）单击“新建级别”对话框中的确定按钮，此时在“装配导航器”中显示出刚创建的滑块特征。

Step6. 移动至图层。

（1）单击“装配导航器”中的选项卡，在其中取消选中 top_cover_mold_slide 部件。

（2）移动至图层。选取图 7.5.17 所示的滑块，选择下拉菜单 格式(R) → 移动至图层(M)... 命令，系统弹出“图层移动”对话框。

（3）在 目标图层或类别 文本框中输入值 10，单击 确定 按钮，退出“图层设置”对话框。

（4）单击“装配导航器”中的选项卡，在其中选中 top_cover_mold_slide 部件。

Step7. 参照 Step2～Step4 创建另一侧滑块。

Step8. 将新创建的滑块转化为型腔子零件。

（1）在“装配导航器”中右击 top_cover_mold_cavity_002，在弹出的快捷菜单中选择 WAVE → 新建级别 命令，系统弹出“新建级别”对话框。

（2）在“新建级别”对话框中单击 指定部件名 按钮，在弹出的“选择部件名”对话框的 文件名(N): 文本框中输入 top_cover_mold_slide02.prt，单击 OK 按钮，系统返回至“新建级别”对话框。

（3）在“新建级别”对话框中单击 类选择 按钮，选择图 7.5.18 所示的滑块，单击 确定 按钮。

Step9. 移动至图层。

（1）单击“装配导航器”中的选项卡，在其中取消选中 top_cover_mold_slide02 部件。

（2）移动至图层。选取图 7.5.18 所示的滑块，选择下拉菜单 格式(R) → 移动至图层(M)... 命令，系统弹出“图层移动”对话框。

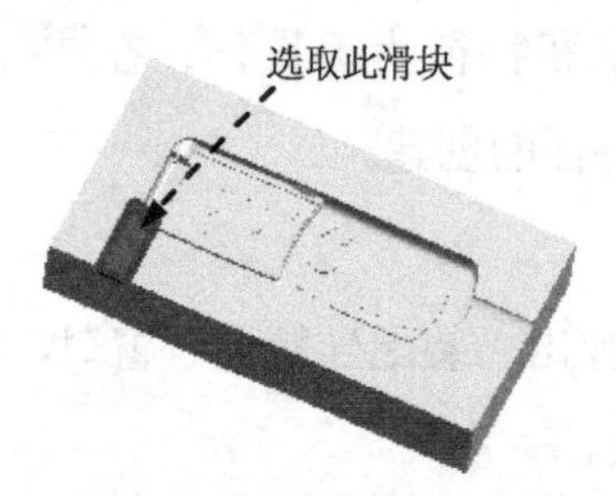

图 7.5.17 定义移动对象

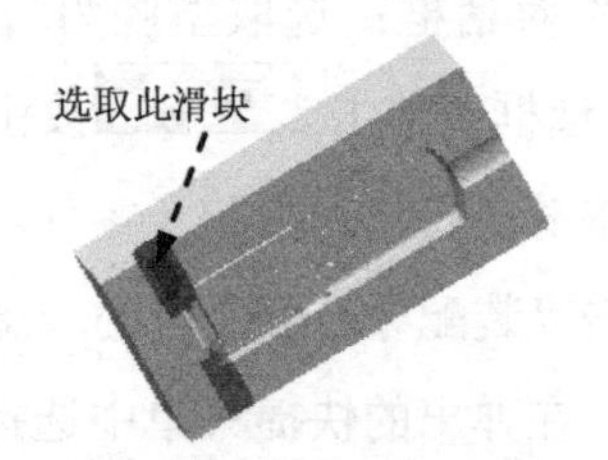

图 7.5.18 定义移动对象

（3）在 图层 区域中选择层 10，单击 确定 按钮，退出“图层设置”对话框。

（4）单击“装配导航器”中的选项卡，在其中选中 top_cover_mold_slide02 部件。

Task5. 创建斜顶

Step1. 选择窗口。选择下拉菜单 窗口(O) → top_cover_mold_core_006.prt 命令，显示型芯零件。

Step2. 创建拉伸特征 3。

（1）创建基准坐标系。选择下拉菜单 插入(S) → 基准/点(D) → 基准 CSYS... 命令，

系统弹出“基准 CSYS”对话框，单击 < 确定 > 按钮，完成基准坐标系的创建。

（2）选择命令。选择下拉菜单 插入(S) → 设计特征(E) → 拉伸(E)... 命令，系统弹出“拉伸”对话框。

（3）单击对话框中的“绘制截面”按钮，系统弹出“创建草图”对话框。

① 定义草图平面。选取 YZ 基准平面为草图平面，单击 确定 按钮。

② 进入草图环境，绘制图 7.5.19 所示的截面草图。

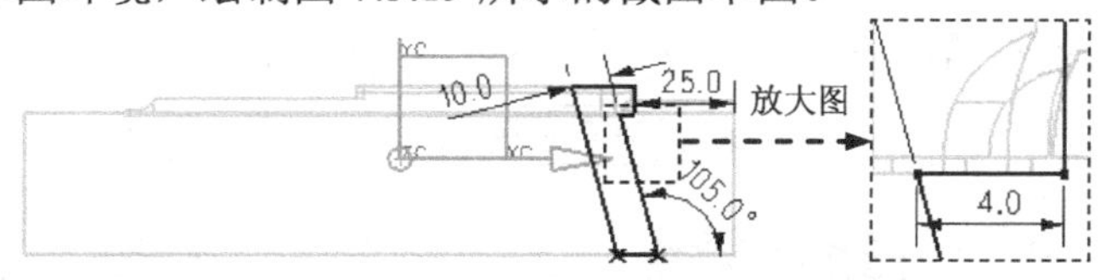

图 7.5.19 截面草图

③ 单击 完成草图 按钮，退出草图环境。

（4）确定拉伸开始值和终点值。在“拉伸”对话框 限制 区域的 开始 下拉列表中选择 对称值 选项，并在其下的 距离 文本框中输入值 10，其他参数采用系统默认设置。

（5）在“拉伸”对话框中单击 < 确定 > 按钮，完成拉伸特征 3 的创建。

Step3. 抽取面（隐藏拉伸特征 3 和坐标系）。

（1）选择命令。选择下拉列表 插入(S) → 关联复制(A) → 抽取几何体(E)... 命令，系统弹出“抽取几何体”对话框。

（2）设置对话框参数。在对话框的 类型 下拉列表中选择 面 选项，在 设置 区域中选中 ☑ 固定于当前时间戳记 复选框，其他参数采用系统默认设置。

（3）定义抽取面。选择图 7.5.20 所示的五个面为抽取面。

（4）在“抽取几何体”对话框中单击 < 确定 > 按钮，完成面的抽取。

Step4. 创建补面（隐藏型芯）。

（1）创建桥接曲线。

① 选择命令。选择下拉列表 插入(S) → 派生的曲线(U) → 桥接(B)... 命令，系统弹出“桥接曲线”对话框。

② 创建曲线。创建图 7.5.21 所示的曲线。

③ 在“桥接曲线”对话框中单击 < 确定 > 按钮，完成曲线的创建。

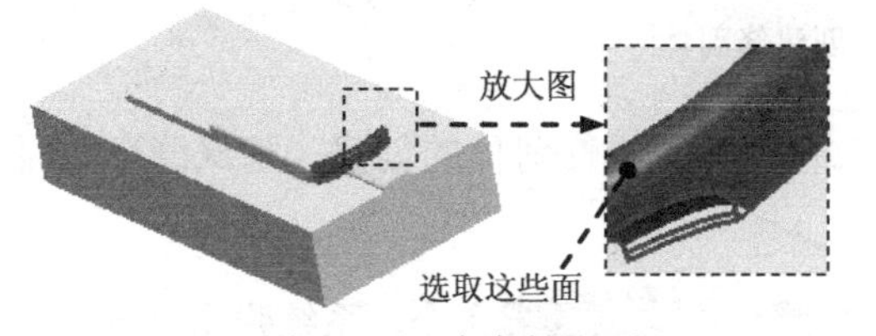

图 7.5.20 定义抽取面

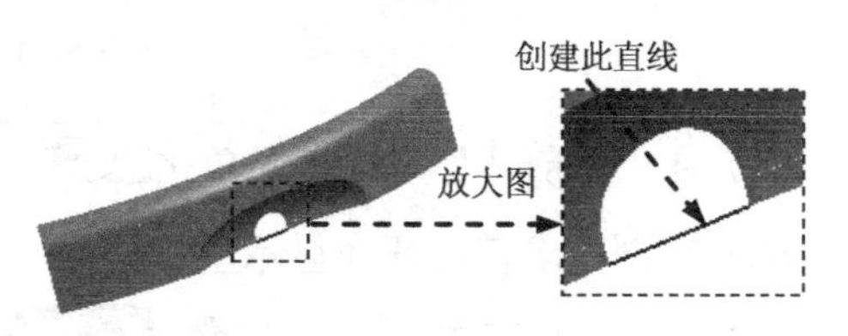

图 7.5.21 创建曲线

（2）创建曲面。

① 选择命令。选择下拉列表 插入(S) → 网格曲面(M) → 通过曲线组(T)... 命令，系统弹出“通过曲线组”对话框。

② 定义截面线串。选取图 7.5.22 所示的曲线 1 为第一截面并单击鼠标中键确认；选取图 7.5.22 所示的直线 1、曲线 2 和直线 2 为第二截面，单击鼠标中键确认；在 连续性 区域的 最后截面 下拉列表中选择 G1（相切）选项，选取图 7.5.23 所示的面为相切面。

③ 在“通过曲线组”对话框中单击 〈确定〉 按钮，完成曲面的创建（隐藏曲线 1）。

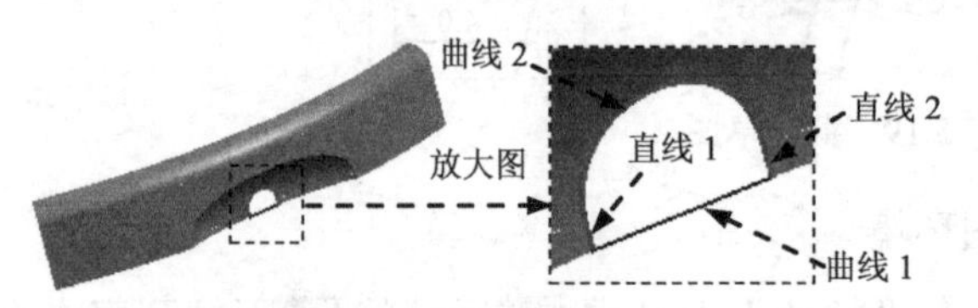

图 7.5.22　定义截面线串

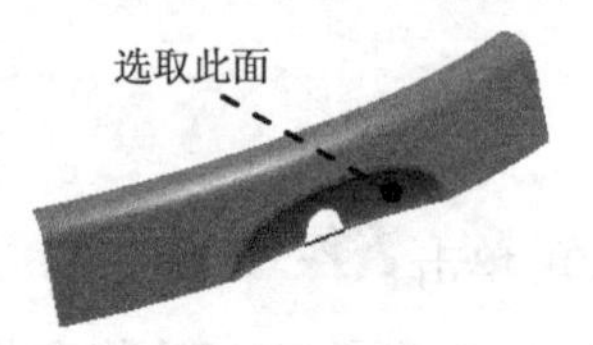

图 7.5.23　定义相切面

Step5. 缝合曲面。

（1）选择命令。选择下拉列表 插入(S) → 组合(B) → 缝合(W)... 命令，系统弹出“缝合”对话框。

（2）定义目标体和工具体。选取上一步中创建的曲面为目标体，选取抽取的五个面为工具体。

（3）在“缝合”对话框中单击 确定 按钮，完成曲面的缝合。

Step6. 创建修剪体（显示拉伸特征 3）。

（1）选择命令。选择下拉列表 插入(S) → 修剪(T) → 修剪体(T)... 命令，系统弹出“修剪体”对话框。

（2）定义目标体和工具体。选取拉伸特征 3 为目标体，选取缝合曲面为工具体。

（3）定义修剪方向。接受默认方向，修剪后如图 7.5.24 所示。

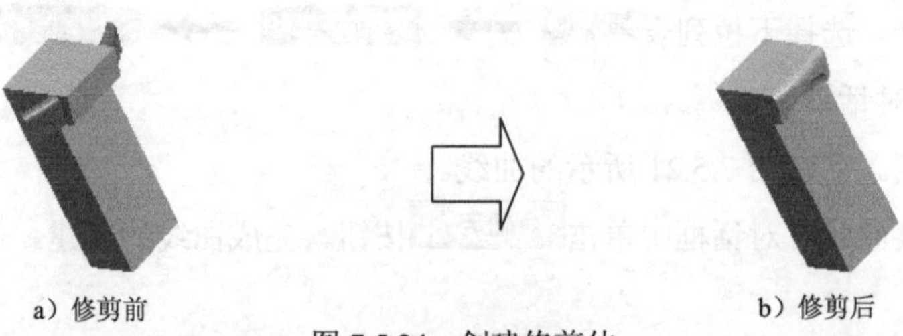

a）修剪前　　b）修剪后

图 7.5.24　创建修剪体

（4）在“修剪体”对话框中单击 〈确定〉 按钮，完成修剪体的创建（隐藏缝合曲面）。

Step7. 创建求差特征（显示型芯）。

（1）选择下拉菜单 插入(S) → 组合(B) → 求差(S)... 命令，系统弹出“求差”对

话框。

（2）定义目标体和工具体。选取型芯为目标体，选取斜顶为工具体，在设置区域中选中☑ 保存工具复选框。

（3）在“求差”对话框中单击< 确定 >按钮，完成求差特征的创建。

Step8. 将滑块转化为型腔子零件。

（1）单击“装配导航器”中的选项卡，系统弹出“装配导航器”窗口，在该窗口的空白处右击，在弹出的快捷菜单中选择WAVE 模式选项。

（2）在“装配导航器”中右击☑ top_cover_mold_core_006，在弹出的快捷菜单中选择WAVE ▸ ➡ 新建级别命令，系统弹出“新建级别”对话框。

（3）在“新建级别”对话框中单击指定部件名按钮，在弹出的“选择部件名”对话框的文件名(N):文本框中输入 top_cover_mold_core_pin.prt，单击OK按钮，系统返回至“新建级别”对话框。

（4）在“新建级别”对话框中单击类选择按钮，选择图 7.5.24b 所示的修剪体，单击确定按钮。

（5）单击“新建级别”对话框中的确定按钮，此时在“装配导航器”对话框中显示出刚创建的滑块特征。

Step9. 移动至图层。

（1）单击“装配导航器”中的选项卡，在其中取消选中☑ top_cover_mold_core_pin部件。

（2）移动至图层。选取斜顶为复制对象，选择下拉菜单格式(R) ➡ 移动至图层(M)...命令，系统弹出“图层移动”对话框。

（3）在目标图层或类别文本框中输入值 10，单击确定按钮，退出“图层设置”对话框。

（4）单击“装配导航器”中的选项卡，在其中选中☑ top_cover_mold_core_pin部件。

Task6. 创建模具爆炸视图

Step1. 隐藏模具中的片体和基准。

Step2. 移动滑块。

（1）选择下拉菜单窗口(O) ➡ top_cover_mold_top_000.prt命令，在“装配导航器”中将部件转换成工作部件。

（2）选择下拉菜单装配(A) ➡ 爆炸图(X) ▸ ➡ 新建爆炸图(N)...命令，系统弹出“新建爆炸图”对话框，接受默认的名字，单击确定按钮。

（3）选择下拉菜单装配(A) ➡ 爆炸图(X) ▸ ➡ 编辑爆炸图(E)...命令，系统弹出“编辑爆炸图”对话框。

（4）选择对象。选取图 7.5.25 所示的滑块零件。

（5）在对话框中选择 ⊙ 移动对象 单选项，单击图 7.5.26 所示的箭头，在 距离 文本框中输入值 50，按 Enter 键确认，完成滑块的移动，如图 7.5.27 所示。

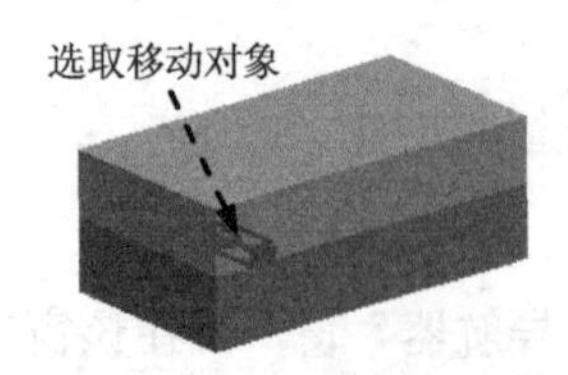

图 7.5.25 选取移动对象

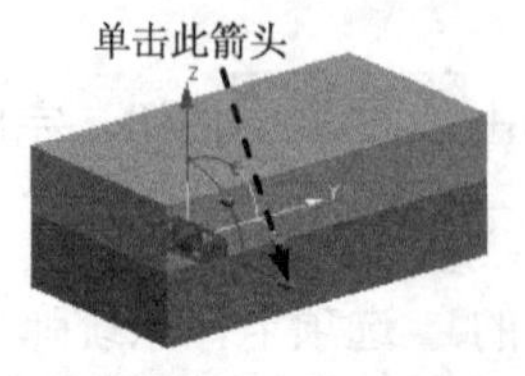

图 7.5.26 定义移动方向

图 7.5.27 编辑移动后

Step3. 移动另一侧滑块。参照 Step1 中的步骤（4）和（5）将另一侧滑块沿 X 轴负向移动 50，结果如图 7.5.28 所示。

Step4. 移动型腔模型。参照 Step1 中的步骤（4）和（5）将型腔零件沿 Z 轴正向移动 100，结果如图 7.5.29 所示。

图 7.5.28 编辑移动后

图 7.5.29 编辑移动后

说明：因为滑块属于型腔的子零件，所以在选取型腔时系统自动将滑块也选中。

Step5. 移动产品模型。参照 Step1 中的步骤（4）和（5）将产品零件沿 Z 轴正向移动 30，结果如图 7.5.30 所示。

Step6. 移动斜顶模型。

（1）定义移动对象。选取斜顶为移动对象，取消选中产品模型。

（2）在对话框中选择 ⊙ 只移动手柄 单选项，单击图 7.5.31 所示的 X 轴的旋转点，在 角度 文本框中输入值 15，按 Enter 键确认。

（3）在对话框中选择 ⊙ 移动对象 单选项，单击图 7.5.26 所示的箭头，在 距离 文本框中输入值 50，单击 确定 按钮，完成斜顶的移动，如图 7.5.32 所示。

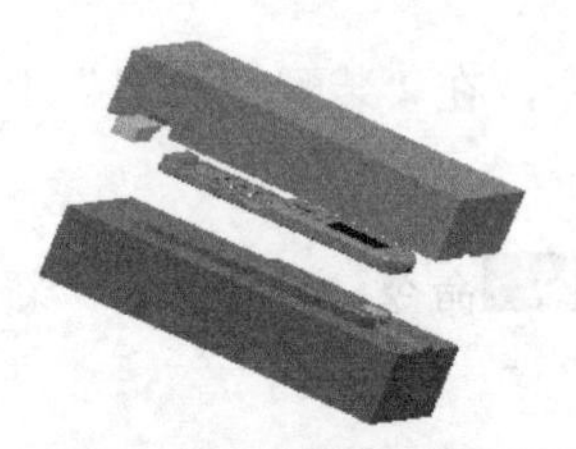
图 7.5.30 编辑移动后

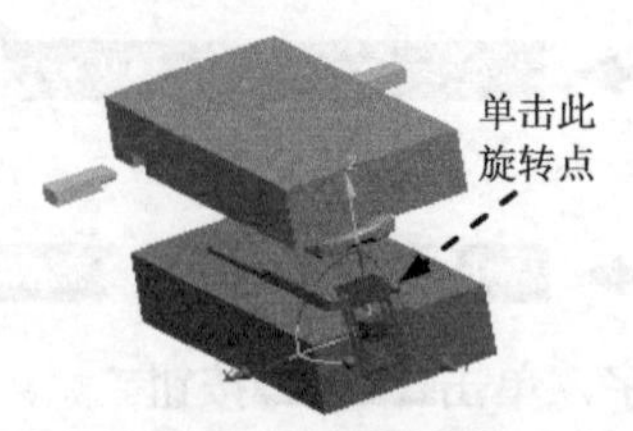

图 7.5.31 选取旋转点

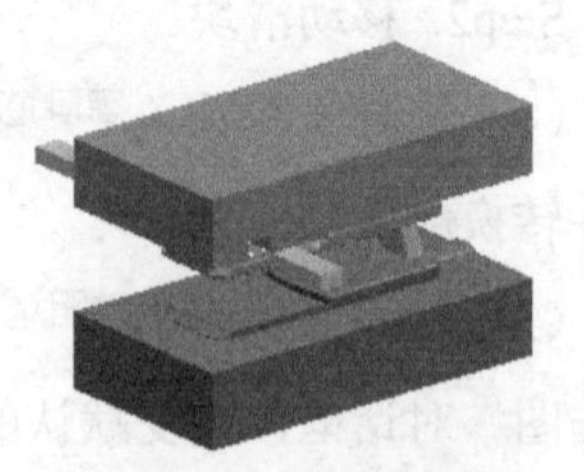
图 7.5.32 编辑移动后

Step7. 保存文件。选择下拉菜单 文件(F) → 全部保存(V) 命令，保存所有文件。

第 8 章 模架和标准件

本章提要 本章将针对 UG NX 10.0/Mold Wizard 中的模架和标准件进行详细讲解，同时通过实际的范例来介绍其具体操作步骤，其中包括模架结构的选择、模架尺寸的定义，以及定位圈、浇口套、顶杆、拉料杆的选用和添加。在学过本章之后，读者能够熟练掌握模架的选用和标准件的添加。本章主要内容包括：

- 模架
- 标准件

8.1 模架的作用和结构

1. 模架的作用

模架（Moldbase）是模具的基座，作用如下：

- 引导熔融塑料从注射机喷嘴流入模具型腔。
- 固定模具的塑件成型元件（上模型腔、下模型腔和滑块等）。
- 将整个模具可靠地安装在注射机上。
- 调节模具温度。
- 将浇注件从模具中顶出。

2. 模架的结构

图 8.1.1 所示是一个塑件（pad.prt）的完整模具，它包括模具型腔零件和模架。读者可以打开文件 D:\ug10.3\workch08.01\cap_mold_top_010.prt 查看其模架结构。模架中主要元件（或结构要素）的作用说明如下：

- 定模座板：固定定模板。
- 定模座板螺钉：通过该螺钉将定模座板和定模板紧固在一起。
- 浇口套：注射浇口位于定模座板上，它是熔融塑料进入模具的入口。由于浇口与熔融塑料和注射机喷嘴反复接触、碰撞，因而在实际模具设计中，一般浇口不直接开设在定模座板上，而是将其制成可拆卸的浇口套，用螺钉固定在定模座板上。
- 定模板：固定型腔。
- 导套：该元件固定在定模板上。在模具工作中，模具会反复开启，导套和导柱起导向和耐磨作用，保护定模板零件不被磨坏。

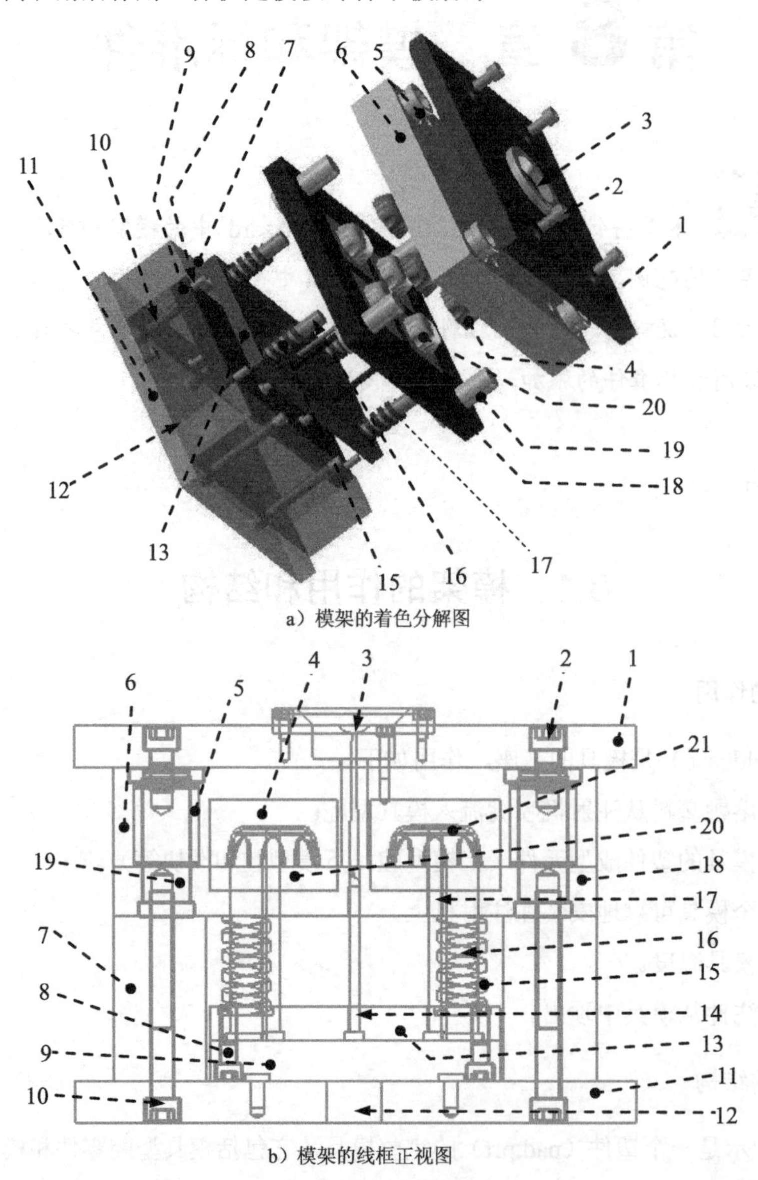

a）模架的着色分解图

b）模架的线框正视图

图 8.1.1 模架的结构

1—定模座板	2—定模座板螺钉，4 个	3—注射浇口
4—型腔	5—导套，4 个	6—定模板
7—垫块	8—顶出板螺钉，4 个	9—推板
10—动座板螺钉，6 个	11—动模座板	12—顶出孔
13—推杆固定板	14—拉料杆	15—复位弹簧，4 个
16—复位杆	17—顶杆，4 个	18—动模板
19—导柱，4 个	20—型芯	21—塑件

- 动模板：固定型芯。如果冷却水道（水线）设计在型芯上，则动模板上应设有冷却水道的进出孔。
- 导柱：该元件安装在动模板上，在开模后复位时，该元件起导向定位的作用。

- 动模座板：固定动模板。
- 动模座板螺钉：通过该螺钉将动模座板、垫块和动模板紧固在一起。
- 顶出板螺钉：通过该螺钉将推板和推板固定板紧固在一起。
- 复位弹簧：使复位杆和顶杆复位，为下一次注射做准备。在实际的模架中，复位杆上套有复位弹簧。在塑件落下后，当顶出孔处的注射机顶杆撤消后，在弹簧的弹力作用下推板固定板将带动顶杆下移，直至复位。
- 顶出孔：位于动模座板的中部。开模时，当动模部分移开后，注射机在此孔处推动推板带动顶杆上移，直至将塑件顶出型芯。
- 顶杆：用于把塑件从模具型芯中顶出。

3. 龙记模架的介绍

龙记模架分为大水口、细水口、简化型细水口三大系列，如图 8.1.2～图 8.1.4 所示。

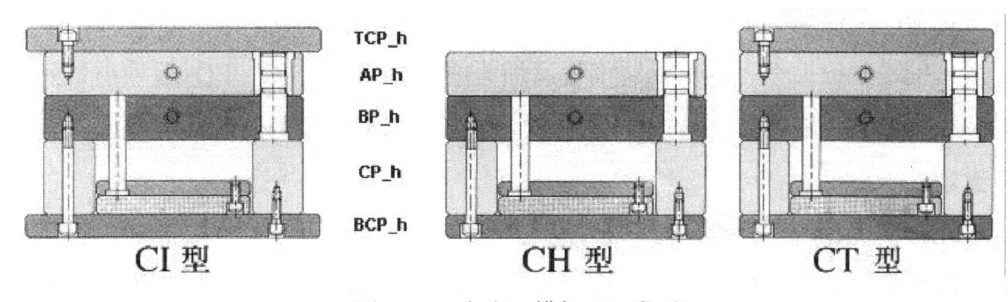

图 8.1.2 大水口模架（C 类型）

大水口系列的代号为 S，根据有无顶出板、承板又细分为 A、B、C、D 四种小系列的模架型号。C 型模架上既无顶出板也无承板，最为常用；在 C 型模架上添加了承板就是 A 型模架；在 C 型模架上既有承板又有顶出板就是 B 型模架；在 C 型模架上添加了顶出板就是 D 型模架。这一系列的模架就是大家常说的二模板。

以下几种情况比较适合选用 S 系列的大水口模架：

- 零件结构简单，没有类似需要定模侧侧抽的特征。
- 零件的特征适宜采用大水口，在一模一腔的模具中零件适合采用从对称中心进料，当零件较复杂时，可以采用分流道分别引导至零件各部分的特征处。适用于零件中空的场合，当一模多腔时，分流道采用平衡布局，再用分流道从零件的侧边入胶。
- 零件的外观要求不高，允许有少量的浇口痕迹出现或允许让浇口痕迹出现在零件

不重要的特征面上。

- 零件投产的产量较少。
- 模具投入的预算资金较少。

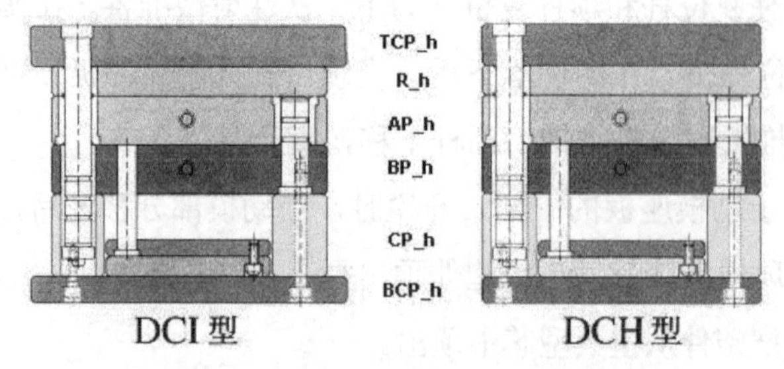

图 8.1.3　细水口模架（DC 类型）

细水口系列根据有无拉料板分成 D、E 两个小系列，D 系列的模架有拉料板，E 系列的模架没有拉料板。D 系列的模架再根据有无顶出板、承板又细分成 DA、DB、DC、DD 四种小系列，DC 型模架上既无顶出板也无承板，最为常用；在 DC 型模架上添加了承板就是 DA 型模架；在 DC 型模架上既有承板又有顶出板就是 DB 型模架；在 DC 型模架上添加了顶出板就是 DD 型模架。

E 系列的模架根据有无顶出板、承板又细分成 EA、EB、EC、ED 四种小系列。E 系列的模架相比 D 系列的模架只是少了拉料板，如 ED 与 DD 系列的区别就是 DD 型的模架有拉料板。

以下几种情况比较适合选用细水口模架：

- 零件的结构特征分布不均，尺寸起伏较大时，分流道不一定要求在分型面上。
- 零件的外观要求严格，不允许产品表面有浇口痕迹出现。
- 零件结构复杂且尺寸较大的零件。
- 零件投产的产量较大。
- 要求生产自动化程度较高的模具。
- 模具投入的预算资金充足。

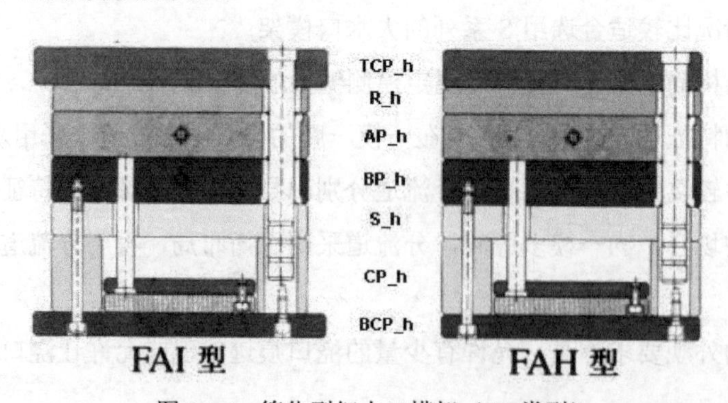

图 8.1.4　简化型细水口模架（FA 类型）

简化型细水口系列相比细水口系列的模架少了导柱和导套。简化型细水口系列根据有无拉料板分成 F、G 两个小系列，F 系列的模架有拉料板，G 系列的模架没有拉料板。F 系列的模架再根据有无承板细分为 FA、FC 两种小系列，FC 型模架无承板，较为常用，在 FC 型模架上添加了承板就是 FA 型模架。G 系列的模架也根据有无承板细分成 GA、GC 两种小系列。F 系列的模架相比 G 系列的模架只是少了拉料板，如 FA 与 GA 系列的区别就是 FA 型的模架有拉料板。

以下几种情况比较适合选用简化型细水口模架：

- 零件结构复杂且尺寸较大。
- 零件结构特征分布不均，尺寸起伏较大时，分流道不一定要求在分型面上。
- 零件的精度要求不高。
- 零件的外观要求苛刻，不允许外观表面有浇口痕迹出现。
- 零件投产的产量较大。
- 要求生产自动化程度较高的模具。
- 模具投入的预算资金较少。

8.2 模架的设计

模架是模具组成的基本部件，是用来承载型芯和型腔并帮助开模的机构。模架被固定在注射机上，每次注射机完成一次注射后通过推出机构帮助开模，同时顶出系统完成产品的出模。

在实际的模具设计领域存在一些最常用的模架结构，这些结构的模架能够解决大多数产品的分模问题，并且实际中一些复杂结构的模架也是从基本的模架衍生而来的。在设计过程中如果有合适的模架可以选用则是最为方便的。

模具的正常运作除了有承载型芯和型腔的模架外，同时要借助标准件（滑块、螺钉、定位圈、导柱和顶杆等）来完成。标准件在很大程度上可以互换，为提高工作效率提供了有力保障。标准件一般由专业厂家大批量生产和供应。标准件的使用可以提高专业化协作生产水平，缩短模具生产周期，提高模具制造质量和使用性能。而且标准件的使用可以使模具设计者摆脱大量重复的一般性设计工作，以便有更多的精力用于改进模具设计、解决模具关键技术问题等。

通过 Mold Wizard 来进行模具设计可以简化模具的设计过程，减少不必要的重复性工作，提高设计效率。用户虽然可以选择和直接添加在 UG NX 10.0 中提供的模架和标准件，但是另外一些基本尺寸仍需要修改。

8.2.1 模架的加载和编辑

模架作为模具的基础构件，在整个模具的使用过程中起着十分重要的作用。模架选用的适当与否直接影响模具的使用，所以模架的选用在模具设计过程中不可忽视。本节将讲解 UG NX 10.0 中模架的加载和编辑的一般操作过程。

打开 D:\ug10.3\workch08.02\cap_mold_top_010.prt 文件。

在“注塑模向导”工具条中单击“模架库”按钮，系统弹出如图 8.2.1 所示的“模架库”对话框。

1. 模架的目录和类型

在 UG NX 10.0 中有多种规格的模架供用户选择，同一规格的模架可能有不同的类型，所以当选择的模架规格不同时成员视图区域会发生相应的变化。与此同时，系统也会弹出所选择的信息对话框（图 8.2.2 所示是在重用库区域中选择 DME 选项，在成员选择区域中选择 2A 时的图示）。

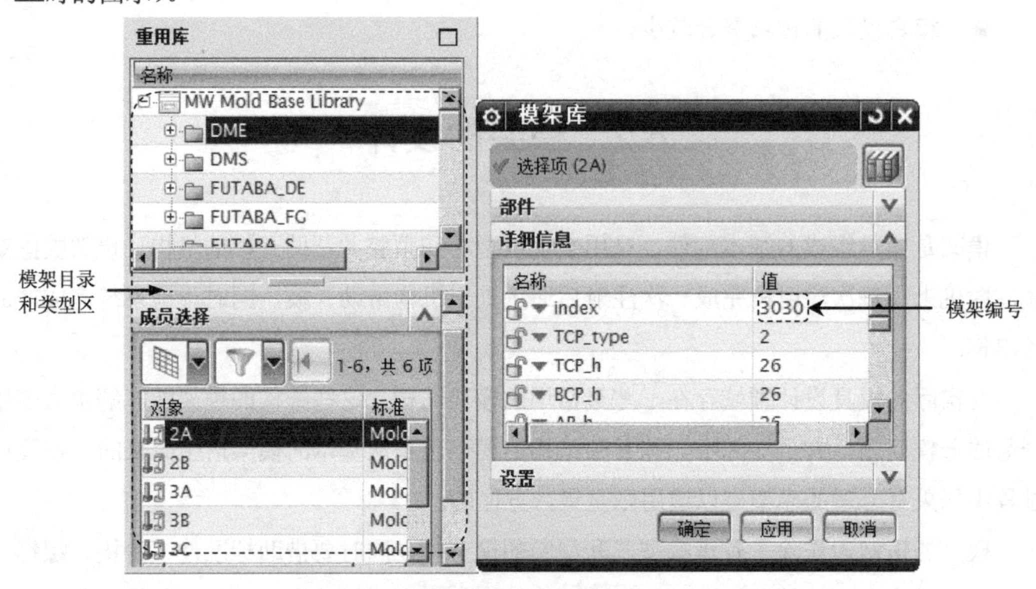

图 8.2.1 “模架库”对话框

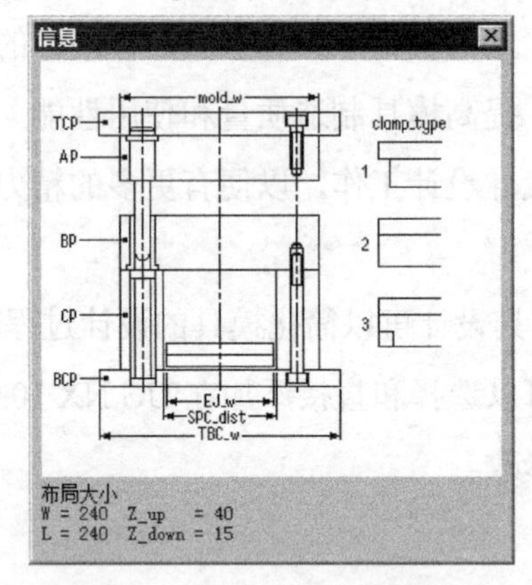

图 8.2.2 “信息”对话框

说明：在图 8.2.2 所示的“信息”对话框中出现的是一种最简单的注射模架——单分型面注射模架（二板式注射模架），这种模架只有一个分型面，但是在塑件生产中的应用却十分广泛。当然根据实际产品的不同要求也可以增加需要的零件，所以在生产中，这种类型的单分型面注射模架被演变成各种复杂的模架来使用。

2. 模架尺寸

定义完模架的类型后还需要确定模架的尺寸，这就要从产品特点和生产成本等方面来综合考虑，最后确定模架的尺寸。在“模架库”对话框的“详细信息”区域（图 8.2.1）中选择适合产品特点和模具结构的模架编号（编号的命名是以 X、Y 方向的基础尺寸为参照，前一部分是模架的宽度，后一部分是模架的长度），如果系统给定的尺寸不够理想还可以修改，模板尺寸的修改会在后面介绍。

说明：

- 选取编号为 3030 的模架，说明选用的模架总长度为 300mm，总宽度为 300mm。
- 表达式 AP_h=70 的含义是指模架中 AP 板的厚度为 70mm。

选择模架时，要根据模具特点在重用库中选择模架规格，并且需要在成员选择中选择该规格模架的模架类型。如果没有适合产品的模架可以使用，则可以在重用库中选择 UNIVERSAL 选项，再在成员选择中选择 Universal 选项来组合适合生产要求的非标准模架，如图 8.2.3 所示。

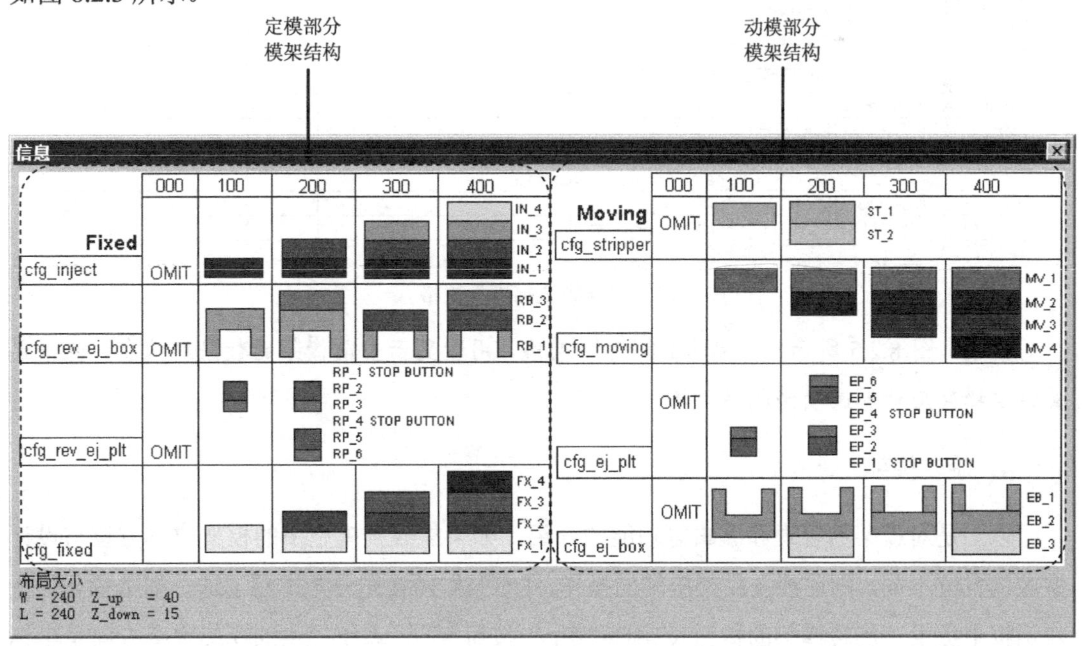

图 8.2.3 “信息”对话框

在图 8.2.3 所示的“信息”对话框中读者还能看到一个不随模架类型改变的列表区域，

这就是布局大小区域，此区域用于显示当前模架的尺寸，包括模架宽度 W、模架长度 L、型腔高度 Z_up 和型芯高度 Z_down。

3．编辑注册文件和数据库文件

考虑到设计完成的模架在后续工作中在同类产品中可以继续使用，这时就要对模架的各种信息进行编辑和保存。在“模架设计”对话框中存在其相应功能的按钮，分别是“编辑注册器”按钮和 “编辑数据库”按钮。分别单击这两个按钮能够打开相应的电子表格。图 8.2.4 和图 8.2.5 所示分别是单击按钮和按钮系统弹出的电子表格。

	A	B	C	D
1	##DMS	MM		
2				
3				
4	TYPE	CAT_DAT	MODEL	BITMAP
5	2B	/moldbase/metric/dms_m/dms_m2b.xs4	/moldbase/metric/dms_m/dms.prt	/moldbase/metric/dms_m/dms_2
6				

DME_MM　DMS_MM　HASCO_E　UNIVERSAL_MM

图 8.2.4 “编辑注册器”表格

说明：图 8.2.4 所示的“编辑注册器”表格包含配置对话框和定位库中的模型位置、控制数据库的电子表格以及位图图像等模架设计系统的信息。

	A	B	C	D	E	F	G	H	I
1	## DME MOLDBASE METRIC								
2									
3	SHEET_TYPE	0							
4									
5	PARENT	<UM_ASS>							
6									
7	ATTRIBUTES								
8	MW_COMPONENT_NAME=MOLDBASE								
9	CATALOG=<index>								
10	DESCRIPTION=MOLDBASE								
11	SUPPLIER=DME								
12	TCP::CATALOG=DME N0<TCP_name>-<index>-<TCP_h>								
13	CVP::CATALOG=DME N10-<index>-<AP_h>								
14	LNP_1::CATALOG=DME N10-<index>-<INP_1_h>								

DME_M

图 8.2.5 “编辑数据库”表格

说明：图 8.2.5 所示的“编辑数据库”表格，用于显示当前模架的数据库信息，包括定义特定模架尺寸和选项的相关数据。

4．旋转模架

以上是对模架的管理和编辑等功能的介绍，如果加载到模型中的模架放置方位与设计型腔的方位不同，则还涉及模架旋转的操作，UG NX 10.0 充分考虑到了这一细节操作，在对话框中提供了旋转模架的按钮（“旋转模架”按钮）。系统提供的模架宽度方向是坐标系的 X 轴方向，长度方向是 Y 轴方向，这点在型腔的设计之初就应该引起注意，否则可能会给后面的操作带来不便。图 8.2.6 所示是模架旋转前后的对比。

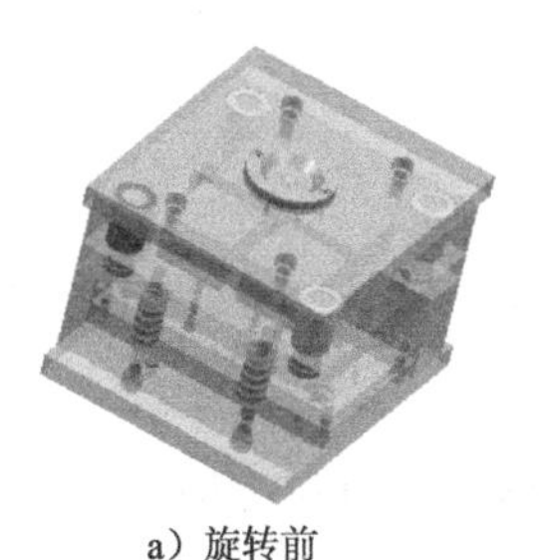

a）旋转前　　b）旋转后

图 8.2.6 模架的旋转

说明：图 8.2.6 所示模架的旋转是以图中加亮显示的部件（导柱）为参照的。

8.2.2 添加模架的一般过程

为巩固前面讲到的知识，本节将以图 8.2.7 所示的模型为基础介绍添加模架的详细操作过程。

a）加载前　　b）加载后

图 8.2.7 模架的加载

说明：在打开本节模型前，确保 UG NX 10.0 软件中没有打开其他模型。

Step1. 打开 D:\ug10.3\workch08.02\cap_top_010.prt 文件。

Step2. 在“注塑模向导”工具条中单击“模架库”按钮，系统弹出“模架库”对话框“重用库”导航器。

Step3. 设置模架。在“重用库”导航器名称区域中选择FUTABA_S选项；在成员选择下拉列表中选择SC选项；在详细信息区域的index下拉列表中选择4040选项；在AP_h文本框中输入值 70，并按 Enter 键确认；在CP_h文本框中输入值 110，并按 Enter 键确认。

Step4. 添加模架。“模架设计”对话框的其他参数保持系统默认设置，单击确定按钮，完成模架的添加。

说明：为了学习方便，本例载入的文件是已经将型腔布局设计完成的模型。

8.2.3 动模板与定模板的修改

模架加载完成后还要对动模和定模进行必要的修改，用于固定型芯及型腔，也可为模具的正常使用做必要的基础工作。继续以上面的模型为例讲解修改动模板和定模板的操作过程。

Stage1．修改动模板

Step1．转化工作部件。在图形区已加载的动模板上右击，在弹出的快捷菜单中选择 设为工作部件(W) 命令，将动模板转化成工作部件。

Step2．转化工作环境。将当前部件的工作环境转化到“建模”环境。

说明：如果此时系统自动进入了建模环境，则用户不需要进行此步的操作。

Step3．创建图 8.2.8 所示的拉伸特征 1（已隐藏模架的其他部分）。

（1）选择命令。选择下拉菜单 插入(S) → 设计特征(E) ▸ → 拉伸(E)... 命令或单击 按钮，系统弹出“拉伸”对话框。

（2）创建截面草图。选择图 8.2.9 所示的动模板表面为草图平面，绘制图 8.2.10 所示的截面草图。

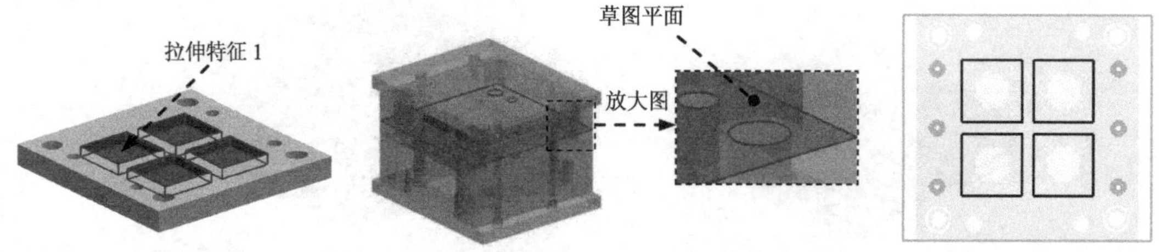

图 8.2.8　拉伸特征 1　　图 8.2.9　草图平面　　图 8.2.10　截面草图

说明：图 8.2.10 所示的草图是通过“投影曲线”命令创建的。

（3）确定拉伸起始值和终点值。定义拉伸方向为 ZC 方向，在 限制 区域的 开始 下拉列表中选择 值 选项，并在其下的 距离 文本框中输入值 0；在 结束 下拉列表中选择 值 选项，并在其下的 距离 文本框中输入值-15；在 布尔 区域的下拉列表中选择 求差 选项，采用系统默认的求差对象。

（4）单击“拉伸”对话框中的 < 确定 > 按钮，完成拉伸特征 1 的创建（并隐藏曲线）。

Stage2．修改定模板

Step1．转化工作部件。在图形区的定模板上右击，在弹出的快捷菜单中选择 设为工作部件(W) 命令，将定模板转化成工作部件。

Step2．创建图 8.2.11 所示的拉伸特征 2（已隐藏模架的其他部分）。

（1）选择命令。选择下拉菜单 插入(S) → 设计特征(E) ▸ → 拉伸(E)... 命令或单击 按钮，系统弹出“拉伸”对话框。

（2）创建截面草图。选择图 8.2.12 所示的动模板表面为草图平面，绘制图 8.2.13 所示的截面草图。

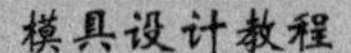

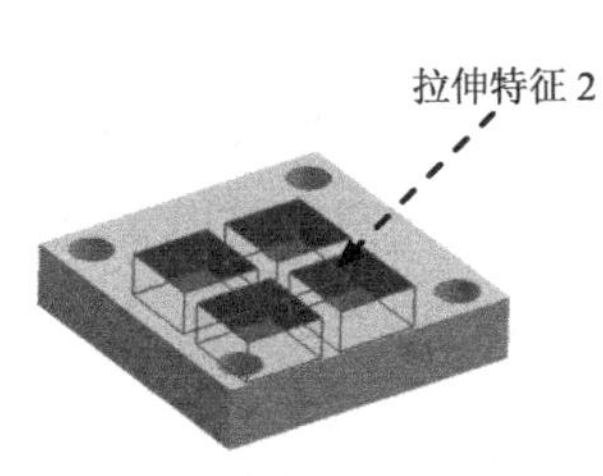

图 8.2.11 拉伸特征 2

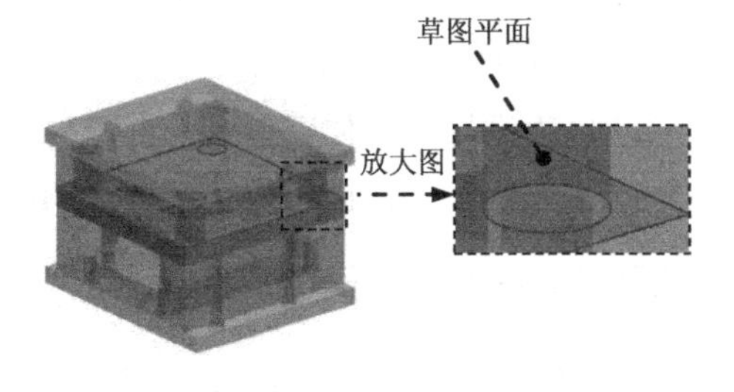

图 8.2.12 草图平面

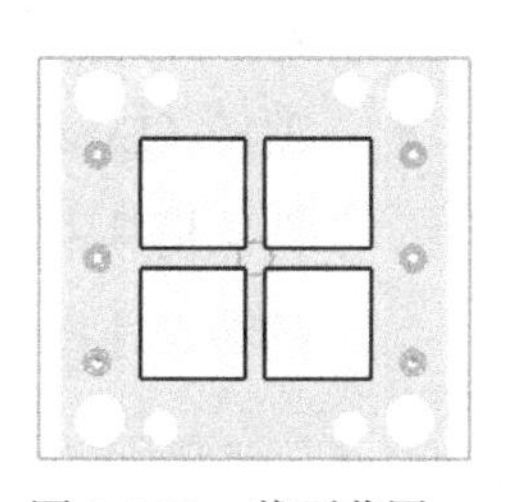
图 8.2.13 截面草图

（3）确定拉伸起始值和终点值。在“拉伸”对话框限制区域的开始下拉列表中选择值选项，并在其下的距离文本框中输入值 0；在结束下拉列表中选择值选项，并在其下的距离文本框中输入值 40；在布尔区域的下拉列表中选择求差选项，采用系统默认的求差对象。

（4）单击“拉伸”对话框中的< 确定 >按钮，完成拉伸特征 2 的创建（并隐藏曲线）。

Stage3．保存修改

在“装配导航器”中双击 cap_mold_top_010，将总文件激活，然后选择下拉菜单文件(F) → 全部保存(V)命令，保存零件模型。

8.3 标 准 件

模架添加完成后还有大量的标准件需要添加，模架中的标准件是指已标准化的一部分零件，这部分零件可以替换使用，以便提高模具的生产效率和修复效率。本节将讲述如何加载及编辑标准件，下面是对常用标准件的介绍。

- 定位圈（Locating Ring）：除了用于使注射机喷嘴与模架的浇口套对准、固定浇口套和防止浇口套脱离模具外，还用于模具在注射机上的定位。所以在选择定位圈的直径时应参考注射机型号。
- 浇口套（Sprue）：又称主流道衬套，是安装在模具定模固定板上

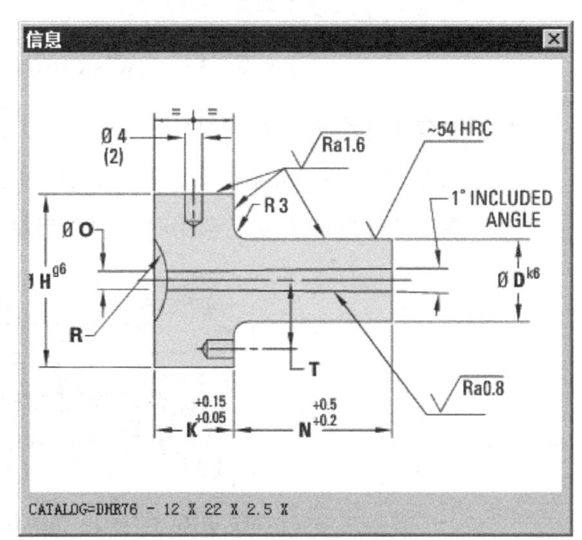

图 8.3.1 浇口套示意图

用来辅助进胶的元件(图 8.3.1 所示是一种 FUTABA 公司的浇口套及其关键参数)。浇口套上端与注射机喷嘴紧密对接，因此尺寸的选择应按注射机喷嘴尺寸进行选择，并且其长度应考虑模具的模板厚度。

- 顶杆（Ejector Pin）：也称推杆，是使用最多的标准件，主要用来将已经成型的塑件从模具中顶出。MW NX 10.0 提供了多种不同类型的顶杆，用户可以根据塑件的特点选择合适的顶杆。图 8.3.2 所示是两种不同类型的顶杆。

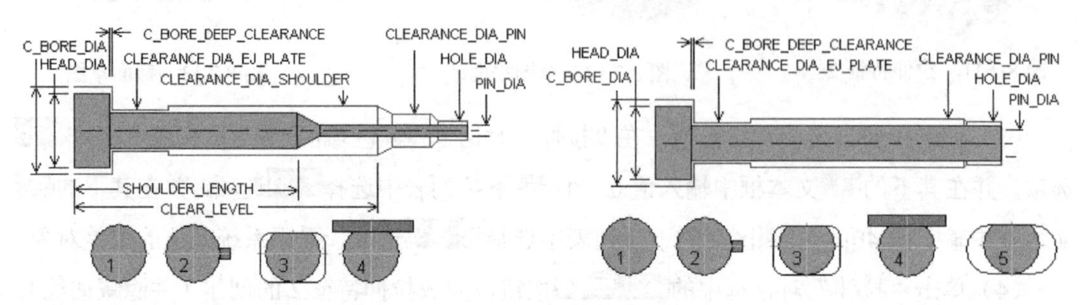

图 8.3.2 MW NX 10.0 提供的顶杆

- 限位钉（Stop Buttons）：是用于支撑模具的推出机构，能防止推出机构在复位时受阻，并且可以用来调节推出距离。图 8.3.3 所示是 MW NX 10.0 提供的两种不同类型的限位钉。

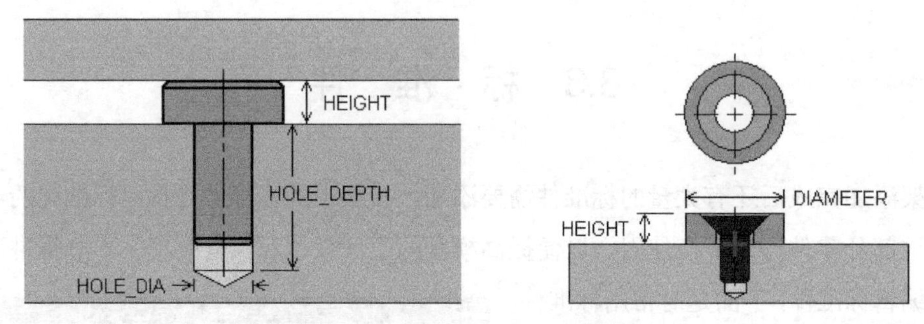

图 8.3.3 MW NX 10.0 提供的限位钉

- 弹簧（Spring）：起到复位的作用。在选用时要注意模具的特点，选择合适规格的元件。图 8.3.4 所示是多种规格弹簧中的一种形式。弹簧的直径和压缩量都影响到模具的使用，所以在选用时也要引起足够的重视。

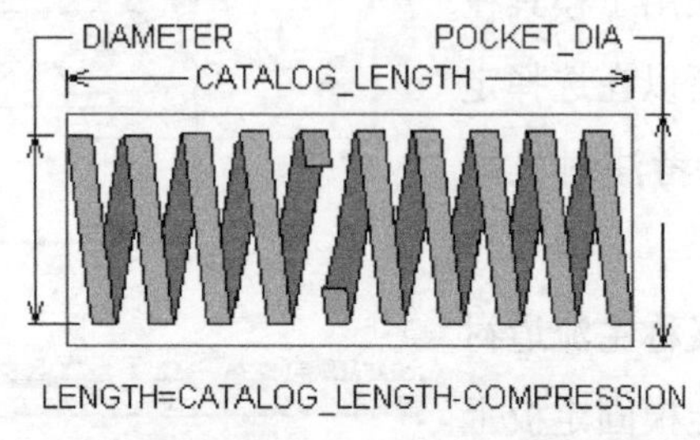

图 8.3.4 MW NX 10.0 提供的弹簧

8.3.1 标准件的加载和编辑

在 UG NX 10.0 中标准件的加载如同模架的加载一样简单，并且尺寸的修改也同样可以在系统弹出的相关对话框中完成。本节将对标准件的加载和编辑进行简单说明。

打开 D:\ug10.3\work\ch08.03\cap_mold_top_010.prt 文件。

在“注塑模向导”工具条中单击“标准件库”按钮，系统弹出如图 8.3.5 所示的“标准件管理”对话框（一）。

1. 标准件的目录和分类

在“重用库”导航器（一）中（图 8.3.6）中选择，然后选择此类型的子类型，在成员选择列表区域（图 8.3.7）中选择，确定子类型后，在对话框的下部弹出详细信息窗口（图 8.3.8），在信息窗口中可以定义标准件的具体参数，使其符合设计要求。

图 8.3.5 “标准件管理”对话框（一）

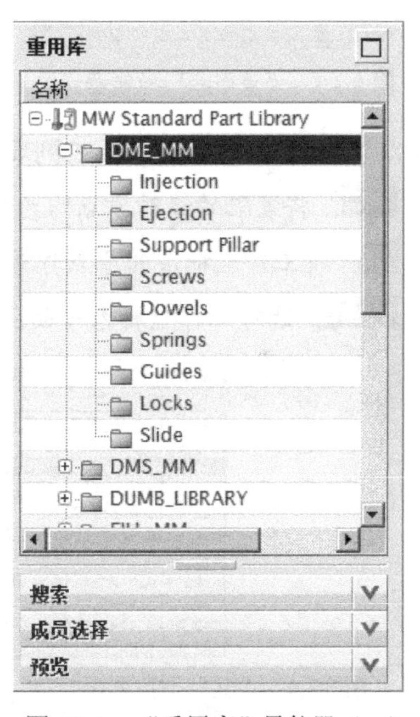

图 8.3.6 “重用库”导航器（一）

2. 标准件的父级、装配位置和引用集

用户在加载标准件的同时可以指定到相应的组件当中（即为标准件指定父级）并可以确定标准件的位置和引用集，以上三项的操作分别在父下拉列表（图 8.3.9）、位置下拉列表（图 8.3.10）和引用集下拉列表（图 8.3.11）中完成。

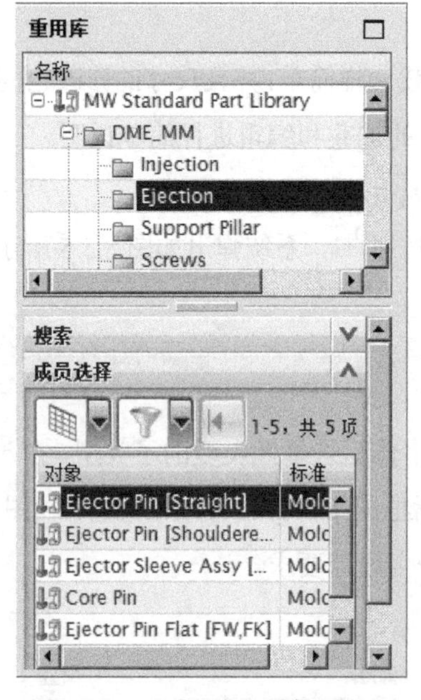

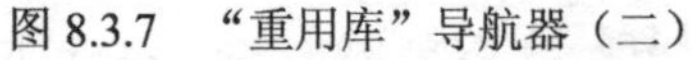

图 8.3.7 “重用库”导航器（二）

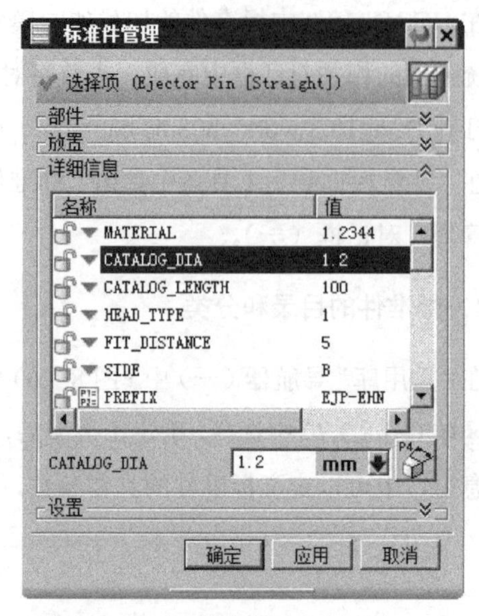

图 8.3.8 “标准件管理”对话框（二）

图 8.3.10 所示的“位置”下拉列表中各选项的说明如下：

- NULL：将装配的绝对原点作为标准件的原点（此选项为默认项）。
- WCS：将工作坐标系的原点作为标准件原点。
- WCS_XY：选择工作坐标系平面上的点作为标准件的原点。

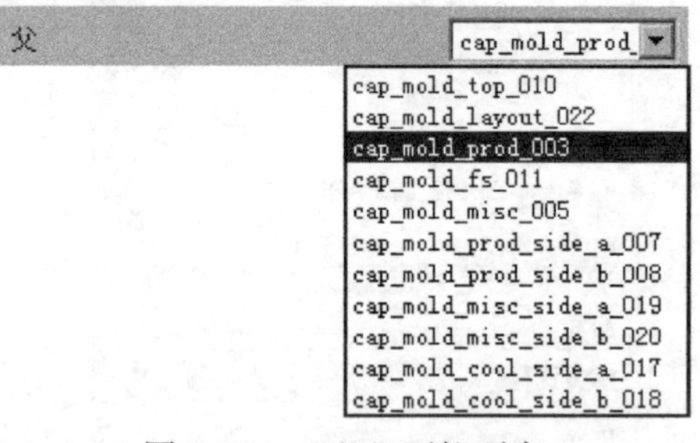

图 8.3.9 “父”下拉列表

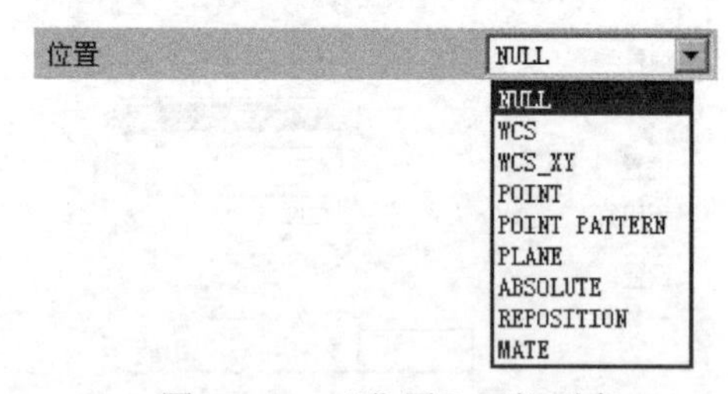

图 8.3.10 “位置”下拉列表

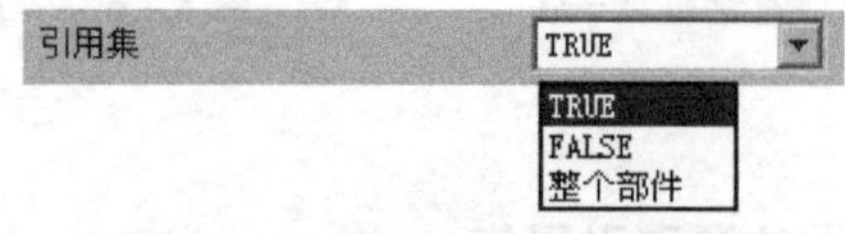

图 8.3.11 “引用集”下拉列表

- POINT：将在 X-Y 平面上选择的点作为标准件的原点。
- POINT PATTERN：以点阵列方式放置标准件。
- PLANE：选择一平面为标准件的放置平面，并在该平面上选取一点作为标准件的放置原点。

- ABSOLUTE：通过“点”对话框来定义标准件的放置原点。
- REPOSITION：对选择的标准件进行重定位放置。
- MATE：先加入标准件，再通过匹配方式定位标准件。

图 8.3.11 所示的“引用集”下拉列表中各选项的说明如下：

- TRUE：选择该选项，则添加的标准件只添加标准件实体。
- FALSE：选择该选项，则添加的标准件只添加标准件创建后的腔体。
- 整个部件：选择该选项，则添加的标准件同时添加标准件实体和创建后的腔体。

说明：图 8.3.12 所示是选择三种选项的情况对比。

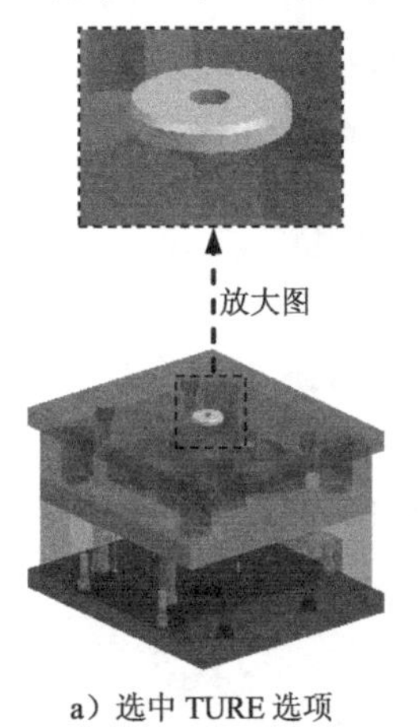

a）选中 TURE 选项

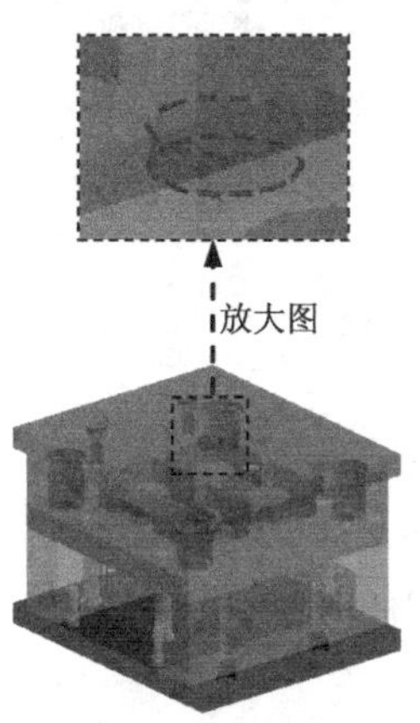

b）选中 FALSE 选项

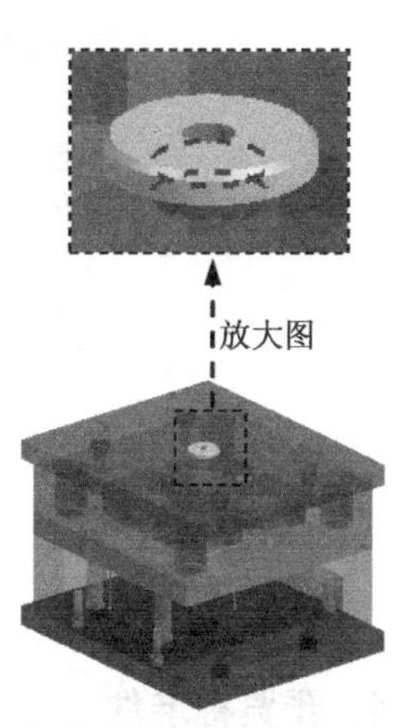

c）选中“整个部件”选项

图 8.3.12 标准件加载的不同形式

3. 新建组件和重命名组件

在加载标准件时还可以对标准件的引用类型及名称进行控制和修改。这些修改是通过选中“标准件管理”对话框（如图 8.3.13 所示）中的 新建组件 单选项和 重命名组件 复选框来实现的。

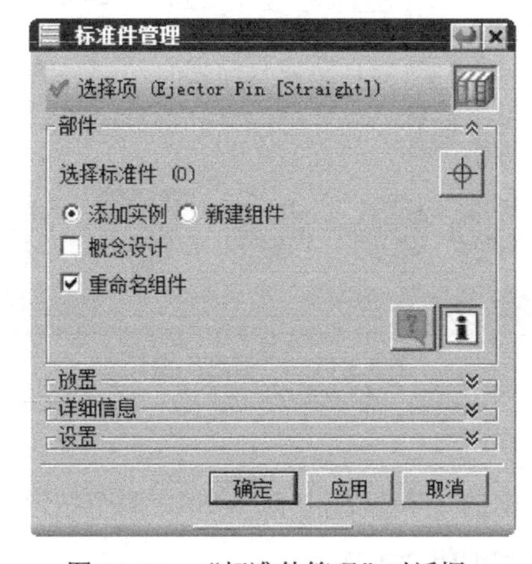

图 8.3.13 “标准件管理”对话框

关于 新建组件 单选项与 重命名组件 复选框的说明如下：

- 新建组件 单选项：选中该单选项可以控制添加多个相同类型的组件，而不作为组件的引用件，这样可以对每个组件进行单独编辑，而不影响其他组件。
- 重命名组件 复选框：选中该复选框可以对加载的部件进行重命名，并且在加载部件前系统弹出如图 8.3.14 所示的“部件名管理”对话框，在其中可以完成部件的重命名。

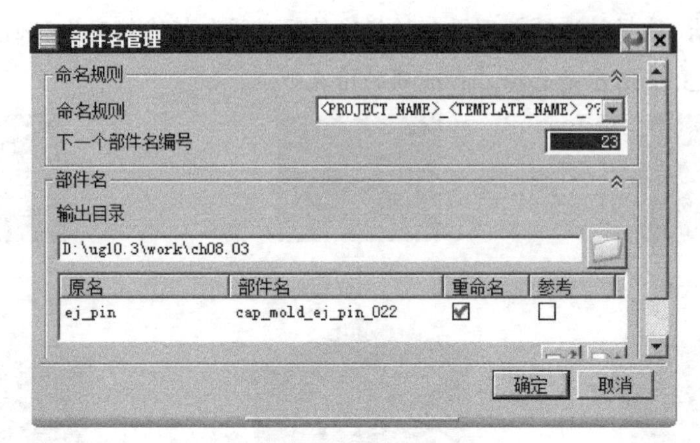

图 8.3.14 “部件名管理”对话框

4. 预览标准件

在“标准件管理”对话框中除了能选择标准件外，还能预览要添加或编辑的标准件。在 部件 区域中单击“显示信息窗口”按钮，系统弹出如图 8.3.15 所示的信息窗口，再次单击该按钮可以隐藏该信息窗口。

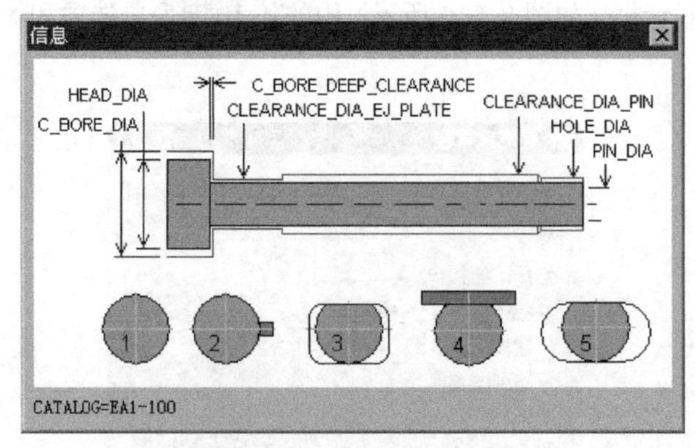

图 8.3.15 “信息”窗口

5. 设置 区域

在“标准件管理”对话框的 设置 区域中有和两个按钮，如图 8.3.16 所示，通过这两个按钮可以编辑注册器和编辑数据库。

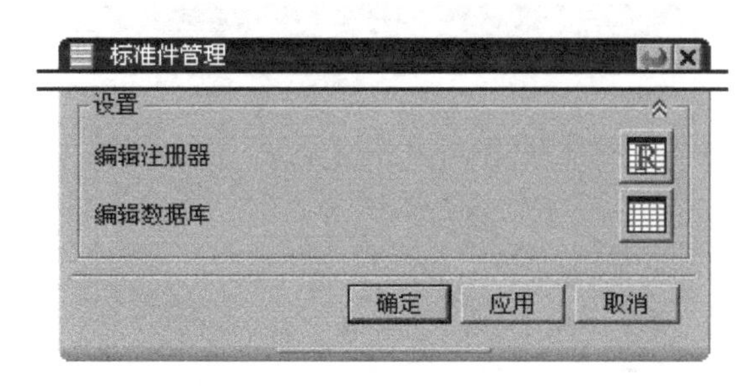

图 8.3.16 “标准件管理”对话框

- （编辑注册器）：单击此按钮，可以激活标准件“注册编辑器”表格，在此表格中可以修改标准件的名称、数据及数据路径等信息，如图 8.3.17 所示。

	A	B	C
1	##DME_MM_2006		
2			
3	NAME	DATA_PATH	DATA
4	----- Injection -----	/standard/metric/dme/data	locating_ring.xs4::DME_P
5	Locating Ring [No Screws]		locating_ring.xs4::DME_P
6	Locating Ring [With Screws]		locating_ring.xs4::DME
7	Sprue Bushing		sprue.xs4::DME
8	----- Ejection -----	/standard/metric/dme/data	ej_pin.xs4::DME_STRAIGHT
9	Ejector Pin [Straight]		ej_pin.xs4::DME_STRAIGHT
10	Ejector Pin [Shouldered]		ej_pin.xs4::DME_SHOULDERED
11	Ejector Sleeve Assy [S,KS]		ej_sleeve_assy.xs4::DME
12	Ejector Pin [Cone]		ej_pin_cone.xs4::DME
13	Core Pin		core_pin.xs4::DME

DME_MM

图 8.3.17 “注册编辑器”表格

- （编辑数据库）：单击此按钮，系统将打开标准件“编辑数据库”表格，在此表格中可以对标准件的各项参数进行编辑，如图 8.3.18 所示。

	A	B	C	D	E
1	## DME STRAIGHT EJECTOR PINS				
2	##NOTE: PIN_TYPE=1 IS A STRAIGHT PIN				
3	##NOTE: PIN_TYPE=2 IS A SHOULDERED PIN WITH THE SHOULDER LENGTH MEASURED AT THE PIN DIA				
4	##NOTE: PIN_TYPE=3 IS A SHOULDERED PIN WITH THE SHOULDER LENGTH MEASURED AT THE SHOULDER DIA				
5					
6	PARENT	<UM_PROD>			
7					
8	POSITION	POINT			
9					
10	ATTRIBUTES				
11	SECTION-COMPONENT=NO				
12	MW_SIDE=<SIDE>				
13	MW_COMPONENT_NAME=EJECTOR				

DME_STRAIGHT / DME_SHOULDERED / LEVEL

图 8.3.18 “编辑数据库”表格

6. 标准件工具条

确定完标准件的类型、参数和放置后，在“标准件管理”对话框的部件区域中出现、和三个编辑按钮，如图 8.3.19 所示，通过这些按钮可以实现对标准件的相关编辑。

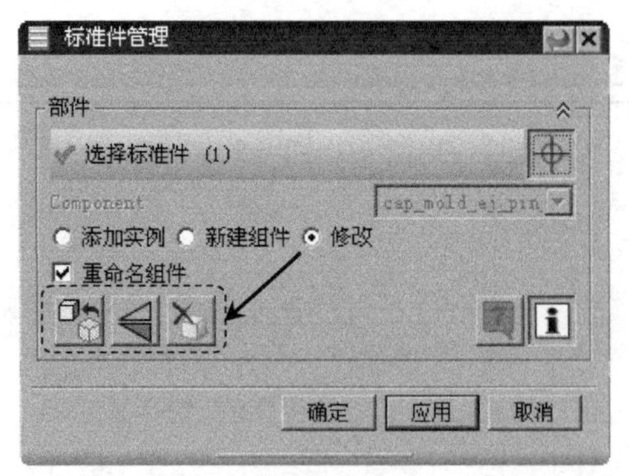

图 8.3.19 “标准件管理”对话框

关于标准件工具条中的三个编辑按钮的说明：

- （重定位）：单击此按钮，系统弹出如图 8.3.20 所示的“移动组件”对话框，在其中可以对选定的标准件进行移动操作，但也要注意，使用此按钮前必须确保当前模型中已有标准件并且被选中。
- （翻转方向）：此按钮可以改变标准件轴向方向，使其颠倒。
- （移除组件）：单击此按钮，可以删除正在使用的标准件。

图 8.3.20 “移动组件”对话框

8.3.2 添加标准件的一般过程

标准件的添加是完善模具设计的一项工作，本节将通过添加定位圈及浇口套等来讲解标准件添加及修改的一般过程。

Stage1. 加载定位圈

Step1. 打开 D:\ug10.3\workch08.03\cap_mold_top_010.prt 文件。

Step2. 在“注塑模向导”工具条中单击“标准件库”按钮，系统弹出“标准件管理”对话框。

Step3. 定义定位圈类型和参数。在“标准件管理”对话框的重用库列表区域中展开FUTABA_MM节点，然后选择Locating Ring Interchangeable选项；在成员选择列表区域中选择Locating Ring选项；在详细信息区域的TYPE下拉列表中选择M_LRB选项；选择BOTTOM_C_BORE_DIA选项，在BOTTOM_C_BORE_DIA文本框中输入值 18，选择SHCS_LENGTH选项，在SHCS_LENGTH文本框中输入值 18，并按 Enter 键确认。

Step4. 加载定位圈。对话框中的其他参数保持系统默认设置，单击确定按钮，完成定位圈的添加，如图 8.3.21 所示。

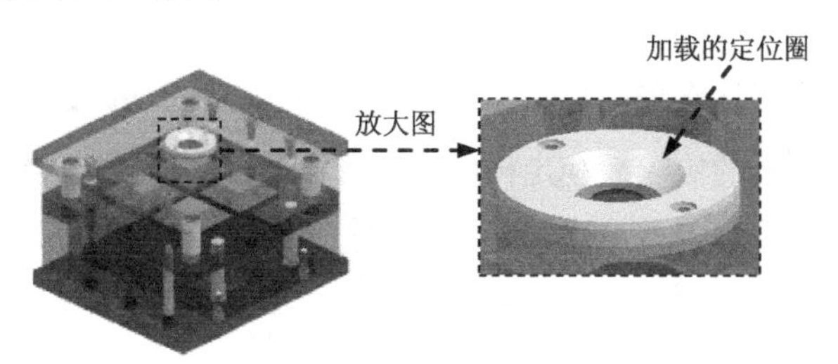

图 8.3.21 加载定位圈

Step5. 创建腔体。在“注塑模向导”工具条中单击“腔体”按钮，系统弹出“腔体”对话框，选取图 8.3.22 所示的实体为目标体，单击鼠标中键确认；选取加载后的定位圈为工具体，单击“腔体”对话框中的确定按钮，完成腔体的创建，如图 8.3.23 所示。

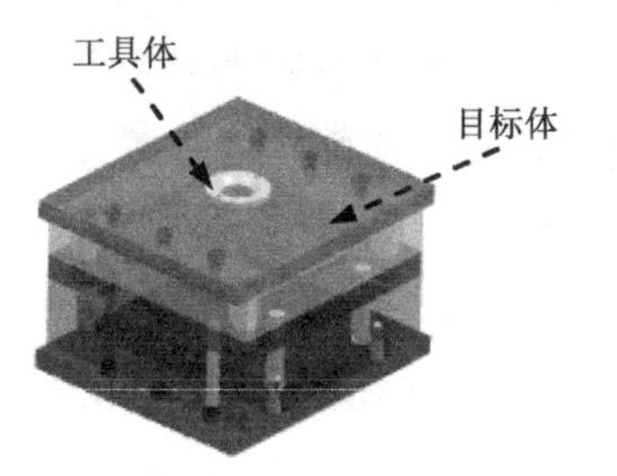

图 8.3.22 定义目标体和工具体

图 8.3.23 腔体创建后

说明：为表达清楚，图 8.3.23 中已将模架的其他部分及定位圈隐藏。

Stage2. 加载浇口套

Step1. 在“注塑模向导”工具条中单击“标准件库”按钮，系统弹出“标准件管理”对话框。

Step2. 定义浇口套类型和参数。在“标准件管理”对话框的重用库列表区域中展开FUTABA_MM节点，然后选择Sprue Bushing选项；在成员选择列表区域中选择Sprue Bushing选项；在详细信息区域的CATALOG下拉列表中选择M-SBI选项；在D下拉列表中选择2.5:B选项；在R下拉列表中选择13:C选项，选择CATALOG_LENGTH选项，将其值修改为 80，并按 Enter 键确认，依次选择CATALOG_LENGTH1和HEAD_HEIGHT选项，将值分别修改成 75 和 25，并按 Enter 键确认。

Step3. 加载浇口套。“标准件管理”对话框中的其他参数保持系统默认设置，单击 确定 按钮，完成浇口套的添加，如图 8.3.24 所示。

a）添加前　　b）添加后

图 8.3.24　加载浇口套

Step4. 创建腔体。在“注塑模向导”工具条中单击“腔体”按钮，系统弹出“腔体”对话框，选取图 8.3.25 所示的定模板和定模座板为目标体，单击鼠标中键确认；选取加载后的浇口套为工具体；单击“腔体”对话框中的 确定 按钮，完成腔体的创建，如图 8.3.26 所示。

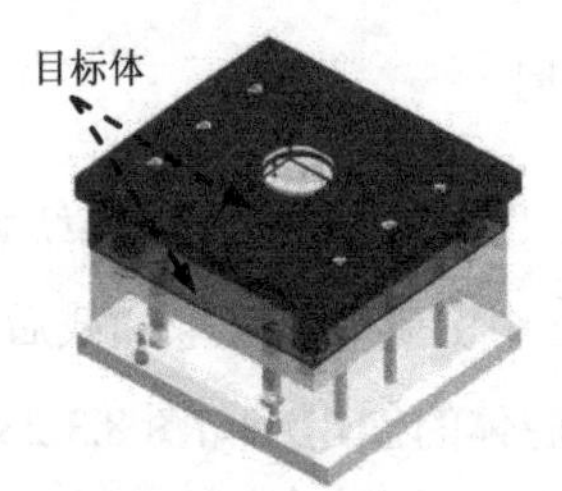

图 8.3.25　定义目标体

图 8.3.26　腔体创建后

说明：为表达清楚，图 8.3.26 中已将模架的其他部分及定位圈隐藏。

Stage3. 加载顶杆

Step1. 在“注塑模向导”工具条中单击“标准件库”按钮，系统弹出“标准件管理”对话框。

Step2. 定义顶杆类型和参数。在“标准件管理”对话框的 重用库 列表区域中展开 DME_MM 节点，然后选择 Ejection 选项；在 成员选择 列表区域中选择 Ejector Pin [Straight] 选项；在 详细信息 区域的 CATALOG_DIA 下拉列表中选择 8；修改 CATALOG_LENGTH 的值为 150，并按 Enter 键确认。

Step3. 加载顶杆。“标准件管理”对话框中的其他参数选项保持系统默认设置，单击 应用 按钮，系统弹出“点”对话框；选择图 8.3.27 所示的圆弧中心为顶杆定位点；在“点”对话框中单击 取消 按钮，系统返回至“标准件管理”对话框，单击对话框中的 < 确定 > 按钮，完成顶杆的加载，如图 8.3.28 所示。

注意：此时图形区中加亮显示的区域就是工作部件，定义顶杆定位点时只能选择工作部件的相应边线。

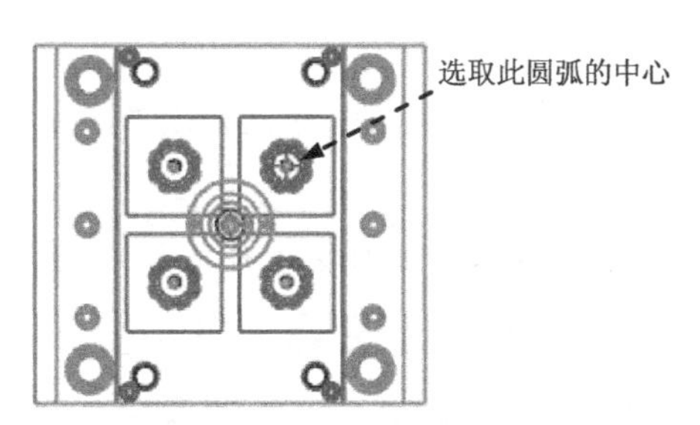

图 8.3.27 选取顶杆定位点

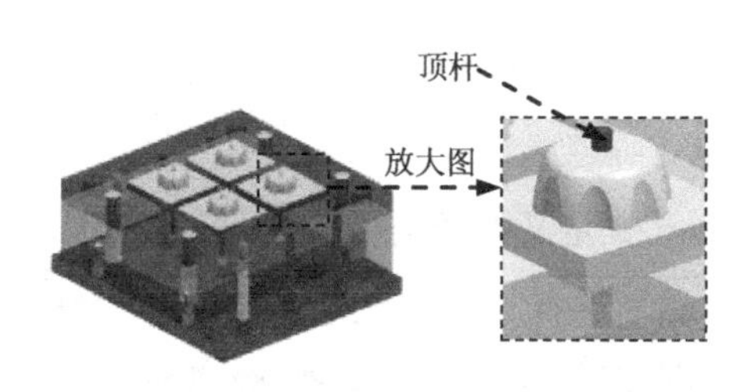

图 8.3.28 加载顶杆

说明： 图 8.3.28 隐藏了上模部分结构。

Step4. 创建腔体。在“注塑模向导”工具条中单击“腔体”按钮，系统弹出“腔体”对话框，选取图 8.3.29 所示的实体为目标体（推杆固定板、动模板和其中一个型芯），单击鼠标中键确认；选取加载后的顶杆（四个）为工具体；单击“腔体”对话框中的 确定 按钮，完成腔体的创建。

Step5. 修剪顶杆。在“注塑模向导”工具条中单击“修边模具组件”按钮，系统弹出“修边模具组件”对话框，在 类型 下拉列表中选择 修剪 选项；在图形区选取加载的顶杆为修剪目标体，采用系统默认的修剪方向，在“修边模具组件”对话框中单击 确定 按钮，完成顶杆的修剪，如图 8.3.30 所示。

说明： 比较常用的推出机构还有推管（Ejector Sleeves）。推管与顶杆的作用相同，都是用来推出成型后的塑件。有时要在塑件的小孔位设置顶出机构，这时顶杆不太方便，但推管能很方便地解决。如图 8.3.31 所示是推管的一种形式。

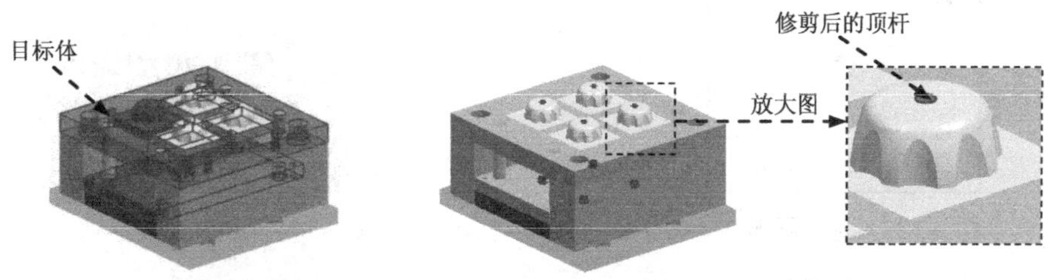

图 8.3.29 定义目标体　　图 8.3.30 修剪顶杆

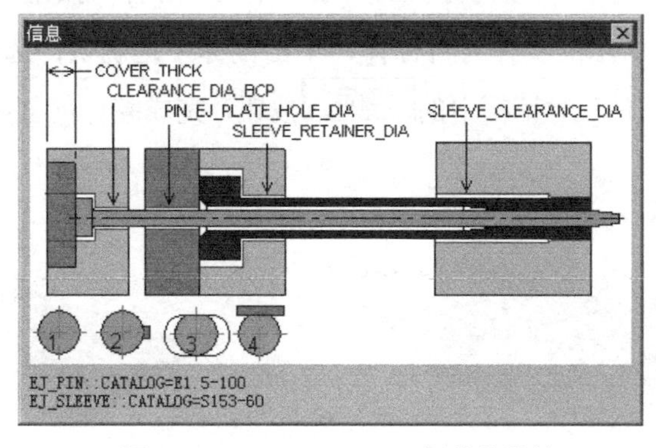

图 8.3.31 MW NX 10.0 提供的推管

Stage4．加载弹簧

Step1. 在“注塑模向导”工具条中单击“标准件库”按钮，系统弹出“标准件管理”对话框。

Step2. 定义弹簧类型。在“标准件管理”对话框的重用库列表区域中展开FUTABA_MM节点，然后选择Springs选项，在成员选择列表区域中选择Spring [M-FSB]选项，在详细信息区域的DIAMETER下拉列表中选择32.5选项，在CATALOG_LENGTH下拉列表中选择60选项，在DISPLAY下拉列表中选择DETAILED选项。

Step3. 定义放置面。激活* 选择面或平面 (0)区域，选取图 8.3.32 所示的面，单击确定按钮，系统弹出“点”对话框，在类型区域的下拉列表中选择圆弧中心/椭圆中心/球心选项，然后选取图 8.3.33 所示的圆弧 1、圆弧 2、圆弧 3 和圆弧 4，单击取消按钮，加载后的弹簧如图 8.3.34 所示。

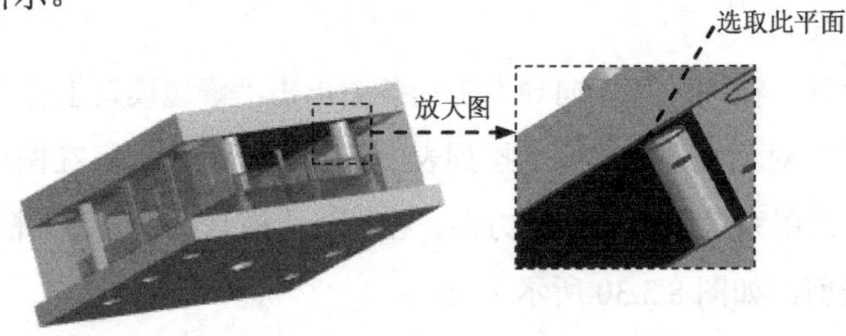

图 8.3.32　定义定位平面

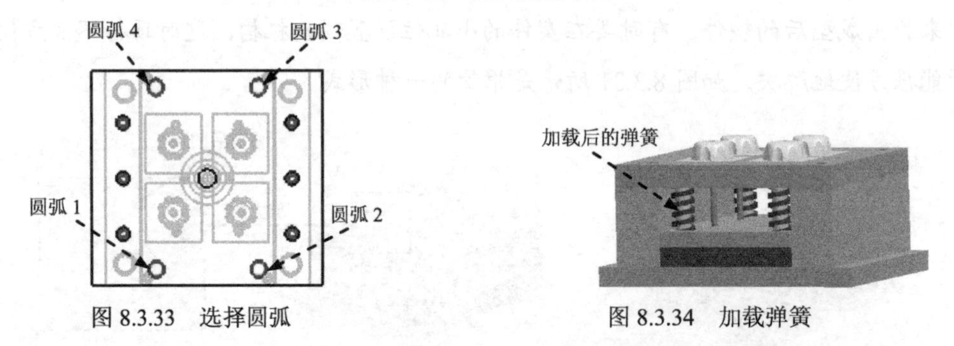

图 8.3.33　选择圆弧　　图 8.3.34　加载弹簧

Step4. 创建腔体。在“注塑模向导”工具条中单击“腔体”按钮，系统弹出“腔体”对话框，选取图 8.3.35 所示的实体为目标体，单击鼠标中键确认；选取加载后的弹簧（四个）为工具体；单击“腔体”对话框中的确定按钮，完成腔体的创建，如图 8.3.36 所示。

图 8.3.35　定义目标体　　图 8.3.36　创建后的腔体

说明：比较常用的复位机构还有复位杆（Return Pin）。复位杆又称回程杆，主要作用是辅助打开的模具回到闭合时的位置。有时回程杆的外形和顶杆很相似，但由于所处的位置不同，起到的作用也大不相同。如图 8.3.37 所示是一种比较常见的复位杆。

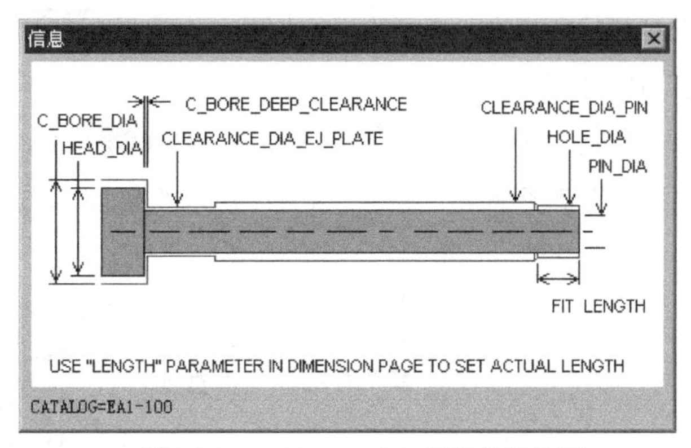

图 8.3.37　MW NX 10.0 提供的复位杆

Stage5. 加载拉料杆

拉料杆是用来拉出浇注系统凝料的机构，其规格尺寸与推杆相同。在 UG NX 10.0 中需要先以推杆的形式添加到模具中再经过修改得到所需的拉料杆。

Step1. 在“注塑模向导”工具条中单击“标准件库”按钮，系统弹出“标准件管理”对话框。

Step2. 定义拉料杆类型和参数。在“标准件管理”对话框的重用库列表区域中展开 DME_MM 节点，然后选择 Ejection 选项，在成员选择列表区域中选择 Ejector Pin [Straight] 选项，在详细信息区域的 CATALOG_DIA 下拉列表中选择 6 选项，在 CATALOG_LENGTH 下拉列表中选择 125 选项。

Step3. 加载拉料杆。“标准件管理”对话框中的其他参数选项保持系统默认设置，单击确定按钮，系统弹出“点”对话框；选择图 8.3.38 所示的圆弧中心为拉料杆定位点，在“点”对话框中单击取消按钮，完成拉料杆的加载，如图 8.3.39 所示。

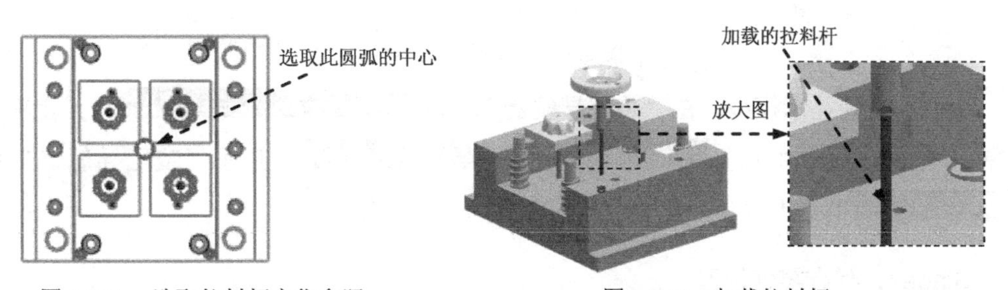

图 8.3.38　选取拉料杆定位参照　　图 8.3.39　加载拉料杆

Step4. 创建腔体。在“注塑模向导”工具条中单击“腔体”按钮，系统弹出“腔体”

对话框，选取图 8.3.40 所示的实体为目标体，单击鼠标中键确认；选取加载后的拉料杆为工具体；单击“腔体”对话框中的 确定 按钮，完成腔体的创建。

Step5. 修整拉料杆。

（1）在图形区的拉料杆上右击，在弹出的快捷菜单中选择 设为显示部件(D) 命令，系统将拉料杆在单独窗口中打开。

（2）选择下拉菜单 插入(S) → 设计特征(E) → 拉伸(E)... 命令，系统弹出“拉伸”对话框，选择 YZ 基准平面为草图平面，绘制图 8.3.41 所示的截面草图。

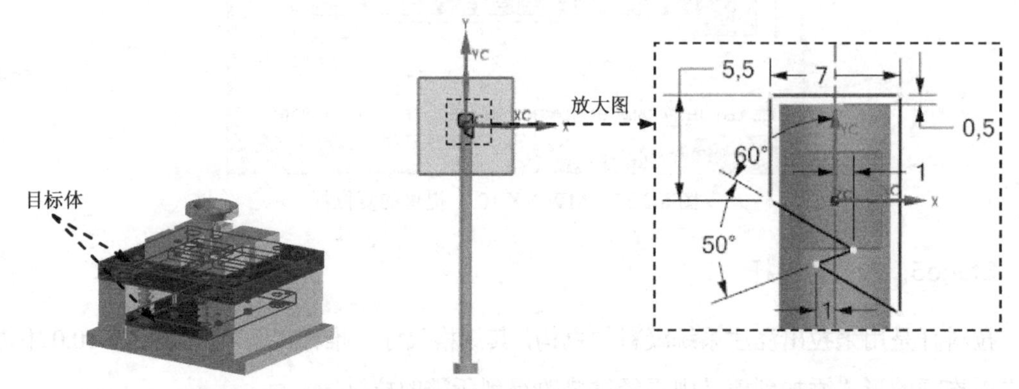

图 8.3.40 定义目标体　　图 8.3.41 截面草图

说明：如果此时图形区中没有基准坐标系，则用户需要自己去创建一个基准坐标系。

（3）在“拉伸”对话框限制区域的开始下拉列表中选择 对称值 选项，并在其下的距离文本框中输入值 3；在布尔区域的布尔下拉列表中选择 求差 选项，然后选择拉料杆。

（4）将“拉伸”对话框中的其他参数保持系统默认设置，单击 <确定> 按钮，完成拉料杆的修整，如图 8.3.42 所示。

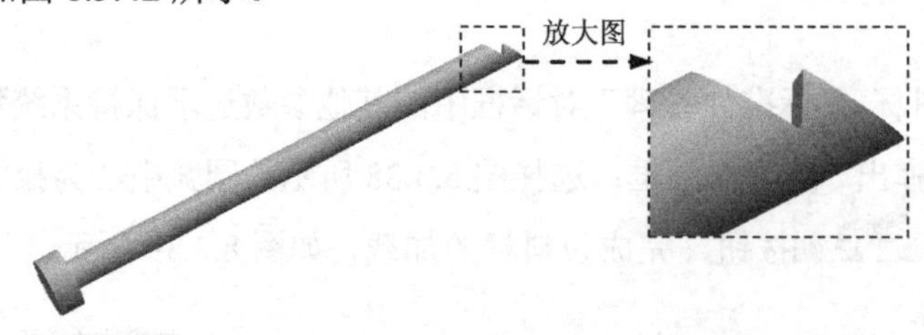

图 8.3.42 修整后的拉料杆

Step6. 转换显示模型。在“装配导航器”中的 cap_mold_return_pin_010 节点上右击，在弹出的快捷菜单中选择 显示父项 → cap_mold_top_010，并在“装配导航器”中的 cap_mold_top_010 节点上双击，使整个装配部件为工作部件。

Stage7. 保存零件模型

至此，标准件的添加及修改已经完成。选择下拉菜单 文件(F) → 全部保存(V) 命令，保存零件模型。

第 9 章　浇注系统和冷却系统的设计

本章提要　浇注系统和冷却系统是模具设计的重要内容。Mold Wizard 模块提供了建立浇注系统和冷却系统的专用工具，本章将详细介绍浇注系统和冷却系统的设计过程。本章主要内容包括：

- 浇注系统的设计
- 冷却系统的设计

9.1　浇注系统的设计

9.1.1　概述

浇注系统是指模具中由注射机喷嘴到型腔之间的进料通道。普通浇注系统一般由主流道、分流道、浇口和冷料穴四部分组成，如图 9.1.1 所示。

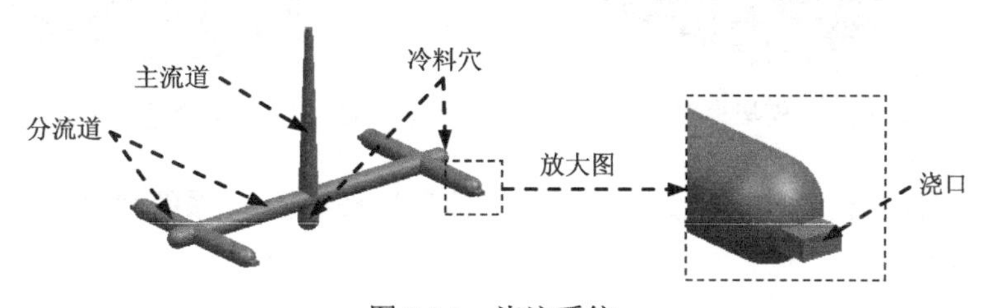

图 9.1.1　浇注系统

主流道：是指浇注系统中从注射机喷嘴与模具接触处开始到分流道为止的塑料熔体的流动通道。主流道是熔体最先流经模具的部分，它的形状与尺寸对塑料熔体的流动速度和充模时间有较大的影响，因此在设计主流道时必须考虑到使熔体的温度和压力损失降到最小。

分流道：是指主流道末端与浇口之间的一段塑料熔体的流道。其作用是改变熔体流向，使塑料熔体以平稳的流态均衡地分配到各个型腔。设计时应注意尽量减少流动过程中的温度损失与压力损失。

浇口：也称进料口，是连接分流道与型腔的熔体通道。浇口位置选择得合理与否直接影响到塑件能不能完整地、高质量地成型。

冷料穴：其作用是容纳浇注系统中塑料熔体的前锋冷料，以免这些冷料注入型腔。

9.1.2 流道设计

本节将以图 9.1.2 所示的一个一模多穴的模具为例来说明在 UG NX 10.0 中设计流道的一般过程，通过对本例的学习，读者能清楚地掌握流道的设计原理。

Step1. 打开模型。选择下拉菜单 文件(F) → 打开(O)... 命令，打开 D:\ug10.3\work\ch09.01\cap_mold_top_010.prt 文件。

Step2. 隐藏零部件。

（1）隐藏模架部分。在 装配导航器 中将 ☐ cap_mold_fs_034、☐ cap_mold_var_011、☐ cap_mold_cool_001、☐ cap_mold_misc_005、☐ cap_mold_ej_pin_053 部件取消勾选。

（2）隐藏型腔。在 装配导航器 中将 ☐ cap_mold_cavity_002 零件取消勾选，结果如图 9.1.3 所示。

说明： ☑ cap_mold_ej_pin_053 和 ☑ cap_mold_cavity_002 部件位于 ☑ cap_mold_layout_022 的 ☑ cap_mold_prod_003 装配下。

图 9.1.2 模架模型

图 9.1.3 隐藏模架和型腔

Step3. 在“注塑模向导”工具条中单击“流道”按钮，系统弹出如图 9.1.4 所示的“流道”对话框。

Step4. 创建图 9.1.5 所示的流道。

（1）定义图 9.1.6 所示的引导线。

① 单击“流道”对话框中的“绘制截面”按钮，系统弹出“创建草图”对话框，在 平面方法 下拉列表中选择 创建平面 选项，单击 按钮，选取 ZC 为草图平面。

② 选中 设置 区域中的 ☑ 创建中间基准 CSYS 复选框。

③ 单击 确定 按钮，进入草图绘制环境，绘制如图 9.1.7 所示的截面草图。

④ 单击 完成草图 按钮，退出草图环境。

（2）定义截面类型。在对话框的 截面类型 下拉列表中选择 Circular 选项。

（3）定义参数。在参数列表框中双击 D 8 选项，输入截面直径值为 6，其他参数接受系统默认设置。

（4）单击 <确定> 按钮，完成流道的创建。

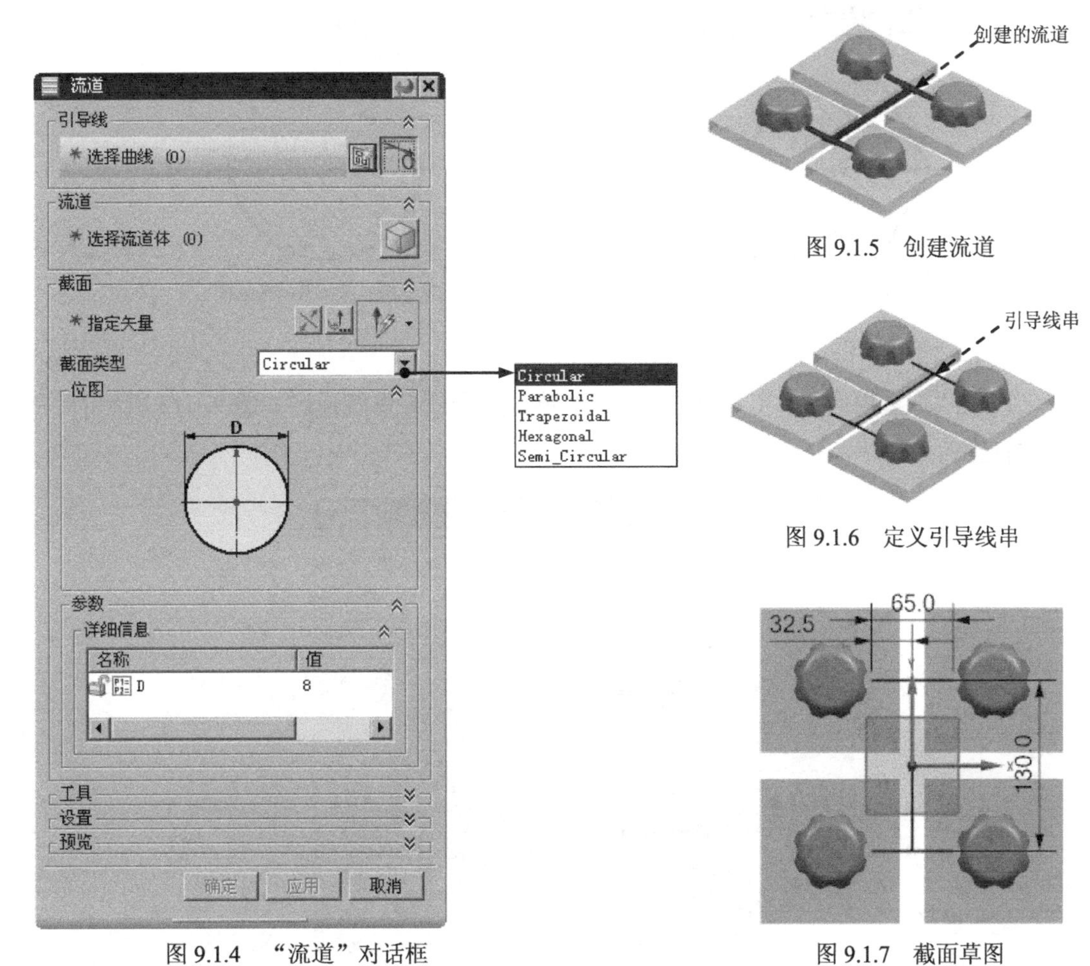

图 9.1.4 “流道”对话框

图 9.1.5 创建流道

图 9.1.6 定义引导线串

图 9.1.7 截面草图

图 9.1.4 所示“流道”对话框中各选项的说明如下：

- 截面类型下拉列表：用于定义流道的截面形状，包括以下五种截面类型：
  - ☑ Circular选项：只需给定流道直径，如图 9.1.8 所示。
  - ☑ Parabolic选项：需要给定流道高度、流道拐角半径、流道角度，如图 9.1.9 所示。
  - ☑ Trapezoidal选项：梯形流道的截面参数较多，需要给定流道宽度、流道深度、流道侧角度、流道拐角半径，如图 9.1.10 所示。

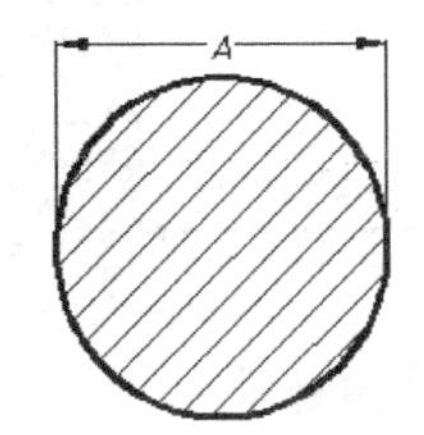

图 9.1.8 圆形流道截面

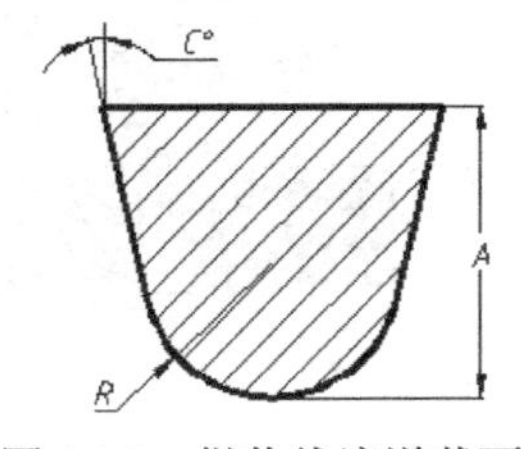

图 9.1.9 抛物线流道截面

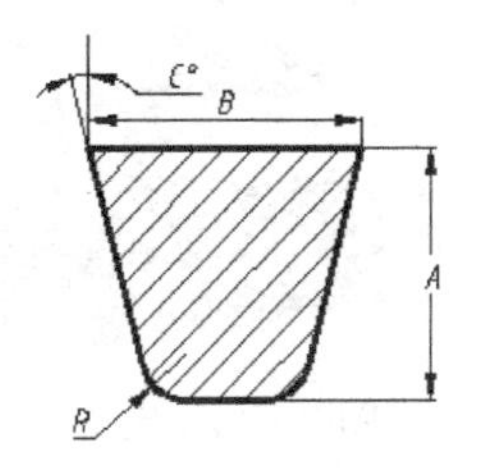

图 9.1.10 梯形流道截面

☑ Hexagonal选项：只需给定流道宽度，如图 9.1.11 所示。

☑ Semi_Circular选项：只需给定流道半径，如图 9.1.12 所示。

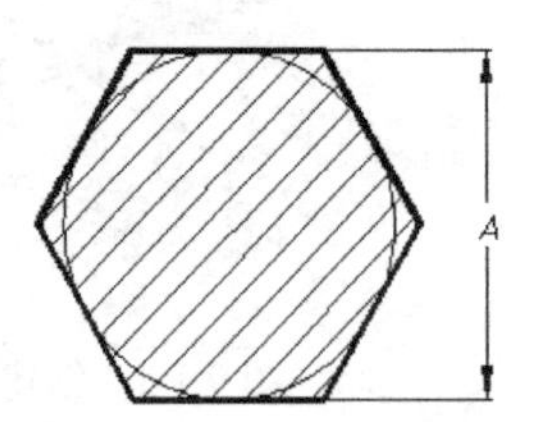

图 9.1.11　六边形流道截面

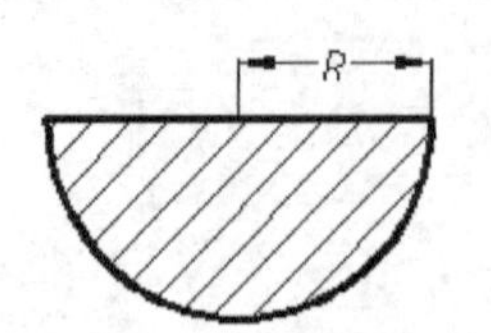

图 9.1.12　半圆流道截面

Step5. 型腔设计（取消型腔隐藏）。

（1）在“注塑模向导”工具条中单击“腔体”按钮，系统弹出如图 9.1.13 所示的“腔体”对话框。

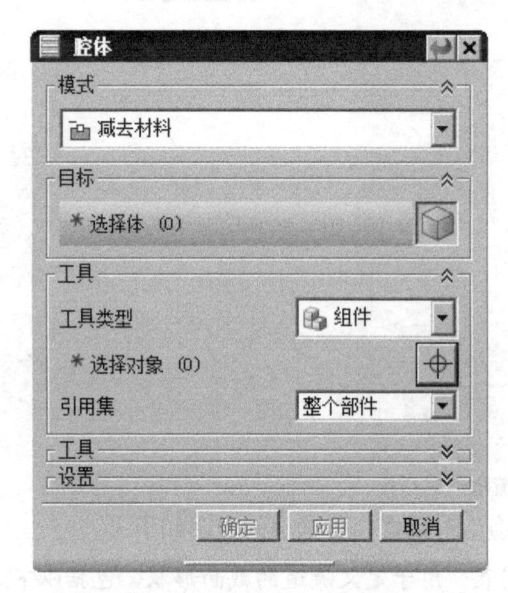

图 9.1.13　“腔体”对话框

（2）在“腔体”对话框的工具类型下拉列表中选择实体选项，然后选取图 9.1.14 所示的目标体和工具体，单击确定按钮，完成腔体的创建，如图 9.1.15 所示（隐藏流道）。

说明：可以选取任意一组型腔和型芯作为目标体。

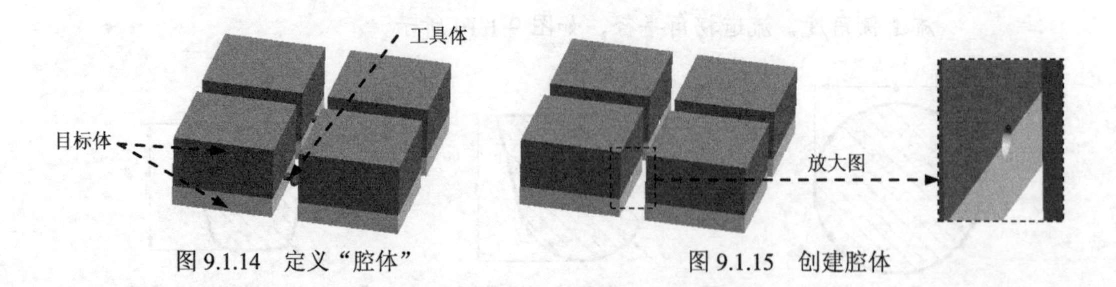

图 9.1.14　定义“腔体”　　　　图 9.1.15　创建腔体

9.1.3 浇口设计

浇口设计在模具中是不可忽视的，其主要作用包括：提高塑料熔体的剪切速率，降低黏度，使其迅速充满型腔；浇口通常是浇注系统中截面最小的部分，这有利于在塑件的后续加工中塑件与浇口凝料的分离；浇口还起着早固化、防止型腔中熔体倒流的作用。本节将继续以上一节的模型为例来讲解设计浇口的一般过程。

Step1. 显示型腔部件。在 装配导航器 中将型芯（☑ cap_mold_core_006）和产品模型（☑ cap_mold_parting-set_021）隐藏，结果如图 9.1.16 所示。

Step2. 在“注塑模向导”工具条中单击“浇口库”按钮，系统弹出如图 9.1.17 所示的“浇口设计”对话框。

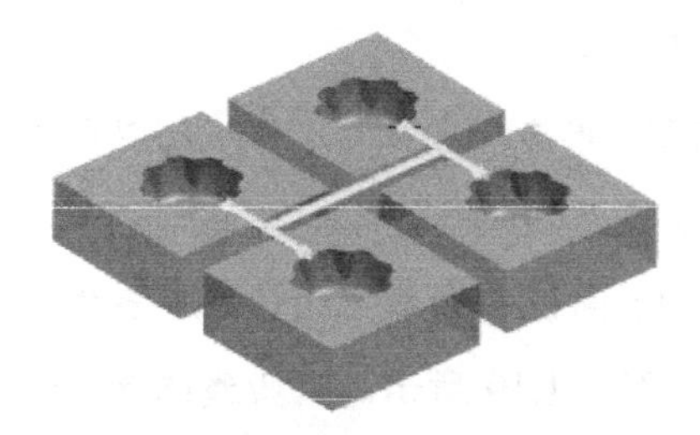

图 9.1.16 显示型腔部分

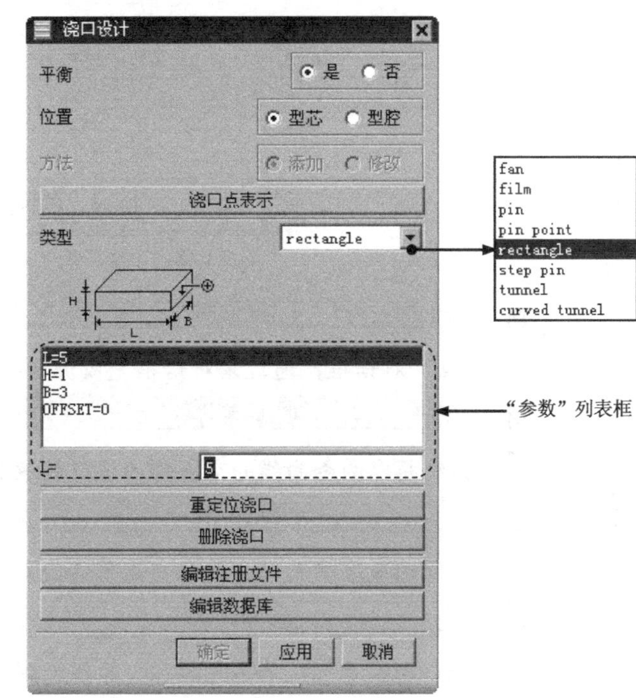

图 9.1.17 “浇口设计”对话框

图 9.1.17 所示“浇口设计”对话框中各选项的说明如下：

- 平衡 区域：用于定义平衡式浇口或非平衡式浇口。
  - ☑ 是：选择该单选项，创建平衡式浇口。在一模多穴模具中创建浇口时，只需在某一个型腔或型芯中创建浇口，系统会自动在剩余型腔或型芯的相应位置阵列出浇口，并且具有关联性。
  - ☑ 否：选择该单选项，创建非平衡式浇口。只能对当前的工作部件进行浇口的创建，不能自动阵列到其他部件上。
- 位置 区域：用于定义浇口的放置位置。

☑ 型芯：选择该单选项，创建的浇口位于型芯侧。

☑ 型腔：选择该单选项，创建的浇口位于型腔侧。

- 方法 区域：用于添加或编辑浇口，只有在浇口被创建后此区域才起作用。

☑ 添加：选择该单选项，是为浇注系统添加一个浇口。

☑ 修改：选择该单选项，是对创建后的浇口进行修改，系统会弹出供用户编辑浇口相关参数的对话框。

- 浇口点表示 按钮：用于定义浇口放置的位置和删除已有的浇口点，单击此按钮会弹出如图 9.1.18 所示的“浇口点”对话框。

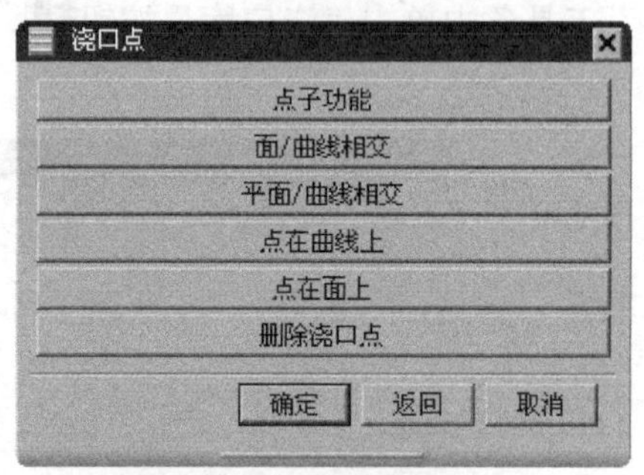

图 9.1.18 “浇口点”对话框

☑ 点子功能 按钮：单击此按钮，系统会自动弹出“点”对话框，通过该对话框完成浇口的放置点选择。

☑ 面/曲线相交 按钮：单击此按钮后，选取两条曲线，系统将以两条曲线的交点作为浇口的放置点。

☑ 平面/曲线相交 按钮：单击此按钮后，系统将以用户选取的基准平面与曲线的交点作为浇口的放置点。

☑ 点在曲线上 按钮：系统将曲线上的任意一点作为浇口的放置点。单击此按钮，系统会弹出如图 9.1.19 所示的“曲线选择”对话框，选取曲线后系统自动弹出如图 9.1.20 所示的“在曲线上移动点”对话框，可通过输入值或移动游标来确定曲线上点的位置。

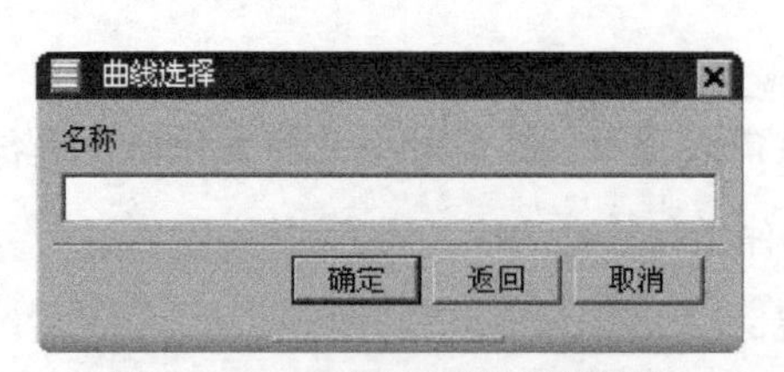

图 9.1.19 “曲线选择”对话框

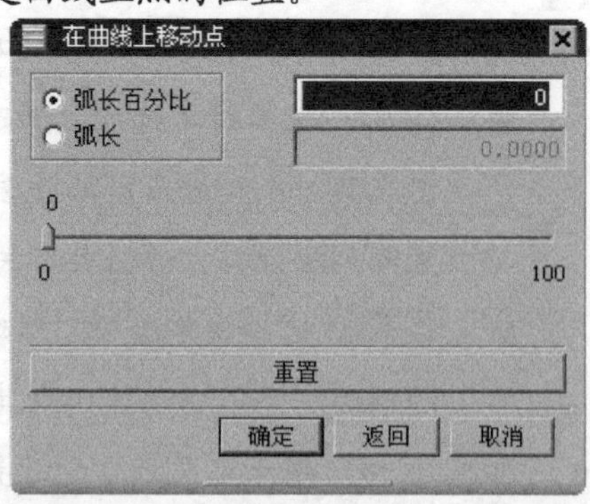

图 9.1.20 “在曲线上移动点”对话框

☑ 点在面上 按钮：定义曲面上的一点作为浇口的放置点。单击此按钮，系统会弹出如图 9.1.21 所示的“面选择”对话框，选取曲面后系统自动弹出如图 9.1.22 所示的 Point Move on Face 对话框，可通过选择 ⊙ XYZ Value 单选项来确定 X、Y、Z 的坐标值，也可通过选择 ⊙ 矢量 单选项来定义在曲面上的具体位置。

图 9.1.21 “面选择”对话框

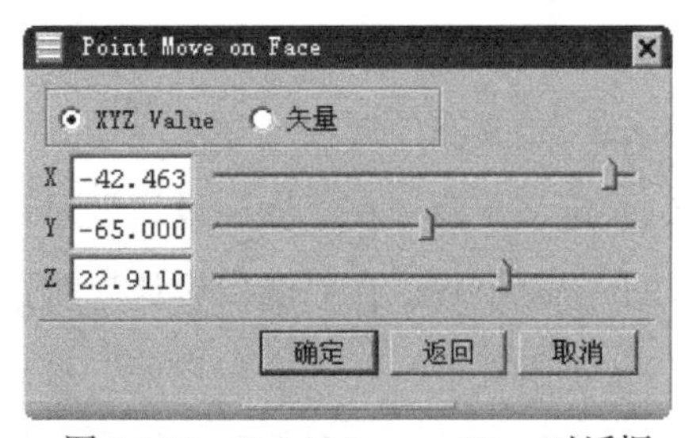

图 9.1.22 Point Move on Face 对话框

☑ 删除浇口点 按钮：单击该按钮，可以删除所选择的浇口点。

● 类型 下拉列表：用于定义浇口的类型。

☑ fan 选项：扇形浇口。

☑ film 选项：薄片浇口。

☑ pin 选项：点浇口。

☑ pin point 选项：针式浇口。

☑ rectangle 选项：矩形浇口。

☑ step pin 选项：阶梯状针式浇口。

☑ tunnel 选项：耳形浇口。

☑ curved tunnel 选项：曲线耳浇口。

● 重定位浇口 按钮：用于重新定义浇口的位置。单击此按钮系统会弹出如图 9.1.23 所示的 REPOSITION 对话框，通过选择其中的 ⊙ 变换 和 ⊙ 旋转 两种方式可以完成浇口的重定位。

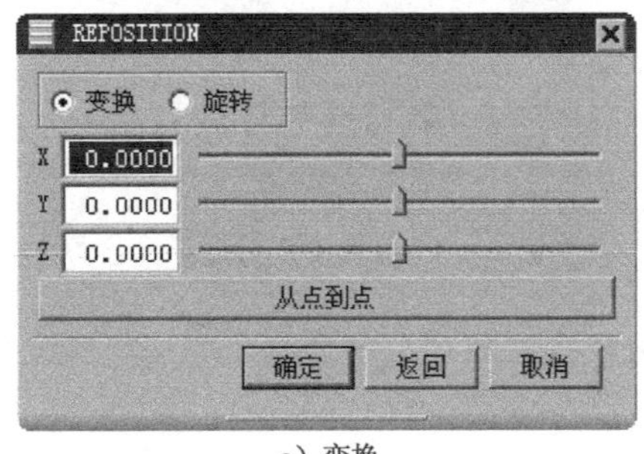

a）变换

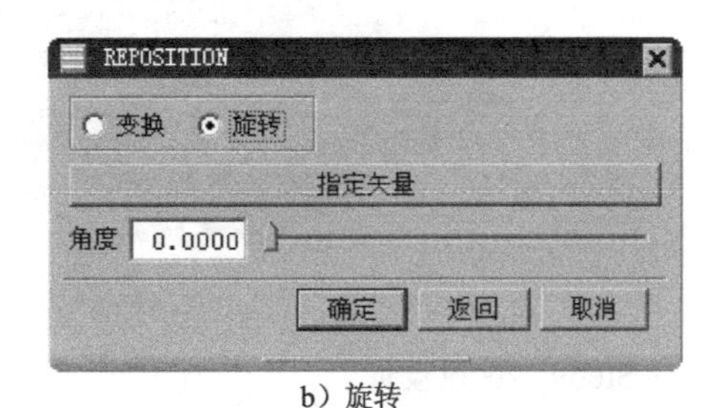

b）旋转

图 9.1.23 REPOSITION 对话框

- 删除浇口按钮：单击该按钮，可以将已有的浇口删除。
- 编辑注册文件按钮：单击该按钮，可以链接 Excel 电子表格程序，供所有的用户编辑使用。
- 编辑数据库按钮：单击该按钮，可以链接 Excel 电子表格程序，编辑 Mold Wizard 的浇口数据库文件。

Step3. 定义浇口属性（显示流道）。

（1）定义平衡。在“浇口设计”对话框的平衡区域中选择⊙是单选项。

（2）定义位置。在“浇口设计”对话框的位置区域中选择⊙型腔单选项。

（3）定义类型。在“浇口设计”对话框的类型区域中选择rectangle选项。

（4）定义参数。在参数列表框中选择L=5选项，在L=文本框中输入值 6，并按 Enter 键确认，其他参数接受系统默认设置。

Step4. 在“浇口设计”对话框中单击应用按钮，系统弹出“点”对话框。

Step5. 定义浇口放置点。在“点”对话框中选择圆弧中心/椭圆中心/球心选项，选取图 9.1.24 所示的圆弧中心，系统弹出“矢量”对话框。

Step6. 定义矢量。在“矢量”对话框中单击按钮，如图 9.1.25 所示。

Step7. 在“矢量”对话框中单击确定按钮，系统返回至“浇口设计”对话框。

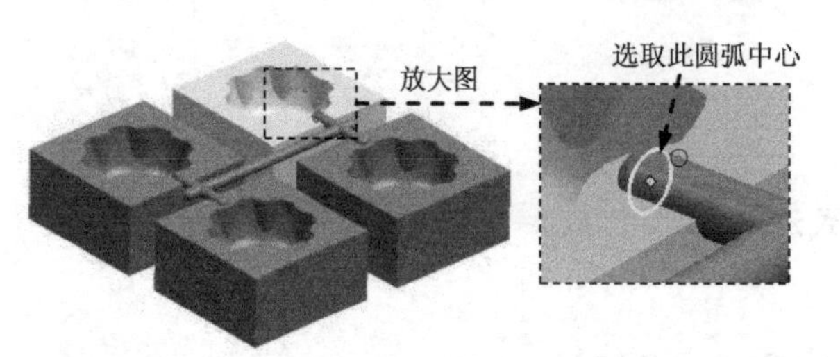

图 9.1.24　选取浇口放置点

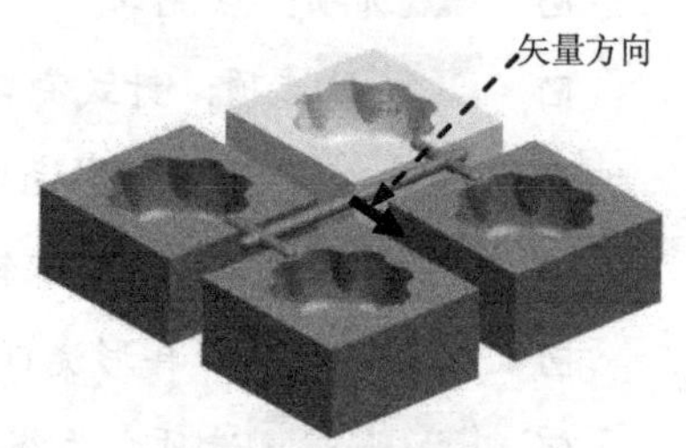

图 9.1.25　定义矢量

Step8. 在“浇口设计”对话框中单击取消按钮，完成浇口的设计，结果如图 9.1.26 所示。

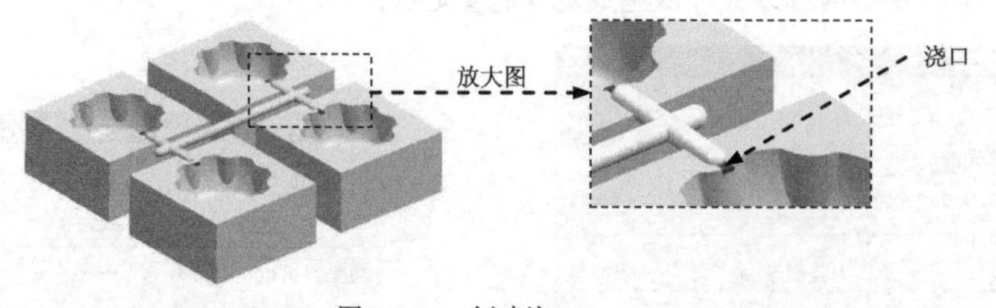

图 9.1.26　创建浇口

Step9. 型腔设计。

（1）显示动/定模板。在“装配导航器”中将动模板（cap_mold_b_plate_040）和定模

板（☑ cap_mold_a_plate_026）取消隐藏。

（2）在“注塑模向导”工具条中单击“腔体”按钮，系统弹出“腔体”对话框。

（3）在“腔体”对话框中选取图 9.1.27 所示的目标体和工具体，单击 确定 按钮，完成型腔设计，结果如图 9.1.28 所示。

说明：目标体为型腔、动模板和定模板，工具体为流道和浇口。

图 9.1.27　腔体管理　　图 9.1.28　腔体管理结果

Step10. 保存文件（显示所有组件）。选择下拉菜单 文件(F) ➡ 全部保存(V) 命令，保存所有文件。

9.2　冷却系统的设计

9.2.1　概述

冷却系统指的是对模具进行冷却或加热，它既关系到塑件的质量（塑件的尺寸精度、塑件的力学性能和塑件的表面质量），又关系到生产效率。因此，必须根据要求将模具温度控制在一个合理的范围之内，以得到高品质的塑件和较高的生产效率。

在 Mold Wizard 中，创建冷却系统可以使用模具冷却工具来完成，模具冷却工具提供了多种创建冷却通道和修改编辑冷却通道的方法，还可以使用模具冷却工具中的“冷却标准件库”命令快速创建冷却通道，并完成冷却系统中一些其他零部件的设计（如水塞、O 形圈和水嘴等）。

9.2.2　冷却通道设计

使用“冷却标准件库”可以完成冷却通道的设计，其冷却通道的一般设计思路为，首先定义冷却通道的参数，然后定义生成冷却通道的位置。

打开 D:\ug10.3\work\09.02.02\cap_mold_top_010.prt 文件。

在“注塑模向导”工具条中单击“模具冷却工具”按钮，系统弹出如图 9.2.1 所示的“模具冷却工具”工具条；单击工具条中的“冷却标准件库”按钮，系统弹出如图 9.2.2 所示的“冷却组件设计”对话框以及“重用库”导航器。

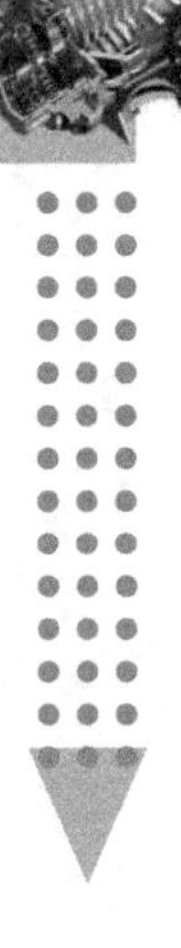

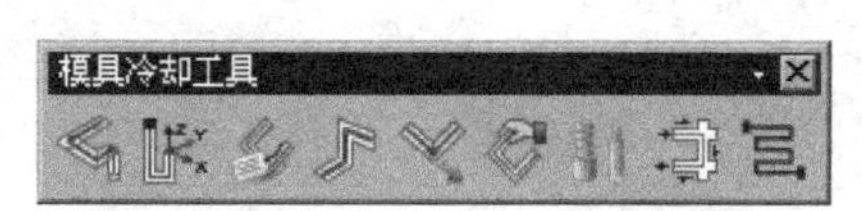

图 9.2.1　“模具冷却工具”工具条

图 9.2.2　“冷却组件设计”对话框

说明： 在“重用库”导航器 名称 列表中展开设计树中的 COOLING 选项，然后选择 Water 选项，在 **成员选择** 列表区域中显示出冷却系统中常见组件对象的列表，在该列表中选择一个组件对象，如图 9.2.3 所示；同时在“冷却组件设计”对话框的下部会弹出如图 9.2.3 所示的信息窗口并显示对象参数，修改组件参数，可以完成冷却系统中常见组件的设计。

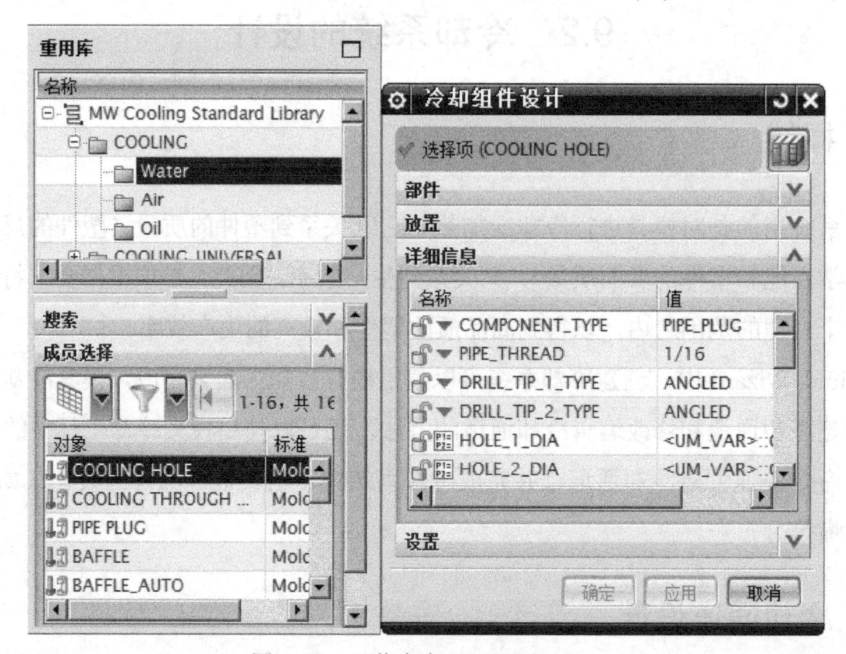

图 9.2.3　“信息窗口”界面

9.2.3　冷却系统标准件

使用“冷却标准件库”按钮可以完成冷却系统的设计。此设计过程不但可以完成冷却通道的设计，还可以完成冷却系统中的一些其他零部件的设计（如水塞、O 形圈和水嘴等）。下面以图 9.2.4 为例来说明在 UG NX 10.0 中使用“冷却标准件库”方式完成冷却系统设计的一般过程。

Task1. 创建冷却通道

Step1. 打开 D:\ug10.3\work\09.02.03\cap_mold_top_010.prt 文件。

Step2. 隐藏模架部分。在装配导航器中取消选中cap_mold_fs_034、cap_mold_var_011、cap_mold_cool_001、cap_mold_misc_005和cap_mold_ej_pin_053部件，结果如图 9.2.5 所示。

图 9.2.4 模架模型

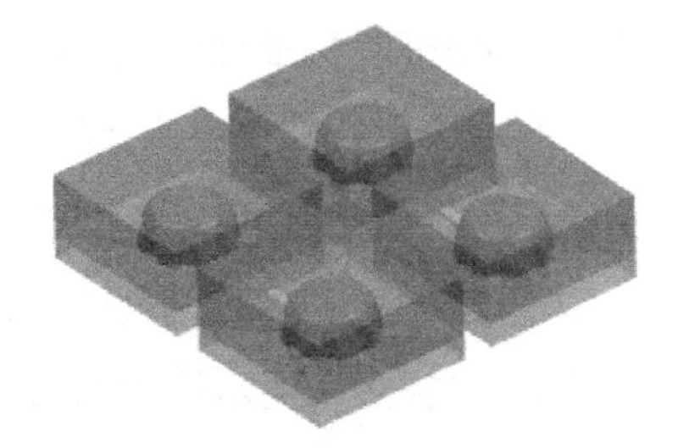

图 9.2.5 隐藏模架部分

Step3. 在“注塑模向导”工具条中单击“模具冷却工具”按钮，在系统弹出的“模具冷却工具”工具条中单击“冷却标准件库”按钮，系统弹出“冷却组件设计”对话框。

Step4. 选择通道类型。在“重用库”导航器名称列表中展开设计树中的COOLING选项，然后选择Water选项，在成员选择区域中选择COOLING HOLE选项，系统弹出信息窗口并显示参数。

（1）修改参数。在详细信息区域的PIPE_THREAD下拉列表中选择M8选项；选择HOLE 1 DEPTH选项，在HOLE_1_DEPTH文本框中输入值30，并按Enter键确认；选择HOLE 2 DEPTH选项，在HOLE_2_DEPTH文本框中输入值 30，并按 Enter 键确认，其他参数接受系统默认设置。

（2）定义放置面。激活*选择面或平面 (0)区域，选取图 9.2.6 所示的表面（显示坐标系），单击确定按钮，然后在系统弹出的“标准件位置”对话框中单击“点对话框”按钮，系统弹出“点”对话框，在“点”对话框类型区域的下拉列表中选择自动判断的点选项。

（3）定义通道坐标点。在XC文本框中输入值 20，在YC文本框中输入值 0，在ZC文本框中输入值 0；单击确定按钮，系统返回至“标准件位置”对话框，在偏置区域的X 偏置文本框中输入值 0，在Y 偏置文本框中输入值 0。

（4）在“标准件位置”对话框中单击确定按钮，完成通道坐标系的定义，完成冷却通道 1 的创建，结果如图 9.2.7 所示。

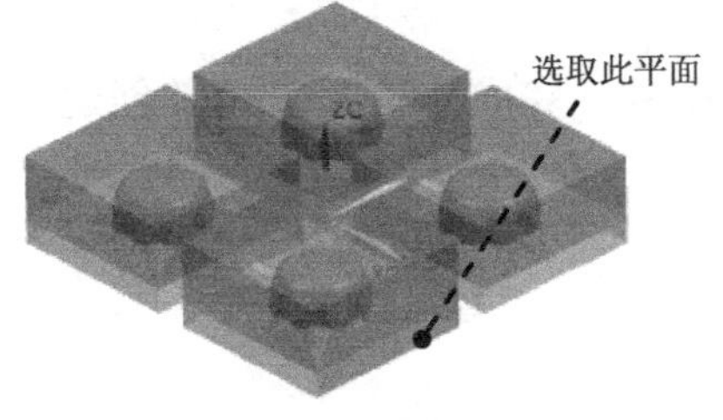

图 9.2.6 定义放置平面

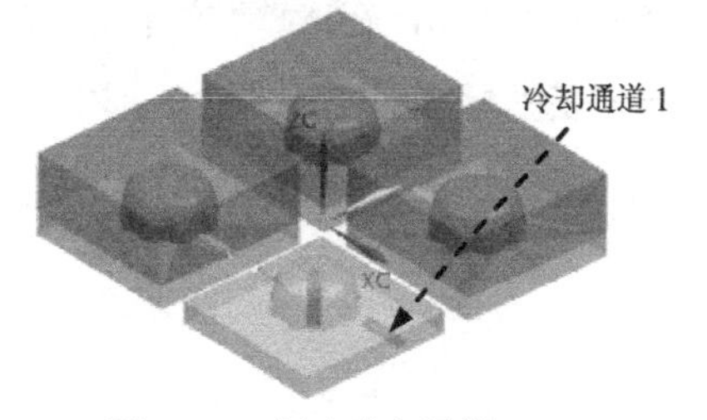

图 9.2.7 创建冷却通道 1

Step5. 定义冷却通道 2。参照冷却通道 1 的创建方法创建冷却通道 2。

（1）修改参数。在PIPE_THREAD下拉列表中选择M8选项；选择HOLE 1 DEPTH选项，在HOLE_1_DEPTH文本框中输入值 80，并按 Enter 键确认；选择HOLE 2 DEPTH选项，在HOLE_2_DEPTH文本框中输入值 80，并按 Enter 键确认，其他参数接受系统默认设置。

（2）定义放置面。激活* 选择面或平面 (0)区域，选取图 9.2.8 所示的表面，单击确定按钮，然后在系统弹出的"标准件位置"对话框中单击"点对话框"按钮，系统弹出"点"对话框，在类型区域的下拉列表中选择自动判断的点选项。

（3）定义通道坐标点。在XC文本框中输入值 30，在YC文本框中输入值 0，在ZC文本框中输入值 0；单击确定按钮，系统返回至"标准件位置"对话框，在偏置区域的X 偏置文本框中输入值 0，在Y 偏置文本框中输入值 0。

（4）在"标准件位置"对话框中单击确定按钮，完成冷却通道 2 的创建，结果如图 9.2.9 所示。

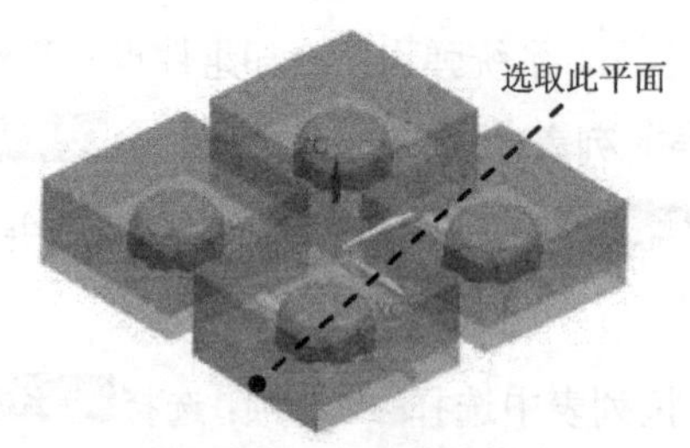

图 9.2.8 定义放置面

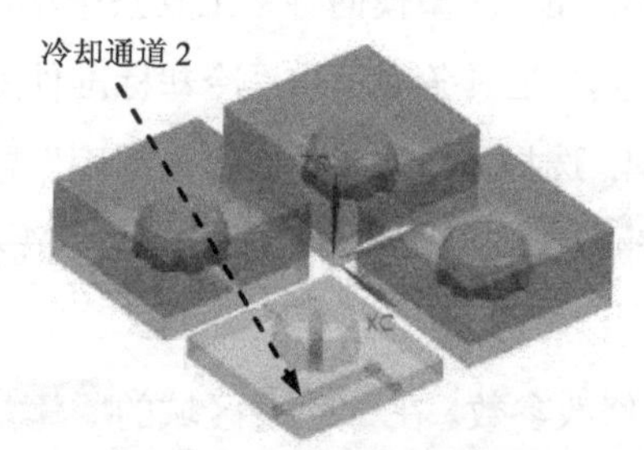

图 9.2.9 创建冷却通道 2

Step6. 定义冷却通道 3。参照冷却通道 1 的创建方法创建冷却通道 3。

（1）修改参数。在PIPE_THREAD下拉列表中选择M8选项；选择HOLE 1 DEPTH选项，在HOLE_1_DEPTH文本框中输入值 90，并按 Enter 键确认；选择HOLE 2 DEPTH选项，在HOLE_2_DEPTH文本框中输入值 90，并按 Enter 键确认，其他参数接受系统默认设置。

（2）定义放置面。激活* 选择面或平面 (0)区域，选取图 9.2.10 所示的表面，单击确定按钮，然后在系统弹出的"标准件位置"对话框中单击"点对话框"按钮，系统弹出"点"对话框，在类型区域的下拉列表中选择自动判断的点选项。

（3）定义通道坐标点。在XC文本框中输入值 20，在YC文本框中输入值 0；在ZC文本框中输入值 0；单击确定按钮，系统返回至"标准件位置"对话框，在偏置区域的X 偏置文本框中输入值 0，在Y 偏置文本框中输入值 0。

（4）在"标准件位置"对话框中单击确定按钮，完成冷却通道 3 的创建，结果如图 9.2.11 所示。

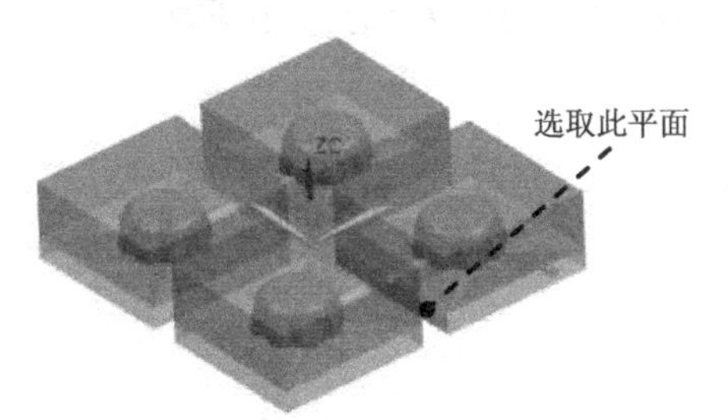

图 9.2.10 定义放置面

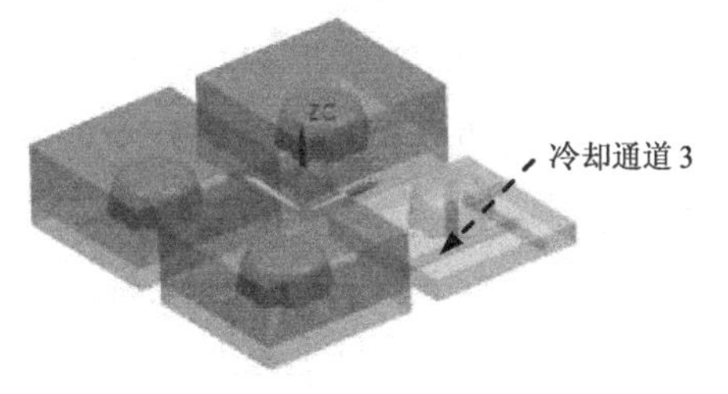

图 9.2.11 创建冷却通道 3

Step7. 定义冷却通道 4。参照冷却通道 1 的创建方法创建冷却通道 4。

（1）修改参数。在 PIPE_THREAD 下拉列表中选择 M8 选项；选择 HOLE 1 DEPTH 选项，在 HOLE_1_DEPTH 文本框中输入值 90，并按 Enter 键确认；选择 HOLE 2 DEPTH 选项，在 HOLE_2_DEPTH 文本框中输入值 90，并按 Enter 键确认，其他参数接受系统默认设置。

（2）定义放置面。激活 * 选择面或平面 (0) 区域，选取图 9.2.12 所示的表面，单击 确定 按钮，然后在系统弹出的“标准件位置”对话框中单击“点对话框”按钮，系统弹出“点”对话框，在 类型 区域的下拉列表中选择 自动判断的点 选项。

（3）定义通道坐标点。在 XC 文本框中输入值-20，在 YC 文本框中输入值 0，在 ZC 文本框中输入值 0；单击 确定 按钮，系统返回至“标准件位置”对话框，在 偏置 区域的 X 偏置 文本框中输入值 0，在 Y 偏置 文本框中输入值 0。

（4）在“标准件位置”对话框中单击 确定 按钮，完成冷却通道 4 的创建，结果如图 9.2.13 所示。

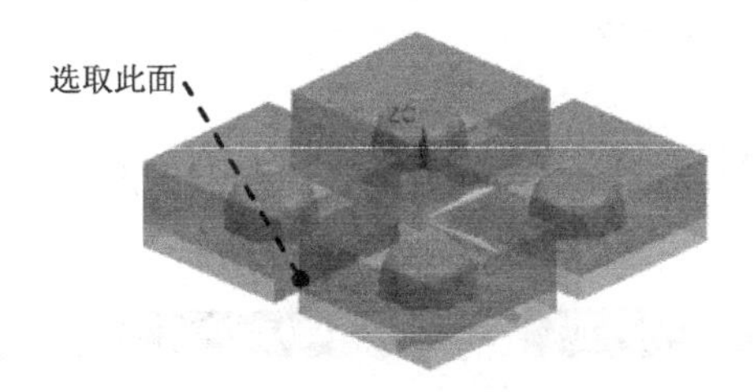

图 9.2.12 定义放置面

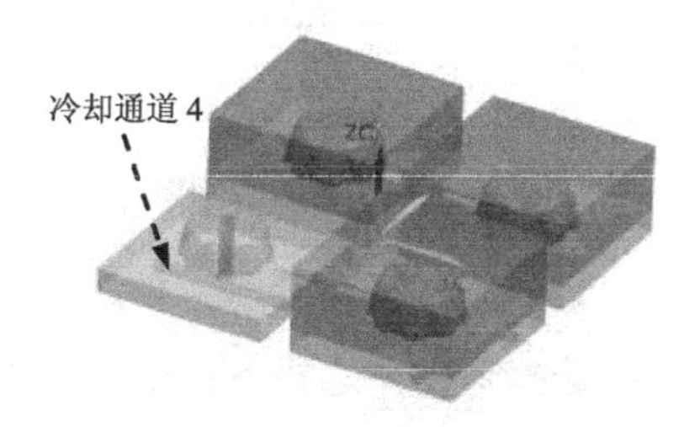

图 9.2.13 创建冷却通道 4

Step8. 定义冷却通道 5。参照冷却通道 1 的创建方法创建冷却通道 5。

（1）修改参数。在 PIPE_THREAD 下拉列表中选择 M8 选项；选择 HOLE 1 DEPTH 选项，在 HOLE_1_DEPTH 文本框中输入值 80，并按 Enter 键确认；选择 HOLE 2 DEPTH 选项，在 HOLE_2_DEPTH 文本框中输入值 80，并按 Enter 键确认，其他参数接受系统默认设置。

（2）定义放置面。激活 * 选择面或平面 (0) 区域，选取图 9.2.14 所示的表面，单击 确定 按钮，然后在系统弹出的“标准件位置”对话框中单击“点对话框”按钮，系统弹出“点”对话框，在 类型 区域的下拉列表中选择 自动判断的点 选项。

（3）定义通道坐标点。在 XC 文本框中输入值 30，在 YC 文本框中输入值 0，在 ZC 文本

框中输入值 0；单击 确定 按钮，系统返回至“标准件位置”对话框，在 偏置 区域的 X 偏置 文本框中输入值 0，在 Y 偏置 文本框中输入值 0。

（4）在“标准件位置”对话框中单击 确定 按钮，完成冷却通道 5 的创建，结果如图 9.2.15 所示。

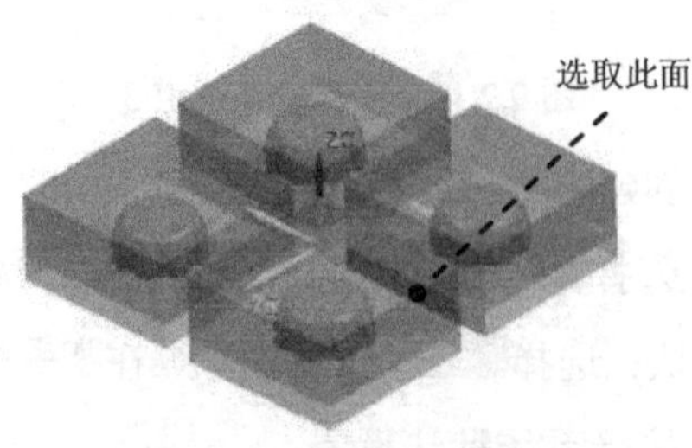

图 9.2.14　定义放置面

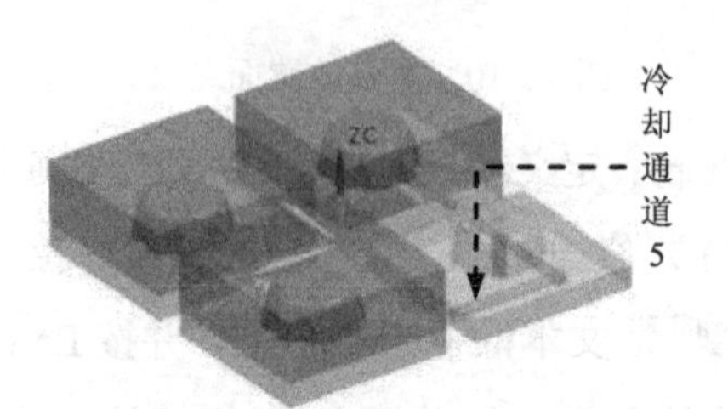

图 9.2.15　定义冷却通道 5

Step9. 镜像图 9.2.16 所示的冷却通道。

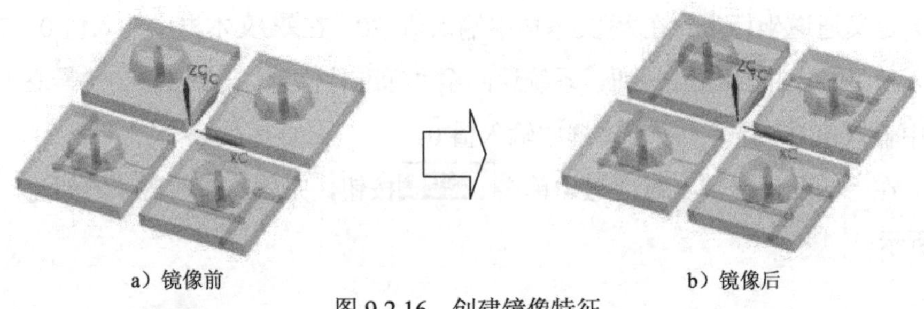

a）镜像前　　b）镜像后

图 9.2.16　创建镜像特征

（1）选取组件。从 装配导航器 中选择 cap_mold_cool_001 部件并右击，在弹出的快捷菜单中选择 设为工作部件 命令，使之转为工作部件。

（2）选择命令。选择下拉菜单 装配(A) → 组件(C) → 镜像装配(I)... 命令，系统弹出如图 9.2.17 所示的“镜像装配向导”对话框。

（3）在“镜像装配向导”对话框中单击 下一步 > 按钮。

（4）选取镜像组件。从模型中选取创建的 5 个冷却通道。

（5）在“镜像装配向导”对话框中单击 下一步 > 按钮。

（6）在对话框中单击“创建基准平面”按钮，系统弹出“基准平面”对话框。

（7）在“基准平面”对话框的 类型 下拉列表中选择 XC-ZC 平面 选项。

（8）在“基准平面”对话框中单击 < 确定 > 按钮，系统返回至“镜像装配向导”对话框。

图 9.2.17 "镜像装配向导"对话框

(9) 在"镜像装配向导"对话框中两次单击 下一步 > 按钮。

(10) 在"镜像装配向导"对话框中单击 完成 按钮完成镜像，如图 9.2.16 所示（隐藏镜像平面和型腔）。

Step10. 定义冷却通道 6。参照冷却通道 1 的创建方法创建冷却通道 6（此时应激活总装配）。

(1) 修改参数。在 PIPE_THREAD 下拉列表中选择 M8 选项；选择 HOLE 1 DEPTH 选项，在 HOLE_1_DEPTH 文本框中输入值 20，并按 Enter 键确认；选择 HOLE 2 DEPTH 选项，在 HOLE_2_DEPTH 文本框中输入值 20，并按 Enter 键确认，其他参数接受系统默认设置。

(2) 定义放置面。激活 * 选择面或平面 (0) 区域，选取图 9.2.18 所示的表面，单击 应用 按钮，然后在系统弹出的"标准件位置"对话框中单击"点对话框"按钮，系统弹出"点"对话框，在 类型 区域的下拉列表中选择 自动判断的点 选项。

(3) 定义通道坐标点。在 XC 文本框中输入值-20，在 YC 文本框中输入值 0，在 ZC 文本框中输入值 0；单击 确定 按钮，系统返回至"标准件位置"对话框，在 偏置 区域的 X 偏置 文本框中输入值 0，在 Y 偏置 文本框中输入值 0。

(4) 在"标准件位置"对话框中单击 确定 按钮，系统返回至"冷却组件设计"对话框。

(5) 单击"翻转方向"按钮，结果如图 9.2.19 所示。

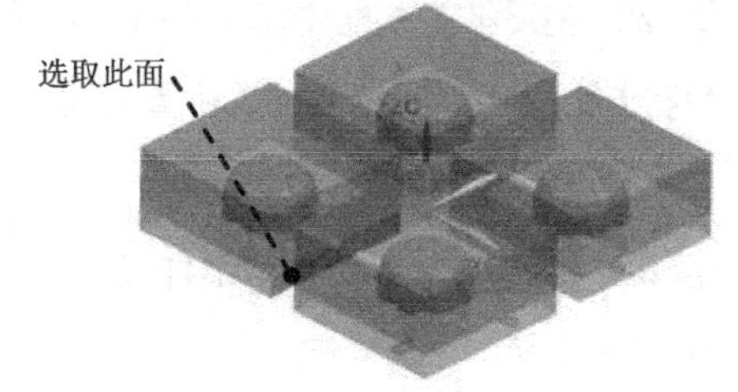

图 9.2.18 定义放置面

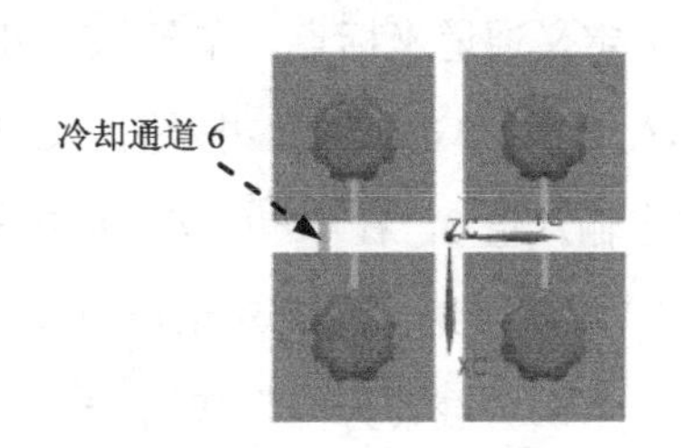

图 9.2.19 创建冷却通道 6

（6）单击 确定 按钮，完成冷却水道 6 的创建。

Step11. 定义冷却通道 7。参照冷却通道 1 的创建方法创建冷却通道 7。

（1）修改参数。在 PIPE_THREAD 下拉列表中选择 M8 选项；选择 HOLE 1 DEPTH 选项，在 HOLE_1_DEPTH 文本框中输入值 20，并按 Enter 键确认；选择 HOLE 2 DEPTH 选项，在 HOLE_2_DEPTH 文本框中输入值 20，并按 Enter 键确认，其他参数接受系统默认设置。

（2）定义放置面。激活 * 选择面或平面 (0) 区域，选取图 9.2.20 所示的表面，单击 应用 按钮，然后在系统弹出的“标准件位置”对话框中单击“点对话框”按钮，系统弹出“点”对话框，在 类型 区域的下拉列表中选择 自动判断的点 选项。

（3）定义通道坐标点。在 XC 文本框中输入值-30，在 YC 文本框中输入值 0，在 ZC 文本框中输入值 0；单击 确定 按钮，系统返回至“标准件位置”对话框，在 偏置 区域的 X 偏置 文本框中输入值 0，在 Y 偏置 文本框中输入值 0。

（4）在“标准件位置”对话框中单击 确定 按钮，系统返回至“冷却组件设计”对话框。

（5）单击“翻转方向”按钮，结果如图 9.2.21 所示。

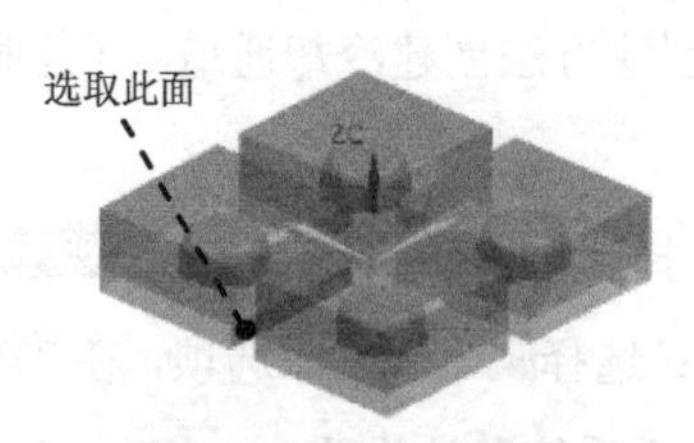

图 9.2.20　定义放置面

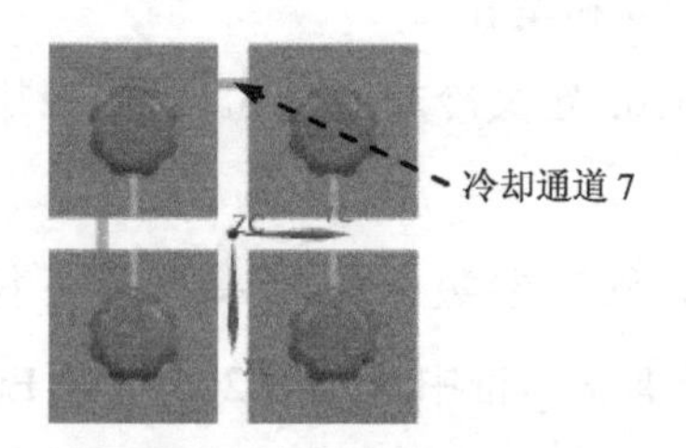

图 9.2.21　创建冷却通道 7

（6）单击 确定 按钮，完成冷却水道 7 的创建。

Step12. 定义冷却通道 8。参照冷却通道 1 的创建方法创建冷却通道 8。

（1）修改参数。在 PIPE_THREAD 下拉列表中选择 M8 选项；选择 HOLE 1 DEPTH 选项，在 HOLE_1_DEPTH 文本框中输入值 20，并按 Enter 键确认；选择 HOLE 2 DEPTH 选项，在 HOLE_2_DEPTH 文本框中输入值 20，并按 Enter 键确认，其他参数接受系统默认设置。

（2）定义放置面。激活 * 选择面或平面 (0) 区域，选取图 9.2.22 所示的表面，单击 应用 按钮，然后在系统弹出的“标准件位置”对话框中单击“点对话框”按钮，系统弹出“点”对话框，在 类型 区域的下拉列表中选择 自动判断的点 选项。

（3）定义通道坐标点。在 XC 文本框中输入值-20，在 YC 文本框中输入值 0，在 ZC 文本框中输入值 0；单击 确定 按钮，系统返回至“标准件位置”对话框，在 偏置 区域的 X 偏置 文本框中输入值 0，在 Y 偏置 文本框中输入值 0。

（4）在“标准件位置”对话框中单击 确定 按钮，系统返回至“冷却组件设计”对话框。

（5）单击“翻转方向”按钮，结果如图 9.2.23 所示。

（6）单击 确定 按钮，完成冷却水道 8 的创建。

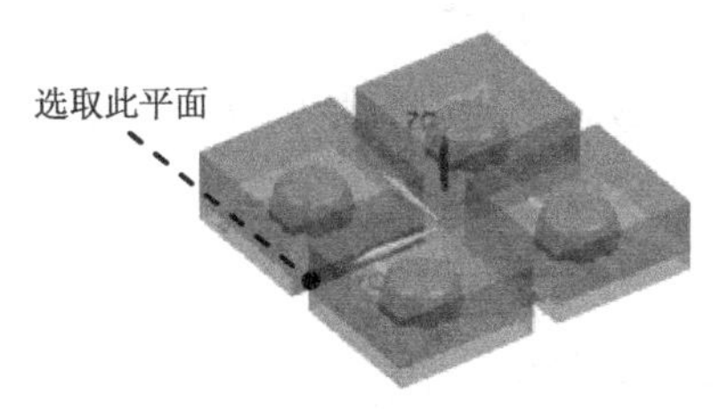

图 9.2.22　定义放置面

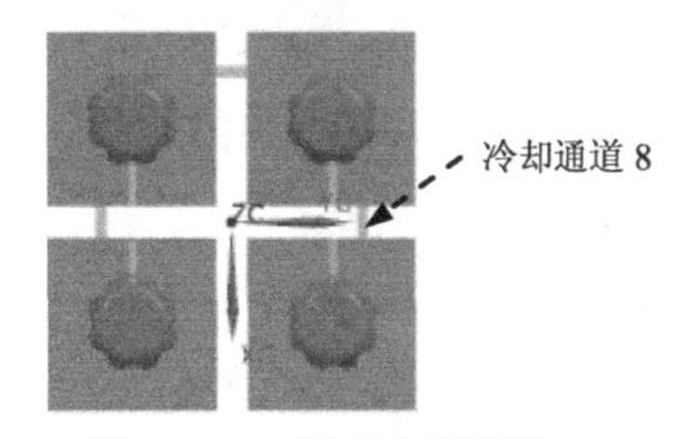

图 9.2.23　创建冷却通道 8

Step13. 定义冷却通道 9。

（1）在装配导航器中选择☑ cap_mold_top_010部件并右击，在弹出的快捷菜单中选择设为工作部件选项，使之成为工作部件。

（2）显示下模并隐藏模仁。在装配导航器中选择下模☑ cap_mold_movehalf_027部件并勾选；选择模仁□ cap_mold_layout_022部件并取消勾选，结果如图 9.2.24 所示。

说明： ☑ cap_mold_movehalf_027部件在☑ cap_mold_fs_034中。

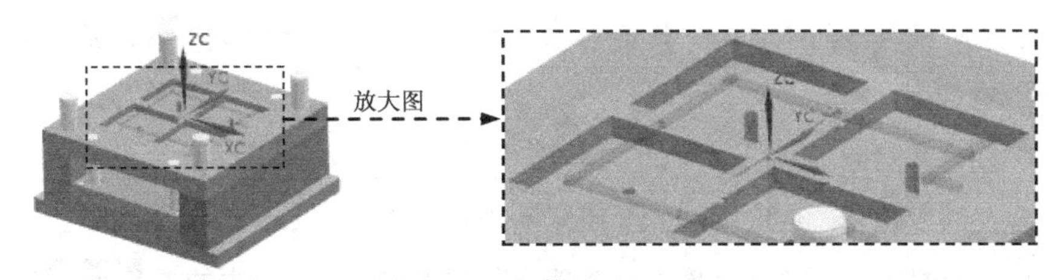

图 9.2.24　部件显示

（3）在“注塑模向导”工具条中单击“模具冷却工具”按钮，在系统弹出的“模具冷却工具”工具条中单击“冷却标准件库”按钮，系统弹出“冷却组件设计”对话框，在其中取消选中□ 关联位置复选框。

（4）选择通道类型。在“重用库”导航器名称列表展开设计树中的COOLING选项，然后选择Water选项，在**成员选择**区域中选择COOLING HOLE选项，系统弹出信息窗口并显示参数。

（5）修改参数。在详细信息区域的PIPE_THREAD下拉列表中选择M8选项；选择HOLE 1 DEPTH选项，在HOLE_1_DEPTH文本框中输入值 80，并按 Enter 键确认；选择HOLE 2 DEPTH选项，在HOLE_2_DEPTH文本框中输入值 80，并按 Enter 键确认，其他参数接受系统默认设置。

（6）定义放置面。激活*选择面或平面 (0)区域，选取图 9.2.25 所示的表面，单击确定按钮，系统弹出“点”对话框。

（7）在“点”对话框的XC文本框中输入值-45，在YC文本框中输入值 12.5，在ZC文本框中输入值 0，单击确定按钮，在系统弹出的“部件名管理”对话框中单击确定按钮，系统弹出“点”对话框。

（8）在“点”对话框的 XC 文本框中输入值 45，在 YC 文本框中输入值 12.5，在 ZC 文本框中输入值 0，单击 确定 按钮，系统弹出“点”对话框。

（9）单击“点”对话框中的 取消 按钮，完成通道坐标系的定义，创建的冷却通道 9 如图 9.2.26 所示。

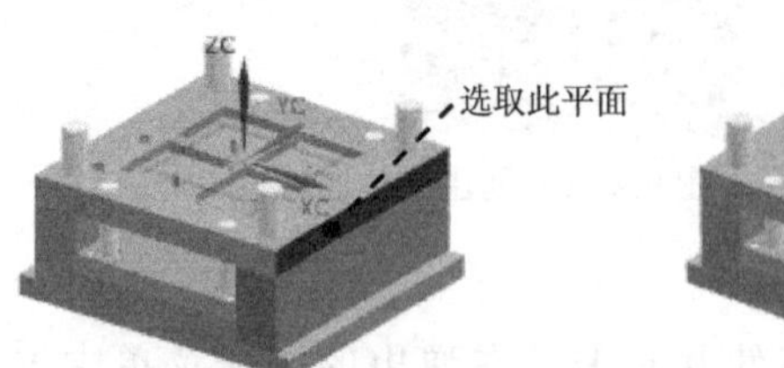

图 9.2.25　定义放置面

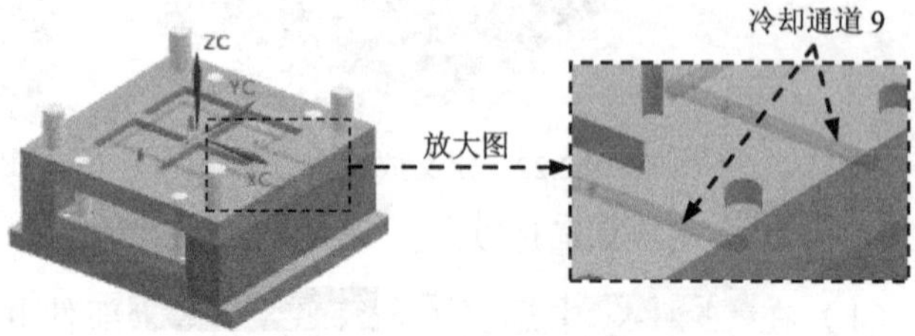

ZC
YC
XC
放大图
冷却通道 9

图 9.2.26　创建冷却通道 9

Task2. 创建密封圈

Step1. 隐藏下模。在 装配导航器 中选择 ☑ cap_mold_movehalf_027 部件并取消勾选，结果如图 9.2.27 所示。

Step2. 在“模具冷却工具”工具条中单击“冷却标准件库”按钮，系统弹出“冷却组件设计”对话框。

Step3. 创建密封圈 1。

（1）定义放置位置。选取图 9.2.28 所示的冷却通道。

（2）定义标准件。在“重用库”导航器 名称 列表展开设计树中的 COOLING 选项，然后选择 Oil 选项，然后在 成员选择 区域中选择 Oil O-RING 选项。

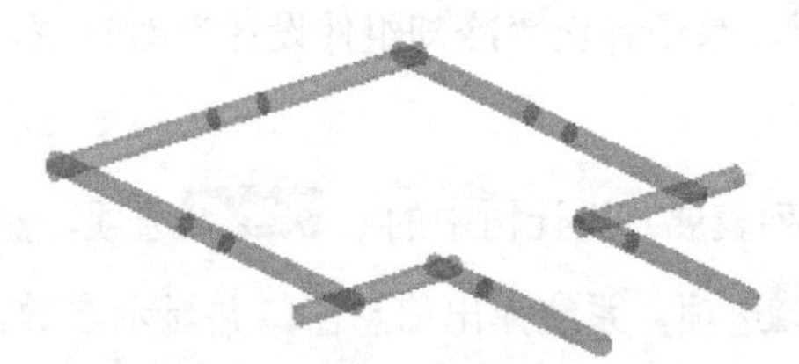

图 9.2.27　显示冷却通道

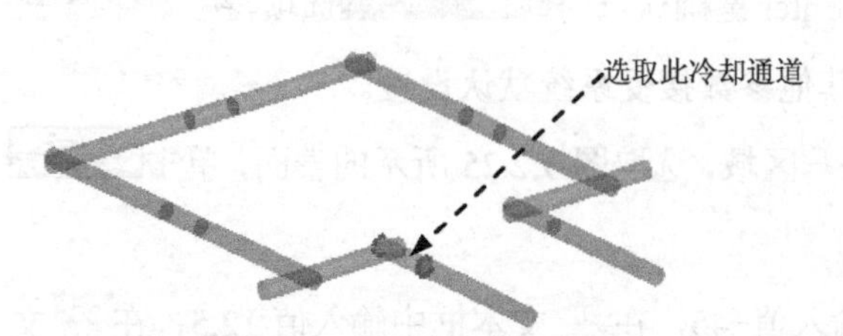

图 9.2.28　定义放置位置

图 9.2.29　“冷却组件设计”对话框

（3）定义属性。在“冷却组件设计”对话框 SECTION_DIA 下拉列表中选择 1.5 选项；在 FITTING_DIA 下拉列表中选择 8 选项；修改 GROOVE_WIDE 的值为 2.1；修改 GROOVE_DEEP 的值为 1.2，如图 9.2.29 所示，单击确定按钮，然后在系统弹出的“部件名管理”对话框中单击确定按钮。

（4）单击确定按钮，完成图 9.2.30 所示的密封圈 1 的创建。

说明：因为有一侧冷却通道是镜像得到的，所以在一侧创建密封圈，系统会自动在镜像得到的冷却通道上创建出相同的密封圈。

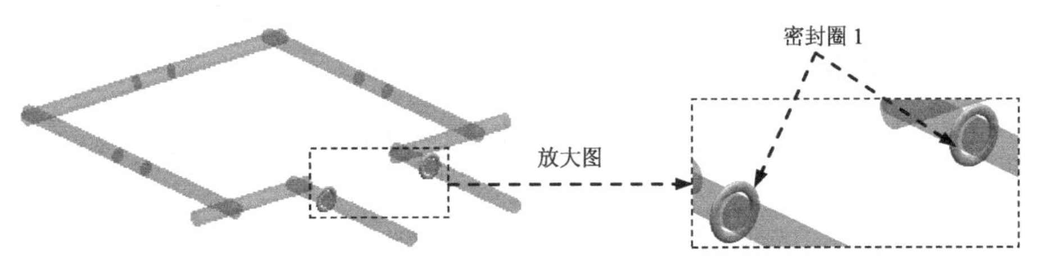

图 9.2.30　创建密封圈 1

Step4. 创建密封圈 2。参照 Step3，选择图 9.2.31 所示的冷却通道，完成图 9.2.32 所示的密封圈 2 的创建。

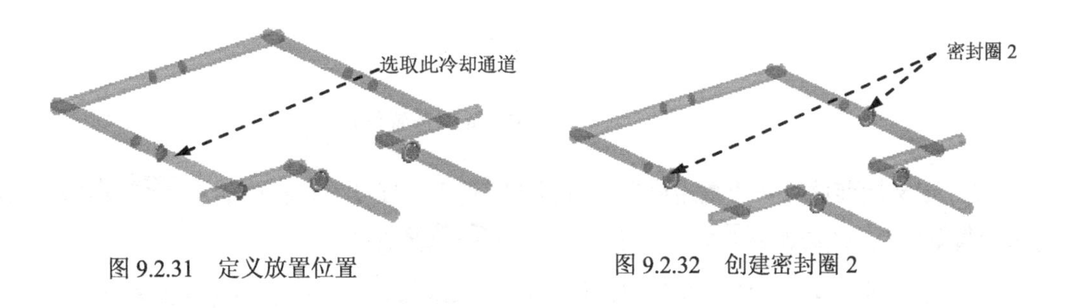

图 9.2.31　定义放置位置　　图 9.2.32　创建密封圈 2

Step5. 创建密封圈 3。参照 Step3，选择图 9.2.33 所示的冷却通道，完成图 9.2.34 所示的密封圈 3 的创建。

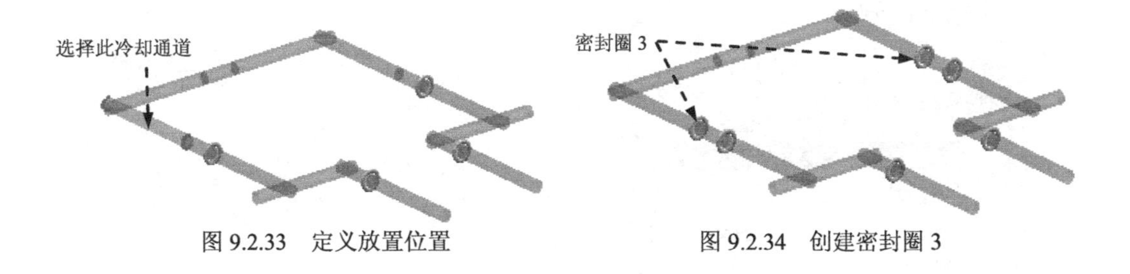

图 9.2.33　定义放置位置　　图 9.2.34　创建密封圈 3

Step6. 创建密封圈 4。参照 Step3，选择图 9.2.35 所示的冷却通道，完成图 9.2.36 所示的密封圈 4 的创建。

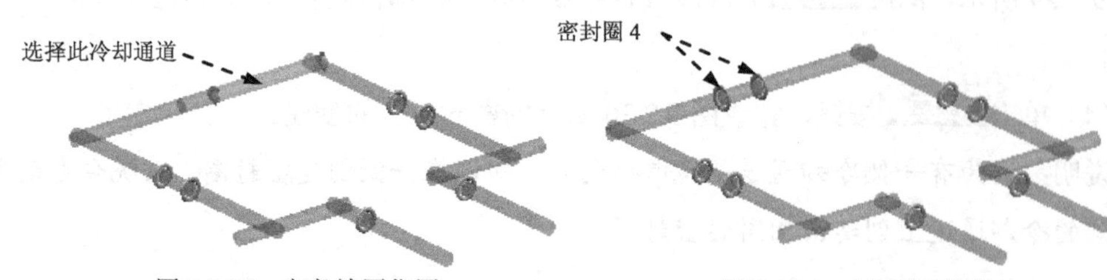

图 9.2.35　定义放置位置　　　　图 9.2.36　创建密封圈 4

Task3. 创建水塞

Step1. 在“模具冷却工具”工具条中单击“冷却标准件库”按钮，系统弹出“冷却组件设计”对话框。

Step2. 定义水塞。

（1）定义放置位置。选取图 9.2.37 所示的冷却通道。

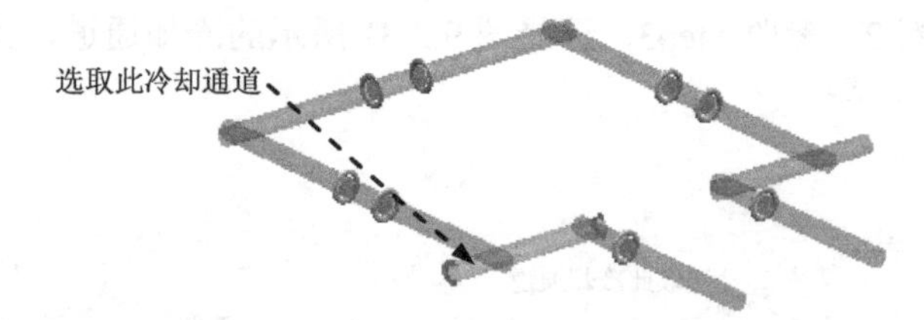

图 9.2.37　定义放置位置

（2）定义标准件。在“重用库”导航器 名称 列表中展开设计树中的 COOLING 选项，然后选择 Air 选项，然后在 成员选择 区域中选择 Air DIVERTER 选项。

（3）定义属性。在“冷却组件设计”对话框 SUPPLIER 下拉列表中选择 DMS 选项，修改 FITTING_DIA 的值为 6，修改 ENGAGE 的值为 10，并按 Enter 键确认，如图 9.2.38 所示。

（4）单击 < 确定 > 按钮，结果如图 9.2.39 所示。

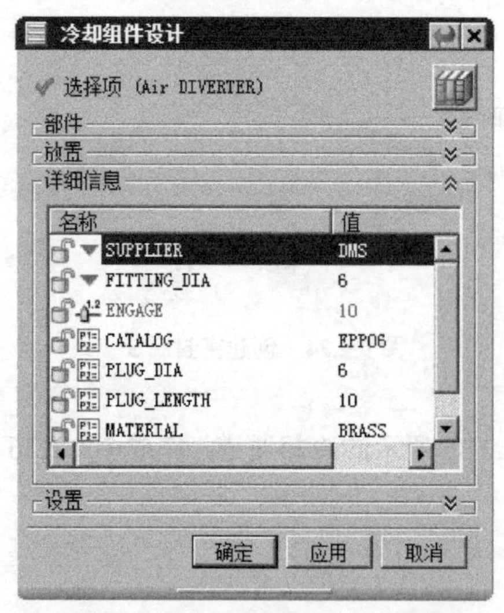

图 9.2.38　“冷却组件设计”对话框

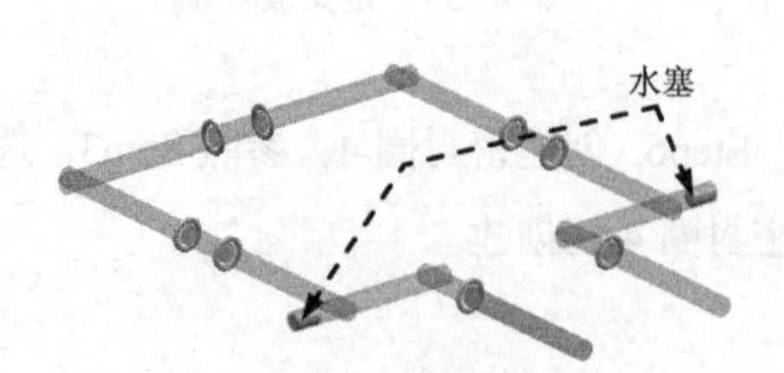

图 9.2.39　创建水塞

Task4. 创建水嘴

Step1. 在“模具冷却工具”工具条中单击“冷却标准件库”按钮，系统弹出“冷却组件设计”对话框。

Step2. 定义水嘴。

（1）定义放置位置。选取图 9.2.40 所示的冷却通道。

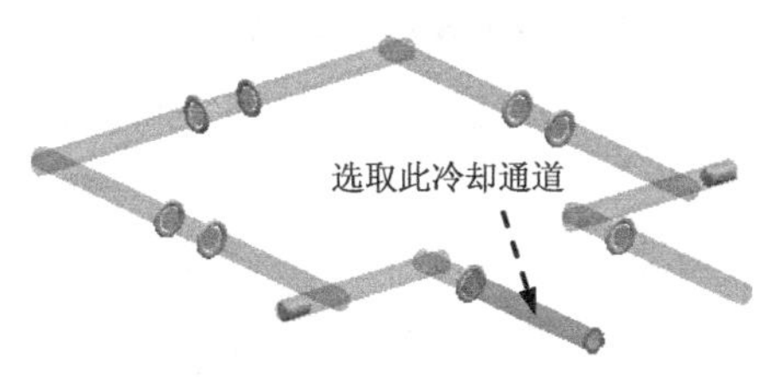

图 9.2.40 定义放置位置

（2）定义标准件。在“重用库”导航器 名称 列表中展开设计树中的 COOLING 选项，然后选择 Air 选项，然后在 成员选择 区域中选择 Air CONNECTOR PLUG 选项。

（3）定义属性。在“冷却组件设计”对话框 SUPPLIER 下拉列表中选择 HASCO 选项，在 PIPE_THREAD 下拉列表中选择 M8 选项，并按 Enter 键确认，如图 9.2.41 所示。

（4）单击 确定 按钮，完成图 9.2.42 所示的水嘴创建。

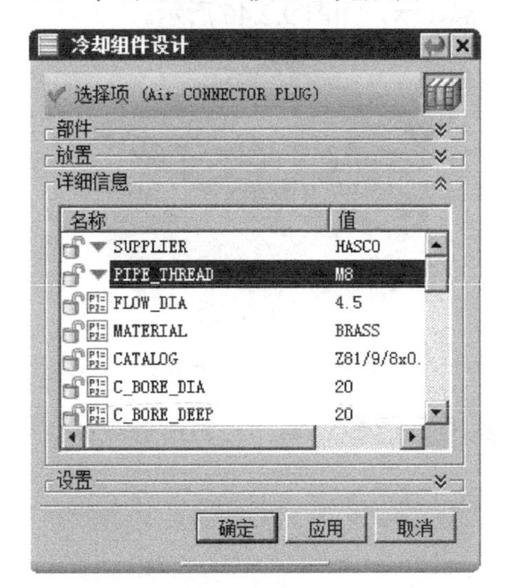

冷却组件设计

选择项 (Air CONNECTOR PLUG)

部件

放置

详细信息

名称	值
SUPPLIER	HASCO
PIPE_THREAD	M8
FLOW_DIA	4.5
MATERIAL	BRASS
CATALOG	Z81/9/8x0.
C_BORE_DIA	20
C_BORE_DEEP	20

设置

确定 应用 取消

图 9.2.41 “冷却组件设计”对话框

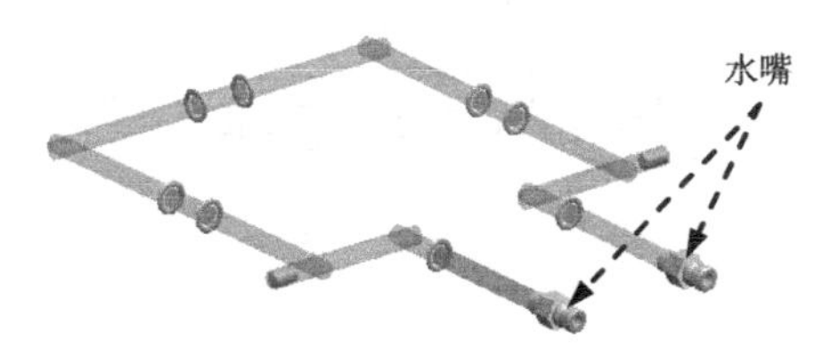

图 9.2.42 创建水嘴

Task5. 镜像水路

Step1. 选取组件。从 装配导航器 中选择 cap_mold_cool_001 部件并右击，在弹出的快捷菜单中选择 设为工作部件 命令，使之转为工作部件。

Step2. 选择命令。选择下拉菜单 装配(A) → 组件(C) → 镜像装配(I)... 命令，系统弹出“镜像装配向导”对话框。

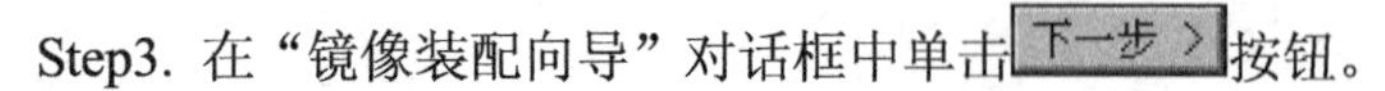

Step3. 在“镜像装配向导”对话框中单击 下一步 > 按钮。

Step4. 选取镜像组件。从工作平面上框选所有的冷却零部件，如图 9.2.43 所示，在“镜像装配向导”对话框中单击 下一步 > 按钮。

Step5. 定义镜像平面。在“镜像装配向导”对话框中单击 按钮，系统自动弹出“基准平面”对话框。

Step6. 类型 下拉列表中选择 XC-YC 平面 选项，然后在 距离 文本框中输入值 12，如图 9.2.44 所示，单击 < 确定 > 按钮，系统返回至“镜像装配向导”对话框。

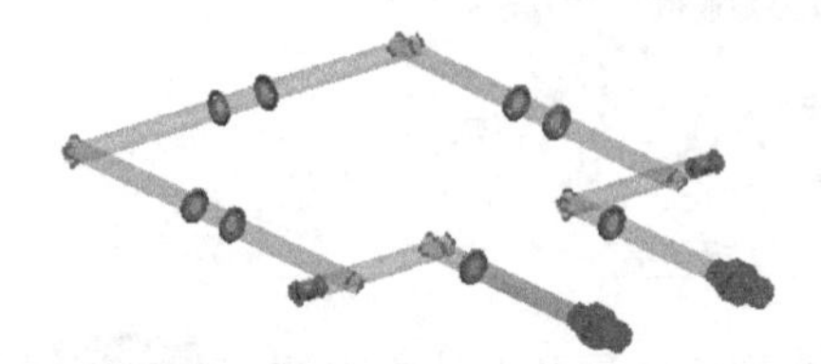

图 9.2.43　选取镜像组件

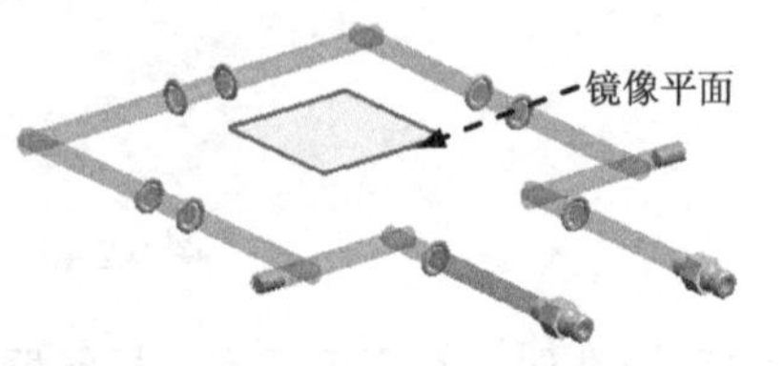

图 9.2.44　创建镜像平面

Step7. 在“镜像装配向导”对话框中单击 下一步 > 按钮四次。

Step8. 在“镜像装配向导”对话框中单击 完成 按钮，完成镜像，如图 9.2.45 所示。

Step9. 显示所有部件。选择下拉菜单 编辑(E) → 显示和隐藏(H) → 全部显示(A) 命令或按快捷键 Ctrl+Shift+U，所有隐藏部件被全部显示，如图 9.2.46 所示。

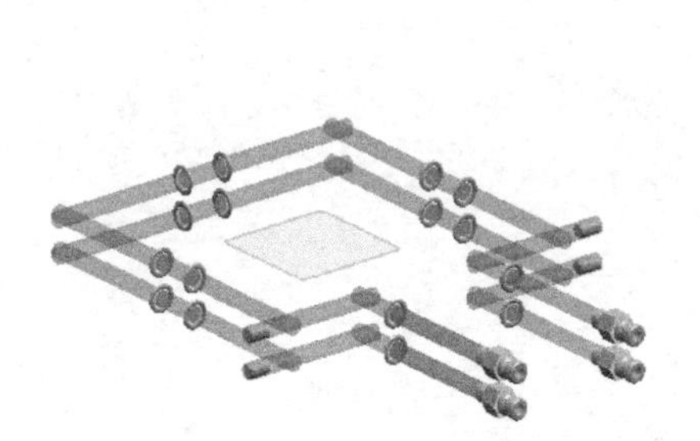

图 9.2.45　镜像水路

图 9.2.46　显示所有部件

Step10. 保存文件。选择下拉菜单 文件(F) → 全部保存(V) 命令，保存所有文件。

第 10 章 镶件、滑块和斜销机构设计

本章提要 在模具设计过程中，塑件上常常会出现较深、较薄、孔、凸台和倒扣等特征。当出现有较深和较薄的特征时，为了加工方便以及损坏时能及时更换，可以将其拆分成镶件；当出现孔、凸台和倒扣等特征时，为了使模具顺利脱模，常常设计出滑块机构和斜销机构。本章将针对镶件、滑块和斜销机构的设计进行详细讲解，同时通过实际范例来介绍其具体操作步骤。在学过本章之后，读者能够熟练掌握镶件、滑块和斜销机构设计的方法和技巧。本章主要内容包括：

- 镶件设计
- 滑块机构设计
- 斜销机构设计

10.1 镶 件 设 计

镶件是模具的重要组成部分，拆分镶件可降低模具的加工困难程度。根据模具的疏气、加工困难程度、易损位置和重要配合位置等多方面因素来确定是否需要拆分镶件。

10.1.1 创建型芯上的镶件零件

在 UG NX 10.0 中，常常采用“拉伸”和“求差”等命令拆分镶件，一般操作步骤如下：

Stage1．型腔拆分

Step1. 打开文件。在“注塑模向导”工具条中单击“初始化项目”按钮，系统弹出“打开”对话框；打开文件 D:\ug10.3\work\ch10.01\base_down_cover.prt，单击 OK 按钮，调入模型，系统弹出如图 10.1.1 所示的“初始化项目”对话框。

Step2. 设置项目路径、名称及材料。

（1）设置项目路径。接受系统默认的项目路径。

（2）设置项目名称。在“初始化项目”对话框 项目设置 区域的 Name 文本框中输入 base_down_cover_mold。

（3）设置材料。在 材料 下拉列表中选择 ABS 选项。

Step3. 定义项目单位。在“初始化项目”对话框设置区域的项目单位下拉列表中选择毫米选项。

Step4. 单击确定按钮，完成产品模型加载。

Step5. 旋转模具坐标系。

（1）选择命令。选择下拉菜单格式(R) → WCS → 旋转(R)...命令，系统弹出如图 10.1.2 所示的“旋转 WCS 绕...”对话框。

（2）定义旋转方式。选择 ⊙ + XC 轴单选项。

图 10.1.1 “初始化项目”对话框

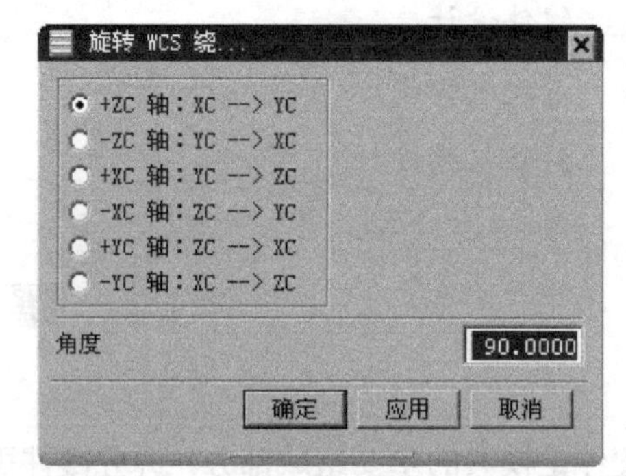

图 10.1.2 “旋转 WCS 绕...”对话框

（3）定义旋转角度。在角度文本框中输入值 180。

（4）单击确定按钮，定义后的坐标系如图 10.1.3 所示。

Step6. 定义坐标原点。

（1）选择命令。选择下拉菜单格式(R) → WCS → 原点(O)...命令，系统弹出“点”对话框。

（2）定义坐标原点。选取图 10.1.4 所示的实体边线端点为坐标原点。

（3）单击确定按钮，完成坐标原点的定义。

Step7. 锁定模具坐标系。

（1）在“注塑模向导”工具条中单击“模具 CSYS”按钮，系统弹出“模具 CSYS”对话框。

（2）在其中选择 ⊙ 产品实体中心单选项，然后在锁定 XYZ 位置区域中选中 ☑ 锁定 Z 位置复选框。

（3）单击确定按钮，完成坐标系的定义。

图 10.1.3 定义后的坐标系

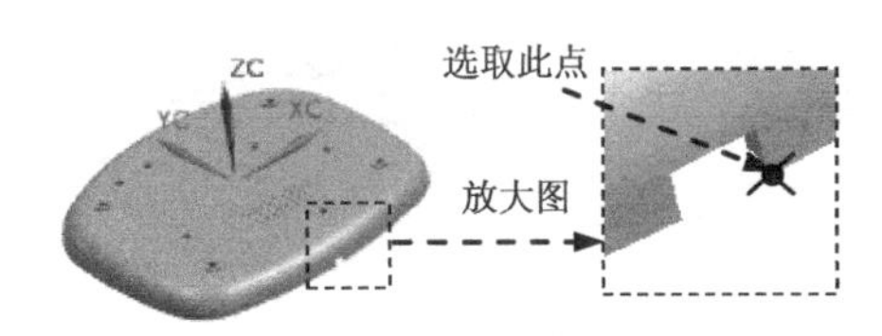

图 10.1.4 定义坐标原点

Step8. 创建工件。

（1）在“注塑模向导”工具条中单击“工件”按钮，系统弹出“工件”对话框。

（2）设置工件尺寸。在限制区域的开始和结束文本框中分别输入值-30 和 50。

（3）单击< 确定 >按钮，完成创建的模具工件，如图 10.1.5 所示。

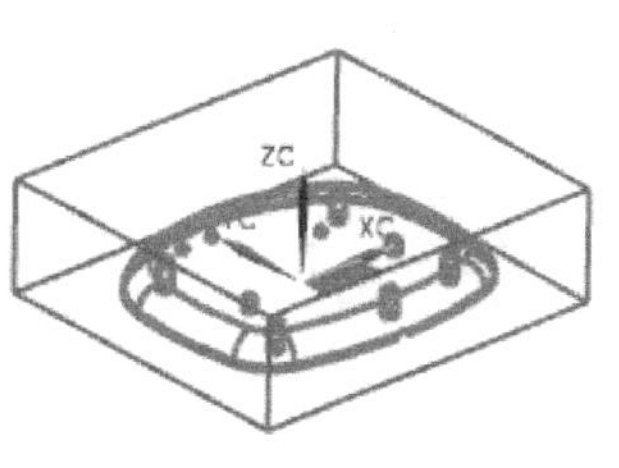

图 10.1.5 创建后的工件

Step9. 创建曲面补片。

（1）在“注塑模向导”工具条中单击“注塑模工具”按钮，系统弹出如图 10.1.6 所示的“注塑模工具”工具条。

（2）在其中单击“曲面补片”按钮，系统弹出如图 10.1.7 所示的“边修补”对话框。

（3）在对话框中取消选中☐ 按面的颜色遍历复选框。

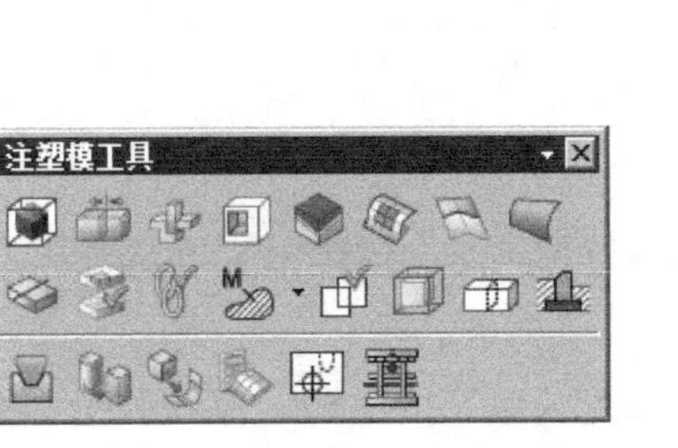

图 10.1.6 “注塑模工具”工具条

图 10.1.7 “边修补”对话框

（4）选取图 10.1.8 所示的边，同时在绘图区显示图 10.1.9 所示的路径。

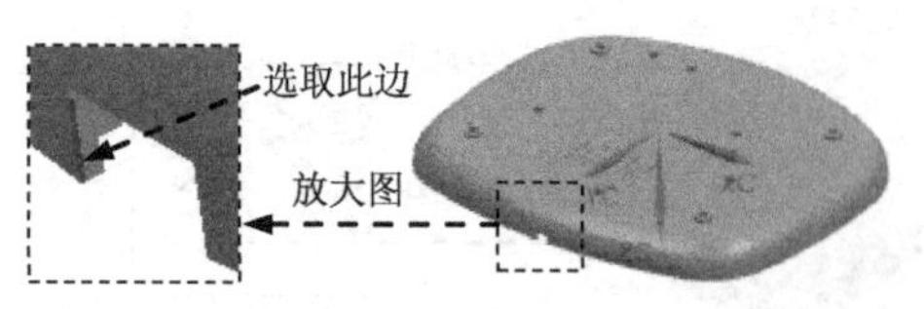

图 10.1.8 定义补片边

图 10.1.9 显示路径

（5）单击对话框中的“接受”按钮，系统自动在绘图区显示图 10.1.10 所示的路径。

说明：通过按钮、按钮和按钮可使用户选取到用户想选取的路径。

（6）单击按钮，系统自动在绘图区显示图 10.1.11 所示的路径。

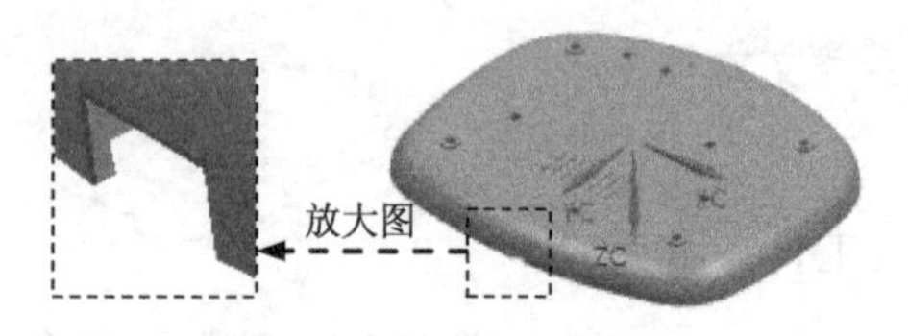

图 10.1.10 显示路径

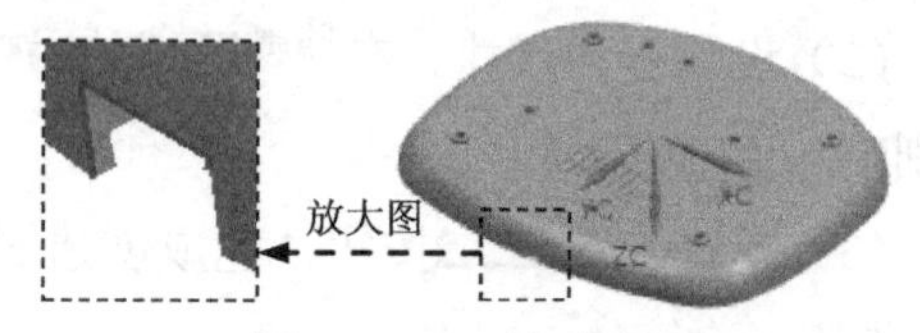

图 10.1.11 显示路径

（7）单击按钮，系统自动在绘图区显示图 10.1.12 所示的路径。

（8）单击按钮，系统自动在绘图区显示图 10.1.13 所示的路径。

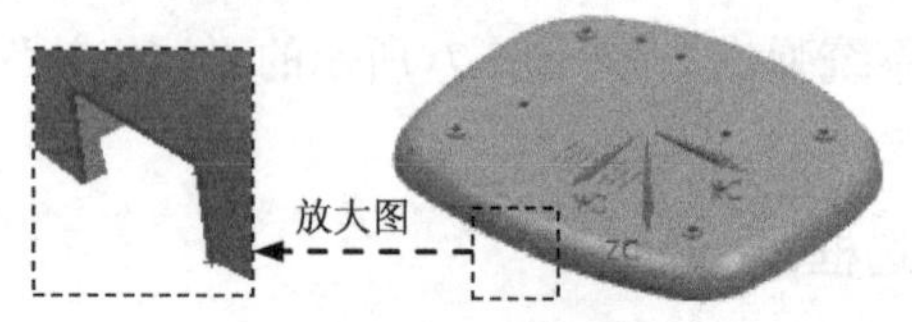

图 10.1.12 显示路径

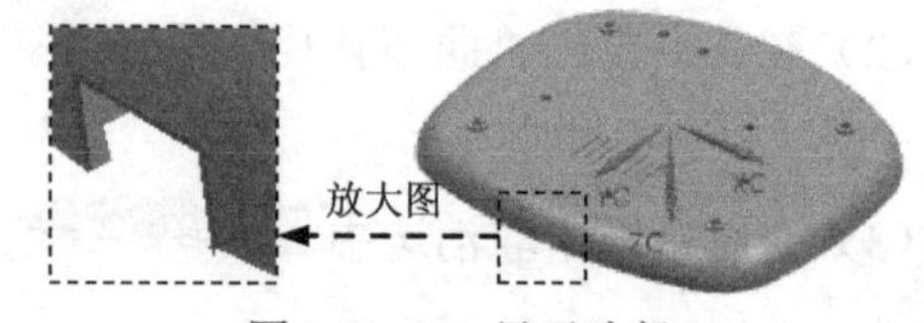

图 10.1.13 显示路径

（9）单击“关闭环”按钮，完成边界环的选取。

（10）单击 确定 按钮，完成边缘补片的创建，最终结果如图 10.1.14 所示。

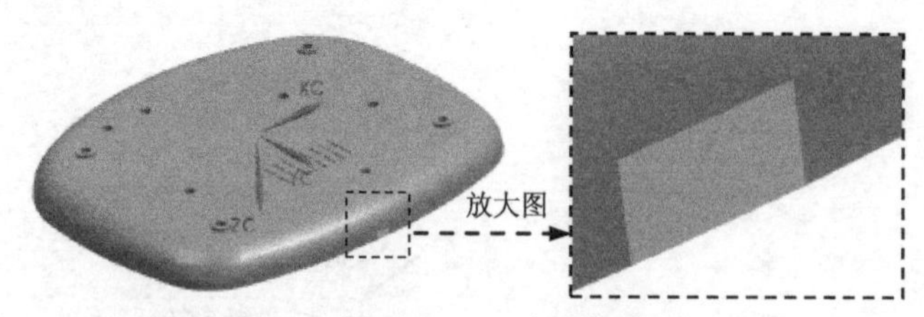

图 10.1.14 边缘补片

Step10. 定义型腔/型芯面。

（1）在“注塑模向导”工具条中单击“模具分型工具”按钮，系统弹出“模具分型工具”工具条和“分型导航器”窗口。

（2）在“模具分型工具”工具条中单击“检查区域”按钮，系统弹出“检查区域”对话框，同时模型被加亮并显示开模方向，如图 10.1.15 所示。单击“计算”按钮。

说明：图 10.1.15 所示的开模方向可以通过单击“检查区域”对话框中的“矢量对话框”

按钮来更改，由于在前面定义模具坐标系时已经将开模方向设置好了，因此系统将自动识别出产品模型的开模方向。

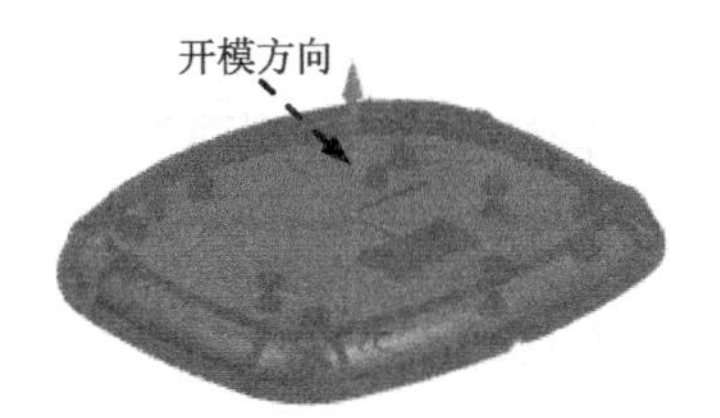

图 10.1.15 开模方向

（3）设置区域颜色。在“检查区域”对话框中选择区域选项卡，单击按钮，设置区域颜色。

（4）定义型腔区域。在未定义的区域区域中选中☑ 交叉竖直面复选框，此时系统将所有的未定义区域面加亮显示；在指派到区域区域中选择⊙ 型腔区域单选项，单击应用按钮，此时系统将前面加亮显示的未定义区域面指派到型腔区域。

（5）其他参数接受系统默认设置。单击取消按钮，关闭“检查区域”对话框。

Step11. 创建曲面补片。

（1）在“模具分型工具”工具条中单击“曲面补片”按钮，系统弹出“边修补”对话框。

（2）在类型下拉列表中选择体选项，然后在图形区选取产品实体，系统自动修补孔。

（3）单击确定按钮，完成破孔修补。

Step12. 编辑分型线。

（1）在“模具分型工具”工具条中单击“设计分型面”按钮，系统弹出如图 10.1.16 所示的“设计分型面”对话框。

（2）在编辑分型线区域中激活选择分型线 (0)区域，然后选取图 10.1.17 所示的边，同时在绘图区显示图 10.1.18 所示的路径（分型线）。

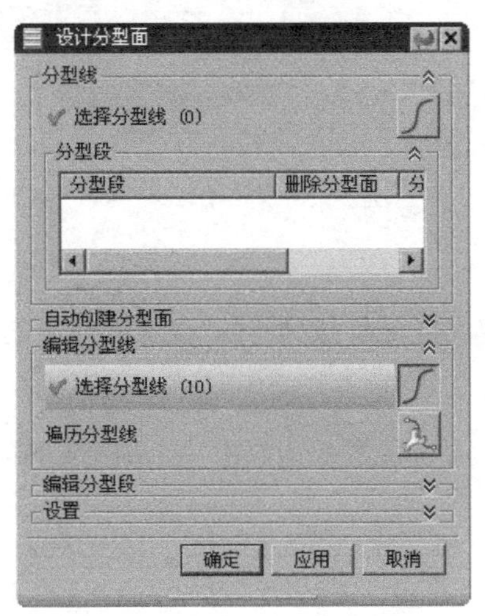

图 10.1.16 “设计分型面”对话框

图 10.1.17 定义分型线

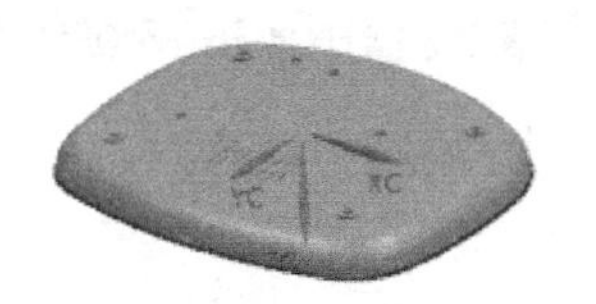

图 10.1.18 显示路径

（3）单击 确定 按钮，完成分型线编辑操作。

Step13. 创建分型面。

（1）在“模具分型工具”工具条中单击“设计分型面”按钮，系统弹出如图 10.1.19 所示的“设计分型面”对话框。

（2） 定义分型面创建方法。在“设计分型面”对话框中的 创建分型面 区域中单击“有界平面”按钮。

（3） 定义分型面大小。拖动分型面的宽度方向控制按钮使分型面大小超过工件大小，单击 确定 按钮，结果如图 10.1.20 所示。

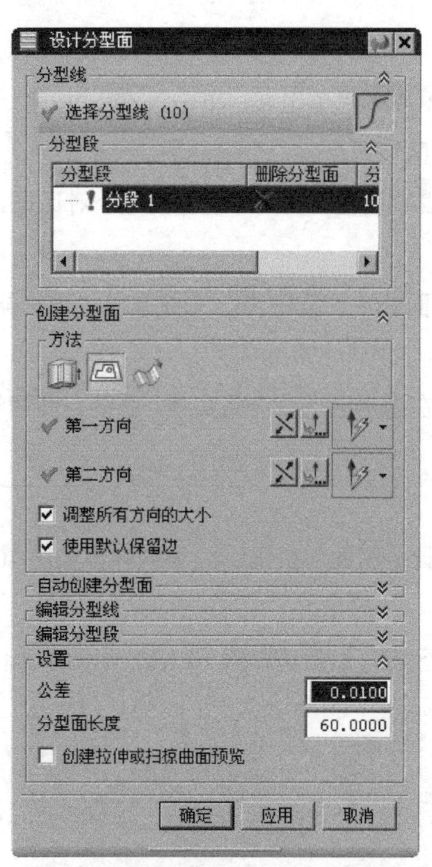

图 10.1.19 “设计分型面”对话框

图 10.1.20 分型面

Step14. 创建区域。

（1）在“模具分型工具”工具条中单击“定义区域”按钮，在系统弹出的“定义区域”对话框的 定义区域 区域中选择 所有面 选项。

（2）在 设置 区域中选中 ☑ 创建区域 复选框，单击 确定 按钮，完成区域的创建。

Step15. 创建型腔和型芯。

（1）创建型腔。

① 在“模具分型工具”工具条中单击“定义型腔和型芯”按钮，系统弹出“定义型腔和型芯”对话框。

② 在其中单击确定按钮，显示型腔零件如图10.1.21所示，在弹出的“查看分型结果”对话框中单击确定按钮。

（2）创建型芯。

① 在“模具分型工具”工具条中单击“定义型腔和型芯”按钮，系统弹出“定义型腔和型芯”对话框。

② 在其中选取选择片体区域中的型芯区域选项，单击确定按钮，显示型芯零件如图10.1.22所示，在弹出的“查看分型结果”对话框中单击确定按钮。

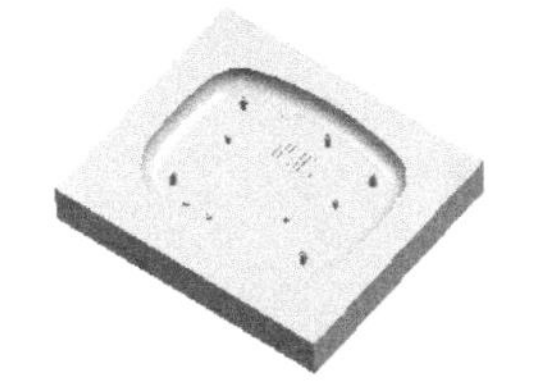

图10.1.21　型腔零件

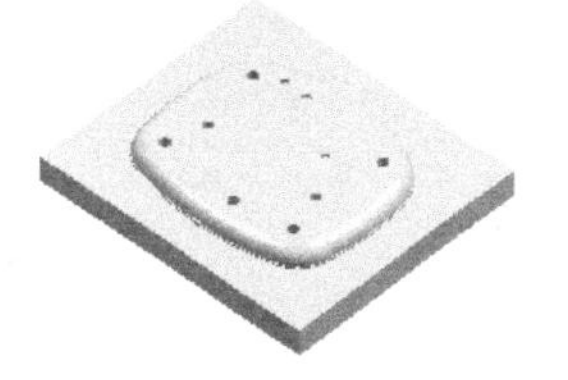

图10.1.22　型芯零件

Stage2．创建型芯镶件零件1

Step1．显示型芯零件。选择下拉菜单窗口(O) → base_down_cover_mold_core_006.prt命令，系统显示型芯零件。

Step2．创建拉伸特征1。

（1）选择命令。选择下拉菜单插入(S) → 设计特征(E) → 拉伸(E)...命令，系统弹出“拉伸”对话框。

（2）选取图10.1.23所示的曲线为截面草图。

（3）定义拉伸属性。在限制区域的开始下拉列表中选择值选项，在距离文本框中输入值-30。在限制区域的结束下拉列表中选择直至选定选项，然后选择图10.1.24所示的模型表面为拉伸终止面。

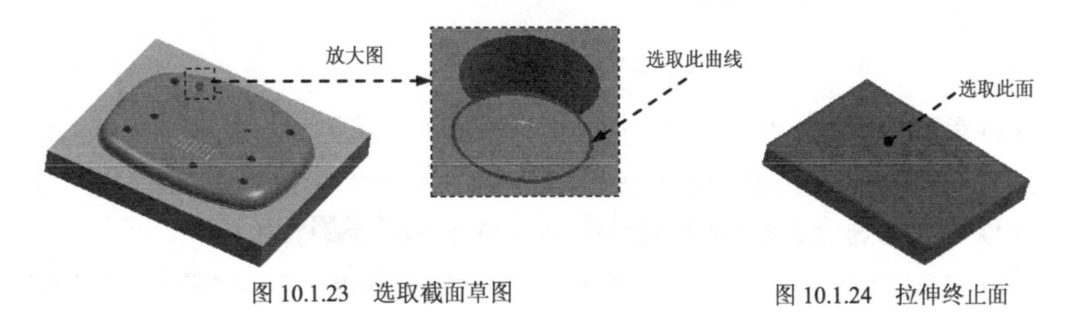

图10.1.23　选取截面草图　　图10.1.24　拉伸终止面

（4）定义布尔运算。在布尔区域的布尔下拉列表中选择无选项。

（5）单击< 确定 >按钮，完成图 10.1.25 所示拉伸特征 1 的创建。

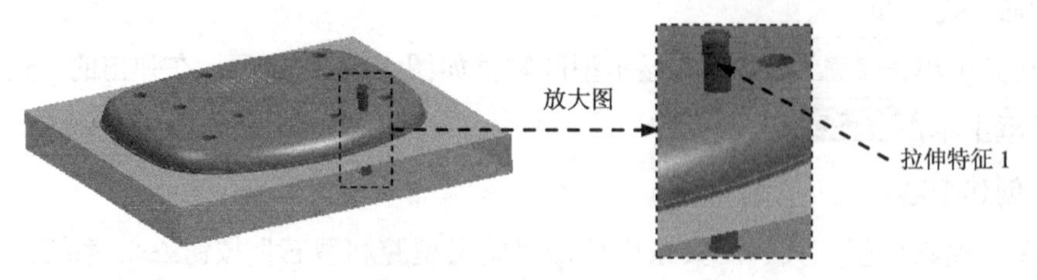

图 10.1.25　拉伸特征 1

Step3. 创建其余九个与拉伸特征 1 相似的拉伸特征，参照 Step2，结果如图 10.1.26 所示。

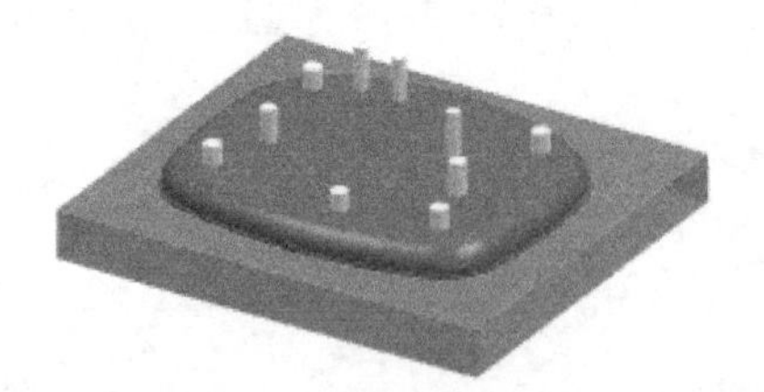

图 10.1.26　拉伸特征

Stage3. 创建型芯镶件 1 零件固定凸台

Step1. 创建拉伸特征 1。

（1）选择命令。选择下拉菜单插入(S) ➡ 设计特征(E) ➡ 拉伸(E)...命令，系统弹出“拉伸”对话框。

（2）选取图 10.1.27 所示的曲线为截面的草图。

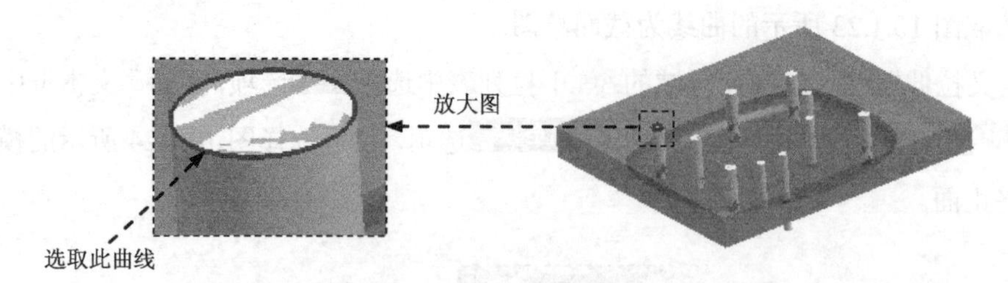

图 10.1.27　选取截面草图

（3）定义拉伸属性。在限制区域的开始下拉列表中选择值选项，在距离文本框里输入值 0。在限制区域的结束下拉列表中选择值选项，在距离文本框里输入值 10。

（4）定义布尔运算。在布尔区域的布尔下拉列表中选择无选项。

（5）定义偏置属性。在偏置区域的偏置下拉列表中选择单侧选项，在结束文本框里输入值 5。

（6）单击< 确定 >按钮，完成图 10.1.28 所示拉伸特征 1 的创建。

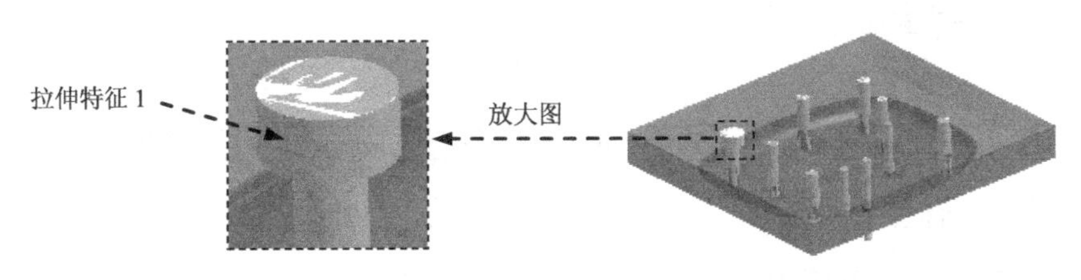

图 10.1.28　拉伸特征 1

Step2. 创建其余九个与拉伸特征 1 相似的拉伸特征，参照 Step1，创建结果如图 10.1.29 所示。

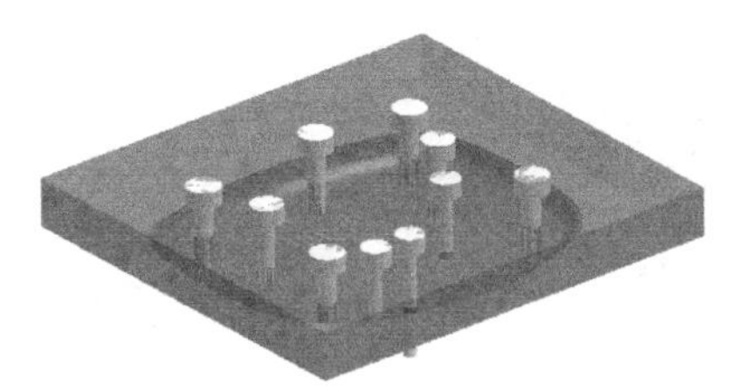

图 10.1.29　拉伸特征

Stage4. 创建求和特征

Step1. 隐藏型芯零件。在“部件导航器”中右击 链接体 (0) "CORE_BODY"，在弹出的快捷菜单中选择 隐藏(H) 命令，结果如图 10.1.30 所示。

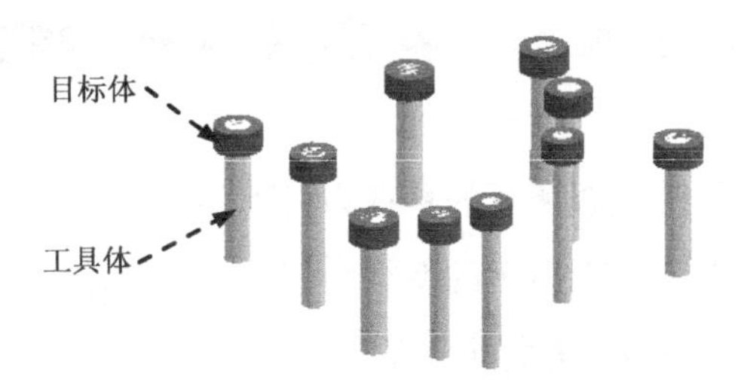

图 10.1.30　镶件特征

Step2. 创建求和特征 1。

（1）选择命令。选择下拉菜单 插入(S) → 组合(B) → 求和(U)... 命令，此时系统弹出“求和”对话框。

（2）选取目标体。选取图 10.1.30 所示的特征为目标体。

（3）选取工具体。选取图 10.1.30 所示的特征为工具体。

（4）单击< 确定 >按钮，完成求和特征 1 的创建。

Step3. 创建其余九个镶件和凸台的求和特征，参照 Step2。

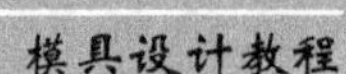

Stage5．创建求交特征

Step1. 显示型芯零件。在“部件导航器”中右击☑ 链接体 (0) "CORE_BODY"，在弹出的快捷菜单中选择 显示(S) 命令。

Step2. 创建求交特征 1。

（1）选择命令。选择下拉菜单 插入(S) → 组合(B) ▸ → 求交(I)... 命令，此时系统弹出“求交”对话框。

（2）选取目标体。选取图 10.1.31 所示的特征为目标体。

（3）选取工具体。选取图 10.1.31 所示的特征为工具体，并选中☑ 保存目标复选框。

（4）单击 < 确定 > 按钮，完成求交特征 1 的创建，结果如图 10.1.32 所示。

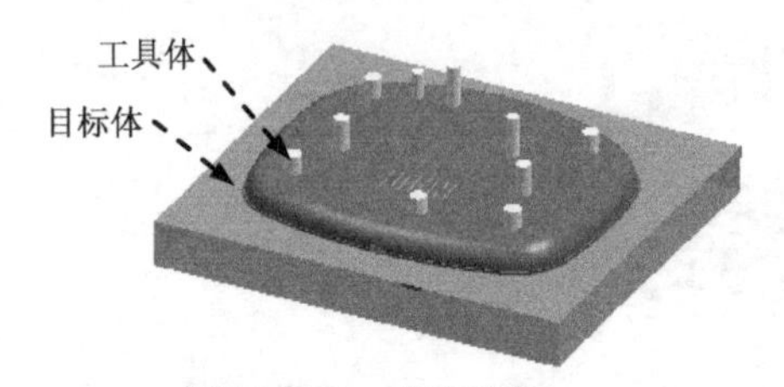

图 10.1.31　选取对象

图 10.1.32　创建求交特征 1

Step3. 分别创建其余九个镶件与图 10.1.31 所示的目标体进行求交。参照 Step2 即可。

Stage6．创建求差特征

Step1. 创建求差特征 1。

（1）选择命令。选择下拉菜单 插入(S) → 组合(B) ▸ → 求差(S)... 命令，此时系统弹出“求差”对话框。

（2）选取目标体。选取图 10.1.33 所示的特征为目标体。

（3）选取工具体。选取图 10.1.33 所示的特征为工具体，并选中☑ 保存工具复选框。

（4）单击 < 确定 > 按钮，完成求差特征 1 的创建。

Step2. 分别创建其余九个镶件与图 10.1.33 所示的目标体进行求差，参照 Step2，结果如图 10.1.34 所示。

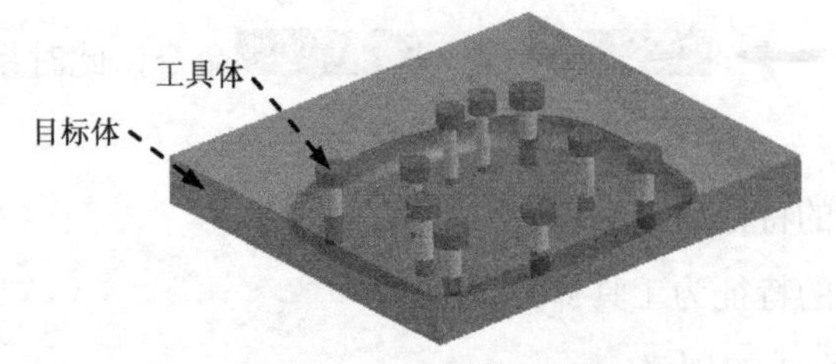

图 10.1.33　选取对象

图 10.1.34　求差特征

Stage7．创建图 10.1.35 所示的型芯镶件零件 2

Step1. 选择命令。选择下拉菜单 插入(S) → 设计特征(E) → 拉伸(E)... 命令，系统弹出“拉伸”对话框。

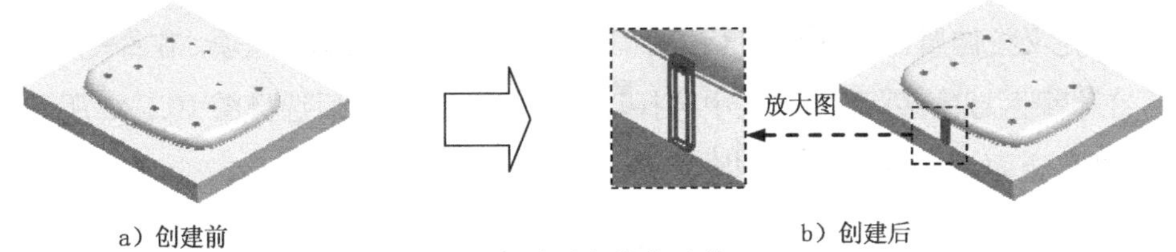

图 10.1.35 创建型芯镶件零件 2

Step2. 选取草图平面。选取图 10.1.36 所示的平面为草图平面。

Step3. 绘制图 10.1.37 所示的截面草图。

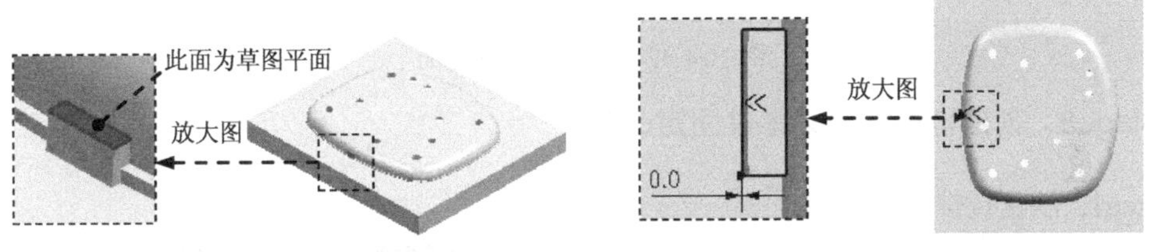

图 10.1.36 定义草图平面　　图 10.1.37 绘制截面草图

（1）选择下拉菜单 插入(S) → 处方曲线(U) → 投影曲线(J)... 命令，系统弹出“投影曲线”对话框；选取图 10.1.38 所示的三条边线为投影对象；单击 确定 按钮，完成曲线的投影。

（2）选择下拉菜单 插入(S) → 来自曲线集的曲线(F) → 偏置曲线(O)... 命令，系统弹出“偏置曲线”对话框；选取图 10.1.39 所示的边线为偏置曲线，偏距值为 0；单击 <确定> 按钮，完成曲线的偏置。

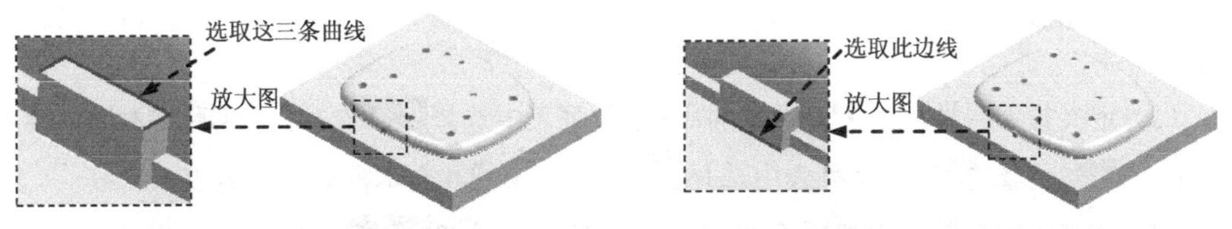

图 10.1.38 定义投影曲线　　图 10.1.39 定义偏置曲线

（3）选择下拉菜单 编辑(E) → 曲线(V) → 制作拐角(M)... 命令，系统弹出如图 10.1.40 所示的“制作拐角”对话框；选取图 10.1.41 所示的曲线 1 和曲线 2，完成拐角的创建。

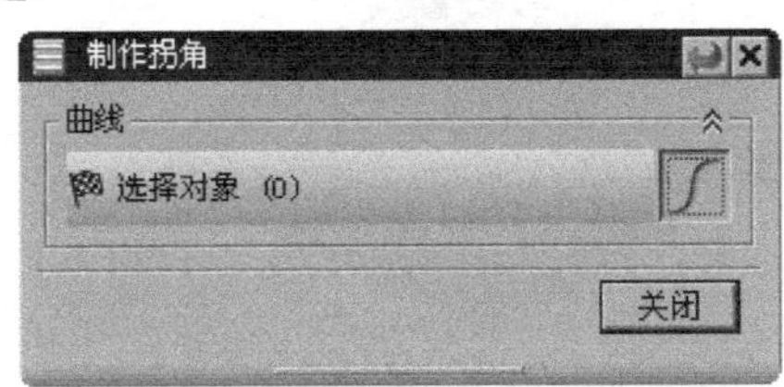

图 10.1.40 “制作拐角”对话框

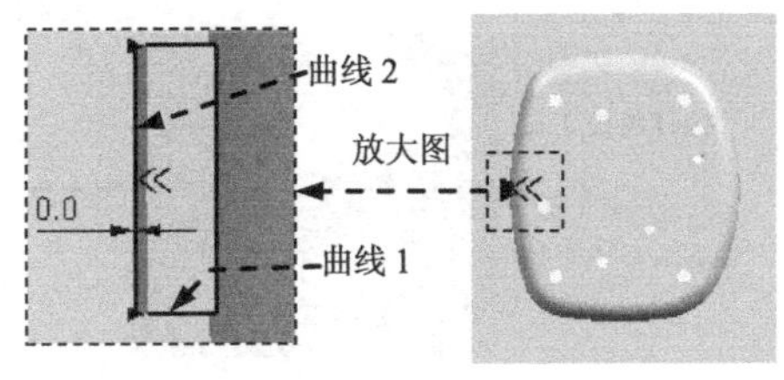

图 10.1.41 定义拐角曲线

（4）参照步骤（3）制作另一侧拐角，并关闭“制作拐角”对话框。

（5）单击完成草图按钮，退出草图环境。

Step4. 定义拉伸方向。在“拉伸”对话框的方向区域中单击按钮。

Step5. 定义拉伸属性。在限制区域的开始下拉列表中选择值选项，在距离文本框里输入值 0；在限制区域的结束下拉列表中选择直至选定选项，然后选择图 10.1.42 所示的模型表面为拉伸终止面，单击< 确定 >按钮。

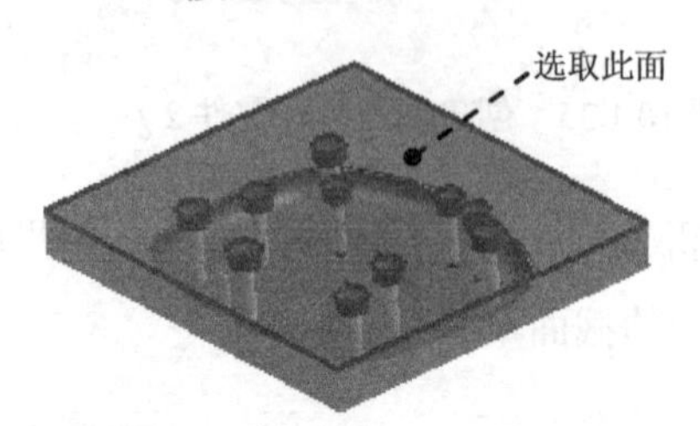

图 10.1.42　定义拉伸终止面

Stage8. 创建型芯镶件 2 零件固定凸台

Step1. 创建拉伸特征 1。

（1）选择命令。选择下拉菜单插入(S) → 设计特征(E) → 拉伸(E)...命令，系统弹出“拉伸”对话框。

（2）选取图 10.1.43 所示的曲线为截面的草图。

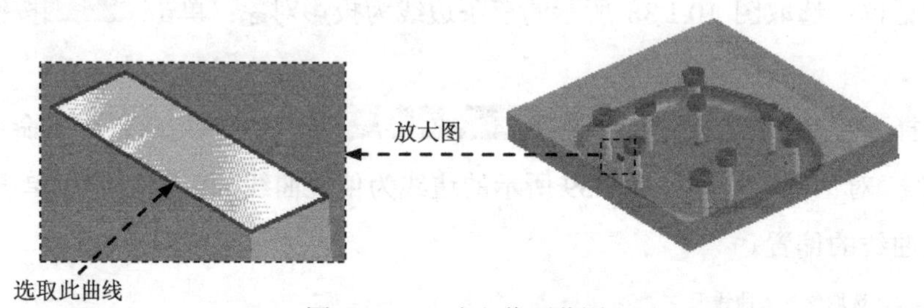

图 10.1.43　选取截面草图

（3）定义拉伸属性。在限制区域的开始下拉列表中选择值选项，在距离文本框里输入值 0；在限制区域的结束下拉列表中选择值选项，在距离文本框里输入值 5。

（4）定义布尔运算。在布尔区域的布尔下拉列表中选择无选项。

（5）定义偏置属性。在偏置区域的偏置下拉列表中选择单侧选项，在结束文本框里输入值 2。

（6）单击< 确定 >按钮，完成图 10.1.44 所示拉伸特征 1 的创建。

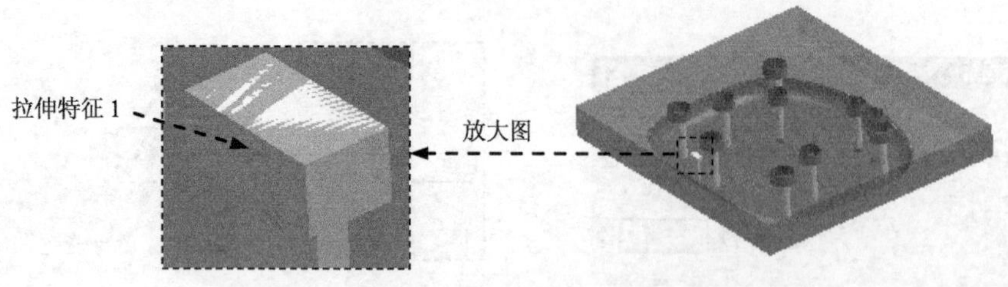

图 10.1.44　拉伸特征 1

Step2. 隐藏型芯零件。在“部件导航器”中右击 链接体 (0) "CORE_BODY"，在弹出的快捷菜单中选择 隐藏(H) 命令，结果如图 10.1.45 所示。

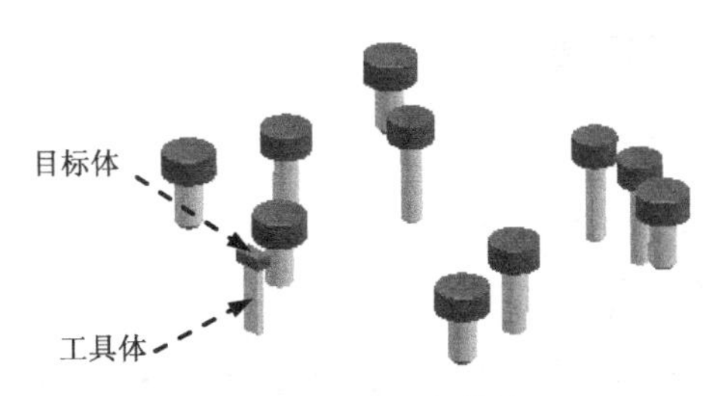

图 10.1.45　镶件特征

Step3. 创建求和特征 1。

（1）选择命令。选择下拉菜单 插入(S) → 组合(B) → 求和(U)... 命令，此时系统弹出“求和”对话框。

（2）选取目标体。选取图 10.1.45 所示的特征为目标体。

（3）选取工具体。选取图 10.1.45 所示的特征为工具体。

（4）单击 < 确定 > 按钮，完成求和特征 1 的创建。

Step4. 显示型芯零件。在“部件导航器”中右击 链接体 (0) "CORE_BODY"，在弹出的快捷菜单中选择 显示(S) 命令。

Step5. 创建求交特征 1。

（1）选择命令。选择下拉菜单 插入(S) → 组合(B) → 求交(I)... 命令，此时系统弹出“求交”对话框。

（2）选取目标体。选取图 10.1.46 所示的特征为目标体。

（3）选取工具体。选取图 10.1.46 所示的特征为工具体，并选中 保存目标 复选框。

（4）单击 < 确定 > 按钮，完成求交特征 1 的创建。

图 10.1.46　选取对象

Step6. 创建求差特征 1。

（1）选择命令。选择下拉菜单 插入(S) → 组合(B) → 求差(S)... 命令，此时系统弹出“求差”对话框。

（2）选取目标体。选取图 10.1.46 所示的特征为目标体。

（3）选取工具体。选取图 10.1.46 所示的特征为工具体，并选中☑保存工具复选框。

（4）单击< 确定 >按钮，完成求差特征 1 的创建。

Stage9．将镶件转化为型芯子零件

Step1. 将镶件转化为型芯子零件。

（1）单击装配导航器中的按钮，系统弹出“装配导航器”窗口，在其中右击空白处，在弹出的快捷菜单中选择WAVE 模式命令。

（2）在“装配导航器”对话框中右击☑base_down_cover_mold_core_006，在弹出的快捷菜单中选择WAVE ➡ 新建级别命令，系统弹出“新建级别”对话框。

（3）在其中单击指定部件名按钮，在弹出的“选择部件名”对话框的文件名(N):文本框中输入 insert01.prt，单击OK按钮，系统返回至“新建级别”对话框。

（4）在“新建级别”对话框中单击类选择按钮，选择前面创建的 11 个镶件，单击确定按钮。

（5）单击“新建级别”对话框中的确定按钮，此时在“装配导航器”对话框中显示出刚创建的镶件特征。

Step2. 移动至图层。

（1）单击“装配导航器”中的选项卡，在其中取消选中☑insert01部件。

（2）移动至图层。选取前面创建的 11 个镶件，选择下拉菜单格式(R) ➡ 移动至图层(M)...命令，系统弹出“图层移动”对话框。

（3）在目标图层或类别文本框中输入值 10，单击确定按钮，退出“图层设置”对话框。

（4）单击装配导航器中的选项卡，在其中选中☑insert01部件。

10.1.2 创建型腔上的镶件零件

在 UG NX 10.0 中，常常采用“拉伸”和“求和”等命令拆分镶件，一般操作步骤如下：

Stage1．创建型腔子镶件块 1

Step1. 选择窗口。选择下拉菜单窗口(O) ➡ base_down_cover_mold_cavity_002.prt命令，显示型腔零件。

Step2. 在“注塑模向导”工具条中单击“子镶块库”按钮，系统弹出如图 10.1.47 所示的“子镶块设计”对话框和“重用库”导航器。

Step3. 定义镶件类型。在“重用库”导航器名称区域展开设计树中的INSERT选项，在

成员选择区域中选择 CAVITY SUB INSERT选项，系统弹出信息窗口并显示参数。

Step4. 定义镶件的属性和参数。在参数区域的SHAPE下拉列表中选择ROUND选项，在FOOT下拉列表中选择ON选项。选择FOOT_OFFSET_1选项，在FOOT_OFFSET_1文本框中输入值 5，并按 Enter 键确认；选择INSERT_TOP选项，在INSERT_TOP文本框中输入值 50.12，并按 Enter 键确认；选择X_LENGTH选项，在X_LENGTH文本框中输入值 10，并按 Enter 键确认；选择Z_LENGTH选项，在Z_LENGTH文本框中输入值 50.12，并按 Enter 键确认；选择FOOT_HT选项，在FOOT_HT文本框中输入值 5，并按 Enter 键确认；单击应用按钮，系统弹出“点”对话框。

Step5. 定义放置位置。在“点”对话框的类型下拉列表中选择 圆弧中心/椭圆中心/球心选项，然后依次选取图 10.1.48 所示的四个圆弧，在“点”对话框中单击取消按钮，然后在“子镶块设计”对话框中单击确定按钮，创建结果如图 10.1.49 所示。

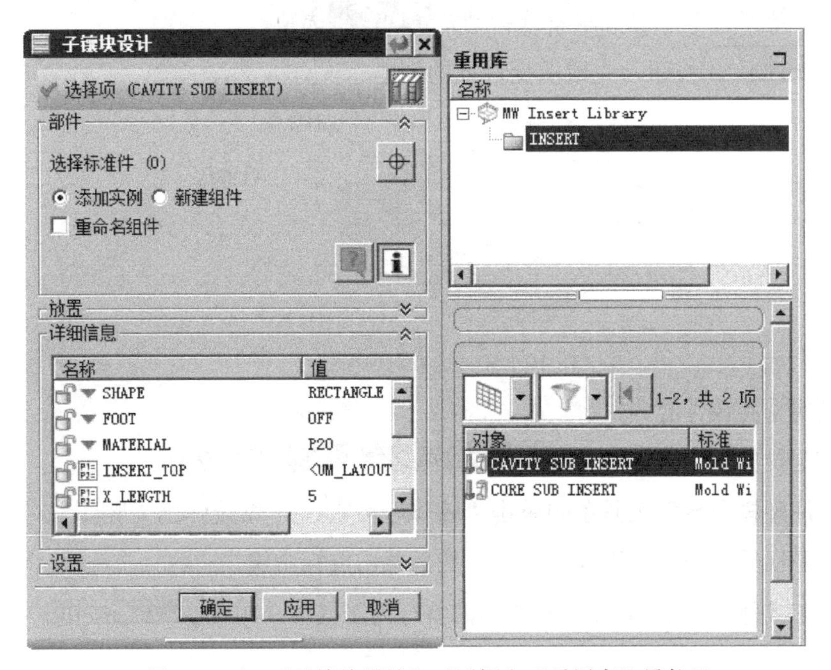

图 10.1.47 “子镶块设计”对话框和“重用库”导航器

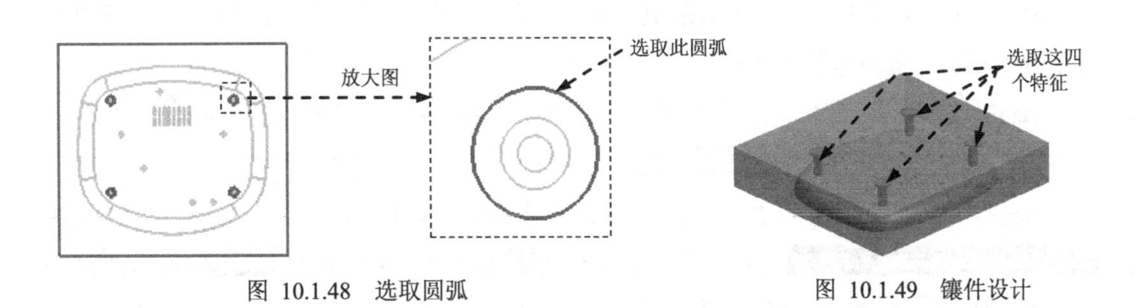

图 10.1.48 选取圆弧

图 10.1.49 镶件设计

Step6. 显示部件。在装配导航器中单击⊞☑ base_down_cover_mold_cavity_002 前的节点，然后双击其节点下的☑ base_down_cover_mold_cav_sub_025 使其显示出来。

Step7. 转换引用集。在装配导航器中右击☑ base_down_cover_mold_cav_sub_025，在弹出的快捷菜单中选择 替换引用集 ➡ TRUE 命令。

Step8. 创建求交特征。

（1）选择命令。选择下拉菜单 插入(S) ➡ 组合(B) ▸ ➡ 求交(I)... 命令，系统弹出“求交”对话框。

（2）选取目标体。选取图 10.1.50 所示的特征为目标体。

（3）选取工具体。选取图 10.1.50 所示的特征为工具体，并选中 ☑ 保存工具 复选框。

注意：在“选择条”下拉菜单中选择的是 整个装配 选项。

（4）单击 < 确定 > 按钮，完成求交特征的创建。

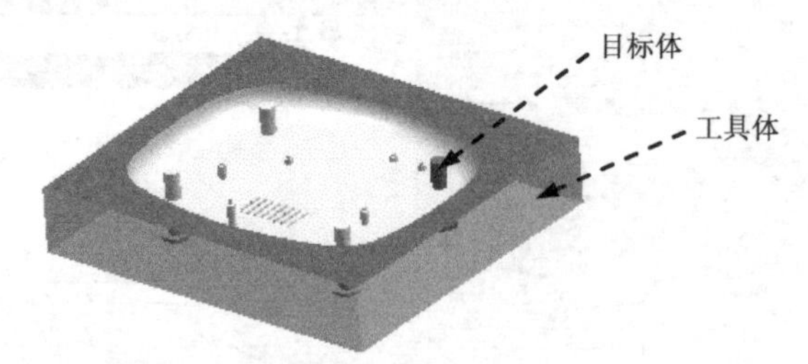

图 10.1.50　选取对象

Step9. 创建型腔镶件腔。

（1）在装配导航器中双击⊞☑ base_down_cover_mold_cavity_002 使其激活。

（2）在“注塑模向导”工具条中单击“腔体”按钮，系统弹出“腔体”对话框。

（3）选择目标体。选取型腔为目标体，然后单击鼠标中键。

（4）选取工具体。选取图 10.1.49 所示的特征为工具体，单击 确定 按钮。

Stage2. 创建型腔子镶件块 2

Step1. 在“注塑模向导”工具条中单击“子镶块设计”按钮，系统弹出“子镶块设计”对话框和“重用库”导航器。

Step2. 定义镶件类型。在“重用库”导航器 名称 区域展开设计树中的 INSERT 选项，在 成员选择 区域中选择 CAVITY SUB INSERT 选项，系统弹出信息窗口并显示参数。

Step3. 定义镶件的属性和参数。在 放置 区域的 下拉列表中选择 base_down_cover_mold_cavity_002 选项，在参数区域的 SHAPE 下拉列表中选择 ROUND 选项，在 FOOT 下拉列表中选择 ON 选项；选择 FOOT_OFFSET_1 选项，在 FOOT_OFFSET_1 文本框中输入值 5，并按 Enter 键确认；选择 INSERT_TOP 选项，在 INSERT_TOP 文本框中输入值 50.12，并按 Enter 键确认；选择

X_LENGTH选项，在X_LENGTH文本框中输入值 6.04，并按 Enter 键确认；选择Z_LENGTH选项，在Z_LENGTH文本框中输入值 60，并按 Enter 键确认；选择FOOT_HT选项，在FOOT_HT文本框中输入值 5，并按 Enter 键确认；单击应用按钮，系统弹出“点”对话框。

Step4. 定义放置位置。在“点”对话框的类型下拉列表中选择圆弧中心/椭圆中心/球心选项，然后依次选取图 10.1.51 所示的 6 个圆弧，在“点”对话框中单击取消按钮，然后在“子镶块设计”对话框中单击确定按钮，创建结果如图 10.1.52 所示。

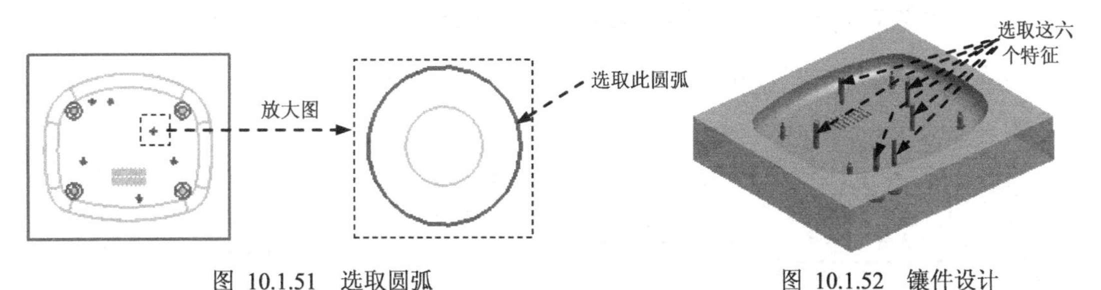

图 10.1.51　选取圆弧　　　　图 10.1.52　镶件设计

Step5. 显示部件。在装配导航器中单击base_down_cover_mold_cavity_002前的节点，然后双击其节点下的base_down_cover_mold_cav_sub_026使其显示出来。

Step6. 转换引用集。在装配导航器中右击base_down_cover_mold_cav_sub_026，在弹出的快捷菜单中选择替换引用集 ➡ TRUE命令。

Step7. 创建求交特征。

（1）选择命令。选择下拉菜单插入(S) ➡ 组合(B) ➡ 求交(I)...命令，此时系统弹出“求交”对话框。

（2）选取目标体。选取图 10.1.53 所示的特征为目标体。

（3）选取工具体。选取图 10.1.53 所示的特征为工具体。

（4）单击< 确定 >按钮，完成求交特征的创建。

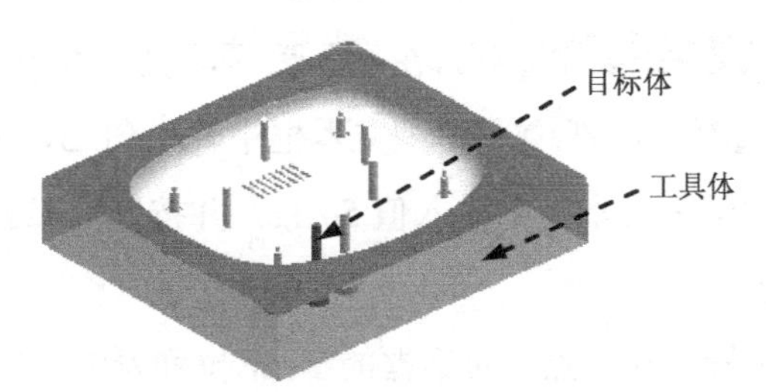

图 10.1.53　选取对象

Step8. 创建型腔镶件腔。

（1）在装配导航器中双击base_down_cover_mold_cavity_002使其激活。

（2）在“注塑模向导”工具条中单击“腔体”按钮，系统弹出“腔体”对话框。

（3）选择目标体。选取型腔为目标体，然后单击鼠标中键。

（4）选取工具体。选取图 10.1.52 所示的特征为工具体，单击 确定 按钮。

Stage3. 创建型腔子镶件块 3

Step1. 创建基准点。

（1）选择命令。选择下拉菜单 插入(S) → 基准/点(D) → 十 点(P)... 命令，系统弹出“点”对话框。

（2）在 类型 下拉列表中选择 两点之间 选项，然后选取图 10.1.54 所示的点 1 和点 2，单击 < 确定 > 按钮，完成基准点的创建，结果如图 10.1.55 所示。

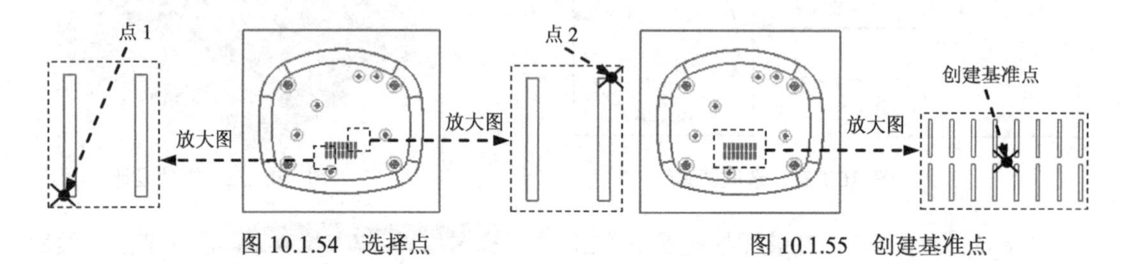

图 10.1.54 选择点　　图 10.1.55 创建基准点

Step2. 在“注塑模向导”工具条中单击“子镶块库”按钮，系统弹出“镶块设计”对话框和“重用库”导航器。

Step3. 定义镶件类型。在“重用库”导航器 名称 区域展开设计树中的 INSERT 选项，在 成员选择 区域中选择 CAVITY SUB INSERT 选项，系统弹出信息窗口并显示参数。

Step4. 定义镶件的属性和参数。在 放置 区域的 父 下拉列表中选择 base_down_cover_mold_cavity_002 选项，在参数区域的 SHAPE 下拉列表中选择 RECTANGLE 选项，在 FOOT 下拉列表中选择 ON 选项；选择 X_LENGTH 选项，在 X_LENGTH 文本框中输入值 50，并按 Enter 键确认；选择 Y_LENGTH 选项，在 Y_LENGTH 文本框中输入值 30，并按 Enter 键确认；选择 Z_LENGTH 选项，在 Z_LENGTH 文本框中输入值 40，并按 Enter 键确认；选择 FOOT_OFFSET_1 选项，在 FOOT_OFFSET_1 文本框中输入值 5，并按 Enter 键确认；择 FOOT_OFFSET_2 选项，在 FOOT_OFFSET_2 文本框中输入值 5，并按 Enter 键确认；选择 FOOT_OFFSET_3 选项，在 FOOT_OFFSET_3 文本框中输入值 5，并按 Enter 键确认；选择 INSERT_TOP 选项，在 INSERT_TOP 文本框中输入值 50.12，并按 Enter 键确认；单击 应用 按钮，系统弹出“点”对话框。

Step5. 定义放置位置。在“点”对话框的 类型 下拉列表中选择 现有点 选项，然后依次选取图 10.1.55 所示的基准点，在“点”对话框中单击 取消 按钮，然后在“子镶块设计”对话框中单击 确定 按钮，创建结果如图 10.1.56 所示。

Step6. 显示部件。在装配导航器中单击 base_down_cover_mold_cavity_002 前的节点，然后双击其节点下的 base_down_cover_mold_cav_sub_027 使其显示出来。

Step7. 转换引用集。在装配导航器中右击 base_down_cover_mold_cav_sub_027，在弹出的

快捷菜单中选择替换引用集 ➡ TRUE命令。

Step8. 创建求交特征。

（1）选择命令。选择下拉菜单插入(S) ➡ 组合(B) ▸ ➡ 求交(I)...命令，此时系统弹出“求交”对话框。

（2）选取目标体。选取图 10.1.57 所示的特征为目标体。

（3）选取工具体。选取图 10.1.57 所示的特征为工具体。

（4）在设置区域中选中☑ 保存工具复选框，单击< 确定 >按钮，完成求交特征的创建。

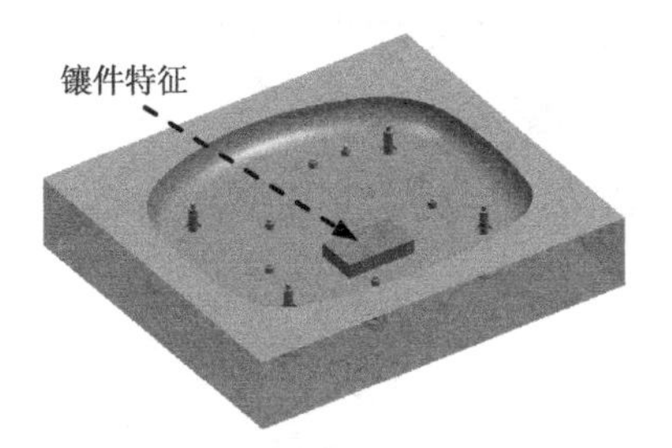

图 10.1.56　镶件特征

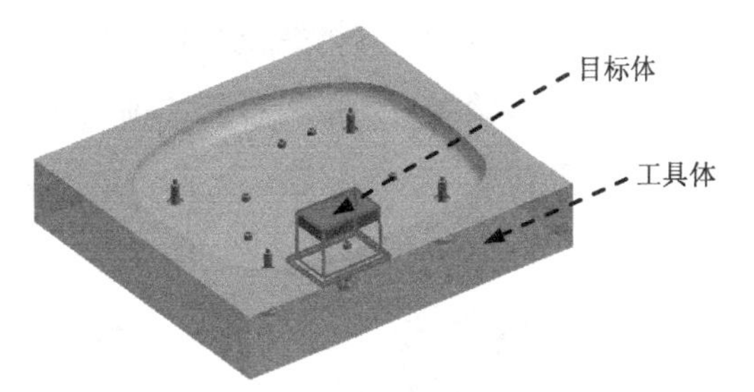

图 10.1.57　选取对象

Step9. 创建型腔镶件腔。

（1）在装配导航器中双击☑ base_down_cover_mold_cavity_002使其激活。

（2）在“注塑模向导”工具条中单击“腔体”按钮，系统弹出“腔体”对话框。

（3）选择目标体。选取型腔为目标体，然后单击鼠标中键。

（4）选取工具体。选取图 10.1.56 所示的镶件特征为工具体，单击确定按钮。

Step10. 创建爆炸图。

（1）选择窗口。选择下拉菜单窗口(O) ➡ base_down_cover_mold_top_000.prt命令，系统显示总模型，并转为工作部件。

（2）将总模型转换为工作部件。单击“装配导航器”选项卡，系统弹出“装配导航器”窗口。在☑ base_down_cover_mold_top_000选项上右击，在弹出的快捷菜单中选择设为工作部件命令。

（3）编辑爆炸图（显示型腔和型芯）。

① 选择命令。选择下拉菜单装配(A) ➡ 爆炸图(X) ▸ ➡ 新建爆炸图(N)...命令，系统弹出“新建爆炸图”对话框，接受系统默认的名字，单击确定按钮。

② 选择命令。选择下拉菜单装配(A) ➡ 爆炸图(X) ▸ ➡ 编辑爆炸图(E)...命令，系统弹出“编辑爆炸图”对话框。

③ 选择对象。选取图 10.1.58 所示的型腔零件。

④ 在对话框中选择⊙ 移动对象单选项，单击图 10.1.59 所示的箭头，对话框下部区域被激活。

⑤ 在距离文本框中输入值 60，并按 Enter 键确认，完成滑块的移动，如图 10.1.60 所示。

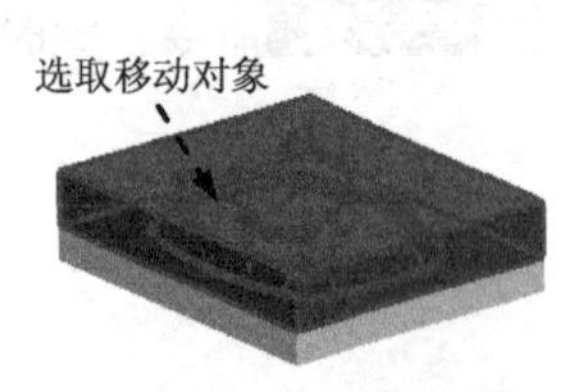

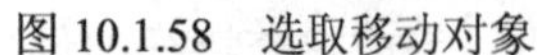
图 10.1.58　选取移动对象

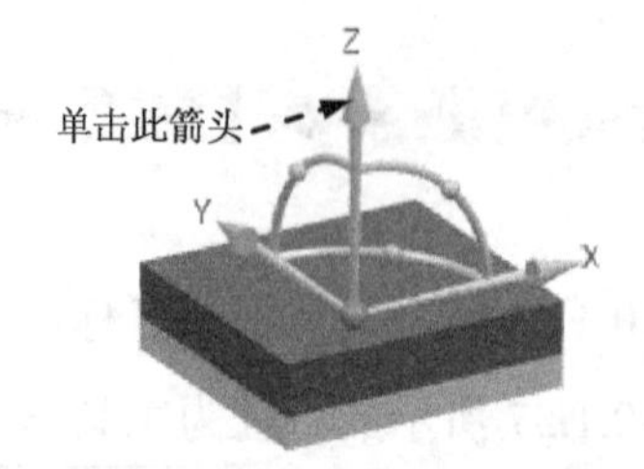

图 10.1.59　定义移动方向

图 10.1.60　编辑移动后

⑥ 参照步骤③～⑤将型腔上的镶件沿 Z 轴正向移动 60，结果如图 10.1.61 所示。

⑦ 参照步骤③～⑤将型芯沿 Z 轴负向移动 60，结果如图 10.1.62 所示。

⑧ 参照步骤③～⑤将型芯上的镶件沿 Z 轴负向移动 60，结果如图 10.1.63 所示。

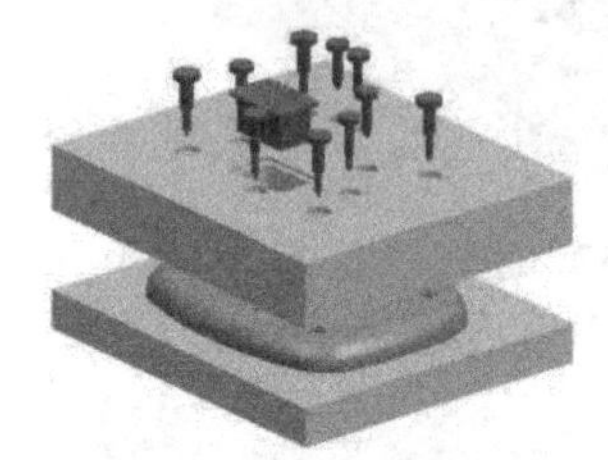

图 10.1.61　编辑移动后

图 10.1.62　编辑移动后

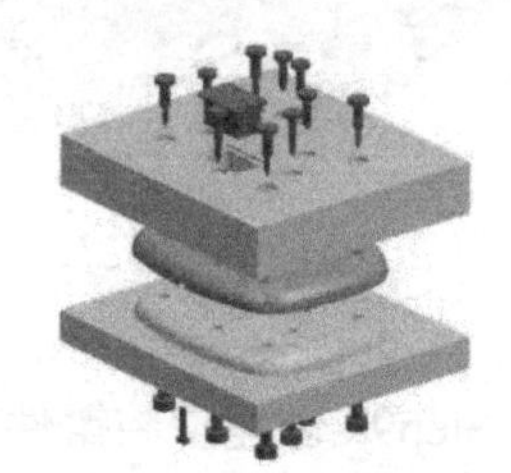

图 10.1.63　编辑移动后

Step11. 保存文件。选择下拉菜单文件(F) ➡ 全部保存(V)命令，保存所有文件。

10.2　滑块机构设计

当注塑成型的零件侧壁带有孔、凹穴、凸台等特征时，模具上成型该处的特征就必须制成可侧向移动的零件，并且在塑件脱模前先将该零件抽出，否则将无法脱模。零件作侧向移动（抽拔与复位）的整个机构称为滑块机构（又称抽芯机构）。

滑块机构一般可分为机动、液压（液动）、气动、手动等类型。机动滑块机构是实现力的转换，是利用注塑机开模力作为动力，通过有关传动零件（如斜导柱）使力作用于侧向成型零件而将模具侧分型或把活动型芯从塑件中抽出，合模时又靠它使侧向成型零件复位。

10.2.1　滑块的加载

在 Mold Wizard 中，通过“滑块和浮升销”命令可以完成滑块的加载和定义，一般操作步骤如下：

Step1. 打开文件。

（1）选择命令。选择下拉菜单文件(F) ➡ 打开(O)...命令，系统弹出“打开”对

话框。

（2）打开 D:\ug10.3\work\ch10.02\panel_mold_top_085.prt 文件，单击 OK 按钮，打开模型。

Step2. 添加模架。

（1）在“注塑模向导”工具条中单击“模架库”按钮，系统弹出“模架库”对话框和“重用库”导航器。

（2）在“重用库”导航器 名称 区域中选择 FUTABA_S 选项，在 成员选择 下拉列表中选择 SC 选项，在 详细信息 区域的 index 列表中选择 2740 选项，在 AP_h 下拉列表中选择 80 选项，在 BP_h 下拉列表中选择 50 选项，在 CP_h 下拉列表中选择 100 选项，其他参数采用系统默认设置，单击 应用 按钮。

（3）完成模架的添加，如图 10.2.1 所示，此时模架方向需要调整。

（4）单击按钮，调整模架方向，如图 10.2.2 所示。

（5）单击 取消 按钮，关闭“模架设计”对话框。

图 10.2.1 模架

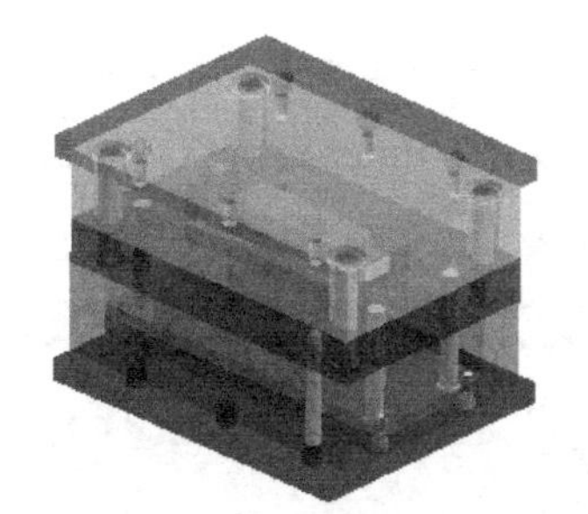

图 10.2.2 调整方向后的模架

Step3. 添加滑块。

（1）将型芯转换为显示部件。单击“装配导航器”选项卡，系统弹出“装配导航器”窗口。在 panel_mold_layout_097 节点下 panel_mold_prod_078 节点下的 panel_mold_core_081 上右击，在弹出的快捷菜单中选择 设为显示部件 命令。

（2）设置坐标原点。

① 选择命令。选择下拉菜单 格式(R) → WCS → 原点(O)... 命令，系统弹出“点”对话框。

② 定义坐标原点。选取图 10.2.3 所示的边线中点为坐标原点。

③ 单击 确定 按钮，完成设置坐标原点的操作并关闭。

（3）旋转坐标系。

① 选择命令。选择下拉菜单 格式(R) → WCS → 旋转(R)... 命令，系统弹出“旋转 WCS 绕...”对话框。

② 定义旋转方式。在弹出的对话框中选择 + ZC 轴 单选项。

③ 定义旋转角度。在角度文本框中输入值-90。

④ 单击确定按钮，旋转后的坐标系如图 10.2.4 所示。

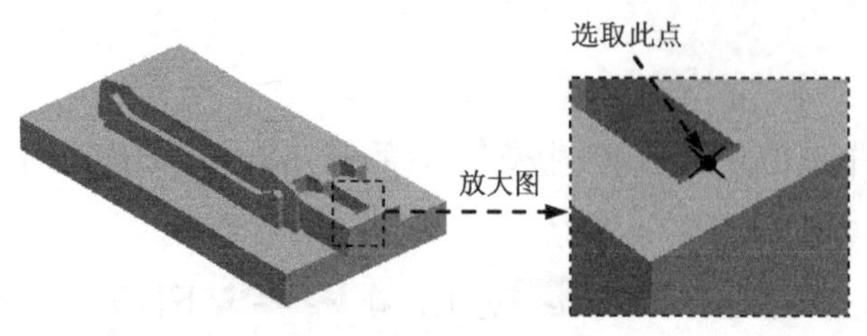

图 10.2.3　定义坐标原点

图 10.2.4　旋转后的坐标系

（4）添加滑块。

① 在“注塑模向导”工具条中单击“滑块和浮升销库”按钮，系统弹出如图 10.2.5 所示的“滑块和浮升销设计”对话框和“重用库”导航器。

② 在“重用库”导航器名称列表中选择 Slide 选项，在成员选择区域的列表中选择 Single Cam-pin Slide 选项，系统弹出信息窗口并显示参数。在详细信息列表中将 gib_long 的值修改为 90，按 Enter 键确认；将 heel_back 的值修改为 30，按 Enter 键确认；将 heel_ht_1 的值修改为 30，按 Enter 键确认；将 wide 的值修改为 45，按 Enter 键确认。

③单击确定按钮，完成滑块的添加，如图 10.2.6 所示。

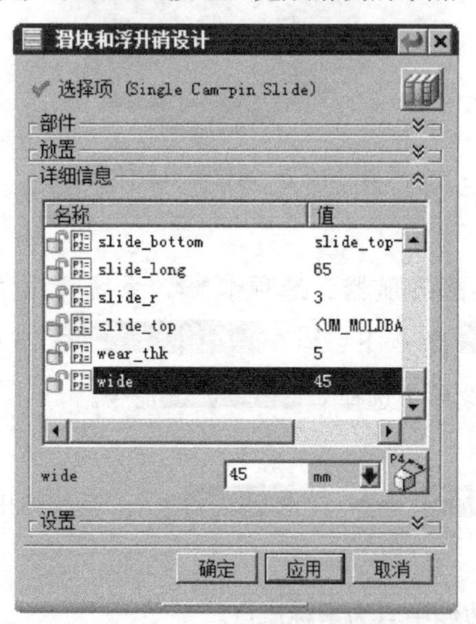

图 10.2.5　“滑块和浮升销设计”对话框

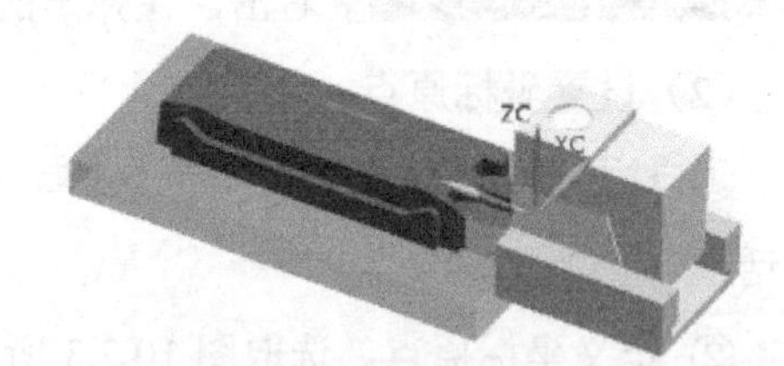

图 10.2.6　添加滑块

10.2.2　滑块的链接

在完成滑块机构的添加后，还需要将模仁上的小型芯链接到滑块机构上，构成一体。在 UG NX 10.0 中，一般通过“WAVE 几何链接器”命令来完成滑块的链接。下面继续以

10.2.1 节的模型为例讲解滑块链接的一般操作步骤。

Step1. 创建滑块的链接。

（1）将滑块设为工作部件。在绘图区双击图 10.2.7 所示的滑块。

（2）选择命令。选择下拉菜单 插入(S) → 关联复制(A) → WAVE 几何链接器(W)... 命令，系统弹出如图 10.2.8 所示的“WAVE 几何链接器”对话框。

（3）设置对话框参数。在设置区域中选中☑ 关联复选框和☑ 隐藏原先的复选框，在类型下拉列表中选择 体选项。

（4）定义链接对象。选取图 10.2.9 所示的小型芯为链接对象。

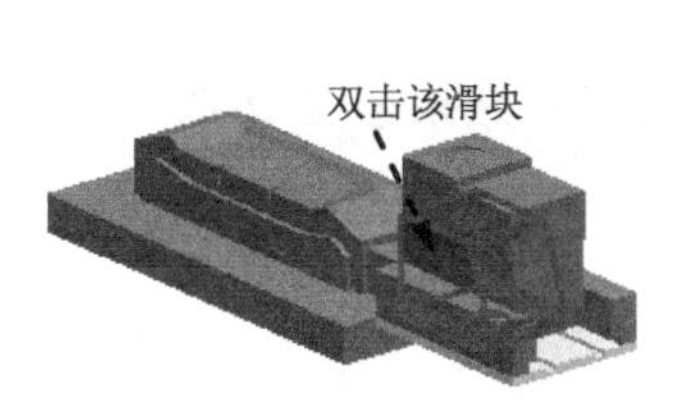

图 10.2.7 定义工作部件

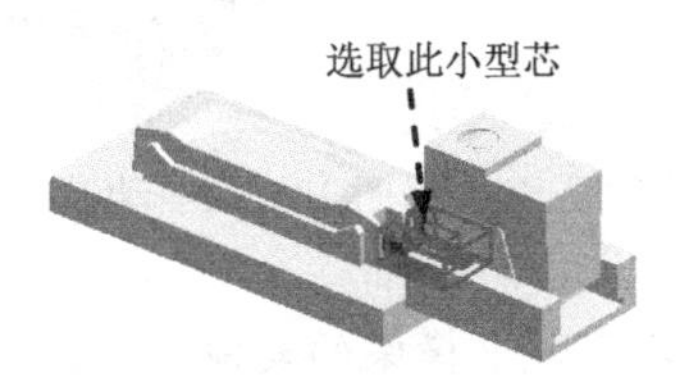

图 10.2.9 定义链接对象

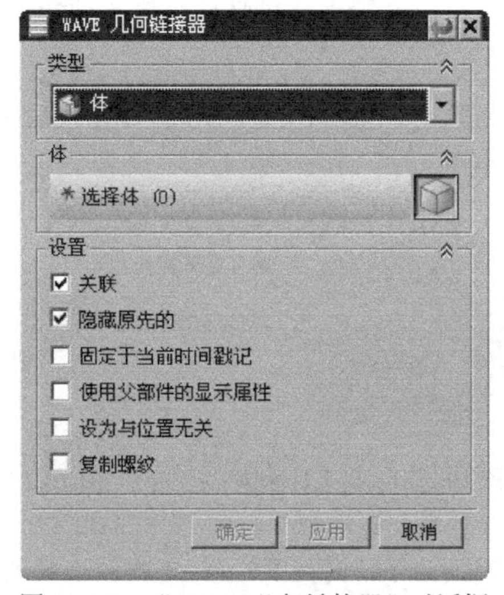

图 10.2.8 “WAVE 几何链接器”对话框

（5）单击 < 确定 > 按钮，完成滑块的链接。

Step2. 创建求和特征。

（1）选择命令。选择下拉菜单 插入(S) → 组合(B) → 求和(U)... 命令，系统弹出“求和”对话框。

（2）定义目标体和工具体。选取滑块为目标体，选取小型芯为工具体。

（3）单击 < 确定 > 按钮，完成求和特征的创建。

10.2.3 滑块的后处理

完成滑块机构的添加和链接后，接下来就需要在标准模架上完成建腔的工作。其建腔工作一般是通过 Mold Wizard 模块中提供的“型腔设计”命令来完成。继续以上面的模型为例来讲解滑块后处理的一般操作过程。

Step1. 选择窗口。选择下拉菜单 窗口(O) → panel_mold_top_085.prt 命令，系统显示总

模型。

Step2. 将总模型转换成工作部件。单击“装配导航器”选项卡，系统弹出“装配导航器”窗口。在☑ panel_mold_top_085选项上右击，在弹出的快捷菜单中选择 设为工作部件 命令。

Step3. 创建动/定模板上的滑块机构避开槽。

（1）在“注塑模向导”工具条中单击“腔体”按钮，系统弹出“腔体”对话框。

（2）定义目标体。选取图 10.2.10 所示的动/定模板为目标体，单击鼠标中键确认。

（3）定义工具体。选取滑块机构为工具体。

说明：在选取工具体时，只需要选取滑块机构上的任意零件，系统自动将整个滑块机构选中。

（4）单击 确定 按钮，完成动/定模板上避开槽的创建，结果如图 10.2.11 和图 10.2.12 所示。

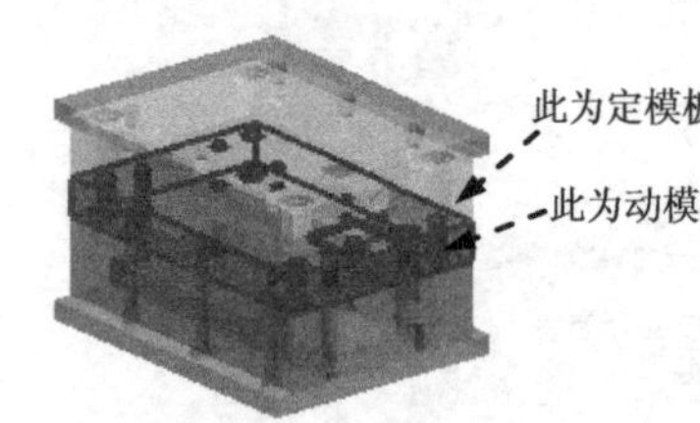

图 10.2.10　定义目标体

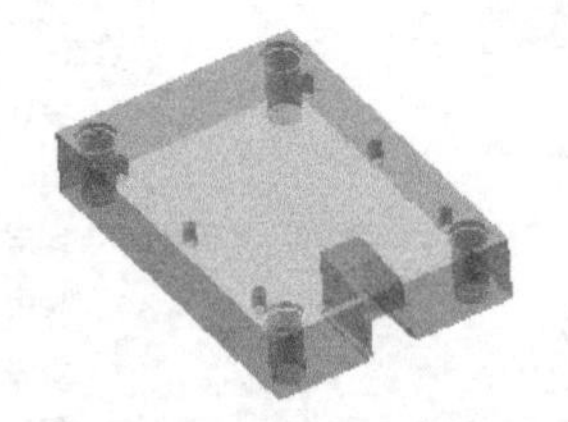

图 10.2.11　定模板避开槽

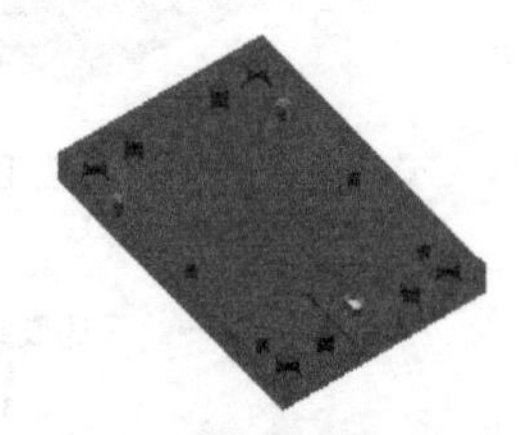

图 10.2.12　动模板避开槽

说明：为了清楚地显示动/定模板上的避开槽，此处隐藏了模架的其他零件。

Step4. 保存文件。选择下拉菜单 文件(F) ➡ 全部保存(V) 命令，保存所有文件。

10.3　斜销机构设计

斜销机构又称内侧抽芯机构，是完成塑件上内侧凹槽特征的抽芯机构。其结构原理与滑块机构类似。

当注塑成型的零件内侧带有凹穴或斜槽等特征时，模具上成型该处的特征就必须制成可内侧移动的零件，并且在塑件脱模前需要先将该零件内移或斜顶塑件脱模，否则将无法脱模。将该零件作内侧移动或斜顶塑件（抽拔与复位）的整个机构称为斜销机构（又称内侧抽芯机构）。

10.3.1　斜销的加载

在 Mold Wizard 中，通过“滑块和浮升销”命令可以完成斜销的加载和定义，一般操

作步骤如下：

Step1. 打开文件。

（1）选择命令。选择下拉菜单文件(F) → 打开(O)...命令，系统弹出“打开”对话框。

（2）打开文件 D:\ug10.3\work\ch10.03\phone-cover_top_035.prt，单击OK按钮，打开模型。

Step2. 将型芯零件转化为显示部件。

（1）选择图 10.3.1 所示的型芯零件并右击。

（2）在弹出的快捷菜单中选择设为显示部件命令，显示型芯零件。

Step3. 创建图 10.3.2 所示的拉伸特征。

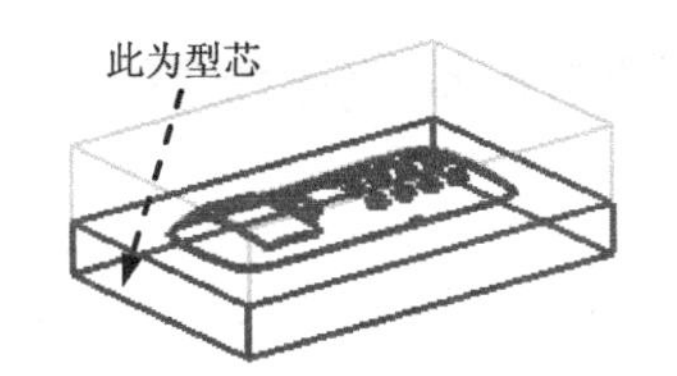

图 10.3.1　将型芯转化为显示部件

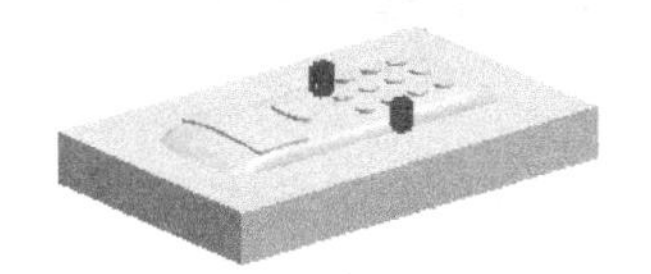

图 10.3.2　拉伸特征

（1）选择命令。选择下拉菜单插入(S) → 设计特征(E) → 拉伸(E)...命令，系统弹出“拉伸”对话框。

（2）定义草图平面。选取图 10.3.3 所示的模型表面为草图平面。

（3）绘制草图。绘制图 10.3.4 所示的截面草图。

（4）单击完成草图按钮，退出草图环境。

（5）定义拉伸方向。在指定矢量下拉列表中选择ZC选项。

（6）确定拉伸开始值和结束值。在“拉伸”对话框限制区域的开始下拉列表中选择值选项，并在其下的距离文本框中输入值 0；在结束下拉列表中选择值选项，并在其下的距离文本框中输入值 6，其他参数采用系统默认设置。

（7）单击< 确定 >按钮，完成拉伸特征的创建。

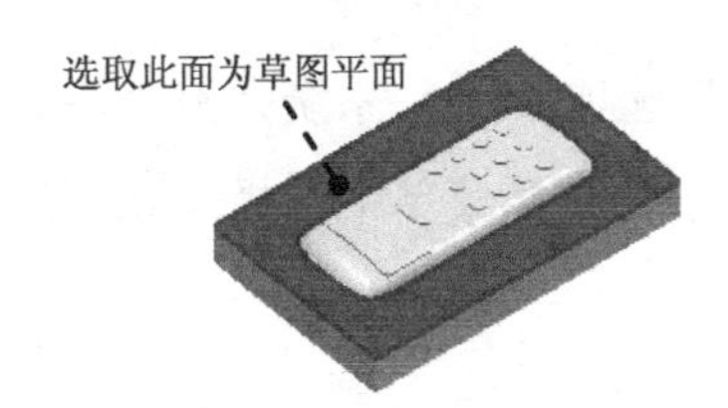

图 10.3.3　定义草图平面

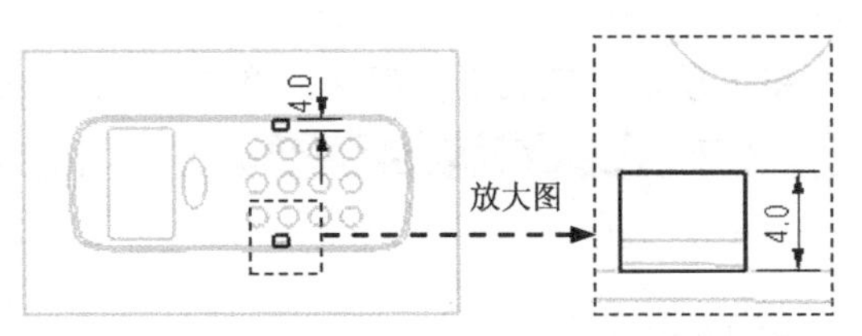

图 10.3.4　截面草图

Step4. 创建图 10.3.5 所示的求交特征 1。

（1）选择命令。选择下拉菜单插入(S) → 组合(B) → 求交(I)...命令，系统弹出

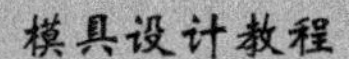

“求交”对话框。

（2）定义目标体和工具体。选取型芯零件为目标体，选取图 10.3.6 所示的实体为工具体。

（3）设置对话框参数。在设置区域中选中☑ 保存目标复选框。

（4）单击< 确定 >按钮，完成求交特征 1 的创建。

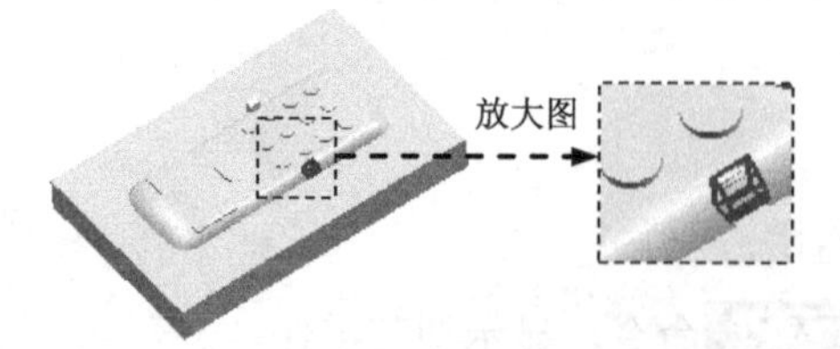

图 10.3.5　求交特征 1

图 10.3.6　定义工具体

Step5. 创建图 10.3.7 所示的求差特征 1。

（1）选择命令。选择下拉菜单插入(S) ➡ 组合(B) ➡ 求差(S)...命令，系统弹出“求差”对话框。

（2）定义目标体和工具体。选取型芯零件为目标体，选取图 10.3.8 所示的实体为工具体。

（3）设置对话框参数。在设置区域中选中☑ 保存工具复选框。

（4）单击< 确定 >按钮，完成求差特征 1 的创建。

Step6. 参照 Step4 创建另一侧求交特征。

Step7. 参照 Step5 创建另一侧求差特征。

图 10.3.7　求差特征 1

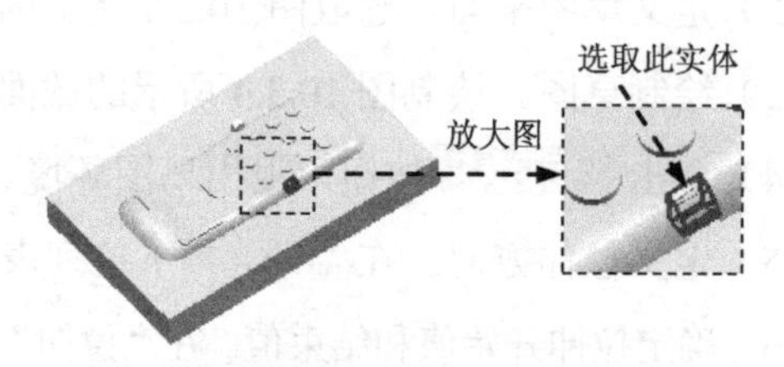

图 10.3.8　定义工具体

Step8. 添加模架。

（1）选择窗口。选择下拉菜单窗口(O) ➡ phone-cover_top_035.prt命令，系统显示总模型。

（2）将总模型转换成工作部件。单击“装配导航器”选项卡，系统弹出“装配导航器”窗口。在☑ phone-cover_top_035选项上右击，在弹出的快捷菜单中选择设为工作部件命令。

（3）添加模架。

① 在“注塑模向导”工具条中单击“模架库”按钮，系统弹出“模架库”对话框和“重用库”导航器。

② 在“重用库”导航器名称区域中选择FUTABA_S选项，在成员选择下拉列表中选择

SC选项，在详细信息区域的index列表中选择1823选项，在AP_h下拉列表中选择50选项，在BP_h下拉列表中选择40选项，在CP_h下拉列表中选择60选项，其他参数采用系统默认设置，单击应用按钮。

③ 单击确定按钮，完成模架的添加，如图 10.3.9 所示。

图 10.3.9 模架

Step9. 添加斜销。

（1）将型芯/型腔转换为显示部件。单击“装配导航器”选项卡，系统弹出“装配导航器”窗口。在 phone-cover_layout_047 选项上右击，在弹出的快捷菜单中选择设为显示部件命令。

（2）设置坐标原点。

① 选择命令。选择下拉菜单格式(R) → WCS → 原点(O)...命令，系统弹出“点”对话框。

② 定义坐标原点。选取图 10.3.10 所示的边线中点为坐标原点。

③ 单击确定按钮，完成设置坐标原点的操作。

（3）旋转坐标系。

① 选择命令。选择下拉菜单格式(R) → WCS → 旋转(R)...命令，系统弹出“旋转 WCS 绕…”对话框。

② 定义旋转方式。在弹出的对话框中选择 - ZC 轴单选项。

③ 定义旋转角度。在角度文本框中输入值 90。

④ 单击确定按钮，旋转后的坐标系如图 10.3.11 所示。

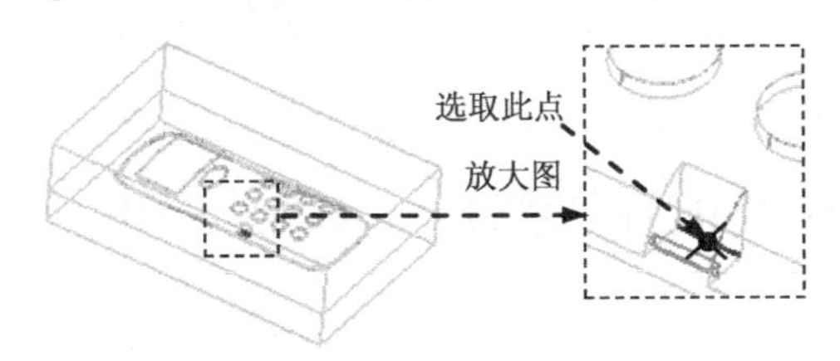

图 10.3.10 定义坐标原点

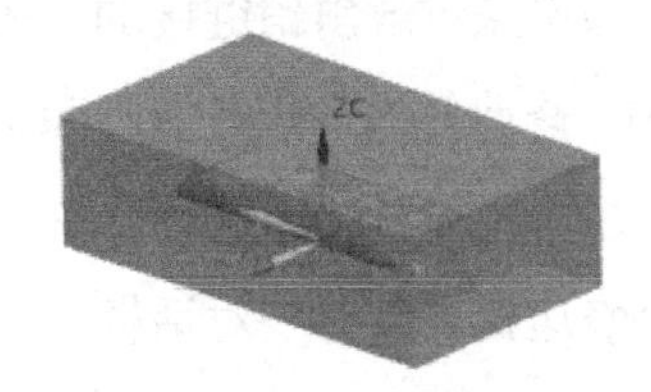

图 10.3.11 旋转后的坐标系

（4）添加斜销。

① 在“注塑模向导”工具条中单击“滑块和浮升销库”按钮，系统弹出如图 10.3.12

所示的“滑块和浮升销设计”对话框和“重用库”导航器。

②在“重用库”导航器名称列表中选择Lifter选项，在成员选择区域的列表中选择Dowel Lifter选项，系统弹出信息窗口并显示参数。在详细信息列表中将cut_width的值修改为1.5，按Enter键确认；将riser_thk的值修改为4，按Enter键确认；将riser_top的值修改为8，按Enter键确认；将wide的值修改为6，按Enter键确认。

③单击确定按钮，完成斜销的添加，如图10.3.13所示。

Step10. 参照Step9添加另一侧斜销。

注意： 旋转坐标后应使Y轴向外，再添加斜销。

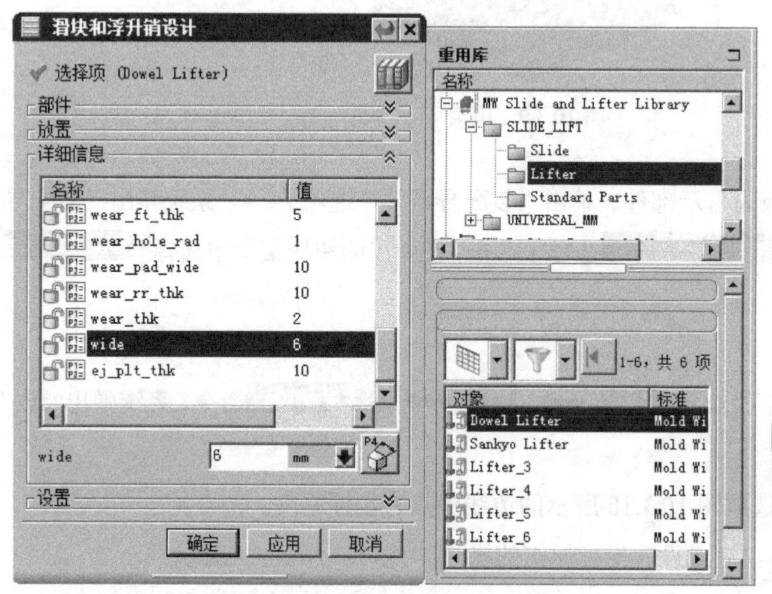

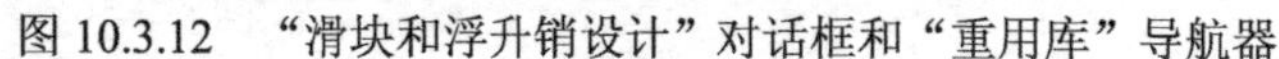

图 10.3.12 “滑块和浮升销设计”对话框和“重用库”导航器

图 10.3.13 斜销

10.3.2 斜销的链接

在完成斜销机构的添加后，还需要将模仁上的小型芯链接到斜销机构上，构成一体。在UG NX 10.0中，一般通过“WAVE几何链接器”命令来完成斜销的链接。继续以上10.3.1节的模型为例来讲解斜销链接的一般步骤。

Step1. 修剪斜销（隐藏型腔和零件）。

（1）在“注塑模向导”工具条中单击“修边模具组件”按钮，系统弹出如图10.3.14所示的“修边模具组件”对话框。

说明： 在选择命令后如果系统弹出“顶杆后处理”对话框，则单击否(N)按钮。

（2）定义修剪对象。选取两个斜销为修剪对象。

（3）单击确定按钮，完成修剪斜销的操作，如图10.3.15所示。

Step2. 创建斜销的链接。

（1）将斜销转换为工作部件。在绘图区双击斜销。

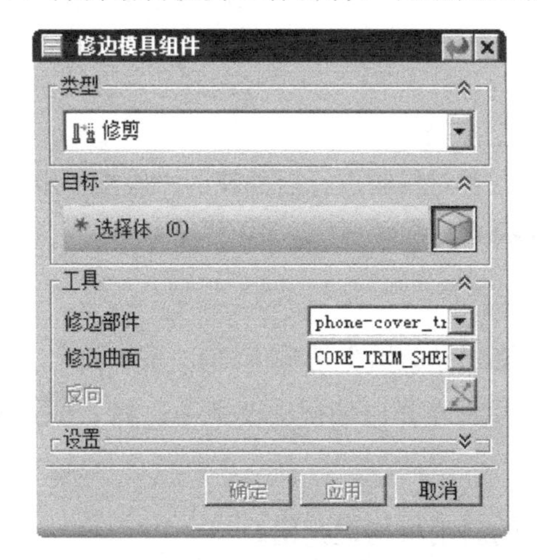

图 10.3.14 “修边模具组件”对话框

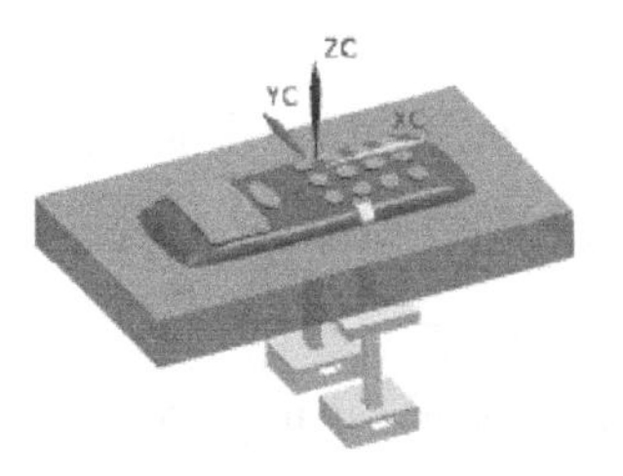

图 10.3.15 修剪后的斜销

（2）选择命令。选择下拉菜单 插入(S) → 关联复制(A) → WAVE 几何链接器(W)... 命令，系统弹出如图 10.3.16 所示的“WAVE 几何链接器”对话框。

（3）设置对话框参数。在区域中选中 ☑ 关联 复选框和 ☑ 隐藏原先的 复选框。

（4）定义链接对象。选取图 10.3.17 所示的小型芯为链接对象。

图 10.3.16 “WAVE 几何链接器”对话框

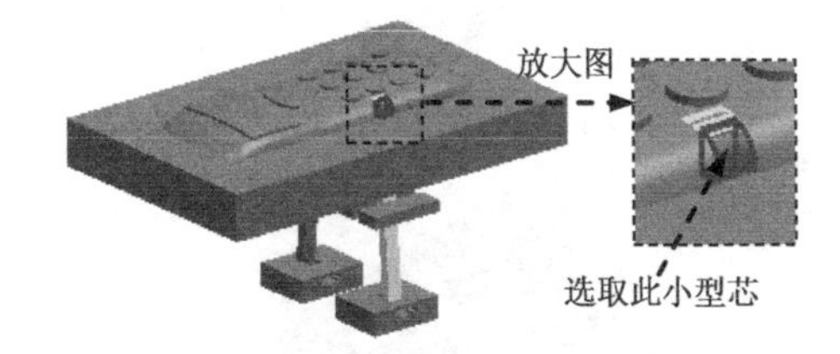

图 10.3.17 定义链接对象

（5）单击 < 确定 > 按钮，完成斜销链接的创建。

Step3. 创建求和特征 1。

（1）选择命令。选择下拉菜单 插入(S) → 组合(B) → 求和(U)... 命令，系统弹出“求和”对话框。

（2）定义目标体和工具体。选取斜销为目标体，选取图 10.3.17 所示的实体为工具体。

（3）单击< 确定 >按钮，完成求和特征 1 的创建。

Step4. 参照 Step2 和 Step3，完成另一侧求和特征。

10.3.3 斜销的后处理

在 UG NX 10.0 中，经常采用“型腔设计”命令对斜销进行后处理，一般操作步骤如下：

Step1. 选择窗口。选择下拉菜单窗口(O) → phone-cover_top_035.prt 命令，系统显示总模型。

Step2. 将总模型转换成工作部件。单击“装配导航器”选项卡，系统弹出“装配导航器”窗口。在☑ phone-cover_top_035 选项上右击，在弹出的快捷菜单中选择设为工作部件命令。

Step3. 创建动模板、顶杆固定板和型芯上的斜销机构避开槽。

（1）在“注塑模向导”工具条中单击“腔体”按钮，系统弹出“腔体”对话框。

（2）定义目标体。选取图 10.3.18 所示的动模板、顶杆固定板和型芯为目标体，单击鼠标中键确认。

（3）定义工具体。选取两个斜销机构为工具体，其他为默认选项。

说明：在选取工具体时，只需要选取斜销机构上的任意零件，系统自动将整个斜销机构选中。

（4）单击 确定 按钮，完成斜销避开槽的创建，结果如图 10.3.19 至图 10.3.21 所示。

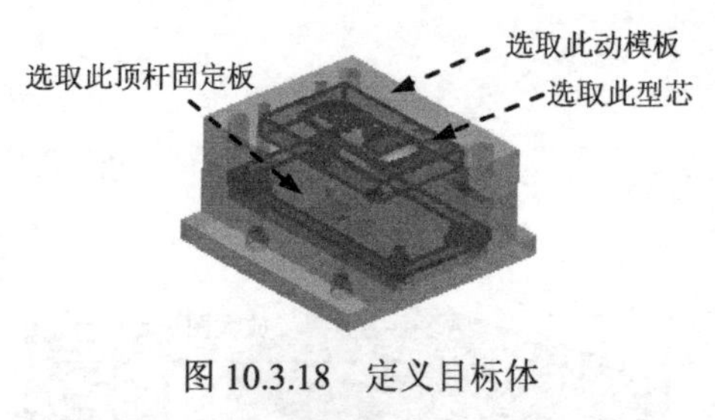

图 10.3.18 定义目标体

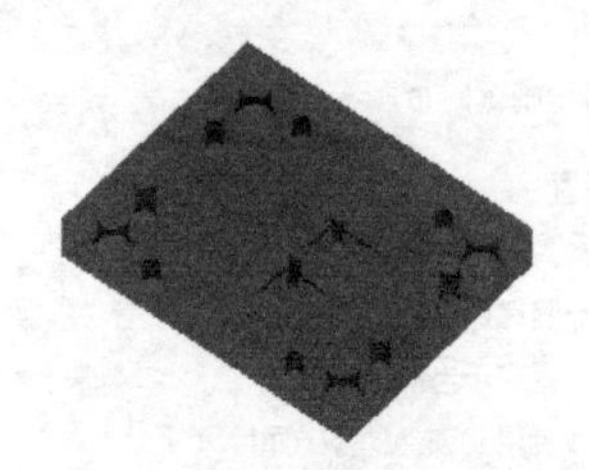

图 10.3.19 动模板避开槽

图 10.3.20 顶杆固定板避开槽

图 10.3.21 型芯避开槽

说明：为了清楚地显示动模板、顶杆固定板和型芯上的避开槽，此处隐藏了模架的其他零件。

Step4. 保存文件。选择下拉菜单文件(F) → 全部保存(V)命令，保存所有文件。

第 11 章 UG NX 10.0 模具设计的其他功能

本章提要 Mold Wizard 除了前面介绍的一些功能外，还包括一些其他的功能，如电极设计、材料清单和模具图等。本章将对电极设计、材料清单和模具图进行详细讲解，同时电极设计还通过实际范例来介绍其具体操作步骤。在学过本章之后，读者能够熟练掌握电极、材料清单和模具图的设计和创建。本章主要内容包括:

- 电极设计
- 物料清单（BOM）
- 模具图

11.1 电极设计

在模具的加工过程中，往往会存在一些复杂的区域很难用普通的切削加工方法进行加工，对于这些很难加工的区域，可采用电火花放电进行加工。在采用电火花放电进行加工时，首先，选择电极的材料（一般是铜或石墨）；其次，使用 Mold Wizard 提供的专业设计“电极库”命令来完成设计；最后，通过设计出的电极来完成那些复杂区域的放电加工。

设计电极的一般设计思路为：首先进行电极参数的设计，然后定义电极放置点的位置，最后通过“模具修剪”命令完成标准电极的设计。

Step1. 打开文件。选择下拉菜单 文件(F) → 打开(O)... 命令，打开 D:\ug10.3\work\ch11.01\foot_pad_ mold_top_010.prt 文件。

Step2. 在“注塑模向导”工具条中单击“电极库”按钮，系统弹出如图 11.1.1 所示的“电极设计”对话框（一）。

1. 目录 选项卡

该选项卡中包含“类型”列表、标准件预览区和“标准参数”列表等。用户通过该选项卡可以完成标准电极的一些设置。

图 11.1.1 所示的“电极设计”对话框各选项说明如下：

- “类型”列表：该列表用于确定在型芯上还是在型腔上创建标准电极。列表中有

Cavity Electrode（型腔电极）和Core Electrode（型芯电极）两个选项。

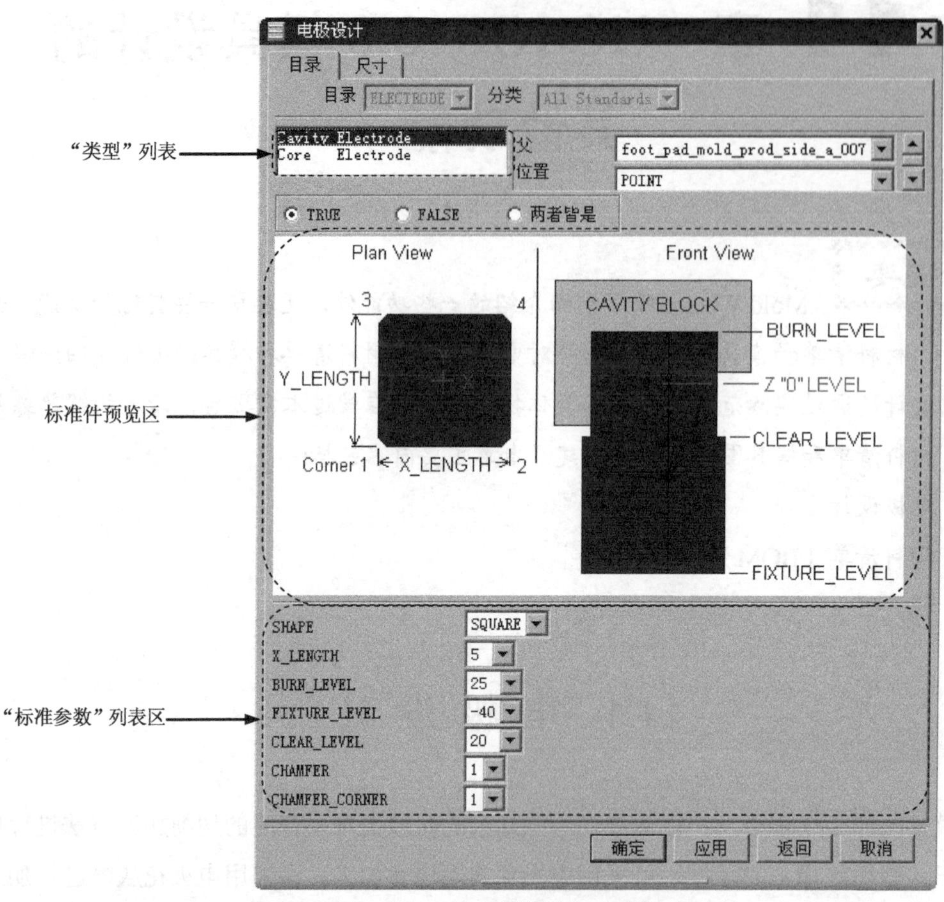

图 11.1.1　"电极设计"对话框（一）

☑ Cavity Electrode选项：选取此选项，在"电极设计"对话框的标准件预览区域中会显示出型腔电极的形状，如图 11.1.2 所示。

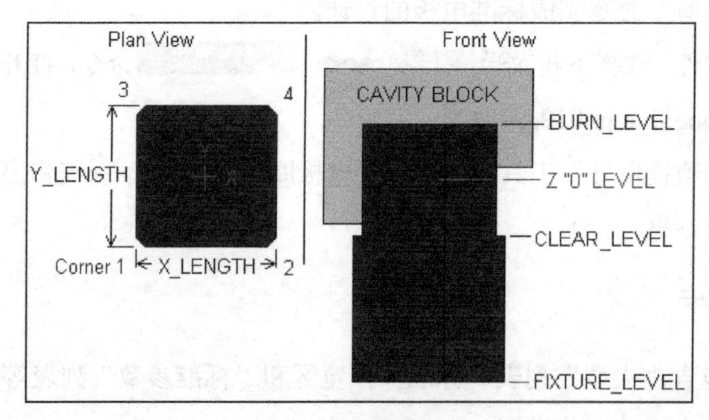

图 11.1.2　型腔电极

☑ Core Electrode选项：选取此选项，在"电极设计"对话框的标准件预览区域中会显示出型芯电极的形状，如图 11.1.3 所示。

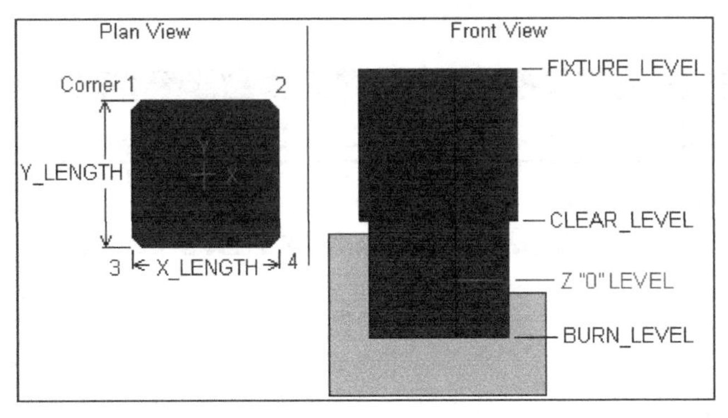

图 11.1.3 型芯电极

- 标准件预览区域：在该区域显示标准电极的基本形状。
- “标准参数设置”列表区：用于定义电极的形状和尺寸。
  - ☑ SHAPE 下拉列表：该下拉列表用于定义电极的形状，包括SQUARE（正方体）、矩形和ROUND（圆柱形）三种。选择不同的电极形状，会在“标准参数设置”列表区中显示不同的电极参数，如图 11.1.4 所示。

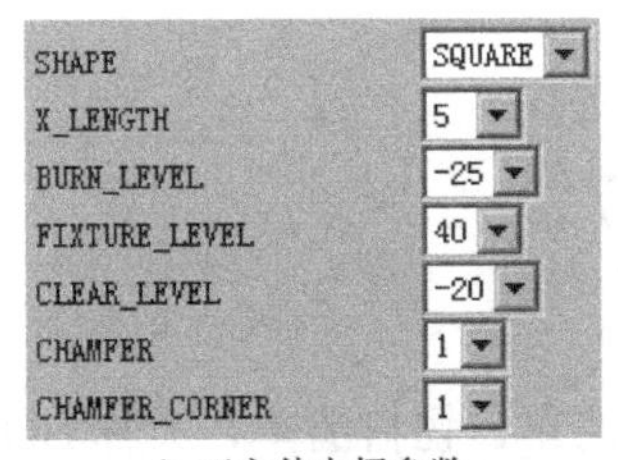

a）正方体电极参数

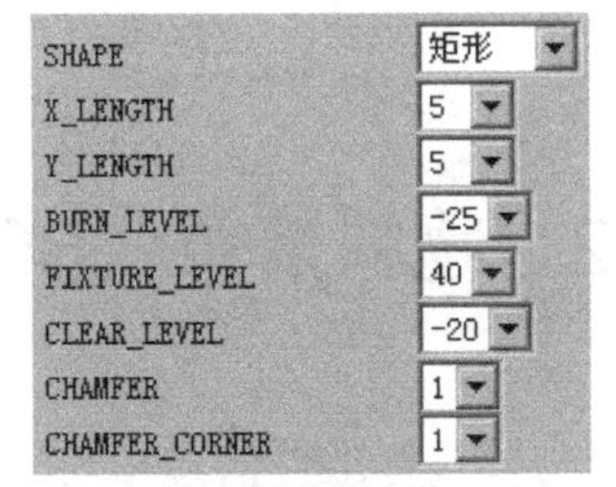

b）矩形电极参数

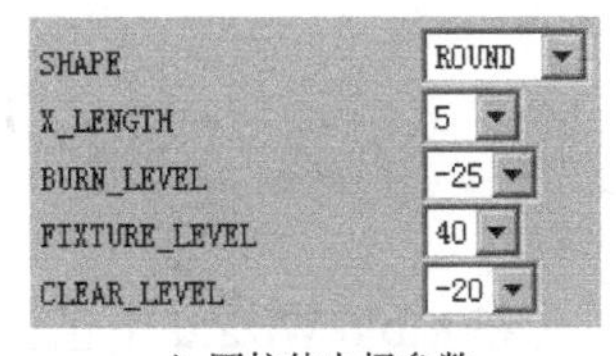

c）圆柱体电极参数

图 11.1.4 电极参数

  - ☑ X_LENGTH 下拉列表：用于定义电极 X 向的尺寸。
  - ☑ Y_LENGTH 下拉列表：用于定义电极 Y 向的尺寸。
  - ☑ BURN_LEVEL 下拉列表：用于定义电极的放电高度。
  - ☑ FIXTURE_LEVEL 下拉列表：用于定义电极的安装高度。
  - ☑ CLEAR_LEVEL 下拉列表：用于定义电极余量的高度。
  - ☑ CHAMFER 下拉列表：用于定义电极倒斜角的大小。
  - ☑ CHAMFER_CORNER 下拉列表：用“刀片标准件”设计电极时，系统默认把方形电极的四个角用 1、2、3、4 表示，该下拉列表就用于定义斜角放置在哪个角上，用户可通过选取下拉列表中的数字来改变斜角的放置位置。

2. 尺寸选项卡

用户可以通过在该选项卡中的“尺寸设置”区域来完成标准电极的尺寸定义和更改。在“电极设计”对话框中单击尺寸选项卡，系统弹出如图 11.1.5 所示的“电极设计”对

话框（二）。

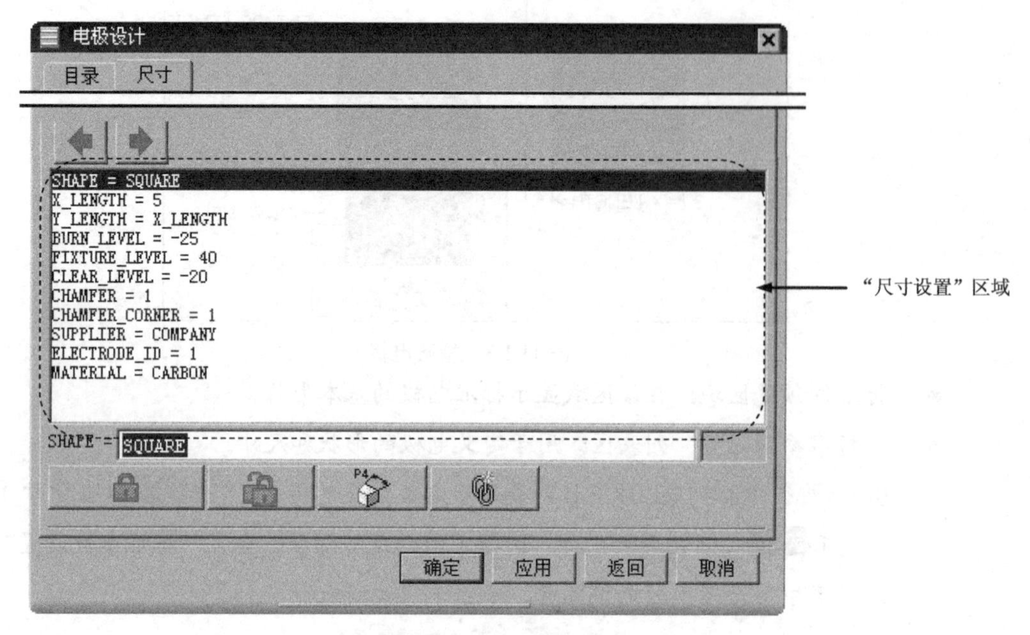

图 11.1.5 “电极设计”对话框（二）

11.2 物料清单（BOM）

在 Mold Wizard 中包含一个与模具标准件信息相关的物料清单。物料清单，又称 BOM（Bill Of Materials）表，用于生成模具上零部件的明细表，以及装配组件或零件的参数。BOM 表能根据用户在产品设计过程中设定的一些特定参数自动生成符合企业标准的明细表。

Step1. 打开 D:\ug10.3\work\ch11.02\cap_mold_top_010.prt 文件。

Step2. 在“注塑模向导”工具条中单击“物料清单”按钮，系统弹出如图 11.2.1 所示的“物料清单”对话框。

图 11.2.1 所示的“物料清单”对话框中部分选项说明如下：

- 列表区域：该区域中列表类型下拉列表中包括BOM 表和隐藏列表两个选项。
  - ☑ BOM 表选项：选择该选项后可在列表类型的列表框中显示所有组件的物料清单。
  - ☑ 隐藏列表选项：选择该选项后可在列表类型的列表框中隐藏所有组件的物料清单。

图 11.2.1　“物料清单”对话框

11.3　模　具　图

完成模具的设计后，接下来的工作就是出模具图。在 Mold Wizard 中，模具图包括装配图纸（样）、组件图纸（样）和孔表三种。通过 Mold Wizard 提供的创建模具图命令，可以大大减少设计人员的设计时间，提高设计效率。

11.3.1　装配图纸（样）

使用“装配图纸”命令可以自动地完成模具装配图纸（样）的创建和管理。模具装配图纸（样）的一般创建步骤：首先，定义出图的单位和图幅大小；其次，定义组件出图的可见性；最后，定义工程图的视图类型。

打开 D:\ug10.3\work\ch11.03.01\cap_mold_top_010.prt 文件。

1. 可见性类型

此类型用于定义图纸的类型、新建图纸的名称、图纸的单位和幅的大小。

在“注塑模向导”工具条中单击“模具图纸工具”按钮，然后在系统弹出的“模

具图纸工具”工具条中单击“装配图纸”按钮，系统弹出如图 11.3.1 所示的“装配图纸”对话框（一）。

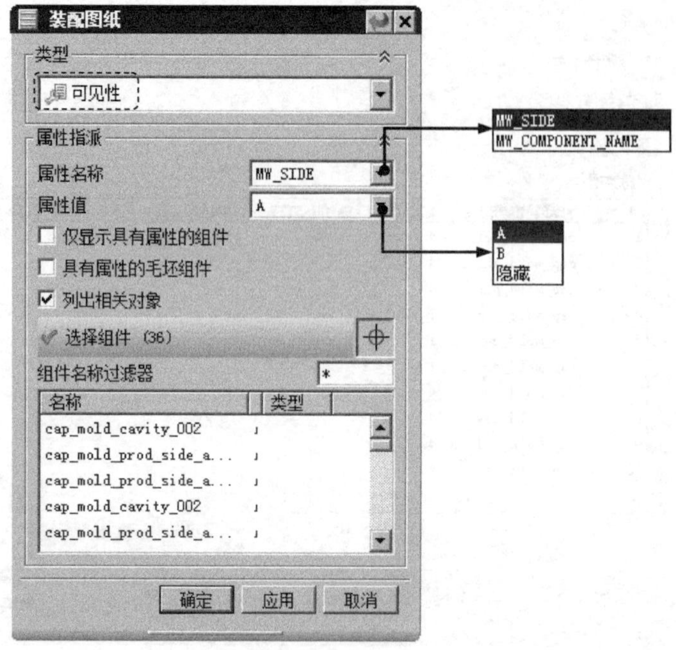

图 11.3.1 “装配图纸”对话框（一）

图 11.3.2 所示的“装配图纸”对话框（一）中部分选项说明如下：

- 属性名称下拉列表：用于定义模具工程图的出图类型，有MW_SIDE和MW_COMPONENT_NAME两个选项。
  - ☑ MW_SIDE选项：用于定义模具的可见侧。
  - ☑ MW_COMPONENT_NAME选项：用于定义模具中某个部件为可见侧。
- 属性值下拉列表：用于定义出图的可见性，有A、B 两个选项。
  - ☑ A选项：选择该选项，只出定模侧的工程图。
  - ☑ B选项：选择该选项，只出动模侧的工程图。

2. 图纸类型

此类型用于定义出图的可见性，可定义动模可见、定模可见或某个部件可见。在“装配图纸”对话框的类型下拉列表中选择图纸选项，系统弹出如图 11.3.2 所示的“装配图纸”对话框（二）。

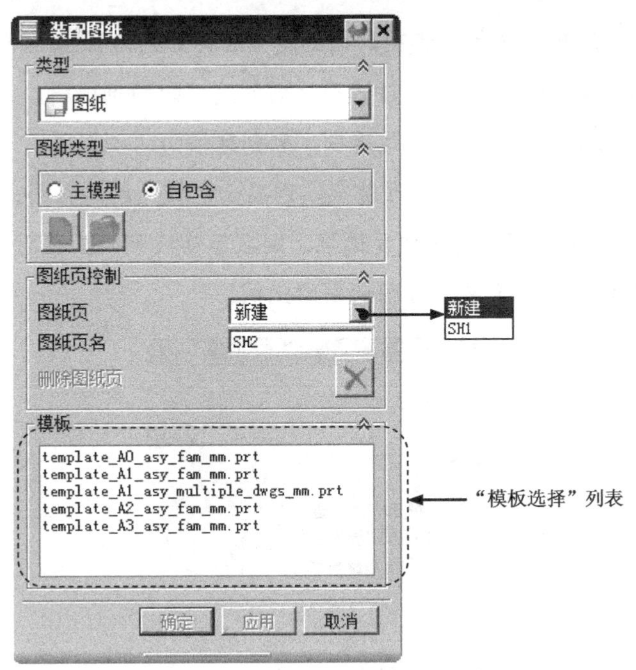

图 11.3.2 “装配图纸”对话框（二）

图 11.3.1 所示的“装配图纸”对话框（二）中各选项说明如下：

- 图纸类型区域：用于定义装配图纸的类型，包括 自包含和 主模型两种类型。
  - ☑ 自包含单选按钮：为当前打开的模具创建装配图。
  - ☑ 主模型单选按钮：打开一个已有的模具创建装配图。
- 图纸页下拉列表：用于定义创建图纸的方式，可以选择新建一个新的图纸，也可以选择已创建好的图纸。
  - ☑ 新建选项：新建一个图纸。选择此选项，图纸页名被激活，在其文本框里输入新建图纸的名称。
  - ☑ SH1选项：选择已有的图纸创建模具装配工程图，SH1是已有的图纸的名称。
- 模板区域：用于定义模具装配图纸的模板类型，在“模板选择”列表中双击某一选项，可选择大小不同的模板类型。

3. 视图类型

该选项卡用于定义图纸的出图类型、剖切面的类型和控制可见侧。在“装配图纸”对话框的类型下拉列表中选择视图选项，系统弹出如图 11.3.3 所示的“装配图纸”对话框（三）。

图 11.3.3 所示的“装配图纸”对话框（三）中部分选项说明如下：

- “模板中的预定义视图”列表框：用于定义工程图的视图类型和剖视图。
  - ☑ CORE选项：选择该选项，则创建型芯部分的工程图。

- ☑ CAVITY选项：选择该选项，则创建型腔部分的工程图。
- ☑ FRONTSECTION选项：选择该选项，则创建纵向的剖视图。
- ☑ RIGHTSECTION选项：选择该选项，则创建横向的剖视图。

- ☐显示 A 侧复选框：选中该复选框，则显示定模侧的工程图。
- ☐显示 B 侧复选框：选中该复选框，则显示动模侧的工程图。
- 缩放文本框：用于定义工程图的出图比例。

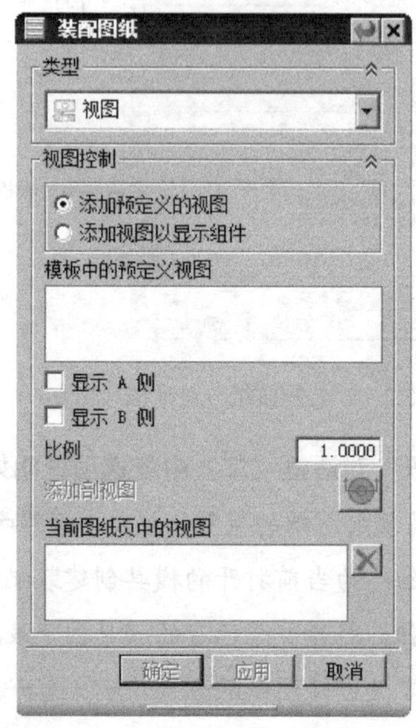

图 11.3.3 “装配图纸”对话框（三）

11.3.2 组件图纸（样）

使用“组件图纸”命令可以自动完成模具装配组件图纸（样）的创建和管理。组件图纸（样）的一般创建步骤为：首先进入制图环境，然后定义图纸的类型和组件。

Step1. 打开 D:\ug10.3\work\ch11.03.02\cap_mold_top_010.prt 文件。

Step2. 选择下拉菜单 启动 → 制图(F)... 命令，进入制图环境。在“注塑模向导”工具条中单击“模具图纸工具”按钮，然后在系统弹出的“模具图纸工具”工具条中单击“组件图纸”按钮，系统弹出如图 11.3.4 所示的“组件图纸”对话框。“组件”列表框用于定义出图的部件，可以在该列表中选取多个要出工程图的组件。

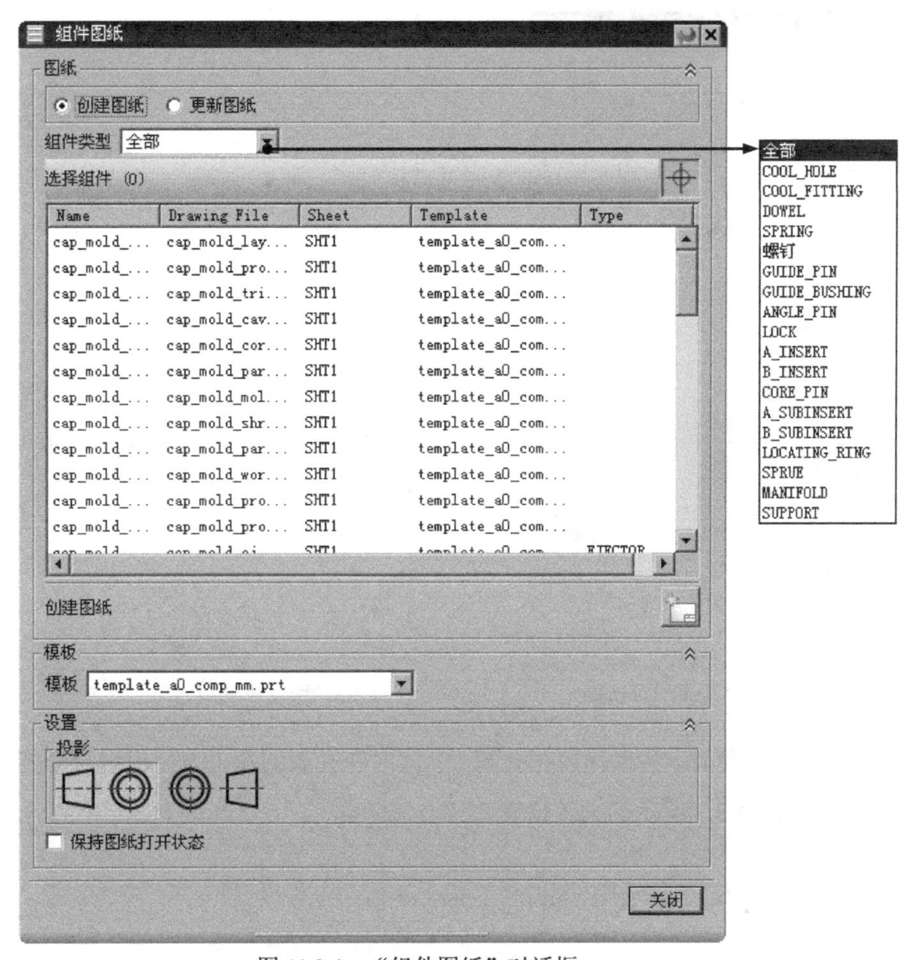

图 11.3.4 “组件图纸”对话框

11.3.3 孔表

使用孔表命令时，系统会自动找到零件中所有的孔，并对它们进行分类和编号，然后在图样上确定其放置原点，系统将自动计算每个孔到坐标原点的距离，把所有的孔编制成一个孔表。创建孔表只能在制图模块下进行。

Step1. 打开 D:\ug10.3\work\ch11.03.03\cap_mold_a_plate.prt 文件。

Step2. 在“模具图纸工具”工具条中单击 按钮，系统弹出如图 11.3.5 所示的“孔表”对话框。

Step3. 定义坐标原点。选择图 11.3.6 所示的圆弧的中心。

Step4. 选择视图。选取图 11.3.6 所示的视图，单击“孔表”对话框原点区域中的指定位置选项，然后在合适的位置单击放置表。

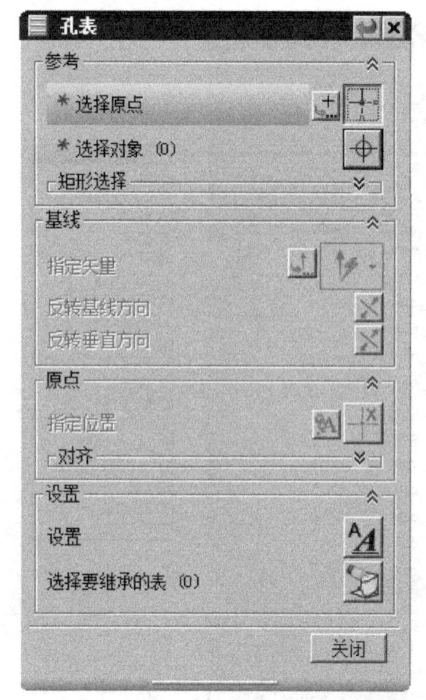

图 11.3.5 “孔表”对话框

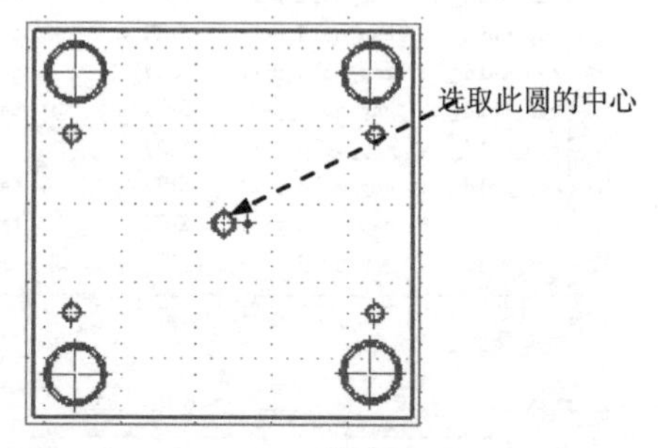

图 11.3.6 定义坐标原点

Step5. 定义放置位置。将鼠标放在孔表上，此时在孔表的左上方会出现一个拖动按钮，直接将其拖动到图 11.3.7 所示的大致位置。

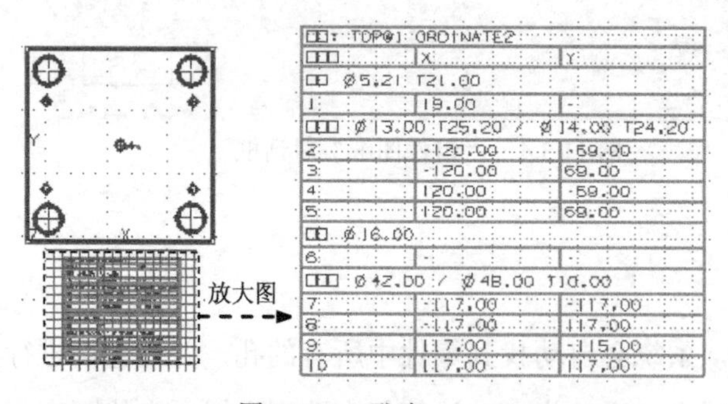

图 11.3.7 孔表

Step6. 选择下拉菜单 文件(F) → 全部保存(V) 命令保存。

第12章 在建模环境下进行模具设计

本章提要 在建模环境下进行模具设计，主要运用了建模环境下的“变换”“拉伸”、“修剪片体”“缝合”和“拆分”等命令。通过对本章的学习，读者能够进一步熟悉模具设计的方法，并能根据实际情况的不同灵活运用各种方法进行模具的设计。本章主要内容包括：

- 模具坐标
- 设置收缩率
- 创建模具工件
- 模型修补
- 创建模具分型线和分型面
- 创建模具型芯/型腔
- 创建模具分解视图

12.1 概 述

在模具设计的过程中除了运用 UG NX 10.0/Mold Wizard 模块外，还可以使用“建模”模块来进行模具设计，使用此模块进行模具设计与 MoldWizard 模块相比，主要具有以下两个突出的特点：

（1）对于不会使用 Mold Wizard 模块的用户来说，可以在“建模”模块中完成模具的设计。

（2）在“建模”模块中进行分型面的设计非常灵活、方便，最终只需要通过一个“缝合”命令来将所有的分型面合并到一起。

但是，在“建模”模块中进行模具设计是无参数化的，造成模具的修改性差，不能编辑各种特征的参数，与使用 Mold Wizard 模块设计模具相比更为繁琐，重复性操作比较多，并且模具设计效率不高。

12.2 模 具 坐 标

在 UG NX 10.0 中，经常使用“实用工具”工具栏中的命令来修改模具坐标，一般操作步骤如下：

Step1. 打开文件。打开 D:\ug10.3\work\ch12\turntable.prt 文件，单击 OK 按钮，进入建模环境。

Step2. 旋转模具坐标系。

（1）选择命令。选择下拉菜单 格式(R) → WCS ▸ → 旋转(R)... 命令，系统弹出如图 12.2.1 所示的“旋转 WCS 绕…”对话框。

（2）定义旋转方式。在弹出的对话框中选择 ⊙ - XC 轴：ZC --> YC 单选项。

（3）定义旋转角度。在 角度 文本框中输入值 90。

（4）单击 确定 按钮，定义后的模具坐标系如图 12.2.2 所示。

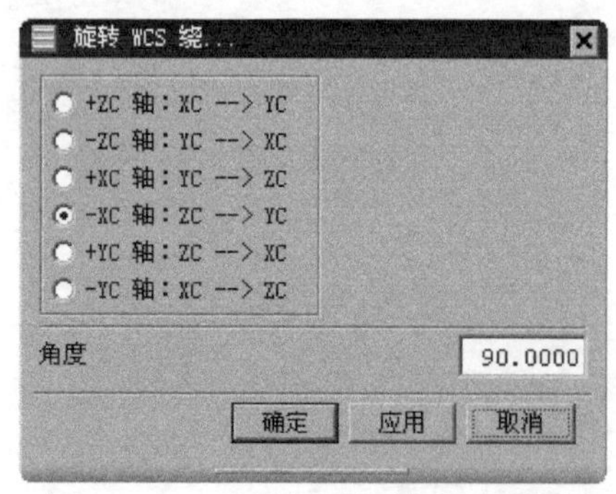

图 12.2.1 “旋转 WCS 绕…”对话框

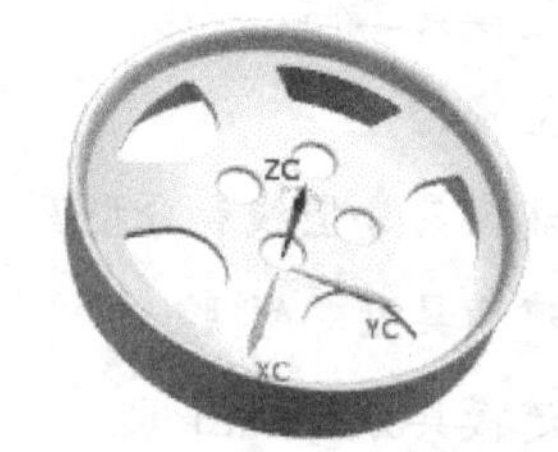

图 12.2.2 定义后的模具坐标系

12.3 设置收缩率

在 UG NX 10.0 中经常使用“缩放体”命令来设置收缩率。继续以前面的模型为例，一般操作步骤如下：

Step1. 测量设置收缩率前的模型尺寸。

（1）选择命令。选择下拉菜单 分析(L) → 测量距离(D)... 命令，系统弹出“测量距离”对话框。

（2）测量距离。测量图 12.3.1 所示的原点到零件内表面的距离值为 170。

（3）单击 取消 按钮，关闭“测量距离”对话框。

Step2. 设置收缩率。

（1）选择命令。选择下拉菜单 插入(S) → 偏置/缩放(O) ▸ → 缩放体(S)... 命令，系统弹出“缩放体”对话框。

（2）定义缩放类型。在“缩放体”对话框 类型 区域的下拉列表中选择 均匀 选项。

（3）选择要缩放的体。选择图 12.3.1 所示的零件为要缩放的体，此时系统自动将缩放

点定义在坐标原点上。

（4）定义比例因子。在比例因子区域的均匀文本框中输入值 1.006。

（5）单击确定按钮，完成设置收缩率的操作。

Step3. 测量设置收缩率后的模型尺寸。

（1）选择命令。选择下拉菜单分析(L) ⟶ 测量距离(D)...命令，系统弹出“测量距离”对话框。

（2）测量距离。测量图 12.3.2 所示的原点到零件内表面的距离值为 171.02。

说明：与前面选择测量的面相同。

（3）单击取消按钮，关闭“测量距离”对话框。

Step4. 检测收缩率。由测量结果可知，设置收缩率前的尺寸值为 170，收缩率为 1.006，所以设置收缩率后的尺寸值为 170×1.006=171.02，说明设置收缩率没有错误。

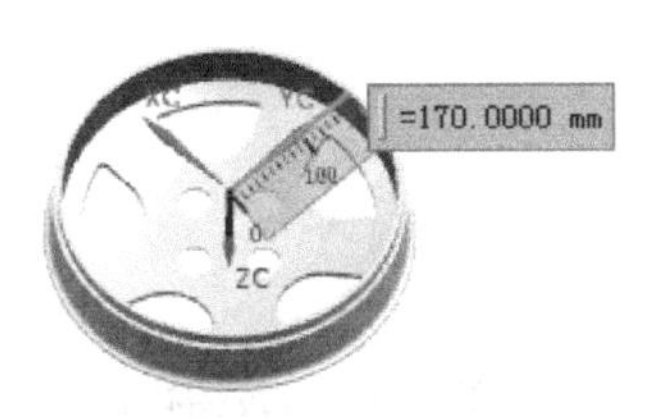

图 12.3.1　测量设置收缩率前的模型尺寸

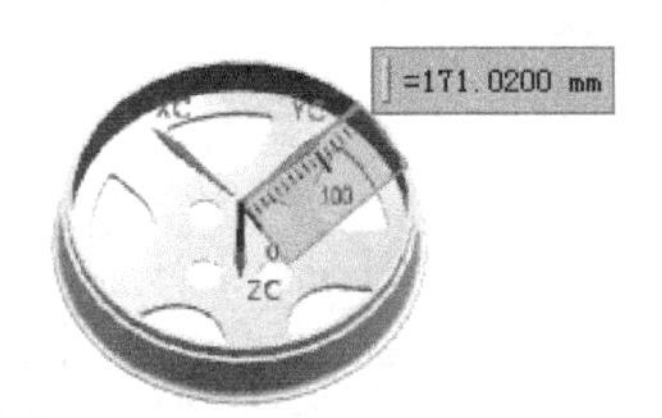

图 12.3.2　测量设置收缩率后的模型尺寸

12.4　创建模具工件

在 UG NX 10.0 中，经常使用“拉伸”命令来创建模具工件。继续以前面的模型为例，一般操作步骤如下：

Step1. 选择命令。选择下拉菜单插入(S) ⟶ 设计特征(E) ⟶ 拉伸(E)...命令，系统弹出如图 12.4.1 所示的“拉伸”对话框。

Step2. 定义草图平面。单击按钮，系统弹出“创建草图”对话框；选取 ZX 平面为草图平面，选中☑创建中间基准 CSYS复选框，单击确定按钮，进入草图环境。

Step3. 绘制草图。绘制图 12.4.2 所示的截面草图；单击完成草图按钮，退出草图环境。

Step4. 定义拉伸方向。在指定矢量的下拉列表中选择ZC选项。

Step5. 确定拉伸开始值和结束值。在“拉伸”对话框限制区域的开始下拉列表中选择值选项，并在其下的距离文本框中输入值-160；在结束下拉列表中选择值选项，并在其下的距离文本框中输入值 200；在布尔区域的布尔下拉列表中选择无，其他参数采用系统默认设置。

Step6. 单击 〈确定〉 按钮，完成图 12.4.3 所示的拉伸特征的创建。

图 12.4.1 “拉伸”对话框

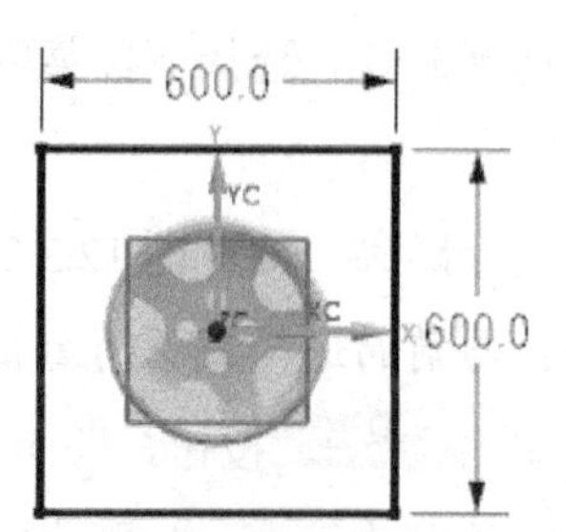

图 12.4.2 截面草图

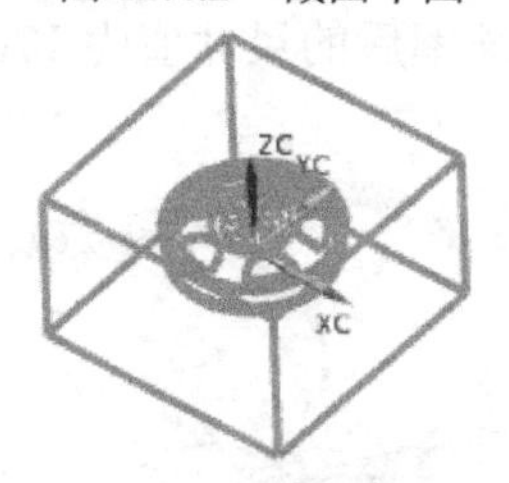

图 12.4.3 拉伸特征

12.5 模型修补

若产品模型上存在破孔，则需要通过“抽取体”“修剪片体”和“扩大”等命令来完成破孔的修补工作。继续以前面的模型为例，模型修补的一般操作步骤如下：

Step1. 隐藏模具工件。

（1）选择命令。选择下拉菜单 编辑(E) ➡ 显示和隐藏(H) ➡ 隐藏(H)... 命令，系统弹出“类选择”对话框。

（2）定义隐藏对象。选取模具工件为隐藏对象。

（3）单击 确定 按钮，完成模具工件隐藏的操作。

Step2. 创建图 12.5.1 所示的抽取特征。

（1）选择命令。选择下拉菜单 插入(S) ➡ 关联复制(A) ➡ 抽取几何特征(E)... 命令，系统弹出如图 12.5.2 所示的“抽取几何特征”对话框。

（2）设置对话框参数。在 类型 区域的下拉列表中选择 面 选项，在 设置 区域中选中 ☑ 固定于当前时间戳记 复选框和 ☑ 删除孔 复选框，其他参数采用系统默认设置。

（3）定义抽取对象。选取图 12.5.3 所示的面为抽取对象。

（4）单击 < 确定 > 按钮，完成抽取特征的创建。

图 12.5.1　抽取特征

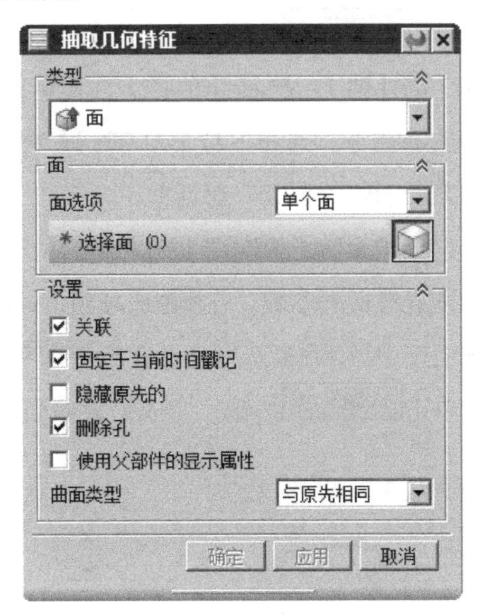

图 12.5.2　“抽取几何特征”对话框

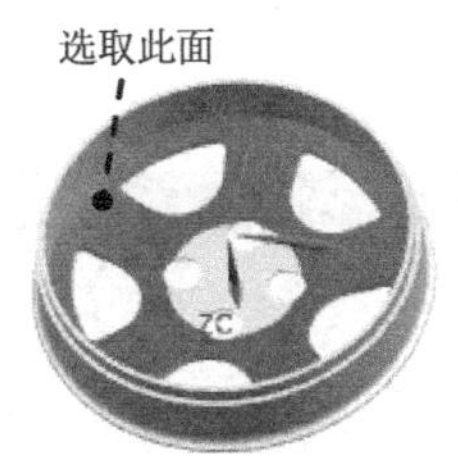

图 12.5.3　定义抽取面

Step3. 创建图 12.5.4 所示的修剪片体特征 1。

（1）选择命令。选择下拉菜单 插入(S) → 修剪(T) → 修剪片体(R)... 命令，系统弹出如图 12.5.5 所示的“修剪片体”对话框。

（2）定义目标体和边界对象。选取抽取特征 1 为目标体，单击鼠标中键确认；选取图 12.5.6 所示的边界对象。

图 12.5.4　修剪片体特征 1

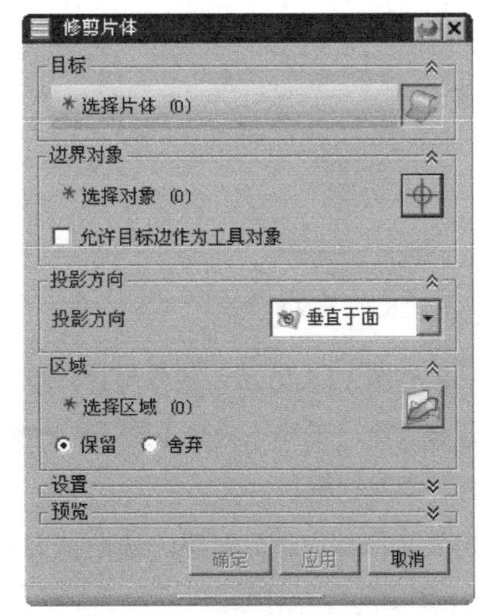

图 12.5.5　“修剪片体”对话框

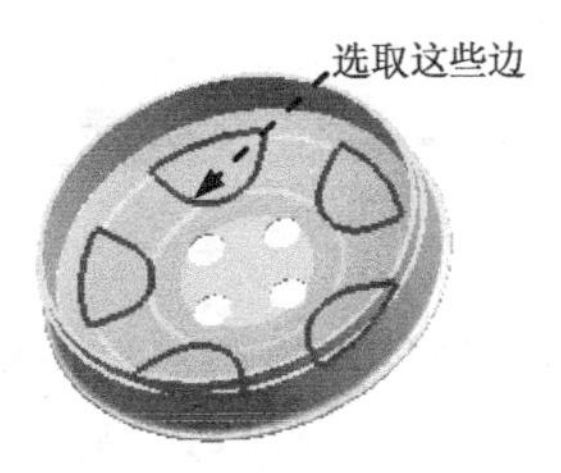

图 12.5.6　定义边界对象

注意：

- 选取目标体时不要单击有孔的位置，否则修剪结果不同。
- 选取边界对象之前应选中 边界对象 区域中的 ☑ 允许目标边作为工具对象 复选框。

（3）设置对话框参数。在区域区域中选择⊙ 舍弃单选项，其他参数采用系统默认设置。

（4）单击< 确定 >按钮，完成修剪特征 1 的创建。

Step4. 创建图 12.5.7 所示的扩大曲面特征。

（1）选择命令。选择下拉菜单编辑(E) → 曲面(R) → 扩大(L)...命令，系统弹出如图 12.5.8 所示的“扩大”对话框。

（2）定义扩大面。选取图 12.5.9 所示的面为扩大面。

（3）设置对话框参数。在设置选项组的模式区域中选择⊙ 自然单选项，在“调整大小参数”区域中选中☑ 全部复选框，并在U 向起点百分比的文本框中输入值 20，按 Enter 键确认。

（4）单击< 确定 >按钮，完成扩大曲面特征的创建。

图 12.5.7 扩大曲面特征

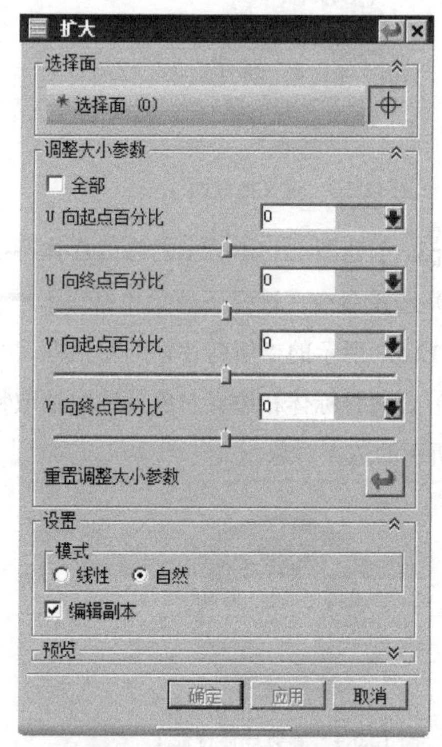

图 12.5.8 “扩大”对话框

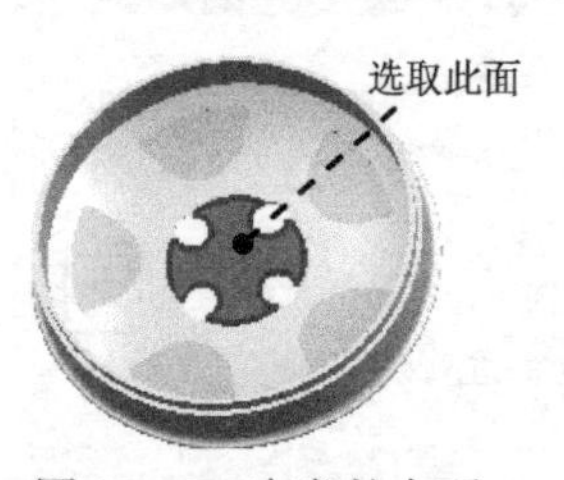

图 12.5.9 定义扩大面

Step5. 创建图 12.5.10 所示的修剪片体特征 2。

（1）选择命令。选择下拉菜单插入(S) → 修剪(T) → 修剪片体(R)...命令，系统弹出“修剪片体”对话框。

（2）定义目标体和边界对象。选取扩大曲面特征为目标体，单击鼠标中键确认；选取图 12.5.11 所示的边界对象。

注意：

- 选取目标体时不要单击有孔的位置，否则修剪结果不同。
- 选取边界对象之前应选中边界对象区域中的☑ 允许目标边作为工具对象复选框。

（3）设置对话框参数。在区域区域中选择⊙ 舍弃单选项，其他参数采用系统默认设置。

（4）单击确定按钮，完成修剪特征 2 的创建。

图 12.5.10　修剪片体特征 2

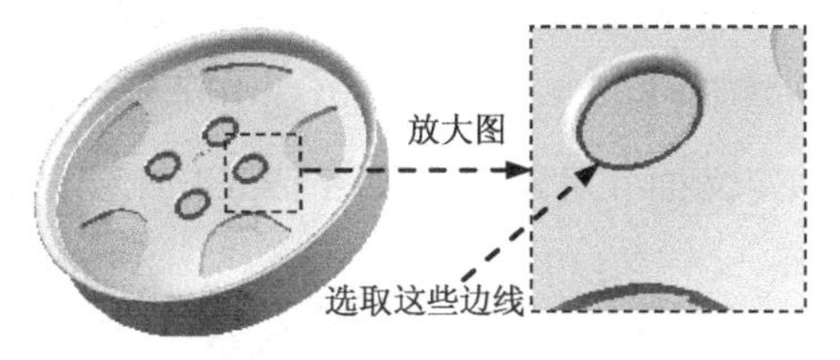

图 12.5.11　定义边界对象

12.6　创建模具分型线和分型面

模具分型面一般都要求在产品外形轮廓的最大断面处，即分型线位于产品外形轮廓的最大断面处。在 UG NX 10.0 中，可以通过抽取轮廓线来完成分型线的创建；通过“抽取面”、“修剪片体”、“拉伸”和“缝合”等命令完成分型面的创建。继续以前面的模型为例，一般操作步骤如下：

Step1. 抽取最大轮廓线（分型线）。

（1）选择命令。选择下拉菜单插入(S) ➡ 派生曲线(U) ➡ 抽取(E)...命令，系统弹出如图 12.6.1 所示的“抽取曲线”对话框。

（2）定义抽取曲线的类型。单击轮廓曲线按钮，系统弹出“轮廓曲线”对话框。

（3）定义抽取轮廓。在“视图”工具栏中单击“前视图”按钮，调整视图为前视图，选取零件实体，系统自动生成图 12.6.2 所示的轮廓曲线，单击取消按钮关闭“轮廓线”对话框。

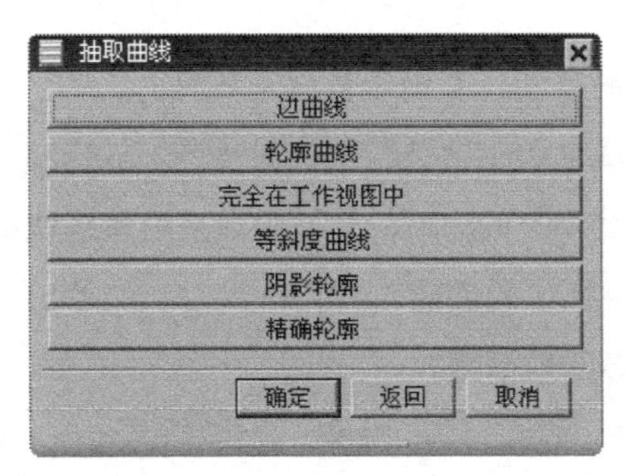

图 12.6.1　“抽取曲线”对话框

图 12.6.2　轮廓曲线

Step2. 创建分型面。

（1）创建图 12.6.3 所示的抽取特征。

① 选择命令。选择下拉菜单插入(S) → 关联复制(A)▸ → 抽取几何特征(E)...命令，系统弹出“抽取几何特征”对话框。

② 设置对话框参数。在类型区域的下拉列表中选择面选项；在设置区域中选中☑ 固定于当前时间戳记复选框和取消选中☐ 删除孔复选框，其他参数采用系统默认设置。

③ 定义抽取对象。选取图 12.6.4 所示的面（共 48 个）为抽取对象。

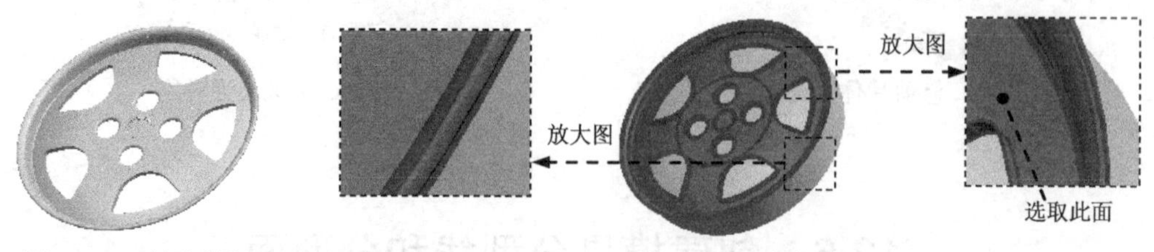

图 12.6.3　抽取特征　　　　图 12.6.4　定义抽取面

④ 单击确定按钮，完成抽取特征的创建。

说明：为了清楚地显示出抽取的面，图 12.6.3 隐藏了零件、补片和分型线。

（2）创建图 12.6.5b 所示的修剪片体特征 1（隐藏零件）。

① 选择命令。选择下拉菜单插入(S) → 修剪(T)▸ → 修剪片体(R)...命令，系统弹出“修剪片体”对话框。

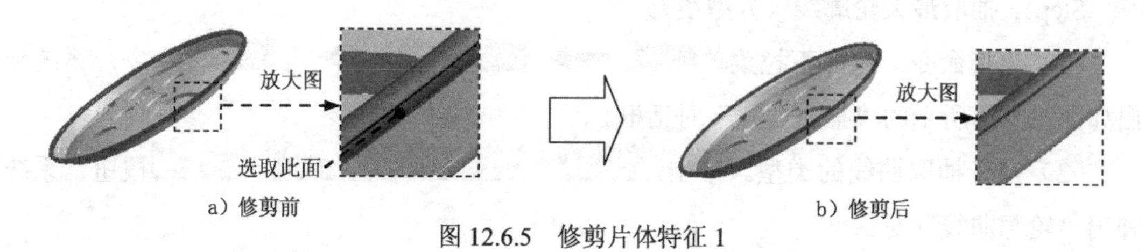

图 12.6.5　修剪片体特征 1

② 定义目标体和边界对象。选取图 12.6.5a 所示的片体为目标体，单击鼠标中键确认；选取分型线为边界对象。

注意：

- 选取目标体时不要单击分型线以上的位置，否则修剪结果不同。
- 选取边界对象之前应选中边界对象区域中的☑ 允许目标边作为工具对象复选框。

③ 设置对话框参数。在区域区域中选择⊙ 舍弃单选项，其他参数采用系统默认设置。

④ 单击< 确定 >按钮，完成修剪片体特征 1 的创建。

（3）创建图 12.6.6 所示的拉伸特征 1（显示坐标系）。

① 选择命令。选择下拉菜单插入(S) → 设计特征(E)▸ → 拉伸(E)...命令，系统弹出“拉伸”对话框。

② 定义草图平面。单击按钮，系统弹出“创建草图”对话框；选取 XY 基准平面为草图平面，单击确定按钮，进入草图环境。

③ 绘制草图。绘制图 12.6.7 所示的截面草图；单击完成草图按钮，退出草图环境。

④ 定义拉伸方向。在指定矢量的下拉列表中选择YC选项。

⑤ 确定拉伸开始值和终点值。在“拉伸”对话框限制区域的开始下拉列表中选择对称值选项，并在其下的距离文本框中输入值 300，其他参数采用系统默认设置。

⑥ 单击< 确定 >按钮，完成拉伸特征 1 的创建（隐藏坐标系）。

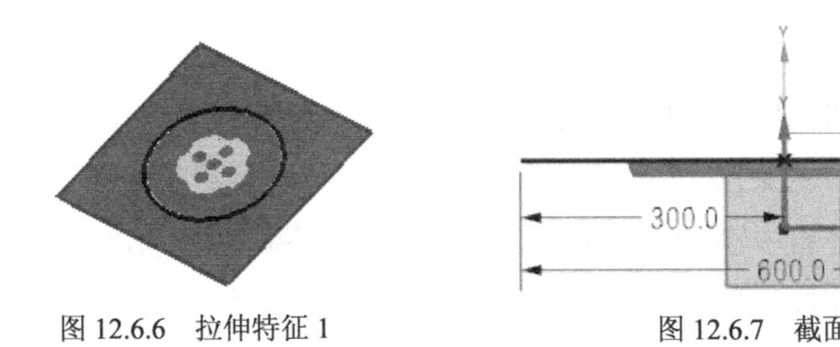

图 12.6.6　拉伸特征 1　　　图 12.6.7　截面草图

（4）创建图 12.6.8b 所示的修剪片体特征 2。

① 选择命令。选择下拉菜单插入(S) → 修剪(T) → 修剪片体(R)...命令，系统弹出“修剪片体”对话框。

② 定义目标体和边界对象。选取拉伸特征 1 为目标体，单击鼠标中键确认；选取分型线边界对象。

注意：选取边界对象之前应选中边界对象区域中的☑ 允许目标边作为工具对象复选框。

③ 设置对话框参数。在区域区域中选择⊙ 保留单选项，其他参数采用系统默认设置。

④ 单击< 确定 >按钮，完成修剪片体特征 2 的创建。

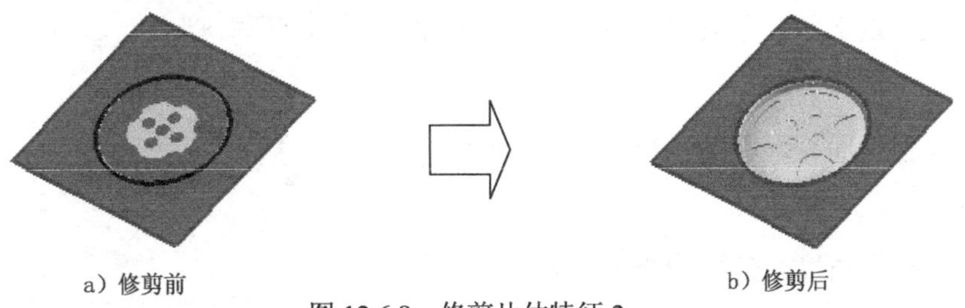

a）修剪前　　　b）修剪后

图 12.6.8　修剪片体特征 2

（5）创建图 12.6.9 所示的拉伸特征 2。

① 选择命令。选择下拉菜单插入(S) → 设计特征(E) → 拉伸(E)...命令，系统弹出“拉伸”对话框。

② 定义草图平面。单击按钮，系统弹出“创建草图”对话框；选取图 12.6.10 所示的平面为草图平面，单击确定按钮，进入草图环境。

③ 绘制草图。绘制图 12.6.11 所示的截面草图；单击完成草图按钮，退出草图环境。

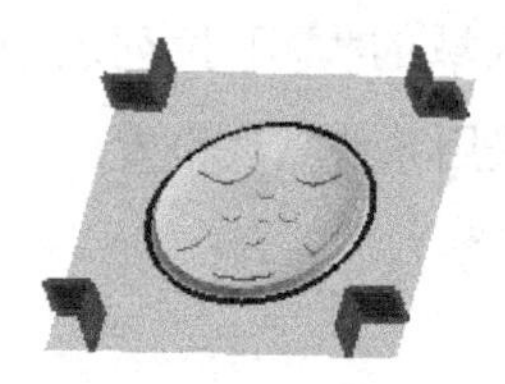

图 12.6.9　拉伸特征 2

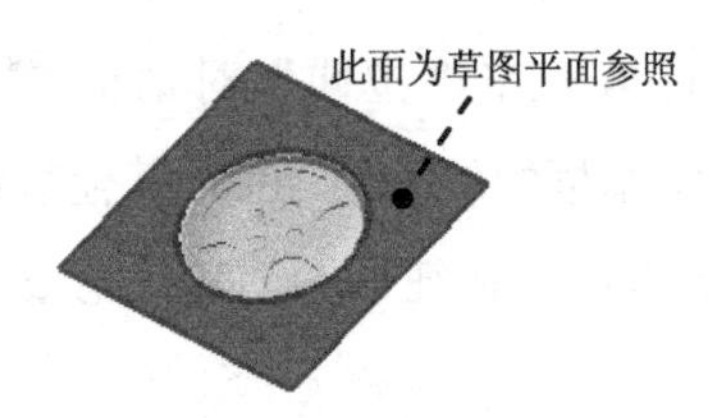

图 12.6.10　定义草图平面

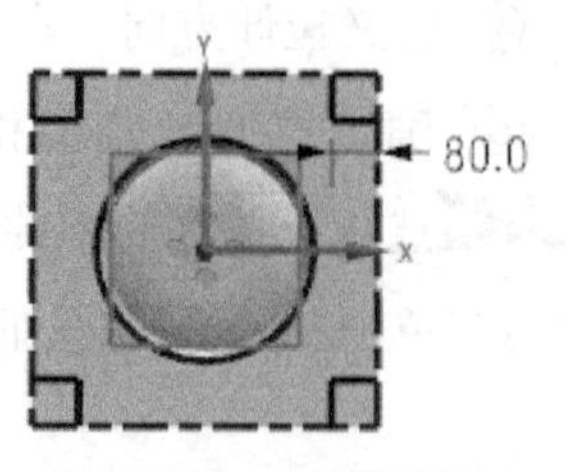

图 12.6.11　截面草图

④ 定义拉伸方向。在 指定矢量 的 下拉列表中选择 -ZC 选项。

⑤ 确定拉伸开始值和结束值。在“拉伸”对话框 限制 区域的 开始 下拉列表中选择 值 选项，并在其下的 距离 文本框中输入值 0；在 结束 下拉列表中选择 值 选项，并在其下的 距离 文本框中输入值 80，其他参数采用系统默认设置。

⑥ 单击 〈确定〉 按钮，完成拉伸特征 2 的创建。

（6）创建拔模特征。

① 选择命令。选择下拉菜单 插入(S) → 细节特征(L) → 拔模(T)... 命令，系统弹出如图 12.6.12 所示的“拔模”对话框。

② 定义拔模类型。在 类型 的下拉列表中选择 从平面或曲面 选项。

③ 定义拔模方向。在 脱模方向 区域中 指定矢量 的 下拉列表中选择 -ZC 选项。

④ 定义固定平面。选取图 12.6.13 所示的平面为固定平面。

⑤ 定义拔模面。选取图 12.6.14 所示的两个平面为拔模面。

⑥ 定义拔模角度。在 要拔模的面 区域的 角度 1 文本框中输入值 10，按 Enter 键确认。

⑦ 单击 〈确定〉 按钮，完成拔模特征的创建。

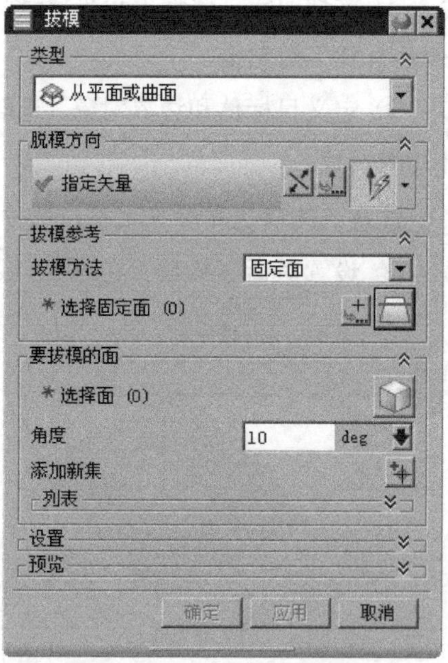

图 12.6.12　“拔模”对话框

（7）创建其余三处拔模特征。参照步骤（6）创建拉伸特征 2 的其余三个片体的拔模特征。

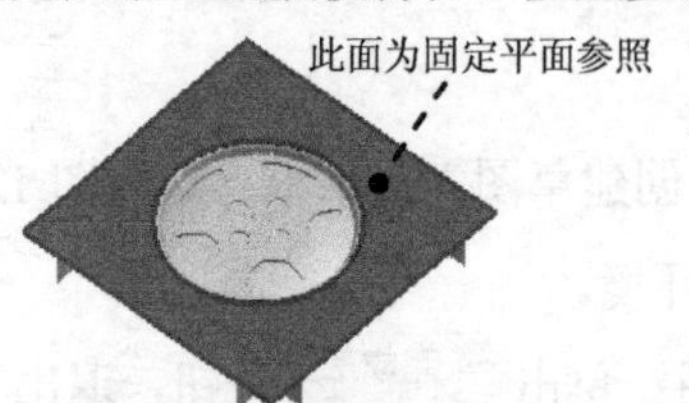

图 12.6.13　定义固定平面

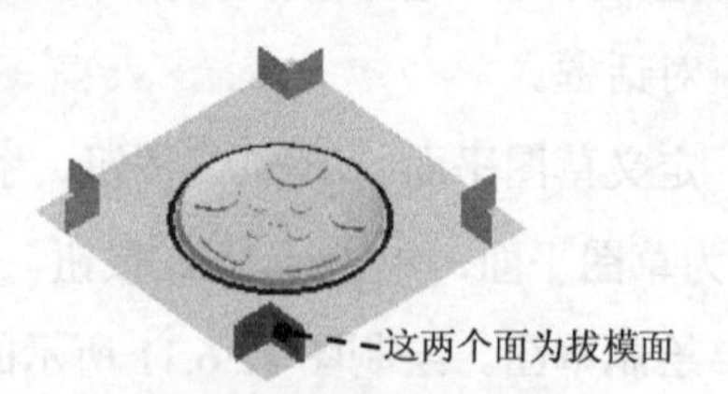

图 12.6.14　定义拔模面

（8）创建图 12.6.15b 所示的修剪片体特征 3。

① 选择命令。选择下拉菜单插入(S) ➡ 修剪(T) ➡ 修剪片体(R)...命令，系统弹出“修剪片体”对话框。

② 定义目标体和边界对象。选取拉伸特征 1 为目标体，单击鼠标中键确认；选取图 12.6.15a 所示的面为边界对象。

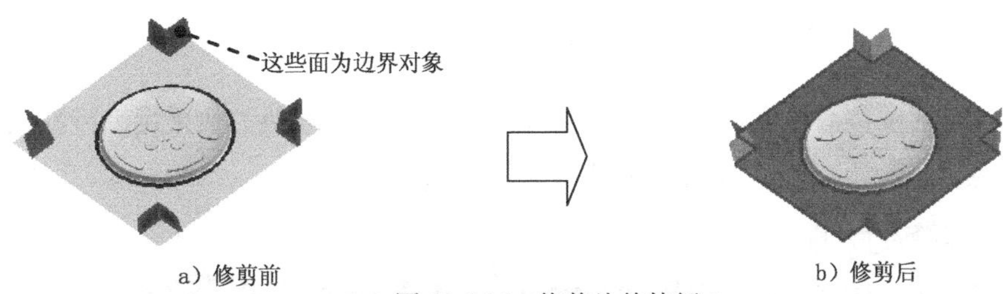

图 12.6.15 修剪片体特征 3

③ 设置对话框参数。在区域区域中选择保留单选项，其他参数采用系统默认设置。

④ 单击< 确定 >按钮，完成修剪片体特征 3 的创建。

（9）创建图 12.6.16 所示的拉伸特征 3（显示坐标系）。

① 选择命令。选择下拉菜单插入(S) ➡ 设计特征(E) ➡ 拉伸(E)...命令，系统弹出“拉伸”对话框。

② 定义草图平面。单击按钮，系统弹出“创建草图”对话框；选取 XY 基准平面为草图平面，单击确定按钮，进入草图环境。

③ 绘制草图。绘制图 12.6.17 所示的截面草图；单击完成草图按钮，退出草图环境。

④ 定义拉伸方向。在指定矢量的下拉列表中选择YC选项。

⑤ 确定拉伸开始值和终点值。在“拉伸”对话框限制区域的开始下拉列表中选择对称值选项，并在其下的距离文本框中输入值 300，其他参数采用系统默认设置。

⑥ 单击< 确定 >按钮，完成拉伸特征 3 的创建（隐藏坐标系）。

图 12.6.16 拉伸特征 3

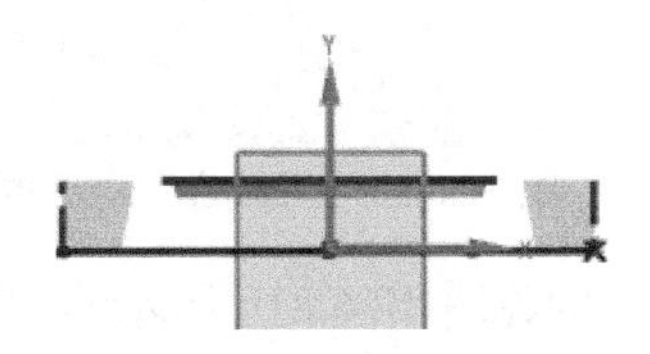

图 12.6.17 截面草图

（10）创建图 12.6.18b 所示的修剪片体特征 4。

① 选择命令。选择下拉菜单插入(S) ➡ 修剪(T) ➡ 修剪片体(R)...命令，系统弹出“修剪片体”对话框。

② 定义目标体和边界对象。选取拉伸特征 3 为目标体，单击鼠标中键确认；选取图

12.6.18a 所示的面为边界对象。

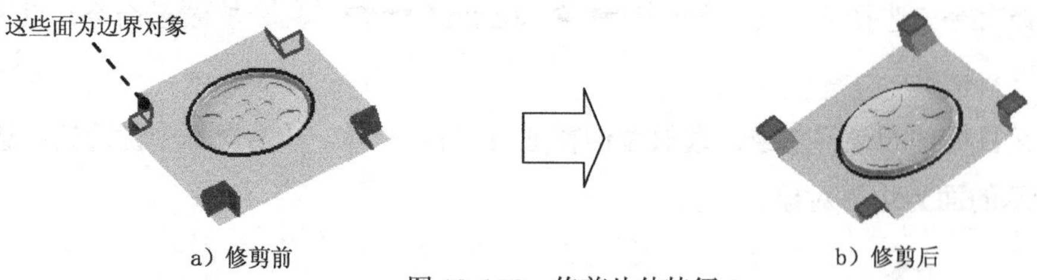

图 12.6.18 修剪片体特征 4

③ 设置对话框参数。在区域区域中选择⊙舍弃单选项，其他参数采用系统默认设置。

④ 单击< 确定 >按钮，完成修剪特征 4 的创建。

（11）创建缝合特征。

① 选择命令。选择下拉菜单插入(S) → 组合(B) → 缝合(W)...命令，系统弹出如图 12.6.19 所示的“缝合”对话框。

② 设置对话框参数。在类型区域的下拉列表中选择片体选项，其他参数采用系统默认设置。

③ 定义目标体和工具体。选取图 12.6.20 所示的片体为目标体，选取其余所有片体为工具体。

④ 单击确定按钮，完成曲面缝合特征的创建。

图 12.6.19 “缝合”对话框

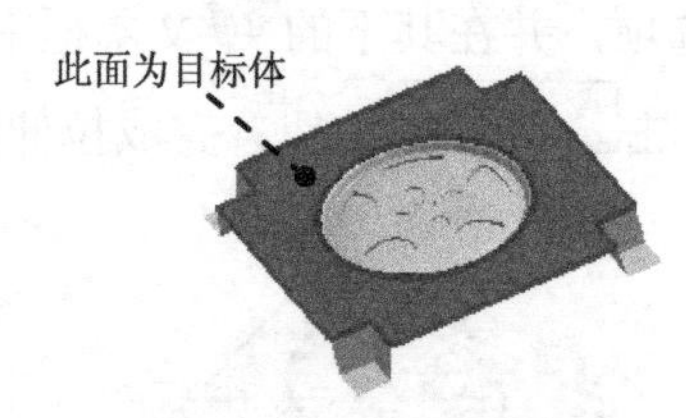

图 12.6.20 定义目标体

（12）创建图 12.6.21b 所示的边倒圆特征 1。

① 选择命令。选择下拉菜单插入(S) → 细节特征(L) → 边倒圆(E)...命令，系统弹出如图 12.6.22 所示的“边倒圆”对话框。

② 设置对话框参数。在要倒圆的边区域的半径 1文本框中输入值 20，按 Enter 键确认，其他参数采用系统默认设置。

③ 定义倒圆边。选取图 12.6.21a 所示的四条边为倒圆边。

④ 单击 < 确定 > 按钮，完成边倒圆特征 1 的创建。

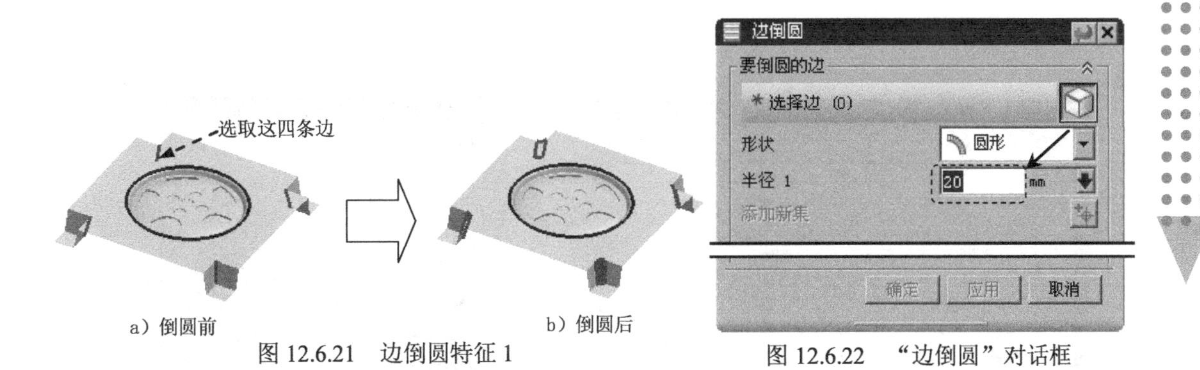

a）倒圆前　　b）倒圆后

图 12.6.21　边倒圆特征 1

图 12.6.22　“边倒圆”对话框

（13）创建图 12.6.23b 所示的边倒圆特征 2。

① 选择命令。选择下拉菜单 插入(S) → 细节特征(L) → 边倒圆(E)... 命令，系统弹出“边倒圆”对话框。

② 设置对话框参数。在 要倒圆的边 区域的 半径 1 文本框中输入值 20，按 Enter 键确认，其他参数采用系统默认设置。

③ 定义倒圆边。选取图 12.6.23a 所示的四条边为倒圆边。

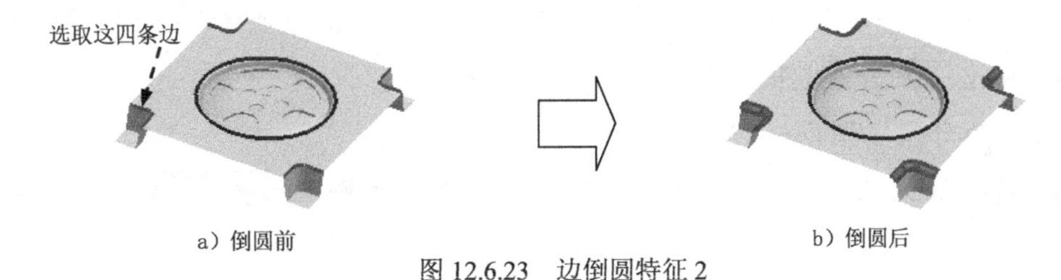

a）倒圆前　　b）倒圆后

图 12.6.23　边倒圆特征 2

④ 单击 < 确定 > 按钮，完成边倒圆特征 2 的创建。

12.7　创建模具型芯/型腔

在 UG NX 10.0 中，经常使用“求差”和“拆分”命令来创建型芯/型腔。继续以前面的模型为例，一般操作步骤如下：

Step1. 编辑显示和隐藏。

（1）选择命令。选择下拉菜单 编辑(E) → 显示和隐藏(H) → 显示和隐藏(O)... 命令，系统弹出如图 12.7.1 所示的“显示和隐藏”对话框。

（2）设置显示和隐藏。单击 实体 后的 + 按钮，单击 曲线 后的 − 按钮。

（3）单击 关闭 按钮，完成编辑显示和隐藏的操作。

Step2. 创建求差特征。

（1）选择命令。选择下拉菜单 插入(S) → 组合(B) → 求差(S)... 命令，系统弹出图 12.7.2 所示的“求差”对话框。

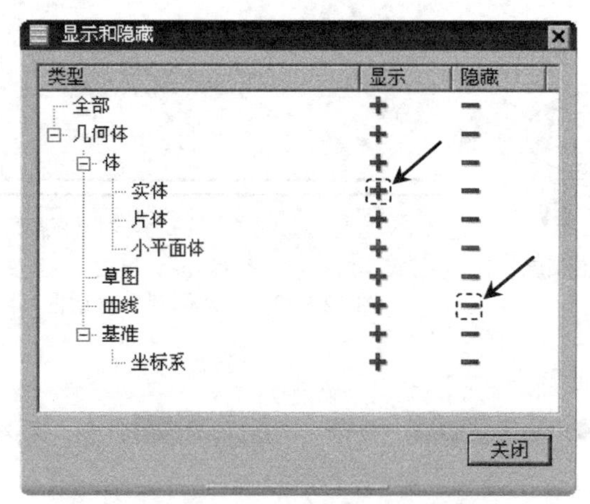

图 12.7.1 “显示和隐藏”对话框

图 12.7.2 “求差”对话框

（2）定义目标体和工具体。选取图 12.7.3 所示的工件为目标体，选取图 12.7.3 所示的零件为工具体。

（3）设置对话框参数。在设置区域中选中 保存工具 复选框，其他参数采用系统默认设置。

（4）单击 < 确定 > 按钮，完成求差特征的创建。

Step3. 拆分型芯/型腔。

（1）选择命令。选择下拉菜单 插入(S) → 修剪(T) → 拆分体(P)... 命令，系统弹出如图 12.7.4 所示的“拆分体”对话框。

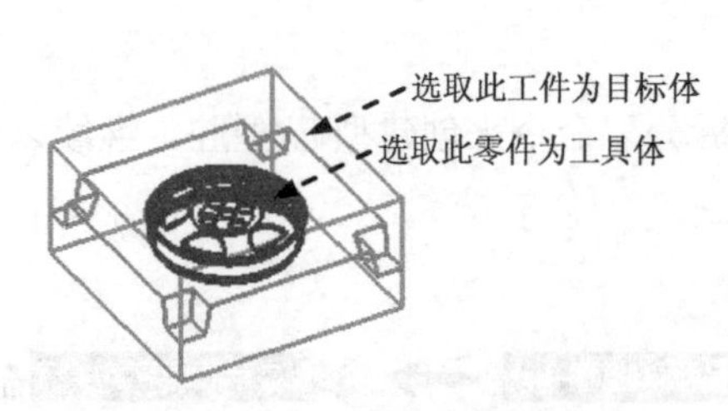

图 12.7.3 定义目标体和工具体

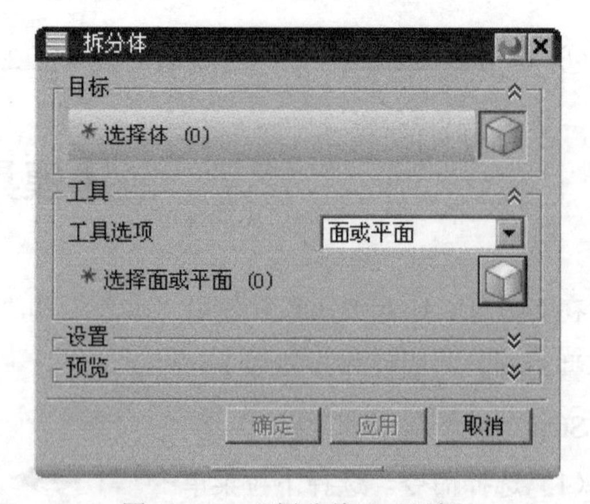

图 12.7.4 “拆分体”对话框

（2）选取图 12.7.5 所示的工件为拆分体，选取图 12.7.6 所示的片体为拆分面。

（3）单击 确定 按钮，完成型芯/型腔的拆分操作（隐藏拆分面）。

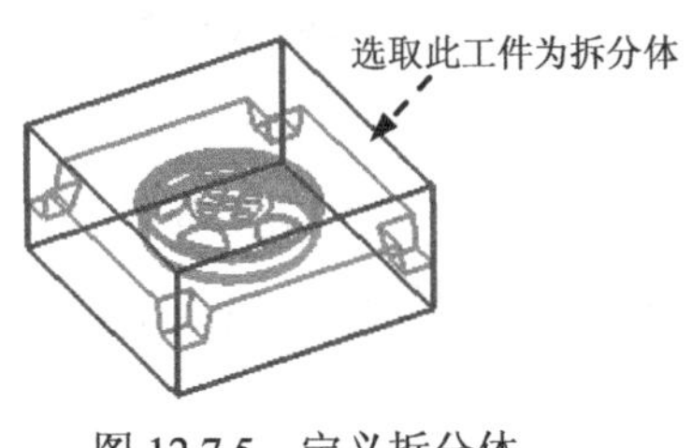

图 12.7.5　定义拆分体

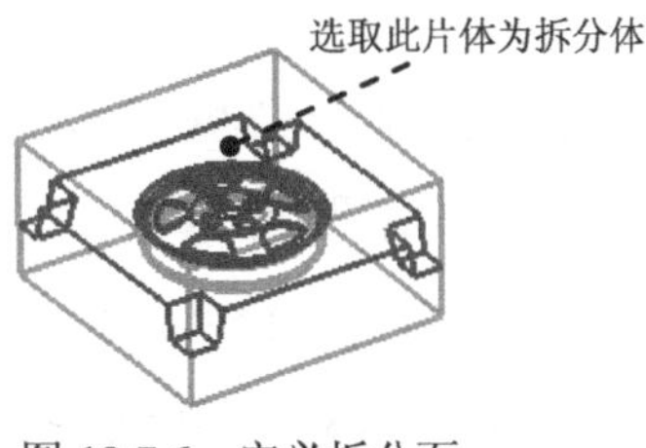

图 12.7.6　定义拆分面

Step4. 移除工件参数。

（1）选择下拉菜单 编辑(E) → 特征(F) → 移除参数(V)... 命令，系统弹出“移除参数”对话框（一）。

（2）定义移除参数对象。选取工件为移除参数对象。

（3）单击 确定 按钮，系统弹出“移除参数”对话框（二）。

（4）单击 是 按钮，完成移除工件参数的操作。

12.8　创建模具分解视图

在 UG NX 10.0 中，经常使用“移动对象”命令来创建模具分解视图。继续以前面的模型为例，一般操作步骤如下：

Step1. 移动型腔零件。

（1）选择命令。选择下拉菜单 编辑(E) → 移动对象(O)... 命令，系统弹出如图 12.8.1 所示的“移动对象”对话框。

（2）定义要移动的对象。选择型腔为要移动的对象。

（3）定义移动类型。在“移动对象”对话框中 变换 区域的 运动 下拉列表中选择 距离 选项。

（4）定义移动方向和移动距离。在“移动对象”对话框中 变换 区域的 * 指定矢量 下拉列表中选择 ZC 选项，在 距离 文本框中输入值 300，其他参数设置如图 12.8.1 所示。

（5）单击 < 确定 > 按钮，完成移动型腔零件的操作如图 12.8.2 所示。

Step2. 移动型芯零件。

（1）选择命令。选择下拉菜单 编辑(E) → 移动对象(O)... 命令，系统弹出“移动对象”对话框。

（2）定义要移动的对象。选择型芯为要移动的对象。

（3）定义移动类型。在“移动对象”对话框中变换区域的运动下拉列表中选择 距离选项。

（4）定义移动方向和移动距离。在“移动对象”对话框中变换区域的* 指定矢量下拉列表中选择-ZC选项；在距离文本框中输入值 300。

（5）单击< 确定 >按钮，完成移动型芯零件的操作，如图 12.8.3 所示。

Step3. 保存零件模型。选择下拉菜单文件(F) ➡ 保存(S)命令，保存零件模型。

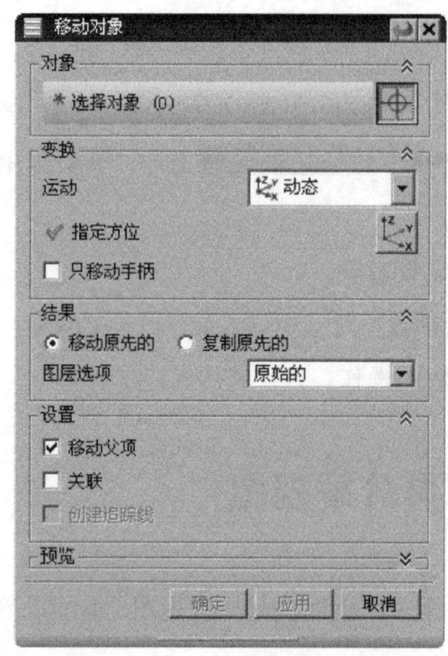

图 12.8.1 “移动对象”对话框

图 12.8.2 移动型腔后

图 12.8.3 移动型芯后

第 13 章 模具设计综合范例

本章提要 本章将通过四个综合范例来详细介绍模具设计的过程，第一个综合范例主要讲解带有滑块和斜顶机构的模具设计的一般过程；第二个综合范例主要讲解 Mold Wizard 标准模架的设计过程，包括模架的加载、创建浇注系统和冷却系统、添加顶出系统、模具的后期处理、添加电极等；第三个综合范例主要讲解一模两件的模具设计的一般过程；第四个综合范例主要讲解在建模环境下创建一模多穴的模具的设计过程，并且在创建浇口时采用了轮辐式浇口。

13.1 综合范例 1——滑块和斜顶机构的模具设计

本范例将介绍带有滑块和斜顶机构的模具的设计过程（图 13.1.1），包括滑块的设计、斜销的设计和斜顶机构的设计。在学过本范例之后，希望读者能够熟练掌握带滑块和斜顶机构模具设计的方法和技巧。

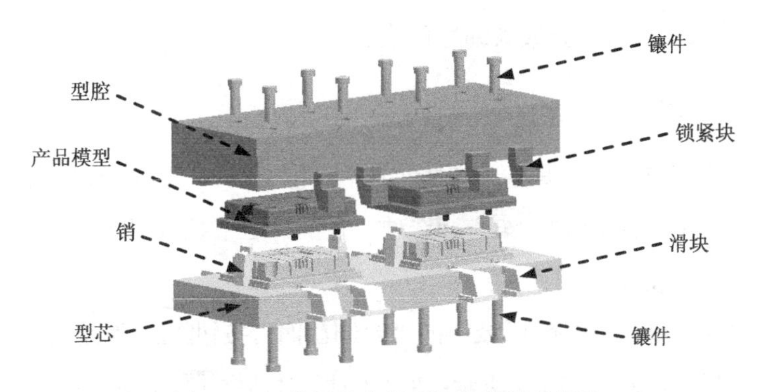

图 13.1.1 带滑块和斜顶机构的模具设计

Task1. 初始化项目

Step1. 加载模型。在“注塑模向导”工具条中单击“初始化项目”按钮，系统弹出“打开”对话框，选择 D:\ug10.3\work\ch13.01\housing.prt，单击 OK 按钮，调入模型，系统弹出“初始化项目”对话框。

Step2. 定义项目单位。在“初始化项目”对话框的 项目单位 下拉列表中选择 毫米 选项。

Step3. 设置项目路径和名称。接受系统默认的项目路径，在“初始化项目”对话框的 Name

文本框中输入 housing_mold。

Step4. 单击 确定 按钮，完成项目路径和名称的设置。

Task2. 模具坐标系

在“注塑模向导”工具条中单击“模具 CSYS”按钮，系统弹出“模具 CSYS”对话框，在其中选择 ⊙ 当前 WCS 单选项，单击 确定 按钮，完成坐标系的定义，如图 13.1.2 所示。

图 13.1.2 锁定后的模具坐标系

Task3. 设置收缩率

Step1. 定义收缩率类型。在“注塑模向导”工具条中单击“收缩”按钮，产品模型会高亮显示，同时系统弹出“缩放体”对话框，类型下拉列表中选择 均匀 选项。

Step2. 定义缩放体和缩放点。接受系统默认设置。

Step3. 定义比例因子。在“比例”对话框比例因子区域的均匀文本框中输入数值 1.006。

Step4. 单击 确定 按钮，完成收缩率的设置。

Task4. 创建模具工件

Step1. 在“注塑模向导”工具条中单击“工件”按钮，系统弹出“工件”对话框。

Step2. 在类型下拉列表中选择产品工件选项，在工件方法下拉列表中选择用户定义的块选项，其他参数采用系统默认设置。

Step3. 修改尺寸。单击定义工件区域中的“绘制截面”按钮，系统进入草图环境，然后修改截面草图的尺寸，如图 13.1.3 所示；在“工件”对话框限制区域的开始和结束后的距离文本框中分别输入值-30 和 50。

Step4. 单击 < 确定 > 按钮，完成创建后的模具工件如图 13.1.4 所示。

Task5. 创建型腔布局

Step1. 在“注塑模向导”工具条中单击“型腔布局”按钮，系统弹出“型腔布局”对话框。

Step2. 定义型腔数和间距。在“型腔布局”对话框的布局类型区域中选择矩形选项和 ⊙ 平衡单选项；在型腔数下拉列表中选择2，并在缝隙距离文本框中输入值 0。

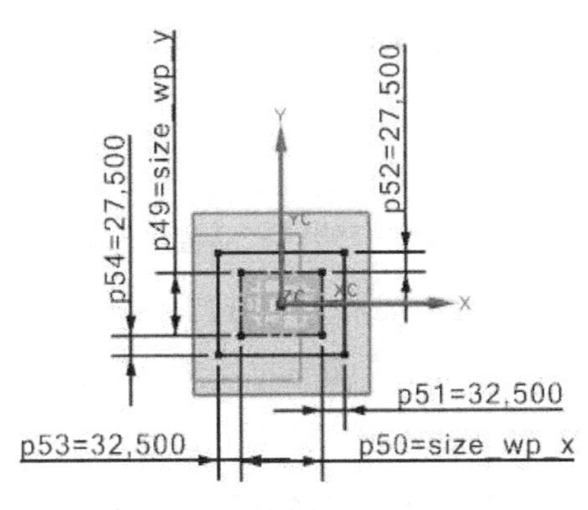

图 13.1.3 修改截面草图尺寸

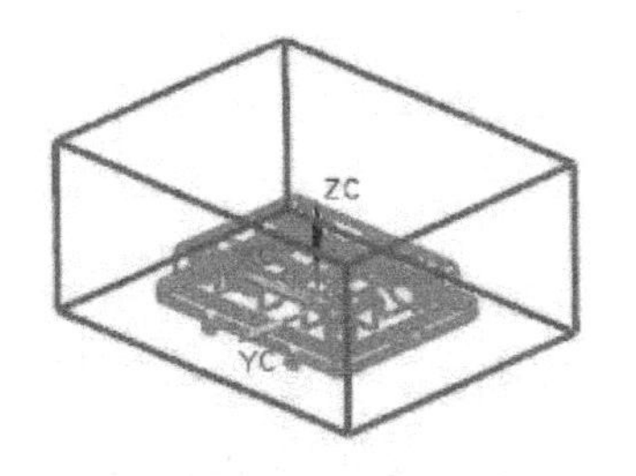

图 13.1.4 创建后的工件

Step3. 选取 XC 方向作为布局方向，在 生成布局 区域中单击“开始布局”按钮，系统自动进行布局，此时在模型中显示图 13.1.5 所示的布局方向箭头。

Step4. 在 编辑布局 区域中单击“自动对准中心”按钮，使模具坐标系自动对准中心，布局结果如图 13.1.6 所示，单击 关闭 按钮。

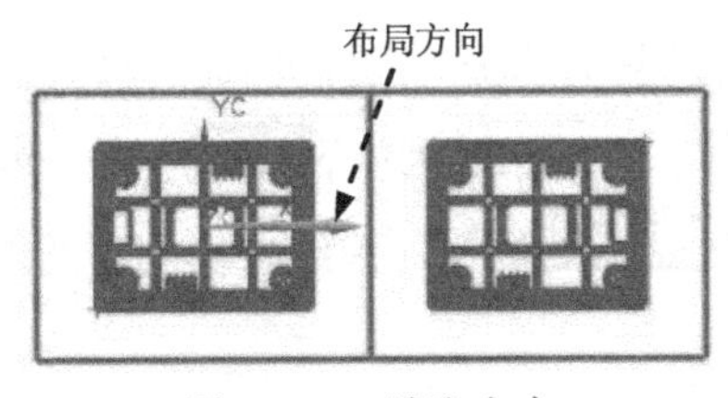

图 13.1.5 选取方向

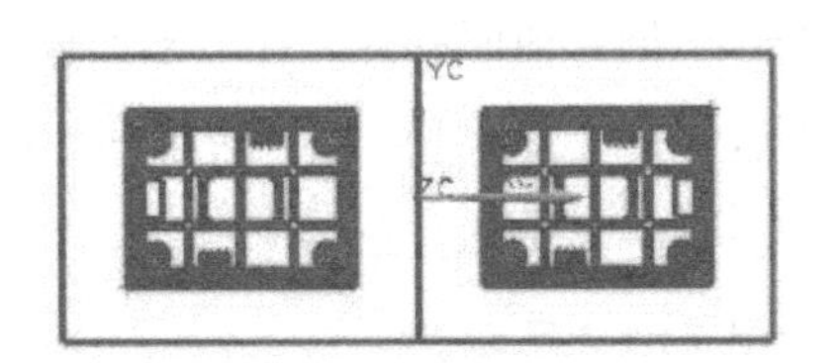

图 13.1.6 布局后

说明：为了表达清晰，此处将视图调整到顶部状态。

Task6. 模具分型

Stage1. 设计区域

Step1. 在“注塑模向导”工具条中单击“模具分型工具”按钮，系统弹出“模具分型工具”工具条和“分型导航器”窗口。

Step2. 在“模具分型工具”工具条中单击“检查区域”按钮，系统弹出“检查区域”对话框，并显示图 13.1.7 所示的开模方向。在“检查区域”对话框中选中 保持现有的 单选项。

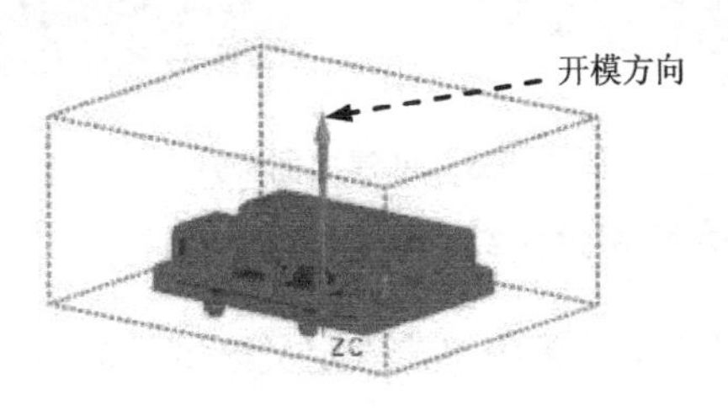

图 13.1.7 开模方向

说明： 图 13.1.7 所示的开模方向可以通过“检查区域”对话框中的 指定脱模方向 按钮和“矢量对话框”按钮 来更改，本范例在前面定义模具坐标系时已经将开模方向设置好，所以系统会自动识别出产品模型的开模方向。

Step3. 面拆分。

（1）在“检查区域”对话框中单击“计算”按钮 ，系统开始对产品模型进行分析计算；单击“检查区域”对话框中的 面 选项卡，可以查看分析结果；在“检查区域”对话框中单击 区域 选项卡，取消选中 □ 内环、□ 分型边 和 □ 不完整的环 三个复选框，然后单击“设置区域颜色”按钮 ，设置各区域颜色，同时会在模型中以不同的颜色显示出来。

（2）在 未定义的区域 区域中选中 ☑ 交叉竖直面 复选框，此时未定义区域曲面加亮显示，在 指派到区域 区域中选中 ⊙ 型腔区域 单选项，单击 应用 按钮。

（3）在 未定义的区域 区域中选中 ☑ 未知的面 复选框，此时系统将所有未知的面加亮显示。在 指派到区域 区域中选择 ⊙ 型芯区域 单选项，单击 应用 按钮，此时系统将加亮显示的未定义区域面指派到型芯区域，同时对话框中的 未定义的区域 显示为“0”，接受系统默认的其他参数设置，单击 取消 按钮，关闭“检查区域”对话框。

Step4. 创建曲面补片。在“模具分型工具”工具条中单击“曲面补片”按钮 ，系统弹出“边修补”对话框；在“边修补”对话框的 类型 下拉列表中选择 体 选项，然后在图形区中选择产品实体；单击“边修补”对话框中的 确定 按钮，系统自动创建曲面补片，结果如图 13.1.8 所示。

说明： 在图 13.1.8 所示的补片面中并没有完全显示，还有一些相同结构的特征没有显示出来。

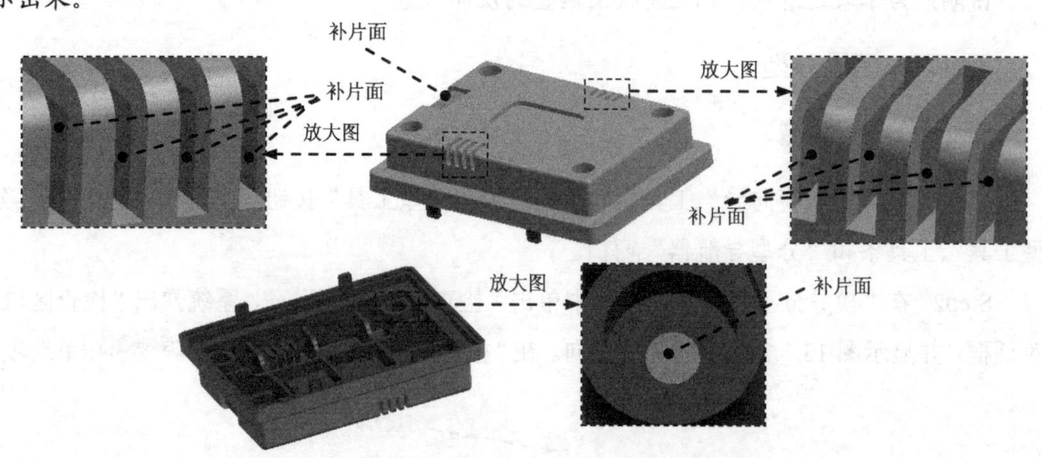

图 13.1.8 创建曲面补片

Stage2. 创建型腔/型芯区域和分型线

Step1. 在“模具分型工具”工具条中单击“定义区域”按钮 ，系统弹出“定义区域”对话框。

Step2. 在设置区域中选中☑创建区域和☑创建分型线复选框，单击确定按钮，完成分型线的创建，创建分型线结果如图 13.1.9 所示。

Stage3. 创建分型面

Step1. 在“模具分型工具”工具条中单击“设计分型面”按钮，系统弹出“设计分型面”对话框。

Step2. 定义分型面创建方法。在“设计分型面”对话框的创建分型面区域中单击“有界平面”按钮。

Step3. 定义分型面大小。拖动分型面的宽度方向控制按钮使分型面大小超过工件大小，单击确定按钮，结果如图 13.1.10 所示。

图 13.1.9 创建分型线

图 13.1.10 创建分型面

Stage4. 创建型腔和型芯

Step1. 在“模具分型工具”工具条中单击“定义型腔和型芯”按钮，系统弹出“定义型腔和型芯”对话框。

Step2. 在选取选择片体区域中的型腔区域选项，其他项目接受系统默认参数设置，单击应用按钮。

Step3. 此时系统弹出如图 13.1.11 所示的“查看分型结果”对话框，接受系统默认的方向。

Step4. 在该对话框中单击确定按钮，系统返回至“定义型腔和型芯”对话框，创建型腔结果如图 13.1.12 所示。

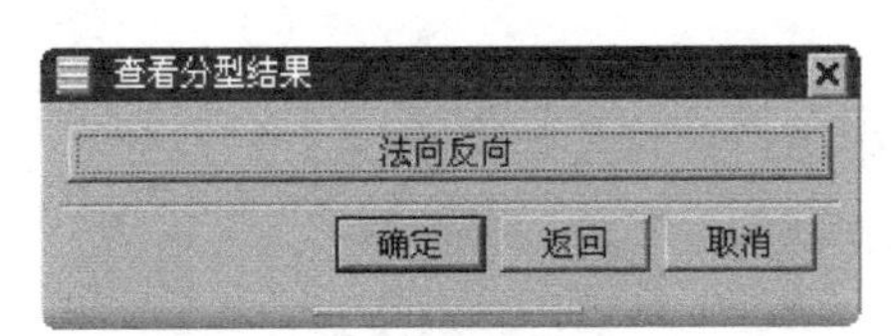

图 13.1.11 “查看分型结果”对话框

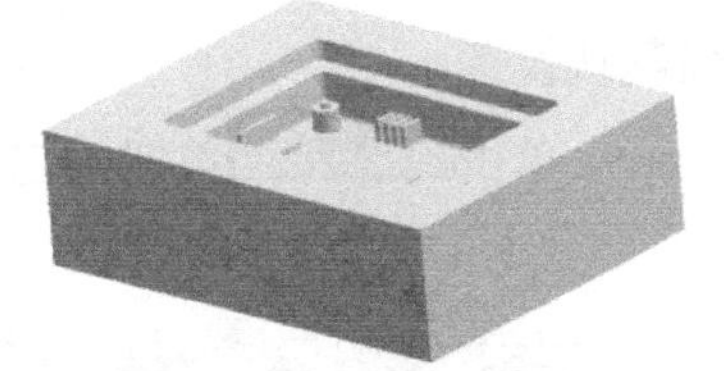

图 13.1.12 创建的型腔

Step5. 在“定义型腔和型芯”对话框中选取选择片体区域中的型芯区域选项，其他项目接受系统默认参数设置，单击确定按钮，系统弹出“查看分型结果”对话框，接受系统默认的方向；单击确定按钮，系统返回至“模具分型工具”工具条和“分型导航器”窗口，完成型芯零件的创建，如图 13.1.13 所示。

Step6. 切换窗口。选择下拉菜单窗口(O) ➡ housing_mold_core_006.prt，将型芯零件显示

出来。

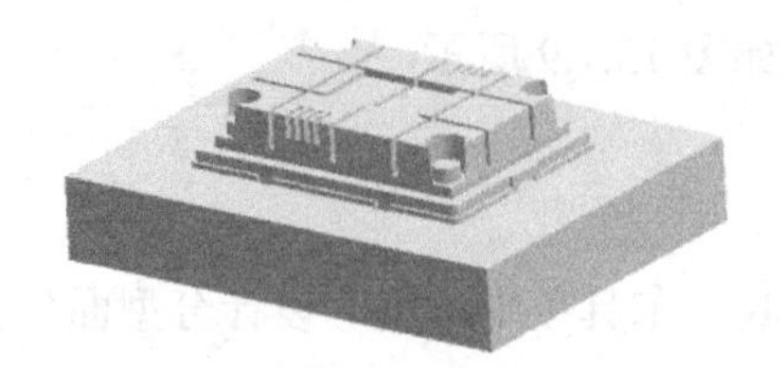

图 13.1.13 创建型芯

Task7. 创建型芯镶件

Stage1. 创建拉伸特征

Step1. 选择命令。选择下拉菜单 插入(S) ➡ 设计特征(E) ➡ 拉伸(E)... 命令，系统弹出“拉伸”对话框。

Step2. 选取草图平面。选取图 13.1.14 所示的平面为草图平面。

Step3. 进入草图环境，绘制图 13.1.15 所示的截面草图，单击 完成草图 按钮，系统返回至“拉伸”对话框。

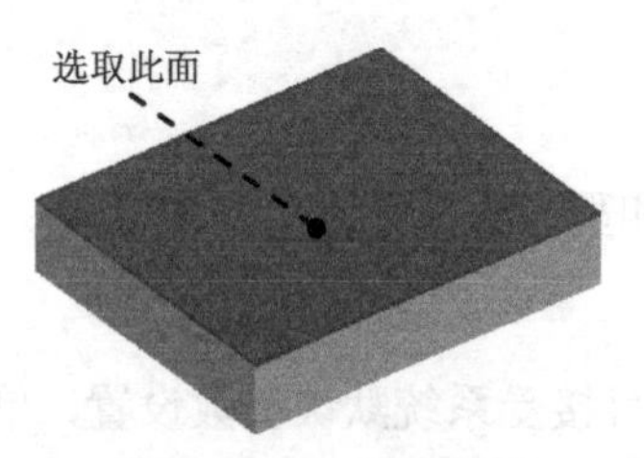

图 13.1.14 草图平面

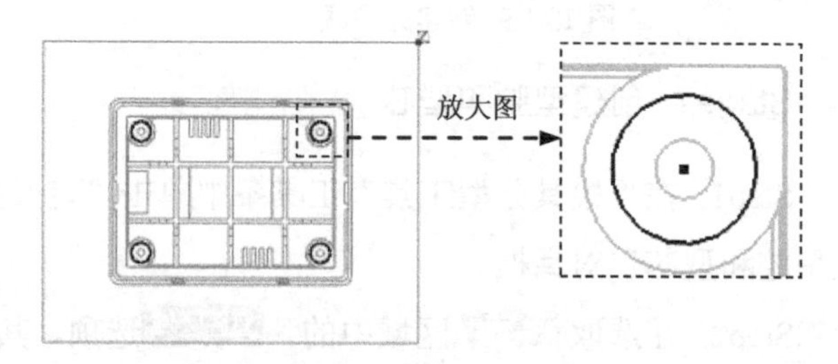

图 13.1.15 截面草图

Step4. 定义拉伸属性。在“拉伸”对话框 限制 区域的 开始 下拉列表中选择 值 选项，在 距离 文本框里输入值 0；在 限制 区域的 结束 下拉列表中选择 直至延伸部分 选项，然后选取图 13.1.16 所示的平面为拉伸限制面，在 布尔 区域的下拉列表中选择 无 选项，其他参数采用系统默认设置。

Step5. 单击 < 确定 > 按钮，完成图 13.1.17 所示拉伸特征的创建。

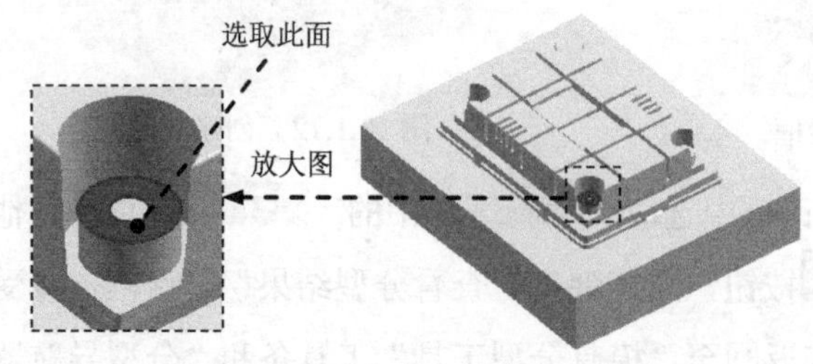

图 13.1.16 定义拉伸限制面

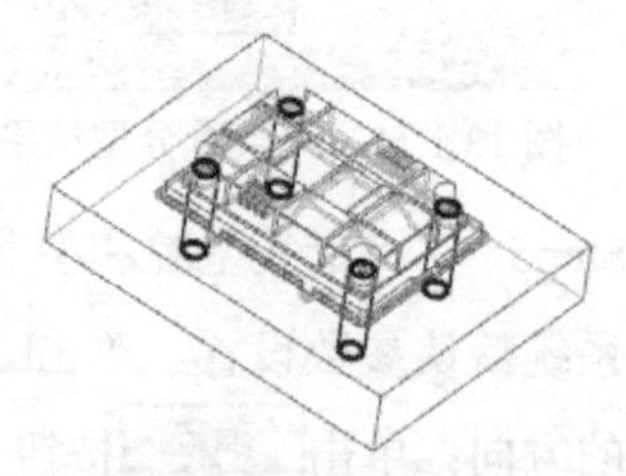

图 13.1.17 拉伸特征

Stage2. 创建求交特征

Step1. 选择命令。选择下拉菜单 插入(S) → 组合(B) ▸ → 求交(I)... 命令，系统弹出“求交”对话框。

Step2. 选取目标体。选取型芯为目标体。

Step3. 选取工具体。选取 Stage1 中所创建的拉伸特征为工具体，并选中 ☑ 保存目标 复选框。

Step4. 单击 < 确定 > 按钮，完成求交特征的创建。

Stage3. 创建求差特征

Step1. 选择命令。选择下拉菜单 插入(S) → 组合(B) ▸ → 求差(S)... 命令，系统弹出“求差”对话框。

Step2. 选取目标体。选取图 13.1.18 所示的特征为目标体。

Step3. 选取工具体。选取图 13.1.18 所示的特征为工具体，并选中 ☑ 保存工具 复选框。

Step4. 单击 < 确定 > 按钮，完成求差特征的创建。

Stage4. 将镶件转化为型芯子零件

Step1. 单击装配导航器中的 选项卡，系统弹出“装配导航器”窗口，在该窗口空白处右击，在弹出的快捷菜单中选择 WAVE 模式 选项。

Step2. 在“装配导航器”对话框中右击 ☑ housing_mold_core_006，在弹出的快捷菜单中选择 WAVE ▸ → 新建级别 命令，系统弹出“新建级别”对话框。

Step3. 在“新建级别”对话框中单击 指定部件名 按钮，在弹出的“选择部件名”对话框的 文件名(N): 文本框中输入 insert_01.prt，单击 OK 按钮，系统返回至“新建级别”对话框。

Step4. 在“新建级别”对话框中单击 类选择 按钮，选择图 13.1.19 所示的四个特征，单击 确定 按钮，系统返回至“新建级别”对话框。

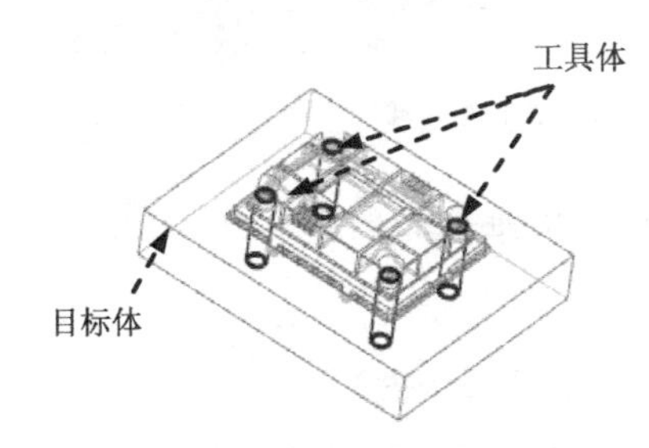

图 13.1.18　创建求差特征

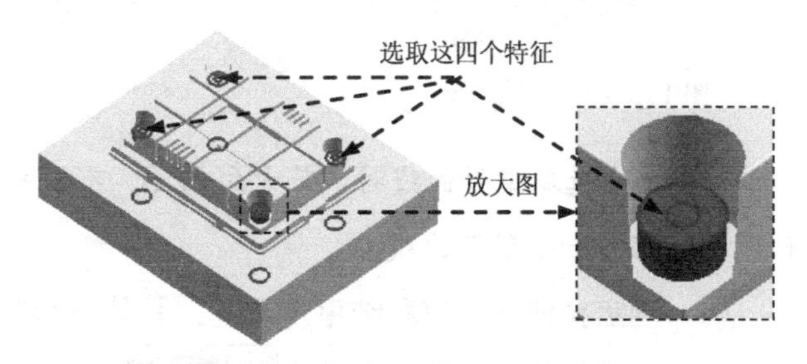

图 13.1.19　选取特征

Step5. 单击“新建级别”对话框中的 确定 按钮，此时在“装配导航器”对话框中显示出刚创建的镶件特征。

Stage5. 移动至图层

Step1. 单击“装配导航器”中的选项卡，在其中隐藏☑insert_01部件。

Step2. 移动至图层。选取图 13.1.19 所示的四个镶件特征；选择下拉菜单格式(R) → 移动至图层(M)...命令，系统弹出“图层移动”对话框。

Step3. 在目标图层或类别文本框中输入值 10，单击确定按钮，退出“图层设置”对话框。

Step4. 单击装配导航器中的选项卡，在其中选中☑insert_01部件。

Stage6. 创建固定凸台

Step1. 创建拉伸特征。

（1）转化工作部件。在装配导航器中右击☑insert_01，在弹出的快捷菜单中选择设为工作部件命令。

（2）选择命令。选择下拉菜单插入(S) → 设计特征(E) → 拉伸(E)...命令，系统弹出“拉伸”对话框。

（3）单击 “绘制截面”按钮，系统弹出“创建草图”对话框。选取图 13.1.20 所示的模型表面为草图平面（选取时将选择范围改为整个装配），单击确定按钮，进入草图环境，选择下拉菜单插入(S) → 派生曲线(U) → 偏置曲线(V)...命令，系统弹出“偏置曲线”对话框；选取图 13.1.21 所示的曲线为偏置对象（选取时将选择范围改为仅在工作部件内部）；在偏置区域的距离文本框中输入值 2；单击< 确定 >按钮，单击完成草图按钮，退出草图环境。

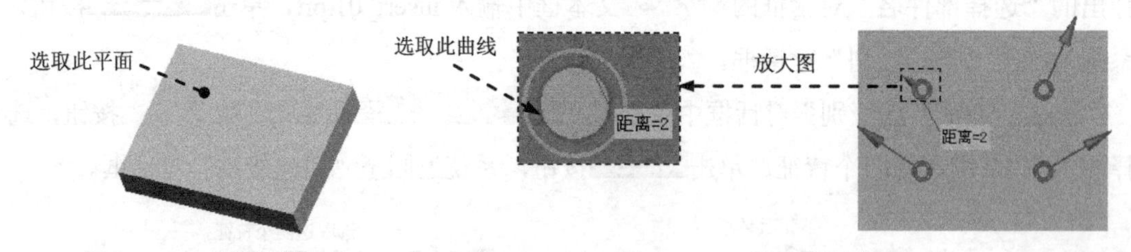

图 13.1.20　草图平面　　图 13.1.21　选取偏置曲线

说明：在选取偏置曲线时，若方向相反，可单击“反向”按钮，然后单击应用按钮，再选取另一条偏置曲线。

（4）确定拉伸开始值和结束值（注：具体参数和操作参见随书光盘）。

（5）在“拉伸”对话框中单击< 确定 >按钮，完成图 13.1.22 所示拉伸特征的创建。

Step2. 创建求和特征。选择下拉菜单插入(S) → 组合(B) ▸ → 求和(U)...命令，系统弹出“求和”对话框；选取图 13.1.22 所示的对象为目标体，选取图 13.1.22 所示的对象为工具体。

说明：在创建求和特征时，应将图 13.1.22 所示的四个凸台分别合并，为了便于操作，可将型芯隐藏。

图 13.1.22 创建求和特征

Step3. 创建固定凸台装配避开位。在装配导航器中右击 housing_mold_core_006，在弹出的快捷菜单中选择 设为工作部件 命令；在“注塑模向导”工具条中单击“腔体”按钮，系统弹出“腔体”对话框；选取型芯为目标体，然后单击鼠标中键；在该对话框的 工具类型 下拉列表中选择 实体 选项，然后选取图 13.1.23 所示的特征为工具体，单击 确定 按钮。

说明：观察结果时，可在“装配导航器”中取消选中 insert_01 选项，将镶件隐藏起来，结果如图 13.1.24 所示。

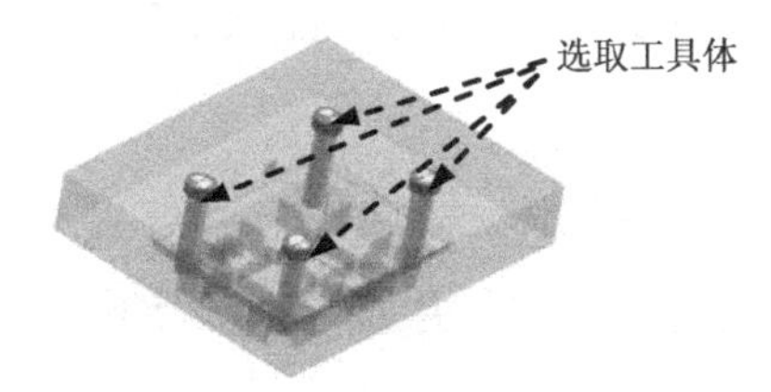

图 13.1.23 选取工具体

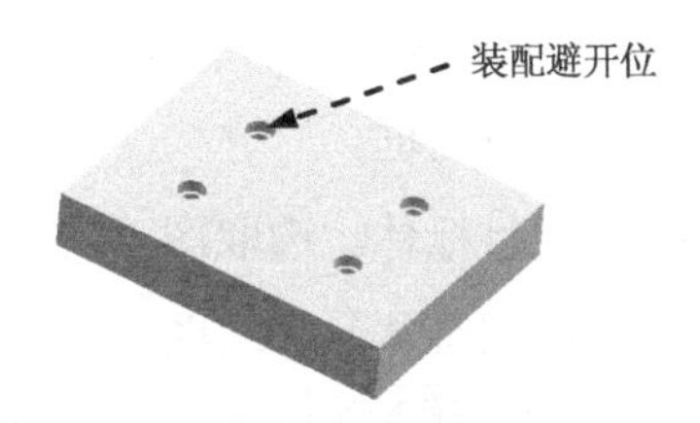

图 13.1.24 固定凸台装配避开位

Task8. 创建型腔镶件

Stage1. 创建拉伸特征

Step1. 切换窗口。选择下拉菜单 窗口(O) → housing_mold_cavity_002.prt 命令，切换至型腔操作环境。

Step2. 选择命令。选择下拉菜单 插入(S) → 设计特征(E) → 拉伸(E)... 命令，系统弹出“拉伸”对话框。

Step3. 选取草图平面。选取图 13.1.25 所示的平面为草图平面。

Step4. 进入草图环境，绘制图 13.1.26 所示的截面草图，单击 完成草图 按钮，系统返回至“拉伸”对话框。

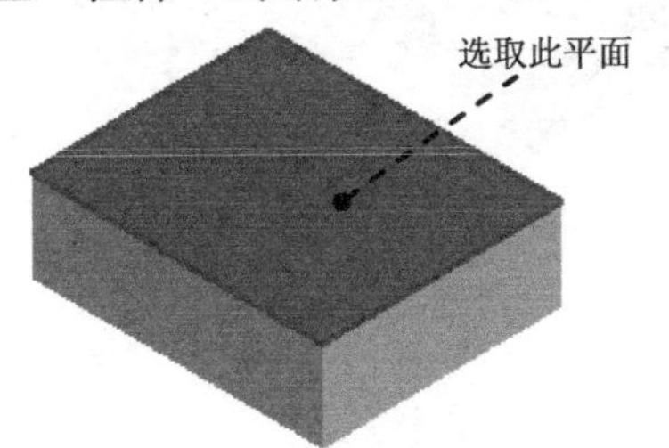

图 13.1.25 选取草图平面

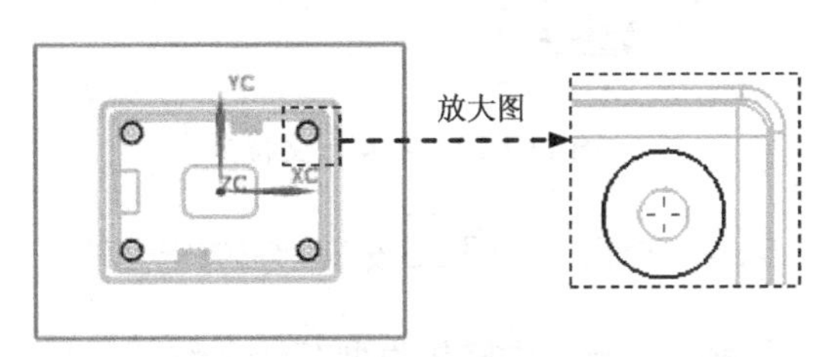

图 13.1.26 截面草图

Step5. 定义拉伸属性。在“拉伸”对话框限制区域的开始下拉列表中选择值选项，在距离文体框中输入值 0；在限制区域的结束下拉列表中选择直至延伸部分选项，然后选取图 13.1.27 所示的平面为拉伸限制面。

Step6. 单击确定按钮，完成图 13.1.28 所示拉伸特征的创建。

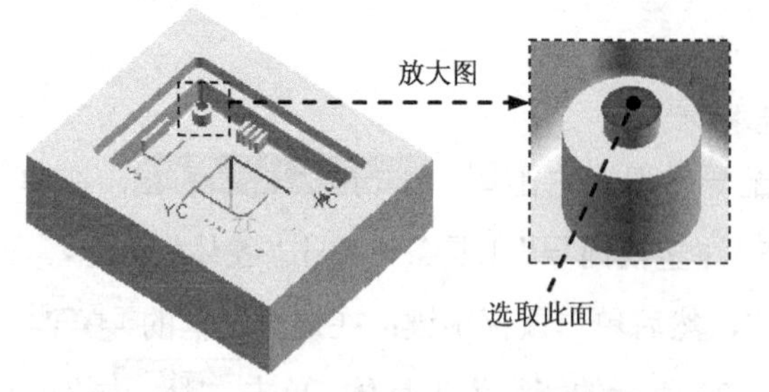

图 13.1.27 定义拉伸限制面

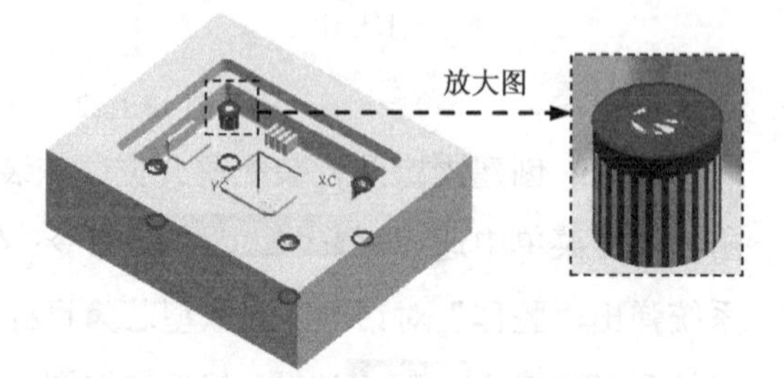

图 13.1.28 拉伸特征

Stage2. 创建求交特征

Step1. 选择命令。选择下拉菜单插入(S) → 组合(B) → 求交(I)...命令，系统弹出“求交”对话框。

Step2. 选取目标体。选取图 13.1.29 所示的特征为目标体。

Step3. 选取工具体。选取图 13.1.29 所示的特征为工具体，并选中☑ 保存目标复选框。

Step4. 单击< 确定 >按钮，完成求交特征的创建。

Stage3. 创建求差特征

Step1. 选择命令。选择下拉菜单插入(S) → 组合(B) → 求差(S)...命令，系统弹出“求差”对话框。

Step2. 选取目标体。选取图 13.1.30 所示的特征为目标体。

Step3. 选取工具体。选取图 13.1.30 所示的特征为工具体，并选中☑ 保存工具复选框。

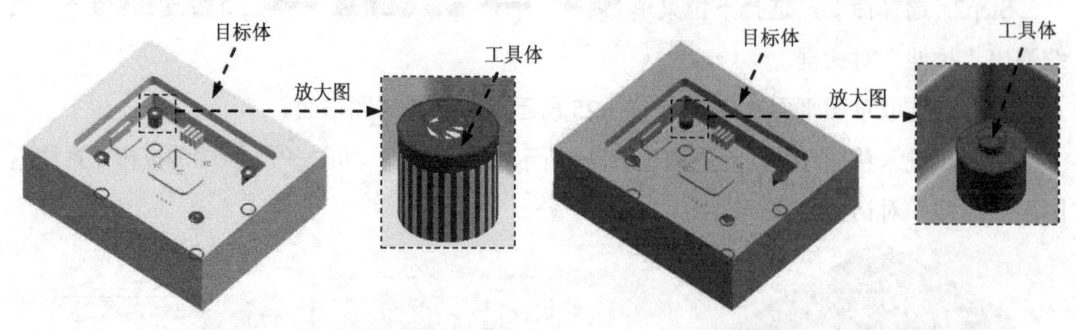

图 13.1.29 创建求交特征　　图 13.1.30 创建求差特征

Step4. 单击< 确定 >按钮，完成求差特征的创建。

Stage4. 将镶件转化为型芯子零件

Step1. 单击装配导航器中的选项卡，系统弹出“装配导航器”窗口，在该窗口空白处右击，在弹出的快捷菜单中选择WAVE 模式选项。

Step2. 在“装配导航器”对话框中右击☑housing_mold_cavity_002，在弹出的快捷菜单中选择WAVE ➡ 新建级别命令，系统弹出“新建级别”对话框。

Step3. 在“新建级别”对话框中单击指定部件名按钮，在弹出的“选择部件名”对话框的文件名(N):文本框中输入 insert_02.prt，单击OK按钮，系统返回至“新建级别”对话框。

Step4. 在“新建级别”对话框中单击类选择按钮，选择图 13.1.31 所示的四个特征，单击确定按钮，系统返回至“新建级别”对话框。

Step5. 单击“新建级别”对话框中的确定按钮，此时在“装配导航器”对话框中显示出刚创建的镶件特征。

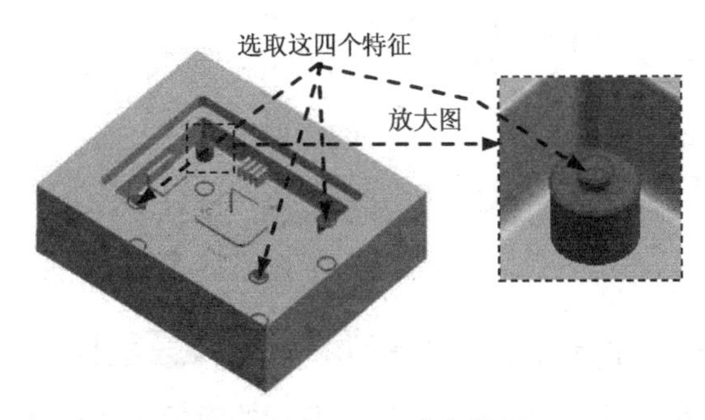

图 13.1.31　选取特征

Stage5. 移动至图层

Step1. 单击“装配导航器”中的选项卡，在其中隐藏☑insert_02部件。

Step2. 移动至图层。选取图 13.1.31 所示的四个镶件特征，选择下拉菜单格式(R) ➡ 移动至图层(M)...命令，系统弹出“图层移动”对话框。

Step3. 在目标图层或类别文本框中输入值 10，单击确定按钮，退出“图层设置”对话框。

Step4. 单击装配导航器中的选项卡，在其中选中☑insert_02部件。

Stage6. 创建固定凸台

Step1. 创建拉伸特征。

(1)在装配导航器中右击☑insert_02，在弹出的快捷菜单中选择设为工作部件命令。

(2) 选择命令。选择下拉菜单插入(S) ➡ 设计特征(E) ➡ 拉伸(E)...命令，系统弹出“拉伸”对话框。

(3) 单击“绘制截面”按钮，系统弹出“创建草图”对话框。选取图 13.1.32 所示

的镶件底面为草图平面，单击 确定 按钮，进入草图环境，选择下拉菜单 插入(S) → 派生曲线(U) → 偏置曲线(V)... 命令，系统弹出“偏置曲线”对话框；选取图 13.1.33 所示的曲线为偏置对象；在偏置区域的距离文本框中输入值 2；单击 < 确定 > 按钮，单击 完成草图 按钮，退出草图环境。

（4）在“拉伸”对话框限制区域的开始下拉列表中选择 值 选项，并在其下的距离文本框中输入值 0；在限制区域的结束下拉列表中选择 值 选项，并在其下的距离文本框中输入值-6，其他参数采用系统默认设置；在“拉伸”对话框中单击 < 确定 > 按钮，完成图 13.1.34 所示拉伸特征的创建。

说明：在选取偏置曲线时，若方向相反，可单击“反向”按钮，然后单击 应用 按钮，再选取另一条偏置曲线。

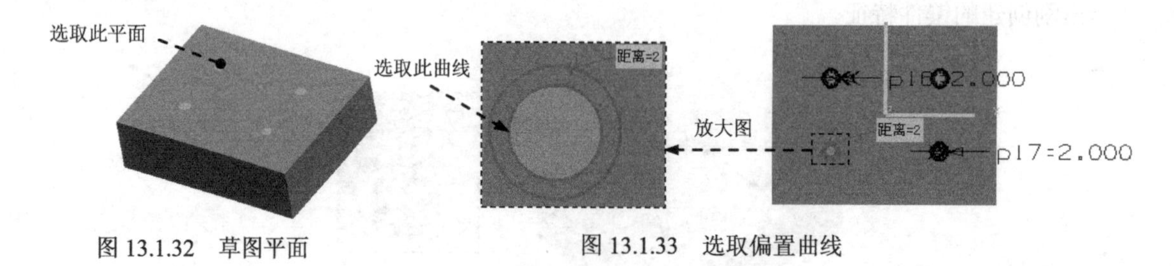

图 13.1.32　草图平面　　图 13.1.33　选取偏置曲线

Step2. 创建求和特征。选择下拉菜单 插入(S) → 组合(B) → 求和(U)... 命令，系统弹出“求和”对话框；选取图 13.1.34 所示的对象为目标体，选取图 13.1.34 所示的对象为工具体。

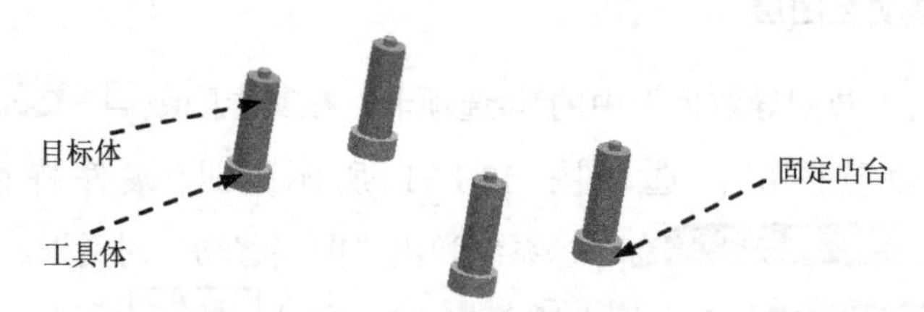

图 13.1.34　创建拉伸特征

说明：在创建求和特征时，应将图 13.1.34 所示的四个特征分别合并。为了便于操作，可将型腔隐藏。

Step3. 创建固定凸台装配避开位。在装配导航器中右击 housing_mold_cavity_002，在弹出的快捷菜单中选择 设为工作部件 命令；在“注塑模向导”工具条中单击“腔体”按钮，系统弹出“腔体”对话框；选取型腔为目标体，然后单击鼠标中键；在该对话框的工具类型下拉列表中选择 实体 选项，然后选取图 13.1.35 所示的特征为工具体，单击 确定 按钮。

说明：观察结果时，在“装配导航器”中取消选中 insert_02 选项，将镶件隐藏起来，结果如图 13.1.36 所示。

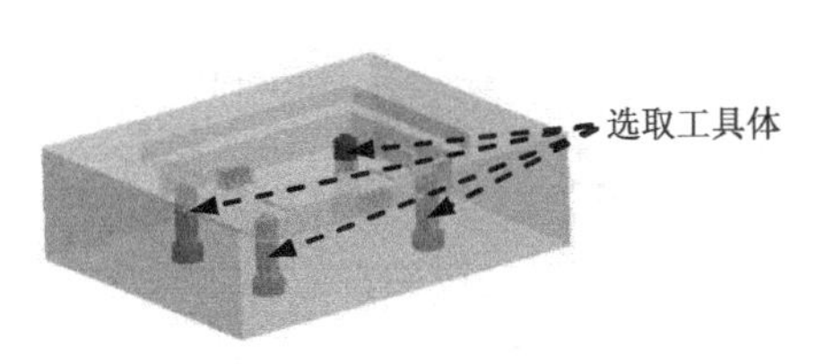

图 13.1.35 选取工具体

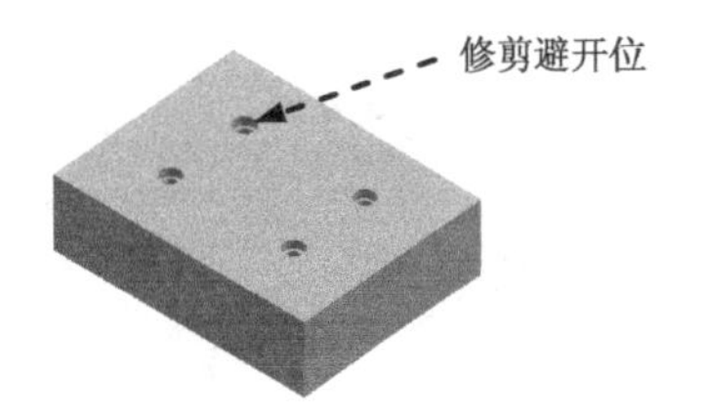

图 13.1.36 固定凸台装配避开位

Task9. 创建销

Stage1. 创建销特征 1

Step1. 切换窗口。选择下拉菜单 窗口(O) → housing_mold_core_006.prt 命令，切换至型芯窗口。

Step2. 创建拉伸特征 1。

（1）选择命令。选择下拉菜单 插入(S) → 设计特征(E) → 拉伸(E)... 命令，系统弹出“拉伸”对话框。

（2）单击“绘制截面”按钮，系统弹出“创建草图”对话框。选取图 13.1.37 所示的模型表面为草图平面，单击 确定 按钮，进入草图环境；绘制图 13.1.38 所示的截面草图，单击 完成草图 按钮，退出草图环境。

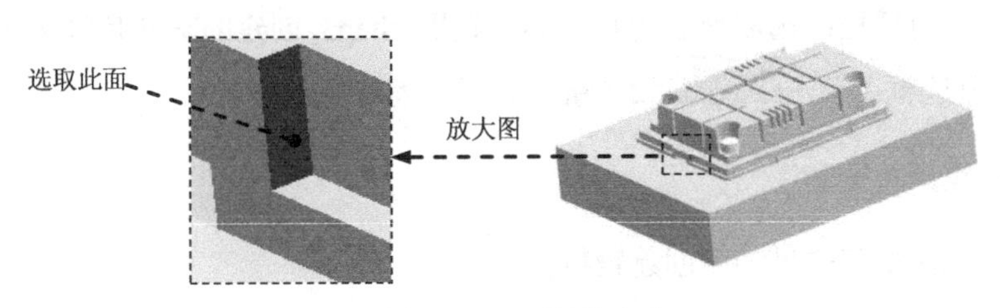

图 13.1.37 草图平面

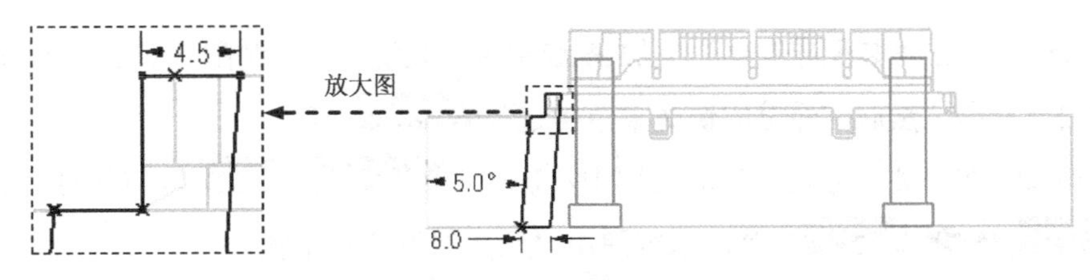

图 13.1.38 截面草图

（3）确定拉伸开始值和结束值。在“拉伸”对话框 限制 区域的 开始 下拉列表中选择 值 选项，并在其下的 距离 文本框中输入值 0；在 结束 下拉列表中选择 直至延伸部分 项，选取图 13.1.39 所示的面为拉伸终止面，其他参数采用系统默认设置。

（4）在“拉伸”对话框中单击 < 确定 > 按钮，完成拉伸特征 1 的创建。

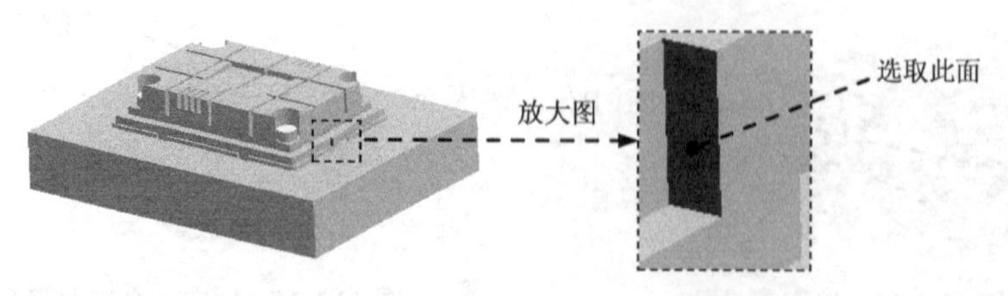

图 13.1.39　拉伸终止面

Step3. 求交特征 1。选择下拉菜单 插入(S) → 组合(B) ▸ → 求交(I)... 命令，系统弹出“求交”对话框；选取图 13.1.40 所示的特征为目标体，选取图 13.1.40 所示的特征为工具体，并选中 ☑ 保存工具 复选框，同时取消选中 ☐ 保存目标 复选框；单击 < 确定 > 按钮，完成求交特征 1 的创建。

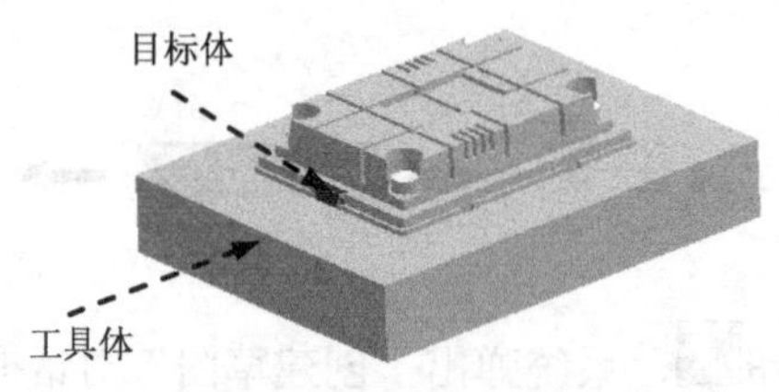

图 13.1.40　选取特征

Step4. 求差特征。选择下拉菜单 插入(S) → 组合(B) ▸ → 求差(S)... 命令，此时系统弹出“求差”对话框；选取型芯为目标体，选取 Step3 创建的求交特征为工具体，并选中 ☑ 保存工具 复选框；单击 < 确定 > 按钮，完成求差特征的创建。

Stage2. 创建销特征 2

参照 Stage1，在型芯的另一侧创建销特征 2。

Stage3. 将销特征 1 转化为型芯子零件

Step1. 单击“装配导航器”中的 选项卡，系统弹出“装配导航器”窗口，在该窗口的空白处右击，然后在弹出的快捷菜单中选择 WAVE 模式 选项。

Step2. 在“装配导航器”对话框中右击 ☑ housing_mold_core_006，在弹出的快捷菜单中选择 WAVE ▸ → 新建级别 命令，系统弹出“新建级别”对话框。

Step3. 在“新建级别”对话框中单击 指定部件名 按钮，在弹出的“选择部件名”对话框的 文件名(N): 文本框中输入 pin_01.prt，单击 OK 按钮，系统返回至“新建级别”对话框。

Step4. 在“新建级别”对话框中单击 类选择 按钮，系统弹出“WAVE 组件间的复制”对话框，选择创建的求交特征 1，单击 确定 按钮，系统返回至“新建级别”对

话框。

Step5. 在“新建级别”对话框中单击 确定 按钮。

Stage4. 将销特征 2 转化为型芯子零件

参照 Stage3，将销特征 2 转化为型芯子零件，将销的名称命名为 pin_02.prt。

Stage5. 移动至图层

Step1. 单击“装配导航器”中的选项卡，在其中分别取消选中 pin_01 和 pin_02 部件。

Step2. 选择移动对象。选择销特征 1 和销特征 2，选择下拉菜单 格式(R) → 移动至图层(M)... 命令，系统弹出“图层移动”对话框。

Step3. 在 图层 区域中选择 10，单击 确定 按钮，退出“图层设置”对话框。

Step4. 单击“装配导航器”中的选项卡，在其中分别选中 pin_01 和 pin_02 部件。

Stage6. 完善销特征 1

Step1. 创建偏移特征。在“装配导航器”中右击 pin_01，在弹出的快捷菜单中选择 设为工作部件 命令；选择下拉菜单 插入(S) → 偏置/缩放(O) → 偏置面(F)... 命令，系统弹出“偏置面”对话框；在“偏置面”对话框的 偏置 文本框中输入值 10，选取图 13.1.41 所示的面为要偏置的面；单击 < 确定 > 按钮，完成偏置特征的创建，结果如图 13.1.42 所示。

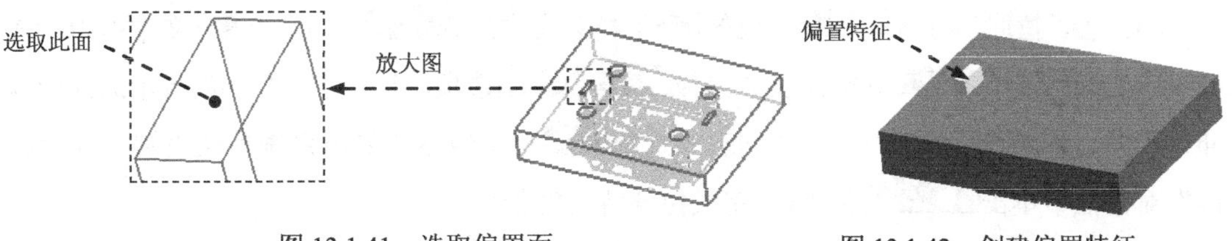

图 13.1.41 选取偏置面

图 13.1.42 创建偏置特征

Step2. 创建拉伸特征。

(1) 选择下拉菜单 插入(S) → 设计特征(E) → 拉伸(E)... 命令，系统弹出“拉伸”对话框。

(2) 单击“绘制截面”按钮，系统弹出“创建草图”对话框；选取图 13.1.43 所示的模型表面为草图平面，单击 确定 按钮，进入草图环境，绘制图 13.1.44 所示的截面草图，单击 完成草图 按钮，退出草图环境。

(3) 在“拉伸”对话框 限制 区域的 开始 下拉列表中选择 对称值 选项，并在其下的 距离 文本框中输入值 12，其他参数采用系统默认设置；在 布尔 下拉列表中选择 求差 选项，选择

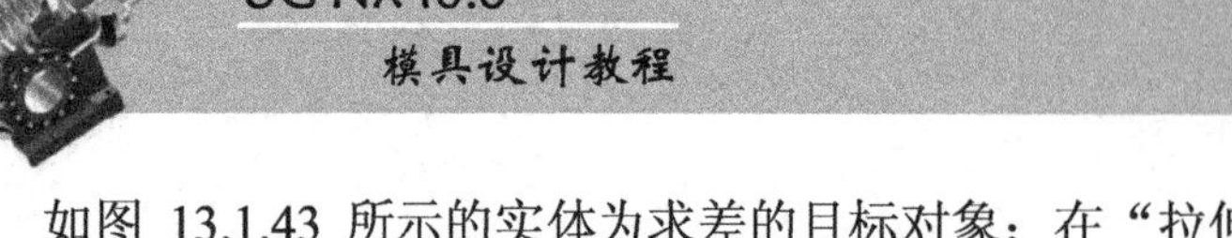

如图 13.1.43 所示的实体为求差的目标对象；在“拉伸”对话框中单击 < 确定 > 按钮，完成拉伸特征的创建，结果如图 13.1.45 所示。

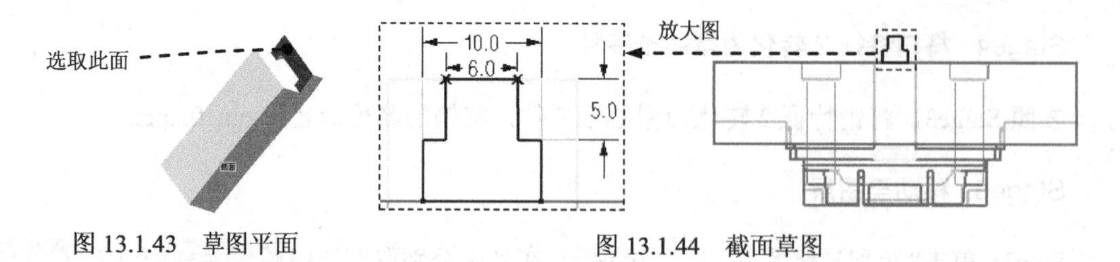

图 13.1.43　草图平面　　　　图 13.1.44　截面草图

Stage7. 完善销特征 2

参照 Stage6，完善销特征 2。

Task10. 创建滑块

Step1. 设为工作部件。在“装配导航器”中右击 ☑ housing_mold_core_006，在弹出的快捷菜单中选择 设为工作部件 命令。

Step2. 创建拉伸特征。

（1）选择下拉菜单 插入(S) → 设计特征(E) → 拉伸(E)... 命令，系统弹出“拉伸”对话框。

（2）单击“绘制截面”按钮，系统弹出“创建草图”对话框，选取图 13.1.46 所示的模型表面为草图平面，单击 确定 按钮，进入草图环境，绘制图 13.1.47 所示的截面草图，单击 完成草图 按钮，退出草图环境。

（3）在“拉伸”对话框 限制 区域的 开始 下拉列表中选择 值 选项，在 距离 文本框中输入值 0；在 限制 区域的 结束 下拉列表中选择 直至延伸部分 选项，选取图 13.1.48 所示的面为拉伸终止面，在 布尔 区域的 布尔 下拉列表中选择 无，其他参数采用系统默认设置；在“拉伸”对话框中单击 < 确定 > 按钮，完成拉伸特征的创建。

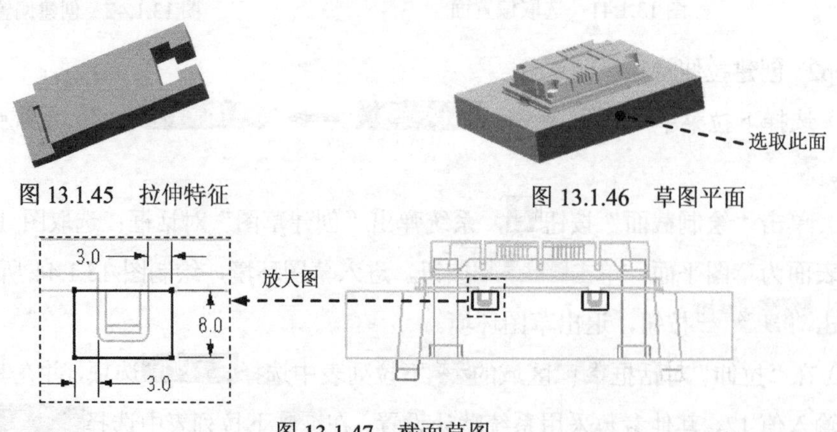

图 13.1.45　拉伸特征　　　　图 13.1.46　草图平面

图 13.1.47　截面草图

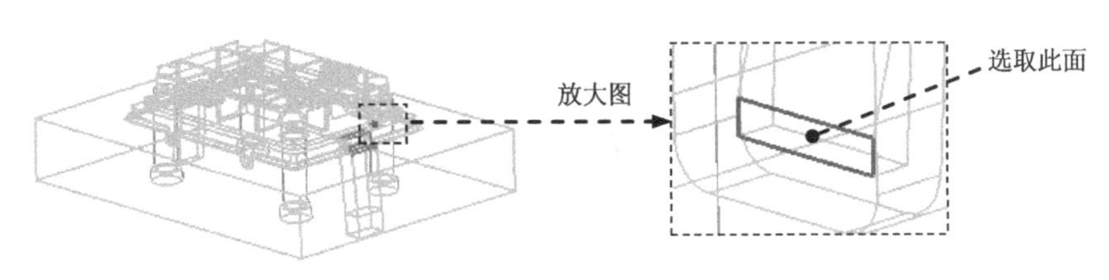

图 13.1.48 拉伸终止面

Step3. 创建求交特征。选择下拉菜单 插入(S) → 组合(B) → 求交(I)... 命令，系统弹出“求交”对话框；选取型芯为目标体，拉伸特征为工具体，并选中 ☑ 保存目标 复选框，同时取消选中 ☐ 保存工具 复选框；单击 < 确定 > 按钮，完成求交特征的创建。

Step4. 创建替换面。选择下拉菜单 插入(S) → 同步建模(Y) → 替换面(R)... 命令，系统弹出“替换面”对话框；把鼠标移动到图 13.1.49a 所示的位置右击，通过“从列表中选择”对话框选取要替换的面，结果如图 13.1.49b 所示；单击鼠标中键，然后选取图 13.1.50 所示的面为替换面，单击 < 确定 > 按钮。

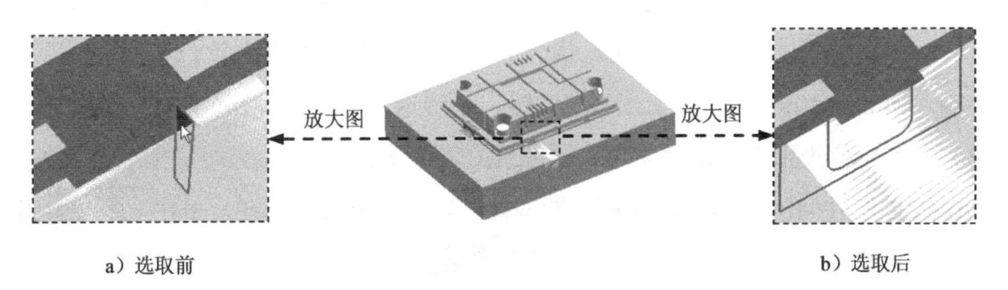

a）选取前　　b）选取后

图 13.1.49 选取要替换的面

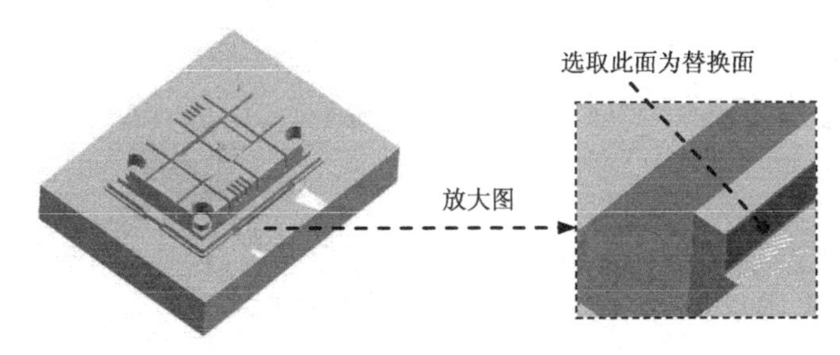

图 13.1.50 选取替换面

Step5. 参照 Step4，在另一个拉伸特征上创建替换面。

Step6. 镜像特征。选择下拉菜单 编辑(E) → 变换(M)... 命令，系统弹出“变换”对话框（一）；选取拉伸特征，如图 13.1.51 所示，单击 确定 按钮，系统弹出“变换”对话框（二）；在其中单击 通过一平面镜像 按钮，系统弹出“平面”对话框，在“类型”下拉列表中选择 XC-ZC 平面 选项，单击 确定 按钮；系统弹出“变换”对话框（三），单击 复制 按钮，单击 取消 按钮，完成镜像拉伸特征的创建。

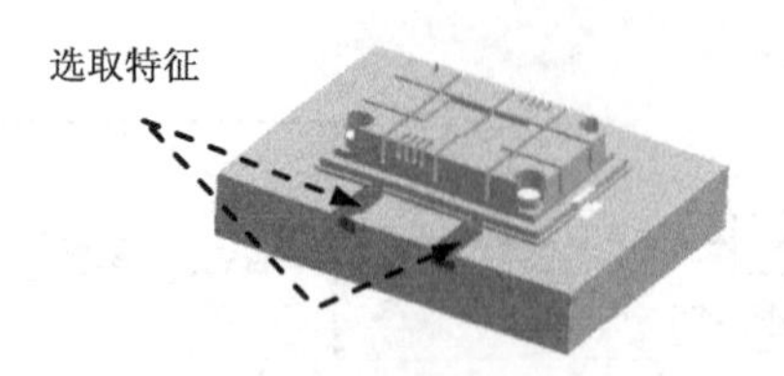

图 13.1.51　选取镜像特征

Step7. 求差特征。选择下拉菜单 插入(S) ⟶ 组合(B) ▸ ⟶ 求差(S)... 命令，系统弹出“求差”对话框；选取型芯为目标体，选取图 13.1.52 所示的特征为工具体，并选中 ☑ 保存工具 复选框；单击 < 确定 > 按钮，完成求差特征的创建。

Step8. 将图 13.1.53 所示的滑块 1 转化为型芯子零件。

（1）单击装配导航器中的选项卡，系统弹出“装配导航器”窗口，在该窗口的空白处右击，然后在弹出的快捷菜单中选择 WAVE 模式 选项。

（2）在“装配导航器”对话框中右击 ☑ housing_mold_core_006，在弹出的快捷菜单中选择 WAVE ▸ ⟶ 新建级别 命令，系统弹出“新建级别”对话框；在“新建级别”对话框中单击 指定部件名 按钮，在弹出的“选择部件名”对话框的 文件名(N): 文本框中输入 slide_01.prt，单击 OK 按钮，系统返回至“新建级别”对话框。

（3）在“新建级别”对话框中单击 类选择 按钮，系统弹出“WAVE 组件间的复制”对话框，选取图 13.1.53 所示的特征，单击 确定 按钮，系统返回至“新建级别”对话框，单击其中的 确定 按钮。

说明：若系统已默认选择 WAVE 模式 选项，此步就不需要再操作，下同。

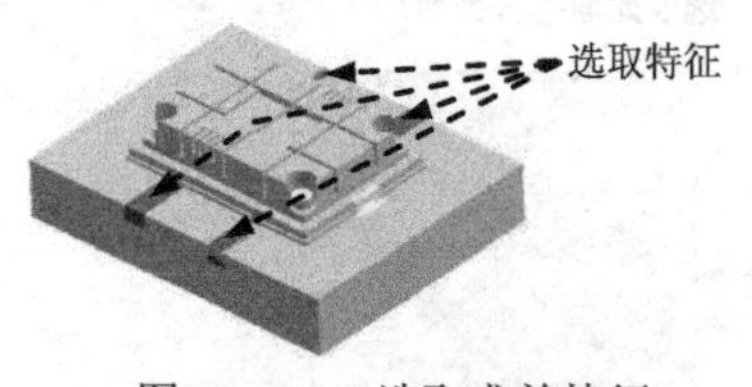

图 13.1.52　选取求差特征

图 13.1.53　选取特征

Step9. 参照 Step8，将其余三个滑块转化为型芯子零件，分别命名为 slide_02.prt、slide_03.prt 和 slide_04.prt。

Step10. 移动至图层。单击“装配导航器”中的选项卡，在其中分别取消选中 ☑ slide_01、☑ slide_02、☑ slide_03 和 ☑ slide_04 部件；选择创建的四个滑块；选择下拉菜单 格式(R) ⟶ 移动至图层(M)... 命令，系统弹出“图层移动”对话框；在 图层 区域中选择 10，单击 确定 按钮，退出“图层设置”对话框；单击“装配导航器”中的选项卡，在其中分别选中 ☑ slide_01、☑ slide_02、☑ slide_03 和 ☑ slide_04 部件。

Task11. 创建抽芯机构

Stage1. 创建第一个抽芯机构

Step1. 转化工作部件。在“装配导航器”中右击☑ slide_01，在弹出的快捷菜单中选择 设为工作部件 命令。

Step2. 创建拉伸特征 1 。

（1）选择下拉菜单 插入(S) → 设计特征(E) → 拉伸(E)... 命令，系统弹出“拉伸”对话框。

（2）单击“绘制截面”按钮，系统弹出“创建草图”对话框，选取图 13.1.54 所示的模型表面为草图平面，单击 确定 按钮，进入草图环境，绘制图 13.1.55 所示的截面草图，单击 完成草图 按钮，退出草图环境。

（3）在“拉伸”对话框 限制 区域的 开始 下拉列表中选择 值 选项，并在其下的 距离 文本框中输入值 0；在 结束 下拉列表中选择 值 选项，并在其下的 距离 文本框中输入值 25；在 布尔 下拉列表中选择 求和 选项；单击 < 确定 > 按钮，完成拉伸特征 1 的创建，结果如图 13.1.56 所示。

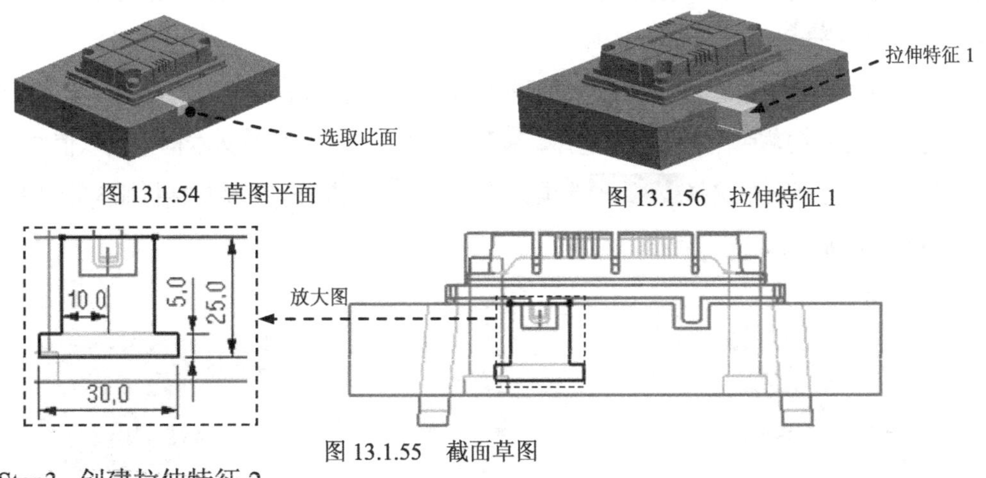

图 13.1.54 草图平面

图 13.1.56 拉伸特征 1

图 13.1.55 截面草图

Step3. 创建拉伸特征 2。

（1）选择下拉菜单 插入(S) → 设计特征(E) → 拉伸(E)... 命令，系统弹出“拉伸”对话框。

（2）单击“绘制截面”按钮，系统弹出“创建草图”对话框；选取图 13.1.57 所示的模型表面为草图平面，单击 确定 按钮，进入草图环境，绘制图 13.1.58 所示的截面草图，单击 完成草图 按钮，退出草图环境。

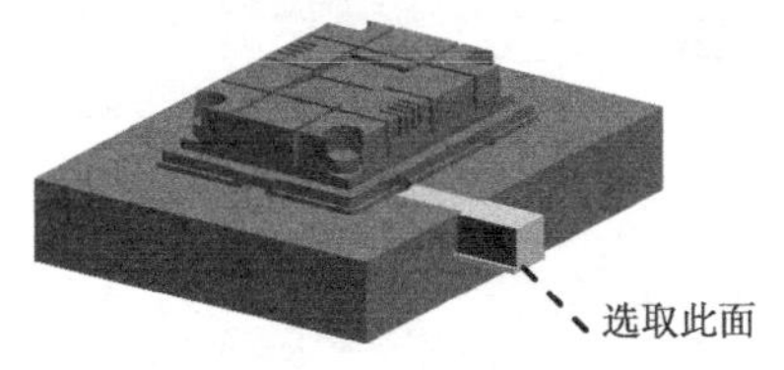

图 13.1.57 草图平面

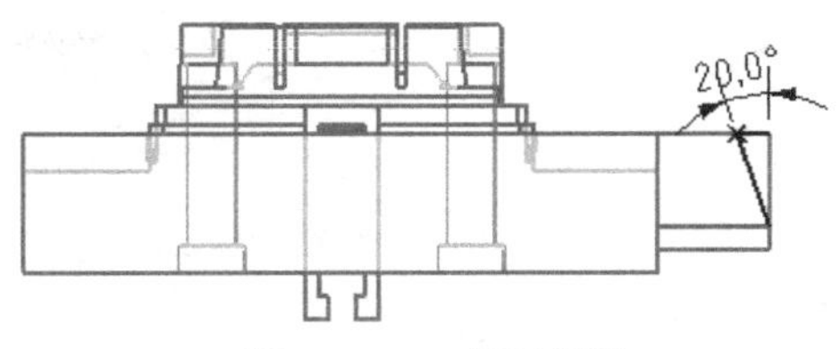

图 13.1.58 截面草图

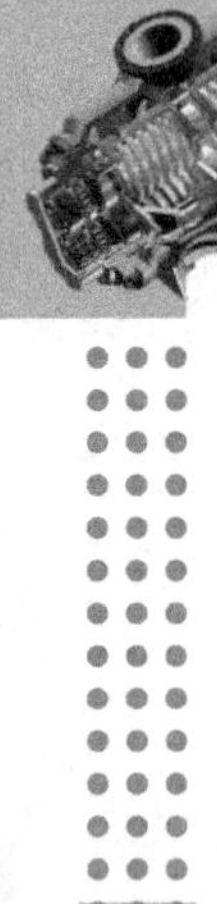

（3）在“拉伸”对话框限制区域的开始下拉列表中选择直至延伸部分选项，选取图 13.1.59 所示的面，在结束下拉列表中选择值选项，并在其下的距离文本框中输入值 0；在布尔下拉列表中选择求差选项；单击< 确定 >按钮，完成拉伸特征 2 的创建，结果如图 13.1.60 所示。

图 13.1.59　草图平面

图 13.1.60　拉伸特征 2

Step4. 创建拉伸特征 3。

（1）选择下拉菜单插入(S) → 设计特征(E) → 拉伸(E)...命令，系统弹出“拉伸”对话框。

（2）单击“绘制截面”按钮，系统弹出“创建草图”对话框；选取图 13.1.61 所示的模型表面为草图平面，单击确定按钮，进入草图环境，绘制图 13.1.62 所示的截面草图，单击完成草图按钮，退出草图环境。

（3）在“拉伸”对话框限制区域的开始下拉列表中选择值选项，并在其下的距离文本框中输入值-15，在结束下拉列表中选择值选项，并在其下的距离文本框中输入值 0；在布尔区域的布尔下拉列表中选择求差选项；单击< 确定 >按钮，完成拉伸特征 3 的创建，结果如图 13.1.63 所示。

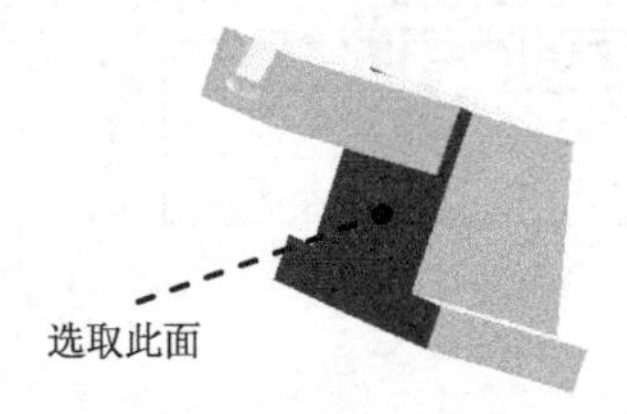

图 13.1.61　草图平面

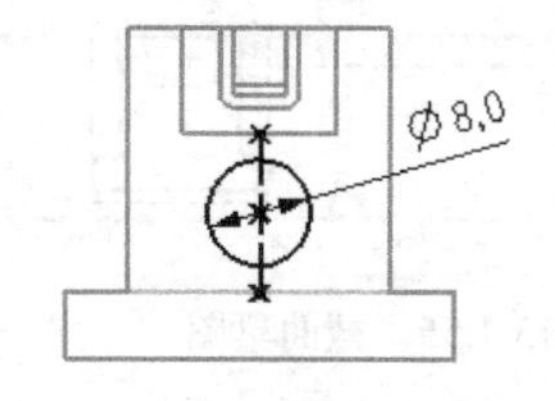

图 13.1.62　截面草图

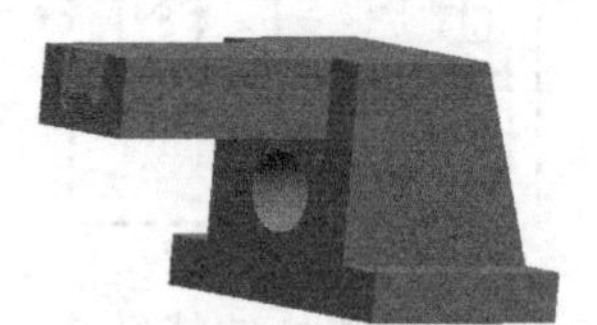

图 13.1.63　拉伸特征 3

Stage2. 创建第二、三、四个抽芯机构

参照 Stage1，创建第二、三、四个抽芯机构，最终创建结果如图 13.1.64 所示。

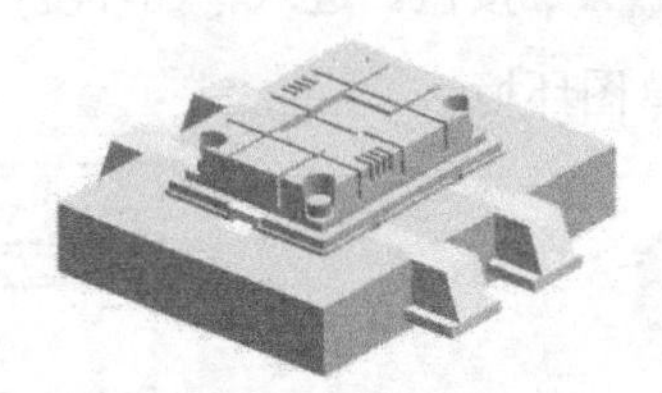

图 13.1.64　创建结果

Task12. 创建滑块锁紧块

Step1. 转化工作部件。在“装配导航器”中右击 housing_mold_core_006，在弹出的快捷菜单中选择 设为工作部件 命令。

Step2. 在“装配导航器”中右击 housing_mold_core_006，在弹出的快捷菜单中选择 WAVE ➡ 新建级别 命令，系统弹出“新建级别”对话框。

Step3. 在“新建级别”对话框中单击 指定部件名 按钮，在弹出的“选择部件名”对话框的 文件名(N): 文本框中输入 jaw_01.prt，单击 OK 按钮，系统返回至“新建级别”对话框。

Step4. 在“新建级别”对话框中不选择任何特征，单击 确定 按钮。

Step5. 在“装配导航器”的 选项卡中，将 jaw_01 转换为工作部件。

Step6. 创建基准坐标系。选择下拉菜单 插入(S) ➡ 基准/点(D) ➡ 基准 CSYS... 命令，系统弹出“基准 CSYS”对话框；在其中单击 操控器 区域的 按钮，系统弹出“点”对话框，然后在产品模型中选取图 13.1.65 所示的边线中点，单击 确定 按钮，系统返回至“基准 CSYS”对话框，单击其中的 < 确定 > 按钮，完成坐标系的创建。

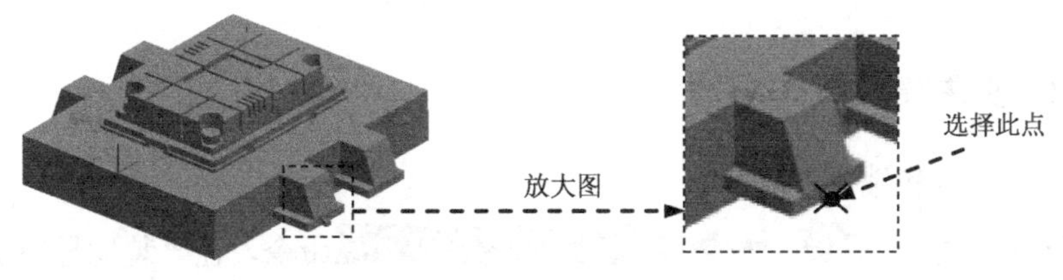

图 13.1.65 选取移动点

Step7. 创建拉伸特征。

（1）选择下拉菜单 插入(S) ➡ 设计特征(E) ➡ 拉伸(E)... 命令，系统弹出“拉伸”对话框。

（2）单击“绘制截面”按钮，系统弹出“创建草图”对话框；选择 YZ 平面为草图平面，绘制图 13.1.66 所示的截面草图，单击 完成草图 按钮，退出草图环境。

（3）在“拉伸”对话框 限制 区域的 开始 下拉列表中选择 对称值 选项，并在其下的 距离 文本框中输入值 10，其他参数采用系统默认设置；单击 < 确定 > 按钮，完成拉伸特征的创建，结果如图 13.1.67 所示。

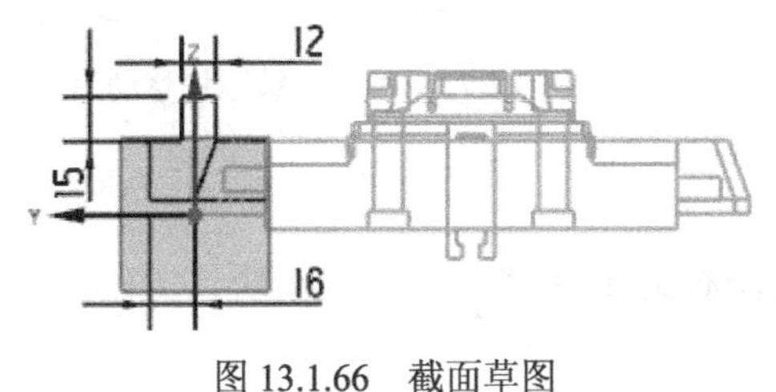

图 13.1.66 截面草图

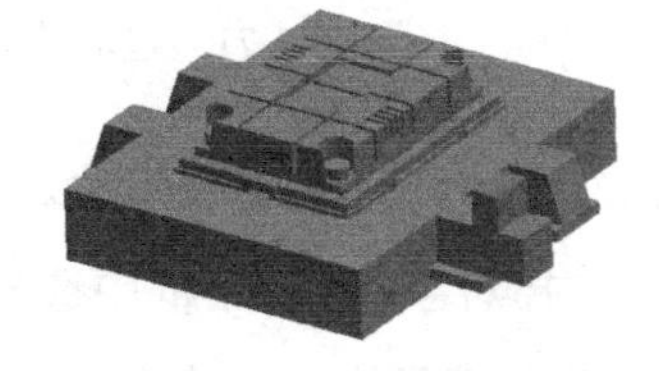

图 13.1.67 拉伸特征

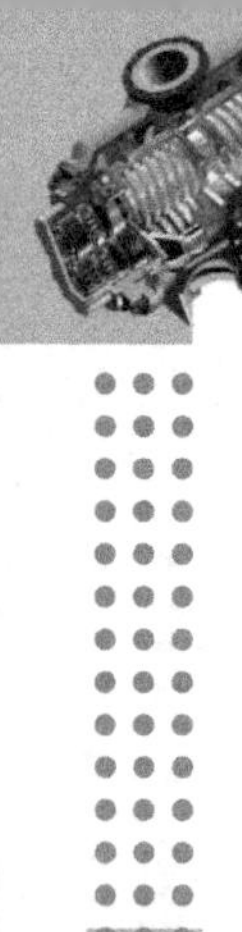

Step8. 创建基准平面。选择下拉菜单插入(S) → 基准/点(D) → 基准平面(D)...命令，系统弹出“基准平面”对话框，在类型下拉列表中选择点和方向选项，单击通过点区域的按钮，系统弹出“点”对话框，然后在产品模型中选取图 13.1.68 所示的边线中点（在整个装配环境中），单击确定按钮，系统返回至“基准平面”对话框；在法向区域中的下拉列表中选择选项，单击< 确定 >按钮，完成基准平面的创建。

Step9. 镜像特征 1。选择下拉菜单插入(S) → 关联复制(A) → 镜像特征(R)...命令，系统弹出“镜像特征”对话框；选取 Step7 中创建的拉伸特征为要镜像的特征，选取 Step8 中创建的基准平面为镜像平面；单击确定按钮，结果如图 13.1.69 所示。

Step10. 镜像特征 2。参照 Step8 和 Step9，将拉伸特征和镜像后的特征镜像，结果如图 13.1.70 所示。

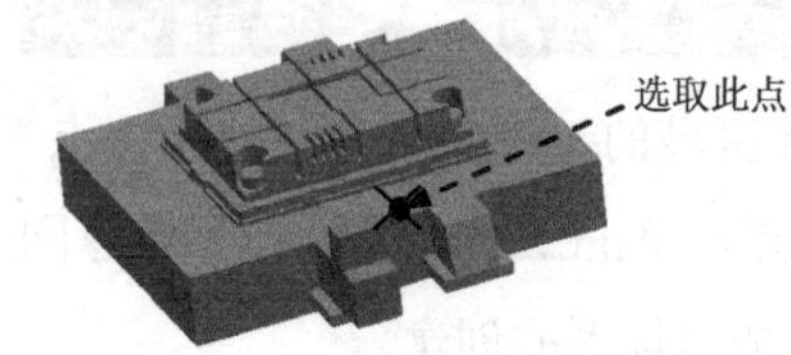

图 13.1.68 选取移动点

图 13.1.69 镜像特征 1

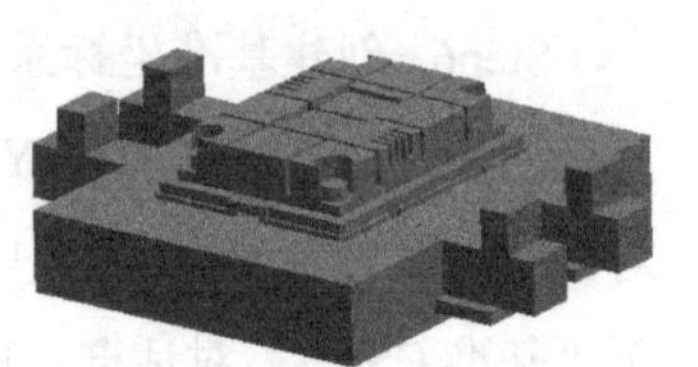

图 13.1.70 镜像特征 2

Task13. 创建模具爆炸视图

Step1. 移动型腔和锁紧块。

（1）选择下拉菜单窗口(O) → housing_mold_top_000.prt命令，在“装配导航器”中将部件转换成工作部件；选择下拉菜单装配(A) → 爆炸图(X) → 新建爆炸图(N)...命令，系统弹出“新建爆炸图”对话框，接受系统默认的名字，单击确定按钮。

（2）选择下拉菜单装配(A) → 爆炸图(X) → 编辑爆炸图(E)...命令，系统弹出“编辑爆炸图”对话框；选取如图 13.1.71 所示的型腔和锁紧块元件；在该对话框中选择⊙移动对象单选项，沿 Z 轴正方向移动 100，按 Enter 键确认，结果如图 13.1.72 所示。

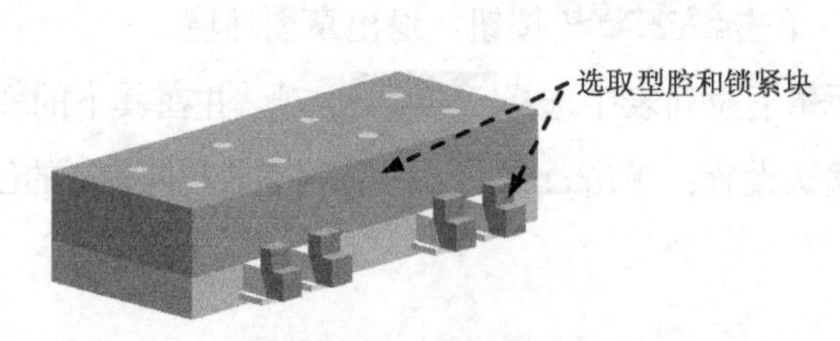

图 13.1.71 选取移动对象

图 13.1.72 型腔和锁紧块移动后

Step2. 移动型芯的一侧滑块。

（1）选择对象。在对话框中选择⊙选择对象单选项，选取型芯的一侧滑块，取消选中 Step1 选中的型腔和锁紧块。

（2）在对话框中选择 ⊙ 移动对象 单选项，沿 Y 轴负方向移动 30，按 Enter 键确认，结果如图 13.1.73 所示。

Step3. 移动型芯的另一侧滑块。参照 Step2，将滑块沿 Y 轴正方向移动 30，结果如图 13.1.74 所示。

Step4. 移动产品模型。参照 Step2，将产品模型沿 Z 轴正方向移动 50，结果如图 13.1.75 所示。

图 13.1.73 型芯的一侧滑块移动后

图 13.1.74 型芯的另一侧滑块移动后

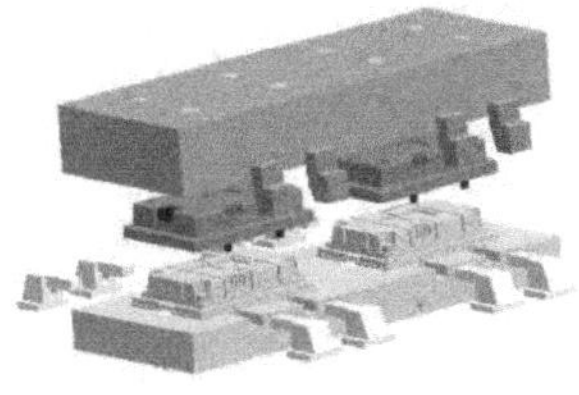

图 13.1.75 产品模型移动后

Step5. 移动销 1 和销 2。

（1）在对话框中选择 ⊙ 只移动手柄 单选项，然后选取绕 Y 轴的旋转点，在 角度 文本框中输入值-5.0。

（2）选择 ⊙ 选择对象 单选项，然后选取图 13.1.76 所示的两个销，取消选中产品模型。在对话框中选择 ⊙ 移动对象 单选项，沿 Z 轴正方向移动 30，单击 确定 按钮，结果如图 13.1.77 所示。

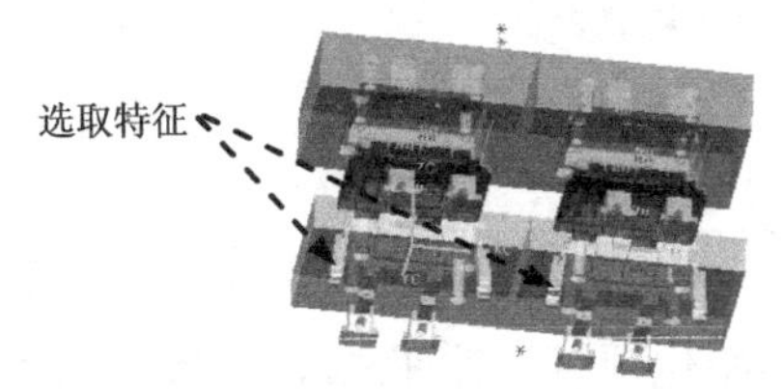

图 13.1.76 选取移动对象

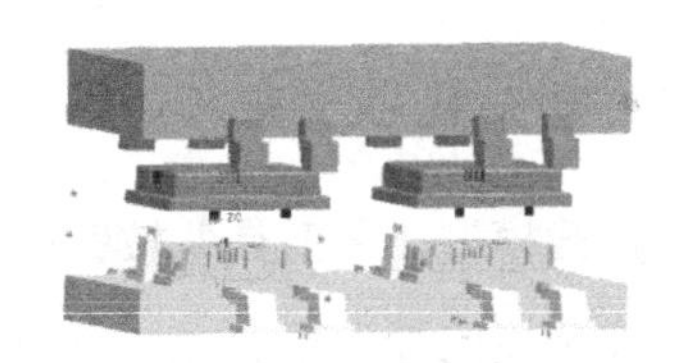

图 13.1.77 销 1 和销 2 移动后

Step6. 移动销 3 和销 4。参照 Step5，在 角度 文本框中输入值 10，将销 3 和销 4 进行移动，结果如图 13.1.78 所示。

Step7. 移动型腔镶件。在对话框中选择 ⊙ 只移动手柄 单选项，然后选取绕 Y 轴的旋转点；在 角度 文本框中输入值-5.0，再将型腔镶件沿 Z 轴正方向移动 40，结果如图 13.1.79 所示。

Step8. 移动型芯镶件。将型芯镶件沿 Z 轴负方向移动 40，结果如图 13.1.80 所示。

说明：将型腔和型芯的镶件移出是为了显示整个模具的零件。

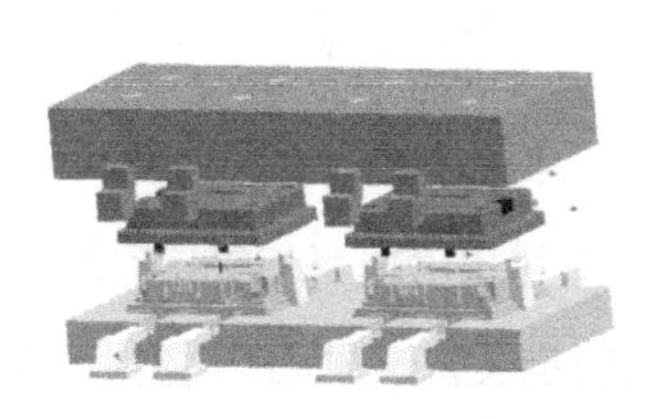

图 13.1.78 销 3 和销 4 移动后

图 13.1.79 型腔镶件移动后

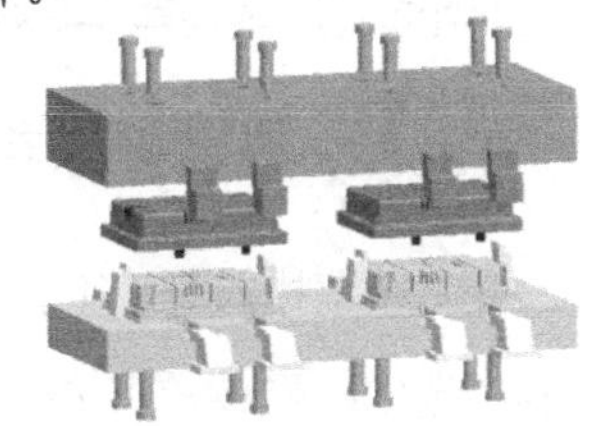

图 13.1.80 型芯镶件移动后

13.2 综合范例 2——Mold Wizard 标准模架设计

本范例将介绍一副完整的带斜导柱侧抽机构的模具设计过程（图 13.2.1），包括模具的分型、模架的加载、添加标准件、创建浇注系统、添加斜抽机构、创建顶出机构模具的后期处理等。在完成本范例的学习后，希望读者能够熟练掌握带斜导柱侧抽机构模具设计的方法和技巧，并能够熟悉在模架中添加各个系统及组件的设计思路。下面介绍该模具的设计过程。

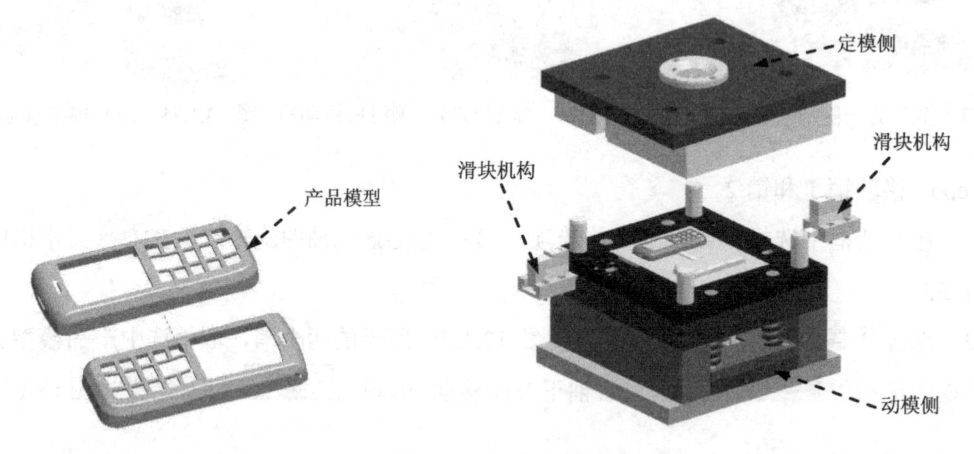

图 13.2.1 手机外壳的模具设计

Task1. 初始化项目

Step1. 加载模型。在工具条按钮区右击 ✔ 应用模块 选项，单击“注塑模向导”按钮，系统弹出“注塑模向导”工具条，在其中单击“初始化项目”按钮，系统弹出“打开”对话框，选择 D:\ug10.3\work\ch13.02\phone_cover.prt 文件，单击 OK 按钮，调入模型，系统弹出“初始化项目”对话框。

Step2. 定义项目单位。在“初始化项目”对话框的 项目单位 下拉列表中选择 毫米 选项。

Step3. 设置项目路径和名称。接受系统默认的项目路径，在“初始化项目”对话框的 Name 文本框中输入 phone_cover。

Step4. 设置部件材料。在“初始化项目”对话框的 材料 下拉列表中选择 ABS+PC 选项。

Step5. 单击 确定 按钮，完成初始化项目的设置。

Task2. 模具坐标系

在“注塑模向导”工具条中单击“模具 CSYS”按钮，系统弹出“模具 CSYS”对话框，在其中选中 ⊙ 当前 WCS 单选项，单击 确定 按钮，完成坐标系的定义，结果如图 13.2.2 所示。

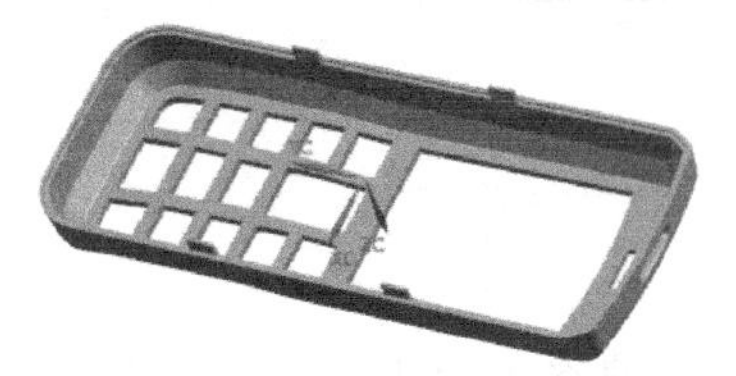

图 13.2.2 定义后的模具坐标系

Task3. 创建模具工件

Step1. 在“注塑模向导”工具条中单击“工件”按钮，系统弹出“工件”对话框。

Step2. 在“工件”对话框的类型下拉列表中选择产品工件选项，在工件方法下拉列表中选择用户定义的块选项，其他参数采用系统默认设置。

Step3. 修改尺寸。单击定义工件区域中的“绘制截面”按钮，系统进入草图环境，然后修改截面草图的尺寸，如图 13.2.3 所示；在“工件”对话框限制区域的开始下拉列表中选择值选项，并在其下的距离文本框中输入数值-20；在限制区域的结束下拉列表中选择值选项，并在其下的距离文本框中输入数值 30；单击< 确定 >按钮，完成创建后的模具工件如图 13.2.4 所示。

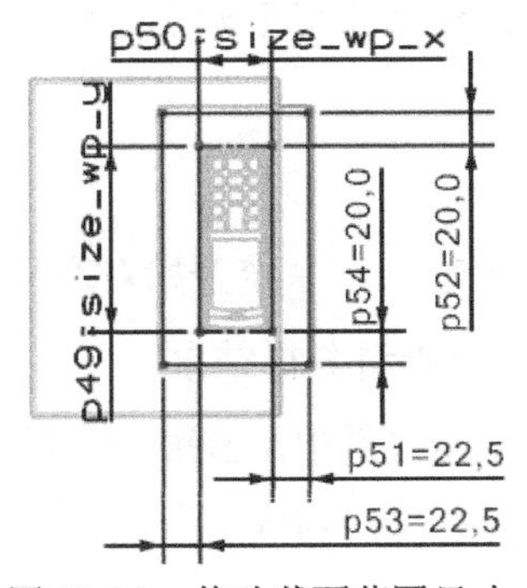

图 13.2.3 修改截面草图尺寸

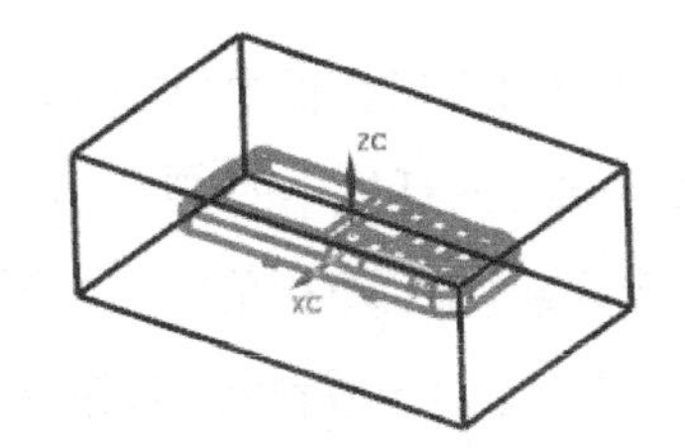

图 13.2.4 创建后的模具工件

Task4. 创建型腔布局

Step1. 在“注塑模向导”工具条中单击“型腔布局”按钮，系统弹出“型腔布局”对话框。

Step2. 定义型腔数和间距。在“型腔布局”对话框的布局类型区域中选择矩形选项和平衡单选项，在型腔数下拉列表中选择2，在缝隙距离文本框中输入数值 0。

Step3. 在布局类型区域中单击* 指定矢量 (0)使其激活，然后在后面的下拉列表中选择XC方向作为布局方向，在生成布局区域中单击“开始布局”按钮，系统自动进行布局，此时在模型中显示布局方向箭头。

Step4. 在编辑布局区域中单击“自动对准中心”按钮使模具坐标系自动对准中心，布局结果如图 13.2.5 所示，单击 关闭 按钮。

Task5. 模具分型

Stage1. 设计区域

Step1. 在“注塑模向导”工具条中单击“模具分型工具”按钮，系统弹出“模具分型工具”工具条和“分型导航器”窗口。

Step2. 在“模具分型工具”工具条中单击“检查区域”按钮，系统弹出“检查区域”对话框，并显示图 13.2.6 所示的开模方向。在“检查区域”对话框中选中 ⊙ 保持现有的 单选项。

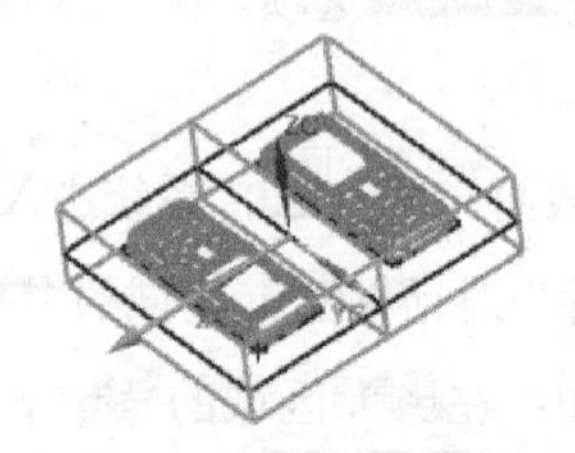

图 13.2.5 创建后的型腔布局

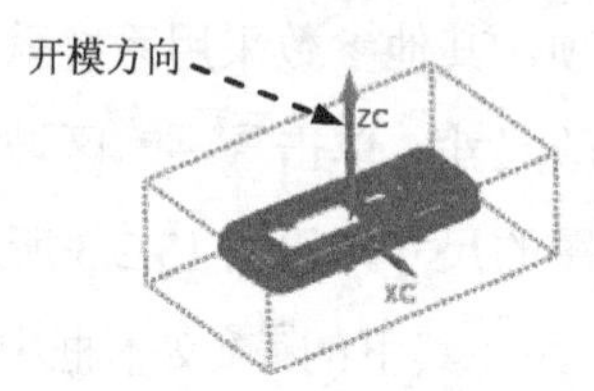

图 13.2.6 开模方向

说明：图 13.2.6 所示的开模方向可以通过“检查区域”对话框中的 指定脱模方向 按钮和“矢量对话框”按钮来更改，本范例在前面定义模具坐标系时已经将开模方向设置好，所以系统会自动识别出产品模型的开模方向。

Step3. 拆分面。

（1）在“检查区域”对话框中单击“计算”按钮，系统开始对产品模型进行分析计算。单击“检查区域”对话框中的 面 选项卡，可以查看分析结果。

（2）在“检查区域”对话框中单击 区域 选项卡，取消选中 □ 内环、□ 分型边 和 □ 不完整的环 三个复选框，然后单击“设置区域颜色”按钮，设置各区域颜色。

（3）在 未定义的区域 区域中选中 ☑ 交叉竖直面 和 ☑ 未知的面 复选框，此时系统将所有的未定义区域面加亮显示；在 指派到区域 区域中选中 ⊙ 型腔区域 单选项，单击 应用 按钮，此时系统将加亮显示的未定义区域面指派到型腔区域；单击 取消 按钮，关闭“检查区域”对话框，结果如图 13.2.7 所示。

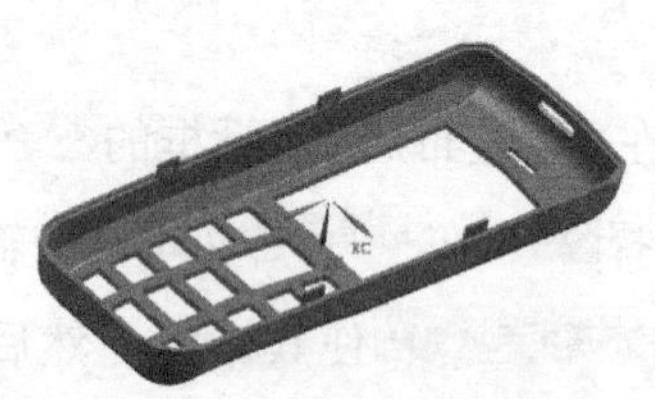

图 13.2.7 定义型腔区域

Stage2. 创建区域和分型线

Step1. 创建曲面补片。在“模具分型工具”工具条中单击“曲面补片”按钮，系统弹出

“边修补”对话框；在类型下拉列表中选择体选项，然后在图形区中选择产品实体；单击“边修补”对话框中的确定按钮，系统自动创建曲面补片，结果如图 13.2.8 所示。

图 13.2.8 创建曲面补片

Step2. 在“模具分型工具”工具条中单击“定义区域”按钮，系统弹出“定义区域”对话框。

Step3. 在设置区域中选中☑创建区域和☑创建分型线复选框，单击确定按钮，完成分型线的创建，结果如图 13.2.9 所示（已隐藏产品实体和曲面补片）。

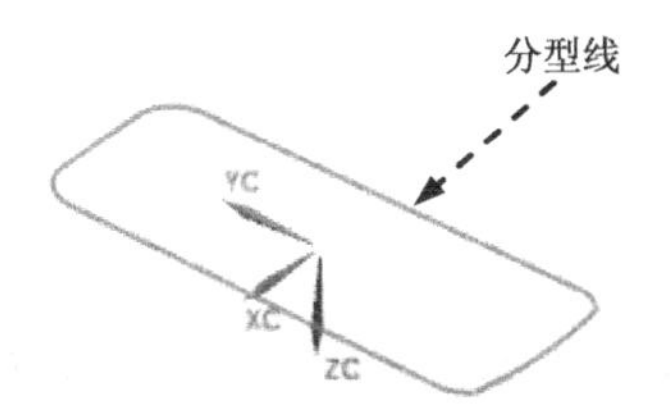

图 13.2.9 创建分型线

Stage3. 创建分型面

Step1. 在“模具分型工具”工具条中单击“设计分型面”按钮，系统弹出“设计分型面”对话框。

Step2. 定义分型面创建方法。在“设计分型面”对话框的创建分型面区域中单击“有界平面”按钮。

Step3. 定义分型面大小。拖动图 13.2.10 所示分型面的宽度方向控制按钮使分型面大小超过工件大小，单击确定按钮，结果如图 13.2.11 所示。

Stage4. 创建型芯和型腔

Step1. 在“模具分型工具”工具条中单击“定义型腔和型芯”按钮，系统弹出“定义型腔和型芯”对话框。

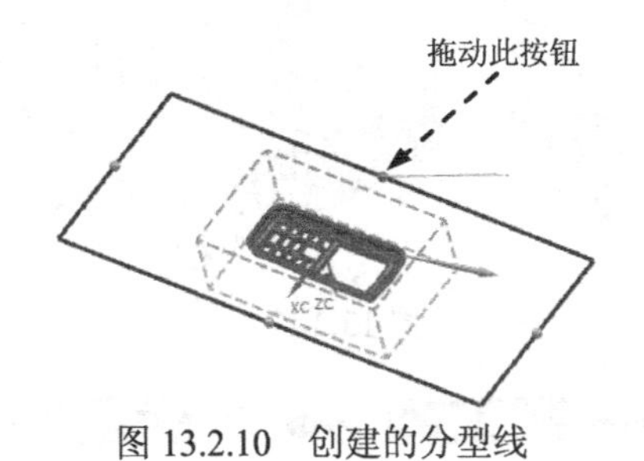

图 13.2.10 创建的分型线

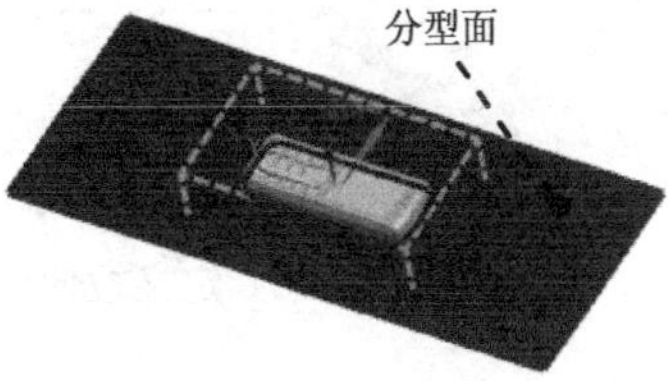

分型面

图 13.2.11 创建的分型面

Step2. 在“定义型腔和型芯”对话框中选择选择片体区域中的所有区域选项，单击确定按钮，系统弹出“查看分型结果”对话框并在图形区显示出创建的型腔，单击“查看分型结果”对话框中的确定按钮，系统再一次弹出“查看分型结果”对话框。

Step3. 选择下拉菜单窗口(O) ➡ phone_cover_core_006.prt命令，显示型芯零件，结果如图 13.2.12 所示；选择下拉菜单窗口(O) ➡ phone_cover_cavity_002.prt命令，显示型腔零件，结果如图 13.2.13 所示。

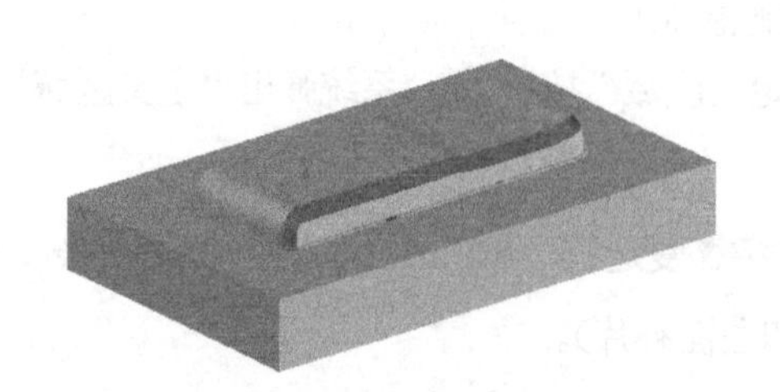

图 13.2.12　型芯零件

图 13.2.13　型腔零件

Task6. 创建滑块

Step1. 创建拉伸特征。选择下拉菜单插入(S) ➡ 设计特征(E) ➡ 拉伸(E)...命令（或单击按钮），选取图 13.2.14 所示的面为草图平面，绘制图 13.2.15 所示的截面草图，在“拉伸”对话框限制区域的开始下拉列表中选择值选项，并在其下的距离文本框中输入数值 0，在限制区域的结束下拉列表中选择直至延伸部分选项；选取图 13.2.16 所示的面为拉伸延伸面；在布尔下拉列表中选择无选项；单击< 确定 >按钮，完成拉伸特征的创建，结果如图 13.2.17 所示，已隐藏型腔实体。

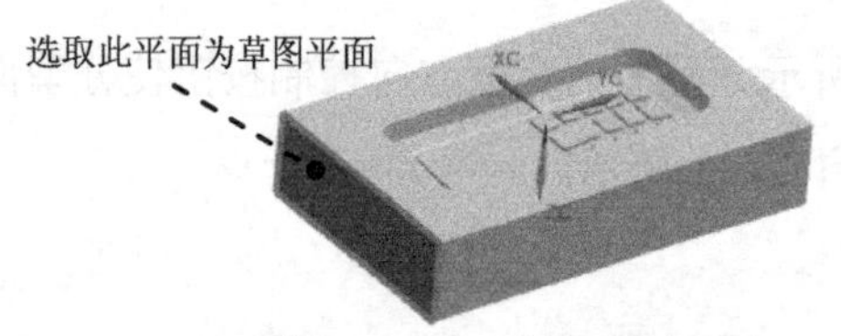

图 13.2.14　定义草图平面

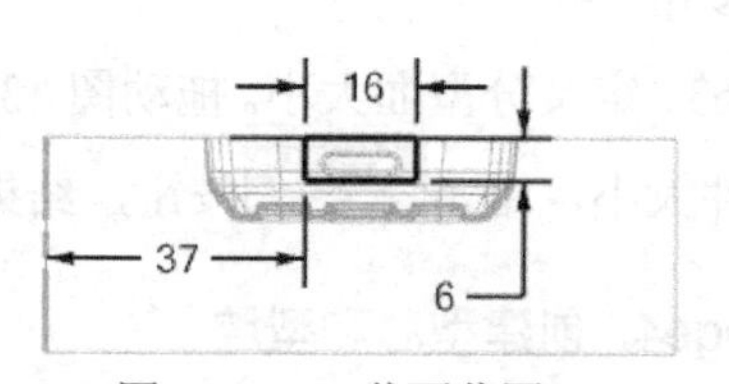

图 13.2.15　截面草图

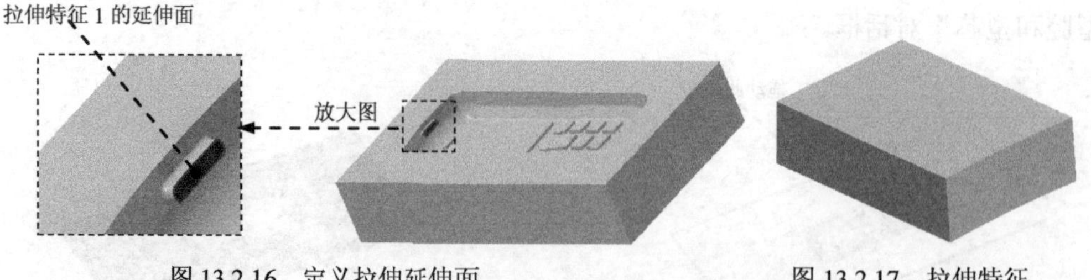

图 13.2.16　定义拉伸延伸面

图 13.2.17　拉伸特征

Step2. 创建求交特征 1。选择下拉菜单插入(S) ➡ 组合(B) ▸ ➡ 求交(I)...命令，系统弹出“求交”对话框，单击< 确定 >按钮，完成实体求交特征 1 的操作，如图 13.2.18 所示（注：具体参数和操作参见随书光盘）。

Step3. 创建求差特征。选择下拉菜单 插入(S) → 组合(B) ▸ → 求差(S)... 命令，系统弹出“求差”对话框。选取型腔为目标体，相交实体为工具体。在设置区域中选中☑ 保存工具复选项，其他参数采用系统默认设置，单击< 确定 >按钮，完成求差特征的创建，完成后的求差特征如图 13.2.19 所示。

图 13.2.18 求交特征 1

图 13.2.19 求差特征

Step4. 将滑块转化为型腔子零件。

（1）在“装配导航器”窗口中右击，在弹出的快捷菜单中选择WAVE 模式命令，右击☑ phone_cover_cavity_002，在弹出的快捷菜单中选择 WAVE▸ → 新建级别命令。

（2）单击 指定部件名 按钮，系统弹出“选择部件名”对话框，在文件名(N):文本框中输入部件名称 phone_cover_slide，单击 OK 按钮，系统重新弹出“新建级别”对话框。

（3）单击 类选择 按钮，在图形区选取图 13.2.18 所示的求交特征 1，单击 确定 按钮，在“新建级别”对话框中单击 确定 按钮。在装配导航器中会显示上一步创建的组件名称☑ phone_cover_slide。

Task7. 添加及完善模架

Stage1. 模架的加载和编辑

Step1. 切换窗口。选择下拉菜单 窗口(O) → phone_cover_top_000.prt 命令，系统显示总模型。

Step2. 将总模型转换为工作部件。单击“装配导航器”选项卡，系统弹出“装配导航器”窗口。在☑ phone_cover_top_000选项上双击，即将总模型转换成工作部件。

Step3. 添加模架。

（1）在“注塑模向导”工具条中单击“模架库”按钮，系统弹出“模架库”对话框和“重用库”导航器。

（2）添加模架。在“重用库”导航器 名称 区域中选择FUTABA_S选项，然后在 成员选择 区

域中选择SA选项。

(3) 设置模架参数。在详细信息区域的index下拉列表中选择2730选项，在AP_h下拉列表中选择50选项，在BP_h文本框中输入值20，按Enter键确认，在CP_h下拉列表中选择80选项， 在U_h文本框中输入值 20，其他参数采用系统默认设置；在“模架库”对话框中单击应用按钮。

(4)调整模架方位。在“模架设计”对话框中单击按钮，对模架进行旋转，单击取消按钮，完成模架的旋转，如图13.2.20所示。

Stage2. 创建模仁插入腔体

Step1. 在“注塑模向导”工具条中单击“型腔布局”按钮，系统弹出“型腔布局”对话框。

Step2. 在其中单击“编辑插入腔”按钮，系统弹出“插入腔体”对话框。

Step3. 在R下拉列表中选择5选项，在type下拉列表中选择2选项，单击确定按钮，系统重新弹出“型腔布局”对话框，单击关闭按钮，完成插入腔体的创建，如图13.2.21所示。

图 13.2.20 添加的模架

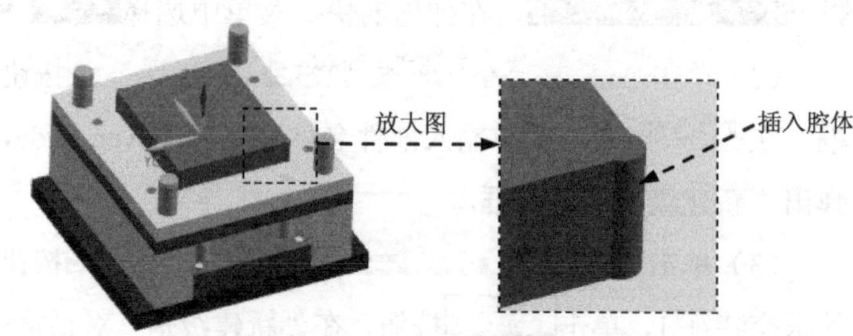

图 13.2.21 创建的插入腔体

Stage3. 创建新腔体

Step1. 在“注塑模向导”工具条中单击“腔体”按钮，系统弹出“腔体”对话框；在模式下拉列表中选择减去材料选项，在工具区域的工具类型下拉列表中选择组件选项。

Step2. 定义目标体和工具体。选取图13.2.22所示的动模板和定模板为目标体，选取图13.2.23所示的插入腔体为工具体。

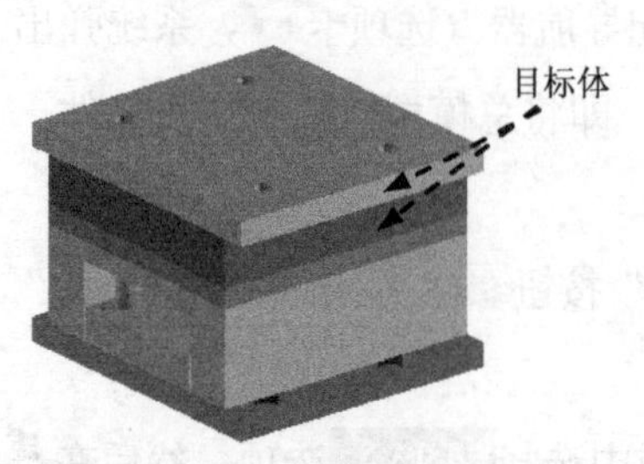

图 13.2.22 定义目标体

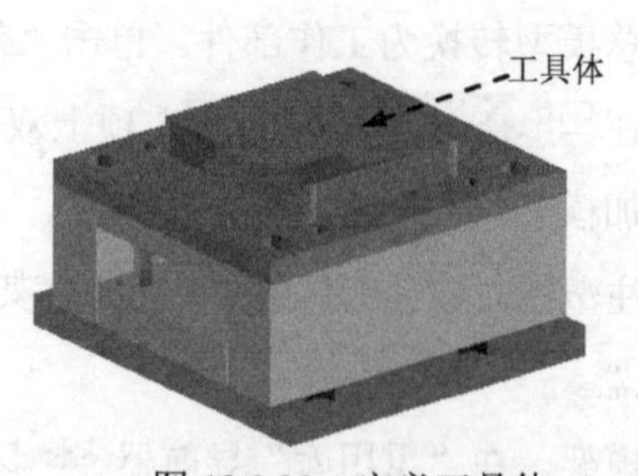

图 13.2.23 定义工具体

Step3. 单击“腔体”对话框中的确定按钮，完成腔体的创建，结果如图 13.2.24 所示。

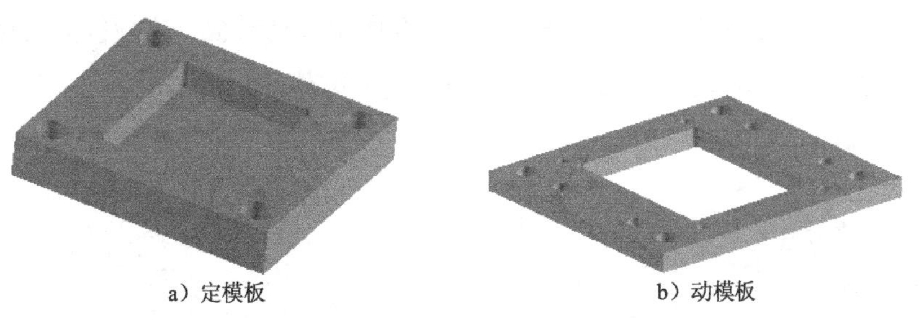

a）定模板　　b）动模板

图 13.2.24　创建腔体后的动模板和定模板

Stage4. 添加滑块组件

Step1. 设置坐标系（隐藏定模板、定模座板和插入腔体）。选择下拉菜单 格式(R) → WCS ▸ → 动态(D)... 命令，选取图 13.2.25 所示边线的中点为新坐标系的原点，设置完成后的坐标系如图 13.2.26 所示。

说明：此处坐标系 Y 轴指向为后面要添加的滑块组件生成的反方向。

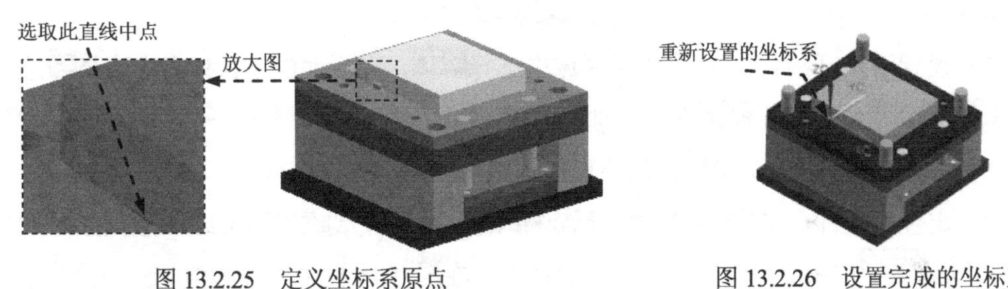

图 13.2.25　定义坐标系原点　　图 13.2.26　设置完成的坐标系

Step2. 添加滑块组件 1。

（1）添加滑块组件。在“注塑模向导”工具条中单击“滑块和浮升销库”按钮，系统弹出“滑块和浮升销设计”对话框和“重用库”导航器。在“重用库”导航器名称列表中选中 Slide 文件夹，在成员选择列表中选择 Single Cam-pin Slide 选项，系统弹出“信息”窗口。

（2）设置组件参数。在详细信息区域中选择 travel 选项，将 travel 的值修改为 11，按 Enter 键确认（下同），将 cam_pin_angle 的值修改为 18，将 cam_pin_start 的值修改为 20，将 gib_long 的值修改为 65，将 gib_top 的值修改为 15，将 heel_back 的值修改为 20，将 heel_ht_1 的值修改为 25，将 heel_ht_2 的值修改为 15，将 heel_start 的值修改为 40，将 heel_step_bk 的值修改为 30，将 heel_tip_lvl 的值修改为 5，将 pin_dia 的值修改为 10，将 pin_hd_dia 的值修改为 15，将 slide_bottom 的值修改为 0，将 slide_long 的值修改为 48，将 wide 的值修改为 20，其他参数设置值保持系统默认值，单击确定按钮，完成滑块组件的添加，如图 13.2.27 所示。

Step3. 创建腔体（显示定模板和定模座板）。在“注塑模向导”工具条中单击“腔体”按钮，系统弹出“腔体”对话框；在模式下拉列表中选择减去材料选项，在工具区域的工具类型下拉列表中选择组件；选取图 13.2.28 所示的动模板、定模板为目标体；选取滑块组件（两个）为工具体，单击确定按钮，完成腔体的创建。

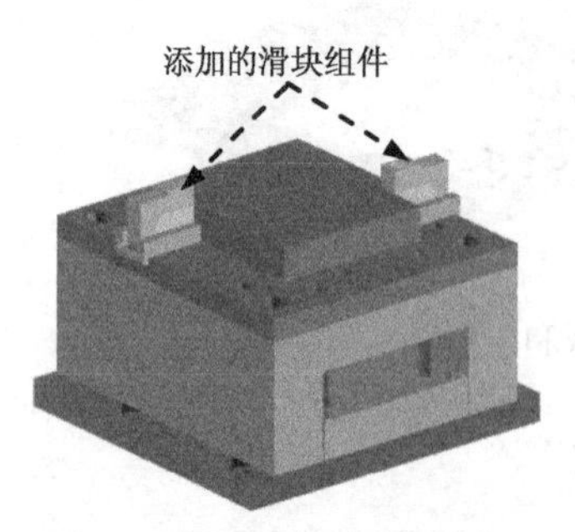

图 13.2.27　添加滑块组件

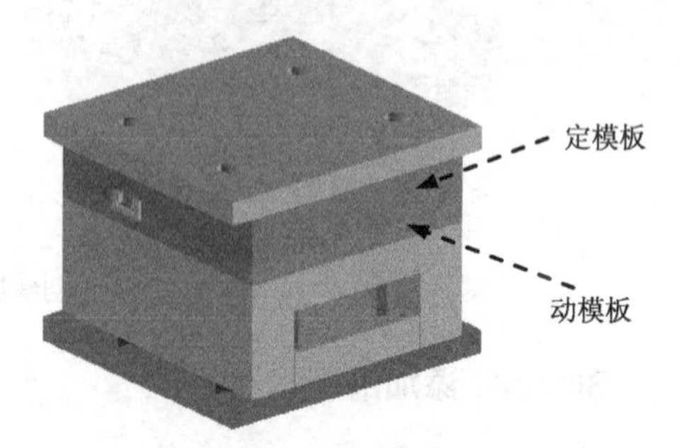

图 13.2.28　定义目标体

Step4. 添加滑块钉 1（隐藏定模板、定模座板、型腔和产品）。

（1）添加滑块钉。在“注塑模向导”工具条中单击按钮，系统弹出“标准件管理”对话框“重用库”导航器；在“重用库”导航器名称区域的模型树中选中DME_MM节点下的Screws选项，在**成员选择**列表中选择SHCS [Manual]选项。

（2）设置滑块钉参数。在详细信息区域中选择SIZE，在后面的下拉列表中选择6选项，选择PLATE_HEIGHT选项，在LENGTH下拉列表中选择20选项，在PLATE_HEIGHT文本框中输入数值 18，并按 Enter 键确认，在设置区域中取消选中关联位置复选框。

（3）定位滑块钉。在放置区域中激活* 选择面或平面 (0)，选取图 13.2.29 所示的面为放置面，单击确定按钮，系统弹出“点”对话框，在XC文本框中输入数值 1.5，在YC文本框中输入数值 15，在ZC文本框中输入数值 0，单击确定按钮，系统再次弹出“点”对话框，在XC文本框中输入数值 1.5，在YC文本框中输入数值-15，单击确定按钮，系统弹出“点”对话框，单击取消按钮，完成图 13.2.30 所示的滑块钉 1 的添加。

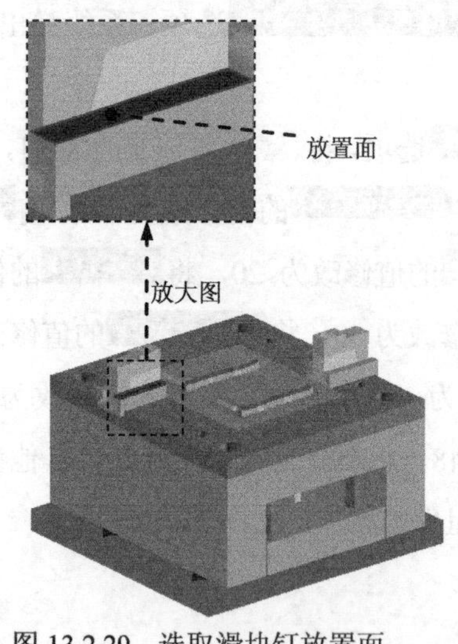

图 13.2.29　选取滑块钉放置面

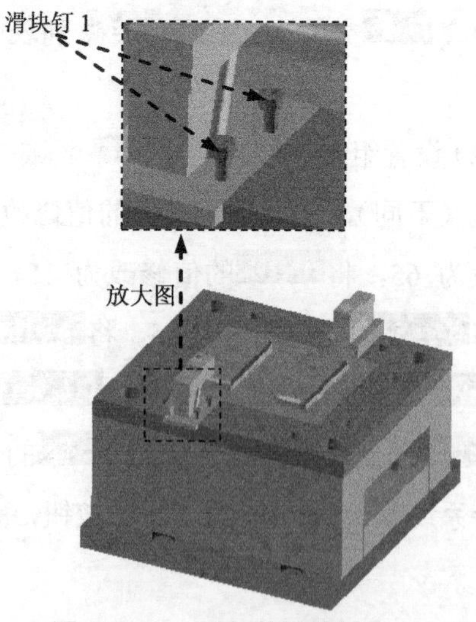

图 13.2.30　添加的滑块钉 1

Step5. 添加滑块钉 2。参照 Step4 添加图 13.2.31 所示的滑块钉，选取图 13.2.32 所示的面为放置面，坐标分别为（-1.5, 15, 0）和（-1.5, -15, 0）。

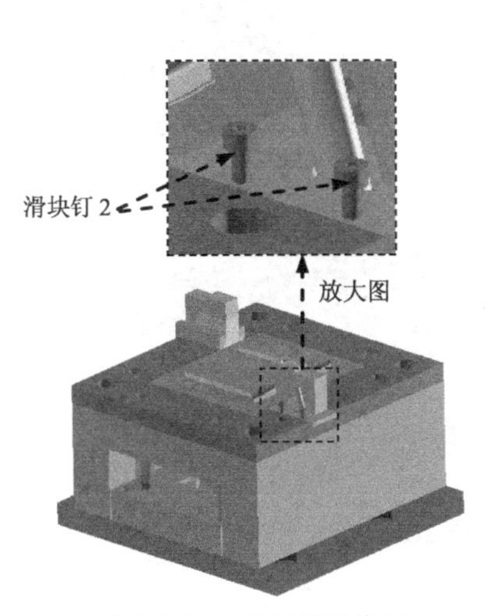

图 13.2.31 添加的滑块钉 2

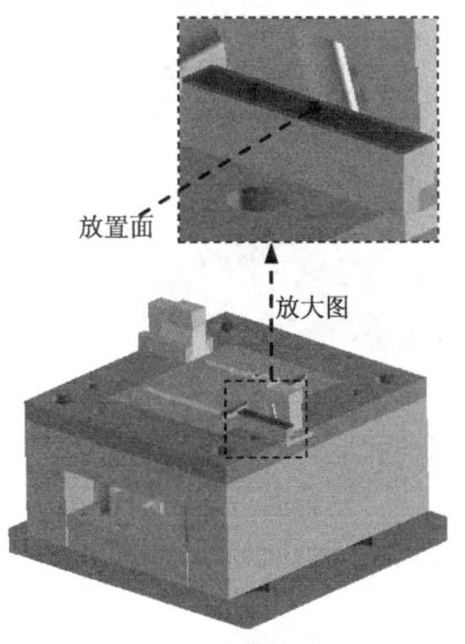

图 13.2.32 选取滑块钉放置面

Step6. 添加另一滑块组件的滑块钉（滑块钉 3）。参照 Step4 添加图 13.2.33 所示的滑块钉，选取图 13.2.34 所示的面为放置面，坐标分别为（1.5, 15, 0）和（1.5, -15, 0）。

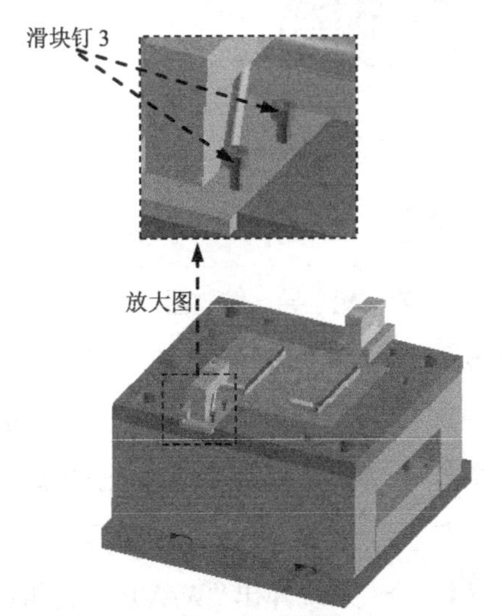

图 13.2.33 添加的滑块钉 3

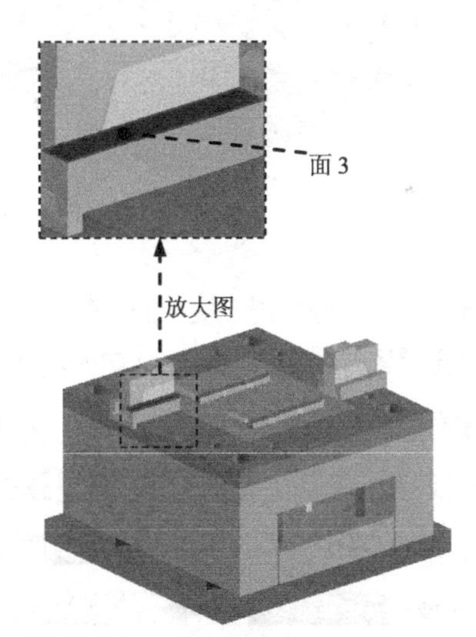

图 13.2.34 选取滑块钉放置面

Step7. 添加滑块钉 4。参照 Step4 添加图 13.2.35 所示的滑块钉，选取图 13.2.36 所示的面为放置面，坐标分别为（-1.5, 15, 0）和（-1.5, -15, 0）。

Step8. 创建型腔体。在“注塑模向导”工具条中单击按钮，系统弹出“腔体”对话框；在模式下拉列表中选择减去材料选项，在工具区域的工具类型下拉列表中选择组件选项；选取图 13.2.37 所示的四块模板为目标体，在目标体上选取 Step4～Step7 中添加的滑

块钉为工具体。单击 确定 按钮，完成腔体的创建。

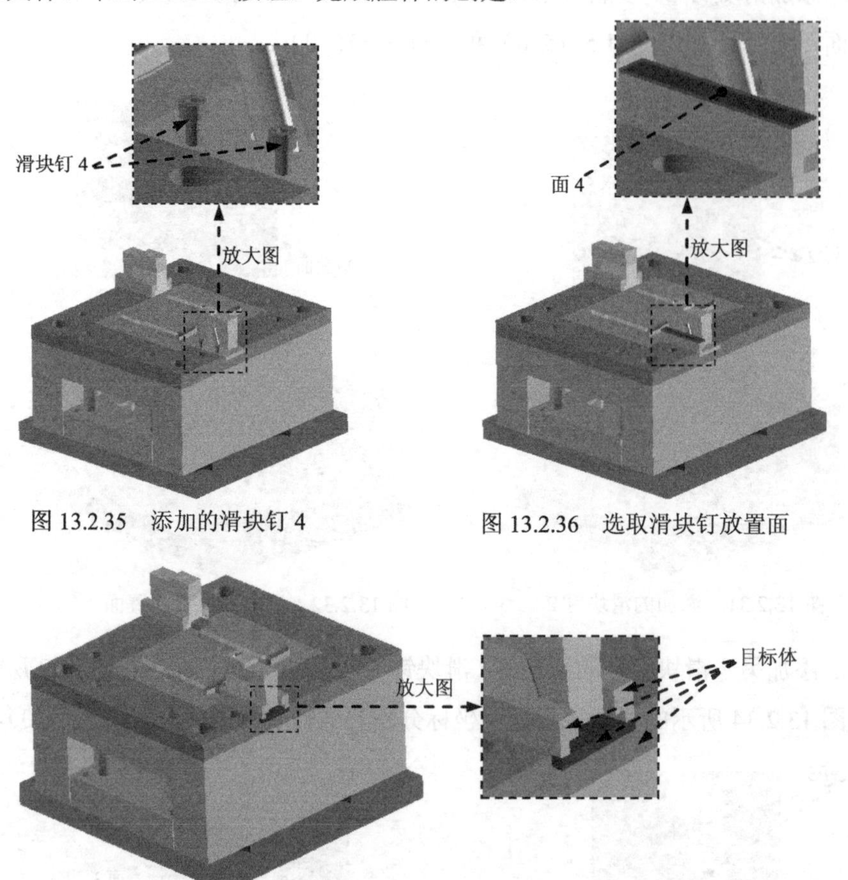

图 13.2.35　添加的滑块钉 4　　图 13.2.36　选取滑块钉放置面

图 13.2.37　定义目标体

Step9. 创建滑块的链接。在“装配导航器”中单击 phone_cover_prod_003 → phone_cover_sld_048 前的节点，然后选中其节点下的 phone_cover_bdy_049 并右击，在弹出的快捷菜单中选择 设为工作部件 命令；在“装配导航器”中取消选中 phone_cover_cavity_002，再单击 phone_cover_cavity_002 前的节点，在展开的组件中选中 phone_cover_slide，将其显示出来；选择下拉菜单 插入(S) → 关联复制(A) → WAVE 几何链接器(W)... 命令，系统弹出“WAVE 几何链接器”对话框；在 类型 下拉列表中选择 体 选项，并在“设置”区域中选中 关联 复选框和 隐藏原先的 复选框；选取图 13.2.38 所示的小型芯为链接对象；单击 < 确定 > 按钮，完成滑块的链接。

Step10. 创建求和特征。选择下拉菜单 插入(S) → 组合(B) → 求和(U)... 命令，系统弹出“求和”对话框；选取滑块组件为目标体，选取小型芯为工具体；单击 < 确定 > 按钮，完成求和特征的创建，链接后的滑块如图 13.2.39 所示。

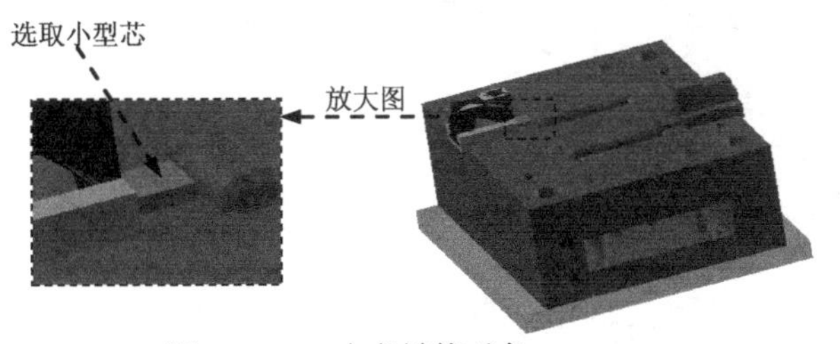

图 13.2.38 定义链接对象

图 13.2.39 链接后的滑块组件

Step11. 设置工作部件。在“装配导航器”中选中☑ phone_cover_top_000 并右击，在弹出的快捷菜单中选择 设为工作部件 命令。

Stage5. 添加斜顶组件

Step1. 设置坐标系。

（1）选择下拉菜单 格式(R) → WCS → 动态(D)... 命令，选取图 13.2.40 所示边线的中点为新坐标系的原点，单击鼠标中键确认。

（2）选择下拉菜单 格式(R) → WCS → 旋转(R)... 命令，系统弹出“旋转 WCS 绕…”对话框，在其中选中 +ZC 轴 单选项，在 角度 文本框中输入数值 90；单击 确定 按钮，完成坐标系的设置，如图 13.2.41 所示。

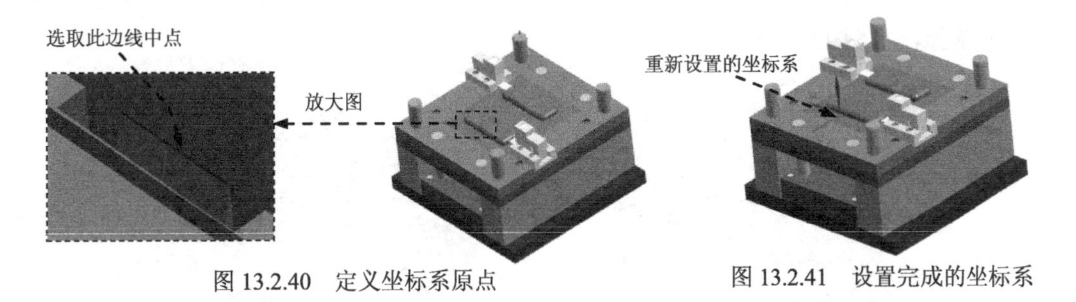

图 13.2.40 定义坐标系原点　　图 13.2.41 设置完成的坐标系

Step2. 添加斜顶组件 1。

（1）在“注塑模向导”工具条中单击 按钮，系统弹出“滑块和浮升销设计”对话框和“重用库”导航器。在“重用库”导航器 名称 列表中选中 SLIDE_LIFT 节点下的 Lifter 选项，在 成员选择 列表中选择 Dowel Lifter 选项。

（2）在 详细信息 区域中将 dowel_dia 的值修改为 3，按 Enter 键确认（下同），将 guide_width 的值修改为 20，将 hole thick 的值修改为 3，将 riser_thk 的值修改为 5，将 riser_top 的值修改为 10，将 wear_pad_wide 的值修改为 5，将 wear_rr_thk 的值修改为 5，将 wear_thk 的值修改为 6，将 wide 的值修改为 8，将 ej_plt_thk 的值修改为 17，按 Enter 键确认。

（3）其他参数设置值保持系统默认值，单击 确定 按钮，完成斜顶组件 1 的添加，如图 13.2.42 所示。

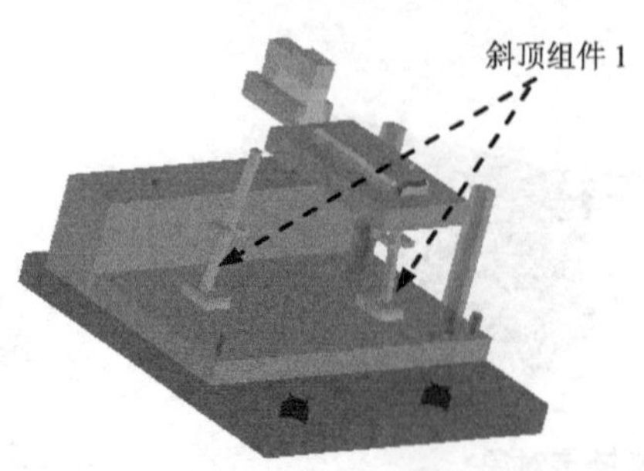

图 13.2.42　添加的斜顶组件 1

Step3. 镜像斜顶组件 1。

（1）在图形区的型芯上右击，在弹出的快捷菜单中选择 设为工作部件(W) 命令；选择下拉菜单 插入(S) → 基准/点(D) → 基准平面(D)... 命令，系统弹出"基准平面"对话框，在 类型 下拉列表中选择 二等分 选项，选取图 13.2.43 所示的两个面为参考对象，在"基准平面"对话框中单击 < 确定 > 按钮，完成基准平面 1 的创建，如图 13.2.44 所示。

（2）在"装配导航器"中选择 phone_cover_prod_003 并右击，在弹出的快捷菜单中选择 设为工作部件 命令，选中 phone_cover_lift_059 选项（斜顶组件），选择下拉菜单 装配(A) → 组件(C) → 镜像装配(I)... 命令，系统弹出"镜像装配向导"对话框，选择基准平面 1 为镜像平面，连续单击两次对话框中的 下一步 > 按钮，系统弹出"镜像组件"消息对话框，单击 确定(O) 按钮，单击 下一步 > 按钮，再单击 完成 按钮，完成斜顶组件 1 的镜像，如图 13.2.45 所示。

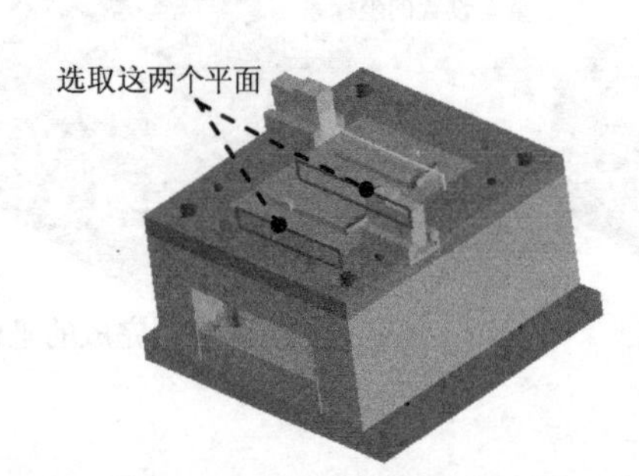

图 13.2.43　定义参考平面

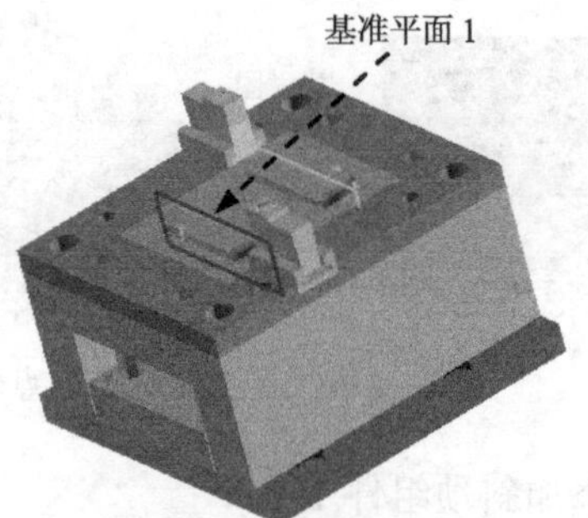

图 13.2.44　创建基准平面 1

Step4. 修剪斜顶组件 1。在"注塑模向导"工具条中单击 按钮，系统弹出"修边模具组件"对话框，选取图 13.2.45b 所示的斜顶为修剪目标体；修改系统修剪方向，在 修边曲面 下拉列表中选择 CORE_TRIM_SHEET 选项，单击 确定 按钮，完成斜顶组件 1 的修剪。

a）镜像前

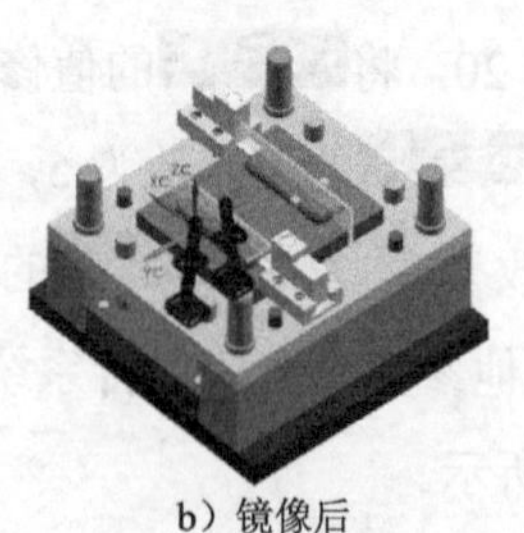

b）镜像后

图 13.2.45　镜像特征

Step5. 创建腔体。在“注塑模向导”工具条中单击按钮，系统弹出“腔体”对话框；在模式下拉列表中选择减去材料选项，在工具区域的工具类型下拉列表中选择组件，选取图 13.2.46 所示的模板及型芯部件为目标体，选取斜顶组件（图 13.2.47 所示的四个部件）为工具体，单击确定按钮，完成腔体的创建。

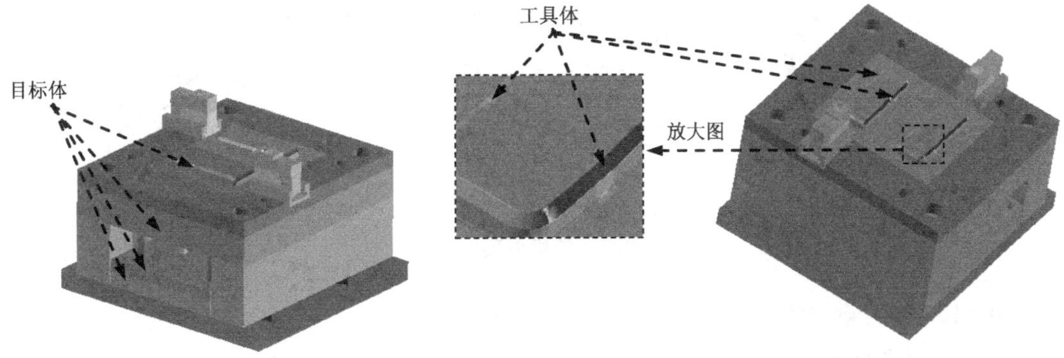

图 13.2.46 定义目标体

图 13.2.47 定义工具体

Step6. 设置工作部件。在“装配导航器”中选中phone_cover_top_000并右击，在弹出的快捷菜单中选择设为工作部件命令。

Step7. 调整坐标系。选择下拉菜单格式(R) → WCS → 动态(D)...命令，选取图 13.2.48 所示边线的中点为新的坐标系原点，单击鼠标中键确认，调整后的坐标系如图 13.2.49 所示。

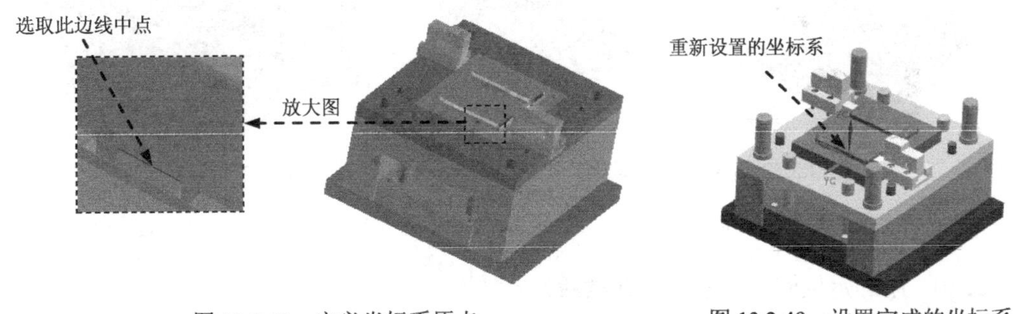

图 13.2.48 定义坐标系原点

图 13.2.49 设置完成的坐标系

Step8. 添加图 13.2.50 所示的斜顶组件 2。

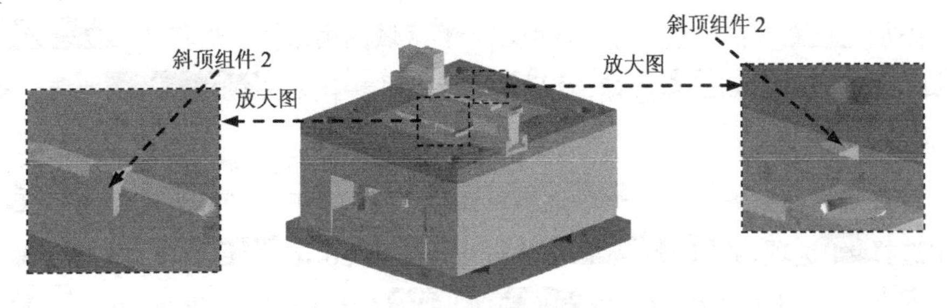

图 13.2.50 添加斜顶组件 2

说明：斜顶组件 2 的添加步骤及参数请参见 Step2。

Step9. 镜像斜顶组件 2，如图 13.2.51 所示。

说明：镜像斜顶组件 2 的操作步骤及镜像平面请参见 Step3，镜像平面为基准平面 1。

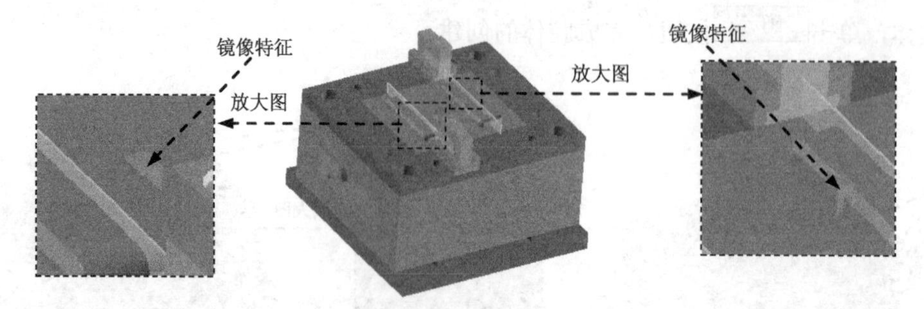

图 13.2.51 镜像斜顶组件 2

Step10. 修剪斜顶组件 2，结果如图 13.2.52 所示。

说明：斜顶组件 2 的修剪步骤及参数请参见 Step4。

Step11. 创建腔体。选取图 13.2.53 所示的模板和型芯为目标体，选取斜顶组件 2（4 个部件）为工具体，具体操作步骤可参见 Step5。

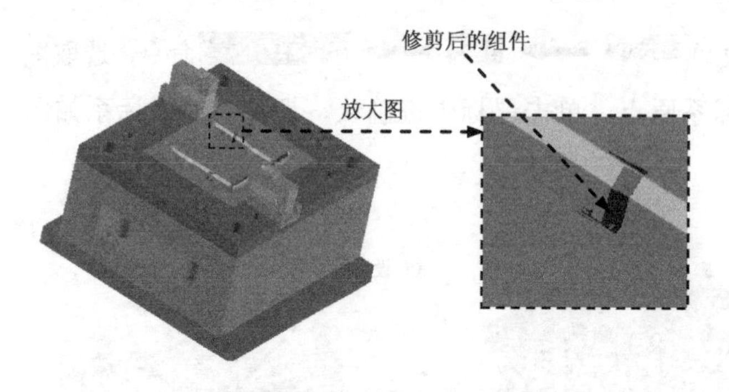

图 13.2.52 斜顶组件的修剪

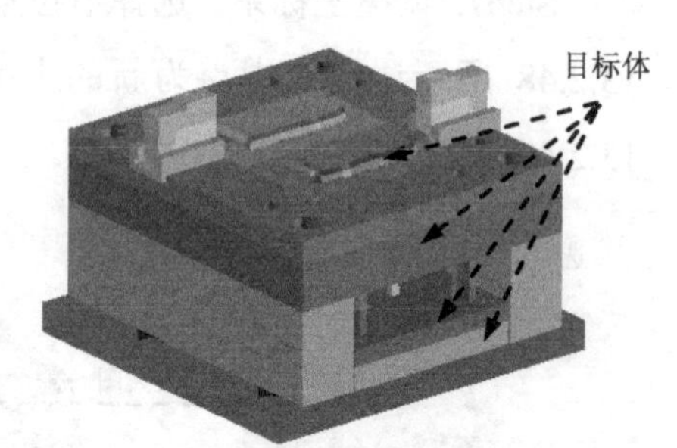

图 13.2.53 定义目标体

Stage6. 添加浇注系统

Step1. 添加定位圈（显示模架并激活）。

（1）选择命令。在“注塑模向导”工具条中单击“标准件库”按钮，系统弹出“标准件管理”对话框和“重用库”导航器。

（2）添加定位圈。在“重用库”导航器 名称 区域的模型树中选择 FUTABA_MM 节点下的 Locating Ring Interchangeable 选项，在 成员选择 列表中选择 Locating Ring 选项，系统弹出“信息”窗口。

（3）设置定位圈参数。在 详细信息 区域的 TYPE 下拉列表中选择 M_LRB 选项；在 DIAMETER 下拉列表中选择 120 选项，在 HOLE_THRU_DIA 文本框中输入值 50，在 SHCS_LENGTH 文本框中输入值 18，在 BOLT_CIRCLE 文本框中输入值 90，在 C_SINK_CENTER_DIA 文本框中输入值 70；单击 确定 按钮，

完成定位圈的添加，如图 13.2.54 所示。

Step2. 创建定位圈避开槽。在“注塑模向导”工具条中单击“腔体”按钮，系统弹出“腔体”对话框；选取图 13.2.55 所示的定模座板为目标体，单击鼠标中键确认；在工具区域的工具类型下拉列表中选择组件选项，选取定位圈为工具体；单击确定按钮，完成定位圈避开槽的创建，完成腔体的创建。

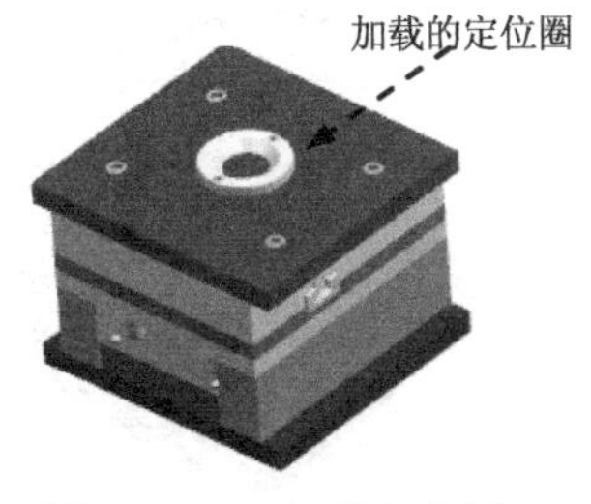

图 13.2.54 加载定位圈

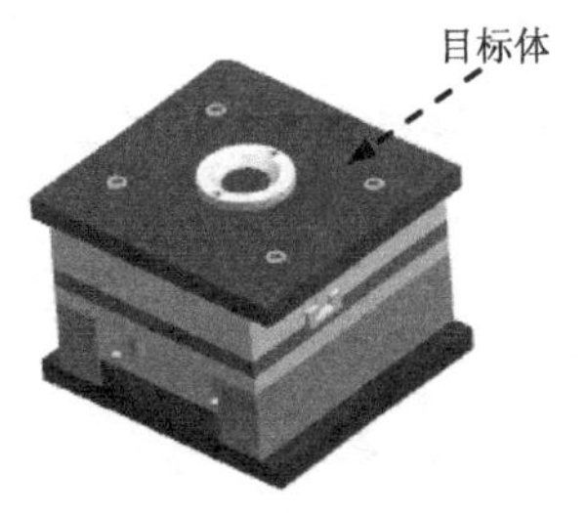

图 13.2.55 定义目标体

Step3. 添加浇口套。

（1）选择命令。在“注塑模向导”工具条中单击“标准件库”按钮，系统弹出“标准件管理”对话框和“重用库”导航器。

（2）添加浇口套。在“重用库”导航器名称区域的模型树中选择 FUTABA_MM 节点下的 Sprue Bushing 选项。在成员选择列表中选择Sprue Bushing选项，系统弹出“信息”窗口。

（3）设置浇口套参数。在详细信息区域中选择CATALOG_LENGTH选项，在CATALOG_LENGTH文本框中输入数值 65，并按 Enter 键确认，其他参数设置值保持系统默认值，单击确定按钮，完成浇口套的添加，如图 13.2.56 所示。

Step4. 创建浇口衬套避开槽。在“注塑模向导”工具条中单击“腔体”按钮，系统弹出“腔体”对话框；在模式下拉列表中选择减去材料选项，在工具区域的工具类型下拉列表中选择组件选项，选取图 13.2.57 所示的两个实体和型腔为目标体，单击鼠标中键确认；选取加载后的浇口套为工具体。单击“腔体”对话框中的确定按钮，系统弹出“腔体”消息窗口，单击确定(O)按钮，关闭对话框，完成腔体的创建。

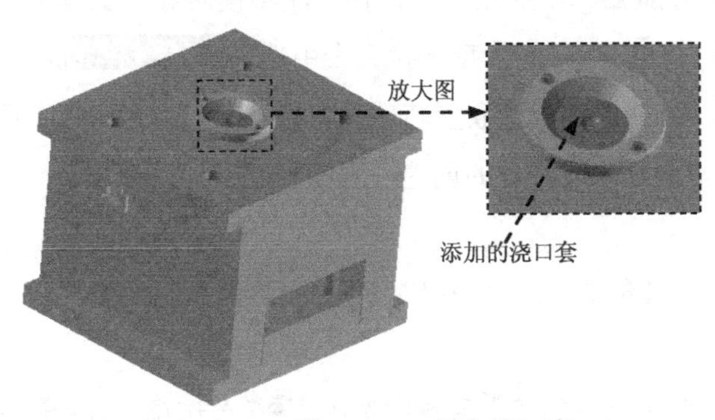

图 13.2.56 添加浇口套

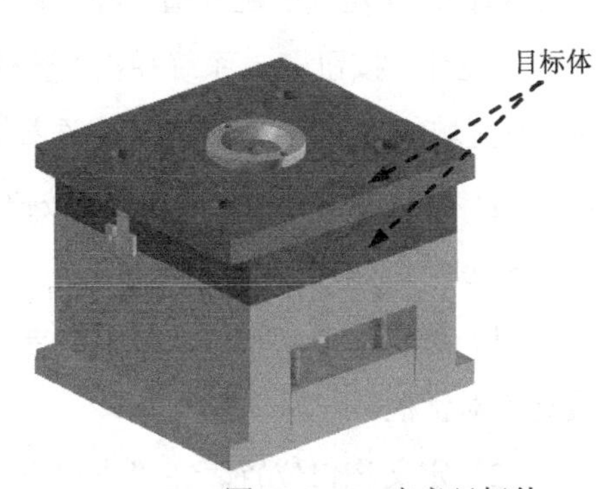

图 13.2.57 定义目标体

Step5. 设置坐标系（隐藏固定板、定模板、产品和型腔）。选择下拉菜单 格式(R) → WCS → 动态(D)... 命令，选取图 13.2.58 所示边线的圆心为新坐标系的原点；选择下拉菜单 格式(R) → WCS → 旋转(R)... 命令，系统弹出“旋转 WCS 绕…”对话框，在其中选中 +ZC 轴 单选项，在 角度 文本框中输入数值 90；单击 确定 按钮，完成坐标系的设置，如图 13.2.59 所示。

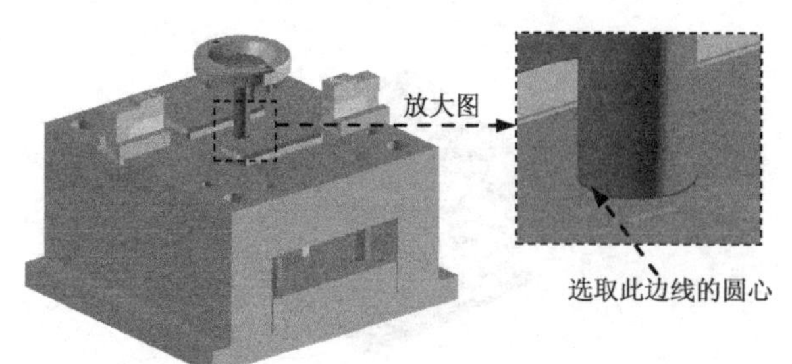

图 13.2.58　定义坐标原点

图 13.2.59　定义后的坐标系

Step6. 创建流道。在“注塑模向导”工具条中单击“流道”按钮，系统弹出“流道”对话框；单击对话框中的“绘制截面”按钮，系统弹出“创建草图”对话框，选中 ☑ 创建中间基准 CSYS 复选框；单击 确定 按钮，进入草图环境；绘制图 13.2.60 所示的截面草图，单击 完成草图 按钮，退出草图环境；在 截面类型 下拉列表中选择 Circular 选项，在 详细信息 区域中双击 D，在文本框中输入数值 8，并按 Enter 键确认；单击 < 确定 > 按钮，完成分流道的创建，结果如图 13.2.61 所示。

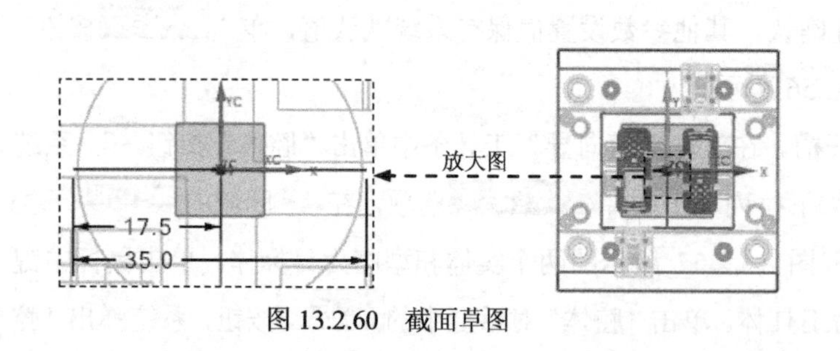

图 13.2.60　截面草图　　图 13.2.61　创建流道

Step7. 创建流道避开槽。在“装配导航器”中显示型腔，在“注塑模向导”工具条中单击“腔体”按钮，系统弹出“腔体”对话框；在 模式 下拉列表中选择 减去材料 选项，在 工具 区域的 工具类型 下拉列表中选择 实体 选项；选取型芯、型腔和浇口套为目标体，选取流道体为工具体，单击 确定 按钮，完成流道通道的创建（隐藏型腔）。

Step8. 创建浇口。

（1）选择命令。在“注塑模向导”工具条中单击“浇口库”按钮，系统弹出“浇口设计”对话框。

（2）定义浇口位置。在“浇口设计”对话框的 位置 区域中选中 ⊙ 型腔 单选项，在 类型 下拉列表中选择rectangle选项，分别将“L”“H”“B”和“OFFSET”的参数改为1、0.5、5.5和7，并分别按Enter键确认，单击应用按钮，系统弹出“点”对话框；在类型下拉列表中选择圆弧中心/椭圆中心/球心选项，选取图13.2.62所示的圆弧边线。

（3）定义浇口方向。在系统弹出的“矢量”对话框中单击XC轴按钮，并单击确定按钮，在流道末端创建的浇口体特征如图13.2.63所示，在“浇口设计”对话框中单击取消按钮，退出“浇口设计”对话框。

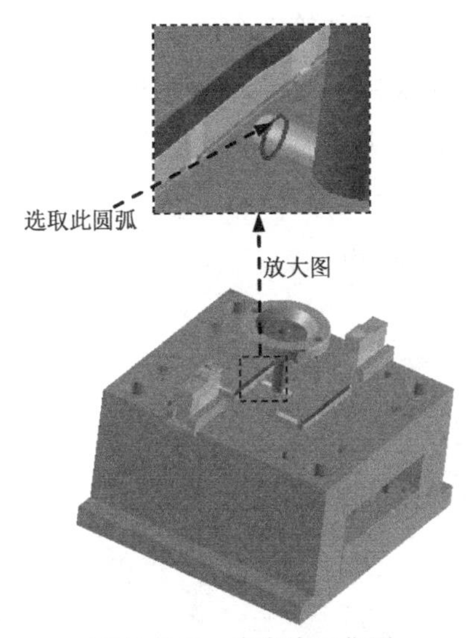

图13.2.62　定义浇口位置

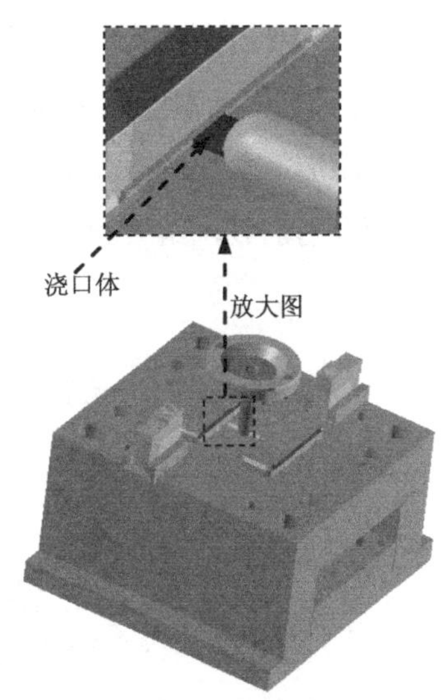

图13.2.63　添加浇口体

Step9. 创建浇口避开槽。在“注塑模向导”工具条中单击“腔体”按钮，系统弹出“腔体”对话框；在模式下拉列表中选择减去材料选项，在工具区域的工具类型下拉列表中选择组件选项，选取型腔为目标体，单击鼠标中键确认，选取浇口组件为工具体，单击确定按钮，完成浇口的创建（隐藏型腔）。

Stage7. 加载顶杆

Step1. 在“注塑模向导”工具条中单击“标准件库”按钮，系统弹出“标准件管理”对话框和“重用库”导航器。

Step2. 定义顶杆类型。在“重用库”导航器名称区域的模型树中选中DME_MM节点下的Ejection选项，在成员选择列表中选择Ejector Pin [Straight]选项，系统弹出“信息”窗口。

Step3. 在详细信息区域的CATALOG_DIA下拉列表中选择4选项，在HEAD_TYPE下拉列表中选择3选项，在CATALOG_LENGTH文本框中输入数值140，并按Enter键确认。

Step4. 其他选项保持系统默认值，单击确定按钮，系统弹出“点”对话框。

Step5. 定义顶杆的位置。在“点”对话框的XC文本框中输入数值-30，在YC文本框中

输入数值 2，单击确定按钮，系统添加第一个顶杆并重新弹出“点”对话框；在“点”对话框的XC文本框中输入数值-30，在YC文本框中输入数值 50，单击确定按钮，系统添加第二个顶杆并重新弹出“点”对话框；在“点”对话框的XC文本框中输入数值-30，在YC文本框中输入数值-50，单击确定按钮，系统添加第三个顶杆并重新弹出“点”对话框；在“点”对话框的XC文本框中输入数值-60，在YC文本框中输入数值-50，单击确定按钮，系统添加第四个顶杆并重新弹出“点”对话框；在“点”对话框的XC文本框中输入数值-60，在YC文本框中输入数值 2，单击确定按钮，系统添加第五个顶杆并重新弹出“点”对话框；在“点”对话框的XC文本框中输入数值-60，在YC文本框中输入数值 50，单击确定按钮，系统添加第六个顶杆并重新弹出“点”对话框，单击取消按钮，退出“点”对话框并完成顶杆的加载，结果如图 13.2.64 所示。

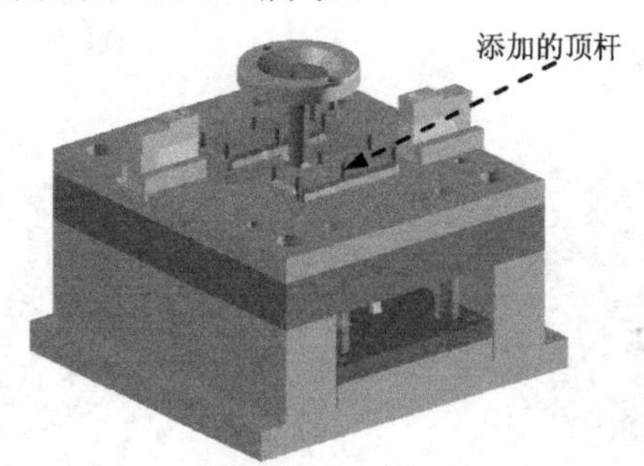

图 13.2.64　添加顶杆

Step6. 修剪顶杆。在“注塑模向导”工具条中单击“修边模具组件”按钮，系统弹出“修边模具组件”对话框；在图形区选取图 13.2.65a 所示的顶杆（六个），“修边模具组件”对话框中的设置保持系统默认值，单击确定按钮，完成顶杆的修剪，如图 13.2.65b 所示。

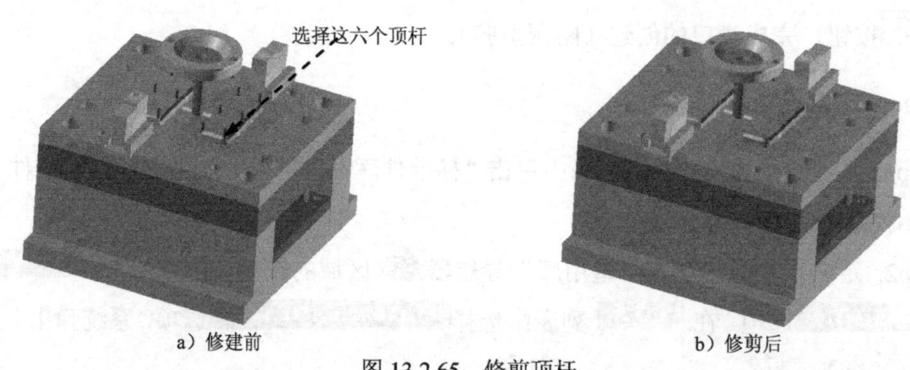

图 13.2.65　修剪顶杆

Step7. 创建腔体。在“注塑模向导”工具条中单击“腔体”按钮，系统弹出“腔体”对话框；在模式下拉列表中选择减去材料选项，在工具区域的工具类型下拉列表中选择组件选项，选取图 13.2.66 所示的实体为目标体，单击鼠标中键确认；选取加载后的顶杆（12 个）为工具体，单击“腔体”对话框中的确定按钮，完成腔体的创建（隐藏

定位圈、浇口衬套和流道)。

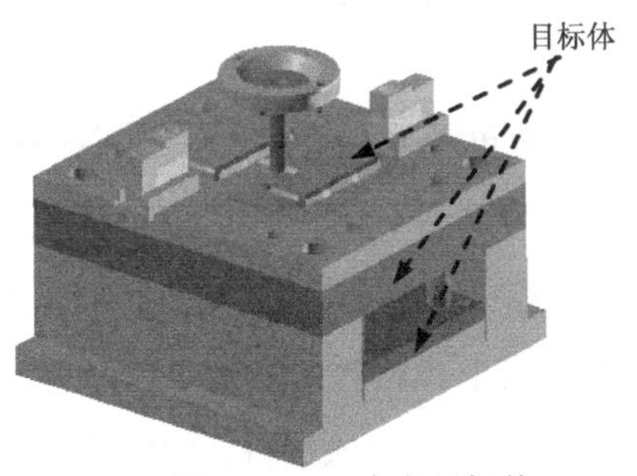

图 13.2.66 定义目标体

Stage8. 加载拉料杆

Step1. 在“注塑模向导”工具条中单击“标准件库”按钮，系统弹出“标准件管理”对话框和“重用库”导航器。

Step2. 定义拉料杆类型。在“重用库”导航器名称区域的模型树中选中 DME_MM 节点下的 Ejection 选项，在成员选择列表中选择 Ejector Pin [Straight] 选项，系统弹出“信息”窗口。

Step3. 在详细信息区域中，在 CATALOG_DIA 下拉列表中选择 6 选项，在 CATALOG_LENGTH 下拉列表中选择 100 选项。

Step4. 加载拉料杆。“标准件管理”对话框中的其他选项保持系统默认值，单击确定按钮，系统弹出“点”对话框，定义坐标原点为拉料杆加载位置，在“点”对话框中单击取消按钮，完成拉料杆的加载，如图 13.2.67 所示。

Step5. 创建腔体。在“注塑模向导”工具条中单击“腔体”按钮，系统弹出“腔体”对话框；在模式下拉列表中选择减去材料选项，在工具区域的工具类型下拉列表中选择组件选项，选取图 13.2.68 所示的实体为目标体，单击鼠标中键确认；选取加载后的拉料杆为工具体；单击“腔体”对话框中的确定按钮，完成腔体的创建。

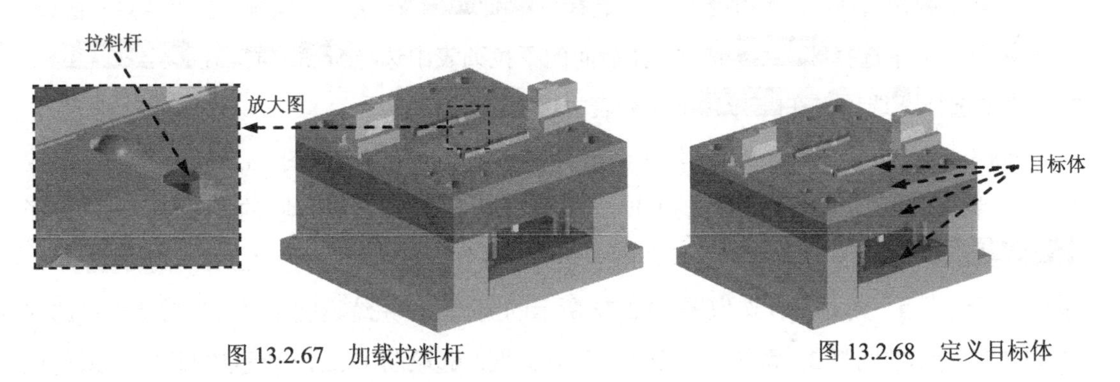

图 13.2.67 加载拉料杆　　图 13.2.68 定义目标体

Step6. 修整拉料杆。

（1）在图形区的拉料杆上右击，在弹出的快捷菜单中选择 设为显示部件 命令，系统将拉料杆在单独窗口中打开。

（2）创建拉伸特征。选择下拉菜单 插入(S) → 设计特征(E) → 拉伸(E)... 命令（或单击 按钮），选择 YZ 基准平面为草图平面，绘制图 13.2.69 所示的截面草图；在 限制 区域的 开始 下拉列表中选择 对称值 选项，并在其下的 距离 文本框中输入数值 3；在 布尔 区域的下拉列表中选择 求差 选项，然后选取拉料杆为求差对象；“拉伸”对话框的其他参数设置值保持系统默认值，单击 < 确定 > 按钮，完成拉料杆的修整，如图 13.2.70 所示。

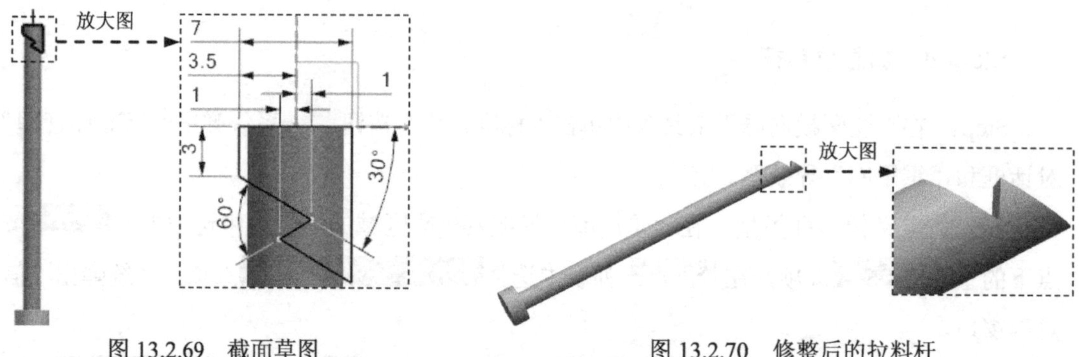

图 13.2.69 截面草图　　图 13.2.70 修整后的拉料杆

Step7. 转换显示模型。在“装配导航器”中的 phone_cover_ej_pin_083 节点上右击，在弹出的快捷菜单中选择 显示父项 → phone_cover_top_000 命令，并在“装配导航器”中的 phone_cover_top_000 上双击，使整个装配部件为工作部件。

Stage9. 加载弹簧

Step1. 在“注塑模向导”工具条中单击“标准件库”按钮，系统弹出“标准件管理”对话框和“重用库”导航器。

Step2. 定义弹簧类型。在“重用库”导航器 名称 区域的模型树中选中 FUTABA_MM 节点下的 Springs 选项，在 成员视图 列表中选择 Spring [M-FSB] 选项，系统弹出“信息”窗口。在 详细信息 区域中选择 DIAMETER 选项，在后面的下拉列表中选择 32.5 选项，在 CATALOG_LENGTH 下拉列表中选择 60 选项，在 DISPLAY 下拉列表中选择 DETAILED 选项。

Step3. 定义放置面。在 放置 区域中激活 * 选择面或平面 (0)，选取图 13.2.71 所示的面为放置面，单击 确定 按钮，系统弹出“点”对话框。在 类型 区域的下拉列表中选择 圆弧中心/椭圆中心/球心 选项，（将选择范围调整为“整个装配”）选取图 13.2.72 所示的圆弧 1，系统返回至“点”对话框；选取图 13.2.72 所示的圆弧 2，系统返回至“点”对话框；选取图 13.2.72 所示的圆弧 3，系统返回至“点”对话框；选取图 13.2.72 所示的圆弧 4，系统返回至“点”对话框；单击 取消 按钮，结果如图 13.2.73 所示。

Step4. 创建腔体。在“注塑模向导”工具条中单击“腔体”按钮，系统弹出“腔体”对话框；在模式下拉列表中选择减去材料选项，在工具区域的工具类型下拉列表中选择组件选项，选取图 13.2.74 所示的实体为目标体，单击鼠标中键确认；选取加载后的弹簧（四个）为工具体，单击“腔体”对话框中的确定按钮，完成腔体的创建。

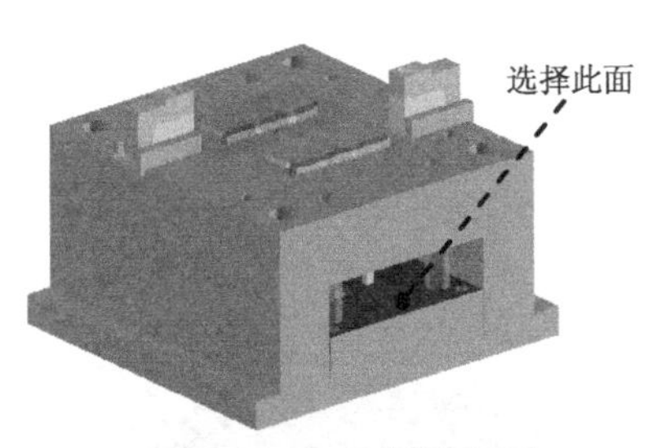

图 13.2.71 选择放置面

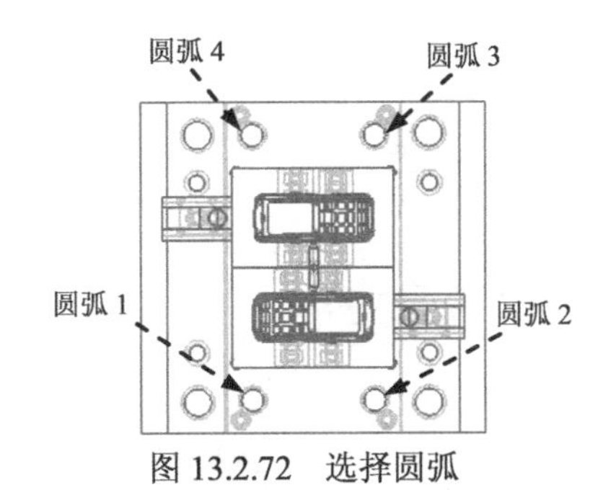

图 13.2.72 选择圆弧

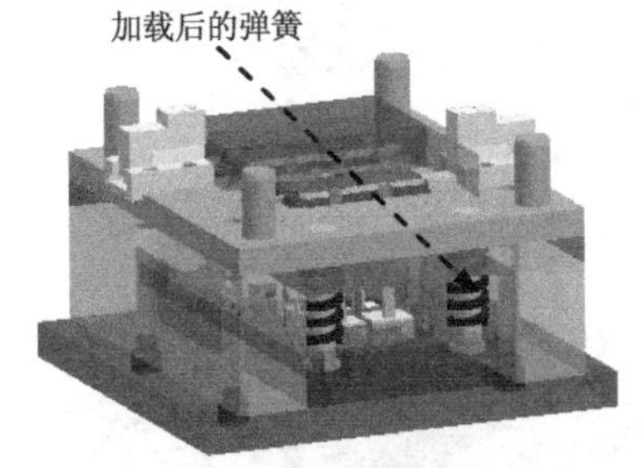

图 13.2.73 加载弹簧

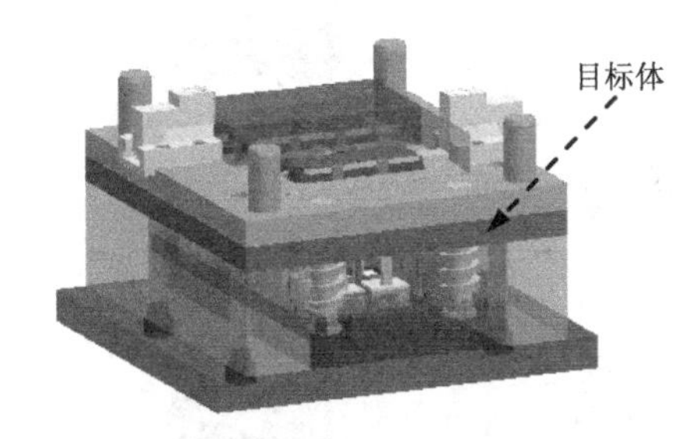

图 13.2.74 定义目标体

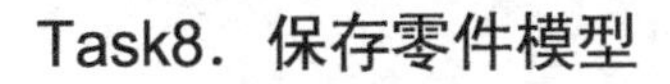

Task8. 保存零件模型

至此，标准件的添加及修改已经完成。选择下拉菜单文件(F) ➡ 全部保存(V)命令，即可保存零件模型。

13.3 综合范例 3—— 一模两件模具设计

本范例将介绍一模两件模具设计的一般过程（图 13.3.1）。在学过本范例之后，希望读者能够熟练掌握一模两件模具设计的方法和技巧。下面介绍该模具的设计过程。

Task1. 引入产品上壳

Step1. 加载模型。在“注塑模向导”工具条中单击“初始化项目”按钮，系统弹出“打开”对话框，选择 D:\ug10.3\work\ch13.03\top-shell.prt 文件，单击OK按钮，调入模型，系统弹出“初始化项目”对话框。

Step2. 定义项目单位。在“初始化项目”对话框设置区域的项目单位下拉列表中选择毫米选项。

Step3. 设置项目路径和名称。接受系统默认的项目路径；在“初始化项目”对话框的项目设置区域的Name文本框中输入 QQ-mold。

Step4. 单击确定按钮，结果如图 13.3.2 所示。

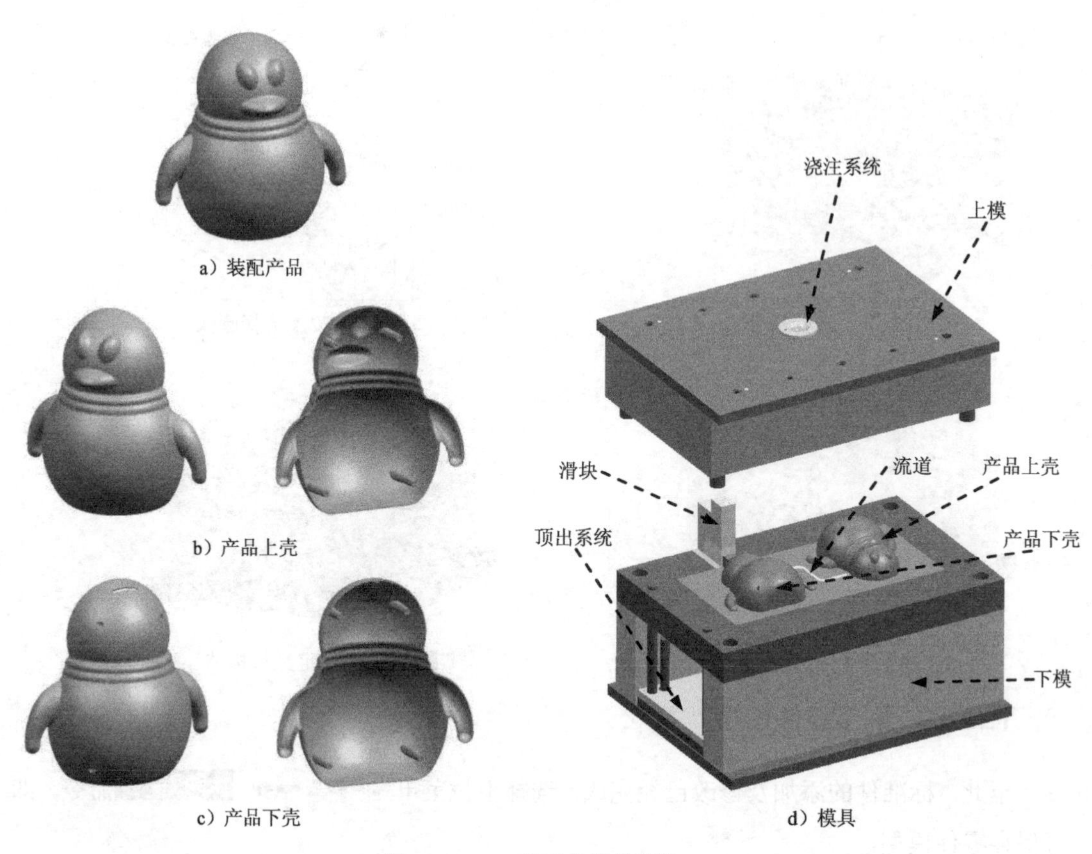

a）装配产品

b）产品上壳

c）产品下壳

d）模具

图 13.3.1　一模两件模具设计

Task2. 引入产品下壳

在“注塑模向导”工具条中单击“初始化项目”按钮，系统弹出“打开”对话框，选择 D:\ug10.3\work\ch13.03\down-shell.prt 文件，单击OK按钮，系统弹出“部件名管理”对话框，单击确定按钮，加载后的下壳如图 13.3.3 所示。

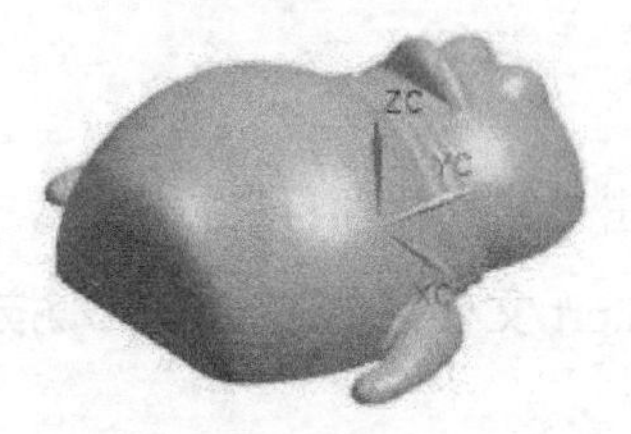

图 13.3.2　引入产品上壳

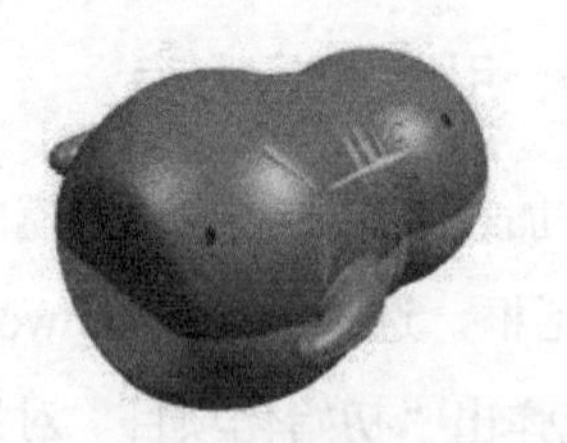

图 13.3.3　引入产品下壳

Task3. 设置收缩率

Step1. 设置活动部件。在“注塑模向导”工具条中单击“多腔模设计”按钮，系统弹出如图 13.3.4 所示的“多腔模设计”对话框，在其中选择top-shell，单击确定按钮。

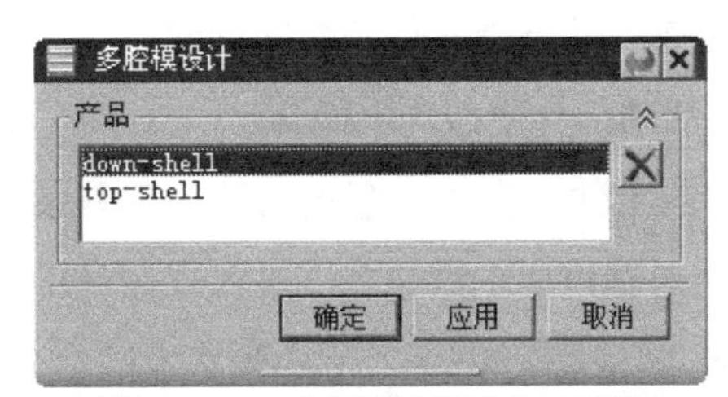

图 13.3.4 “多腔模设计”对话框

Step2. 定义产品上壳收缩率。在“注塑模向导”工具条中单击“收缩”按钮，产品模型会高亮显示，同时系统弹出“缩放体”对话框；在类型下拉列表中选择均匀选项，在比例因子区域的均匀文本框中输入数值 1.006；单击确定按钮，完成产品上壳收缩率的设置。

Step3. 设置活动部件（注：具体参数和操作参见随书光盘）。

Step4. 定义产品下壳收缩率。在“注塑模向导”工具条中单击“收缩”按钮，系统弹出“缩放体”对话框，在类型下拉列表中选择均匀选项，在比例因子区域的均匀文本框中输入数值 1.006，单击确定按钮，完成产品下壳收缩率的设置。

Task4. 模具坐标系

Step1. 确定当前活动部件为down-shell零件。

Step2. 旋转模具坐标系。选择下拉菜单格式(R) → WCS → 旋转(R)...命令，系统弹出“旋转 WCS 绕...”对话框，在其中选择+ XC 轴单选项，在角度文本框中输入值 180，单击确定按钮，旋转后的坐标系如图 13.3.5 所示。

Step3. 锁定坐标系。在“注塑模向导”工具条中单击“模具 CSYS”按钮，系统弹出“模具 CSYS”对话框，在其中选择当前 WCS单选项，单击确定按钮，完成坐标系的定义，结果如图 13.3.6 所示。

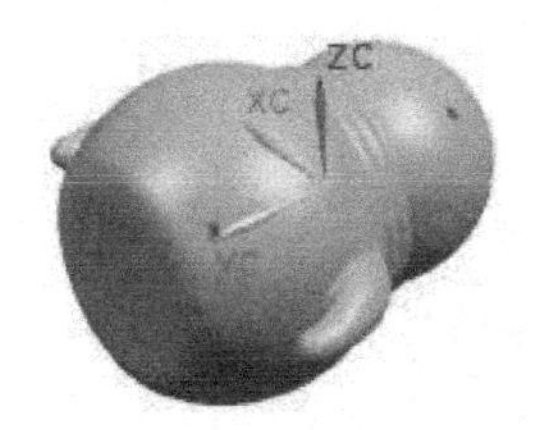

图 13.3.5 旋转后的模具坐标系

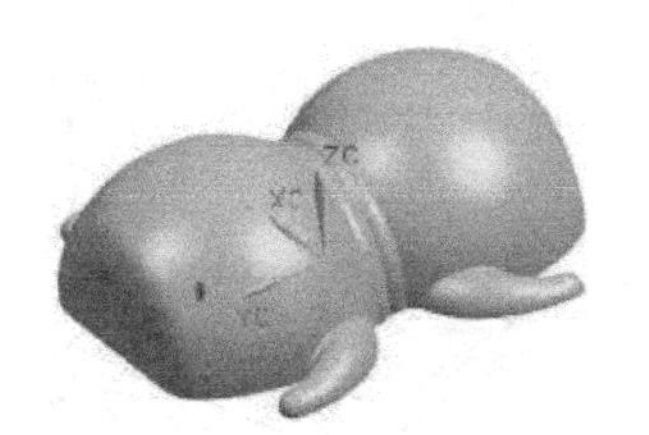

图 13.3.6 锁定后的模具坐标系

Task5. 创建模具工件

Step1. 创建产品下壳零件的工件。在“注塑模向导”工具条中单击“工件”按钮，系统弹出“工件”对话框；单击对话框中的草图按钮，进入草图环境，修改草图尺寸如图 13.3.7 所示；在“工件”对话框限制区域开始和结束下的距离文本框中分别输入值-35 和 155；单击< 确定 >按钮，完成产品下壳零件工件的创建。

Step2. 设置活动部件。将活动部件更改为top-shell。

Step3. 创建产品上壳零件的工件。在“注塑模向导”工具条中单击“工件”按钮，系统弹出“工件”对话框；单击对话框中的按钮，进入草图环境，修改草图尺寸如图 13.3.8 所示；在“工件”对话框限制区域开始和结束下的距离文本框中分别输入值-35 和 155；单击< 确定 >按钮，完成产品上壳零件工件的创建，结果如图 13.3.9 所示。

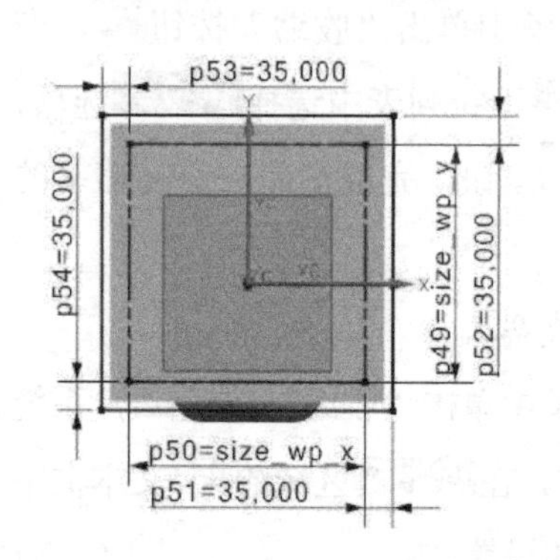

图 13.3.7 修改下壳工件草图尺寸

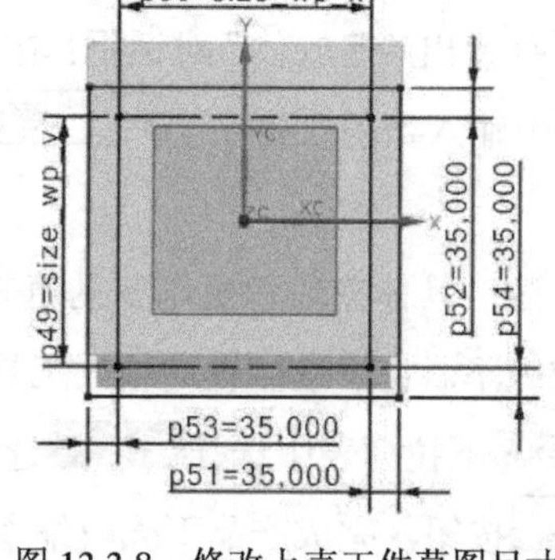

图 13.3.8 修改上壳工件草图尺寸

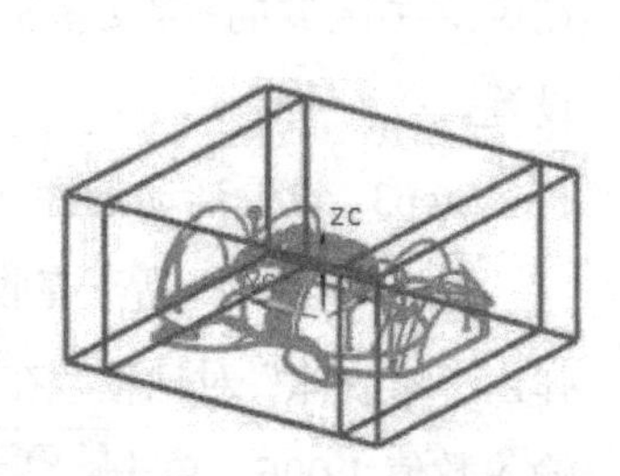

图 13.3.9 产品工件

Task6. 定位工件

Step1. 在“注塑模向导”工具条中单击“型腔布局”按钮，系统弹出“型腔布局”对话框，此时图形区高亮显示被激活的工件。

Step2. 定位工件。单击“型腔布局”对话框中的“变换”按钮，系统弹出“变换”对话框；在结果区域中选择移动原先的单选项，在变换类型下拉列表中选择点到点选项；再选择图 13.3.10 所示的点 1 和点 2，单击< 确定 >按钮，此时系统回到“型腔布局”对话框，再单击“自动对准中心”按钮，结果如图 13.3.11 所示。单击关闭按钮，退出“型腔布局”对话框。

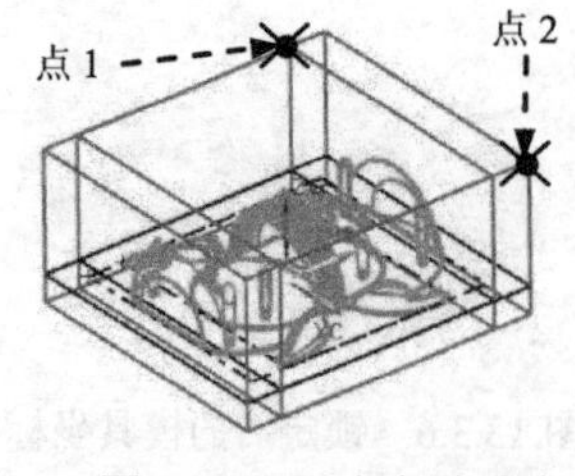

图 13.3.10 定义移动点

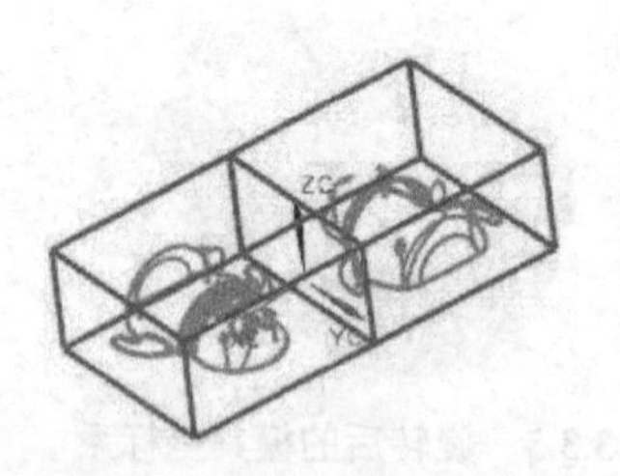
图 13.3.11 定位工件后

Task7. 分型产品上壳零件

Stage1. 区域分析

Step1. 设置活动部件。确定当前活动部件为top-shell零件。

Step2. 在“注塑模向导”工具条中单击“模具分型工具”按钮，系统弹出“模具分型工具”工具条和“分型导航器”窗口。

Step3. 在“模具分型工具”工具条中单击“检查区域”按钮，系统弹出“检查区域”对话框并显示图 13.3.12 所示的开模方向，在“检查区域”对话框中选中⊙保持现有的单选项。

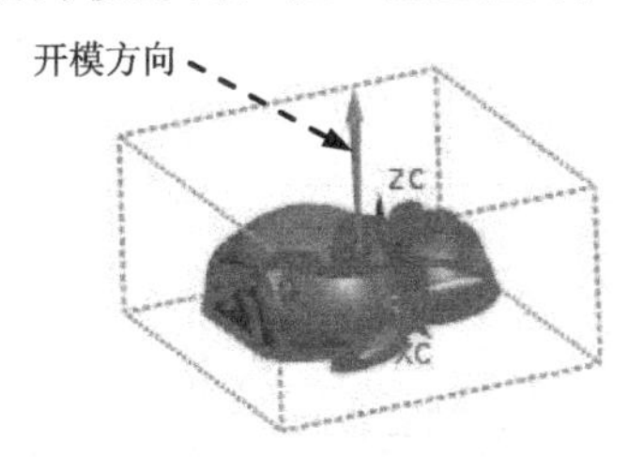

图 13.3.12 开模方向

Step4. 计算设计区域。在“检查区域”对话框中单击“计算”按钮，系统开始对产品模型进行分析计算。单击“检查区域”对话框中的面选项卡，可以查看分析结果。

Step5. 设置区域颜色。在“检查区域”对话框中单击区域选项卡，取消选中□内环、□分型边和□不完整的环三个复选框，然后单击“设置区域颜色”按钮，设置各区域颜色。

Step6. 定义型腔区域。在未定义的区域区域中选中☑交叉竖直面复选框，此时交叉竖直面区域加亮显示，在指派到区域区域中选中⊙型腔区域单选项，单击应用按钮。

Step7. 单击取消按钮，关闭“检查区域”对话框。

Stage2. 创建区域和分型线

Step1. 在“模具分型工具”工具条中单击“定义区域”按钮，系统弹出“定义区域”对话框。

Step2. 在设置区域中选中☑创建区域和☑创建分型线复选框，单击确定按钮，完成分型线的创建，如图 13.3.13 所示。

说明： 图 13.3.13 在显示分型线时已在“分型导航器”中将□工件线框和□产品实体取消选中。

Stage3. 创建分型面

Step1. 在“模具分型工具”工具条中单击“设计分型面”按钮，系统弹出“设计分型面”对话框。

Step2. 定义分型面创建方法。在“设计分型面”对话框的创建分型面区域中单击“有界平面”按钮。

Step3. 定义分型面大小。拖动分型面的宽度方向控制按钮使分型面大小超过工件大小，单击 确定 按钮，结果如图 13.3.14 所示。

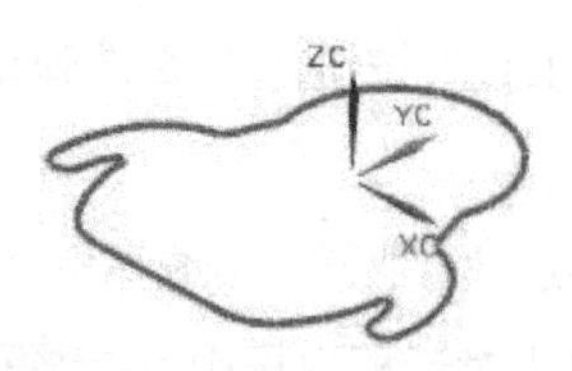

图 13.3.13　创建分型线

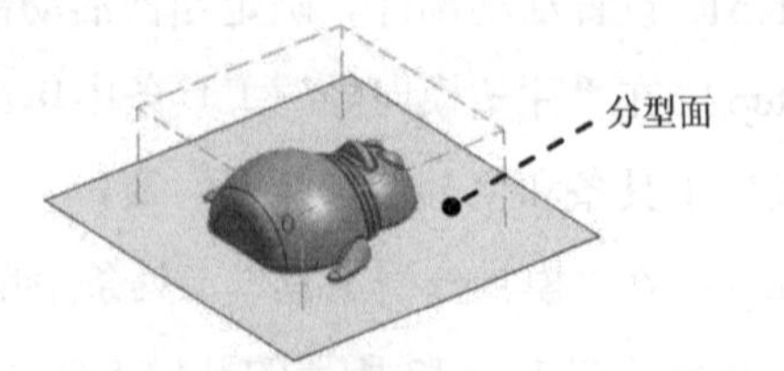

图 13.3.14　创建分型面

Stage4. 创建型腔和型芯

Step1.在“模具分型工具”工具条中单击“定义型腔和型芯”按钮，系统弹出“定义型腔和型芯”对话框。

Step2. 在 选择片体 区域中选择 所有区域，如图 13.3.15 所示，单击 确定 按钮。

图 13.3.15　“定义型腔和型芯”对话框

Step3. 系统弹出“查看分型结果”对话框并在绘图区中显示型腔，如图 13.3.16 所示，单击 确定 按钮，系统再次弹出“查看分型结果”对话框并在绘图区中显示型芯，如图 13.3.17 所示，单击 确定 按钮。

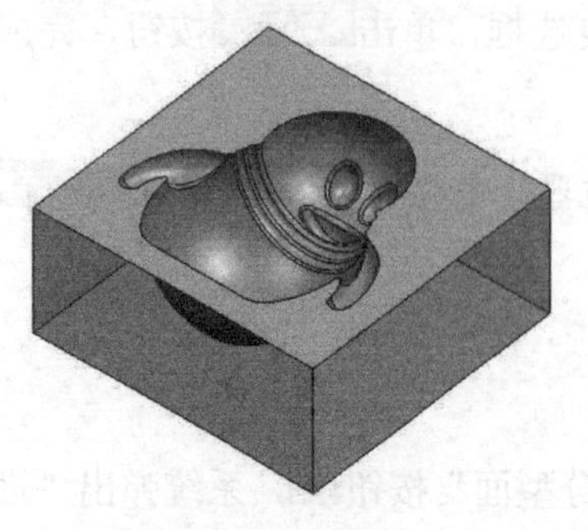

图 13.3.16　型腔

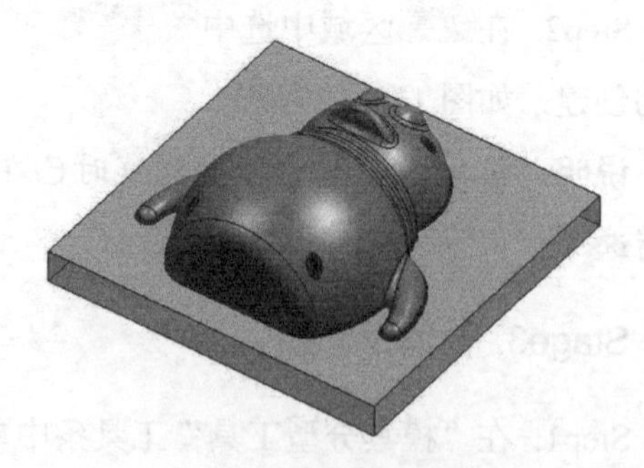

图 13.3.17　型芯

说明：查看型芯型腔的另一种方法是，选择下拉菜单 窗口(O) → QQ-mold_core_006.prt 命令，显示型芯零件；选择下拉菜单窗口(O) ➡ QQ-mold_cavity_002.prt命令，显示型腔零件。

Task8. 分型产品下壳零件

Stage1. 设计区域

Step1. 设置活动部件。单击“注塑模向导”工具条中的“多腔模设计”按钮，系统弹出“多腔模设计”对话框，在其中选择down-shell选项，单击确定按钮。

Step2. 在“注塑模向导”工具条中单击“模具分型工具”按钮，系统弹出“模具分型工具”工具条和“分型导航器”窗口。

Step3. 在“模具分型工具”工具条中单击“检查区域”按钮，系统弹出“检查区域”对话框，同时模型被加亮，并显示开模方向，如图 13.3.18 所示。在“检查区域”对话框中选中⊙保持现有的单选项。

说明：如图 13.3.18 所示的开模方向可以通过单击“检查区域”对话框中的“矢量对话框”按钮来更改，本范例由于在建模时已经确定了坐标系，所以系统会自动识别出产品模型的开模方向。

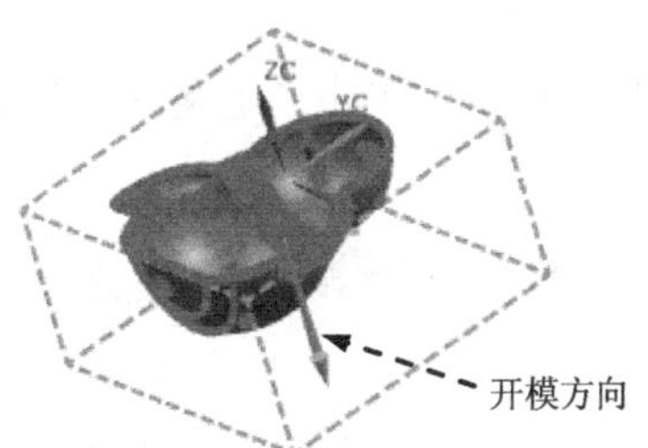

图 13.3.18 开模方向

Step4. 计算设计区域。在“检查区域”对话框中单击“计算”按钮，系统开始对产品模型进行分析计算。单击“检查区域”对话框中的面选项卡，可以查看分析结果。

Step5. 设置区域颜色。在“检查区域”对话框中单击区域选项卡，取消选中□内环、□分型边和□不完整的环三个复选框，然后单击“设置区域颜色”按钮，设置各区域颜色。

Step6. 定义型腔区域。在未定义的区域区域中选中☑交叉竖直面复选框，此时交叉竖直面区域加亮显示，单击“选择区域面”按钮，然后选中如图 13.3.19 所示的面，在指派到区域区域中选中⊙型腔区域单选项，单击应用按钮。

Step7. 单击取消按钮，关闭“检查区域”对话框。

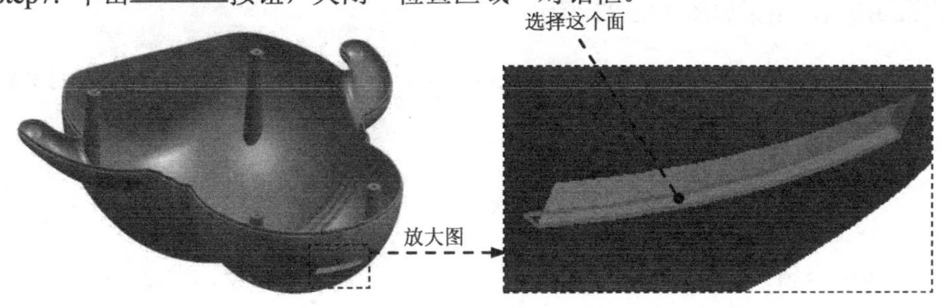

图 13.3.19 定义型腔区域面

Stage2. 创建曲面补片

Step1. 在“模具分型工具”工具条中单击“曲面补片”按钮，系统弹出“边修补”对话框。

Step2. 在类型下拉列表中选择体选项，然后在图形区中选择产品实体。

Step3. 单击确定按钮，系统自动创建曲面补片，结果如图 13.3.20 所示。

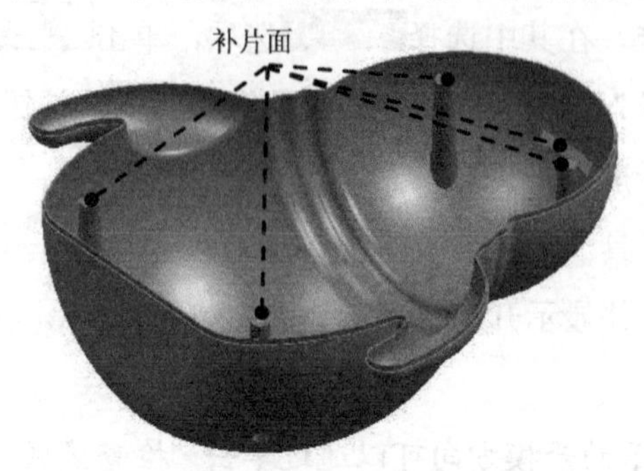

图 13.3.20　创建曲面补片

Stage3. 创建区域和分型线

Step1. 在“模具分型工具”工具条中单击“定义区域”按钮，系统弹出“定义区域”对话框。

Step2. 在设置区域中选中☑创建区域和☑创建分型线复选框，单击确定按钮，完成分型线的创建，如图 13.3.21 所示。

说明：图 13.3.21 在显示分型线时已在“分型导航器”中将☐工件线框和☐产品实体取消选中。

Stage4. 创建分型面

Step1. 在“模具分型工具”工具条中单击“设计分型面”按钮，系统弹出“设计分型面”对话框。

Step2. 定义分型面创建方法。在“设计分型面”对话框的创建分型面区域中单击“有界平面”按钮。

Step3. 定义分型面大小。拖动分型面的宽度方向控制按钮使分型面大小超过工件大小，单击确定按钮，结果如图 13.3.22 所示。

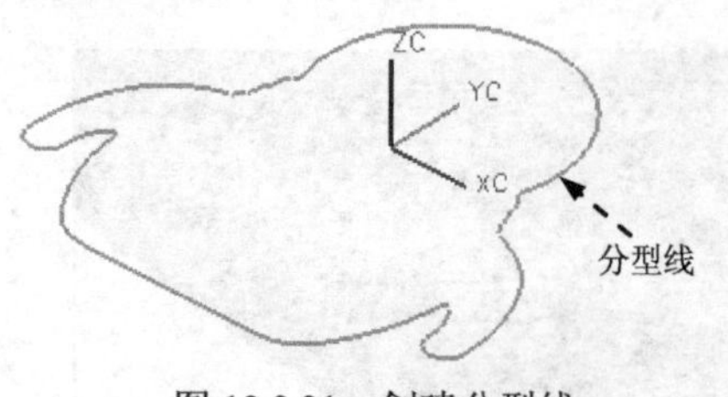

图 13.3.21　创建分型线

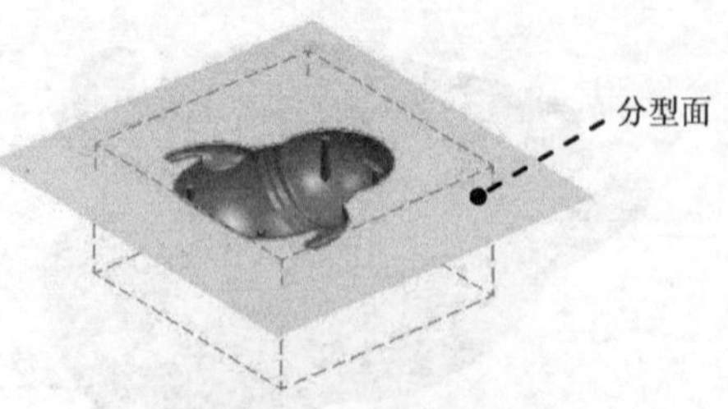

图 13.3.22　创建分型面

Stage5. 创建型腔和型芯

Step1. 在“模具分型工具”工具条中单击“创建型腔和型芯”按钮，系统弹出“定义型芯和型腔”对话框。

Step2. 在选择片体区域中选择所有区域，单击确定按钮。

Step3. 系统弹出“查看分型结果”对话框并在绘图区中显示型腔，如图 13.3.23 所示，单击确定按钮，系统再次弹出“查看分型结果”对话框并在绘图区中显示型芯，如图 13.3.24 所示，单击确定按钮。

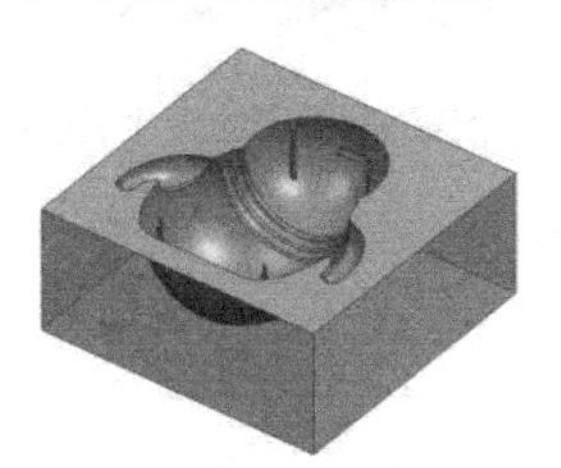

图 13.3.23 型腔零件

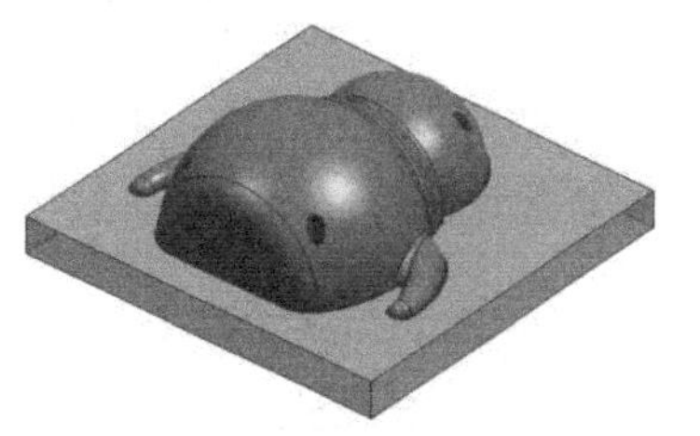

图 13.3.24 型芯零件

说明：查看型芯型腔的另一种方法是，选择下拉菜单窗口(O) → 1. QQ-mold_core_028.prt 命令，显示型芯零件；选择下拉菜单窗口(O) → QQ-mold_cavity_026.prt 命令，显示型腔零件。

Task9. 创建滑块

Step1. 选择下拉菜单窗口(O) → QQ-mold_cavity_026.prt 命令，系统在工作区中显示出型腔工作零件。

Step2. 创建拉伸特征。

（1）选择下拉菜单插入(S) → 设计特征(E) → 拉伸(E)... 命令，系统弹出“拉伸”对话框。

（2）单击“绘制截面”按钮，系统弹出“创建草图”对话框；选取图 13.3.25 所示的模型表面为草图平面，单击确定按钮，进入草图环境，绘制图 13.3.26 所示的截面草图，单击完成草图按钮，退出草图环境。

（3）在“拉伸”对话框限制区域的开始下拉列表中选择值选项，并在其下的距离文本框中输入值-75；在结束下拉列表中选择值选项，并在其下的距离文本框中输入值 0；在布尔区域的布尔下拉列表中选择无，其他参数采用系统默认设置，单击< 确定 >按钮，完成拉伸特征的创建，结果如图 13.3.27 所示。

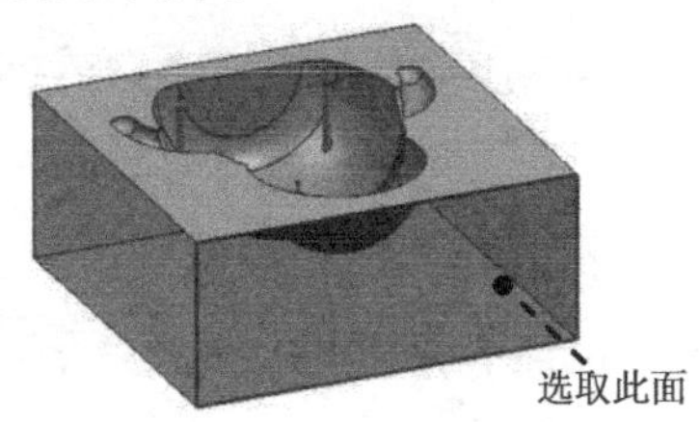

图 13.3.25 定义草图平面

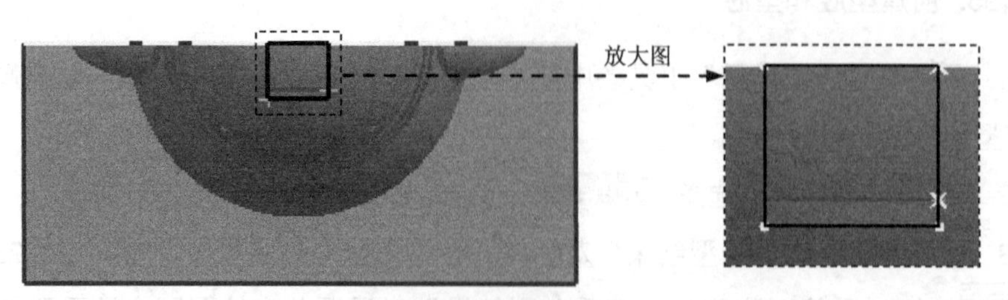

图 13.3.26 截面草图

Step3. 创建求交特征。选择下拉菜单 插入(S) → 组合(B) → 求交(I)... 命令，系统弹出“求交”对话框；选取型腔为目标体，选取图 13.3.28 所示的特征为工具体，并选中☑ 保存目标复选框，同时取消选中☐ 保存工具复选框；单击 < 确定 > 按钮，完成求交特征的创建。

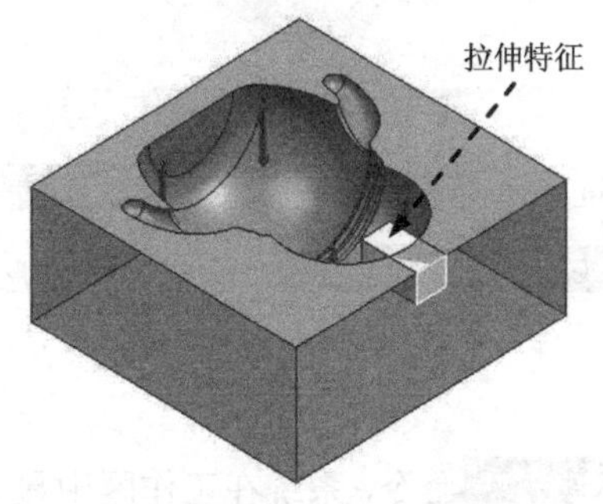

图 13.3.27 创建拉伸特征

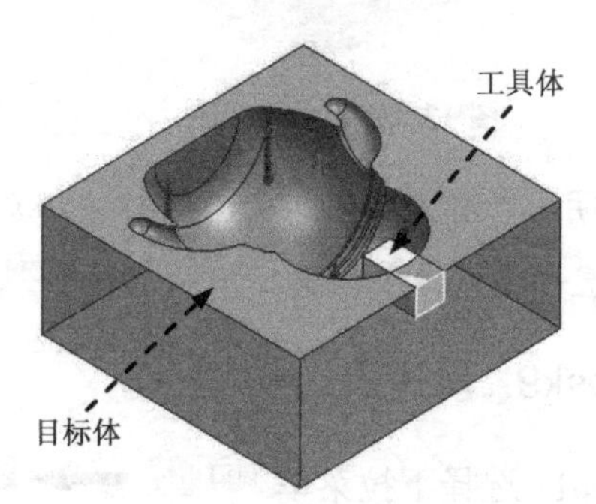

图 13.3.28 选取特征

Step4. 求差特征。选择下拉菜单 插入(S) → 组合(B) → 求差(S)... 命令，系统弹出“求差”对话框；选取型腔为目标体，选取 Step3 中创建的求交特征为工具体，并选中☑ 保存工具复选框；单击 < 确定 > 按钮，完成求差特征的创建。

Step5. 将滑块转化为型腔子零件。

(1) 单击“装配导航器”中的选项卡，系统弹出“装配导航器”窗口，在该窗口的空白处右击，在弹出的快捷菜单中选择 WAVE 模式 选项。

(2) 在“装配导航器”中右击☑ QQ-mold_cavity_026，在弹出的快捷菜单中选择 WAVE → 新建级别 命令，系统弹出“新建级别”对话框。

(3) 单击 指定部件名 按钮，在弹出的“选择部件名”对话框的 文件名(N): 文本框中输入“QQ-mold-slide.prt”，单击 OK 按钮，系统返回至“新建级别”对话框；单击 类选择 按钮，选择图形区中的滑块，单击两次 确定 按钮。

Step6. 移动至图层。在“装配导航器”中取消选中滑块零件 ☑ QQ-mold-slide，在图形区中选择创建的滑块；选择下拉菜单 格式(R) → 移动至图层(M)... 命令，系统弹出“图

层移动”对话框；在图层区域中选择 100，单击确定按钮，退出“图层设置”对话框；在“装配导航器”中显示隐藏的滑块零件 QQ-mold-slide 。

Task10. 创建型腔镶件

Step1. 创建拉伸特征 1。

（1）选择下拉菜单插入(S) → 设计特征(E) → 拉伸(E)...命令，系统弹出“拉伸”对话框。

（2）单击“绘制截面”按钮，系统弹出“创建草图”对话框；选取图 13.3.29 所示的模型表面为草图平面，单击确定按钮；选择下拉菜单插入(S) → 处方曲线(U) → 投影曲线(J)...命令，系统弹出“投影曲线”对话框；选取图 13.3.30 所示的圆弧为投影对象；单击确定按钮完成投影曲线，单击完成草图按钮，退出草图环境。

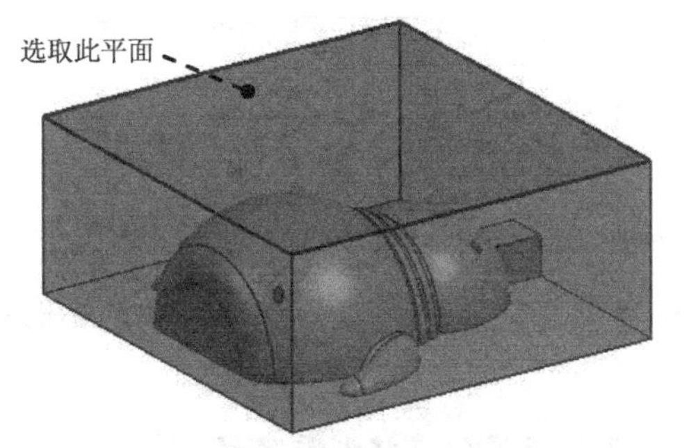

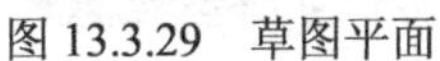
图 13.3.29　草图平面

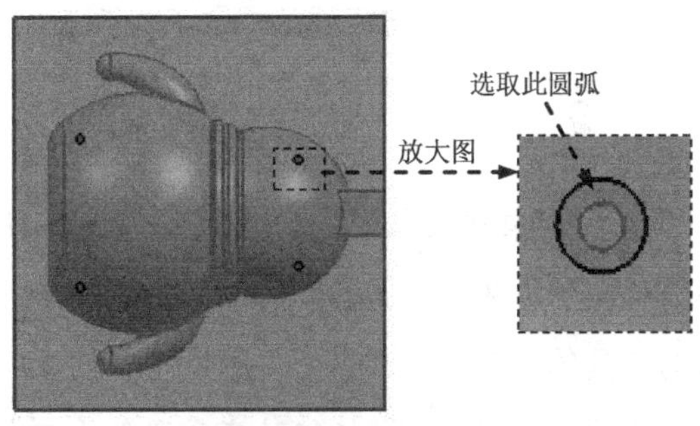

图 13.3.30　选取投影曲线

（3）在“拉伸”对话框限制区域的开始下拉列表中选择值选项，并在其下的距离文本框中输入值 0；在限制区域的结束下拉列表中选择直至延伸部分选项，选取图 13.3.31 所示的面为延伸对象；在布尔区域的布尔下拉列表中选择无选项；单击<确定>按钮，完成拉伸特征 1 的创建。

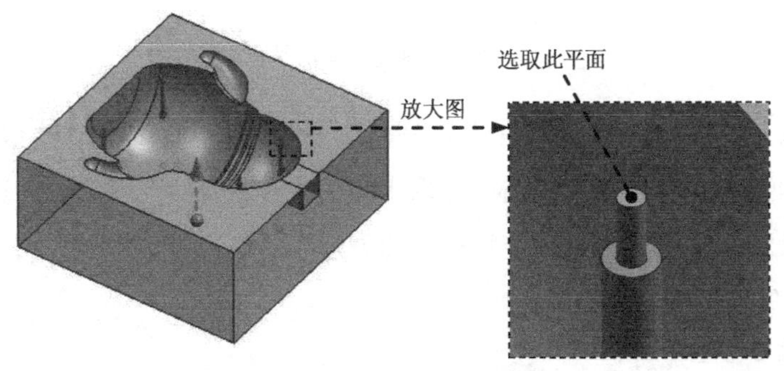

图 13.3.31　定义被延伸面

Step2. 创建拉伸特征 2。

（1）选择下拉菜单插入(S) → 设计特征(E) → 拉伸(E)...命令，系统弹出“拉伸”对话框。

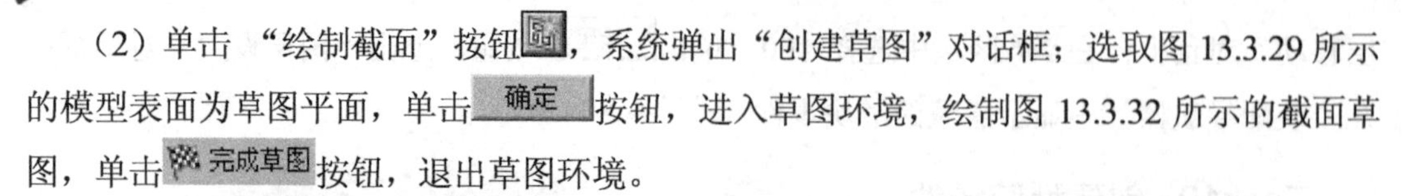

（2）单击“绘制截面”按钮，系统弹出“创建草图”对话框；选取图 13.3.29 所示的模型表面为草图平面，单击 确定 按钮，进入草图环境，绘制图 13.3.32 所示的截面草图，单击 完成草图 按钮，退出草图环境。

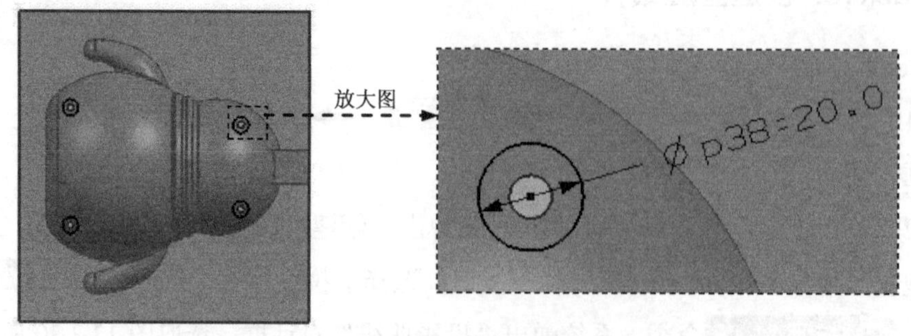

图 13.3.32　截面草图

（3）在“拉伸”对话框 限制 区域的 开始 下拉列表中选择 值 选项，并在其下的 距离 文本框中输入值 0；在 限制 区域的 结束 下拉列表中选择 值 选项，并在其下的 距离 文本框中输入值-20；在 布尔 区域的下拉列表中选择 无 选项；单击 〈确定〉 按钮，完成拉伸特征 2 的创建。

Step3. 创建求和特征。选择下拉菜单 插入(S) → 组合(B) ▸ → 求和(U)... 命令，系统弹出“求和”对话框；选取图 13.3.33 所示的对象为目标体，选取图 13.3.33 所示的对象为工具体。

说明：在创建求和特征时应分别合并四次，为了便于操作可将型腔隐藏。

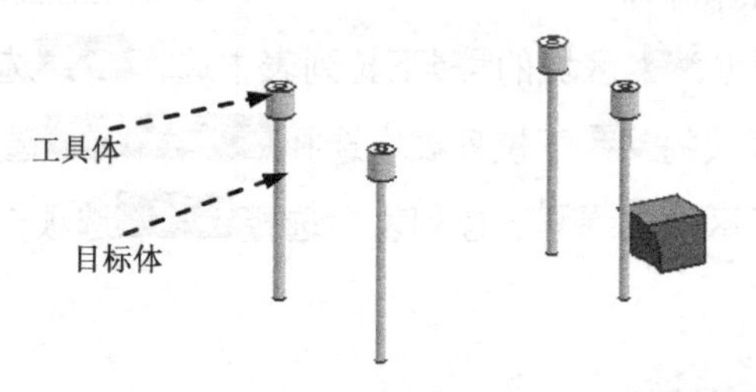

图 13.3.33　创建求和特征

Step4. 创建求交特征 1。选择下拉菜单 插入(S) → 组合(B) ▸ → 求交(I)... 命令；选取图 13.3.34 所示的特征为目标体，选取上步的求和特征为工具体，并选中 ☑ 保存目标 复选框；单击 〈确定〉 按钮，完成求交特征 1 的创建，隐藏目标体结果如图 13.3.35 所示。

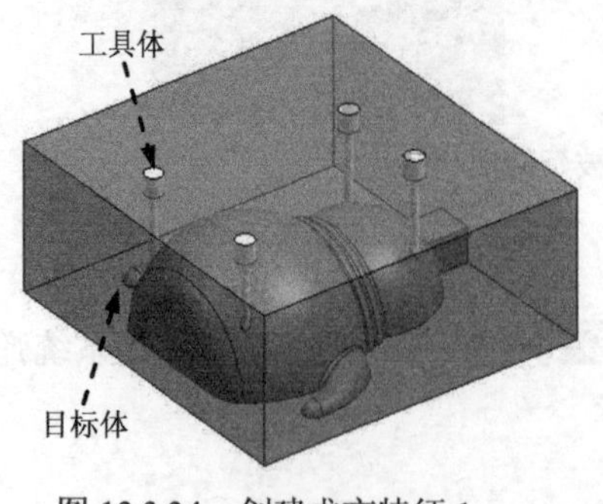

图 13.3.34　创建求交特征 1

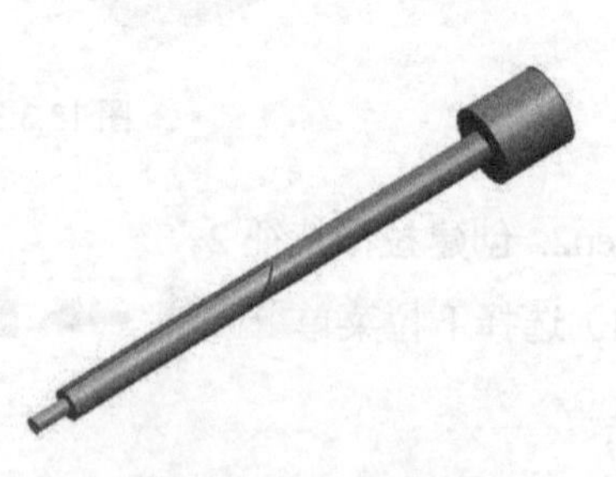

图 13.3.35　求交结果

Step5. 参照 Step4 创建其余三个求交特征。

Step6. 创建求差特征 1。选择下拉菜单 插入(S) → 组合(B) ▸ → 求差(S)... 命令，选取型腔为目标体，选择图 13.3.36 所示的四个对象为工具体；在设置区域中选中 ☑ 保存工具 复选框，单击 确定 按钮，完成求差特征 1 的创建。

Step7. 将镶件转化为型腔子零件。

（1）单击“装配导航器”中的选项卡，系统弹出“装配导航器”窗口，在该窗口的空白处右击，在弹出的快捷菜单中选择 WAVE 模式 选项。

（2）在“装配导航器”中右击 ☑ QQ-mold_cavity_026，在弹出的快捷菜单中选择 WAVE ▸ → 新建级别 命令，系统弹出“新建级别”对话框。

（3）单击 指定部件名 按钮，在弹出的“选择部件名”对话框的文件名(N): 文本框中输入“QQ-mold-insert01.prt”，单击 OK 按钮，系统返回至“新建级别”对话框；单击 类选择 按钮，选择图 13.3.37 所示的镶件 01，单击两次 确定 按钮。

（4）用同样的方法添加其余三个镶件，名称分别为 QQ-mold-insert02.prt、QQ-mold-insert03.prt、QQ-mold-insert04.prt。

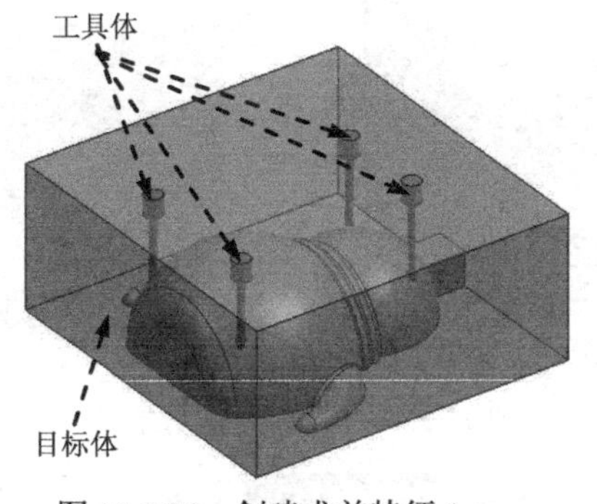

图 13.3.36　创建求差特征 1

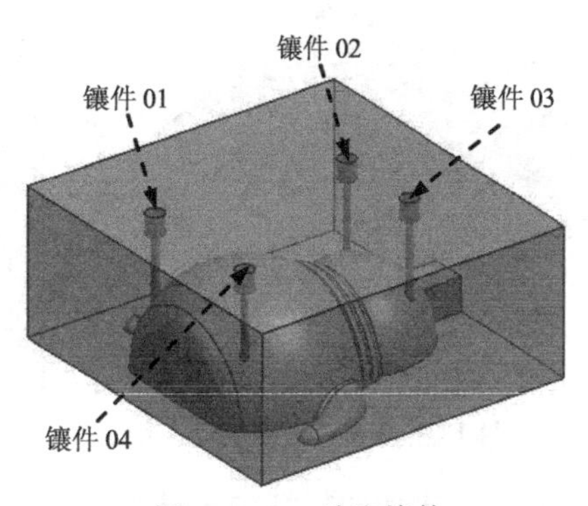

图 13.3.37　选取镶件

Step8. 移动至图层。在“装配导航器”中取消选中镶件零件，如图 13.3.38 所示，再在图形区中选择创建的四个镶件；选择下拉菜单 格式(R) → 移动至图层(M)... 命令，系统弹出“图层移动”对话框；在图层区域中选择 100，单击 确定 按钮，退出“图层设置”对话框；再在“装配导航器”中选择镶件零件，如图 13.3.39 所示。

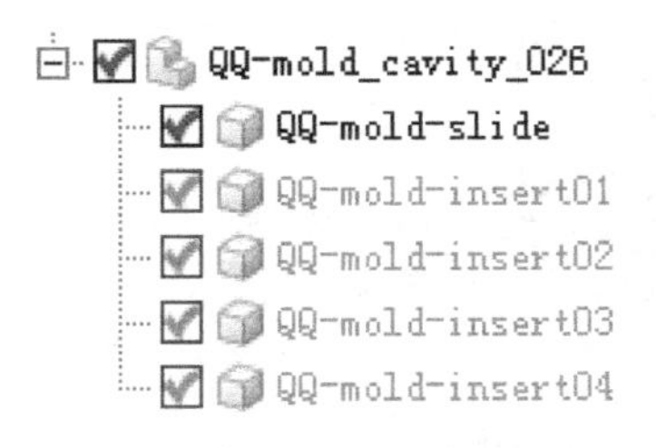

图 13.3.38　取消选中镶件

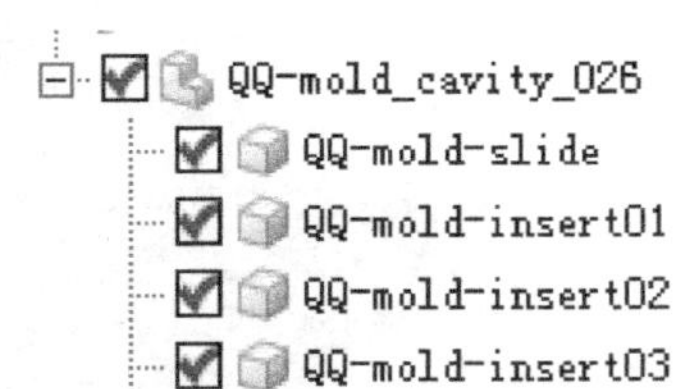

图 13.3.39　选择镶件

Task11. 创建型芯镶件

Step1. 选择下拉菜单 窗口(O) → QQ-mold_core_006.prt 命令，系统在工作区中显示出型芯工作零件。

Step2. 创建拉伸特征 1。

（1）选择下拉菜单 插入(S) → 设计特征(E) → 拉伸(E)... 命令，系统弹出“拉伸”对话框。

（2）单击“绘制截面”按钮，系统弹出“创建草图”对话框；选取图 13.3.40 所示的模型表面为草图平面，单击 确定 按钮，进入草图环境；选择下拉菜单 插入(S) → 处方曲线(U) → 投影曲线(J)... 命令，系统弹出“投影曲线”对话框；选取图 13.3.41 所示的圆弧为投影对象；单击 确定 按钮完成投影曲线，单击 完成草图 按钮退出草图环境。

（3）在“拉伸”对话框 限制 区域的 开始 下拉列表中选择 值 选项，并在其下的 距离 文本框中输入值 0；在 限制 区域的 结束 下拉列表中选择 值 选项，并在其下的 距离 文本框中输入值-60，其他参数采用系统默认设置；单击 < 确定 > 按钮，完成拉伸特征 1 的创建。

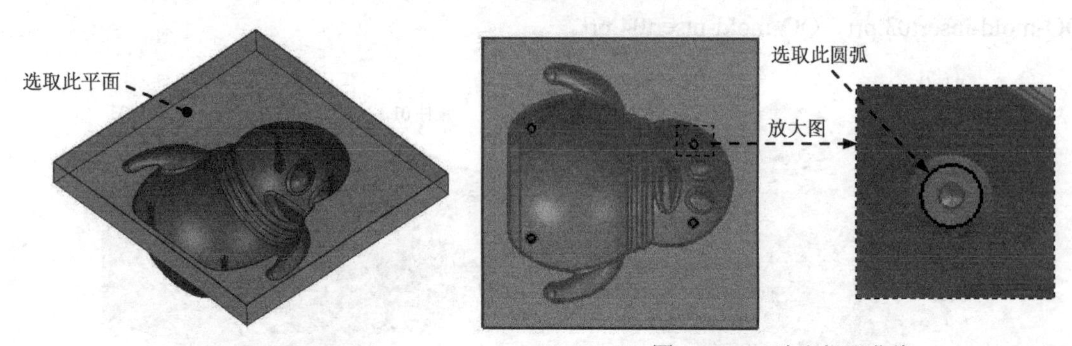

图 13.3.40　草图平面　　　图 13.3.41　选取投影曲线

Step3. 创建拉伸特征 2。选择下拉菜单 插入(S) → 设计特征(E) → 拉伸(E)... 命令，系统弹出“拉伸”对话框；选取图 13.3.42 所示的模型表面为草图平面，绘制图 13.3.43 所示的截面草图；在 限制 区域的 开始 下拉列表中选择 值 选项，并在其下的 距离 文本框中输入值 0；在 限制 区域的 结束 下拉列表中选择 值 选项，并在其下的 距离 文本框中输入值-10，其他参数采用系统默认设置；单击 < 确定 > 按钮，完成拉伸特征 2 的创建。

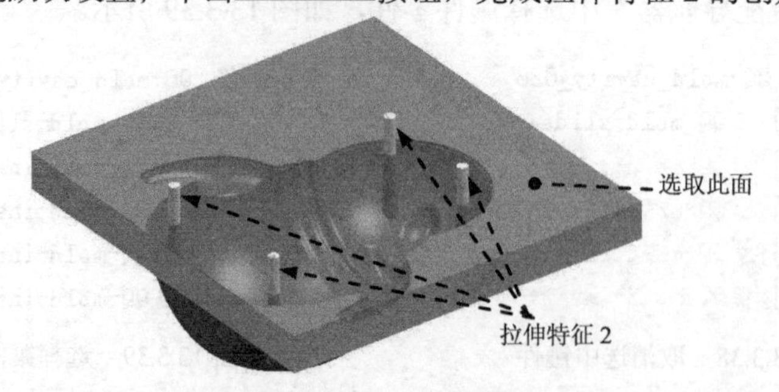

图 13.3.42　拉伸特征 2

Step4. 创建求和特征。选择下拉菜单 插入(S) → 组合(B) ▸ → 求和(U)... 命令，选取图 13.3.44 所示的对象为目标体，选取图 13.3.44 所示的对象为工具体。

说明： *在创建求和特征时应分别合并四次，为了便于操作可将型芯隐藏。*

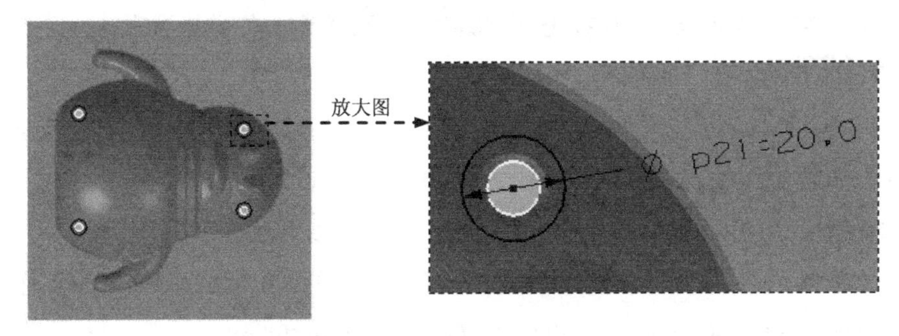

图 13.3.43 截面草图

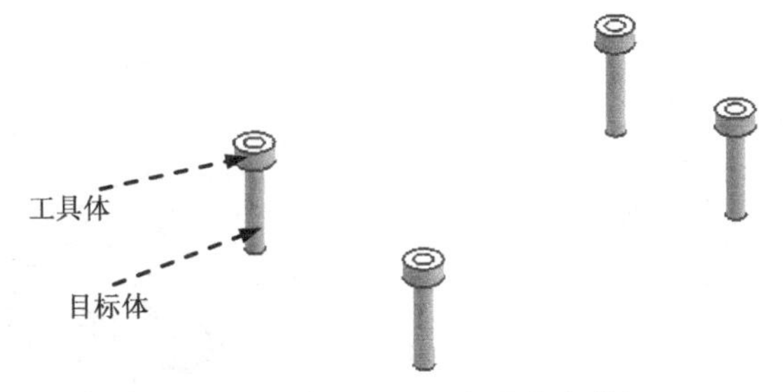

图 13.3.44 创建求和特征

Step5. 创建求交特征 1 。选择下拉菜单 插入(S) → 组合(B) ▸ → 求交(I)... 命令，选取图 13.3.45 所示的特征为目标体，选取图 13.3.45 所示的求和特征为工具体，并选中 ☑ 保存目标 复选框；单击 < 确定 > 按钮，完成求交特征 1 的创建，隐藏目标体，结果如图 13.3.46 所示。

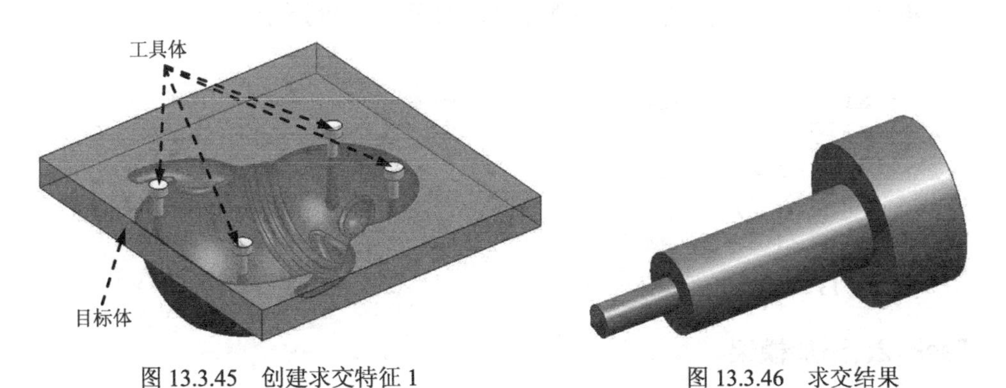

图 13.3.45 创建求交特征 1　　　图 13.3.46 求交结果

Step6. 创建求差特征 1。选择下拉菜单 插入(S) → 组合(B) ▸ → 求差(S)... 命令，系统弹出"求差"对话框；选取型芯为目标体，选择图 13.3.47 所示的对象为工具体；在 设置 区域中选中 ☑ 保存工具 复选框；单击 < 确定 > 按钮完成求差特征 1 的创建。

Step7. 将镶件转化为型芯子零件。

（1）单击“装配导航器”中的选项卡，系统弹出“装配导航器”窗口，在该窗口的空白处右击，在弹出的快捷菜单中选择WAVE 模式选项。

（2）在“装配导航器”中右击 QQ-mold_core_006，在弹出的快捷菜单中选择WAVE ▸ → 新建级别命令，系统弹出“新建级别”对话框。

（3）单击 指定部件名 按钮，在弹出的“选择部件名”对话框的文件名 (N): 文本框中输入“QQ-mold-insert05.prt”，单击 OK 按钮，系统返回至“新建级别”对话框；单击 类选择 按钮，选择图 13.3.48 所示的镶件 1，单击两次 确定 按钮；用同样的方法添加其余三个镶件，名称分别为 QQ-mold-insert06.prt、QQ-mold-insert07.prt、QQ-mold-insert08.prt。

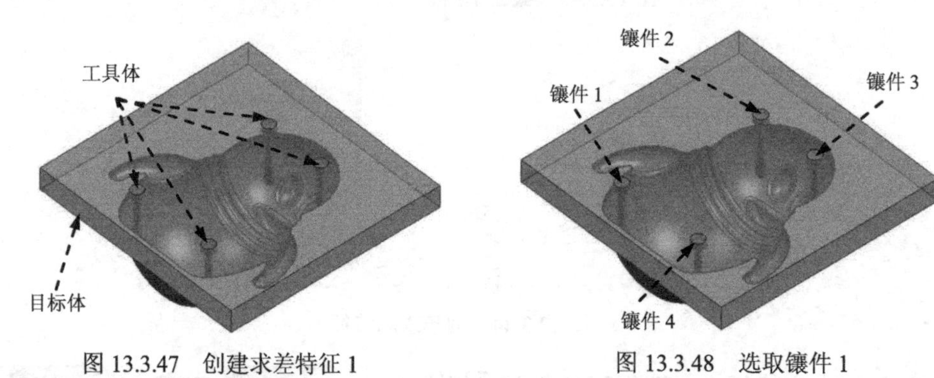

图 13.3.47　创建求差特征 1　　　图 13.3.48　选取镶件 1

Step8. 移动至图层。在“装配导航器”中取消选中镶件零件，如图 13.3.49 所示，再在图形中选择创建的四个镶件；选择下拉菜单 格式 (R) → 移动至图层 (M)... 命令，系统弹出“图层移动”对话框；在图层区域中选择 100，单击 确定 按钮，退出“图层设置”对话框；再在“装配导航器”中选择镶件零件，如图 13.3.50 所示。

图 13.3.49　取消选中镶件　　　图 13.3.50　选择镶件

Task12. 添加模架

Stage1. 模架的加载和编辑

Step1. 选择下拉菜单 窗口 (O) → 3. QQ-mold_top_000.prt 命令，在“装配导航器”中将部件转换成工作部件。

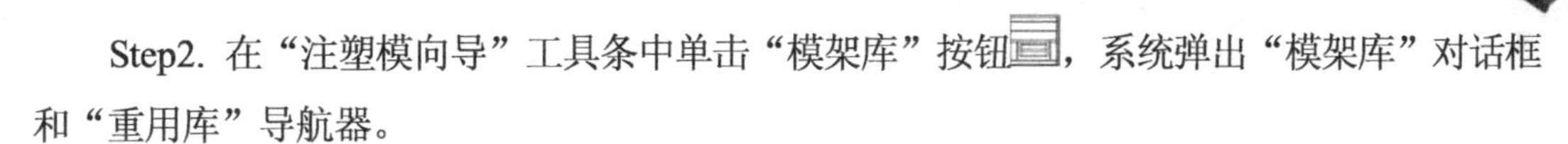

Step2. 在“注塑模向导”工具条中单击“模架库”按钮，系统弹出“模架库”对话框和“重用库”导航器。

Step3. 选择目录和类型。在“重用库”导航器名称列表中选择LKM_SG选项，然后在成员选择下拉列表中选择C选项。

Step4. 定义模架的编号及标准参数。在“模架库”对话框的详细信息区域中设置图 13.3.51 所示的参数。

名称	值
index	6510
EG_Guide	1
AP_h	200
BP_h	100
es_n	5
Mold_type	750
GTYPE	1
shorten_ej	10
shift_ej_screw	4
mold_w	650
mold_l	1000
ps_x	530
ps_y	750
ps_n	5
ps_y1	370
ps_y2	80
TCP_h	40
BCP_h	40
EGP_d	30
egp_l	260
egb_l	52
CP_h	260
C_w	120
EF_w	400
EJA_h	25
EJB_h	30
U_h	90
ETYPE	0
S_h	60
RP_d	30
rp_x	330
rp_y	930
GP_d	50
gp_x	544
gp_spn_y0	894
ES_d	12
es_hh	11.4
es_x	370
es_y	970
es_y1	480
T	650
I	750
CS_d	14
cs_hh	15.4
cs_x	530
cs_y	894

图 13.3.51　设置模架参数

Step5. 在“模架设计”对话框中单击应用按钮，系统弹出“更新失败”对话框，单击抑制按钮，系统弹出“信息”窗口，单击“关闭”按钮，单击“旋转模架”按钮，单击取消按钮，加载后的模架如图 13.3.52 所示。

Step6. 调整模架。抑制如图 13.3.52 所示的两个多余的螺钉。

Stage2. 创建模仁腔体

Step1. 在“注塑模向导”工具条中单击“型腔布局”按钮，系统弹出“型腔布局”对话框。

Step2. 单击“编辑插入腔”按钮，系统弹出“插入腔体”对话框。

Step3. 在R下拉列表中选择10，然后在type下拉列表中选择2，单击确定按钮，返回至“型腔布局”对话框，单击关闭按钮，完成模仁腔体的创建，结果如图 13.3.53

所示。

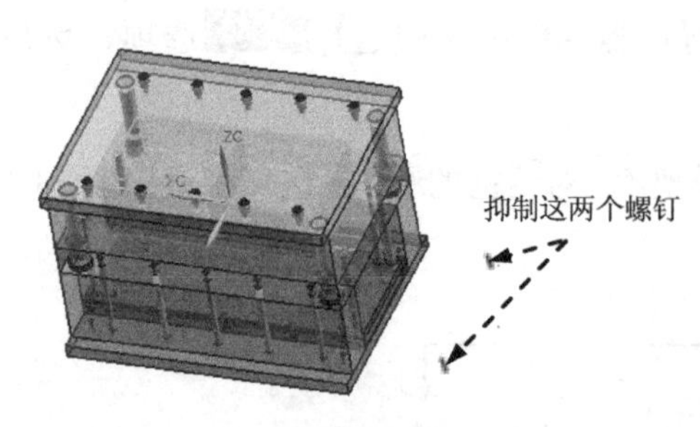

图 13.3.52　模架加载后

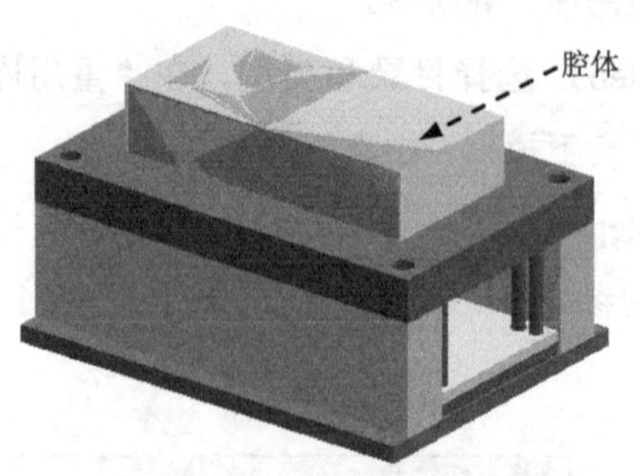

图 13.3.53　创建模仁腔体

Stage3. 在动模板上开槽

Step1. 单击“装配导航器”中的按钮，在展开的“装配导航器”中单击 QQ-mold_moldbase_mm_36 图标前的节点。

Step2. 在展开的组件中取消选中 QQ-mold_fixhalf_39 选项，将定模侧模架组件隐藏。

Step3. 在“注塑模向导”工具条中单击“腔体”按钮，系统弹出“腔体”对话框；在 模式 下拉列表中选择 减去材料 ，在 刀具 区域的 工具类型 下拉列表中选择 组件 ，选取图 13.3.54 所示的动模板为目标体，单击鼠标中键确认；选取图 13.3.54 所示的腔体为工具体，单击 确定 按钮。

说明：观察结果时，可将模仁和腔体隐藏起来，结果如图 13.3.55 所示。

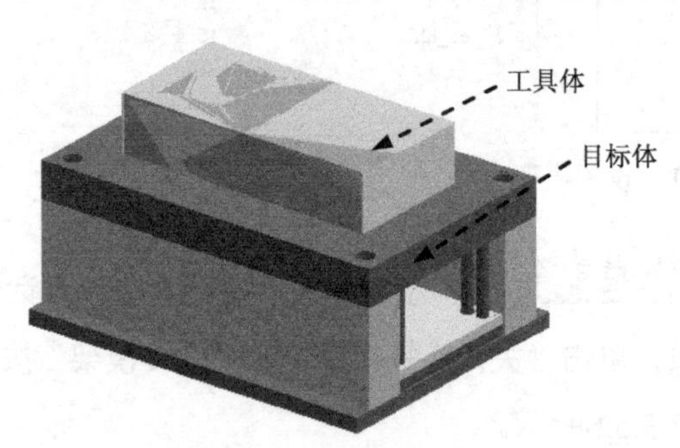

图 13.3.54　定义选取特征

图 13.3.55　动模板开槽

Stage4. 在定模板上开槽

Step1. 单击“装配导航器”中的按钮，在展开的“装配导航器”对话框中单击 QQ-mold_moldbase_mm_36 图标前的节点。

Step2. 在展开的组件中选中 QQ-mold_fixhalf_39 选项，将定模侧模架组件显示出来，同时在展开的组件中取消选中 QQ-mold_movehalf_43 选项，将动模侧模架组件隐藏。

Step3. 在“注塑模向导”工具条中单击“腔体”按钮，系统弹出“腔体”对话框；

在 模式 下拉列表中选择 减去材料 ，在 刀具 区域的 工具类型 下拉列表中选择 组件；选取图 13.3.56 所示的定模板为目标体，单击鼠标中键确认；选取图 13.3.56 所示的腔体为工具体，单击 确定 按钮。

说明：观察结果时，可将模仁和腔体隐藏起来，结果如图 13.3.57 所示。

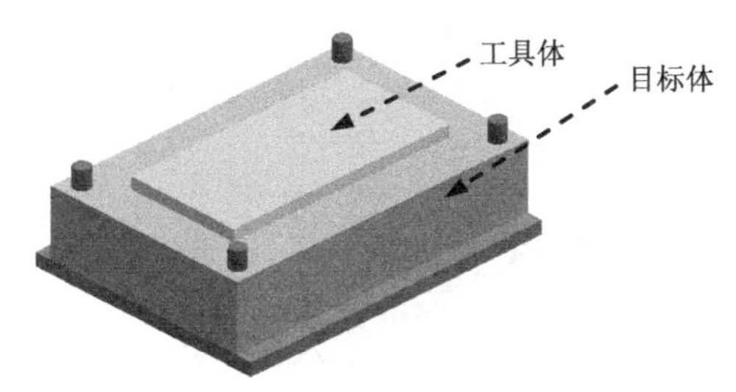

图 13.3.56 定义选取特征

图 13.3.57 定模板开槽

Task13. 添加标准件

Stage1. 加载定位圈

Step1. 将动模侧模架和模仁组件显示出来。

Step2. 在“注塑模向导”工具条中单击“标准件库”按钮，系统弹出“标准件管理”对话框和“重用库”导航器，如图 13.3.58 所示。

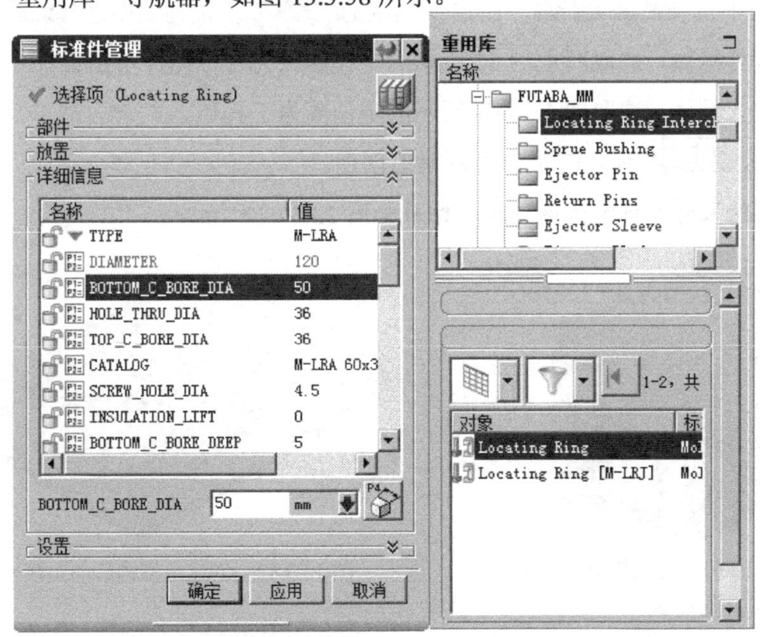

图 13.3.58 “标准件管理”对话框和“重用库”导航器

Step3. 定义定位圈类型和参数。在“重用库”导航器 名称 列表区域中展开 FUTABA_MM 节点，然后选择 Locating Ring Interchangeable 选项；在 成员选择 列表区域中选择 Locating Ring 选项，系统弹出如图 13.3.59 所示的信息窗口，在 TYPE 下拉列表中选择 M_LRB 选项，在 DIAMETER

下拉列表中选择120选项，在BOTTOM_C_BORE_DIA下拉列表中选择50选项，在BOLT_CIRCLE文本框中输入值85，在C_SINK_CENTER_DIA文本框中输入值70，其他参数保持系统默认设置；单击确定按钮，加载定位圈后的结果如图 13.3.60 所示。

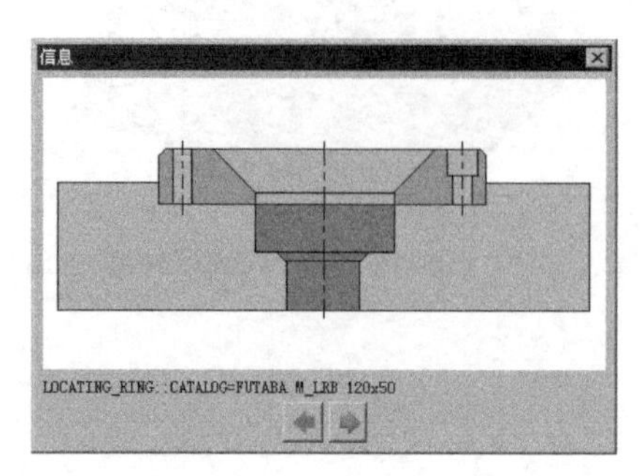

图 13.3.59 “信息”窗口

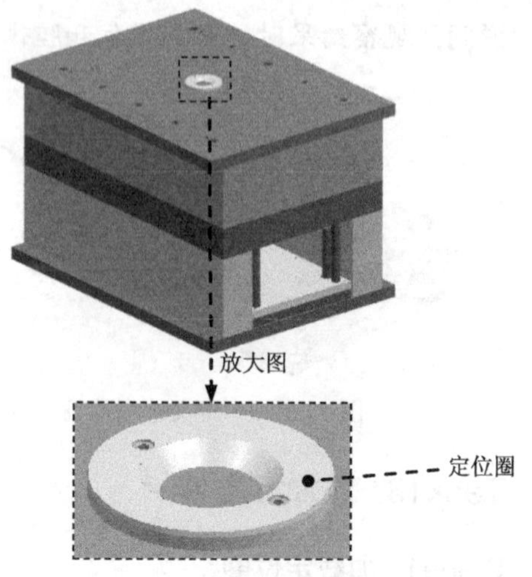

图 13.3.60 加载定位圈

Stage2. 创建定位圈槽

Step1. 在“注塑模向导”工具条中单击“腔体”按钮，系统弹出“腔体”对话框；在模式下拉列表中选择减去材料，在刀具区域的工具类型下拉列表中选择组件。

Step2. 选取目标体。选取图 13.3.61 所示的定模座板为目标体，单击鼠标中键确认。

Step3. 选取工具体。选取图 13.3.61 所示的定位圈为工具体。

Step4. 单击确定按钮，完成定位圈槽的创建。

说明： 观察结果时可将定位圈隐藏，结果如图 13.3.62 所示。

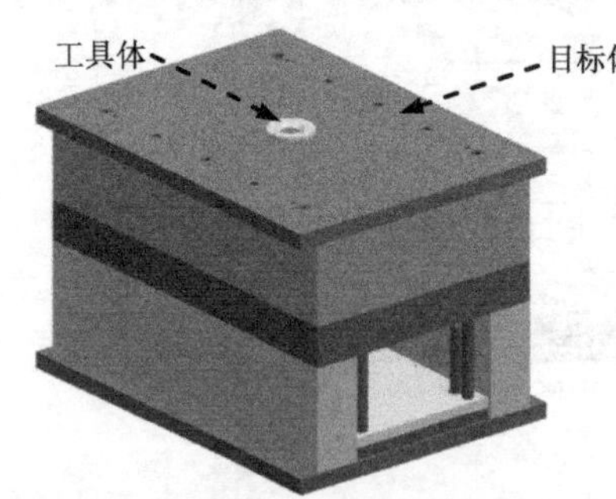

图 13.3.61 选取特征

图 13.3.62 创建定位槽后的定模座板

Stage3. 添加浇口套

Step1. 在“注塑模向导”工具条中单击“标准件库”按钮，系统弹出“标准件管理”对话框和“重用库”导航器。

Step2. 选择浇口套类型。在“重用库”导航器名称区域的模型树中选择FUTABA_MM前面的节点，然后选择Sprue Bushing选项；选中成员选择区域中的Sprue Bushing，系统弹出如图 13.3.63 所示的“信息”窗口。在详细信息区域的CATALOG下拉列表中选择M-SBI选项；在CATALOG_DIA下拉列表中选择25选项，在0下拉列表中选择3.5:D选项，在R下拉列表中选择12:B选项，在TAPER下拉列表中选择1选项，在HEAD_HEIGHT文本框中输入值 20 并按 Enter 键确认，在CATALOG_LENGTH文本框中输入值 220 并按 Enter 键确认。

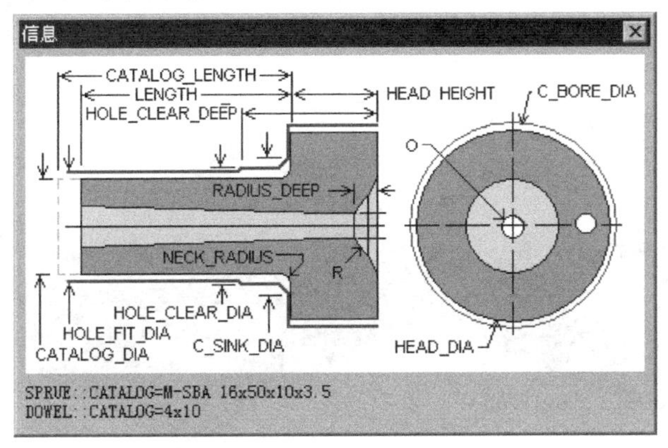

图 13.3.63 “信息”窗口

说明：若读者使用的 Mold Wizard 插件中没有合适的尺寸，可以单击“标准件管理”对话框设置区域中编辑数据库后的按钮，在弹出的 Microsoft Excel 对话框中单击确定按钮，然后在 Excel 表格中 M-SBI 项目的第二行中将数值范围由“30.0~150.0”改为“30.0~250.0”，保存并关闭 Excel 表格。当加载浇口套后可通过编辑重新对其长度进行修改（在“注塑模向导”工具条中单击“标准件库”按钮，然后选中浇口套，在“标准件管理”对话框的详细信息区域列表中选择CATALOG_LENGTH选项，重新在文本框中输入值 220，并按 Enter 键确认）。

Step3. 单击确定按钮，完成浇口套的添加，如图 13.3.64 所示。

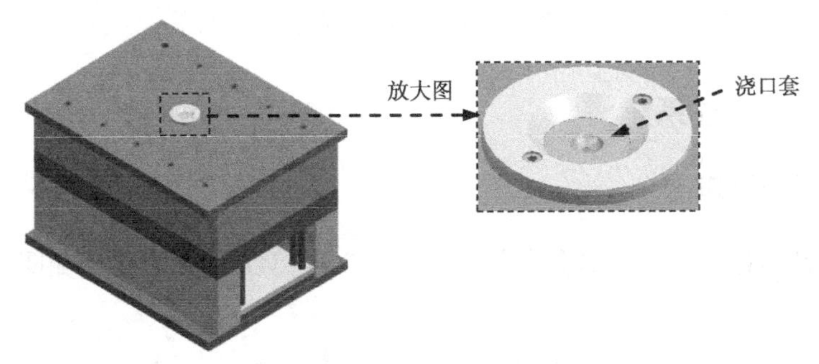

图 13.3.64 添加浇口套

Stage4. 创建浇口套槽

Step1. 隐藏动模、型芯和产品，隐藏后的结果如图 13.3.65 所示。

Step2. 在“注塑模向导”工具条中单击“腔体”按钮，系统弹出“腔体”对话框；在模式下拉列表中选择减去材料，在刀具区域的工具类型下拉列表中选择组件。

Step3. 选取目标体。选取图 13.3.65 所示的定模仁、定模板和定模固定板为目标体，然后单击鼠标中键确认。

Step4. 选取工具体。选取浇口套为工具体。

Step5. 单击 确定 按钮，系统弹出“腔体”对话框，在其中单击 确定 按钮，完成浇口套槽的创建。

说明：观察结果时可将浇口套隐藏，结果如图 13.3.66 和图 13.3.67 所示。

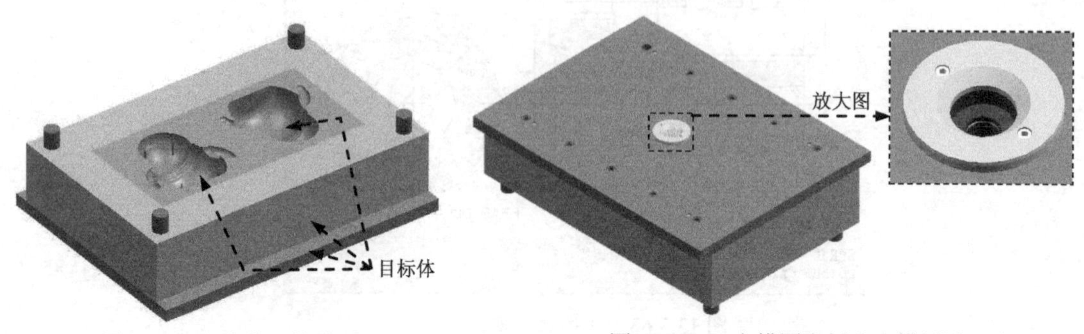

图 13.3.65　隐藏后的结果　　　　图 13.3.66　定模固定板和定模板避开孔

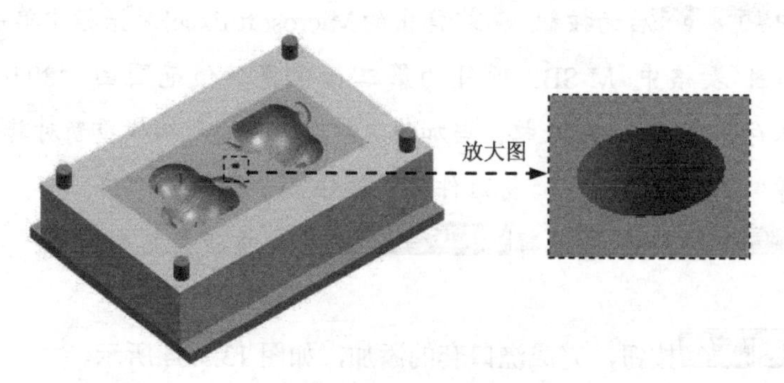

图 13.3.67　定模仁避开孔

Task14. 创建浇注系统

Stage1. 创建分流道

Step1. 在“注塑模向导”工具条中单击“流道”按钮，系统弹出如图 13.3.68 所示的“流道”对话框。

Step2. 定义引导线串。单击“绘制截面”按钮，系统弹出“创建草图”对话框，选中 ☑ 创建中间基准 CSYS 复选框；选择图 13.3.69 所示的草图平面，绘制图 13.3.70 所示的截面草图，单击 完成草图 按钮，退出草图环境。

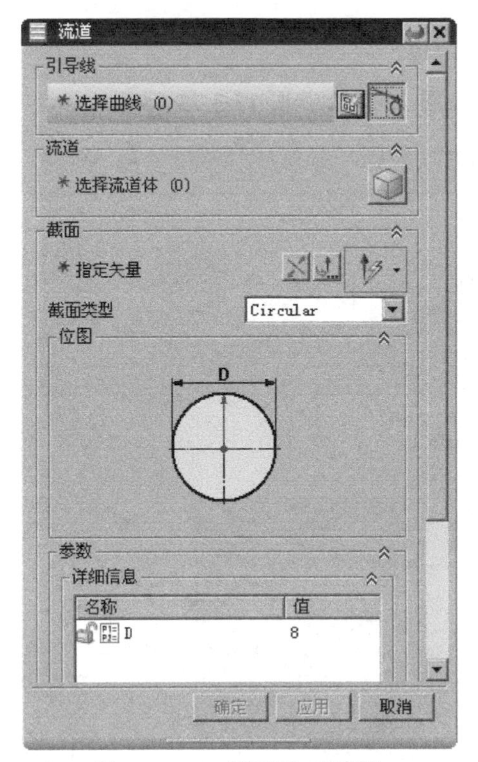

图 13.3.68 “流道”对话框

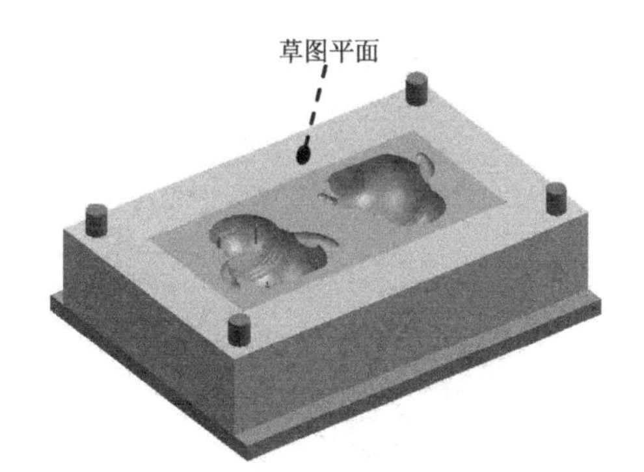

图 13.3.69 选取草图平面

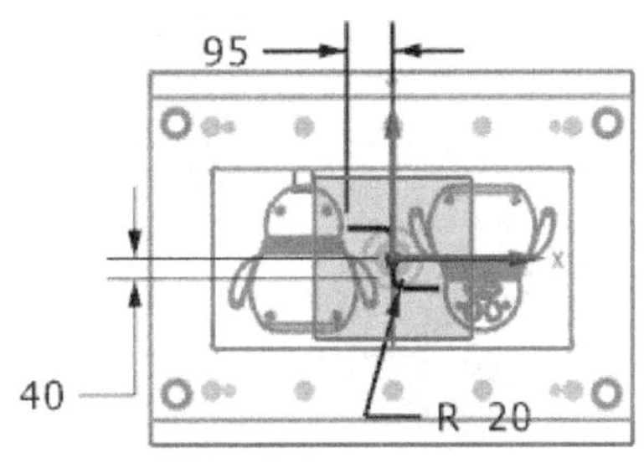

图 13.3.70 引导线串草图

Step3. 定义流道通道。在截面类型下拉列表中选择Circular选项，在详细信息区域中双击D文本框，在其中输入值 11，并按 Enter 键确认。

Step4. 单击< 确定 >按钮，完成分流道的创建，结果如图 13.3.71 所示。

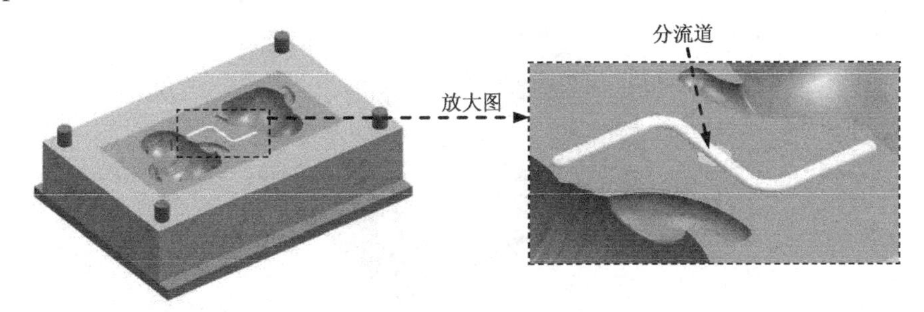

图 13.3.71 创建分流道

Stage2. 创建分流道槽

Step1. 显示动模仁。

说明：要显示两组动模模仁。

Step2. 在“注塑模向导”工具条中单击“腔体”按钮，系统弹出“腔体”对话框；在模式下拉列表中选择减去材料，在刀具区域的工具类型下拉列表中选择实体。

Step3. 选取目标体。选取定模仁、动模仁和浇口套为目标体，然后单击鼠标中键确认。

Step4. 选取工具体。选取分流道为工具体。

Step5. 单击 确定 按钮，完成分流道槽的创建。

说明：观察结果时可将分流道隐藏，结果如图 13.3.72 和图 13.3.73 所示。

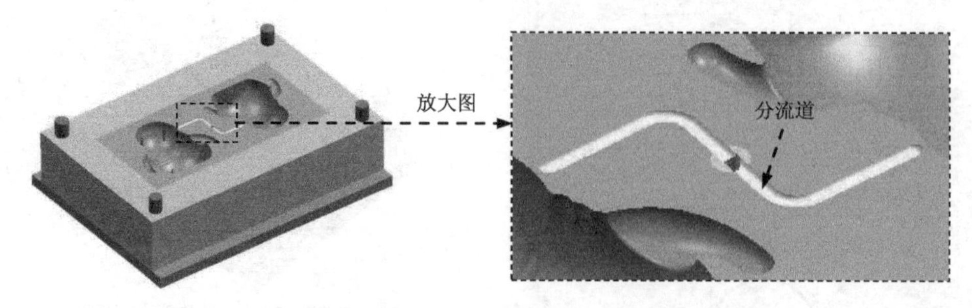

图 13.3.72　定模板侧分流道槽

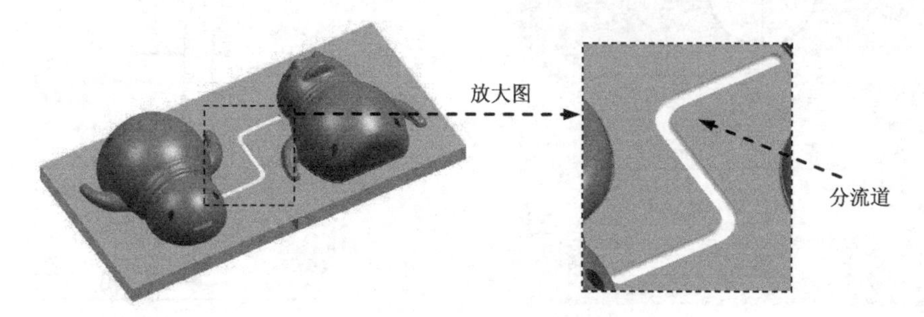

图 13.3.73　动模板侧分流道槽

Stage3. 创建浇口

Step1. 只显示定模，结果如图 13.3.74 所示。

图 13.3.74　定义显示结果

Step2. 在“注塑模向导”工具条中单击按钮，系统弹出“浇口设计”对话框。

Step3. 定义浇口属性。在“浇口设计”对话框的 平衡 区域中选择 ⊙ 是 单选项，在 位置 区域中选择 ⊙ 型腔 单选项，在 类型 区域中选择 rectangle 选项，在“参数”列表框中选择 L=5 选项，在 L= 文本框中输入值 12，并按 Enter 键确认，其他参数采用系统默认设置。

Step4. 单击 应用 按钮，系统自动弹出“点”对话框。

Step5. 定义浇口位置。选取图 13.3.75 所示的圆弧 1，系统自动弹出“矢量”对话框。

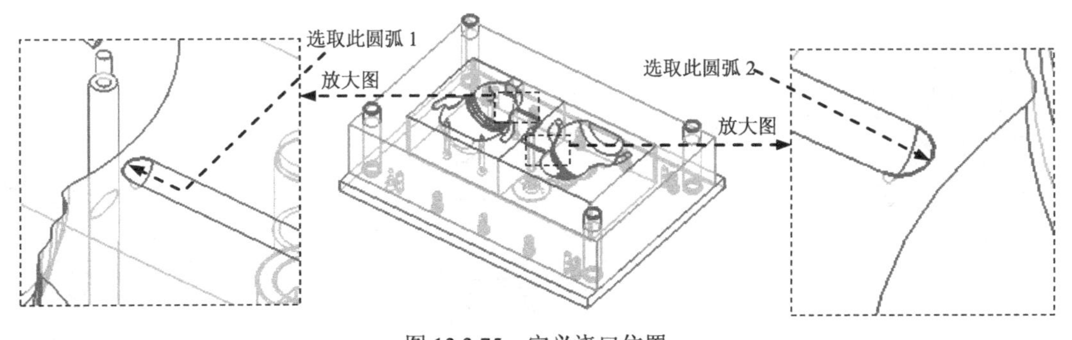

图 13.3.75 定义浇口位置

Step6. 定义矢量。在“矢量”对话框的类型下拉列表中选择 XC 轴选项，然后单击确定按钮，系统返回至“浇口设计”对话框。

Step7. 在其中单击取消按钮，完成浇口的创建。

Step8. 重复上面的操作，设置相同的参数，选取图 13.3.75 所示的圆弧 2，设置矢量方向为 -XC 轴，创建浇口，结果如图 13.3.76 所示。

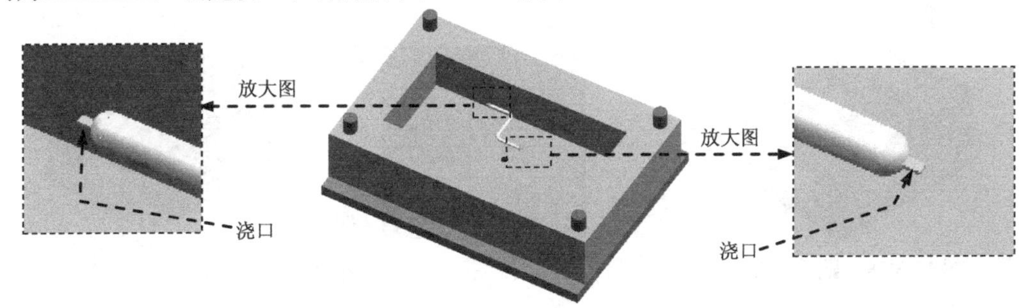

图 13.3.76 创建浇口

Stage4. 创建浇口槽

Step1. 在“注塑模向导”工具条中单击“腔体”按钮，系统弹出“腔体”对话框；在模式下拉列表中选择减去材料，在刀具区域的工具类型下拉列表中选择组件。

Step2. 选取目标体。选取定模仁中的两个型腔为目标体，然后单击鼠标中键确认。

Step3. 选取工具体。选取浇口为工具体。

Step4. 单击确定按钮，完成浇口槽的创建。

说明：观察结果时可将浇口隐藏，结果如图 13.3.77 所示。

Task15. 添加滑块和斜导柱

Stage1. 设置坐标系

Step1. 设置模型显示结果如图 13.3.78 所示。

Step2. 移动模具坐标系。

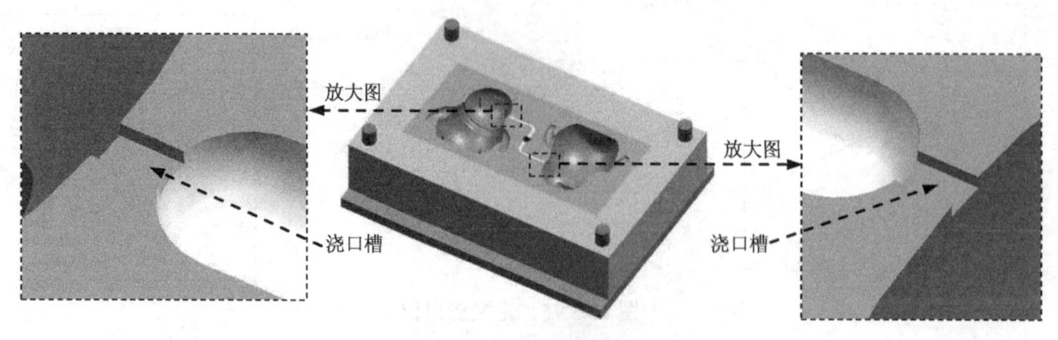

图 13.3.77 创建浇口槽

（1）选择命令。选择下拉菜单 格式(R) → WCS ▸ → 原点(O)... 命令，系统弹出“点”对话框。

（2）定义点位置。在模型中选取图 13.3.79 所示的点（即线段的中点），然后单击 确定 按钮，完成坐标的移动，结果如图 13.3.80 所示。

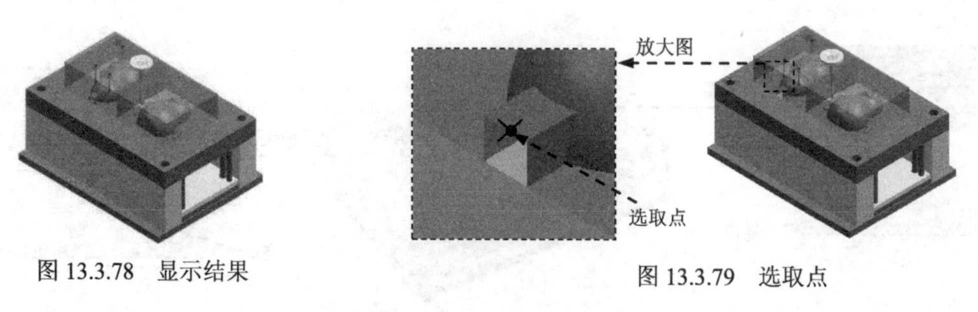

图 13.3.78 显示结果　　图 13.3.79 选取点

图 13.3.80 移动后的坐标系

Stage2. 加载滑块和斜导柱

Step1. 在“注塑模向导”工具条中单击“滑块和浮升销库”按钮，系统弹出“滑块和浮升销设计”对话框和“重用库”导航器。

Step2. 选择类型。在“重用库”导航器 名称 列表中选择 Slide 然后在 成员选择 区域中选择 Single Cam-pin Slide 选项，系统弹出“信息”窗口来显示参数。

Step3. 修改滑块参数尺寸，参照图 13.3.81 所示修改滑块参数尺寸。

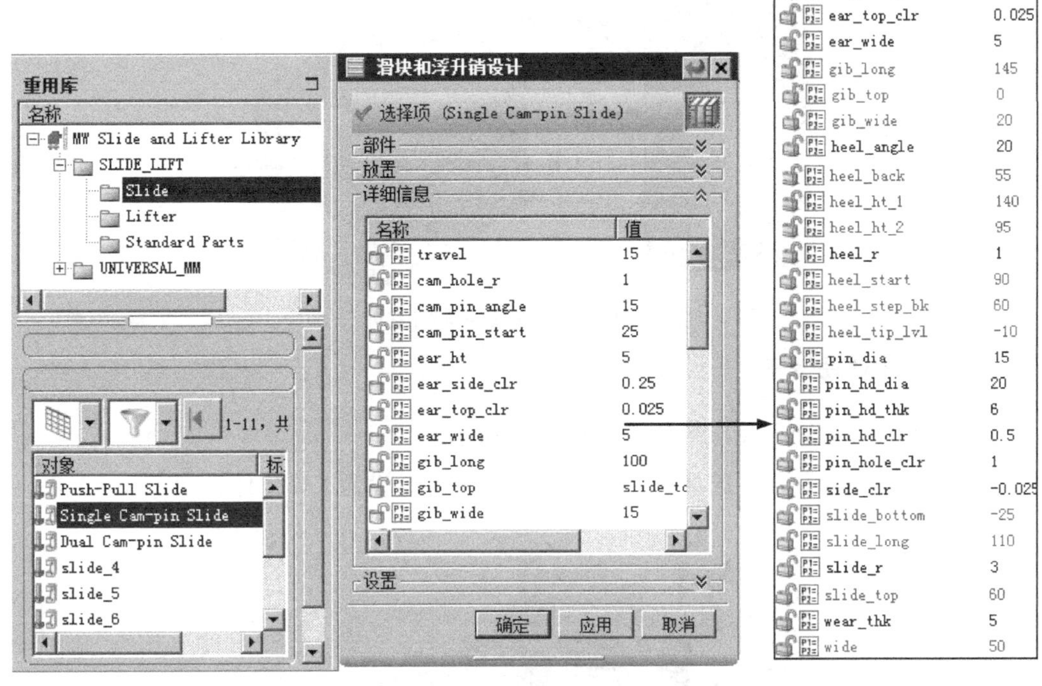

图 13.3.81 修改滑块参数尺寸

Step4. 单击确定按钮，在“部件名管理”对话框中单击确定按钮，完成滑块和斜导柱的加载，如图 13.3.82 所示。

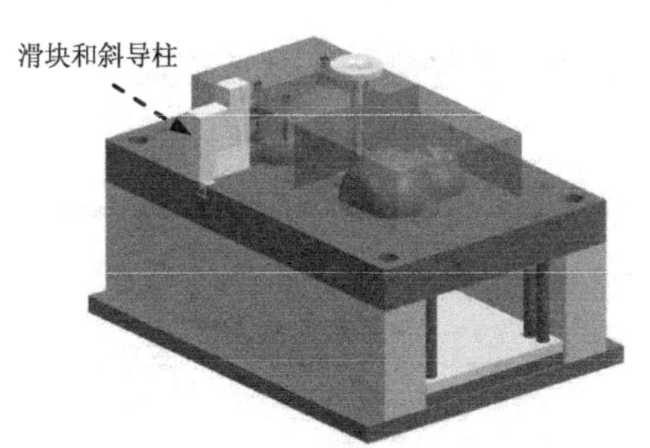

图 13.3.82 加载滑块和斜导柱

Stage3. 创建滑块和斜导柱腔

Step1. 显示定模侧。

Step2. 在“注塑模向导”工具条中单击“腔体”按钮，系统弹出“腔体”对话框；在模式下拉列表中选择减去材料，在刀具区域的工具类型下拉列表中选择组件。

Step3. 选取目标体。选取定模板和动模板为目标体，然后单击鼠标中键确认。

Step4. 选取工具体。选取滑块和斜导柱为工具体。

Step5. 单击 确定 按钮，完成滑块和斜导柱腔的创建。

说明：观察结果时可将滑块和斜导柱隐藏，结果如图 13.3.83 所示。

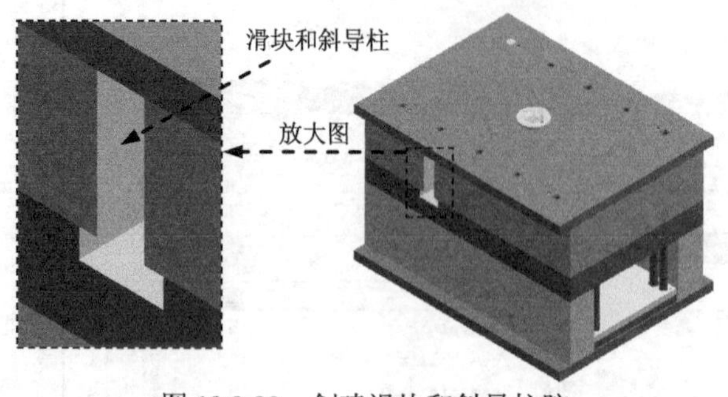

图 13.3.83 创建滑块和斜导柱腔

Stage4. 创建连接体

Step1. 隐藏模架和型腔，结果如图 13.3.84 所示。

Step2. 设为工作部件。选择图 13.3.84 所示的部件并设为工作部件。

图 13.3.84 模架和型腔隐藏后

Step3. 选择命令。选择下拉菜单 启动 → 装配(B) 命令，进入到装配环境中。若已进入装配此步骤省略。

Step4. 选择命令。选择下拉菜单 插入(S) → 关联复制(A) → WAVE 几何链接器(W)... 命令，系统弹出"WAVE 几何链接器"对话框。

Step5. 在 类型 下拉列表中选择 体 选项，在 设置 区域中选中 ☑ 关联 和 ☑ 隐藏原先的 复选框。

Step6. 选取复制体。选取如图 13.3.84 所示的滑块作为复制体。

Step7. 单击 < 确定 > 按钮，完成连接体的创建。

Task16. 添加顶出系统

Stage1. 添加下壳零件上的顶杆

Step1. 隐藏和显示组件，结果如图 13.3.85 所示。

图 13.3.85 隐藏和显示组件后

Step2. 设置活动部件。确定当前活动部件为down-shell零件。

Step3. 在“注塑模向导”工具条中单击“标准件库”按钮，系统弹出“标准件管理”对话框和“重用库”导航器。

Step4. 定义顶杆类型。在“重用库”导航器名称下拉列表中单击FUTABA_MM前面的节点；在下拉模型树中选择Ejector Pin选项，在成员选择区域中选择Ejector Pin Straight [EJ, EH, EQ, EA]选项。

Step5. 修改顶杆尺寸。在详细信息区域的CATALOG下拉列表中选择EJ选项，在CATALOG_DIA下拉列表中选择10.0选项，在HEAD_TYPE下拉列表中选择4选项，在CATALOG_LENGTH后的文本框中输入值450；单击应用按钮，系统弹出“点”对话框。

Step6. 定义顶杆放置位置。设置坐标系1。在XC文本框中输入值-140，在YC文本框中输入值120，在ZC文本框中输入值0，单击确定按钮，系统返回至“点”对话框，单击取消按钮，系统返回至“标准件管理”对话框，单击< 确定 >按钮。

Step7. 创建剩下的顶杆。参照Step3～Step6及设置坐标系1的方式，坐标尺寸分别如下：

（1）设置坐标系2。在XC文本框中输入值-230，在YC文本框中输入值120，在ZC文本框中输入值0。

（2）设置坐标系3。在XC文本框中输入值-100，在YC文本框中输入值80，在ZC文本框中输入值0。

（3）设置坐标系4。在XC文本框中输入值-185，在YC文本框中输入值80，在ZC文本框中输入值0。

（4）设置坐标系5。在XC文本框中输入值-270，在YC文本框中输入值80，在ZC文本框中输入值0。

（5）设置坐标系6。在XC文本框中输入值-55，在YC文本框中输入值50，在ZC文本框中输入值0。

（6）设置坐标系7。在XC文本框中输入值-315，在YC文本框中输入值50，在ZC文本框中输入值0。

（7）设置坐标系8。在XC文本框中输入值-140，在YC文本框中输入值5，在ZC文本框中输入值 0。

（8）设置坐标系 9。在 XC 文本框中输入值-230，在 YC 文本框中输入值 5，在 ZC 文本框中输入值 0。

（9）设置坐标系 10。在 XC 文本框中输入值-130，在 YC 文本框中输入值-60，在 ZC 文本框中输入值 0。

（10）设置坐标系 11。在 XC 文本框中输入值-185，在 YC 文本框中输入值-60，在 ZC 文本框中输入值 0。

（11）设置坐标系 12。在 XC 文本框中输入值-240，在 YC 文本框中输入值-60，在 ZC 文本框中输入值 0。

（12）设置坐标系 13。在 XC 文本框中输入值-185，在 YC 文本框中输入值-110，在 ZC 文本框中输入值 0。

Step8. 完成顶杆放置位置的定义，结果如图 13.3.86 所示。

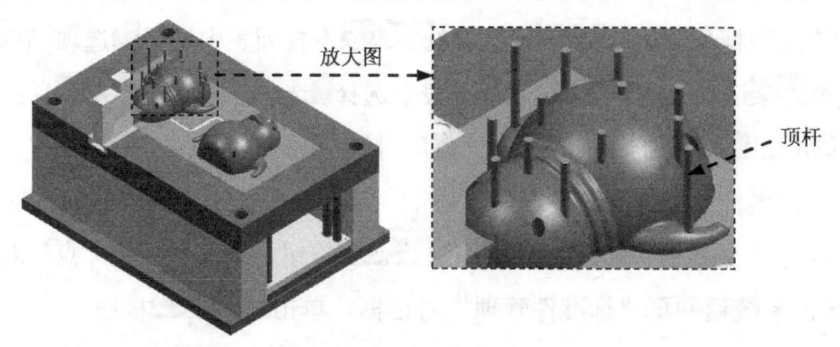

图 13.3.86　定义顶杆放置位置

Stage2. 修剪下壳零件上顶杆

Step1. 在“注塑模向导”工具条中单击“修边模具组件”按钮，系统弹出“修边模具组件”对话框。

Step2. 选择修剪对象。在设置区域中选择任意选项，然后选择添加的所有顶杆为修剪目标体。

Step3. 单击 确定 按钮，完成顶杆的修剪结果如图 13.3.87 所示。

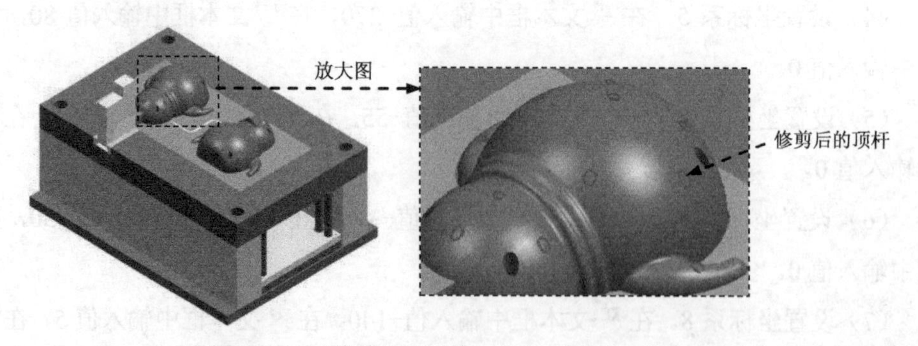

图 13.3.87　修剪后的顶杆

Stage3. 创建下壳零件上的顶杆腔

Step1. 在“注塑模向导”工具条中单击“腔体”按钮，系统弹出“腔体”对话框；在模式下拉列表中选择减去材料，在刀具区域的工具类型下拉列表中选择组件。

Step2. 选取目标体。选取动模板、推杆固定板和型芯为目标体，如图 13.3.88 所示，然后单击鼠标中键确认。

Step3. 选取工具体。选取 Stage1 创建的所有顶杆为工具体。

Step4. 单击确定按钮，完成顶杆腔的创建。

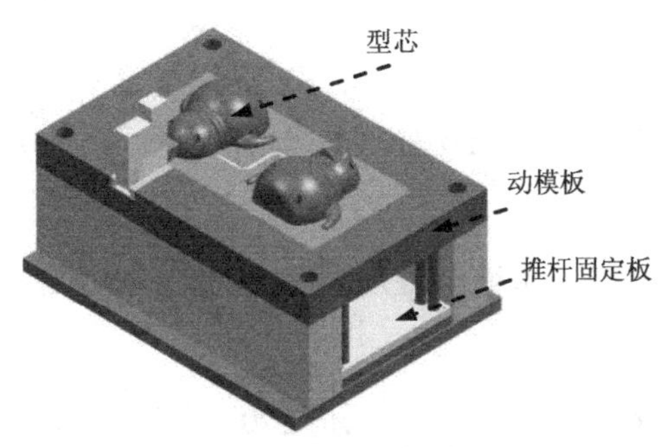

图 13.3.88 选取目标体

Stage4. 添加上壳零件上的顶杆

Step1. 设置活动部件。设置当前活动部件为top-shell零件。

Step2. 在“注塑模向导”工具条中单击“标准件库”按钮，系统弹出“标准件管理”对话框和“重用库”导航器。

Step3. 定义顶杆类型。在“重用库”导航器名称下拉列表中单击FUTABA_MM前面的节点；在下拉模型树中选择Ejector Pin选项，在成员选择区域中选择Ejector Pin Straight [EJ, EH, EQ, EA]选项。

Step4. 修改顶杆尺寸。在详细信息区域CATALOG下拉列表中选择EJ选项，在CATALOG_DIA下拉列表中选择10.0选项，在HEAD_TYPE下拉列表中选择4选项，在CATALOG_LENGTH后的文本框中输入值 450；单击应用按钮，系统弹出“点”对话框。

Step5. 定义顶杆放置位置。设置坐标系 1。在XC文本框中输入值 140，在YC文本框中输入值-120，在ZC文本框中输入值 0，单击确定按钮，系统返回至“点”对话框，单击取消按钮，系统返回至“标准件管理”对话框，单击< 确定 >按钮。

Step6. 创建剩下的顶杆。参照 Step2～Step4 及设置坐标系 1 的操作，坐标尺寸分别如下：

（1）设置坐标系 2。在XC文本框中输入值 185，在YC文本框中输入值 110，在ZC文本框中输入值 0。

（2）设置坐标系 3。在XC文本框中输入值 240，在YC文本框中输入值 60，在ZC文本本

框中输入值 0。

（3）设置坐标系 4。在 XC 文本框中输入值 185，在 YC 文本框中输入值 60，在 ZC 文本框中输入值 0。

（4）设置坐标系 5。在 XC 文本框中输入值 130，在 YC 文本框中输入值 60，在 ZC 文本框中输入值 0。

（5）设置坐标系 6。在 XC 文本框中输入值 230，在 YC 文本框中输入值-5，在 ZC 文本框中输入值 0。

（6）设置坐标系 7。在 XC 文本框中输入值 140，在 YC 文本框中输入值-5，在 ZC 文本框中输入值 0。

（7）设置坐标系 8。在 XC 文本框中输入值 315，在 YC 文本框中输入值-50，在 ZC 文本框中输入值 0。

（8）设置坐标系 9。在 XC 文本框中输入值 55，在 YC 文本框中输入值-50，在 ZC 文本框中输入值 0。

（9）设置坐标系 10。在 XC 文本框中输入值 270，在 YC 文本框中输入值-80，在 ZC 文本框中输入值 0。

（10）设置坐标系 11。在 XC 文本框中输入值 185，在 YC 文本框中输入值-80，在 ZC 文本框中输入值 0。

（11）设置坐标系 12。在 XC 文本框中输入值 100，在 YC 文本框中输入值-80，在 ZC 文本框中输入值 0。

（12）设置坐标系 13。在 XC 文本框中输入值 230，在 YC 文本框中输入值-120，在 ZC 文本框中输入值 0。

Step7. 完成顶杆放置位置的定义，结果如图 13.3.89 所示。

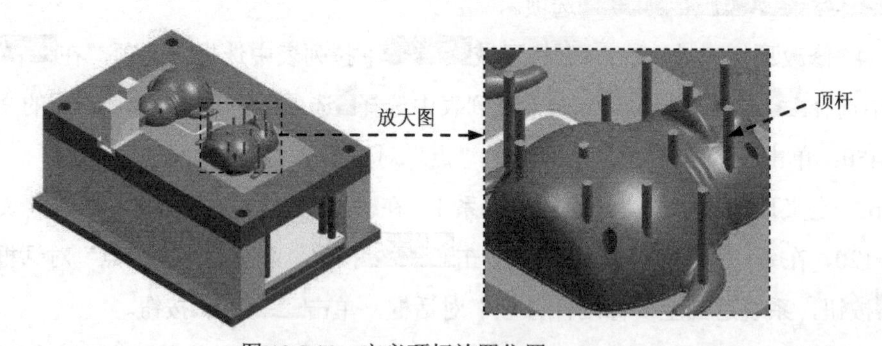

图 13.3.89　定义顶杆放置位置

Stage5. 修剪上壳零件上的顶杆

Step1. 在“注塑模向导”工具条中单击“修边模具组件”按钮，系统弹出“修边模

具组件”对话框。

Step2. 选择修剪对象。在设置区域中选择任意选项，然后选择添加的所有顶杆为修剪目标体。

Step3. 单击确定按钮，完成顶杆的修剪，结果如图 13.3.90 所示。

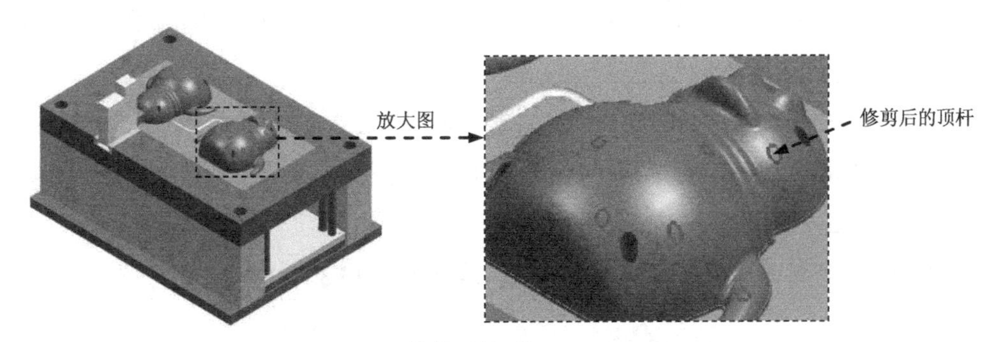

图 13.3.90 修剪后的顶杆

Stage6. 创建上壳零件上的顶杆腔

Step1. 在“注塑模向导”工具条中单击“腔体”按钮，系统弹出“腔体”对话框；在模式下拉列表中选择减去材料，在刀具区域的工具类型下拉列表中选择组件。

Step2. 选取目标体。选取动模板、推杆固定板和型芯为目标体，如图 13.3.91 所示，然后单击鼠标中键确认。

Step3. 选取工具体。选取 Stage4 创建的所有顶杆为工具体。

Step4. 单击确定按钮，完成顶杆腔的创建。

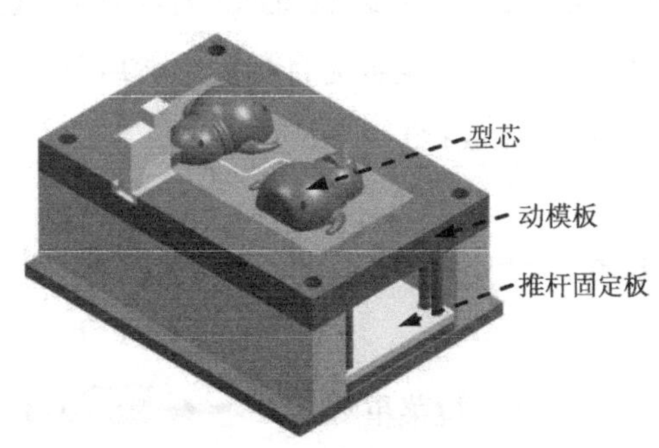

图 13.3.91 选取目标体

Task17. 添加拉料杆

Step1. 在“注塑模向导”工具条中单击“标准件库”按钮，系统弹出“标准件管理”对话框和“重用库”导航器。

Step2. 定义拉料杆类型。在“重用库”导航器名称下拉列表中单击DME_MM前面的节点；在下拉模型树中选择Ejection选项，在成员选择区域中选择Ejector Pin [Straight]选项。

Step3. 修改拉料杆尺寸。在详细信息区域的CATALOG_DIA下拉列表中选择12选项，在CATALOG_LENGTH文本框中输入值340，并按Enter键确认，其他参数采用系统默认设置，单击确定按钮，系统弹出“点”对话框。

Step4. 定义拉料杆放置位置。在XC文本框中输入值0，在YC文本框中输入值0，在ZC文本框中输入值0，单击确定按钮，系统返回至“点”对话框，单击取消按钮，完成拉料杆的放置位置的定义。

Step5. 编辑拉料杆放置位置。在“注塑模向导”工具条中单击“标准件库”按钮，系统弹出“标准件管理”对话框，在图形区的拉料杆上右击，在“标准件管理”对话框中单击< 确定 >按钮。

说明：观察结果时可将动模型腔隐藏，结果如图 13.3.92 所示。

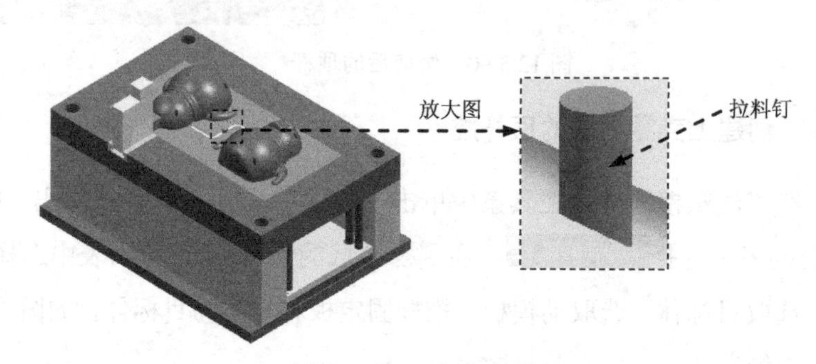

图 13.3.92　添加拉料杆

Step6. 创建拉料杆腔。在“注塑模向导”工具条中单击“腔体”按钮，系统弹出“腔体”对话框；在模式下拉列表中选择减去材料，在刀具区域的工具类型下拉列表中选择组件；选取动模板、型芯和推杆固定板为目标体，然后单击鼠标中键确认；选取拉料杆为工具体；单击确定按钮，完成拉料杆腔的创建。

Step7. 修整拉料杆。

（1）在图形区的拉料杆上右击，在弹出的快捷菜单中选择设为显示部件(D)命令，系统将拉料杆在单独窗口中打开。

（2）创建基准坐标系，选择下拉菜单插入(S) → 基准/点(D) → 基准 CSYS...命令。单击< 确定 >按钮，完成基准坐标系的创建。

（3）创建拉伸特征。选择下拉菜单插入(S) → 设计特征(E) → 拉伸(E)...命令，系统弹出“拉伸”对话框，选取 ZX 基准平面为草图平面，在“创建草图”对话框中取消选中□ 创建中间基准 CSYS复选框，绘制图 13.3.93 所示的截面草图；在“拉伸”对话框限制区域的开始下拉列表中选择对称值选项，并在其下的距离文本框中输入值 10，在布尔区域的下拉列表中选择求差选项，选择拉料杆为目标体，其他参数保持系统默认设置，单击< 确定 >按钮，完成拉料杆的修整，结果如图 13.3.94 所示。

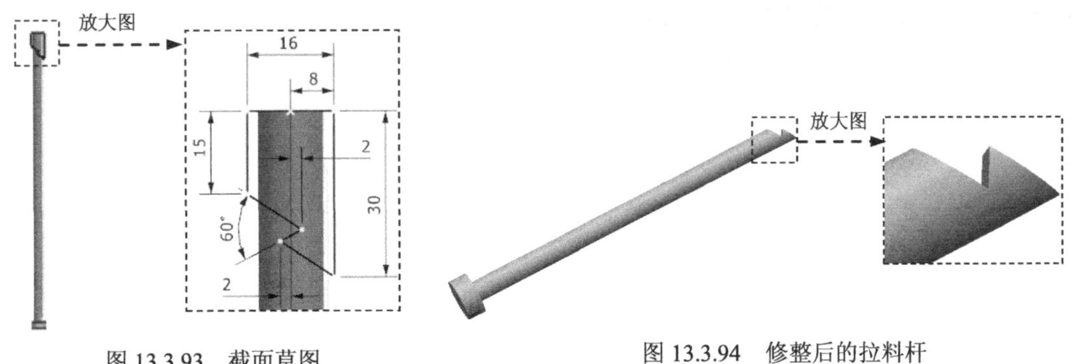

图 13.3.93 截面草图　　图 13.3.94 修整后的拉料杆

Step8. 转换显示模型。回到总装配环境下并进行保存。

13.4 综合范例 4——建模环境下的一模多穴模具设计

本范例将介绍图 13.4.1 所示的一款塑料叉子的一模多穴模具的设计（建模环境下）。其设计的亮点是产品模型在模具型腔中的布置、浇注系统的设计分型面的设计，其中浇注系统中的浇口采用的是轮辐式浇口（轮辐式浇口是指对型腔填充采用小段圆弧进料，如图 13.4.1 所示）。另外本范例在创建分型面时采用了很巧妙的方法，此处需要读者认真体会。

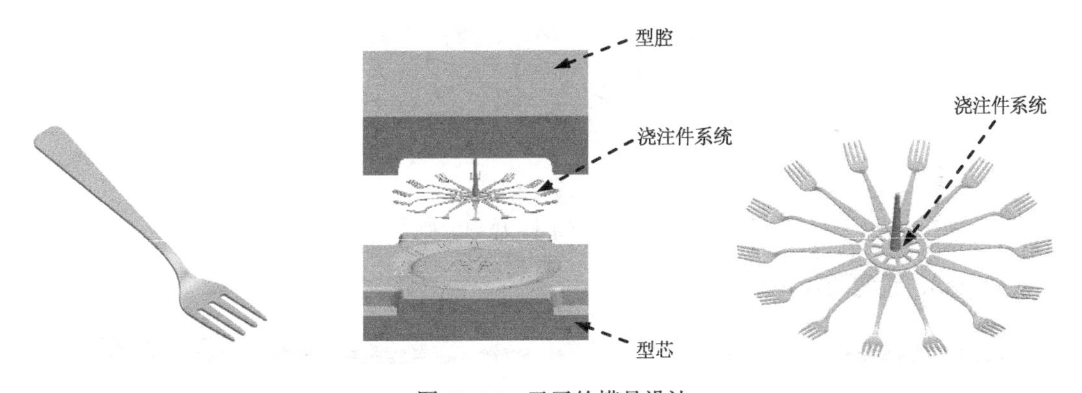

图 13.4.1 叉子的模具设计

Stage1. 模具坐标

Step1. 打开文件。打开 D:\ug10.3\work\ch13.04\fork.prt 文件，单击 OK 按钮，进入建模环境。

Step2. 创建图 13.4.2 所示的点。选择下拉菜单 插入(S) → 基准/点(D) → 点(P)... 命令，系统弹出“点”对话框（注：具体参数和操作参见随书光盘）。

Step3. 设置坐标原点。选择下拉菜单 格式(R) → WCS → 原点(O)... 命令，系统弹出“点”对话框；选取上步创建的点为坐标原点；单击 确定 按钮，完成设置坐标原点的操作（图 13.4.3），关闭“点”对话框。

图 13.4.2 创建点

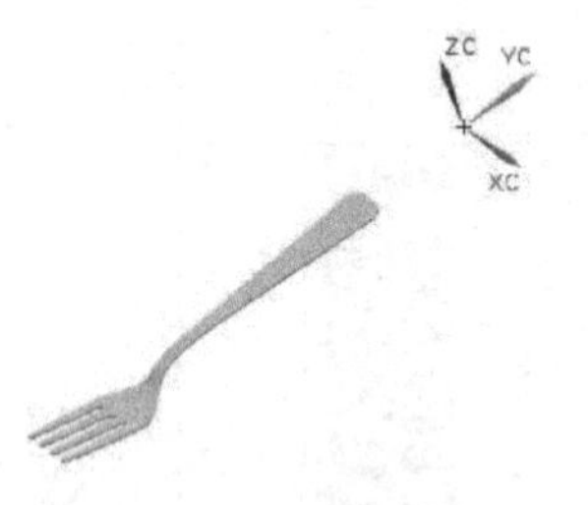

图 13.4.3 设置坐标原点

Stage2. 创建模型零件

Step1. 选择命令。选择下拉菜单 插入(S) → 关联复制(A) → 阵列几何特征(T)... 命令，系统弹出“阵列几何特征”对话框。

Step2. 在 类型 下拉列表中选择 圆形 选项，选择现有零件为要阵列的几何体。

Step3. 定义旋转轴。选择 ZC↑ 为矢量方向，选择之前创建的坐标原点为指定点。

Step4. 定义间距、数量和节距角。在 角度方向 区域的 数量 文本框中输入值 14，在 节距角 文本框中输入值 360/14，其他参数为系统默认设置；单击 < 确定 > 按钮，完成模型零件的创建，如图 13.4.4 所示。

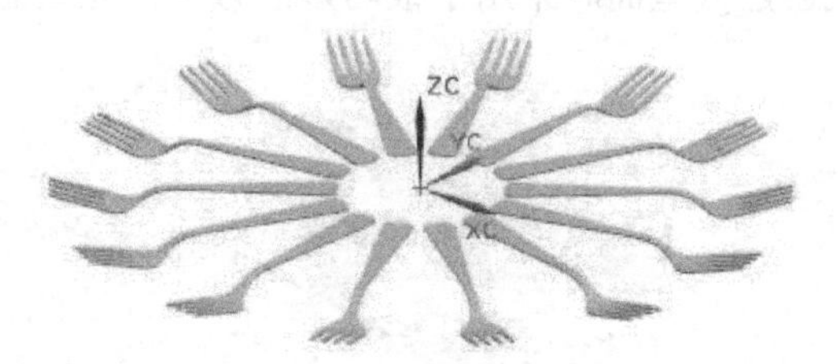

图 13.4.4 模型零件

Stage3. 设置收缩率

Step1. 选择命令。选择下拉菜单 插入(S) → 偏置/缩放(O) → 缩放体(S)... 命令，系统弹出“缩放体”对话框。

Step2. 定义类型。在 类型 下拉列表中选择 均匀 选项。

Step3. 定义缩放体。选择原始零件为缩放体对象。

Step4. 定义比例因子。在 均匀 文本框中输入数值 1.006，单击 确定 按钮，完成设置收缩率的操作。

Stage4. 创建模具工件

Step1. 选择命令。选择下拉菜单 插入(S) → 设计特征(E) → 拉伸(E)... 命令，系统弹出“拉伸”对话框。

Step2. 定义草图平面。单击“拉伸”对话框中的“绘制截面”按钮，系统弹出“创建草图”对话框；选取 XY 基准平面为草图平面，选中设置区域中的☑ 创建中间基准 CSYS复选框，单击确定按钮，进入草图环境。

Step3. 绘制草图。绘制图 13.4.5 所示的截面草图；单击完成草图按钮，退出草图环境。

Step4. 定义拉伸方向。在指定矢量的下拉列表中选择ZC选项。

Step5. 确定拉伸开始值和结束值。在“拉伸”对话框限制区域的开始下拉列表中选择对称值选项，并在其下的距离文本框中输入值 120，在布尔区域的下拉列表中选择无选项，其他参数采用系统默认设置。

Step6. 单击< 确定 >按钮，完成图 13.4.6 所示的模具工件的创建。

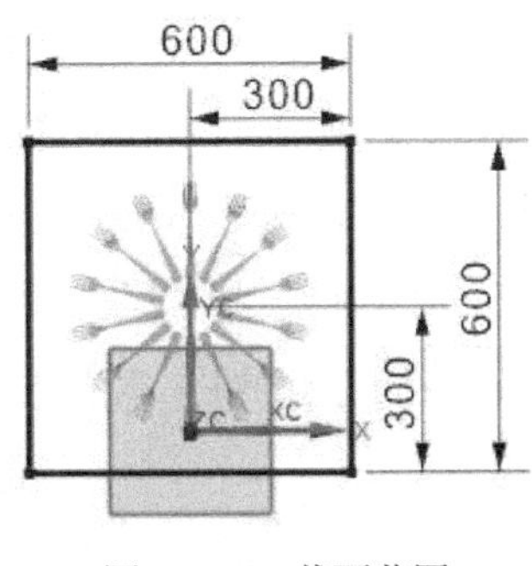

图 13.4.5　截面草图

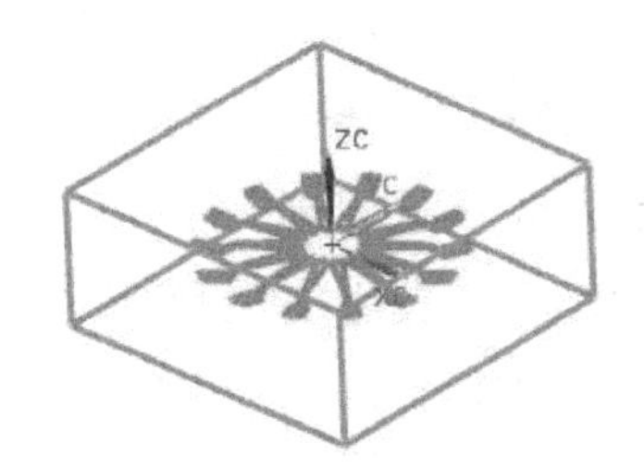

图 13.4.6　模具工件

Stage5. 创建分型面

Step1. 隐藏模具工件。选择下拉菜单编辑(E) → 显示和隐藏(H) → 隐藏(H)...命令，系统弹出“类选择”对话框，选取模具工件为隐藏对象，单击确定按钮，完成模具工件隐藏的操作。

Step2. 创建图 13.4.7 所示的回转特征（显示坐标系）。

（1）选择下拉菜单插入(S) → 设计特征(E) → 回转(R)...命令，系统弹出“回转”对话框。

（2）单击按钮，系统弹出“创建草图”对话框；选取 YZ 基准平面为草图平面，单击确定按钮，进入草图环境；绘制图 13.4.8 所示的截面草图；选择下拉菜单插入(S) → 处方曲线(U) → 投影曲线(J)...命令，系统弹出“投影曲线”对话框，选取图 13.4.9 所示的曲线为投影曲线，绘制图 13.4.8 所示的截面草图，单击完成草图按钮，退出草图环境。

（3）在指定矢量的下拉列表中选择ZC选项，选取移动之后的坐标原点为回转点；单击< 确定 >按钮，完成回转特征的创建。

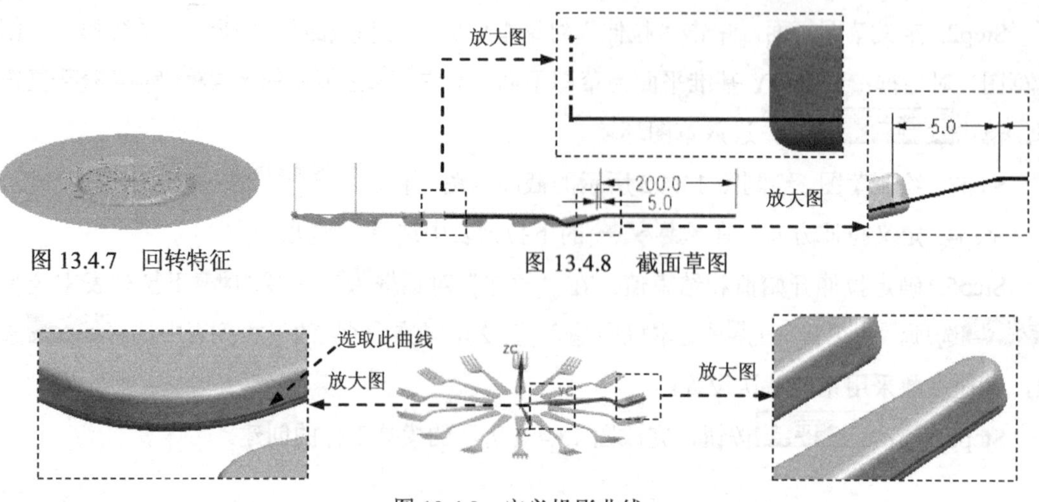

图 13.4.7　回转特征　　图 13.4.8　截面草图

图 13.4.9　定义投影曲线

Step3. 创建图 13.4.10 所示的修剪片体特征 1（显示工件）。选择下拉菜单 插入(S) → 修剪(T) → 修剪片体(R)... 命令，系统弹出“修剪片体”对话框；选取回转特征为目标体，单击鼠标中键确认；选取图 13.4.11 所示的面为边界对象；在区域区域中选择 ⊙ 舍弃 单选项，其他参数采用系统默认设置；单击 确定 按钮，完成修剪片体特征 1 的创建（隐藏工件）。

图 13.4.10　修剪片体特征 1

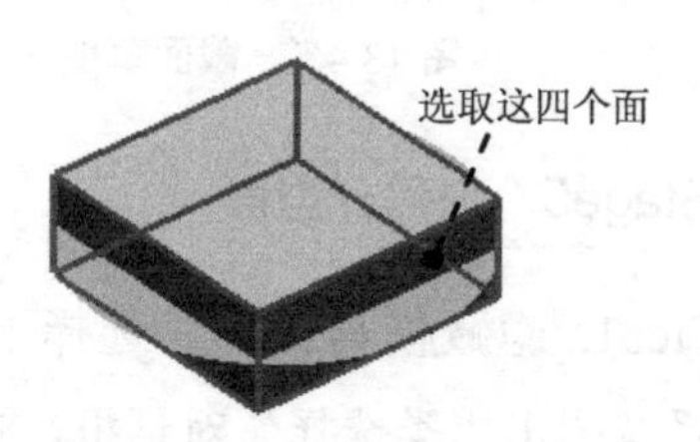

图 13.4.11　定义边界对象

Step4. 创建图 13.4.12 所示的拉伸特征 1。

（1）选择下拉菜单 插入(S) → 设计特征(E) → 拉伸(E)... 命令，系统弹出“拉伸”对话框。

（2）单击按钮，系统弹出“创建草图”对话框；选取图 13.4.13 所示的平面为草图平面，单击 确定 按钮，进入草图环境；绘制图 13.4.14 所示的截面草图，单击 完成草图 按钮，退出草图环境。

（3）在 指定矢量 的下拉列表中选择 -ZC 选项；在“拉伸”对话框限制区域的开始下拉列表中选择 值 选项，并在其下的距离文本框中输入值 0；在结束下拉列表中选择 值 选项，并在其下的距离文本框中输入值 50，其他参数采用系统默认设置；单击 < 确定 > 按钮，完成拉伸特征 1 的创建。

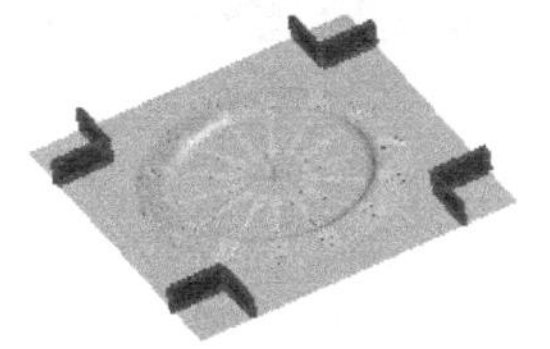

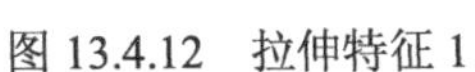

图 13.4.12　拉伸特征 1

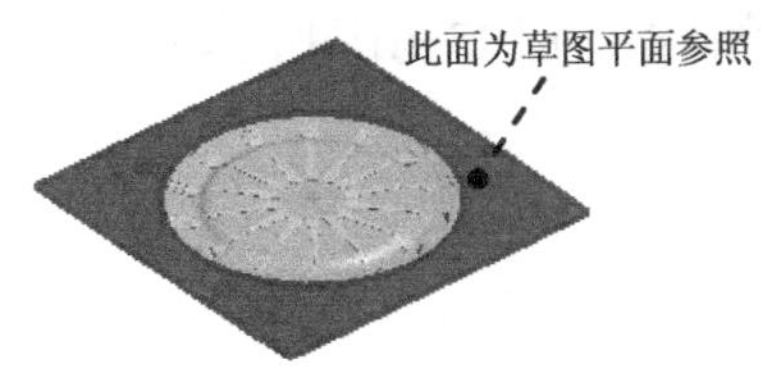

图 13.4.13　定义草图平面

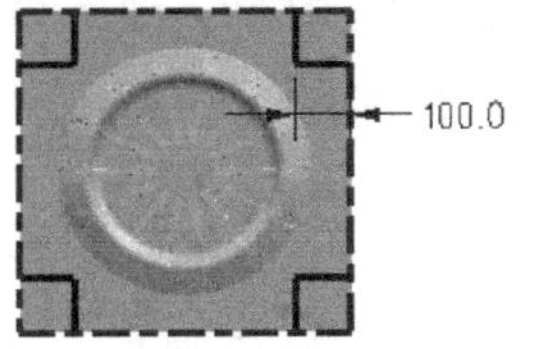

图 13.4.14　截面草图

Step5. 创建拔模特征 1。选择下拉菜单 插入(S) → 细节特征(L) → 拔模(T)... 命令，系统弹出“拔模”对话框；在 类型 下拉列表中选择 从平面或曲面 选项，在 脱模方向 区域的 指定矢量 下拉列表中选择 -ZC 选项；选取图 13.4.15 所示的平面为固定平面，选取图 13.4.16 所示的平面为拔模面，在 要拔模的面 区域的 角度 1 文本框中输入值 10，按 Enter 键确认；单击 < 确定 > 按钮，完成拔模特征 1 的创建。

说明：若方向相反则单击“反向”按钮。

Step6. 创建其余三处拔模特征。参照 Step5 创建拉伸特征 1 的其余三个片体的拔模特征。

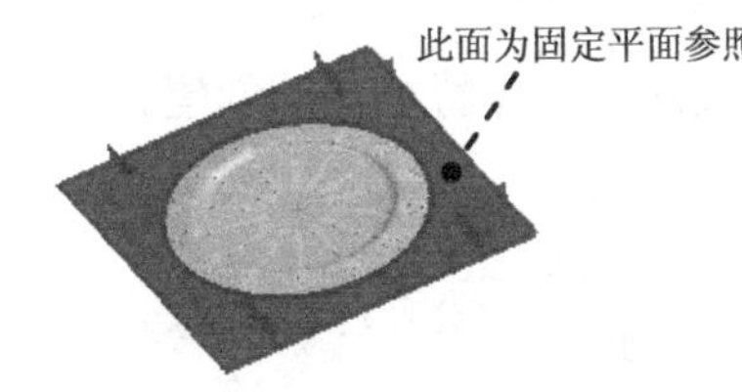

图 13.4.15　定义固定平面

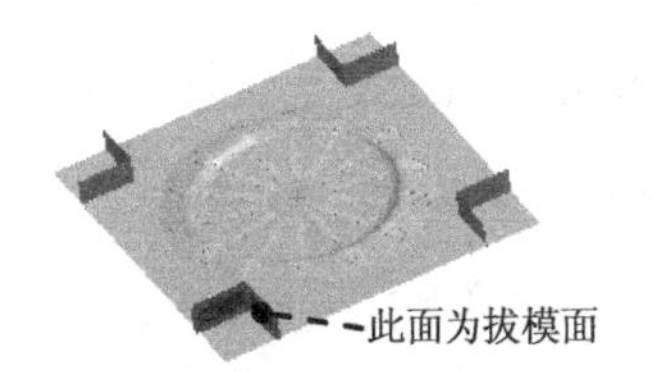

图 13.4.16　定义拔模面

说明：Step5 和 Step6 创建的拔模角度均朝内侧。

Step7. 创建图 13.4.17b 所示的修剪片体特征 2。选择下拉菜单 插入(S) → 修剪(T) → 修剪片体(R)... 命令，系统弹出“修剪片体”对话框；选取修剪片体特征 1 创建的片体为目标体，单击鼠标中键确认；选取图 13.4.17a 所示的面为边界对象，在 区域 区域中选择 ⊙ 保留 单选项，其他参数采用系统默认设置；单击 确定 按钮，完成修剪片体特征 2 的创建。

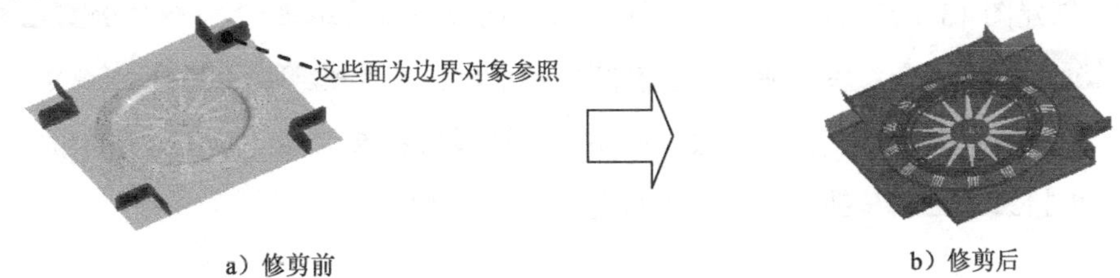

a）修剪前　　b）修剪后

图 13.4.17　修剪片体特征 2

Step8. 创建图 13.4.18 所示的拉伸特征 2（显示坐标系）。

（1）选择下拉菜单 插入(S) → 设计特征(E) → 拉伸(E)... 命令，系统弹出“拉伸”对话框。

（2）单击 按钮，系统弹出“创建草图”对话框；选取 YZ 基准平面为草图平面，单

击 确定 按钮，进入草图环境；绘制图 13.4.19 所示的截面草图；单击 完成草图 按钮，退出草图环境。

图 13.4.18　拉伸特征 2

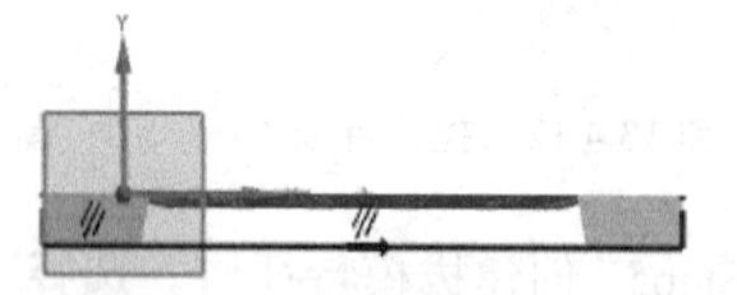

图 13.4.19　截面草图

（3）在 指定矢量 的下拉列表中选择 XC 选项；在“拉伸”对话框 限制 区域的 开始 下拉列表中选择 对称值 选项，并在其下的 距离 文本框中输入值 300，其他参数采用系统默认设置；单击 <确定> 按钮，完成拉伸特征 2 的创建（隐藏坐标系）。

Step9. 创建图 13.4.20b 所示的修剪片体特征 3。选择下拉菜单 插入(S) → 修剪(T) → 修剪片体(R)... 命令，系统弹出“修剪片体”对话框；选取拉伸特征 2 为目标体，单击鼠标中键确认；选取图 13.4.20a 所示的面为边界对象，在 区域 区域中选择 舍弃 单选项，其他参数采用系统默认设置；单击 <确定> 按钮，完成修剪片体特征 3 的创建。

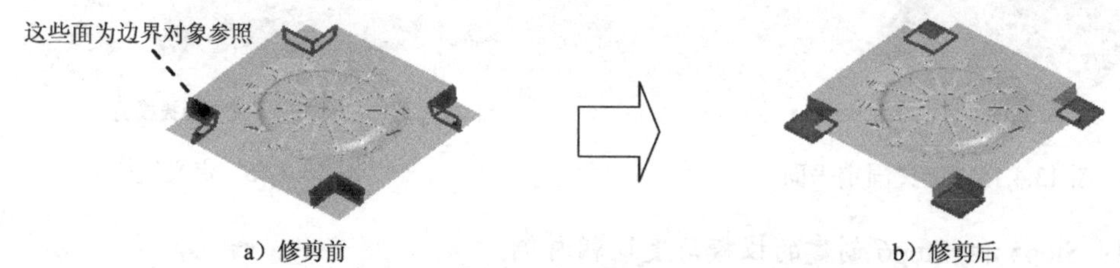

a）修剪前　　b）修剪后

图 13.4.20　修剪片体特征 3

Step10. 创建缝合特征。选择下拉菜单 插入(S) → 组合(B) → 缝合(W)... 命令，系统弹出“缝合”对话框；在 类型 区域的下拉列表中选择 片体 选项，其他参数采用系统默认设置；选取图 13.4.21 所示的片体为目标体，选取图 13.4.21 所示的其余所有片体为工具体；单击 确定 按钮，完成曲面缝合特征的创建。

Step11. 创建图 13.4.22b 所示的边倒圆特征 1。选择下拉菜单 插入(S) → 细节特征(L) → 边倒圆(E)... 命令，系统弹出“边倒圆”对话框；在 要倒圆的边 区域的 半径 1 文本框中输入值 30，按 Enter 键确认，其他参数采用系统默认设置；选取图 13.4.22a 所示的四条边为倒圆边；单击 <确定> 按钮，完成边倒圆特征 1 的创建。

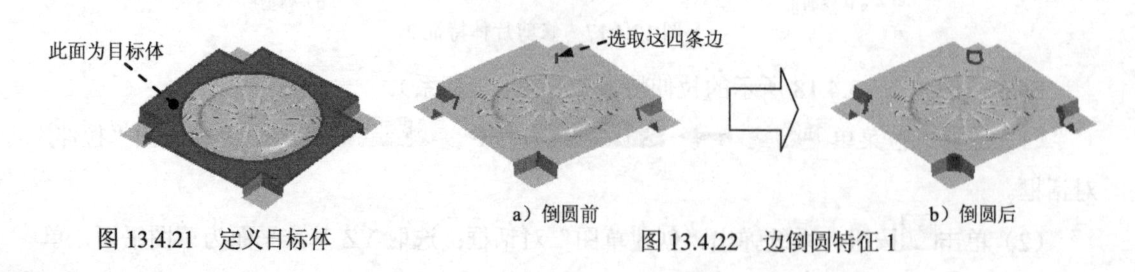

图 13.4.21　定义目标体

a）倒圆前　　b）倒圆后

图 13.4.22　边倒圆特征 1

Step12. 创建图 13.4.23b 所示的边倒圆特征 2。选择下拉菜单插入(S) ➡ 细节特征(L) ➡ 边倒圆(E)...命令，系统弹出“边倒圆”对话框；在要倒圆的边区域的半径 1文本框中输入值 15，按 Enter 键确认，其他参数采用系统默认设置；选取图 13.4.23a 所示的 4 条边为倒圆边；单击< 确定 >按钮，完成边倒圆特征 2 的创建。

a）倒圆前　　b）倒圆后

图 13.4.23　边倒圆特征 2

Stage6. 创建流道及浇口

Step1. 创建图 13.4.24 所示的拉伸特征 1。

（1）选择下拉菜单插入(S) ➡ 设计特征(E) ➡ 拉伸(E)...命令，系统弹出“拉伸”对话框。

（2）单击按钮，系统弹出“创建草图”对话框；选取 XY 基准平面为草图平面，单击确定按钮，进入草图环境，绘制图 13.4.25 所示的截面草图；单击完成草图按钮，退出草图环境。

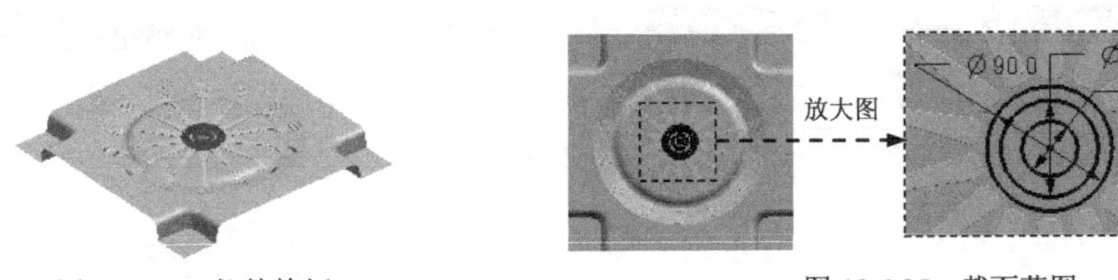

图 13.4.24　拉伸特征 1　　图 13.4.25　截面草图

（3）在指定矢量的下拉列表中选择-ZC选项；在“拉伸”对话框限制区域的开始下拉列表中选择值选项，并在其下的距离文本框中输入值 0；在结束下拉列表中选择值选项，并在其下的距离文本框中输入值 2，其他参数采用系统默认设置；单击< 确定 >按钮，完成拉伸特征 1 的创建。

Step2. 创建图 13.4.26 所示的拉伸特征 2。

（1）选择下拉菜单插入(S) ➡ 设计特征(E) ➡ 拉伸(E)...命令，系统弹出“拉伸”对话框。

（2）单击按钮，系统弹出“创建草图”对话框；选取 XY 基准平面为草图平面，单击确定按钮，进入草图环境，绘制图 13.4.27 所示的截面草图；单击完成草图按钮，退出草图环境。

（3）在指定矢量的下拉列表中选择-ZC选项；在“拉伸”对话框限制区域的开始下拉列表中选择值选项，并在其下的距离文本框中输入值0；在结束下拉列表中选择值选项，并在其下的距离文本框中输入值2，其他参数采用系统默认设置；单击< 确定 >按钮，完成拉伸特征2的创建。

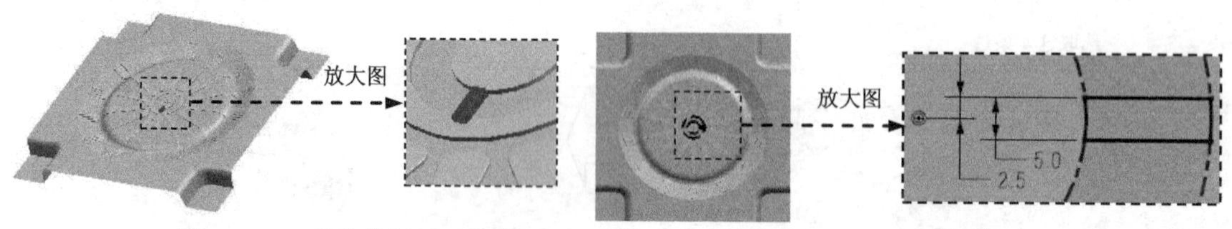

图 13.4.26 拉伸特征 2　　图 13.4.27 截面草图

Step3. 创建图 13.4.28 所示的阵列几何特征 1。选择下拉菜单插入(S) → 关联复制(A) → 阵列几何特征(T)... 命令，系统弹出“阵列几何特征”对话框；在“类型”下拉列表中选择圆形选项，选择拉伸特征2为实例的几何体；选择ZC为指定矢量，选择之前创建的坐标原点为指定点。

Step4. 定义间距、数量和节距角。在角度方向区域的数量文本框中输入值10，在节距角文本框中输入值36，其他参数为系统默认设置；单击< 确定 >按钮，完成阵列几何特征1的创建。

Step5. 创建图 13.4.29 所示的基准平面（显示坐标系）。选择下拉菜单插入(S) → 基准/点(D) → 基准平面(D)... 命令，系统弹出“基准平面”对话框；在类型区域的下拉列表中选择按某一距离选项，选取XZ基准平面为参考平面，在偏置区域的距离文本框中输入值265；单击< 确定 >按钮，完成基准平面的创建（隐藏坐标系）。

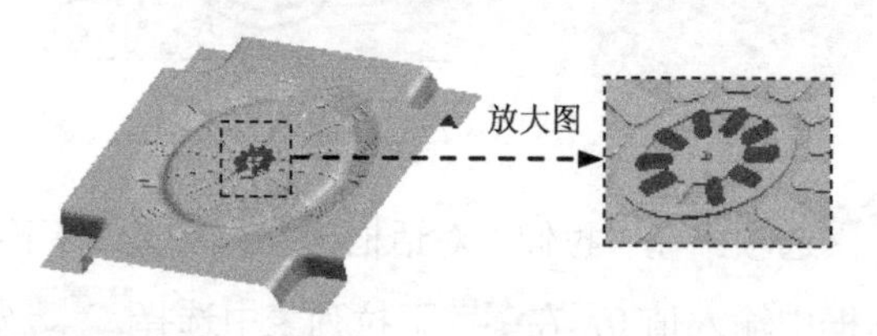

图 13.4.28 旋转特征 1

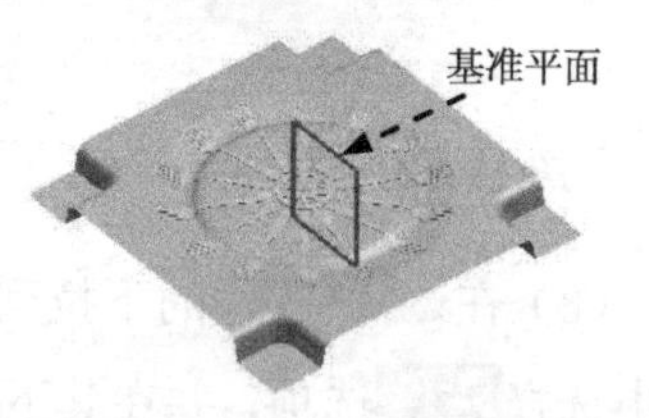

图 13.4.29 基准平面

Step6. 创建图 13.4.30 所示的拉伸特征 3。

（1）选择下拉菜单插入(S) → 设计特征(E) → 拉伸(E)... 命令，系统弹出“拉伸”对话框。

（2）单击按钮，系统弹出“创建草图”对话框；选取创建的基准平面为草图平面，单击确定按钮，进入草图环境，绘制图 13.4.31 所示的截面草图；单击完成草图按钮，退出草图环境。

（3）在指定矢量的下拉列表中选择YC选项；在“拉伸”对话框限制区域的开始下拉列表中选择值选项，并在其下的距离文本框中输入值0；在结束下拉列表中选择值选项，在其下的距离文本框中输入值 12，其他参数采用系统默认设置；单击 < 确定 > 按钮，完成拉伸特征 3 的创建。

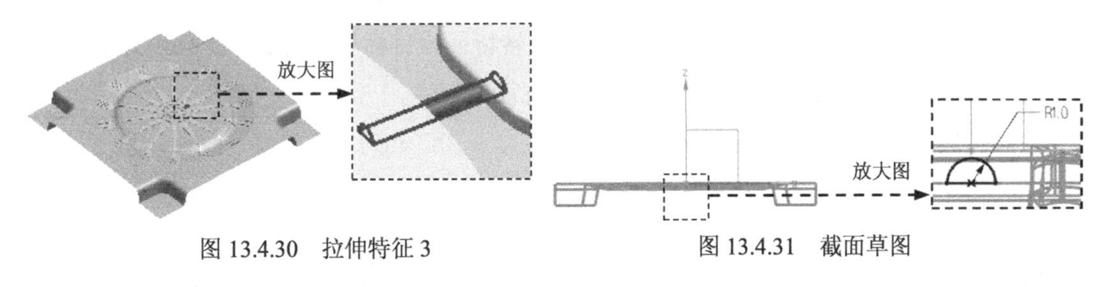

图 13.4.30 拉伸特征 3　　图 13.4.31 截面草图

Step7. 创建图 13.4.32 所示的阵列几何特征 2。选择下拉菜单 插入(S) → 关联复制(A) → 阵列几何特征(T)... 命令；在“类型”下拉列表中选择 圆形 选项，选择拉伸特征 3 为实例的几何体；选择 ZC↑ 为指定矢量，选择之前创建的坐标原点为指定点；在角度方向区域的数量文本框中输入值 14，在节距角文本框中输入值 360/14，其他参数为系统默认设置；单击 < 确定 > 按钮，完成阵列几何特征 2 的创建。

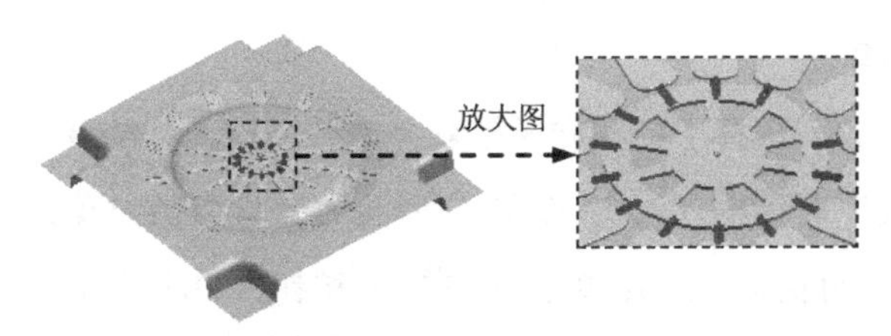

图 13.4.32 旋转特征 2

Step8. 创建图 13.4.33 所示的回转特征（显示坐标系和工件）。选择下拉菜单 插入(S) → 设计特征(E) → 回转(R)... 命令，单击 按钮，系统弹出“创建草图”对话框；选取 YZ 基准平面为草图平面，单击 确定 按钮，进入草图环境；绘制图 13.4.34 所示的截面草图，单击 完成草图 按钮，退出草图环境；在 指定矢量 的下拉列表中选择 ZC↑ 选项，选取移动之后的坐标原点为回转点；单击 < 确定 > 按钮，完成回转特征的创建（隐藏工件）。

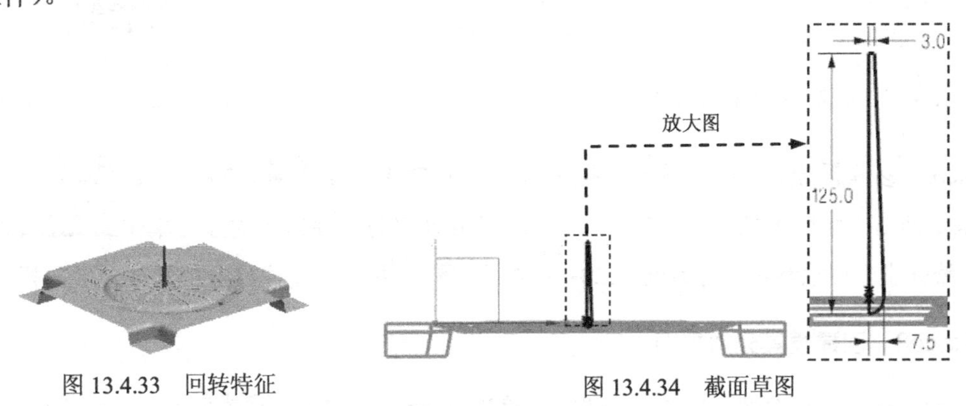

图 13.4.33 回转特征　　图 13.4.34 截面草图

说明：图 13.4.34 所示的截面草图中的竖直直线约束在零件的中心线上。

Step9. 创建求和特征。选择下拉菜单 插入(S) → 组合(B) → 求和(U)... 命令，系统弹出“求和”对话框；选取上一步创建的回转特征为目标体，选取除工件以外的其他实体为工具体；单击 确定 按钮，完成求和特征的创建。

注意：选取工具体时，应由里向外依次选取。

Stage7. 创建模具型芯/型腔

Step1. 显示工件。选择下拉菜单 编辑(E) → 显示和隐藏(H) → 显示和隐藏(O)... 命令，系统弹出“显示和隐藏”对话框；单击 实体 后的 + 按钮；单击 关闭 按钮，完成显示工件的操作。

Step2. 创建求差特征。选择下拉菜单 插入(S) → 组合(B) → 求差(S)... 命令，系统弹出“求差”对话框；选取图 13.4.35 所示的工件为目标体，选取图 13.4.35 所示的零件为工具体；在 设置 区域中选中 ☑ 保存工具 复选框，其他参数采用系统默认设置；单击 < 确定 > 按钮，完成求差特征的创建。

Step3. 移除分型面参数。选择下拉菜单 编辑(E) → 特征(F) → 移除参数(V)... 命令，系统弹出“移除参数”对话框（一）；选取分型面为移除参数对象，单击 确定 按钮，系统弹出“移除参数”对话框（二）；单击 是 按钮，完成移除分型面参数的操作。

Step4. 拆分型芯/型腔。选择下拉菜单 插入(S) → 修剪(T) → 拆分体(P)... 命令，系统弹出“拆分体”对话框；选取图 13.4.36 所示的工件为目标体；在“工具选项”下拉列表中选 面或平面，选取图 13.4.37 所示的片体为 * 选择面或平面；单击 确定 按钮，完成型芯/型腔的拆分操作（隐藏拆分面）。

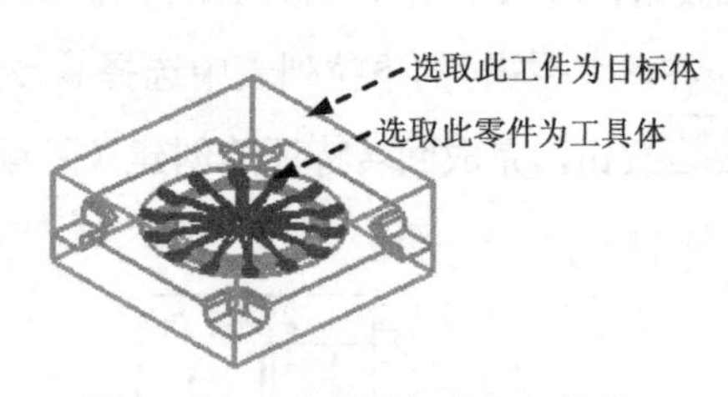

图 13.4.35　定义目标体和工具体

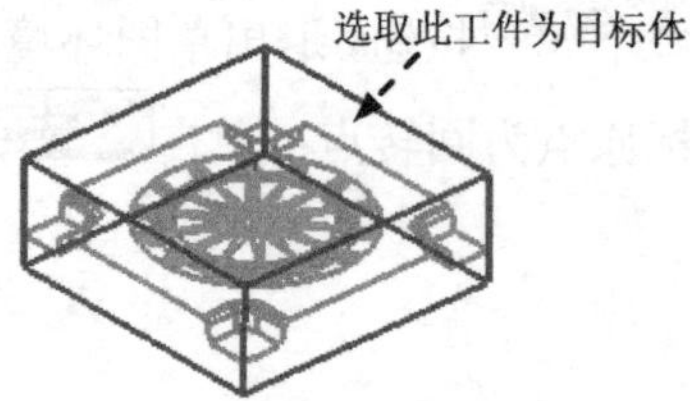

图 13.4.36　定义目标体

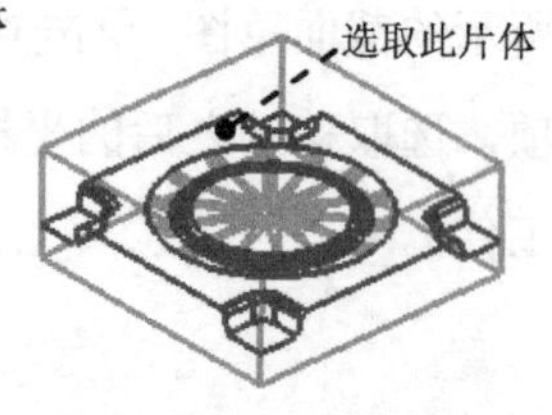

图 13.4.37　定义拆分面

Step5. 移除拆分体参数。选择下拉菜单 编辑(E) → 特征(F) → 移除参数(V)... 命令，系统弹出“移除参数”对话框（一）；选取拆分体为移除参数对象；单击 确定 按钮，系统弹出“移除参数”对话框（二）；单击 是 按钮，完成移除拆分体参数的操作。

Stage8. 创建模具分解视图

Step1. 移动型腔零件。选择下拉菜单 编辑(E) → 移动对象(O)... 命令，系统弹出如

图 13.4.38 所示的“移动对象”对话框；选择型腔为要移动的对象；在“移动对象”对话框变换区域的运动下拉列表中选择距离选项，在变换区域的* 指定矢量下拉列表中选择ZC↑选项；在距离文本框中输入值 200，其他参数设置如图 13.4.38 所示；单击< 确定 >按钮，完成移动型腔零件的操作如图 13.4.39 所示。

Step2. 移动型芯零件。选择下拉菜单编辑(E) → 移动对象(O)...命令，系统弹出“移动对象”对话框；选择型芯为要移动的对象；在“移动对象”对话框变换区域的运动下拉列表中选择距离选项，在变换区域的* 指定矢量下拉列表中选择-ZC↓选项，在距离文本框中输入值 200；单击< 确定 >按钮，完成移动型芯零件的操作，如图 13. 4. 40 所示。

Step3. 保存零件模型。选择下拉菜单文件(F) → 保存(S)命令，即可保存零件模型。

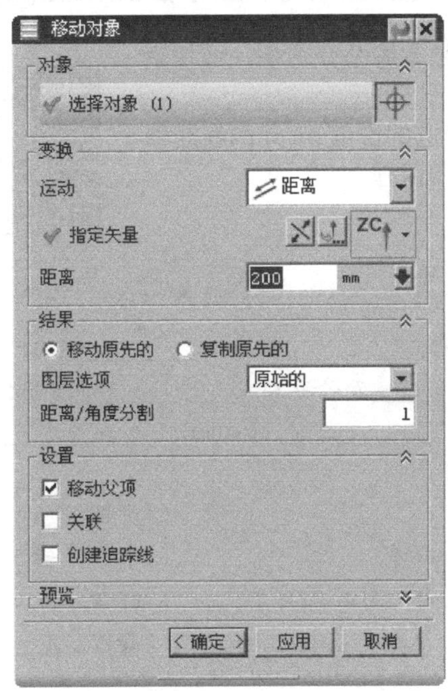

图 13.4.38 “移动对象”对话框

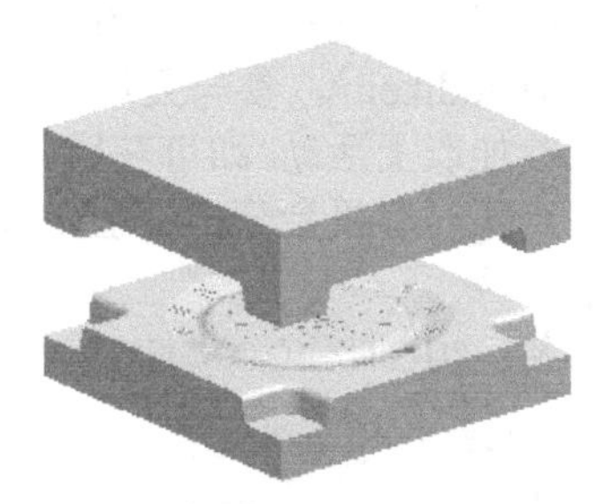

图 13.4.39 移动型腔后

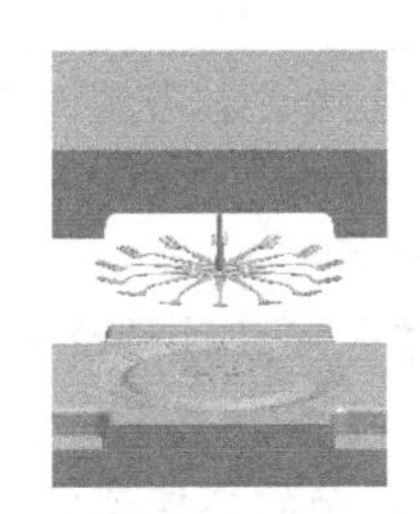

图 13.4.40 移动型芯后

读者意见反馈卡

尊敬的读者：

感谢您购买机械工业出版社出版的图书！

我们一直致力于CAD、CAPP、PDM、CAM和CAE等相关技术的跟踪，希望能将更多优秀作者的宝贵经验与技巧介绍给您。当然，我们的工作离不开您的支持。如果您在看完本书之后，有什么好的意见和建议，或是有一些感兴趣的技术话题，都可以直接与我联系。

策划编辑：丁锋

读者购书回馈活动：

活动一：本书“随书光盘”中含有该“读者意见反馈卡”的电子文档，请认真填写本反馈卡，并E-mail给我们。E-mail：兆迪科技 zhanygjames@163.com，丁锋 fengfener@qq.com。

活动二：扫一扫右侧二维码，关注兆迪科技官方公众微信（或搜索公众号 zhaodikeji），参与互动，也可进行答疑。

凡参加以上活动，即可获得兆迪科技免费奉送的价值48元的在线课程一门，同时有机会获得价值780元的精品在线课程。

书名：《UG NX 10.0 模具设计教程》

1. 读者个人资料：

姓名：________性别：___年龄：____职业：________职务：________学历：______

专业：_______单位名称：___________________办公电话：___________手机：_____

QQ：_________________________微信：____________E-mail：_____________

2. 影响您购买本书的因素（可以选择多项）：

□内容　□作者　□价格

□朋友推荐　□出版社品牌　□书评广告

□工作单位（就读学校）指定　□内容提要、前言或目录　□封面封底

□购买了本书所属丛书中的其他图书　□其他____________

3. 您对本书的总体感觉：

□很好　□一般　□不好

4. 您认为本书的语言文字水平：

□很好　□一般　□不好

5. 您认为本书的版式编排：

□很好　□一般　□不好

6. 您认为UG其他哪些方面的内容是您所迫切需要的？

____

7. 其他哪些CAD/CAM/CAE方面的图书是您所需要的？

____

8. 您认为我们的图书在叙述方式、内容选择等方面还有哪些需要改进？

____

____